A Caterina, Alessandro ed Elena

Attilio Ferrari

Stelle, galassie e universo

Fondamenti di astrofisica

 Springer

Attilio Ferrari
Dipartimento di Fisica
Università di Torino

Contenuti integrativi al presente volume possono essere consultati su http://extras.springer.com, password 978-88-470-1832-7

UNITEXT- Collana di Fisica e Astronomia

ISSN versione cartacea: 2038-5730   ISSN elettronico: 2038-5765

ISBN 978-88-470-1832-7   ISBN 978-88-470-1833-4 (eBook)
DOI 10.1007/978-88-1833-4

Springer Milan Dordrecht Heidelberg London New York

© Springer-Verlag Italia 2011

Si ringraziano ESA, NASA, ASI per l'autorizzazione all'utilizzo delle immagini astronomiche messe a disposizione sui siti web. L'editore è a disposizione degli aventi diritto per quanto riguarda le fonti che non è riuscito a contattare.

Copertina: Simona Colombo, Milano
Impaginazione: CompoMat S.r.l., Configni (RI)
Stampa: Grafiche Porpora, Segrate (MI)

Stampato in Italia

Springer-Verlag Italia S.r.l., Via Decembrio 28, I-20137 Milano
Springer fa parte di Springer Science + Business Media (www.springer.com)

Prefazione

Lo studio dell'astrofisica richiede la conoscenza di molti argomenti diversi di fisica, matematica e tecnologia, che non è certo semplice includere in un unico testo introduttivo. La scelta che ho fatto in questo testo rappresenta il risultato della mia esperienza di insegnamento di corsi di fondamenti di astrofisica, astrofisica dei plasmi, astrofisica teorica e laboratorio di astrofisica che ho tenuto presso l'Università di Torino, la SISSA di Trieste e la University of Chicago.

Ho dato evidenza soprattutto ai metodi teorici su cui si basa lo sviluppo dei modelli di struttura ed evoluzione stellare e galattica, per giungere fino ai concetti principali della cosmologia astrofisica. Sono inoltre dati molti spunti e riferimenti bibliografici ad aspetti che non è stato possibile approfondire. Alcuni argomenti specifici sono trattati nelle Appendici, consultabili on-line su http://extras.springer.com (password: 978-88-470-1832-7). Come introduzione allo studio dell'insieme degli argomenti astrofisici l'Appendice A fornisce una traccia storica dell'evoluzione delle conoscenze sul cosmo dai tempi antichi, fino alla scoperta del telescopio e alle recenti investigazioni a multifrequenze, dalla radioastronomia all'astronomia gamma. Nei primi dieci capitoli sono illustrati i metodi fondamentali dell'astrofisica, le tecniche osservative, le teorie gravitazionali e la fisica dei fluidi e dei plasmi. Nei rimanenti dieci capitoli sono presentate le attuali conoscenze sulla struttura ed evoluzione stellare, sulle galassie e la distribuzione della materia alle grandi scale e sulla cosmologia, fino al modello del big-bang.

Desidero ringraziare anzitutto gli studenti che in questi anni mi hanno aiutato a sistemare gli argomenti in modo organico. Mi auguro che altri studenti in futuro possano trarre ispirazione da questo testo per avvicinarsi all'astrofisica ed approfondire le proprie conoscenze della fisica in condizioni estreme. Un riconoscimento va inoltre ai collaboratori nei corsi da me tenuti, soprattutto Silvano Massaglia, Edoardo Trussoni, Gianluigi Bodo, Andrea Mignone, Paola Rossi, Antonaldo Diaferio e Petros Tzeferacos. Infine un sincero ringraziamento va a coloro che considero i miei maestri: Gleb Wataghin e Alberto Masani per l'astrofisica, Bruno Coppi e Russell Kulsrud per la fisica dei plasmi.

Torino, gennaio 2011   *Attilio Ferrari*

Indice

Parte IV   Fisica delle stelle

Parte V Fisica delle galassie

Parte VI Cosmologia

Parte I

Astrofisica osservativa

1

Sistemi di riferimento astronomici

1.1 Introduzione

L'immagine del cielo che ci viene offerta dall'osservazione è bidimensionale, proiettata su una superficie sferica di grandi dimensioni con l'osservatore terrestre al centro. Le stelle appaiono fisse su questa superficie, tutte alla stessa distanza, senza alcun effetto di prospettiva: durante la notte descrivono sulla sfera delle traiettorie curve da est verso ovest (Fig. 1.1).

È ben noto che questa rappresentazione è apparente e incompleta: gli oggetti celesti sono distribuiti in uno spazio tridimensionale, la mancanza di prospettiva è semplicemente dovuta all'enorme distanza dalla Terra a cui essi si trovano, tanto che all'osservatore terrestre appaiono tutti "all'infinito". Tuttavia per riconoscere la direzione in cielo in cui individuare gli astri e per descriverne i moti apparenti diurni e annui è sufficiente fare riferimento alla descrizione bidimensionale: la superficie su cui si vedono proiettati gli astri viene chiamata **sfera celeste** e su di essa si debbono tracciare dei sistemi di riferimento opportuni. In analogia con le coordinate usate per definire la posizione sulla superficie della Terra, anche per la sfera celeste si utilizzano latitudini e longitudini; in pratica occorre individuare l'equivalente di un equatore (o di due poli) e di un meridiano zero. Si dovrà cioè individuare un piano che passi per il centro della sfera celeste e la intersechi in un cerchio massimo che la divide in due emisferi. Una delle coordinate indicherà la distanza angolare da questo piano (**latitudine**). La seconda coordinata sarà la distanza angolare tra i piani meridiani, perpendicolari all'equatore, passanti uno per l'oggetto considerato e l'altro per un punto fisso sull'equatore (**longitudine**).

Per descrivere quantitativamente i moti ed eventualmente trasformare le coordinate tra diversi sistemi di riferimento è necessario usare le regole della trigonometria sferica. Nel seguito ne verrà dato qualche esempio. Le tecniche per definire quantitativamente e con grande precisione posizioni e moti degli astri sono molto raffinate e fanno parte dei capitoli dell'**astronomia fondamentale** e **astrometria** [1, 2].

Ferrari A.: Stelle, galassie e universo. Fondamenti di astrofisica.
© Springer-Verlag Italia 2011

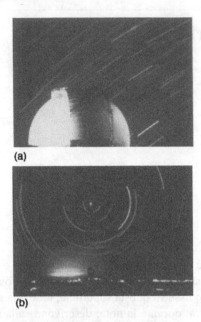

Fig. 1.1 Moti giornalieri delle stelle viste da una latitudine intorno ai 45°: (a) stelle che non si elevano molto sull'orizzonte, (b) stelle circumpolari, prossime al polo nord celeste

1.2 Il sistema di coordinate orizzontali o altazimutali

Il sistema di riferimento più naturale per un osservatore terrestre è quello legato all'ambiente circostante: la posizione di un astro in cielo può essere individuata dalla sua elevazione sull'orizzonte e dalla sua direzione relativamente a quelli che chiamiamo i punti cardinali locali. Passando ad una definizione quantitativa diremo che il cerchio massimo di riferimento è l'**orizzonte astronomico**, cioè il cerchio secondo cui il piano tangente alla superficie terrestre nel punto di osservazione interseca la sfera celeste; il polo di questo piano, definito dall'intersezione della normale al suolo con la sfera celeste sopra l'osservatore, è detto **zenit**. La stessa normale individua anche un polo agli antipodi dell'osservatore che viene detto **nadir**. Cerchi massimi che passano per zenit e nadir sono detti **cerchi verticali**, perché intersecano normalmente l'orizzonte.

I moti del Sole durante il giorno e delle stelle durante la notte seguono traiettorie curve che li portano a sorgere in un punto dell'orizzonte a est, salire fino ad una elevazione massima che prende il nome di **culminazione**, per poi ridiscendere e tramontare ad ovest. Il cerchio verticale a cui tutti gli astri culminano è chiamato **cerchio meridiano** e individua sull'orizzonte le direzioni del sud e del nord.

Le coordinate angolari usate per definire la posizione di un astro sulla sfera celeste sono: l'**altezza** o **elevazione** a, l'angolo misurato a partire dall'orizzonte lungo il verticale che passa per l'oggetto, e l'**azimut** A, l'angolo del verticale dell'oggetto rispetto ad un verticale fisso prescelto, tipicamente il cerchio meridiano. L'altezza

Fig. 1.2 Il sistema di coordinate orizzontali o altazimutali

varia tra $-90°$ e $+90°$, positiva per posizioni al di sopra dell'orizzonte (lo zenit è a $90°$) e negativa al di sotto dell'orizzonte (il nadir è a $-90°$). A volte si usa anche la distanza zenitale, z, cioè l'angolo $z = 90° - A$. Il verticale fisso a partire da cui si misura l'azimut è il meridiano e gli angoli sono misurati dal punto sud in senso orario da $0°$ a $360°$ (Fig. 1.2).

Dalla Fig. 1.3 è chiaro come ambedue le coordinate cambiano durante il moto giornaliero degli astri. La stella A in figura compie una traiettoria circolare che la

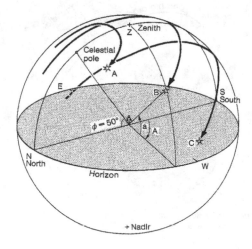

Fig. 1.3 Moti apparenti delle stelle

mantiene sempre al di sopra dell'orizzonte, per cui sarebbe visibile costantemente se non fosse sovrastata dalla luce del Sole; in particolare la Stella Polare compie una traiettoria di raggio praticamente nullo, cioè rimane sostanzialmente fissa sulla volta celeste; il punto ideale che rimane fisso in cielo si chiama *polo celeste*. Conseguentemente stelle con traiettorie come la A sono dette *circumpolari*. Le stelle B e C risultano invece visibili sono per parte della loro traiettoria, cioè sorgono e tramontano.

La difficoltà maggiore di questo sistema di riferimento con le relative coordinate sta nell'essere strettamente locale, in quanto ogni osservatore ha il proprio orizzonte e registra differenti traiettorie delle stelle. Queste coordinate non possono essere alla base di un catalogo celeste generale.

1.3 Il sistema equatoriale

La direzione dell'asse di rotazione terrestre rimane praticamente costante su tempi dell'ordine di alcuni anni (in realtà essa cambia per i fenomeni della precessione e nutazione che studieremo in seguito), e corrispondentemente è costante anche il piano equatoriale ad esso perpendicolare. L'intersezione del piano equatoriale con la sfera celeste è l'**equatore celeste** e rappresenta il cerchio massimo del sistema di riferimento equatoriale. L'estensione dell'asse terrestre interseca la sfera nei **poli celesti** nord e sud, per cui è anche detto asse polare. La Stella Polare si trova a circa 1° dalla posizione del polo nord. Il cerchio meridiano passa sempre per il polo nord (Fig. 1.4). Tutti i piani passanti per l'asse polare, detti **piani meridiani**, intersecano normalmente l'equatore e disegnano i cerchi meridiani sulla volta celeste.

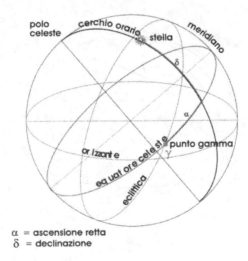

α = ascensione retta
δ = declinazione

Fig. 1.4 Il sistema di coordinate equatoriali celesti

L'angolo di elevazione di un astro rispetto all'equatore si chiama **declinazione** δ, e non cambia durante il moto diurno perché questo moto è sempre una traiettoria circolare intorno al polo (è il moto speculare rispetto alla rotazione terrestre); il Sole invece cambia la propria declinazione tra $-23.45°$ e $+23.45°$ con periodo annuale. Per definire la seconda coordinata è necessario fissare un punto sull'equatore a cui tutti gli osservatori possano riferirsi. Poiché la traiettoria annua del Sole interseca l'equatore celeste agli equinozi (dove ha declinazione nulla), per convenzione si è scelto come punto di riferimento fisso il cosiddetto **punto gamma** γ, corrispondente alla posizione del Sole sull'equatore all'equinozio di primavera; originariamente era un punto nella costellazione dell'Ariete, ma si muove lungo l'intero equatore con periodo di 26.000 anni per effetto della precessione degli equinozi. La seconda coordinata del sistema è quindi l'angolo tra il punto γ e il punto d'intersezione del piano meridiano su cui si trova l'astro con l'equatore misurato in verso antiorario: è chiamata **ascensione retta**, α oppure R.A. Queste coordinate non dipendono dalla posizione dell'osservatore terrestre e quindi sono quelle normalmente usate per mappe e cataloghi.

Come vedremo più avanti discutendo le montature dei telescopi, molti di essi sono configurati secondo quella che si chiama appunto **montatura equatoriale**, in cui uno degli assi secondo cui possono ruotare è scelto parallelo all'asse di rotazione terrestre, detto anche **asse orario**: infatti ruotando il telescopio intorno a questo asse si può compensare la rotazione apparente del cielo e mantenerlo quindi puntato su una direzione fissa sulla sfera celeste. L'altro asse è perpendicolare al precedente e viene chiamato asse di declinazione, perché ruotando intorno ad esso si cambia la declinazione del puntamento. Mentre l'angolo di declinazione può essere letto direttamente sulla ghiera di questo asse, la misura dell'ascensione retta dipende dal conoscere la direzione del punto γ che naturalmente ha un moto apparente come tutti gli astri. Poiché però possiamo definire localmente il meridiano locale possiamo introdurre un angolo intermedio misurato appunto rispetto ad esso in verso orario, il cosiddetto **angolo orario** h. L'angolo orario di un astro varia nel tempo a causa del moto di rotazione della Terra, in particolare l'angolo orario del punto γ viene utilizzato come tempo di riferimento per le osservazioni astronomiche ed è chiamato **tempo siderale**, Θ.

Dalla Fig. 1.5 si vede immediatamente che vale la relazione:

$$\Theta = h + \alpha \tag{1.1}$$

dove h è l'angolo orario dell'astro da osservare. Angolo orario e ascensione retta sono dunque legati a misure di tempo per cui sono misurati in ore, minuti, secondi, con la seguente corrispondenza in misure angolari: 1 ora $= 360°/24 = 15°$, 1 minuto $= 15$ arcominuti, 1 secondo$= 15$ arcosecondi. Pertanto con un catalogo che dia l'ascensione retta e un orologio che misuri il tempo siderale, gli astronomi possono ottenere l'angolo orario degli astri. Viceversa, puntando una stella nota e misurandone l'angolo orario e sommandolo all'ascensione retta letta sui cataloghi, si ottiene il tempo siderale. Vedremo più avanti che un orologio siderale corre più veloce di un orologio solare di 3 min 56.56 sec al giorno per il moto di rivoluzione della Terra

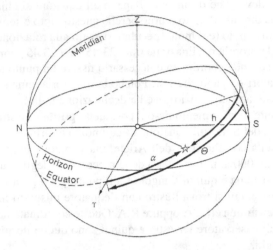

Fig. 1.5 Relazione tra tempo siderale, angolo orario, ascensione retta

intorno al Sole. La trigonometria sferica permette di ricavare le relazioni tra le coordinate dei sistemi altazimutale ed equatoriale. Chiamando ϕ la latitudine geografica del punto di osservazione, si ottiene (vedi Appendice B):

$$\sin h \cos \delta = \sin A \cos a$$
$$\cos h \cos \delta = \cos A \cos a \sin \phi + \sin a \cos \phi \qquad (1.2)$$
$$\sin \delta = - \cos A \cos a \cos \phi + \sin a \sin \phi \,.$$

Con queste relazioni si possono calcolare quali siano le stelle visibili da una data latitudine e il loro sorgere e tramontare.

1.4 Altri sistemi di coordinate

Un sistema di riferimento usato in passato è stato quello delle **coordinate eclittiche**, il cui cerchio massimo è l'**eclittica**, cioè la traiettoria apparente annua del Sole. Il sistema è utile per descrivere i moti dei corpi del sistema solare. In tale sistema l'equatore celeste è inclinato di un angolo fisso $\varepsilon = 23°26'$, l'**obliquità dell'eclittica**, che interseca nel punto γ dell'equinozio di primavera e in un corrispondente punto dell'equinozio d'autunno (Fig. 1.6). Le coordinate del sistema sono la **latitudine eclittica** β, distanza angolare dal piano dell'eclittica, e la **longitudine eclittica** λ, misurata in verso antiorario a partire dal punto γ.

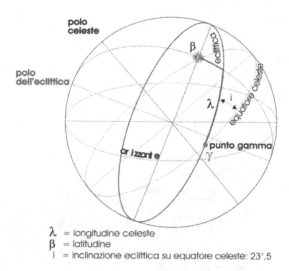

λ = longitudine celeste
β = latitudine
i = inclinazione eclittica su equatore celeste: 23°,5

Fig. 1.6 Sistema di coordinate eclittiche

Riportiamo di seguito le trasformazioni dalle coordinate equatoriali alle eclittiche:

$$\sin\lambda \, \cos\beta = \sin\delta \, \sin\varepsilon + \cos\delta \, \cos\varepsilon \, \sin\alpha$$
$$\cos\lambda \, \cos\beta = \cos\delta \, \cos\alpha \qquad (1.3)$$
$$\sin\beta = \sin\delta \, \cos\varepsilon - \cos\delta \, \sin\varepsilon \, \sin\alpha \,.$$

Per la rappresentazione delle stelle della Via Lattea è invece usato il sistema delle **coordinate galattiche**, in cui il cerchio massimo di riferimento è dato dall'intersezione con la sfera celeste del piano dove, come si può direttamente osservare in cielo, sono concentrate le stelle della Via Lattea stessa: in particolare, poiché le stelle sono in realtà distribuite su di un disco, si sceglie un piano parallelo passante per il centro del Sole. Il piano galattico è inclinato di 62.6° sull'equatore celeste. La **longitudine galattica** ℓ è l'angolo eliocentrico misurato in verso antiorario dalla direzione del centro della Via Lattea nel Sagittario ($\alpha = 17\text{h}42.4\text{min}$, $\delta = -28°55'$ epoca J1950); la **latitudine galattica** b è la distanza angolare dell'elevazione dal piano della Via Lattea, positiva a nord, negativa a sud (Fig. 1.7).

Per lo studio della distribuzione delle galassie su grande scala è spesso usato il sistema delle **coordinate supergalattiche**, in cui il cerchio massimo è definito dal **piano supergalattico** su cui, come dimostrato osservativamente da De Vaucouleurs nel 1953, sono concentrate la maggior parte delle galassie vicine (ammassi della Vergine, Grande Attrattore e Perseo-Pesci). Questo piano è inclinato di 83.68° rispetto al piano galattico. Le coordinate sono la **longitudine supergalattica SGL** e la **latitudine supergalattica SGB** in analogia alle coordinate galattiche, dove il punto zero della longitudine è dato dall'intersezione tra i piani galattico e supergalattico. Il polo nord del piano supergalattico si trova alle coordinate equatoriali $\alpha = 18.9\text{h}$ e $\delta = +15.7°$ e il punto zero a $\alpha = 2.82\text{h}$ e $\delta = +59.5°$.

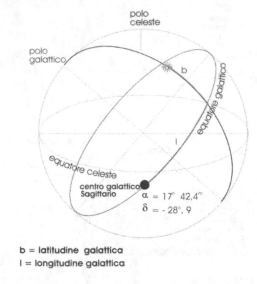

b = latitudine galattica
l = longitudine galattica

Fig. 1.7 Sistema di coordinate galattiche

1.5 Perturbazioni e variazioni delle coordinate

Vari effetti dinamici e atmosferici influenzano la misura delle coordinate degli astri e comportano una continua revisione dei cataloghi. Questi effetti sono essenzialmente dovuti al fatto che noi osserviamo il cielo da un sistema fisico, la Terra, che, oltre a ruotare su se stesso dando origine al moto diurno, si muove rispetto al Sole, che a sua volta si muove all'interno della Via Lattea, la quale si muove rispetto alle altre galassie. Inoltre le nostre osservazioni sono ancora in gran parte fatte al di sotto della coltre atmosferica che rifrange e diffonde la radiazione proveniente dai corpi esterni e quindi perturba la direzione di arrivo dei segnali.

I più importanti effetti dovuti alla dinamica del moto della Terra sono la precessione e la nutazione; il moto del Sole intorno alla Via Lattea e della Via Lattea attraverso il sistema delle galassie, pur essendo molto veloci, determinano variazioni solo su tempi molto lunghi, dell'ordine delle decine di milioni di anni e possono essere in prima approssimazione trascurati. Effetti legati alla fisica locale sono invece la parallasse e l'aberrazione e la rifrazione atmosferica.

1.5.1 Precessione

I corpi del sistema solare sono concentrati sul piano dell'eclittica ed esercitano una forza di attrazione gravitazionale differenziale sul rigonfiamento equatoriale della Terra che è inclinato rispetto al piano. Ne nasce un momento torsionale, dovuto principalmente al Sole e alla Luna, che dà origine ad una **precessione** dell'asse di rotazione terrestre e del suo piano equatoriale. Pertanto la precessione comporta una variazione della posizione del punto γ, intersezione tra equatore celeste ed eclittica; in particolare l'equinozio di primavera anticipa di 50 arcosecondi ogni anno, corrispondente ad un intero giro sull'eclittica con periodo di 26.000 anni.

Poiché le coordinate equatoriali, usate nei cataloghi, dipendono dalla definizione del punto γ, esse variano nel tempo. In particolare la precessione aumenta le longitudini eclittiche λ di 50 arcosecondi all'anno, e corrispondentemente variano la declinazione e l'ascensione retta secondo le seguenti formule:

$$d\alpha = d\lambda \ (\sin\alpha \ \sin\varepsilon \ \tan\delta + \cos\varepsilon)$$
$$d\delta = d\lambda \ \sin\varepsilon \ \cos\alpha . \qquad (1.4)$$

I cataloghi danno quindi le coordinate per una data epoca, e devono essere aggiornati per $d\lambda = 50''$ ogni anno.

1.5.2 Nutazione

L'orbita lunare è inclinata rispetto all'eclittica, per cui il suo piano orbitale compie una precessione, che risulta avere un periodo di 18.6 anni. Questo effetto comporta una perturbazione della precessione terrestre con lo stesso periodo, detta **nutazione**. L'effetto è ancora quello di cambiare la longitudine e anche l'obliquità dell'eclittica: si calcola che le variazioni sono molto più piccole di quelle dovute alla precessione. In genere questo effetto può essere trascurato nei cataloghi. In Fig. 1.8 si mostra schematicamente l'effetto complessivo della precessione e della nutazione sul moto dell'asse terrestre.

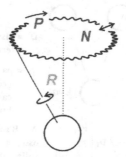

Fig. 1.8 Precessione e nutazione dell'asse di rotazione terrestre; R = rotazione, P = precessione, N = nutazione

1.5.3 Parallasse

Osservando un oggetto vicino da posizioni differenti, lo vedremo proiettato sullo sfondo in direzioni differenti. La differenza angolare tra queste direzioni prende il nome di **parallasse**. In astronomia la direzione in cui sono visti gli astri vicini sullo sfondo delle stelle lontane (le stelle cosiddette fisse) è differente per diverse posizioni sulla Terra (Fig. 1.9): per due osservatori agli antipodi sull'equatore, separati quindi dal diametro terrestre, la parallasse della Luna è di ben 57′, quella del Sole di 8.79″. I cataloghi riportano le coordinate come sarebbero misurate dal centro della Terra, per cui occorre sempre tener conto di correzioni a seconda della posizione dell'osservatore sulla Terra. Tuttavia questo effetto diventa trascurabile per quasi tutte le stelle in quanto le loro grandi distanze comportano errori di parallasse inferiori al millesimo di secondo d'arco.

Poiché l'errore di parallasse diminuisce all'allontanarsi dell'oggetto, la parallasse può essere usata per valutarne la distanza: è quanto ci permettono di fare i nostri occhi nella visione stereoscopica. Per avere una parallasse cospicua anche per oggetti relativamente lontani occorre compiere osservazioni da punti molto distanti, aumentando cioè la linea di base: i nostri due occhi danno appunto una visione stereoscopica solo a distanze relativamente piccole perché la linea di base è solo di 7 cm circa. Per l'astronomia le linee di base sono le dimensioni della Terra e dell'orbita intorno al Sole: si parla di parallasse diurna nel primo caso e di parallasse annua nel secondo. Come vedremo più avanti, le parallassi diurne permettono di misurare le distanze all'interno del sistema solare, le parallassi annue le distanze di alcune stelle relativamente vicine. Anche gli "occhi" del-

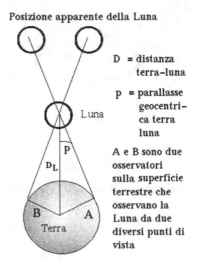

Posizione apparente della Luna

D = distanza terra–luna

p = parallasse geocentrica terra luna

A e B sono due osservatori sulla superficie terrestre che osservano la Luna da due diversi punti di vista

Fig. 1.9 Rappresentazione schematica dell'errore di parallasse nel caso dell'osservazione della Luna

l'astronomo sono troppo vicini per avere una visione stereoscopica dell'Universo profondo.

1.5.4 Aberrazione della luce

Poiché la velocità della luce è finita, un osservatore in moto vedrà gli oggetti spostati nella direzione del suo moto per effetto della composizione delle velocità (Fig. 1.10). Questo fenomeno prende il nome di **aberrazione della luce** e quantitativamente l'errore angolare è dato da:

$$a = \frac{v}{c} \sin\theta \quad \text{radianti} \tag{1.5}$$

dove v è la velocità dell'osservatore, c la velocità della luce e θ è l'angolo tra la direzione del moto dell'osservatore e la direzione di vista reale dell'oggetto. Il moto di rivoluzione della Terra comporta un effetto di aberrazione che sarà rilevante soprattutto per oggetti perpendicolari al piano dell'eclittica: il valore massimo, detto **costante di aberrazione**, è di circa $21''$. L'aberrazione dovuta alla rotazione terrestre è molto più piccola, circa $0.3''$.

1.5.5 Rifrazione atmosferica

La luce proveniente dagli astri viene rifratta attraversando l'atmosfera terrestre, per cui la direzione osservata differisce dalla direzione effettiva di una quantità che dipende dalle condizioni dell'atmosfera lungo la linea di vista, in particolare dalla temperatura e dalla pressione. Un'esatta valutazione della perturbazione non è quindi ottenibile, tuttavia se ne può avere una buona approssimazione nel limite di osservazioni non troppo lontane dallo zenit locale: in tal caso l'atmosfera può essere modellata come una serie di strati piani di indici di rifrazione diversi (Fig. 1.11).

Fig. 1.10 Aberrazione della luce: (A) osservatore a riposo; (B) osservatore in moto

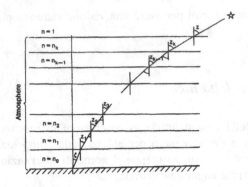

Fig. 1.11 Rifrazione atmosferica nel limite a strati piani paralleli

Se z è l'angolo tra la direzione reale rispetto allo zenit e ζ quella apparente (in arrivo all'osservatore al livello del suolo) si ha che per ogni strato vale la legge di rifrazione, per cui:

$$\sin z = n_k \sin z_k$$
$$n_k \sin z_k = n_{k-1} \sin z_{k-1}$$
$$\cdots\cdots \quad \cdots\cdots \qquad\qquad (1.6)$$
$$n_2 \sin z_2 = n_1 \sin z_1$$
$$n_1 \sin z_1 = n_0 \sin \zeta$$

e quindi, sommando membro a membro,

$$\sin z = n_0 \sin \zeta \,. \qquad\qquad (1.7)$$

Definendo l'angolo di rifrazione $R = z - \zeta$, nel limite in cui esso sia piccolo si può scrivere:

$$n_0 \sin \zeta = \sin (R + \zeta) = \sin R \cos \zeta + \cos R \sin \zeta \approx R \cos \zeta + \sin \zeta \qquad (1.8)$$

da cui

$$R = (n_0 - 1)\tan \zeta \,. \qquad\qquad (1.9)$$

Dall'osservazione si ottiene $(n_0 - 1) \approx 58.2''$. La rifrazione è nulla allo zenit e quindi cresce rapidamente. Quando le osservazioni siano fatte vicino all'orizzonte, ovviamente la curvatura dell'atmosfera diventa importante e in realtà permette di evitare la divergenza nella formula ora ottenuta. Si hanno comunque effetti di rifrazione consistenti, raggiungendo valori fino a $35'$ che sono le dimensioni apparenti del Sole (Fig. 1.12): quando il Sole è veramente tramontato, a noi appare ancora visibile sopra l'orizzonte. I cataloghi forniscono tabelle per tener conto di questi effetti.

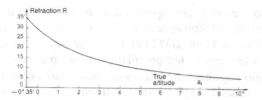

Fig. 1.12 Angolo di rifrazione a differenti elevazioni sull'orizzonte

1.6 Misure di tempo

Già abbiamo definito il tempo siderale che per ogni osservatore rappresenta il tempo impiegato dal punto γ per raggiungere un dato angolo orario; corrispondentemente si definisce **giorno siderale** l'intervallo di tempo tra due passaggi successivi del punto γ al meridiano. Nell'uso quotidiano è invece necessario fare riferimento al moto del Sole, definendo come **tempo solare** la posizione del Sole rispetto al meridiano locale. Il moto di rivoluzione della Terra intorno al Sole ha come conseguenza un moto apparente annuale del Sole attraverso le costellazioni, per cui tempo siderale e tempo solare non coincidono; in un anno il Sole perde un intero giorno per cui il **giorno solare medio**, inteso come tempo medio tra due successivi passaggi del Sole al meridiano, risulta essere di circa 3 minuti e 56 secondi più lungo del giorno siderale. Inoltre la non-circolarità dell'orbita terrestre comporta che il giorno solare effettivo sia differente da quello medio fino a circa 16 minuti in differenti periodi dell'anno; tale differenza va sotto il nome di **equazione del tempo** (vedi Fig. 1.13). Infine su tempi lunghi hanno influenza sulla durata dei giorni sia siderale sia solare le irregolarità della rotazione terrestre, la precessione e la nutazione. La definizione del tempo solare medio è strettamente locale e quindi presenta difficoltà pratiche: città a poche miglia di distanza nella direzione est - ovest hanno culminazioni del Sole differenti di parecchi minuti. Per tale ragione si usa un tempo convenzionale eguale per *fasce orarie* o *fusi orari*: si tratta di 24 regioni (per ognuna delle 24 ore in cui è diviso il giorno) estese in latitudine di $360°/24 = 15°$ in cui si assume

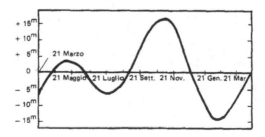

Fig. 1.13 Equazione del tempo, differenza tra durata del giorno solare effettivo e durata del giorno solare medio

come ora convenzionale quella corrispondente al meridiano centrale. Il tempo del fuso orario della latitudine 0° corrispondente allo storico osservatorio di Greenwich è detto **Greenwich Mean Time (GMT)** che viene utilizzato come riferimento. In pratica si usa come riferimento il **tempo universale coordinato (UTC)** imponendo che la durata di un giorno solare medio sia esattamente pari a 86400 secondi definiti con orologi atomici; tuttavia per tener conto delle irregolarità della rotazione terrestre viene periodicamente introdotto un secondo intercalare per accordarlo al tempo astronomico internazionale (TAI).

Si ricordano inoltre le seguenti definizioni di anno:

- **Anno siderale** = 365.256360 giorni solari medi = 366.256360 giorni siderali: è l'intervallo di tempo in cui il Sole riprende la stessa posizione rispetto alle stelle fisse, cioè la Terra compie un'orbita intera intorno al Sole.
- **Anno tropico** = 365.242199 giorni solari medi: è l'intervallo di tempo tra due equinozi di primavera, circa 20 minuti circa più breve dell'anno siderale, ove la differenza dipende dalla precessione degli equinozi.
- **Anno civile medio** = 365.2425 giorni solari medi = 365+1/4-3/400, che tiene conto di 365 giorni solari più anni bisestili di 366 giorni ogni 4 anni, salvo anni di inizio secolo non divisibili per 400; comporta un errore di 1 giorno ogni 3000 anni.

In astronomia si usa inoltre la **data giuliana** (JD) che conta i giorni a partire dal mezzogiorno del 1° gennaio del 4713 a.C.; fu introdotta da Justus Scaliger nel 1582 all'epoca della riforma del calendario gregoriano con riferimento a una data precedente a qualunque evento storico documentabile. Viene espresso con una parte intera che rappresenta i giorni trascorsi dalla data zero e una parte decimale che indica la frazione di giorno a partire dal mezzogiorno misurata in UTC (la mezzanotte corrisponde quindi a 0.5).

Riferimenti bibliografici

1. A.E. Roy, D. Clarke – *Astronomy: Principles and Practice*, Adam Hilger, 1982
2. C. Barbieri – *Lezioni di Astronomia*, Zanichelli, 1999

2
Strumenti di osservazione

2.1 Introduzione

Gli oggetti di studio dell'astrofisica sono i corpi celesti osservati singolarmente nelle varie bande dello spettro elettromagnetico e corpuscolare e catalogati in classi morfologiche e in strutture distribuite nello spazio tridimensionale. Seguendo una scala di dimensioni crescenti, gli oggetti dello studio sono: il sistema solare (Sole e pianeti), stelle, ammassi stellari, la Galassia, galassie esterne, ammassi di galassie, superammassi, struttura a grande scala dell'Universo. Va infine tenuto presente che, oltre a questi oggetti, l'Universo contiene gas e polveri su tutte le scale e forme (ancora indeterminate) di *materia oscura* e di *energia oscura*, non direttamente osservabili, ma di cui si ricava la presenza attraverso il campo gravitazionale che esercitano. Queste ultime componenti appaiono peraltro essere dominanti sulle grandi scale.

L'obiettivo dell'astrofisica è quello di ricavare la struttura fisica degli oggetti celesti, l'origine, l'evoluzione, la morte e l'età; in questo senso anche l'Universo nel suo insieme è argomento di studio attraverso la cosmologia. Nel presente corso ci occuperemo essenzialmente della fisica delle stelle e delle galassie, rimandando ad altri corsi lo studio della fisica del Sole e dei corpi del sistema solare.

Le grandezze fisiche degli oggetti celesti che occorre misurare per sviluppare modelli sono: **distanze, dimensioni, masse, energetica globale (potenza, luminosità), energetica specifica (distribuzione della potenza sulle varie energie – spettro, temperatura), composizione chimica**.

L'inaccessibilità della quasi totalità degli oggetti dell'Universo rende impossibili le misure dirette di tali parametri. Le misure sono quindi tipicamente indirette; va perciò sempre ricordato che in astrofisica, anche quando gli errori delle singole misure sono piccoli, rimane sempre a monte un'incertezza legata alla validità delle ipotesi dei modelli utilizzati per impostare la misura. Un'eccezione è oggi la misura dei parametri all'interno del sistema solare, in quanto sono possibili misure *in situ* con sonde spaziali.

Ferrari A.: Stelle, galassie e universo. Fondamenti di astrofisica.
© Springer-Verlag Italia 2011

I dati su cui le misure sono effettuate provengono quasi interamente dalla radiazione elettromagnetica che riceviamo dagli oggetti astronomici e che intercettiamo con i telescopi e i ricevitori posti nel piano focale degli stessi. Con il termine **telescopio** si intende oggi in generale qualunque strumento che raccolga radiazione elettromagnetica concentrandola su un **rivelatore** dedicato ad una certa banda: oltre ai telescopi ottici, si usano i radiotelescopi, i telescopi infrarossi, ultravioletti, a raggi X, a raggi gamma.

Le **tecniche osservative** sono essenzialmente di 3 tipi, che peraltro utilizzano differenti tecnologie nelle diverse bande spettrali:

- *astrometriche*, che determinano la posizione, la distribuzione e i moti degli oggetti sulla sfera celeste; la distanza che dà la terza dimensione spaziale è misurata in modo diretto fino a qualche decina di anni luce e indirettamente con altre tecniche oltre tale limite;
- *fotometriche*, che determinano la potenza degli oggetti e la loro eventuale variabilità temporale;
- *spettroscopiche*, che determinano la distribuzione dell'energia sulle varie bande elettromagnetiche e permettono la valutazione della temperatura, assorbimenti, composizione chimica e dinamica (attraverso l'effetto Doppler).

Fino alla fine del Medioevo l'astronomia si basò sull'occhio umano come unico strumento di osservazione, sia pure con l'ausilio di alidade, traguardi, quadranti, sestanti, per misurare le posizioni degli oggetti celesti. Questa limitazione tecnica ebbe la conseguenza di permettere la visione solo di oggetti molto luminosi ed esclusivamente nella banda ottica, che sappiamo essere una porzione molto limitata dello spettro elettromagnetico.

Fu solo nell'autunno del 1609 che Galileo Galilei fu in grado di costruire uno strumento a lenti, che chiamò *perspicillum*, ed usò per osservare oggetti astronomici. Il 1609 è quindi la data dell'invenzione del telescopio astronomico (vedi Appendice C). Nel '700 Isaac Newton realizzò un telescopio a specchio, un riflettore. Nei due secoli successivi vennero costruiti telescopi sempre più potenti ed esenti da aberrazioni ottiche. Il successivo avanzamento tecnico dell'astronomia ebbe luogo nel XIX secolo con l'introduzione della fotografia che permise di rivelare oggetti sempre più deboli con lunghe pose. Infine negli ultimi decenni una serie di rivelatori elettronici hanno permesso di rendere sempre più efficiente la raccolta di fotoni, non solo nella banda ottica, ma anche nell'intero spettro elettromagnetico. Per molte regioni spettrali è necessario utilizzare osservatori spaziali in quanto l'atmosfera assorbe in gran parte o del tutto la radiazione proveniente dagli oggetti celesti. Per una completa trattazione dei metodi di misura in astronomia si consulti ad esempio [1].

2.2 L'atmosfera

Le osservazioni astronomiche risentono della presenza dell'atmosfera. L'effetto più rilevante è l'**assorbimento** che non permette alla radiazione elettromagnetica della

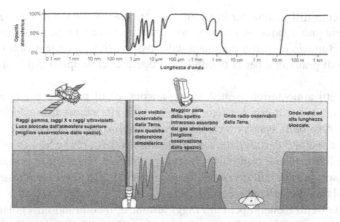

Fig. 2.1 Spettro elettromagnetico e assorbimenti dell'atmosfera terrestre in funzione delle osservazioni astronomiche

gran parte delle frequenze dello spettro elettromagnetico di raggiungere i telescopi a Terra; esistono in effetti solo due finestre trasparenti (Fig. 2.1):

- la *finestra ottica* tra 3000 e 8000 Å circa, che comprende la regione di sensibilità dell'occhio umano (4000 - 7000 Å);
- la *finestra radio* tra 1 mm e 20 m circa.

A lunghezze d'onda minori della finestra ottica lo strato di ozono, molecole di ossigeno e di azoto e atomi liberi impediscono per effetto fotoelettrico alla radiazione ultravioletta, ai raggi X e gamma di scendere al livello del mare; nel contempo creano uno strato ionizzato alla quota di circa 100 km che riflette totalmente le onde radio con lunghezza d'onda al di sopra dei 20 metri circa. Questo strato, la **ionosfera** allo stesso tempo intrappola le onde radio prodotte dai nostri trasmettitori, onde che sono costrette a muoversi lungo la superficie della Terra, ma sotto la ionosfera, permettendo le comunicazioni anche tra stazioni agli antipodi, come provato per la prima volta da Marconi nel 1901. L'assorbimento atmosferico alle lunghezze d'onda tra la finestra ottica e quella radio è dovuto agli strati densi della **troposfera**, in particolare alle molecole di vapor acqueo e anidride carbonica.

Anche nella finestra ottica la radiazione subisce un'attenuazione dovuta alla diffusione da parte di molecole e polveri, il che, come vedremo, avviene anche ad opera del mezzo interstellare; si parla di **estinzione** delle sorgenti che va tenuta in conto nella misura assoluta delle luminosità. La diffusione della radiazione dipende dalla lunghezza d'onda, precisamente è più forte per piccole lunghezze d'onda: lord Rayleigh nel XIX secolo mostrò che ciò rende il cielo blu, in quanto questo è il colore della radiazione solare maggiormente diffusa dall'atmosfera. Per la stessa ragione il cielo al tramonto è rosso perché, mentre il blu è diffuso, il rosso giunge a noi direttamente dalla direzione del Sole senza essere diffuso.

L'avvento delle attività spaziali ha permesso di porre in orbita osservatori permanenti che lavorano al di sopra dell'atmosfera. I loro strumenti permettono di osservare anche fuori delle finestre ottica e radio, e allo stesso tempo di avvicinarsi ai limiti teorici di diffrazione per la risoluzione angolare nel caso di strumenti ottici. L'astronomia può dunque osservare le sorgenti cosmiche su tutto lo spettro elettromagnetico; tuttavia è ancora dominata dalle osservazioni ottiche e radio da Terra, per ragioni di praticità e per la possibilità di operare telescopi di dimensioni molto maggiori.

Altri effetti atmosferici negativi vanno ancora tenuti presenti per la precisione delle osservazioni. Un primo effetto è quello della **rifrazione atmosferica** per cui i raggi luminosi della banda ottica provenienti dagli oggetti astronomici bassi sull'orizzonte appaiono deviati dalla loro direzione effettiva fino a 35', come abbiamo discusso nel precedente capitolo. È quindi preferibile misurare le posizioni delle stelle quando sono alte sull'orizzonte, in quanto in tal caso i raggi luminosi incidono perpendicolarmente agli strati atmosferici.

Un altro effetto è quello per cui i raggi luminosi, incontrando irregolarità atmosferiche legate a differenze di temperatura e densità e alla turbolenza, vengono rifratti in modo casuale: l'immagine ricevuta dal nostro occhio varia di intensità e di posizione. Il fenomeno di variazione irregolare della luminosità è detta **scintillazione**, è l'effetto che fa "brillare" le stelle; i pianeti mostrano questo fenomeno in misura minore in quanto non sono puntiformi e quindi le scintillazioni dei vari elementi di emissione della superficie si compensano. Telescopi di grandi dimensioni danno luogo a minore scintillazione perché raccolgono un maggior numero di fotoni.

Oltre alla scintillazione le irregolarità atmosferiche causano un danzare della posizione delle sorgenti in quanto i cammini ottici dei fotoni attraverso l'atmosfera sono diversi da istante a istante. All'osservazione diretta al telescopio le stelle appaiono come macchioline (*speckle*) vibranti. Poiché l'occhio o la lastra fotografica hanno tipicamente tempi di raccolta più lunghi di queste oscillazioni, l'immagine risultante all'osservazione è allargata (come fosse sfocata) rispetto alle dimensioni reali. Questo effetto determina il **seeing** di un sito di osservazione, e comporta che le immagini di stelle invece che puntiformi siano dischi anche di qualche secondo d'arco e comunque, pur nelle migliori condizioni, non possano mai essere inferiori a qualche frazione di secondo d'arco.

Per approfondire meglio il concetto di seeing è utile considerare un caso ideale. Si assuma che una sorgente osservata sia puntiforme e che le ottiche del rivelatore non incidano sulla qualità dell'immagine. In assenza di atmosfera il rivelatore osserverebbe la sorgente com'è, puntiforme; in presenza di una massa d'aria, l'immagine della sorgente risulterà avere un'estensione superficiale con una densità di fotoni decrescente dal centro dell'immagine della sorgente verso l'esterno. Lo "sparpagliamento" dei fotoni è dovuto al fatto che un rivelatore, come un telescopio, ottiene l'immagine di un oggetto attraverso esposizioni (o pose) più o meno lunghe, che gli permettono di accumulare la luce proveniente dalla sorgente. Durante la posa le condizioni degli strati del cono di atmosfera che si trova tra la sorgente puntiforme e la superficie del rivelatore cambiano di frequente. Tali variazioni corrispondono ad un cambiamento dell'indice di rifrazione, che influisce sulla traiettoria dei raggi di luce e quindi sui punti della superficie del rivelatore dove i raggi incideranno. Ai fini pratici, la turbolenza atmosferica ha l'effetto di spostare rapidamente (nell'ordine

Fig. 2.2 Il complesso di telescopi all'Osservatorio di Mauna Kea, Hawaii, e il Telescopio Spaziale Hubble

dei millisecondi) l'immagine della sorgente sul rivelatore. Quanto l'immagine venga spostata dipende dalla turbolenza: più gli strati di atmosfera saranno turbolenti maggiore sarà lo spostamento.

L'immagine finale della sorgente sarà data dalla somma di tutti i fotoni arrivati al rivelatore durante l'esposizione. La funzione che descrive come i vari raggi di luce si sono distribuiti sulla superficie del rivelatore (ovvero l'immagine finale) è detta funzione di sparpagliamento dei punti (*PSF*, dall'inglese *Point Spread Function*). Tale distribuzione assumerà tipicamente una forma gaussiana essendo il fenomeno statistico. Esistono altre funzioni analitiche che possono riprodurre meglio la PSF reale delle sorgenti: un esempio è dato dalla funzione di Moffat (detta anche Moffattiana). La misura più comune del seeing è data dalla *larghezza a metà altezza* (FWHM, dall'inglese Full Width at Half Maximum) della PSF e viene espressa in secondi d'arco. La FWHM è un utile punto di riferimento anche per comprendere la risoluzione angolare massima ottenibile con i telescopi: le migliori condizioni di seeing da terra permettono di avere una FWHM di circa 0,4 secondi d'arco e si ottengono solo in luoghi particolari e per poche notti all'anno.

Naturalmente questi fenomeni complicano la corretta misura della posizione e della luminosità degli oggetti celesti. Inoltre impediscono la rivelazione di dettagli in oggetti di dimensioni estese, come ad esempio i pianeti. È quindi necessario per l'astronomia di frontiera, cioè per osservare oggetti molto deboli, che i telescopi vengano costruiti il più possibile in alta quota in modo da avere il cielo più buio, ossia indenne dalla diffusione atmosferica, e più trasparente, ossia secco e libero da vapor acqueo. Tuttavia occorre avere allo stesso tempo condizioni di stabilità dell'atmosfera per ridurre al massimo la scintillazione. La ricerca di buoni siti astronomici è diventata molto importante con il miglioramento della tecnologia con cui sono costruiti i telescopi; non solo occorre scegliere un buon sito, ma anche studiarne l'orientazione rispetto alle correnti atmosferiche per avere la massima stabilità. Oggi i migliori siti astronomici, tenendo anche in conto la necessità di essere lontani da fonti di luce artificiale, sono le isole Canarie (La Palma, Tenerife), le isole Hawaii (Mauna Kea, Fig. 2.2), le montagne del Cile (La

Silla, Paranal, Atacama, Las Campanas, Cerro Tololo), le montagne dell'Arizona (Kitt Peak, Mount Graham). Le onde radio non sono invece diffuse dall'atmosfera e quindi esistono molti buoni siti per radiotelescopi; solo per lunghezze d'onda corte verso il millimetro occorre di nuove scegliere zone con bassa concentrazione di vapor acqueo, tipicamente deserti ad alta quota. Un sito di particolare interesse appare essere l'Antartide, dove si può lavorare in alta quota, in ambiente molto secco e buio, con atmosfera stabile (deboli venti, poca turbolenza) e scarso ozono.

La messa in orbita di osservatori permanenti oltre l'atmosfera, tra cui soprattutto lo Hubble Space Telescope, consente oggi di raggiungere livelli di sensibilità e risoluzione molto più elevati, pur con maggiori difficoltà di operazione.

2.3 Caratteristiche dei telescopi

I telescopi, qualunque sia la banda elettromagnetica in cui lavorano, svolgono essenzialmente tre funzioni principali per l'astronomia:

- raccolgono radiazione su un'area grande, permettendo lo studio di sorgenti molto deboli;
- aumentano il diametro angolare apparente degli oggetti, permettendone lo studio ad alta risoluzione spaziale;
- definiscono con precisione la posizione degli oggetti e i loro moti.

La prima funzione dipende dalla **sensibilità** del telescopio, la seconda e la terza dal suo **potere risolutivo**. Queste due caratteristiche dipendono dall'area di raccolta dei fotoni, dall'efficienze del rivelatore posto nel piano focale e dalle condizioni ambientali (seeing, assorbimenti, rumore strumentale, ecc.); la loro definizione sarà argomento dei successivi capitoli.

Inizieremo a discutere i telescopi ottici, ricordando che la definizione delle loro caratteristiche si adatta, con le opportune modifiche per il diverso tipo di fotoni raccolti, anche ai telescopi che lavorano nella banda ultravioletta e infrarossa. Radiotelescopi e telescopi per raggi X e gamma hanno invece caratteristiche sostanzialmente diverse.

Dal punto di vista della fisica, telescopi che lavorano nel radio, nell'infrarosso, nel visibile e nell'ultravioletto sfruttano il comportamento ondulatorio della radiazione, con fenomeni di rifrazione, diffrazione, interferenza, ecc.: le proprietà della radiazione sono determinate dalla sovrapposizione di onde. Invece telescopi che lavorano alle alte frequenze trattano i fotoni come particelle.

Naturalmente si tratta di un discorso qualitativo utile per mettere in evidenza come le caratteristiche sensibilità e potere risolutivo vanno valutate in modo differente nei due casi. Nel caso dei telescopi di alta energia il potere risolutivo dipende dall'ottica geometrica del sistema e la sensibilità dalla capacità di distinguere i fotoni delle sorgenti rispetto al fondo del cielo e a quello generato all'interno dei rivelatori.

Nei telescopi di bassa energia il limite al potere risolutivo proviene essenzialmente dall'ottica diffrattiva e la sensibilità dalla statistica rispetto al fondo del cielo.

2.4 Telescopi ottici

La superficie con cui un telescopio ottico raccoglie la radiazione può essere una lente oppure uno specchio che la concentrano per rifrazione o per riflessione verso un rivelatore; nel primo caso il telescopio viene di conseguenza chiamato **rifrattore**, nel secondo **riflettore** (Fig. 2.3).

2.4.1 Caratteristiche dei sistemi ottici

Un rifrattore è basato su un sistema ottico costituito da due lenti convergenti, l'**obiettivo** che raccoglie la radiazione e la concentra formando un'immagine nel piano focale, e l'**oculare** che è una piccola lente di ingrandimento con cui si guarda l'immagine ingrandendola (Fig. 2.4). Le due lenti sono poste agli estremi di un tubo che permette di puntare il sistema ottico nella direzione prescelta. La distanza tra obiettivo e oculare può essere variata per mettere a fuoco l'immagine facendo coincidere i piani focali delle due lenti. Naturalmente l'immagine può essere registrata su una lastra fotografica o su altri sistemi di rivelazione. Il diametro D dell'obiettivo

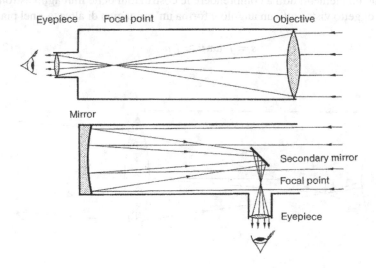

Fig. 2.3 Schemi di telescopi astronomici: sopra rifrattore, sotto riflettore (eyepiece = oculare)

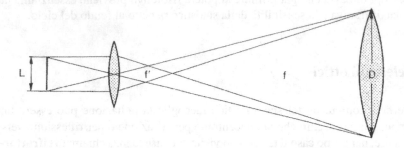

Fig. 2.4 Formazione dell'immagine di un rifrattore; L è detta pupilla di uscita del telescopio

viene chiamato **apertura** del telescopio, la distanza tra l'obiettivo e il suo fuoco
è la distanza focale f. Il rapporto tra diametro e la distanza focale è il **rapporto
di apertura** $F = D/f$. Questa grandezza permette di definire il potere di raccolta
del telescopio. Se F è grande si ha un telescopio potente e "veloce", cioè si possono ottenere immagini con pose relativamente brevi poiché l'immagine è luminosa
(grande area di raccolta, piccolo cammino dei raggi nel sistema ottico). Se F è piccolo si ha un telescopio "lento" che richiede pose più lunghe. In astronomia, come
in fotografia, il rapporto di apertura è spesso definito nella forma f/n dove n è la
distanza focale divisa per l'apertura: $f/1...f/3$ corrispondono a telescopi veloci, ma
in genere si ha a che fare con valori più piccoli, $f/8...f/15$.

La **scala dell'immagine** formata nel piano focale del rifrattore può essere calcolata seguendo le leggi dell'ottica geometrica come in Fig. 2.5. Nell'Appendice D
sono dati alcuni elementi utili a comprendere le costruzioni delle immagini astronomiche. Un oggetto visto sotto un angolo u forma un'immagine di altezza s nel piano
focale, ove

$$s = f \tan u \approx f u \qquad (2.1)$$

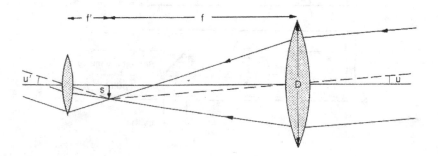

Fig. 2.5 Scala dell'immagine

(essendo u piccolo). Ad esempio, un telescopio con distanza focale 343 cm che osservi un oggetto di dimensioni angolari di 1' produrrà un'immagine di dimensione:

$$s = 343 \times \frac{1}{60} \times \frac{\pi}{180} = 1 \text{ mm}. \tag{2.2}$$

L'*ingrandimento* ω è dato quindi da:

$$\omega = \frac{u'}{u} \approx \frac{f}{f'} \tag{2.3}$$

dove f' è la distanza focale dell'oculare. Per esempio se l'obiettivo ha distanza focale $f = 100$ cm e l'oculare $f' = 2$ cm l'ingrandimento sarà pari a 50 volte. L'ingrandimento non è un fattore essenziale in un telescopio e può essere facilmente variato cambiando l'oculare.

Un fattore importante è invece il **potere risolutivo** che determina la minima separazione angolare delle componenti di un sistema stellare binario che può essere risolto in due stelle distinte. Tale limite è dovuto alla diffrazione della luce nell'apertura, per cui il telescopio non forma immagini puntiformi delle stelle, ma piccoli dischi con anelli, detti dischi di Airy (Fig. 2.6). Il calcolo di tale angolo minimo per un'apertura circolare è riportato nell'Appendice E con il risultato:

$$\sin \theta \approx \theta = 1.22 \frac{\lambda}{D} \tag{2.4}$$

dove λ è la lunghezza d'onda della radiazione osservata. In generale potremo dire che due oggetti sono visti come distinti se la loro distanza angolare è maggiore di $\approx \lambda/D$. Questa relazione vale anche nel caso dei radiotelescopi e dei telescopi per ultravioletto e infrarosso.

Il valore teorico del limite di diffrazione per un telescopio con $D > 2$ metri che osservi nel giallo ($\lambda = 5500$ Å) è pertanto $\leq 0.2''$, ma in realtà l'effetto del seeing non permette mai da Terra di raggiungerlo, essendo l'immagine sempre $\geq 1''$. Nella registrazione su lastra fotografica l'immagine risulta ulteriormente allargata in quanto la granulazione dell'emulsione è di circa 0.01 - 0.03 mm, che pertanto è anche la minima dimensione dell'immagine. Per una distanza focale di 1 m dalla (2.1) si ottiene che 0.01 mm corrispondono a $2.06''$, che risulta di fatto pari alla risoluzione teorica di un'apertura di soli 7 cm nel visibile ($\lambda = 5500$ Å). L'osservazione visuale, anche nelle condizioni migliori di adattamento, non riesce mai a scendere al di sotto di 2'.

Il **massimo ingrandimento** ω_{max} che è opportuno utilizzare per osservazioni visuali in un telescopio è dato dal rapporto tra il potere risolutivo dell'occhio, $e = 2' = 5.8 \times 10^{-4}$ rad, e il potere risolutivo del telescopio, θ:

$$\omega_{max} = \frac{e}{\theta} = \frac{eD}{\lambda} = \frac{D}{1\text{mm}}. \tag{2.5}$$

Ad esempio per un telescopio di 1 m di diametro, il massimo ingrandimento è 1000, ingrandimenti superiori non possono essere comunque percepiti dall'occhio.

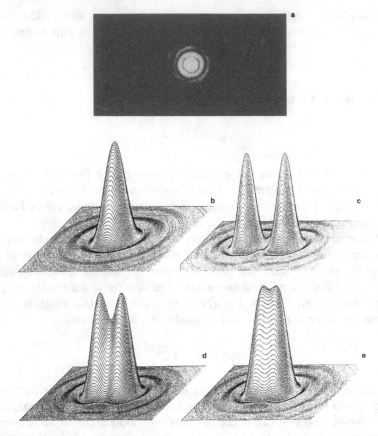

Fig. 2.6 Dischi di Airy per un'apertura circolare: (a) e (b) immagini di una stella singola; (c) coppia di stelle ben separate in un sistema doppio ; (d) e (e) coppia di stelle al limite della risoluzione angolare

Si definisce come **ingrandimento minimo** ω_{min} il minimo ingrandimento utile per osservazioni visuali ed è dato dalla condizione che la cosiddetta pupilla di uscita L del telescopio sia minore o uguale alla pupilla d dell'occhio. La pupilla di uscita L è l'immagine dell'obiettivo formata dai raggi che, raccolti dall'obiettivo, vengono catturati e ingranditi dall'oculare; utilizzando quindi la Fig. 2.4:

$$L = \frac{f'}{f}D = \frac{D}{\omega} \qquad (2.6)$$

per cui $L \leq d$ significa

$$\omega \geq \frac{D}{d} . \qquad (2.7)$$

Poiché di notte la pupilla dell'occhio è di circa 6 mm il minimo ingrandimento di un telescopio di 1 m è 170.

Infine si definisce il **campo di vista** di un telescopio come il rapporto tra il campo di vista dell'oculare diviso per l'ingrandimento; tipicamente gli oculari hanno campi di vista tra 40° e 65° il che comporta che per ingrandimenti del genere di quelli ora visti il campo di vista si riduce a pochi primi d'arco.

Considerazioni perfettamente analoghe si possono fare per i telescopi riflettori, in cui al posto della lente obiettivo convergente si utilizza uno specchio concavo che forma l'immagine verso l'oculare.

Per assicurare una buona convergenza dei raggi verso il fuoco occorre assicurare che le eventuali irregolarità delle lenti e degli specchi siano inferiori alle lunghezze d'onda che si vogliono studiare. Ciò significa che un sistema ottico che lavori nella banda ottica deve essere preciso entro qualche centinaio di Å, circa un decimo di micron, e uno che lavori nella banda X entro qualche Å, circa un decimillesimo di micron.

2.4.2 Telescopi rifrattori

I primi telescopi rifrattori utilizzavano una semplice lente convergente per obiettivo, per cui le osservazioni risultavano affette dalla cosiddetta **aberrazione cromatica** legata al differente indice di rifrazione della lente per i differenti colori, che comporta fuochi differenti per ogni colore (Fig. 2.7). Nel '700 furono introdotte le lenti acromatiche consistenti di due parti (una convergente e una leggermente divergente) che compensano l'effetto sui vari colori.

La dipendenza della posizione del fuoco dal colore viene ridotta a valori accettabili; per ogni data scelta di sistema acromatico esiste in particolare una regione in cui tale aberrazione ha un minimo (Fig. 2.8): si fissa tale minimo nella regione spettrale a cui il telescopio viene utilizzato, $\lambda_0 = 5500$ Å per osservazioni visuali, $\lambda_0 = 4250$ Å per normali lastre fotografiche. Oggi sono stati elaborate lenti basate su più componenti e con vetri speciali che riducono ulteriormente l'effetto di aberrazione. I maggiori rifrattori hanno raggiunto dimensioni dell'obiettivo al più intorno al metro, data la difficoltà di produrre lenti perfette di grandi dimensioni: 102 cm a Yerkes (il più grande del mondo, Fig. 2.9), 91 cm al Lick, 42 cm a Pino Torinese (il più grande d'Italia). Il loro rapporto di apertura è tipicamente $f/10...f/20$, il che indica grandi distanze focali. Questo fatto, insieme al ridotto campo di vista, rende anche i rifrattori di difficile utilizzo per la loro lunghezza. Sono peraltro molto utili per osservazioni visuali e per accurate misure astrometriche data la loro notevole luminosità.

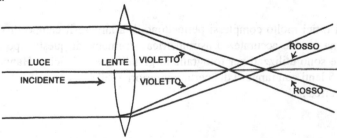

Fig. 2.7 Aberrazione cromatica delle lenti

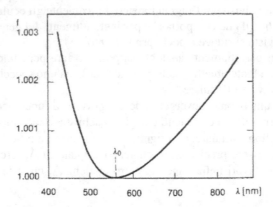

Fig. 2.8 Dipendenza della posizione del fuoco dalla lunghezza d'onda nelle lenti acromatiche

Fig. 2.9 Il rifrattore da 102 cm (40 inches) dell'Osservatorio di Yerkes

Sistemi ottici molto complessi permettono di allargare il campo di vista mantenendo una grande accuratezza astrometrica; strumenti di questo tipo sono detti astrografi e sono utilizzati per fotografie di grandi aree del cielo . Hanno obiettivi fatti di 3 - 5 lenti con rapporti di apertura inferiori ai 60 cm, con $f/5...f/7$ e campo di vista di circa $5°$.

2.4.3 Telescopi riflettori

Il più comune tipo di telescopio oggi impiegato in astrofisica è il telescopio a specchio o riflettore. L'area di raccolta della radiazione è uno specchio concavo rivestito di un sottile strato di alluminio. La forma dello specchio è in genere parabolica, perché riflette nel fuoco tutti i raggi che arrivano paralleli all'asse della parabola nello stesso fuoco; un riflettore non ha dunque aberrazione cromatica. L'immagine che vi si forma è osservata attraverso un oculare o viene registrata su lastra fotografica o altro rivelatore. I maggiori riflettori oggi in operatività sono i due specchi Keck I e II alle isole Hawaii da 10 m (Fig. 2.10), i due specchi del Large Binocular Telescope a Mount Graham da 8.4 m, il Subaru alle Hawaii da 8.3 m, i quattro telescopi da 8.2 m del Very Large Telescope a Paranal. Il primo di questi specchi giganti fu il telescopio Hale a Mount Palomar con uno specchio da 5.1 m costruito nel 1947. Sono ora in progettazione telescopi composti da più elementi controllati elettronicamente per creare aree di raccolta fino ai 100^2 mq. Un primo esperimento è stato effettuato dall'Harvard Observatory con il Multi-Mirror-Telescope costituito da 6 specchi a formare una superficie di raccolta circolare di 6.5 m di diametro. In questi grandi telescopi l'osservatore può collocarsi con gli strumenti di misura in una gabbia nello stesso **fuoco primario** dello specchio (Fig. 2.11) senza coprire sostanzialmente la radiazione incidente. In generale, ma soprattutto per telescopi più piccoli, è necessario poter effettuare osservazioni dall'esterno. Newton ideò appunto il sistema di interporre uno specchio piano secondario lungo il cammino dei raggi verso il

Fig. 2.10 I telescopi gemelli da 10 m Keck I e II all'Osservatorio di Mauna Kea

Fig. 2.11 L'astronomo Jesse Greenstein al fuoco primario del telescopio Hale di Mount Palomar

fuoco inclinandolo per deviarli lateralmente verso un fuoco esterno, detto appunto **fuoco newtoniano** (Fig. 2.3). Con questa configurazione si hanno rapporti di apertura $f/3...f/10$. Un'altra configurazione è ottenuta forando lo specchio primario nel centro e riflettendovi i raggi attraverso uno specchietto secondario convesso iperbolico posto nella parte anteriore del telescopio tra il primario e il suo fuoco: il fuoco finale è dietro lo specchio e prende il nome di **fuoco Cassegrain**. Questo sistema ha rapporti di apertura $f/8...f/15$. L'effettiva distanza focale f_e del sistema Cassegrain è determinata dalla posizione e convessità dello specchio secondario; seguendo le notazioni di Fig. 2.12 si ottiene:

$$f_e = \frac{b}{a} f_p \tag{2.8}$$

per cui per $a \ll b$ si può ottenere $f_e \gg f_p$ e quindi avere telescopi corti con grande distanza focale. Inoltre la posizione del fuoco è accessibile all'osservatore e quindi particolarmente adatta per montare spettroscopi, fotometri e altri strumenti anche di grandi dimensioni.

Configurazioni più complesse usano più specchi per guidare la luce lungo l'asse di declinazione del telescopio fino a un fuoco fisso, detto **fuoco Coudé**, che quindi può essere posto lontano dal telescopio. Si ottengono così grandi distanze focali e rapporti di apertura $f/30...f/40$ (Fig. 2.13). Questo sistema è usato soprattutto per misure spettroscopiche di alta risoluzione, perché lo strumento di rivelazione può essere posto in una stanza separata in condizioni ambientali stabili. Il fattore negativo è che il lungo cammino ottico e le molte riflessioni comportano una perdita in

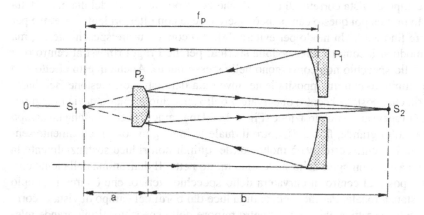

Fig. 2.12 Schema di telescopio con fuoco Cassegrain

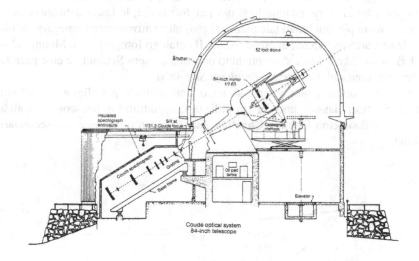

Fig. 2.13 Schema del telescopio con fuoco Coudé (Kitt Peak National Observatory)

luminosità. Poiché uno specchio alluminato riflette 4/5 circa della luce incidente, un passaggio attraverso 5 specchi comporta che al rivelatore giunge solo una frazione 0.8^5 pari al 32%.

I riflettori hanno inoltre una propria aberrazione che prende il nome di **coma** e si riferisce alle immagini fuori dall'asse del telescopio: i raggi non convergono nello stesso punto, ma formano una figura di cometa. Per tale ragione i riflettori hanno una piccola regione soltanto, un valore tra 2 e 20 minuti d'arco, in cui il campo di vista viene rappresentato in modo corretto. Ad esempio il telescopio di Mount Palomar ha un campo di vista corretto di circa 4', che corrisponde ad 1/8 del diametro della Luna. In pratica poi questo campo può essere esteso con ulteriori lenti correttive per giungere fino a 1°. Un modo per evitare l'effetto coma è usare specchi sferici, ma in tal modo si incontra l'**aberrazione sferica**, perché i raggi riflessi al centro o al bordo dello specchio non convergono nello stesso punto. Anche questo effetto può essere eliminato con un'apposita lente, inventata dall'astronomo estone Bernhardt Schmidt, che, posta nel centro di curvatura dello specchio primario devia i raggi paralleli, compensando l'aberrazione (Fig. 2.14). Una camera di Schmidt ha un campo di vista molto grande, fino a 7°, entro il quale le immagini sono praticamente senza errore. La lente correttiva è molto sottile, quindi non riduce sostanzialmente la luminosità e le immagini delle stelle sono molto nette. Il diaframma della lente correttiva è posto al centro di curvatura dello specchio sferico, che è circa il doppio della distanza focale. Per raccogliere tutta luce dai bordi del campo di vista occorre che la lente correttiva abbia un diametro minore dello specchio. Il più grande telescopio Schmidt è a Tautenburg con specchio di 203 cm, lente correttiva di 134 cm e distanza focale di 400 cm.

Lo svantaggio di questi telescopi è quello di avere un piano focale curvato secondo una porzione di sfera; quando lo si usa per fotografie, le lastre debbono essere opportunamente piegate lungo tale piano; si può alternativamente impiegare un'ulteriore lente correttiva vicino al piano focale. Il catalogo fotografico di Mount Palomar, il *Palomar Sky Atlas*, è stato ottenuto con una camera Schmidt, e così pure la sua continuazione sud, l'*ESO/SRC Southern Sky Atlas*.

Altri sistemi ottici, molto complessi, sono stati costruiti per eliminare l'effetto coma sui riflettori classici; uno dei più utilizzati, soprattutto in telescopi di grandi dimensioni, è il **sistema Ritchey-Chrétien**, basato su un primario e vari secondari iperbolici.

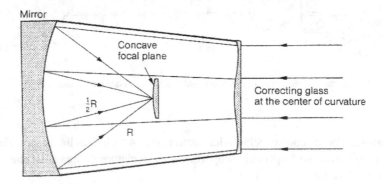

Fig. 2.14 Sistema ottico di una camera Schmidt

2.4.4 Montature dei telescopi

Un telescopio deve essere montato su una struttura stabile che ruoti dolcemente per seguire il moto apparente degli oggetti celesti; il moto avviene sulla sfera celeste, ed è quindi definito da due coordinate, per cui servono due rotazioni per puntare un oggetto in cielo. Si usano due principali tipi di montature: equatoriale e altazimutale (Fig. 2.15). Il loro nome deriva dalle coordinate celesti cui riferiscono i propri moti: il sistema equatoriale celeste e il sistema locale altazimutale. Nella **montatura equatoriale** uno degli assi di rotazione del telescopio punta verso il polo nord (o sud nell'emisfero australe) ed è quindi parallelo all'asse di rotazione terrestre: questo asse è chiamato *asse polare* o *asse orario*; il moto apparente del cielo può essere compensato con una contro-rotazione a velocità angolare costante intorno a questo asse. L'altro asse è ad esso perpendicolare, si chiama **asse di declinazione**, e muovendo il telescopio intorno ad esso si possono raggiungere oggetti a diversa declinazione (angolo di elevazione rispetto all'equatore celeste), che non viene modificata dal moto apparente del cielo.

Nella **montatura altazimutale** uno degli assi punta allo zenit, cioè è verticale al suolo, l'altro è ad esso perpendicolare nel piano orizzontale. Ovviamente questa montatura è più facile da eseguire tecnicamente; tuttavia per seguire gli oggetti celesti nel loro moto apparente occorre ruotare il telescopio intorno ad ambedue gli assi con velocità angolari variabili. I grandi telescopi tendono ad usare questa montatura per la sua stabilità, soprattutto ora che i sistemi di controllo al computer garantiscono un buon inseguimento degli oggetti. La montatura altazimutale possiede due fuochi addizionali agli estremi dell'asse orizzontale: sono detti **fuochi Nasmyth**.

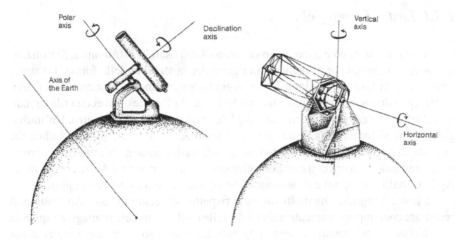

Fig. 2.15 Montature dei telescopi: a sinistra la montatura equatoriale, a destra la montatura altazimutale

Esistono poi alcune montature speciali. Il **celostata** è basato su di un sistema di specchi che permette di inviare l'immagine degli oggetti celesti verso un telescopio fisso. È usato soprattutto nei telescopi solari. Per misurare invece le posizioni assolute delle stelle e la rotazione terrestre, si usano i **cerchi meridiani** o **strumenti di transito** o **strumenti dei passaggi**, in cui i telescopi sono allineati nel piano meridiano locale nord-sud e possono solo ruotare intorno all'asse orizzontale est-ovest. Non possono seguire il moto celeste, ma soltanto misurare il passaggio al meridiano locale di oggetti celesti a diverse altezze sull'orizzonte. Sono stati un tempo utilizzati per misurare il tempo astronomico e le irregolarità del moto di rotazione terrestre.

2.5 Rivelatori per osservazioni nell'ottico

Fino alla fine del XIX secolo l'unico strumento di rivelazione per raccogliere informazioni al telescopio è stato l'occhio umano, che tuttavia ha una bassa efficienza nella raccolta dei fotoni ed è soggettivo nelle misure. Il primo passo avanti nel miglioramento dell'efficienza dei rivelatori fu l'utilizzo delle lastre fotografiche, seguito nel XX secolo dall'avvento dei fotometri fotoelettrici e successivamente dei rivelatori a semiconduttori. Quest'ultimo progresso ha rappresentato una vera e propria rivoluzione nell'astronomia osservativa: oggi con un telescopio di 50 cm si possono ottenere gli stessi risultati che a metà del Novecento solo il 5 m di Mount Palomar poteva permettersi.

2.5.1 Lastre fotografiche

La fotografia è stata ed è ancora uno dei metodi più usati in astronomia. Si utilizzano lastre di vetro invece di pellicole per garantire la stabilità della forma. Lo strato sensibile sulla lastra è un alogenuro di argento, generalmente bromuro di argento, $AgBr$. Quando un fotone colpisce una molecola di $AgBr$, questo si eccita rilasciando un elettrone che catturato da uno ione Ag^+ lo trasforma in atomo neutro. Un'immagine latente si forma sulla lastra quando si sono accumulati un numero sufficiente di atomi di Ag; l'immagine latente viene quindi trasformata in un'immagine permanente trattando la lastra con composti chimici che trasformano l'$AgBr$ con atomi di Ag in cristalli (sviluppo) e rimuovono l'$AgBr$ senza atomi di Ag (fissaggio).

La lastra fotografica ha molti vantaggi rispetto all'occhio umano. Anzitutto può registrare contemporaneamente milioni di stelle (o elementi dell'immagine), quando l'occhio può al più seguire un paio di oggetti. La lastra può essere esposta per tempi relativamente lunghi, in modo da impressionare molti atomi di Ag e quindi rivelare oggetti molto deboli; l'occhio invece ha un tempo di integrazione fisso. L'immagine è praticamente permanente, disponibile allo studio in qualunque momento e a relativamente basso costo.

Gli svantaggi delle lastre sono essenzialmente due: la limitata sensibilità e la saturazione. In una lastra normale solo un fotone su 1000 circa può essere catturato dall'AgBr; per l'astronomia si usano trattamenti che possono elevare l'efficienza di 10 volte, portandola a qualche fotone su 100. Va sempre tenuto presente che la sensibilità dipende fortemente dalla lunghezza d'onda della luce incidente, e si possono preparare lastre con diversi intervalli di sensibilità. Una volta impressionato il singolo AgBr non è più utilizzabile, cioè esiste un punto di saturazione: raddoppiare il numero di fotoni non porta necessariamente a raddoppiare il numero di Ag prodotti: l'annerimento della lastra non è una funzione lineare della quantità di luce incidente. L'insieme di questi elementi fa sì che la precisione con cui si può misurare la luminosità degli oggetti celesti non può essere migliore del ± 5%. Sebbene sia un fotometro poco accurato, la lastra permette però eccellenti misure di posizione su grandi regioni di cielo ed è quindi particolarmente adatta per costruire mappe del cielo di grande accuratezza astrometrica.

2.5.2 Spettrografi

Un semplice spettrografo è costituito da un prisma posto di fronte all'obiettivo di un telescopio: uno strumento di questo tipo si chiama **spettrografo a prisma obiettivo**. Il prisma disperde la luce incidente nelle sue componenti spettrali che possono quindi essere registrate, ad esempio, su una lastra fotografica: al posto delle immagini delle stelle compaiono le piccole strisce dello spettro di ciascun oggetto, per cui, per una prima classificazione spettrale, questo metodo permette di registrare contemporaneamente molti oggetti.

Per un'informazione più accurata si usa lo **spettrografo a fenditura**, ponendo una stretta fenditura nel piano focale del telescopio, in modo da selezionare una specifica regione di cielo: all'uscita dalla fenditura la luce viene guidata attraverso un collimatore che crea un fascio di raggi paralleli che viene poi disperso nello spettro attraversando un prisma e registrato in una camera fotografica (Fig. 2.16). In genere nella camera si può proiettare uno spettro di riferimento per una precisa misurazione delle lunghezze d'onda. Nei telescopi con fuoco Coudé o Nasmyth si può sistemare uno spettrografo a fenditura fisso in una camera apposita di fianco al telescopio, garantendo le condizioni di stabilità ambientale per lo strumento.

Al posto del prisma spesso viene utilizzato un **reticolo di diffrazione**, costituito da una griglia di incisioni lineari (circa un centinaio per mm) su lastre di vetro che riflettono e diffrangono le diverse lunghezze d'onda della luce incidente ad angoli differenti e quindi disperdono la luce nei suoi "colori" producendo spettri di diversi ordini. Nell'ipotesi di osservare su uno schermo posto "all'infinito" (ossia, a molti metri o idealmente nel piano focale di una lente convergente), si calcola con la teoria della diffrazione di Fresnel che l'angolo di deviazione α_k che conduce a massimi di intensità è:

$$\alpha_k = \arcsin\left(k \cdot \frac{\lambda}{d}\right). \tag{2.9}$$

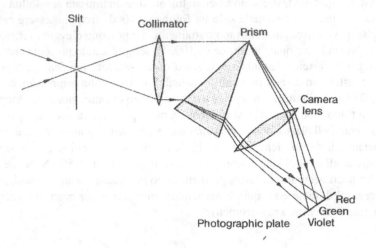

Fig. 2.16 Spettrografo a fenditura (slit = fenditura)

Esistono due tipi di reticoli, quelli per riflessione e quelli per trasmissione, in cui le incisioni sono sostituite da "finestrelle": quelli per riflessione non assorbono luce e quindi sono più efficienti. In ogni caso i reticoli permettono una dispersione spettrale più elevata dei prismi, e la dispersione può essere migliorata aumentando il numero di incisioni.

2.5.3 Fotocatodi e fotomoltiplicatori

Un **fotocatodo** è un rivelatore di fotoni più efficiente di una lastra fotografica. È basato sull'effetto fotoelettrico all'interno di un diodo a vuoto: fotoni al di sopra di una certa lunghezza d'onda incidenti su un fotocatodo ne estraggono elettroni e questi vengono accelerati verso l'anodo da un campo elettrico dando origine a un passaggio di corrente misurabile. L'efficienza quantistica di un fotocatodo è 20 - 30 volte superiore a quella di una lastra fotografica, per cui si possono raggiungere valori intorno al 30%. Inoltre il fotocatodo, entro il limite di saturazione, è un rivelatore lineare, cioè la corrente prodotta è direttamente proporzionale all'intensità della luce incidente.

I **fotomoltiplicatori** sono un'ulteriore evoluzione dell'uso dell'effetto fotoelettrico, in cui gli elettroni estratti dal fotocatodo vengono fatti incidere su una serie di dinodi che presentano un forte effetto fotoelettrico secondario, per cui per ogni elettrone prodotto dal catodo vengono estratti più elettroni. Con serie di dinodi in sequenza si possono ottenere moltiplicazioni degli elettroni originari fino a miliardi di volte. I fotomoltiplicatori permettono quindi di misurare con grande accuratezza (0.1 - 1%) la luminosità di sorgenti anche molto deboli. Non forniscono però immagini e quindi sono usati essenzialmente in fotometria.

2.5.4 Fotometri e polarimetri

Lo strumento per misurare la luminosità degli oggetti astronomici è detto **fotometro**, ed è in genere montato al fuoco Cassegrain. Nel piano focale si sistema uno schermo con un piccolo foro, il **diaframma**, che permette di selezionare l'oggetto su cui si vuole effettuare la misura eliminando la luce di altri oggetti e del fondo del cielo. Una lente di campo dietro il diaframma collima la luce verso un fotocatodo. La corrente prodotta nella sequenza dei dinodi viene quindi amplificata e registrata in forma digitale su nastri o dischi magnetici (Fig. 2.17). Tutta la parte elettronica dell'apparato non è attaccata al telescopio. Le misure vengono fatte in specifici intervalli di lunghezze d'onda scegliendo il tipo di catodo; inoltre per evitare che altre lunghezze d'onda disturbino la misura si introducono dei filtri all'ingresso del fotomoltiplicatore.

Un particolare fotometro è il **fotopolarimetro** in cui si usano filtri polarizzati, eventualmente insieme a quelli che selezionano la lunghezza d'onda. Combinando le osservazioni fatte con alcune orientazioni dei polarizzatori si possono misurare il grado e la direzione di polarizzazione della radiazione incidente (Fig. 2.18).

Va ricordato che il diaframma lascerà comunque sempre arrivare al catodo una sia pur piccola parte della radiazione proveniente dal fondo del cielo che peraltro può essere variabile per effetti atmosferici. Pertanto la misura sarà sempre la somma della radiazione della sorgente e del fondo del cielo. Quest'ultima può peraltro essere eliminata alternando osservazioni del fondo nelle vicinanze della sorgente, ma senza la sorgente: questi valori sono quindi sottratti dalla luminosità combinata, il che permette anche di tenere eventualmente conto delle variazioni del fondo. Naturalmente la precisione della misura diminuisce se per sorgenti deboli si debbano fare osservazioni su tempi più lunghi di quelli tipici di variazione del fondo. Per superare questa difficoltà si usano opportuni diaframmi rotanti che permettono osservazioni contemporanee della sorgente più fondo e del fondo solo.

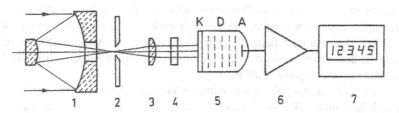

Fig. 2.17 Fotometro: (1) telescopio, (2) diaframma, (3) lente di campo, (4) filtro, (5) fotomoltiplicatore (K fotocatodo, D dinodi, A anodo), (6) amplificatore dell'impulso all'anodo, (7) contatore

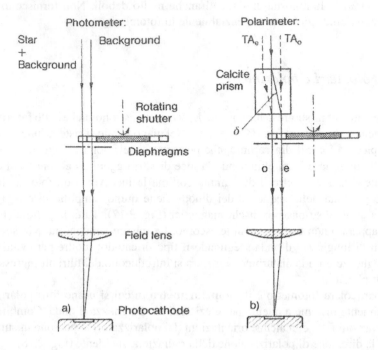

Fig. 2.18 Confronto dei sistemi ottici di un fotometro e di un polarimetro. Nel fotometro vengono raccolti due segnali uno per "stella + fondo" e un altro per "fondo" che vengono osservati alternativamente grazie ad un diaframma con shutter rotante in modo da permettere una calibrazione eliminando il fondo del cielo. Nel polarimetro lo sdoppiamento viene operato con un prisma di calcite che permette di misurare alternativamente luce polarizzata in direzioni perpendicolari

2.5.5 Rivelatori elettronici a immagini, CCD

A partire dal 1960 sono stati sviluppati vari tipi di camere a immagini, cioè siste-mi basati sull'uso di fotocatodi che forniscono direttamente immagini e permet-tono una rapida registrazione dei risultati. Essi sono generalmente indicati come **intensificatori di immagini**: questi apparati elettronici codificano l'informazione del punto di arrivo del fotone sul fotocatodo e, dopo l'intensificazione, l'insieme dei segnali dei diversi fotoni viene trasmesso ad uno schermo fluorescente formando un'immagine che è direttamente registrata o anche fotografata. L'intensificazione può essere molto spinta e permette quindi di ottenere immagini anche di oggetti di bassa brillanza con tempi di esposizione relativamente brevi laddove le lastre fotografiche sono completamente inadeguate.

Altre camere a immagini sono le **camere Vidicon**, che usano essenzialmente la tecnica delle camere TV. Gli elettroni estratti dal fotocatodo sono accelerati in un potenziale di alcuni kilovolt prima di colpire un elettrodo dove creano un'immagine sotto forma di una distribuzione di carica. Dopo l'esposizione la distribuzione di carica viene letta con *scanning* riga per riga per mezzo di un fascio di elettroni e si produce un segnale video che può essere proiettato come immagine visibile tramite un tubo televisivo oppure registrato sotto forma digitale.

Nei sistemi più avanzati la scintillazione di ogni singolo elettrone sullo schermo fluorescente dell'intensificatore viene registrata e immagazzinata nella memoria di un computer. L'immagine viene catalogata sotto forma di punti cui è assegnato uno specifico indirizzo, che viene chiamato *picture element* o **pixel**.

A partire dagli anni '70 sono entrati in funzione **rivelatori a semiconduttori** che hanno permesso di raggiungere efficienze nella rivelazione di fotoni fino al 70 - 80%, insieme ad una notevole rapidità e linearità di risposta. In aggiunta le regioni spettrali cui questi rivelatori sono applicabili è molto più grande che per qualunque fotometro o lastra fotografica, potendosi estendere anche all'infrarosso e all'ultravioletto. Tra questi il più usato è la cosiddetta **camera CCD** (*Charge Coupled Device*). Il rivelatore consiste in una superficie coperta da una griglia bidimensionale di diodi semiconduttori delle dimensioni di pochi micron sensibili alla radiazione: si hanno oggi reti di 10.000×10.000 pixels (Fig. 2.19). Il meccanismo di funzionamento è basato sull'accoppiamento di due semiconduttori cristallini al silicio, uno n-type drogato con boron con lacune positive (banda di valenza) e uno p-type drogato con fosforo con cariche negative localizzate (banda di conduzione). I semiconduttori sono mantenuti separati da un gap di potenziale di 1.1 eV. Fotoni incidenti sul semiconduttore p-type possono generare fotoelettroni che superano la barriera di potenziale e vengono raccolti nel semiconduttore n-type. La carica raccolta è pertanto proporzionale al numero di fotoni incidenti e rimane raccolta nel punto della griglia dove stata generata. Applicando opportune differenze di potenziale le cariche si muovono lungo la griglia e la loro distribuzione può essere "letta" da un circuito elettrico, riga per riga. L'analisi e registrazione delle risposte in questi rivelatori è digitalizzata su computer, e mostrata su uno schermo video. Le camere CCD sono i rivelatori più efficienti in astronomia in quanto sono in grado di rivelare oltre l'80% dei fotoni incidenti. Inoltre il circuito di raccolta permette di misurare l'intensità dei fotoni incidenti su ogni pixel e di ricostruire un'immagine ad alta risoluzione.

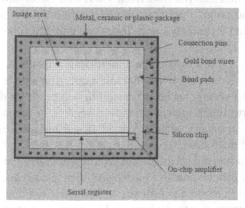

Fig. 2.19 Struttura di un CCD

2.5.6 Ottiche attive ed adattive

I rivelatori a semiconduttori hanno portato l'efficienza di rivelazione ad un valore molto prossimo ad 1. Per aumentare ulteriormente le prestazioni dei telescopi è necessario aumentare le dimensioni dell'area di raccolta. I riflettori da 5 m di Mount Palomar in California e da 6 m di Nizhny Arkhyz in Armenia rappresentano un limite della tecnologia per quanto riguarda il controllo di un singolo specchio tradizionale rispetto alle deformazioni che esso subisce durante le operazioni che ne cambiano l'orientamento rispetto alla gravità. Poiché è necessario mantenere il sistema ottico sempre nella stessa configurazione per la formazione dell'immagine nel fuoco con una precisione che per l'ottico dev'essere di un decimo di micron, anche piccolissime deformazioni possono introdurre aberrazioni. Nei telescopi tradizionali la forma dello specchio veniva mantenuta costruendo specchi molto spessi e rigidi, che diventano però difficili da operare per quanto riguarda i moti orari.

Una tecnica oggi usata è quella di costruire specchi sottili, e poco pesanti, con una serie di sensori/attuatori posti dietro di essi e controllati da un sistema elettronico che ne corregga ogni piccola deformazione rispetto alla forma nominale. Questa tecnica viene chiamata **ottica attiva** ed è stata per la prima volta impiegata nel *New Technology Telescope* (NTT) dell'ESO a La Silla in Cile con uno specchio di 3.5 m. È stato adottato anche nel *Telescopio Nazionale Galileo* (TNG) italiano a La Palma nelle Canarie. Con queste tecniche si arriva a costruire specchi singoli fino a circa 8 m, ad esempio i quattro elementi da 8.2 m del Very Large Telescope dell'ESO a Cerro Paranal.

Alternativamente si possono costruire telescopi compositi a mosaico con più specchi che vengono mantenuti confocali con opportuni sistemi di controllo elettronico. In tal modo si raggiunge l'obiettivo di costruire relativamente piccoli telescopi singoli, ma di combinarli in grandi aree di raccolta. Il primo telescopio del genere è stato il *Multi-Mirror Telescope* (MMT) che ha operato a Mount Hopkins in Arizona dal 1979 al 1998 con sei specchi da 1.8 m, che insieme corrispondevano ad un telescopio singolo da 4.5 m. I grandi telescopi oggi vengono costruiti con questa tecnica a mosaico, ad esempio i due riflettori Keck I e II dell'Osservatorio di Mauna Kea alle Hawaii. Esistono progetti per costruire telescopi ottici di dimensioni 10 volte maggiori, ad esempio l'Extremely Large Telescope dell'ESO che supererà i 40 m di diametro dell'area di raccolta.

Tuttavia abbiamo già discusso come l'atmosfera impedisca comunque di raggiungere il limite teorico di diffrazione dei telescopi. Non solo la risoluzione angolare viene limitata dal seeing: anche la sensibilità non permette di rivelare sorgenti più deboli di un certo limite, perché quando il segnale di una sorgente molto debole viene disperso su un'area angolare di $1''$ la sua brillanza si confonde con le variazioni statistiche del fondo.

Un metodo per correggere gli effetti del seeing attualmente in fase di sviluppo e test è il metodo delle **ottiche adattive** basato sull'idea di correggere il fronte d'onda in arrivo ai telescopi in modo da eliminare le perturbazioni dovute alla turbolenza atmosferica. Per ottenere questo risultato si deve avere una stella di riferimento in cielo nella regione di osservazione e di cui si conoscano le caratteristiche fotometriche e astrometriche. Questa stella di riferimento può essere una stella nota dai cataloghi oppure una stella artificiale creata da un fascio laser. Il telescopio registra contemporaneamente sia i dati della sorgente che si intende osservare sia quelli della stella di riferimento; le variazioni della stella di riferimento (dovute a scintillazione e seeing) vengono calcolate e sottratte in tempo reale dalla sorgente. L'operazione di sottrazione dei disturbi è fatta per mezzo di uno specchio deformabile secondario o di una lastra di materiale otticamente attivo posto lungo il cammino ottico dei raggi all'interno del telescopio che viene modificato con una distribuzione di indici di rifrazione opposti a quelli atmosferici.

In tal modo si possono correggere gli effetti dell'atmosfera, guadagnando sia in sensibilità sia in risoluzione angolare, e raggiungere prestazioni analoghe a quelle del Telescopio Spaziale Hubble.

2.5.7 Interferometri

Per aumentare il potere risolutivo dei telescopi si usa la tecnica dell'**interferometria**. Il principio è quello di far interferire la radiazione coerente proveniente dalle sorgenti e raccolta da due o più aperture. Il primo interferometro ottico fu l'**interferometro di ampiezza** di Michelson, costruito nel 1920 per il telescopio più grande dell'epoca, il 100 pollici Hooker di Mount Wilson. Era costituito da un collimatore a due fenditure posto davanti all'entrata del telescopio a distanza maggiore del diametro dell'apertura dello stesso e da un sistema di specchi che rifletteva due onde coerenti distinte entro il fuoco del telescopio dove interferivano. Il diagramma d'interferenza dipende dalla distanza delle antenne: il limite di risoluzione dell'interferometro è dato dalla relazione (2.4) dove il diametro del telescopio è sostituito dalla distanza tra le due fenditure. Lo studio del diagramma d'interferenza permise all'epoca di studiare strutture dettagliate in stelle binarie e di misurare i diametri di alcune stelle. In pratica il sistema è fortemente influenzato dal seeing in quanto i fronti d'onda incidenti sulle due fenditure possono perdere di coerenza a causa della turbolenza atmosferica e solo in pochi casi si sono potuti ottenere risultati apprezzabili.

Il sistema ebbe grande sviluppo negli anni '50 per la banda radio meno disturbata dal seeing. In tale banda si introdusse il metodo di lavorare con due antenne distinte, trasmettendo i segnali per mezzo guide d'onda e facendoli interferire in un correlatore. Il limite di risoluzione è ora dato dalla (2.4) dove il diametro del telescopio è sostituito dalla distanza tra i due telescopi.

Come discuteremo in dettaglio nel paragrafo sulla radioastronomia, è possibile non solo misurare le dimensioni angolari delle sorgenti, ma anche studiarne la struttura ottenendo immagini attraverso il metodo della *sintesi di apertura* che impiega una rete di telescopi. Oggi l'interferometria viene usata nell'ottico ai due grandi telescopi gemelli Keck I e II alle Hawaii (Fig. 2.10), al Very Large Telescope a Paranal (Fig. 2.20) e al Large Binocular Telescope in Arizona. Il maggiore ostacolo è la difficoltà di avere fronti d'onda coerenti ai differenti telescopi a causa della tur-

Fig. 2.20 I quattro telescopi del VLT e alcuni telescopi ausiliari del VLTI a Paranal

bolenza atmosferica. Tuttavia l'impiego di tecniche delle ottiche adattive, discusse più sopra, potrà migliorare il problema in modo sostanziale.

Il VLT Interferometrico combina in modo interferometrico 4 grandi telescopi da 8.2 metri e 4 telescopi ausiliari da 1.8 metri mobili su rotaie e produce immagini secondo la tecnica della sintesi di apertura. La luce raccolta viene inviata in un laboratorio centrale e fatta interferire in un correlatore. In tale modalità di funzionamento i quattro telescopi forniscono la stessa capacità di raccolta di luce di un singolo specchio di 16 metri di diametro, rendendoli lo strumento ottico con maggior sensibilità del mondo. La risoluzione è invece pari ad uno specchio che abbia un diametro pari alla distanza massima tra i telescopi (circa 100 metri). Il VLTI ha come obbiettivo una risoluzione angolare di 0,001 arcosecondi ad una lunghezza d'onda di 1 micron, nel vicino infrarosso.

Sebbene fosse usata da lungo tempo in radioastronomia, l'interferometria ottica ha dovuto attendere due sviluppi recenti. Il primo è quello di sistemi laser capaci di misurare distanze infinitesime con la precisione necessaria ad allineare le linee di raccolta dei segnali e mantenere le fasi delle più brevi lunghezze d'onda della luce visibile. Il secondo progresso sono le nuove ottiche adattative in grado di compensare la distorsione atmosferica (nel caso del VLT, si usa un piccolo elemento ausiliario che si riadatta 100 volte al secondo).

Un altro tipo di interferometro è l'**interferometro d'intensità** di Hanbury-Brown e Twiss del 1950 basato sull'analisi della correlazione delle intensità di segnali astronomici raccolti su due telescopi distinti. In tal caso non è necessario mantenere la coerenza dei segnali, ma occorre una buona statistica dei fotoni, per cui è applicabile solo a sorgenti forti. Un interferometro d'intensità è operativo in Australia a Narrabri; utilizza due riflettori da 6.5 metri che si possono muovere su rotaie circolari su un diametro di 188 metri. Ha permesso di misurare i diametri di molte stelle luminose. Il metodo può avere inoltre un grande sviluppo nel campo della misura di segnali rapidamente variabili.

2.6 Telescopi infrarossi

Le lunghezze d'onda più lunghe di 700 nanometri (banda del visibile rosso) ma più corte di 0.2 millimetri (200 μm) sono chiamate infrarosse. I telescopi per misure nell'infrarosso (IR) sono simili a quelli del visibile, ma va tenuto presente che il fondo in queste osservazioni è sempre molto elevato perché la temperatura dell'ambiente, del telescopio e dei rivelatori porta ad emissione termica nella banda infrarossa; inoltre il fondo ha forti fluttuazioni. Pertanto i rivelatori (o meglio direttamente i telescopi) debbono essere raffreddati a temperature di poche decine di gradi assoluti, tipicamente 50-70 K; ma per la banda del lontano IR, oltre i 10000 nm, si deve scendere fino a 4 K. Inoltre per poter sottrarre il fondo dalla sorgente in tempo reale, date le rapide fluttuazioni, si utilizza una montatura Cassegrain con secondario oscillante tra sorgente e zona di fondo con frequenza fino a 100 oscillazioni al secondo (Fig. 2.21).

I primi rivelatori infrarossi, e quelli submillimetrici che vedremo più avanti, sono stati **bolometri**. Un bolometro consiste di un elemento assorbente, ad esempio un sottile strato di metallo connesso termicamente a un dissipatore di calore. La radiazione incidente sull'assorbitore aumenta la temperatura del dissipatore, e l'aumento di temperatura è proporzionale all'energia assorbita. Un termometro calibrato permette quindi di misurare la luminosità delle sorgenti. Attualmente i bolometri usano come elemento assorbente semiconduttori o superconduttori al posto dello strato di metallo. Per aumentarne la sensibilità i bolometri lavorano in condizioni criogeniche.

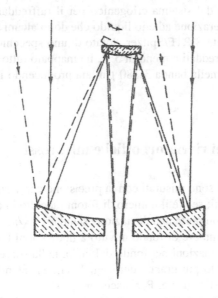

Fig. 2.21 Schema di telescopio infrarosso in montatura Cassegrain con secondario oscillante

Anche per l'infrarosso sono ora stati realizzati rivelatori del tipo **CCD a semiconduttori** a grandi matrici per dare immagini ad alta risoluzione. Le bande di valenza da utilizzare corrispondono a gaps più piccoli di quelli del silicio usati per i CCD ottici: questi semiconduttori sono l'antimoniuro di indio (InSb) e il tellururo di mercurio e cadmio (HgCdTe), e sono detti intrinseci. Sono anche stati sviluppati semiconduttori estrinseci, "drogando" i semiconduttori al silicio con impurità che hanno appropriate bande di valenza (gallio, indio, bismuto, arsenico, potassio).

Il flussi di fotoni IR sui rivelatori sono maggiori di quelli nell'ottico essendo più basse le energie dei fotoni stessi. Inoltre il fondo, come già detto, è molto grande, in particolare nella banda dei 10000 nm (o 10 μm). Pertanto i rivelatori debbono essere in grado di accettare grandi flussi di fotoni, mantenendo una risposta lineare su un esteso range dinamico. In ogni caso occorre leggere i rivelatori molto di frequente per evitare la saturazione; questo è un problema oggi ben risolto dalle elettroniche veloci.

È possibile svolgere osservazioni IR in alta montagna dove l'assorbimento degli strati densi dell'atmosfera presenta delle finestre; sono così stati messi in funzione osservatori IR alle Hawaii, alle Canarie, al Gornergrat in Svizzera. Per osservazioni nel lontano IR la NASA ha attrezzato un aereo che vola ad alta quota, il Gerard Kuiper Airborne Observatory. Vengono inoltre usati palloni stratosferici che vengono trasportati dal vento attraverso grandi distanze rimanendo a quote elevate per tempi lunghi.

Oggi l'astronomia IR utilizza osservatori orbitanti, tra cui il telescopio spaziale Hubble per il vicino IR e telescopi dedicati come IRAS, ISO, SIRTF/Spitzer e Herschel per il lontano IR. La durata di funzionamento di questi osservatori è essenzialmente limitata dal sistema criogenico per il raffreddamento del telescopio che è basato su refrigerazione ad elio liquido che dopo alcuni anni è completamente evaporato. Il satellite SIRTF/Spitzer, dotato di uno specchio di 85 cm e di CCD con 65000 pixels raffreddati a meno di 5 K, ha mappato tutto il cielo a risoluzione di pochi arcosecondi nella banda 3-180 μm sia producendo immagini sia spettroscopia.

2.7 Sensibilità dei rivelatori ottici e infrarossi

I segnali nei rivelatori sono misurati con la precisione che viene definita dalla statistica dei fotoni raccolti; se n è il numero di fotoni raccolto in assenza di rumore, la statistica di Poisson comporta una deviazione standard $\pm\sqrt{n}$.

Esiste tuttavia un rumore di fondo dovuto a fluttuazioni termiche nel rivelatore e nel telescopio, a fluttuazioni nel fondo del cielo, nella sorgente, ecc. Anzi molto spesso il fondo è molto più grande del segnale che si intende misurare. Tuttavia lo si può trattare statisticamente. Per discutere questo punto occorre ricordare due teoremi della statistica (per dettagli, si veda ad esempio [2]). Il primo è il *Teorema del Limite Centrale* della teoria della probabilità:

Se si operano N stime di una quantità x_i che è definita da una funzione di densità di probabilità arbitraria $p(x)$, la miglior stima del valore medio di x è data da

$$\bar{x} = \frac{1}{N} \sum_{i=1}^{N} x_i \qquad (2.10)$$

e la distribuzione di probabilità di tale valore medio $\bar{x}$ intorno alla media vera è una Gaussiana con deviazione standard $\sigma_0/\sqrt{N}$ dove σ_0 è la deviazione standard della funzione di densità di probabilità (non necessariamente Gaussiana) $p(x)$.

Ne risulta che al crescere di N, cioè in astronomia del numero delle osservazioni, la deviazione standard del rumore rispetto al valor medio diminuisce $\propto 1/\sqrt{N}$: quindi le fluttuazioni del rumore possono essere ridotte a valori molto piccoli facendo molte osservazioni (nell'ipotesi che il rumore non cambi di caratteristiche).

L'altro teorema che occorre ricordare è che la varianza della somma di due distinte quantità x e y, aventi ciascuno varianza σ_x^2 e σ_y^2 (σ_x e σ_y sono le deviazioni standard), è data dalla somma delle varianze $\sigma_{x+y}^2 = \sigma_x^2 + \sigma_y^2$.

Applichiamo questi concetti al caso delle osservazioni fatte con rivelatori della banda ottica o infrarossa (fotomoltiplicatori, CCD, ecc.). In generale le osservazioni sono fatte su bande Δv relativamente strette su cui lo spettro della sorgente rimane costante. Si indichi con $n(v)$ la densità di flusso della sorgente in fotoni m^{-2} s^{-1} Hz^{-1}; si supponga di osservare per un tempo t nella banda Δv con un telescopio di area effettiva A_{eff} (in tale area effettiva si tiene conto anche dell'efficienza del rivelatore e delle eventuali perdite). Pertanto il numero di fotoni raccolti dalla sorgente è:

$$S = n(v)A_{eff}\Delta v \, t. \qquad (2.11)$$

In assenza di rumore di fondo le fluttuazioni del segnale comportano un errore statistico pari a $\pm S^{1/2}$, per cui il rapporto segnale-rumore (dove il rumore è quello puramente statistico) risulterà:

$$\frac{\text{segnale}}{\text{rumore}} = \left[n(v)A_{eff}\Delta v t\right]^{1/2}. \qquad (2.12)$$

Vediamo ora quali sono le sorgenti di errore non semplicemente dovute alle fluttuazioni statistiche della sorgente che ora abbiamo considerato.

• Fondi di radiazione del cielo e del telescopio. Nell'ottico e nell'infrarosso è soprattutto importante il fondo del cielo, i cui fotoni vengono raccolti allo stesso modo di quelli della sorgente, ma provengono da tutte le direzioni nel campo di vista. Si definisce con $B(v)$ l'intensità del fondo del cielo in fotoni m^{-2} s^{-1} Hz^{-1} sr^{-1}; indicando con Ω l'angolo solido sotteso dal telescopio, si ha che il segnale del fondo del cielo è $B(v)A_{eff}\Omega\Delta v t$, che rappresenta anche la varianza intorno al valor medio del fondo cielo. Il fondo del telescopio viene trattato nello stesso modo.

• Corrente oscura del rivelatore. Si tratta di elettroni spuri generati entro il rivelatore ad esempio ad eccitazione termica degli elettroni nelle buche di potenziale dei rivelatori CCD. Se C è il numero di elettroni spuri generati per secondo, la varianza di questo rumore nel tempo di osservazione è Ct.

- Rumore elettronico. Si tratta del rumore dovuto alla lettura del segnale attraverso un amplificatore. Se il valore quadratico medio di elettroni è R, la varianza sarà R^2 per ogni lettura. Può pertanto essere un errore importante se si debbono eseguire molte letture durante un'osservazione.

Tenendo conto di tutte le varianze abbiamo quindi:

$$\sigma^2 = n(v)A_{eff}\Delta v t + B(v)A_{eff}\Omega\Delta v t + Ct + R^2 \tag{2.13}$$

e il rapporto segnale-rumore risulta:

$$\frac{\text{segnale}}{\text{rumore}} = \frac{A_{eff}n(v)\Delta v t}{\left(A_{eff}n(v)\Delta v t + B(v)\Omega A_{eff}\Delta v t + Ct + R^2\right)^{1/2}} . \tag{2.14}$$

Se il segnale è molto forte il rapporto è $\propto \left(n(v)A_{eff}\Delta v t\right)^{1/2}$; se prevale il fondo del cielo ("background limited observations") è $\propto \left(n(v)^2 A_{eff}\Delta v t/B(v)\Omega\right)^{1/2}$, per cui conviene usare rivelatori con ridotto campo di vista e telescopi di grande area. Se è il rumore del rivelatore la principale sorgente ("detector noise limited observations") il rapporto è $\propto \left(n(v)^2 A_{eff}\Delta v t/C\right)^{1/2}$. Per migliorare il rapporto (in tutti i casi $\propto t^{1/2}$) è necessario aumentare il tempo di osservazione.

2.8 Telescopi per fotoni di alta energia

Le sorgenti astrofisiche emettono radiazioni su tutto lo spettro elettromagnetico, ma come abbiamo visto, non tutte queste radiazioni possono raggiungere la superficie terrestre a causa dell'assorbimento atmosferico. Tuttavia dagli anni '60 la ricerca spaziale ha permesso di mettere in orbita osservatori dedicati a quelle lunghezze d'onda proibite da Terra. Si iniziò con voli di palloni stratosferici che permisero di portare telescopi e rivelatori oltre gli strati più densi dell'atmosfera; fu poi nel 1962 che il primo razzo dedicato ad un telescopio per osservazioni dei raggi X volò oltre l'atmosfera per 6 minuti. Da allora si sono susseguiti voli di razzi e la messa in orbita di satelliti a lunga durata nelle bande spettrali che vanno dall'infrarosso ai raggi ultravioletti, X e gamma che hanno permesso di ottenere mappe del cielo in regioni spettrali invisibili da Terra.

2.8.1 Telescopi X

L'astronomia X si riferisce all'intervallo di energie dei fotoni tra 10^2 e 10^6 eV, o lunghezze d'onda tra 10 e 0.001 nanometri (nm). La prima mappa del cielo X fu fatta all'inizio degli anni '70 dal satellite SAS-1 (Uhuru) cui sono seguiti osservatori con sempre maggior sensibilità e risoluzione, quali HEAO-1 (Einstein), EXOSAT, XMM, Chandra. Nel giro di una trentina d'anni l'astronomia X è riuscita a fare un salto di sensibilità analogo a quello fatto dall'astronomia ottica in 400 anni. Va anche ricordata la serie di strumenti utilizzati specificamente per lo studio della corona solare, in particolare lo Skylab, SMM, SOHO, TRACE.

2.8.1.1 Contatori

I primi rivelatori usati nei telescopi X furono essenzialmente basati sulla tecnica della rivelazione di particelle di alta energia.

I **contatori proporzionali** sono utilizzati per raggi X sotto i 20 keV; sono camere di ionizzazione ad alto potenziale contenenti un gas rarefatto, generalmente argon, che misurano la carica prodotta dalla ionizzazione delle molecole del gas provocata dal passaggio di un raggio X. Quando il raggio X ionizzante con un'energia sufficiente interagisce con le molecole del gas, produce delle coppie ione positivo - elettrone, chiamata coppia ionica (Fig. 2.22). Gli elettroni creati in questo processo migrano verso l'elettrodo positivo, l'anodo, sotto l'influenza di un campo elettrico, e continuando a muoversi nel gas formano coppie ioniche secondarie lungo la loro traiettoria. Gli elettroni creati in questi eventi secondari migrano anche loro verso l'anodo e creano altre coppie ioniche. In questo modo si produce una cascata, chiamata *valanga Townsend*. Se il potenziale è scelto accuratamente, ogni valanga avviene indipendentemente dalle altre valanghe che hanno origine dalla stessa particella primaria iniziale. Di conseguenza, anche se il numero totale di elettroni creati incrementa esponenzialmente con la distanza, la carica elettrica totale prodotta rimane proporzionale alla carica iniziale creata nell'evento originario. La geometria dei contatori è tipicamente cilindrica, perché consente di raggiungere campi elettrici abbastanza alti per dar origine alle valanghe di ionizzazione usando tensioni ragionevoli (migliaia di volt). L'anodo centrale, verso il quale migrano gli elettroni, è un filo molto sottile, mentre il catodo è la parete del cilindro, che di solito è

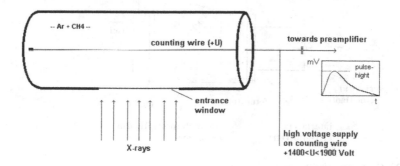

Fig. 2.22 Contatore proporzionale

tenuta a massa. In questa configurazione il campo elettrico ha direzione radiale e ha modulo:

$$E = \frac{V}{r\log(b/a)} \tag{2.15}$$

dove V è la differenza di tensione tra anodo e catodo, a il raggio dell'anodo, b il raggio del catodo, r la distanza dall'asse. Misurando la carica totale (l'integrale nel tempo della corrente elettrica) tra i due elettrodi, si risale alla energia del raggio X, poiché il numero di coppie ioniche create dalla particella ionizzante è proporzionale all'energia rilasciata.

Questi contatori proporzionali non forniscono informazioni sulla direzione di arrivo dei raggi X. Utilizzando invece una geometria piana e con l'anodo costituito non da un'unica piastra, ma da una griglia di fili incrociati, è possibile ottenere le due coordinate del punto in cui il fotone si manifesta per poi costruire un'immagine.

I **rivelatori scintillatori** sono basati su un materiale scintillatore capace di emettere impulsi di luce, in genere nel visibile o ultravioletto, quando viene attraversato da fotoni di alta energia. Lo scintillatore è quindi connesso ad un fotomoltiplicatore attraverso una guida di luce e in tal modo viene misurata l'energia del fotone X (Fig. 2.23).

Esistono diverse tipologie di scintillatori che si distinguono per tipo di materiale di cui sono composti, i tempi di risposta, le lunghezze d'onda emesse, l'efficienza di scintillazione (quanta energia viene convertita in luce). I più comuni usati per rivelare radiazione X sono cristalli inorganici o plastici, i più comuni sono gli ioduri di sodio o di cesio drogati con tallio (NaI(Tl) e CsI(Tl)), che hanno un'alta efficienza di scintillazione. Il processo che porta all'emissione di luce è il seguente. La struttura regolare del cristallo forma bande energetiche (banda di conduzione e banda di valenza), separate da una banda proibita, dove non si possono trovare elettroni. Il fotone incidente cede energia a un elettrone che può passare dalla banda di valenza

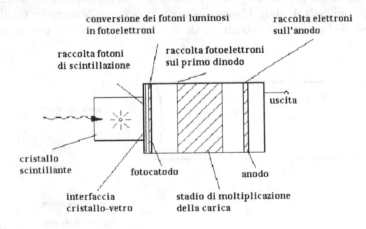

Fig. 2.23 Contatore scintillatore

alla banda di conduzione, per cui si forma una coppia elettrone-lacuna. L'elettrone e la lacuna migrano indipendentemente fino a quando l'elettrone non ha perso abbastanza energia e si diseccita tornando nella banda di valenza emettendo un fotone. Questo processo è inefficiente, e la probabilità di autoassorbimento è molto alta, in quanto lo spettro di emissione e di assorbimento sono molto simili. Con l'aggiunta di impurità si formano dei centri di attivazione, dove è maggiore la probabilità di ricombinazione tra l'elettrone nella banda di conduzione e una lacuna nella banda di valenza. In questo modo un elettrone che si diseccita produce molti fotoni ad energie molto inferiori rispetto all'energia che separa le due bande e l'autoassorbimento diventa trascurabile.

Di più recente sviluppo sono i **rivelatori a microcanali**. Sono realizzati come una sezione sottile di un fascio di tubicini di vetro di dimensione di qualche decina di micron (Fig. 2.24). Ciascun tubicino è un dinodo e costituisce uno dei "microcanali" dove un fotone X, urtando con le pareti, libera elettroni. Questi ultimi, sottoposti ad un forte campo elettrico nel microcanale, vengono ulteriormente accelerati secondo il principio dei fotomoltiplicatori, e per successive collisioni con le pareti producono una valanga di elettroni che vengono infine misurati come una corrente. Questo tipo di rivelatori fornisce poca o nessuna informazione sull'energia del fotone incidente, ma consente di misurarne la posizione con accuratezza maggiore dei contatori proporzionali in quanto i singoli tubicini hanno un campo di vista di pochi gradi.

Da poche decine di anni sono inoltre disponibili anche **sensori CCD** per raggi X che funzionano analogamente a quelli della banda ottica. Tuttavia mentre nella banda ottica per produrre un'immagine occorre una certa quantità di fotoni per accumulare una sufficiente carica nei pixels capace di superare l'effetto del fondo, un raggio X ha un'energia molto elevata e può liberare nel semiconduttore fino a 100.000 elettroni; in tal modo il CCD può rivelare ogni singolo fotone e misurarne sia energia sia direzione di arrivo.

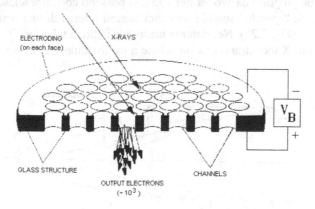

Fig. 2.24 Contatore a microcanali

I contatori permettono di ricavare l'energia dei raggi X rivelati e quindi consentono misure spettroscopiche. È possibile migliorare la risoluzione spettrale con l'uso
di appositi reticoli di diffrazione a trasmissione. Alternativamente lo studio spettrale
può essere fatto con tecniche non dispersive basate su **microcalorimetri**. Sono costituiti da un assorbitore opaco ai raggi X che ne trasforma l'energia in calore e da
un circuito con resistenza capace di misurarne le variazioni di temperatura con precisione fino a pochi decimi di grado. Per poter valutare con accuratezza le differenze
di temperatura per le varie energie dei fotoni il sistema deve lavorare in condizioni
criogeniche.

2.8.1.2 Collimatori e riflettori a incidenza radente

I rivelatori ora discussi non permettono risoluzioni angolari inferiori a qualche
minuto d'arco. Un miglioramento è stato ottenuto utilizzando *collimatori* meccanici, costituiti in una griglia di tubicini cavi posti di fronte alla finestra del rivelatore. La risposta risulta triangolare poiché i fotoni X seguono traiettorie rettilinee
seguendo l'ottica geometrica.

Negli anni '70 fu però sviluppata una tecnologia capace di focalizzare i raggi X
di energia inferiore ai 20 keV circa utilizzando il principio dell'**incidenza radente**
(in inglese *grazing incidence*) studiato da Bragg nel 1913. I raggi X sono assorbiti
nel caso di incidenza normale su specchi, ma vengono invece totalmente riflessi se
incidono quasi tangenti su superfici cristalline secondo la *legge di Bragg*:

$$n\lambda = 2d\sin\theta \qquad (2.16)$$

dove d è la distanza tra i piani dei reticoli cristallini, θ l'angolo di incidenza (e riflessione) rispetto alla superficie del cristallo e n un intero. Ad esempio per fotoni
di energia ≤ 1 keV la riflessione totale avviene per angoli inferiori a pochi gradi.
Pertanto, come proposto da Wolter nel 1952, si possono costruire telescopi X foca-
lizzanti dove gli "specchi" sono le superfici laterali interne di una struttura a tubo
quasi cilindrica (Fig. 2.25). Nel sistema usato negli attuali telescopi X, all'ingresso
del tubo i fotoni X incontrano una superficie a paraboloide, da cui vengono riflessi

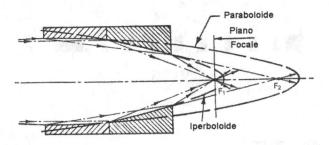

Fig. 2.25 Focalizzazione dei raggi X per incidenza radente

Fig. 2.26 Il telescopio X del satellite Einstein

su una seconda superficie a iperboloide che li fa convergere sul piano focale. La lavorazione delle superfici deve essere estremamente raffinata per evitare aberrazioni: si ricordi che la precisione deve arrivare a un decimo circa della lunghezza d'onda a cui si osserva. Si costruiscono specchi di metalli di alta densità e malleabili, tipicamente l'oro. In pratica, per aumentare la superficie riflettente si usano più tubi concentrici inseriti uno entro l'altro. La focalizzazione dei raggi X viene sfruttata ponendo nel piano focale rivelatori bidimensionali di piccole dimensioni in modo da ottenere direttamente vere e proprie immagini X. Si usano in particolare contatori a microcanali e CCD.

Il primo telescopio a incidenza radente fu usato nel 1973 sullo Skylab per osservazioni della corona solare. Quindi nel 1978 fu messo in orbita l'osservatorio HEAO2-Einstein con quattro coppie di specchi cilindrici concentrici, con area geometrica di raccolta di 350 cm^2 a seconda della banda di osservazione tra 0.2 e 20 keV. In tal modo raggiunse una risoluzione angolare di 4 arcosecondi con un campo di vista di circa 1° (Fig. 2.26). Nel 1999 è stato posto in orbita il satellite AXAF-Chandra che pure è basato su quattro coppie di specchi cilindrici concentrici con area geometrica di raccolta di 1100 cm^2, risoluzione angolare di 0.5 arcosecondi e campo di vista di1°; si tratta dei più perfetti specchi (in oro) mai costruiti. I rivelatori sono due: (1) una rete di 10 CCD che lavorano nel range 0.2 – 10 keV e (2) due griglie di microcanali che lavorano nel range 0.1 – 10 keV. Ambedue gli strumenti possono anche essere usati con reticoli di diffrazione che permettono misure spettroscopiche.

La missione XMM-Newton è pure in orbita dal 1999 ed è basata su tre telescopi, ciascuno con 58 specchi concentrici che portano l'area di raccolta a 6000 cm^2 con lo scopo di effettuare misure spettroscopiche e immagini ad alta sensibilità nella banda 0.1–12 keV. La risoluzione angolare è di alcuni arcosecondi. Importante è pure stata la missione italiana SAX, lanciata nel 1996 e completata nel 2003, che, con la combinazione di vari strumenti per immagini e spettroscopia, ha permesso osservazioni contemporanee nella banda 0.1 - 300 keV.

2.8.1.3 Eliminazione del fondo di raggi cosmici

I rivelatori di raggi X non rivelano solo fotoni di alta energia, ma anche particelle cosmiche di alta energia. L'eliminazione dei segnali dei raggi cosmici è quindi un passo fondamentale nella costruzione di un telescopio per raggi X. Tre tecniche sono state sviluppate.

- *Anticoincidenza.* Il contatore viene circondato da materiale scintillatore plastico insensibile ai raggi X lasciando solo libera una finestra di entrata. I raggi cosmici attraversano il contatore lasciando una lunga traccia di coppie ioniche ed escono attraverso lo scintillatore, mentre i raggi X terminano nel singolo processo localizzato di ionizzazione cui sono sottoposti all'interno del contatore. Pertanto gli eventi che sono rivelati sia nel contatore sia nello scintillatore sono da considerarsi raggi cosmici.
- *Forma dell'impulso.* Le particelle cosmiche, ed eventuali particelle di bassa energia estratte dalle pareti, producono lunghe tracce di ionizzazione e quindi segnali di relativamente lunga durata. Invece i raggi X rilasciano la loro energia in una ionizzazione localizzata, per cui il loro segnale risulta molto più stretto.
- *Phoswich.* Il rivelatore consiste di strati di materiale scintillatori alternativamente di CsI(Tl), sensibile a raggi X e raggi cosmici, e plastici, sensibili solo ai raggi cosmici. In tal modo i raggi cosmici danno origine a coppie di segnali, mentre i raggi X a singoli segnali. Un circuito logico permette di selezionare ed elimina i raggi cosmici, trasmettendo successivamente ad un fotometro solo i raggi X.

2.8.2 Telescopi gamma

L'astronomia gamma studia fotoni di energie comprese tra i 10^5 e i 10^{14} eV. Ad energie più basse confina con l'astronomia a raggi X con cui in parte si sovrappone: gamma molli e X duri si equivalgono. Tuttavia la differenza fisica sta nel fatto che, mentre radiazioni infrarosse, visibili e ultraviolette e raggi X molli originano da transizioni nella struttura atomica, i raggi gamma sono legati a transizioni nel nucleo atomico o a interazioni tra particelle elementari di alta energia. Pertanto ci permettono di indagare processi molto differenti da quelli rivelati da radiazioni di più bassa frequenza.

Le prime osservazioni gamma furono ottenute alla fine degli anni '60 dal satellite OSO-3 (Orbiting Solar Observatory) che rivelò radiazione gamma proveniente dalla Via Lattea; seguirono molte altre missioni dedicate, tra cui val la pena citare il satellite COS B, un grande successo dell'ESA. Un'importante recente missione è stato il Compton Gamma Ray Observatory che ha rivelato sorgenti del tutto sconosciute, i *gamma ray burst*, che sarebbero legati al collasso di stelle in galassie a distanze cosmologiche.

La rivelazione dei raggi gamma richiede tecniche diverse a seconda dell'energia. A basse energie dei fotoni, ≤ 0.3 MeV, si utilizzano tecniche analoghe a quelle dei raggi X, in particolare **rivelatori scintillatori** composti di vari strati di cristalli di ioduro di sodio o cesio con impurità [NaI(Tl) e CsI(Na)], oppure rivelatori a stato solido (CdZnTe): la radiazione gamma viene trasformata per effetto fotoelettrico in elettroni e successivamente in luce visibile che può essere rivelata con fotomoltiplicatori (Fig. 2.30). La profondità degli strati a cui penetra il fotone gamma permette di valutarne l'energia e la traccia lasciata nei vari strati dà un'indicazione della loro direzione di arrivo. Per avere una migliore definizione della direzione di arrivo si pongono delle maschere a griglia di fronte al rivelatore, ma la risoluzione angolare in questa banda rimane molto limitata, non essendo possibile focalizzare fotoni di queste energie.

Per raggi gamma di alta energia, ≥ 30 MeV, i rivelatori sono basati su **camere a scintille** in cui il fotone gamma viene convertito in una coppia elettrone-positrone, l'effetto dominante in questo range di energia. I telescopi gamma delle missioni spaziali AGILE e FERMI-GLAST lanciate nel 2007 e 2008 sono composti da un tracciatore–convertitore al silicio (in cui i piani di rivelazione sono alternati con lamine sottili di tungsteno) ed un calorimetro elettromagnetico allo ioduro di cesio. I raggi gamma che incidono sul rivelatore vengono convertiti in coppie elettrone-positrone nel tungsteno; le coppie vengono a loro volta tracciate dalle scintille nei rivelatori al silicio (il che permette di risalire, evento per evento, alla direzione del fotone incidente) ed assorbite nel calorimetro (che permette di misurarne l'energia). Il tracciatore è circondato da uno schermo di anti-coincidenza (ACD) per la eliminazione del fondo di particelle cariche spurie (Fig. 2.27).

Questa tecnica non funziona a energie di pochi MeV perché elettroni e positroni delle coppie subiscono forti deflessioni. In questo range di energia tra 0.3 e 30 MeV la diffusione Compton è il processo di perdita di energia dei raggi gamma nell'attraversamento della materia. Un **telescopio Compton** è composto di due strati di rivelatori separati di circa 1 m. Il rivelatore superiore agisce da convertitore a celle di scintillatore liquido. Il raggio gamma incidente libera un elettrone a seguito di interazione Compton nello scintillatore. L'elettrone rilascia la sua energia nello scintillatore producendo un segnale ottico che viene rivelato dai fotomoltiplicato-

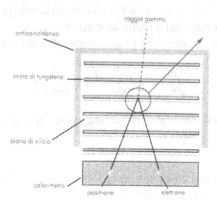

Fig. 2.27 Schema di telescopio con rivelatore a scintille per raggi gamma usato negli osservatori AGILE e FERMI GLAST: gli strati di tungsteno sono i convertitori, i piani di silicio i tracciatori; alla base il calorimetro raccoglie l'energia delle coppie

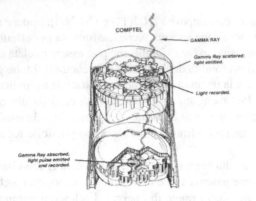

COMPTEL

GAMMA RAY

Gamma Ray scattered;
light emitted.

Light recorded.

Gamma Ray absorbed,
light pulse emitted
and recorded.

Fig. 2.28 Telescopio Compton, COMPTEL, sul satellite CGRO

ri attaccati a ciascuna cella. Il raggio gamma scatterato continua la sua traiettoria e incontra un assorbitore a celle di ioduro di cesio nel rivelatore inferiore producendo un elettrone che viene rivelato da una equivalente serie di fotomoltiplicatori (Fig. 2.28). È possibile ricavare la direzione di arrivo del raggio gamma dalla misura delle energie depositate nel convertitore E_e e nell'assorbitore E_a:

$$\cos\phi = 1 - \frac{E_e m_e c^2}{E_a(E_e + E_a)}. \tag{2.17}$$

Ad energie ≥ 300 GeV, i raggi gamma si convertono nell'atmosfera in una cascata di coppie elettrone-positrone e fotoni. Elettroni e positroni, viaggiando a velocità maggiore della velocità della luce nel mezzo, emettono **radiazione Čerenkov** nella banda ottica (Fig. 2.29). Le proprietà degli impulsi Čerenkov che permettono di derivare le proprietà dei fotoni gamma sono:

- la condizione Čerenkov $v > c/n$ (n è l'indice di rifrazione del mezzo);
- l'angolo del fronte d'onda della radiazione $\cos\theta = c/nv$;
- l'intensità dell'emissione per unità di cammino dell'elettrone

$$\frac{dI(\omega)}{dx} = \frac{\omega e^2}{4\pi\varepsilon_0 c^3}\left(1 - \frac{c^2}{n^2 v^2}\right). \tag{2.18}$$

L'indice di rifrazione dell'atmosfera può essere approssimato nella forma:

$$n = 1 + \alpha\rho \tag{2.19}$$

dove ρ è la densità e α una costante con $\alpha\rho \ll 1$. La condizione Čerenkov scritta in termini del fattore di Lorentz fornisce:

$$\gamma_s = (1 - v^2/c^2)^{-1/2} = (1 - 1/n^2)^{-1/2} \approx (2\alpha\rho)^{-1/2}. \tag{2.20}$$

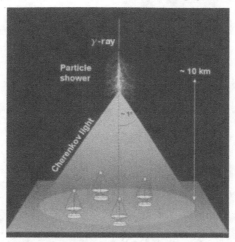

Fig. 2.29 Fotoni Čerenkov prodotti dallo sciame atmosferico generato dai raggi gamma di altissima energia e raccolti da una rete di rivelatori

Utilizzando ad esempio l'indice di rifrazione dell'atmosfera al livello del mare $n = 1 + 2.763 \times 10^{-4}$ si ottiene $\gamma_s \approx 40$ corrispondente a circa 20 MeV. Ad altezze superiori ove l'atmosfera è meno densa la soglia Čerenkov è più alta. Si definisce lo spessore dell'atmosfera attraversata dall'elettrone in kg m^{-2}:

$$l = \int_{\infty}^{x} \rho\,dx \qquad (2.21)$$

e, utilizzando un andamento della densità atmosferica che decresce esponenzialmente con l'altezza a partire dal livello del mare:

$$\rho = \rho_0 \exp(-x/x_0), \qquad \rho_0 = 1.35\,\mathrm{kg\,m^{-3}}, \qquad x_0 = 7.25\,\mathrm{km}. \qquad (2.22)$$

Conseguentemente si calcola che $\gamma_s \propto l^{-1/2}$, l'angolo del fronte della radiazione è $\theta \propto l^{1/2}$ e la radiazione emessa $I(\omega) \propto l$. Pertanto la radiazione emessa cresce con lo svilupparsi della cascata elettroni-fotoni. Elettroni e positroni vengono assorbiti nella parte superiore dell'atmosfera, tipicamente intorno ai 10 km di altezza, ma la radiazione emessa giunge al livello del mare come una serie di impulsi di fotoni dispersi su di un'area che dipende dallo sviluppo della cascata. In pochi nanosecondi giungono milioni di fotoni. Attraverso lo studio dell'apertura del cono e dell'intensità della radiazione si risale all'energia e alla direzione di arrivo del raggio gamma. Anche i raggi cosmici producono sciami di fotoni Čerenkov, ma la cascata da essi prodotti corrisponde a coni molto più larghi.

Sono attualmente in funzione alcune reti di telescopi Čerenkov (HEGRA, HESS, MAGIC, VERITAS) che hanno permesso di dare immagini vere e proprie delle sorgenti cosmiche a queste altissime energie.

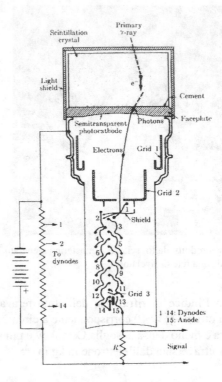

Fig. 2.30 Telescopio gamma con rivelatore scintillatore

2.8.3 Telescopi ultravioletti (UV)

I raggi UV coprono lunghezze d'onda tra i 10 e i 400 nm, cioè tra la banda X e quella ottica. Alle lunghezze d'onda minori, EUV, XUV, lontano UV, le tecniche osservative sono simili a quelle dei raggi X, con telescopi a incidenza radente e rivelatori a conteggio di fotoni; si tratta della banda più difficile da osservare, e solo recentemente vi sono state missioni dedicate. La missione FUSE ha realizzato la spettroscopia di sorgenti nella banda 90-119 nanometri utilizzando un telescopio a incidenza radente con un reticolo di diffrazione che disperde la radiazione su di un rivelatore a microcanali.

Alle lunghezze d'onda maggiori, nella regione del vicino UV, le tecniche sono invece simili a quelle del visibile, salvo la necessità di salire oltre l'atmosfera che assorbe pesantemente questa radiazione. Il telescopio spaziale Hubble HST lavora con CCD che permettono di ottenere immagini del cielo nella banda 170-1100 nm dall'UV fino all'infrarosso; utilizza anche una rete di microcanali che estendono la banda spettrale fino a 110 nm. La più famosa missione in questa regione spettrale è stato l'International Ultraviolet Explorer (IUE), lanciato nel 1978 e attivo per ben 18 anni: era dotato di un telescopio da 45 cm con due spettrografi con cui raccolse

Fig. 2.31 L'International Ultraviolet Explorer dell'ESA

spettri di oltre 100.000 stelle (Fig. 2.31). Attualmente il satellite GALEX sta effettuando una mappa dettagliata del cielo in questa banda; è dotato di un telescopio di tipo Richey-Chrétien del diametro di 0.5 m e usa due rivelatori a microcanali per coprire l'intera banda 135 to 280 nm. Possiede inoltre un sistema spettroscopico di tipo grism, costituito da un reticolo di diffrazione inciso su un prisma.

2.9 Sensibilità dei telescopi a contatori di fotoni

La sensibilità dei telescopi X e gamma è determinata dal fondo di eventi spuri che vengono registrati. Sono possibili due tipi di eventi spuri: (1) conteggi per secondo B_1 dovuti alla non perfetta eliminazione di raggi cosmici; (2) conteggi per secondo per unità di area e di steradiante B_2 dovuti alla presenza di un fondo isotropo. Pertanto la *sensibilità limite* del telescopio dipende dalla statistica dei conteggi. Il *rapporto segnale–rumore* è valutato nel seguente modo. Si indichi con Ω l'angolo solido sotteso dal telescopio, con A la sua area di raccolta e con t il tempo di integrazione su una sorgente di densità di flusso S in $m^{-2}s^{-1}$; il fondo di raggi cosmici è $B_1 t$ e quello del fondo isotropo $B_2 A \Omega t$. La sorgente ha tipicamente un flusso largamente inferiore alla somma di questi due fondi e dovrà essere misurata come un segnale significativo al di sopra delle fluttuazioni statistiche del fondo, che in accordo alla teoria statistica hanno deviazione standard $\sigma \approx \sqrt{N}$ dove N è il valore medio dei conteggi, ossia $\approx [(B_1 + B_2 A \Omega)t]^{1/2}$; il rapporto segnale–rumore è:

$$\frac{SAt}{[2(B_1 + B_2 A \Omega)t]^{1/2}} . \tag{2.23}$$

Se si richiede che la rivelazione di una sorgente corrisponda a un rapporto segnale-rumore di almeno cinque, si ricava che la densità di flusso limite del telescopio per un tempo d'integrazione t è:

$$S_{min} = 5 \left[2 \frac{B_1/A + \Omega B_2}{At} \right]^{1/2}. \tag{2.24}$$

2.10 Radiotelescopi

La radioastronomia opera osservazioni in un intervallo di lunghezze dello spettro elettromagnetico che va da circa 1 mm (frequenza di 300 GHz) a 100 m (alcuni MHz) corrispondente ad un'ampia finestra atmosferica. L'intervallo tra 1 mm e 1 cm prende il nome di regione delle microonde che tratteremo separatamente. Lo sviluppo della radioastronomia risale al tempo relativamente recente in cui sono stati sviluppati ricevitori radio sufficientemente sensibili. All'inizio del '900, poco dopo gli esperimenti di Marconi sulla trasmissione di segnali radio intercontinentali, furono tentate osservazioni di emissione radio dal Sole, ma i risultati furono negativi a causa della bassa sensibilità del sistema antenna/ricevitore e anche per la scelta, non essendo ancora note le caratteristiche ottiche dell'atmosfera, di una banda osservativa a bassa frequenza che è fortemente attenuata dalla ionosfera.

Le prime osservazioni di segnali radio cosmici ebbero luogo nel 1932 ad opera di Karl Jansky, ingegnere dei Bell Telephone Laboratories di Holmdel nel New Jersey, durante un programma di misure dei disturbi delle trasmissioni radio alla lunghezza d'onda di 14.6 m (20.5 MHz). Jansky registrò un'emissione di origine ignota che variava con periodo di 24 ore; successivamente riuscì a dimostrare che la sorgente coincideva con la direzione del centro della nostra Galassia (Fig. 2.32). Alcuni anni dopo Rote Greber, sempre negli Stati Uniti, iniziò una serie di osserva-

Fig. 2.32 Storica immagine di Jansky con la sua "giostra"

zioni sistematiche della sorgente con un'antenna radio a parabola di 9.5 m a varie frequenze, mostrando inoltre che il suo spettro era molto diverso da quello di corpo nero che invece caratterizza le stelle. Successivamente la radioastronomia ebbe un rapido sviluppo, grazie alle applicazioni delle tecniche radio e radar ad usi civili (e purtroppo anche militari), permettendo agli astronomi di rivelare e indagare sorgenti non osservabili nella banda ottica, come il mezzo interstellare, le pulsar, i quasar e i nuclei galattici che hanno largamente contribuito alla comprensione della struttura e dell'evoluzione dell'Universo. Le osservazioni radio sono effettuate sia sulla banda del continuo sia su righe spettrali.

Un radiotelescopio è costituito da un'apertura o antenna parabolica che raccoglie la radiazione e la trasmette ad un ricevitore che misura direttamente il campo elettrico e lo trasforma in un segnale di ampiezza proporzionale al campo misurato. L'antenna è caratterizzata dal cosiddetto **diagramma d'antenna** che altro non è che il diagramma di diffrazione discusso per il caso dei telescopi ottici (Appendice E). La larghezza del *lobo principale* entro cui viene raccolto il segnale è appunto definito dalla relazione $\Delta\theta \approx \lambda/D$ dove D è il diametro dell'antenna (Fig 2.33). Si usano tecniche particolari per ridurre al massimo l'effetto dei lobi secondari. La larghezza del lobo dell'antenna ne definisce la risoluzione angolare, è la distanza angolare minima entro cui due sorgenti possono essere viste come distinte. L'area efficace dell'antenna $A_{eff} \approx D^2$ è invece la quantità che definisce la potenza raccolta. In particolare area efficace e diagramma di antenna in angolo solido sono legati dalla relazione:

$$A_{eff}\Omega_A = \lambda^2 . \qquad (2.25)$$

I ricevitori sono essenzialmente basati su circuiti coerenti e hanno una banda di ricezione molto stretta. Il segnale è quindi amplificato, integrato, analizzato, ripulito del fondo e del rumore e infine registrato, tipicamente su di un nastro magnetico o un disco. Poiché il segnale ricevuto è molto debole, anche un milionesimo del rumore del sistema, i ricevitori debbono essere particolarmente sensibili, stabili e ben calibrati. Amplificatori stabili sono disponibili a basse frequenza, mentre ad alte frequenze è difficile ottenere grandi amplificazioni stabili.

La soluzione è stata ottenuta con i *ricevitori a eterodina*. Il segnale ricevuto dall'antenna è miscelato con un segnale di riferimento alla frequenza di un oscillatore locale vicina a quella del segnale dell'antenna. Il miscelatore produce un segnale prodotto dei due. Ad esempio se il segnale dell'antenna è $V_s \sin(\omega_1 t + \phi_1)$ e quello dell'oscillatore locale $V_{ol} \sin(\omega_{ol} t + \phi_{ol})$, il miscelatore fornisce un segnale in uscita proporzionale al prodotto dei segnali in entrata:

$$V_{out} = 2AV_s V_{ol} \sin(\omega_1 t + \phi_1) \sin(\omega_{ol} t + \phi_{ol})$$
$$+ \frac{1}{2}AV_s V_{ol} \cos[(\omega_1 + \omega_{ol})t + \phi(\phi_1 + \phi_{ol})] +$$
$$+ \frac{1}{2}AV_s V_{ol} \cos[(\omega_1 - \omega_{ol})t + \phi'(\phi_1 - \phi_{ol})] . \qquad (2.26)$$

Il risultato è quindi un battimento di bassa frequenza che fa da inviluppo ad un'alta frequenza. A questo punto con un filtro passa-basso che lascia passare

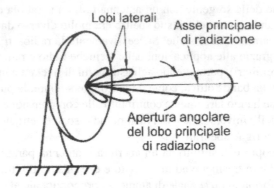

Lobi laterali   Asse principale di radiazione

Apertura angolare
del lobo principale
di radiazione

Fig. 2.33 Schema del diagramma di antenna di un radiotelescopio

solo le basse frequenze il segnale viene trasformato in un segnale a bassa frequenza $(\omega_1 - \omega_{ol})$ che può essere amplificato con gli amplificatori tradizionali a bassa frequenza stabili. Il segnale in uscita V_{out} è proporzionale al segnale della sorgente V_s.

2.10.1 Antenne singole

A basse frequenze le antenne sono dei semplici dipoli, e per aumentarne l'area di raccolta si costruiscono reti o campi di dipoli collegati fra di loro o collettori a corno. Queste reti sono solo parzialmente orientabili, ma osservano i segnali al passaggio della sorgente nel loro campo di vista durante il moto diurno. Il tipo più comune di antenna è comunque il riflettore parabolico (in genere orientabile), che funziona esattamente come un riflettore ottico concentrando i raggi in un fuoco dove viene posto il ricevitore (ambedue i tipi di antenne sono presenti nell'osservatorio radio di Medicina, Fig. 2.34). A grandi lunghezze d'onda la struttura riflettente può essere non continua, ma a maglia, in quanto la radiazione incidente non "vede" gli interstizi: in genere la forma della parabola deve essere lavorata con una precisione dell'ordine di 1/10 della lunghezza d'onda a cui si vuole osservare per garantire una buona riflessione del segnale. A lunghezze d'onda millimetriche e submillimetriche quindi la lavorazione deve essere continua e accurata, e spesso si usano riflettori molto simili a quelli dei telescopi ottici. La differenza sostanziale tra radiotelescopi e telescopi ottici è in effetti nella ricezione del segnale, cioè nel ricevitore. I radiotelescopi non forniscono immagini (per questo occorre usare la sintesi di apertura di cui si parlerà in seguito), ma soltanto l'ampiezza, la fase e la frequenza del segnale.

La risoluzione di un radiotelescopio è definita dalla legge di diffrazione (2.4) e/o (2.25) che vale per tutte le lunghezze d'onda per le quali prevalga l'aspetto ondulatorio. Poiché il rapporto tra le lunghezze d'onda nel radio e nell'ottico è circa 10.000

Fig. 2.34 L'osservatorio radio di Medicina in Italia con la rete di dipoli della Croce del Nord e il riflettore parabolico VLBI

volte, per raggiungere la stessa risoluzione nel radio occorre costruire antenne con diametri di decine di km. In effetti nei primi tempi della radioastronomia questa fu la maggior difficoltà, per cui osservazioni ad alta risoluzione divennero possibili solo dagli anni '50. L'antenna di Jansky aveva ad esempio un diagramma d'antenna di 30°. Ciò rese inizialmente difficile la definizione della posizione stessa delle sorgenti e la loro eventuale struttura, cioè se si trattasse di oggetti puntiformi oppure di sorgenti estese. Non era soprattutto possibile un confronto tra cielo radio e ottico, per individuare l'eventuale associazione, cioè una corrispondenza tra oggetti radio e oggetti ottici.

Il maggiore radiotelescopio ad antenna singola è il radiotelescopio di Arecibo a Portorico, il cui riflettore di 305 m di diametro è fisso e costruito ricoprendo di lastre riflettenti una valle naturale (Fig. 2.35); la superficie riflettente è sufficientemente precisa da permettere osservazioni a lunghezze d'onda maggiori o uguali di 5 cm. L'antenna non è parabolica, ma sferica; la posizione del ricevitore non è fissa, ma può muoversi in modo da permettere osservazioni fino a 20° dallo zenit.

Il maggiore radiotelescopio ad antenna singola orientabile è a Effelsberg, presso Bonn in Germania, del diametro di 100 m (Fig. 2.35). Negli 80 metri centrali l'antenna è solida e lavorata con estrema precisione in modo da permettere osservazioni fino a lunghezze d'onda di 4 mm. Va citato tra questi giganti anche il radiotelescopio di Jodrell Bank, presso Manchester in Gran Bretagna, con diametro di 76 m, il primo ad essere costruito alla fine degli anni '50.

Recentemente hanno acquistato notevole interesse le osservazioni nella banda millimetrica e submillimetrica, sia perché vi si trovano molte righe delle molecole interstellari, sia perché a piccole lunghezze d'onda si possono raggiungere migliori risoluzioni angolari. Tuttavia in genere le antenne non possono lavorare bene in quella banda perché la loro forma non è sufficientemente accurata e diventano inoltre estremamente massicce se debbono avere una struttura continua e non a maglia. Il telescopio da 12 m di Kitt Peak in Arizona può osservare fino a 0.5 mm, il 40 m di Nobeyama in Giappone può scendere a 3 mm, il 30 m IRAM a Pico Veleta in Spa-

Fig. 2.35 Il radiotelescopio di Arecibo, a sinistra, e il radiotelescopio di Effelsberg, a destra

gna arriva a 1 mm, il 15 m svedese all'ESO La Silla opera a 0.6 mm. Ritorneremo
più avanti sui telescopi in questa banda.

2.10.2 Radiointerferometri

Con antenne singole si raggiungono risoluzioni angolari non inferiori ai $5''$ e solo alle piccole lunghezze d'onda. D'altra parte le dimensioni delle strutture intorno alle centinaia di metri sono al limite della tecnologia. La radioastronomia può
però sfruttare l'interferometria meglio che non l'astronomia ottica, in quanto la turbolenza atmosferica non influenza sostanzialmente la banda radio le cui lunghezze d'onda sono molto più grandi delle celle di turbolenza. In tal modo è possibile mantenere la coerenza dei fronti d'onda anche su grandi distanze dei telescopi
e raggiungere con l'interferometria dei segnali di più antenne risoluzioni angolari
fino $0.0001''$.

Il più semplice radiointerferometro è basato su due antenne distinte a distanza
D opportunamente collegate attraverso guide d'onda che fanno convergere i loro
segnali in un ricevitore dove vengono sommati; se i segnali sono coerenti sono le
ampiezze dei campi a sommarsi. La distanza tra le antenne è chiamata **linea di base**
del radiointerferometro ed è la caratteristica più importante per definirne le prestazioni. Consideriamo per semplicità il caso in cui la linea di base è perpendicolare
alla linea di vista e disposta nella direzione est-ovest (Fig. 2.36): in tal caso il segnale di una sorgente puntiforme all'infinito giunge alle due antenne con la stessa
fase e quindi le ampiezze si combinano nel ricevitore in un massimo. La rotazione
della Terra fa però variare la posizione della linea di base rispetto alla sorgente, per
cui in tempi successivi il segnale giunge alle due antenne con fasi via via differenti: in pratica l'ampiezza del segnale al ricevitore decrescerà fino ad un minimo di
zero intensità (quando la differenza di fase è di π corrispondente a differenza di
cammino ottico di $\lambda/2$) per poi ricrescere verso un massimo, creando un **diagram-**

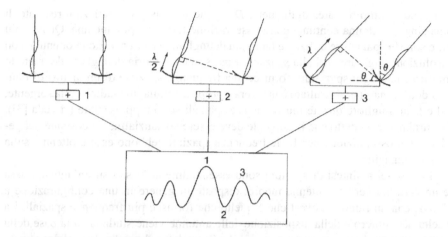

Fig. 2.36 Schema di radiointerferometro a due antenne con rappresentazione dell'ampiezza del segnale raccolto: (1) e (3) segnali in fase con interferenza per somma, (2) segnali in opposizione di fase con interferenza per elisione

ma di interferenza sinusoidale. La distanza tra successivi massimi è data dalla formula:

$$\sin\theta D = \lambda \tag{2.27}$$

dove θ è l'angolo tra la normale alla linea di base e la linea di vista della sorgente e λ la lunghezza d'onda del segnale a cui si osserva. Pertanto, confrontando con la (2.4), la risoluzione angolare dell'interferometro è pari a quella di un'antenna singola di diametro D. Se la sorgente non è puntiforme, la radiazione proveniente da punti diversi avrà differenze di fase diverse; in tal caso i minimi dell'interferenza non saranno mai nulli, ma avranno un valore P_{min}, che sarà tanto più vicino a P_{max} quanto più estesa è la sorgente. Si definisce **visibilità delle frange** il rapporto

$$\frac{P_{max} - P_{min}}{P_{max} + P_{min}} \tag{2.28}$$

che risulta nullo per sorgenti estese e pari all'unità per sorgenti puntiformi.

Una maggiore informazione circa la struttura delle sorgenti si può ottenere variando la spaziatura tra le antenne e confrontando le visibilità delle frange osservate a varie linee di base con modelli. Questo metodo si chiama **sintesi di apertura** in quanto si ricostruisce per punti il segnale di un'apertura continua. Questa tecnica è stata proposta e sviluppata dal radioastronomo inglese Martin Ryle. Ne illustriamo i principi con riferimento alla Fig. 2.37. Iniziamo con due antenne spaziate di D poste su rotaie lungo la direzione est-ovest: a causa del moto di rotazione terrestre, la linea di base verrà vista da un punto fisso del cielo spazzare una circonferenza o un ellisse di dimensioni circa λ/D nello spazio di 12 ore. Se aggiungiamo antenne con diverse linee di base all'interno della distanza D (oppure spostiamo una delle antenne coprendo altre spaziature interne) avremo più circonferenze o ellissi che vengono a riempire l'area di diametro D. In questo senso si sintetizza il risultato di una singola antenna continua con l'osservazione fatta con più antenne. Quanto più fitte sono le spaziature utilizzate tanto più dettagliata è l'informazione ottenuta, con risoluzione angolare pari alla spaziatura massima. La teoria dettagliata del metodo mostra come ogni spaziatura fornisce una frequenza spaziale di un'analisi di Fourier dell'immagine: il risultato è una vera e propria "immagine radio" della sorgente, ed è tanto migliore quante più frequenze spaziali sono rappresentate (si veda [3]). Naturalmente va detto che la sorgente deve essere sostanzialmente costante nel periodo dell'osservazione perché le frequenze spaziali debbono essere ottenute sulla stessa immagine.

I telescopi a sintesi di apertura sono essenzialmente basati su un'antenna fissa e un certo numero di antenne mobili, disposte in genere in una configurazione a T o Y, con un ramo est-ovest che è quello che fornisce più frequenze spaziali. La scelta del numero e della disposizione delle antenne viene studiata sulla base della combinazione di un numero n di esse a 2 a 2; va detto che nella disposizione spesso alcune combinazioni danno lo stesso risultato e sono quindi ridondanti (vedi la Fig. 2.37). In linea di principio sono sufficienti anche due sole antenne di cui una mobile: tuttavia in tal caso servono almeno 12 ore per ciascuna spaziatura e l'osservazione risulta molto lunga, anche con il rischio di far intervenire gli effetti di variabilità della sorgente.

Il più efficiente sistema di telescopio a sintesi di apertura è la Very Large Array (VLA) del New Mexico, consistente di 27 antenne paraboliche del diametro di 25 m, disposte su una configurazione a Y (Fig. 2.38). Le antenne sono mobili su rotaie, e possono raggiungere una distanza massima di 36 km. Quando il VLA è usato alla massima estensione alla frequenza di 23 GHz (lunghezza d'onda di 1.3 cm) raggiunge una risoluzione di 0.1 arcosecondi, ben superiore a qualunque telescopio ottico a Terra. La spaziatura a Y è stata scelta perché permette una copertura completa delle frequenze spaziali in 8 ore. Una risoluzione simile si ottiene con la rete inglese MERLIN dove il collegamento tra le antenne non è costituito da guide d'onda ma è stabilito per mezzo di ponti radio.

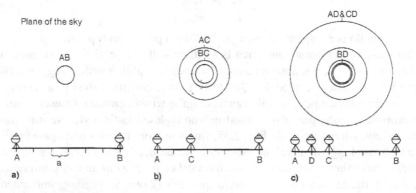

Fig. 2.37 Schema del principio della sintesi di apertura: interferometria di coppie di antenne disposte nella direzione est-ovest e puntate vero il polo nord celeste

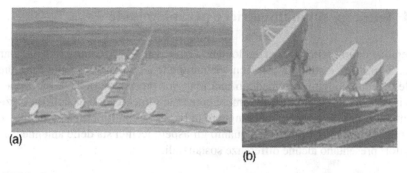

Fig. 2.38 La Very Large Array in New Mexico: (a) la configurazione a Y, (b) le antenne mobili su rotaie

Un'ulteriore estensione delle capacità del metodo della sintesi di apertura è stato sviluppato negli anni '70 attraverso la Very Long Baseline Interferometry (VLBI). Nella rete VLBI le antenne operano indipendentemente raccogliendo tutte insieme i segnali di una data sorgente ad un dato tempo; i segnali vengono registrati su nastro magnetico e trasferiti in un centro di analisi dati dove ne viene fatta la correlazione su computer: invece che far interferire i segnali radio delle antenne si fanno interferire le loro registrazioni. Questa tecnica è stata resa possibile dalla possibilità di avere orologi maser a idrogeno che registrino errori inferiori a una parte su 10^{16} al giorno per poter garantire una corretta interferenza su segnali con frequenze tipiche dei GHz. In tal caso la spaziatura delle antenne può raggiungere le dimensioni della Terra e presto distanze planetarie utilizzando antenne radio orbitanti nello spazio; una prima antenna per la rete VLBI è stata posta in orbita intorno alla Terra nel 1997. Con il VLBI si ottengono già ora risoluzioni angolari dell'ordine di 0.0001" arcosecondi. Nella Fig. 2.39 è illustrata la disposizione delle reti VLBI globali.

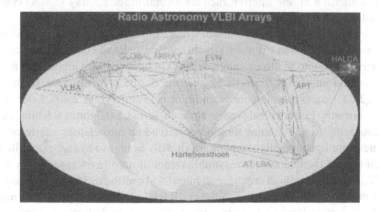

Fig. 2.39 Le reti VLBI globali, inclusa l'antenna radio orbitante HALCA

2.11 Telescopi submillimetrici e per microonde

La regione dello spettro che va dal lontano infrarosso, $\lambda \approx 0.2$ mm, fino alla banda radio, $\lambda \approx 1$ cm, è studiata con tecniche analoghe a quelle della radioastronomia, ma le antenne collettrici richiedono una maggior precisione nella lavorazione e i ricevitori debbono essere a basso rumore perché le sorgenti sono piccole fluttuazioni rispetto al fondo. È opportuno distinguere la banda submillimetrica da quella delle microonde, sopra il millimetro, in quanto gli aspetti tecnici sia delle antenne sia dei ricevitori presentano alcune differenze sostanziali.

2.11.1 Regione submillimetrica

L'astronomia submillimetrica si riferisce allo studio della radiazione nella banda a lunghezza d'onda maggiore del lontano IR fino ad alcuni millimetri. Le tecniche osservative nella banda submillimetrica sono simili a quelle radio, con antenne paraboliche e ricevitori del tipo eterodina necessari per portare il segnale alle basse frequenze prima dell'amplificazione. Come la banda infrarossa, la banda submillimetrica è fortemente assorbita dalle molecole di vapor acqueo degli strati inferiori dell'atmosfera, la troposfera. Pertanto gli osservatori per osservazioni submillimetriche debbono essere situati in alta quota, in siti secchi, freddi e stabili, lontani dai centri abitati che determinano un elevato rumore di fondo. Inoltre i rivelatori debbono esser mantenuti a bassa temperatura per ridurre il rumore di fondo strumentale. I siti che sono stati individuati per realizzare le migliori condizioni ambientali sono la cima del Mauna Kea alle Hawaii, il Llano de Chajnantor Observatory sull'Atacama Plateau in Cile, il Polo Sud, e Hanla in India.

Mauna Kea è il sito più accessibile e ospita il James Clerk Maxwell Telescope di 15 m di diametro e la rete interferometrica Submillimeter Array (SMA) costituita da otto antenne di 6 m di diametro.

Attualmente è in fase di costruzione in Cile l'Atacama Large Millimeter/submillimeter Array (ALMA), uno strumento rivoluzionario nella sua concezione scientifica e ingegneristica. Il sito scelto è a quota di 5000 m in condizioni ambientali ottimali; sarà un sistema interferometrico di 54 antenne di alta precisione da 12 m di diametro e 12 da 7 m, eventualmente estendibile nel futuro (Fig. 2.40). I ricevitori di ALMA copriranno l'intera banda osservabile da Terra tra 0.3 mm a 9.6 mm. I segnali registrati dalle singole antenne saranno portati ad un miscelatore interferometrico superconduttore operante alla temperatura di 4 K. In tal modo sarà possibile avere immagini ad alta risoluzione come combinazioni di tutte le 66 antenne fra di loro, quindi 1225 combinazioni di coppie, con massima baseline di 16 km. La risoluzione angolare ottenibile dal sistema raggiungerà gli 0.02 arcosecondi per $\lambda = 1$ mm.

Nel 1998 è stata lanciata la prima missione spaziale dedicata a questa banda, il satellite SWAS, con l'obiettivo di osservazioni spettroscopiche delle righe molecolari del gas interstellare. Nel 2009 è stato messo in orbita il satellite Herschel dotato di uno specchio di 3.5 m di diametro capace di osservazioni sia infrarosse sia

Fig. 2.40 L'interferometro submillimetrico ALMA sull'Atacama Plateau in Cile

submillimetriche. Per ridurre al massimo il rumore di fondo dell'ambiente circumterrestre, Herschel è stato posto nel punto lagrangiano L2 del sistema Sole-Terra a 1.5 milioni di km dalla Terra.

2.11.2 Microonde

Questa regione dello spettro elettromagnetico è fondamentale per lo studio della cosmologia, in quanto è a queste lunghezze d'onda che è visibile oggi la radiazione del corpo nero del fondo cosmico residuo del big-bang. L'assorbimento atmosferico in questa regione non è cruciale, tuttavia l'ambiente circumterrestre crea un fondo molto elevato, per cui per le osservazioni dallo spazio sono fondamentali.

La radiazione di fondo cosmica nelle microonde fu scoperta nel 1964 da Arno Penzias e Robert Wilson con la Horn Antenna costruita ai Bell Telephone Laboratories in Holmdel, New Jersey, per un progetto di telecomunicazioni via satellite. L'antenna era lunga 15 m con un'apertura di 6×6 cm posta all'apice della struttura a corno costruita in modo da ridurre il rumore di fondo dell'ambiente. Nell'apice era posto un radiometro di Dicke. Lo schema del radiometro di Dicke è riportato in Fig. 2.41. Nel radiometro Dicke prima della sezione di rivelazione, costituita da un amplificatore a radio frequenza a basso rumore, un miscelatore, un amplificatore a frequenza intermedia ed un rivelatore quadratico, si inserisce un deviatore il quale commuta l'ingresso del rivelatore tra l'antenna e un carico di riferimento. Dopo il rivelatore è inserito un altro deviatore, che lavora in sincronismo con il primo e che invia il segnale in due amplificatori a guadagno unitario con sfasamenti rispettivamente di 0° e 180°. Le uscite dei due amplificatori sono poi sommate ed inviate ad un integratore. Se la frequenza di commutazione del deviatore è maggiore della

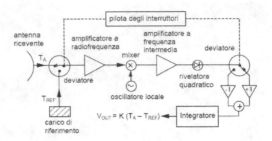

Fig. 2.41 Schema del radiometro di Dicke

massima frequenza di fluttuazione del guadagno del sistema (circa 1 kHz) l'uscita del radiometro è proporzionale alla differenza tra la temperatura del corpo radiante (T_A) e quella della sorgente di riferimento (T_{REF}) e non dipende dalle fluttuazioni del ricevitore e dal suo rumore. Con il radiometro di Dicke si possono ottenere risoluzioni fino a 0.1 °C e sensibilità doppie rispetto a quelle della sola sezione di rivelazione.

Nel 1989 fu messo in orbita il satellite COsmic Background Explorer (COBE). Era dotato di uno spettrometro (FIRAS) con cui registrò con estrema precisione che lo spettro della radiazione primordiale era esattamente quella di un corpo nero, e di un radiometro differenziale (DIRBE) con cui definì la mappa dell'intero cielo provando l'esistenza delle anisotropie della radiazione di fondo primordiale già suggerite da osservazioni a Terra.

Nel 2001 il satellite Wilkinson Microwave Anisotropy Probe (WMAP) è stato sistemato in orbita stabile intorno al punto lagrangiano L2 del sistema Sole-Terra, dalla parte opposta del Sole, con il compito di misurare le anisotropie spaziali del fondo cosmico primordiale che sono dell'ordine di 10^{-5} rispetto al segnale del corpo nero di 3 K. Gli specchi primari del WMAP sono una coppia di dimensioni 1.4 metri e 1.6 metri, rivolti in direzioni opposte tra loro, i quali focalizzano il segnale ottico su specchi secondari grandi 0.9 m × 1.0 m. Questi specchi sono stati modellati per ottenere delle prestazioni ottimali: un guscio in fibra di carbonio protegge un nocciolo, ricoperto ulteriormente da uno strato sottile di alluminio e ossido di silicio. Gli specchi secondari riflettono il segnale verso sensori posti sul piano focale tra i due specchi primari. I ricevitori sono costituiti da radiometri differenziali sensibili alla polarizzazione elettromagnetica. Il segnale viene amplificato quindi da un amplificatore a basso rumore; la misura finale corrisponde alla differenza tra i segnali provenienti da direzioni opposte. La separazione in azimuth direzionale è di 180°; l'angolo totale è di 141°. Per evitare di captare anche segnali di disturbo provenienti dalla Via Lattea, il WMAP lavora su 5 frequenze radio discrete, da 23 GHz a 94 GHz. I radiometri di WMAP sono raffreddati a circa 80-90 K.

Infine nel 2009 è stato lanciato il satellite PLANCK (Fig. 2.42) ed è stato portato nell'intorno del punto lagrangiano L2 del sistema Sole-Terra, in posizione opposta a quella del Sole. Rispetto alle precedenti missioni, implementa una serie di importanti migliorie per aumentare la risoluzione angolare e la sensibilità e controllare

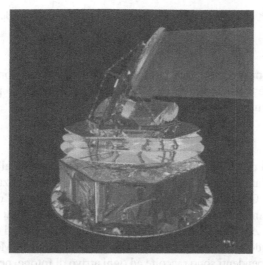

Fig. 2.42 Il telescopio e la strumentazione scientifica del satellite PLANCK

strettamente gli errori sistematici. L'area effettiva dello specchio è di 1.5 m. Lo spettro di frequenze misurato va dai 30 GHz dei radiometri LFI agli 857 GHz dello strumento HFI. Nessun'altra missione CMB ha mai coperto uno spettro così vasto di frequenze. La strumento LFI, è un array di 22 radiometri, non è troppo diversa dalle tecnologie impiegate in WMAP, ma è raffreddata attivamente a 20 K. Questa minore temperatura porta a un minore impatto del rumore sul segnale misurato. Lo strumento HFI è una rete di bolometri raffreddati a 0.1 K che lavorano nello spettro di frequenza tra 100 e 850 GHz. Alcuni dei bolometri di HFI sono in grado di misurare anche le anisotropie di polarizzazione (caratteristica non comune nei normali bolometri).

2.12 Sensibilità dei rivelatori radio e millimetrici

I rivelatori radio e millimetrici sono rivelatori coerenti in cui il ricevitore risponde al campo elettrico del segnale ricevuto e non alla sua intensità. I segnali delle sorgenti astronomiche sono molto deboli rispetto al fondo, per cui in genere sono necessari lunghi tempi di integrazione e grandi amplificazioni.

Iniziamo a discutere la valutazione del fondo. La statistica dei fotoni di Einstein prescrive che l'ampiezza delle fluttuazioni termiche di un circuito elettrico per modo di oscillazione è:

$$\bar{E} = \frac{h\nu}{\exp(h\nu/kT) - 1} \tag{2.29}$$

dove ν è la frequenza del modo, h la costante di Planck e k la costante di Boltzmann. Tale modo attraverso un'impedenza trasmette un rumore di potenza $P = \bar{E}$ W Hz^{-1}.

A frequenze $h\nu \ll kT$, che è il caso di ricevitori radio e microonde:

$$P = kT \tag{2.30}$$

che è il **teorema di Nyquist**. Questa espressione fornisce una conveniente espressione per definire l'efficienza di un ricevitore con rumore P_n per mezzo della **temperatura di rumore equivalente**:

$$T_n = P_n/k \ . \tag{2.31}$$

Poiché la potenza delle fluttuazioni di temperatura corrisponde all'energia di ogni modo, $\Delta E = E$, l'ampiezza delle fluttuazioni per unità di frequenza e per secondo è dell'ordine di kT. Ora si dimostra che la coerenza dei pacchetti d'onda all'uscita di un ricevitore con miscelatore di onde di frequenza tra ν e $\nu + \Delta \nu$ viene mantenuta per un tempo $\tau \approx \Delta \nu^{-1}$. Pertanto si ottengono stime indipendenti dell'intensità del campo selezionando su intervalli inferiori al tempo di coerenza. Mentre per i fotoni informazioni indipendenti sono raccolte ad ogni arrivo di fotone, nel caso delle onde osservate per un tempo t si hanno valutazioni indipendenti dell'intensità in numero $t/\tau = t\Delta \nu$.

Normalmente siamo interessati a misurare segnali molto deboli immersi nel rumore di fondo del cielo e del ricevitore, la cui potenza ha fluttuazioni di $\Delta E/E = 1$ per ogni modo e ogni secondo. Si può ridurre l'ampiezza delle fluttuazioni del rumore aumentando il tempo di integrazione del segnale e/o la banda di ricezione perché in ambedue i casi si aumenta il numero di valutazioni indipendenti dell'ampiezza del segnale del fattore $t\Delta \nu$. Infatti il teorema del Limite Centrale (vedi 2.7) indica che la deviazione standard dal valore medio viene ridotta $\propto (t/\tau)^{-1/2}$, per cui l'ampiezza delle fluttuazioni della potenza è ridotta al valore:

$$\Delta P_n = \frac{kT_n}{(t\Delta \nu)^{1/2}} \tag{2.32}$$

o in termini di temperatura di rumore:

$$\Delta T_n = \frac{T_n}{(t\Delta \nu)^{1/2}} \ . \tag{2.33}$$

Pertanto sorgenti deboli possono essere misurate utilizzando lunghi tempi di integrazione e bande di osservazioni sufficientemente larghe.

Il concetto di temperatura viene utilizzato in genere anche per indicare l'intensità della radiazione raccolta dall'antenna del radiotelescopio; se infatti si sostituisce la resistenza del circuito con un'antenna posta in una cavità di corpo nero alla temperatura $T = T_n$, si ha lo stesso segnale del rumore. In particolare si definisce **temperatura di brillanza** T_b la temperatura del corpo nero che corrisponde a quell'intensità:

$$I_\nu = \frac{2h\nu^3}{c^2} \frac{1}{\exp(h\nu/kT_b) - 1} \ . \tag{2.34}$$

La temperatura di brillanza risulta il limite inferiore della temperatura della regione emettente, in quanto nessuna regione può emettere un'intensità superiore a quella di un corpo nero (a parte il caso di sorgenti laser e maser). Nel caso delle onde radio $h\nu \ll kT$ si può porre

$$I_\nu \approx \frac{2kT_b}{\lambda^2} \ . \tag{2.35}$$

Se l'antenna è rivolta al cielo dove si ha una distribuzione spaziale di temperatura di brillanza $T_b(\theta, \phi)$, la potenza media trasmessa dall'antenna è:

$$W = (1/2)A_{eff} \int_{\Omega_A} T_b(\theta, \phi)P(\theta, \phi)d\Omega = kT_A \tag{2.36}$$

dove A_{eff} è l'area efficace dell'antenna, $P(\theta, \phi)$ il diagramma d'antenna e T_A è definita **temperatura di antenna** dovuta alla radiazione incidente (il fattore 1/2 proviene dal fatto che solo una polarizzazione è raccolta dal telescopio). Tra area efficace e il fascio d'antenna Ω_A vale la relazione $A_{eff}\Omega_A = \lambda^2$. Per una sorgente interamente contenuta nel fascio, la densità di flusso è:

$$S = \frac{2kT_A}{\lambda^2}\Omega_A \ . \tag{2.37}$$

La temperatura di antenna dev'essere misurata in presenza dei rumori di fondo che provengono essenzialmente dal fondo radio della Galassia T_{gal}, dell'atmosfera terrestre T_{atm} e dal ricevitore T_{ric} (quest'ultimo contributo tiene conto del rumore di tutto il sistema, antenna, linee di trasmissione, amplificatori, ecc.). Questi rumori si sommano:

$$T_{tot} = \sum_i T_i \ . \tag{2.38}$$

La minima temperatura d'antenna misurabile in un tempo t usando una banda $\Delta\nu$ è pertanto, con riferimento alla (2.33):

$$\Delta T_{min} = \frac{T_{tot}}{(t\Delta\nu)^{1/2}} \ . \tag{2.39}$$

A basse frequenze la maggior sorgente di rumore è la Galassia; alle onde millime-triche il rumore proviene dall'atmosfera e dalla radiazione di fondo cosmica.

2.13 Conclusioni

La Fig. 2.43 è un compendio indicativo delle principali caratteristiche delle sorgenti astrofisiche e dei metodi di osservazione nelle varie bande spettrali secondo quanto discusso.

Quelle indicate come principali sorgenti astronomiche sono sorgenti termiche, la cui banda di emissione è definita dalla temperatura secondo la legge di Planck del corpo nero. Stelle e gas interstellare sono essenzialmente sorgenti termiche. Va tutta-

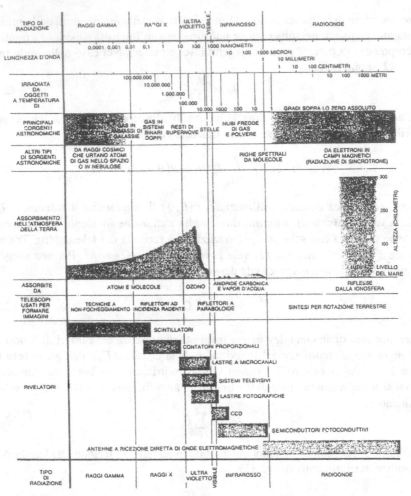

Fig. 2.43 Radiazioni astrofisiche alle diverse lunghezze d'onda, meccanismi di produzione, tipiche sorgenti astronomiche, assorbimenti atmosferici, tecniche osservative

via tenuto presente che nella banda radio, in alcune bande molecolari e nelle regioni X e gamma sono invece importanti fenomeni non-termici. Nella figura l'attenuazione della radiazione alle varie lunghezze d'onda è indicata dalla quota dal livello del mare (in km) a cui occorre salire per ricevere una frazione ancora misurabile della radiazione proveniente dalle sorgenti astrofisiche.

Per quanto riguarda i telescopi ricordiamo che nella regione dei raggi gamma non esistono ancora metodi per focalizzare la radiazione; si usano maschere statistiche poste davanti alla finestra del rivelatore per avere delle immagini delle sorgenti osservate, ma la definizione è molto imprecisa (risoluzione angolare di alcuni minuti di arco). I rivelatori indicati nella figura hanno tutti attualmente raggiunto efficienze quantiche molto vicine al 100%, in direzione di arrivo ed energia. In tal modo an-

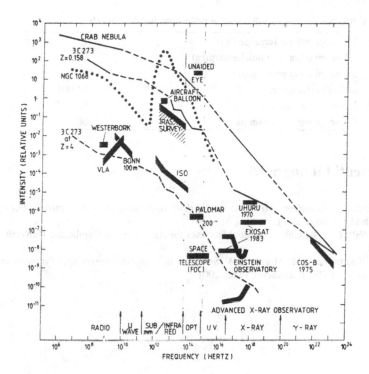

Fig. 2.44 Sensibilità dei telescopi nelle varie bande spettrali e confronto con i flussi delle sorgenti astronomiche

che sorgenti molto deboli possono essere "estratte" dal fondo nella loro dettagliata struttura. In Fig. 2.44 è appunto riportato il confronto delle sensibilità dei telescopi (da Terra o spaziali) nelle varie bande spettrali. I *limiti di sensibilità* (simboli "a pettine") rappresentano il minimo flusso rilevabile con i telescopi indicati. Le curve rappresentano gli spettri di sorgenti astronomiche non-termiche attive su larghe bande, come resti di supernove (Crab Nebula) e quasar (3C273): tali sorgenti possono essere studiate con egual sensibilità su tutte le varie bande. è anche indicato il flusso di un quasar con redshift $z = 4$ per mostrare come oggi siano accessibili misure su tutte le bande anche di oggetti a distanze cosmologiche.

Per quanto riguarda il *limite di risoluzione angolare* θ, nella Tab. 2.1 sono riportati i valori per le principali bande spettrali di riferimento.

Va notato che l'angolo θ definisce la regione del piano focale su cui viene concentrata la quasi totalità dell'energia proveniente da una sorgente puntiforme; pertanto la densità di flusso efficace raccolta per ogni sorgente risulta più elevata per telescopi con piccolo θ, con maggiori possibilità di uscire dal fondo strumentale. Il miglioramento del potere risolutivo permette dunque anche di rivelare oggetti più deboli.

Tabella 2.1 Risoluzioni angolari di telescopi nelle varie bande spettrali

Telescopi ottici a Terra (*seeing*)	1	arcsec
Telescopi ottici (con ottiche adattive)	0.1	
Telescopi ottici nello spazio	0.01	
Radiointerferometri	0.0001	
Telescopi per raggi X	0.1	
Telescopi per raggi gamma	60	

Riferimenti bibliografici

1. H. Bradt – *Astronomy Methods: A Physical Approach to Astronomical Observations*, Cambridge University Press, 2004
2. J.V. Wall, C.R. Jenkins – *Practical Statistics for Astronomers*, Cambridge University Press, 2003
3. A.R. Thompson, J.M. Moran, G.W. Swenson Jr. – *Interferometry and Synthesis in Radio Astronomy*, Wiley Interscience Publ., 2001

3

Elementi di fotometria e spettroscopia

In questo capitolo vengono introdotte le principali grandezze utilizzate in astrofisica per descrivere i campi di radiazione elettromagnetica, che rappresentano il mezzo fondamentale da cui riceviamo informazioni sugli oggetti celesti (a parte alcune misure *in situ* sui pianeti del nostro sistema solare e la rivelazione di raggi cosmici). Occorre distinguere due tipi di informazione che si possono ottenere dalla radiazione raccolta:

- un'informazione quantitativa, studiata dalla fotometria, in cui si misura la potenza globale della sorgente; questa misura è legata alla comprensione della struttura della sorgente e delle fonti di energia che la sostengono;
- un'informazione qualitativa o specifica, studiata dalla spettroscopia, in cui si misura la distribuzione della radiazione sulle varie frequenze, cioè lo spettro; queste misure permettono di determinare le caratteristiche fisiche della sorgente, temperatura, densità, pressione, composizione chimica.

Va notato che in relazione al loro irraggiamento le sorgenti astrofisiche si dividono in due categorie:

- sorgenti termiche (stelle normali, mezzo interstellare, mezzo intergalattico) la cui radiazione è essenzialmente di tipo corpo nero, il che indica uno stato di equilibrio termodinamico tra materia e radiazione;
- sorgenti non termiche (stelle attive, pulsar, supernove, nuclei galattici) la cui radiazione indica una situazione di non-equilibrio con presenza di cospicue componenti di particelle sopratermiche.

Le tecniche di analisi fotometriche e spettroscopiche si sono sviluppate in relazione alla banda del visibile. E di fatto la gran parte della materia dell'Universo, stelle, galassie e mezzi diffusi sono in condizioni di equilibrio termodinamico, per cui tali tecniche fanno costante riferimento a sorgenti termiche, molto spesso con temperature che portano a irraggiamento nella banda ottica. Alcuni testi di approfondimento sull'argomento sono citati nella bibliografia al termine del capitolo [1–4].

Ferrari A.: Stelle, galassie e universo. Fondamenti di astrofisica.
© Springer-Verlag Italia 2011

3.1 Grandezze dei campi di radiazione

La radiazione emessa da una sorgente dipende dalle caratteristiche fisiche della stessa: la sua misura permette di derivare per le sorgenti termiche, densità, temperatura, composizione chimica del plasma emettente; per le sorgenti non-termiche i parametri ricavabili sono energetica globale, energia specifica delle particelle emettenti, intensità e struttura dei campi magnetici.

D'altra parte la radiazione emessa viene modificata nella sua propagazione ed è parzialmente "deformata" all'interno degli strumenti di misura. Occorre quindi ricavare le relazioni principali che legano le caratteristiche dei campi della radiazione osservata e quelle della radiazione emessa.

Si consideri la superficie di una sorgente e se ne selezioni un elemento dA con normale uscente di versore **n** (Fig. 3.1). L'energia specifica emessa nell'unità di tempo nella banda dv dall'elemento dA entro l'angolo solido $d\omega$ nella direzione ad angolo θ rispetto a **n** è espressa attraverso la formula:

$$dE_v = I_v(\theta, \varphi) \cos\theta \, dA \, d\omega \, dv \, dt \qquad (3.1)$$

dove $I_v(\theta, \varphi)$ è detta **intensità specifica (radianza)**; $\cos\theta$ è un fattore geometrico che proietta l'area dA nella direzione θ. Le unità di misura per I_v sono erg s^{-1}cm^{-2}Hz^{-1}ster^{-1}, oppure W m^{-2}Hz^{-1}ster^{-1}.

L'intensità integrata su tutte le possibili frequenze è detta *intensità totale*:

$$I = \int_{v=0}^{\infty} I_v \, dv \,. \qquad (3.2)$$

Si dimostra che l'intensità (totale o specifica) è una grandezza che si conserva lungo la propagazione della radiazione nel vuoto. Con riferimento alla Fig. 3.2 si consideri l'energia di radiazione che esce dall'area elementare dA con intensità totale I nella direzione θ entro l'angolo solido $d\omega$ in un tempo dt:

$$dE = I \cos\theta \, dA \, d\omega \, dt \qquad (3.3)$$

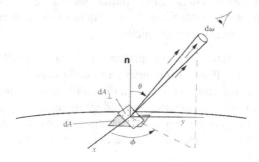

Fig. 3.1 Campi di radiazione

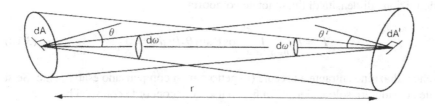

Fig. 3.2 Conservazione dell'intensità della radiazione per la propagazione nel vuoto

e che viene intercettata da un'altra superficie elementare dA' nella direzione θ'. La stessa energia può anche essere scritta come quella che può essere intercettata in dA':

$$dE = I' \cos \theta' \, dA' \, d\omega' \, dt \ . \tag{3.4}$$

D'altra parte la geometria permette di ricavare:

$$d\omega = dA' \cos \theta' / r^2 \tag{3.5}$$

$$d\omega' = dA \cos \theta / r^2 \tag{3.6}$$

dove r è la distanza tra le due superfici. E di conseguenza ne risulta:

$$I = I' \tag{3.7}$$

cioè l'intensità rimane costante nello spazio vuoto. Va peraltro detto che in generale questa grandezza non è misurabile perché gli strumenti osservativi integrano sempre su aree e direzioni. Pertanto occorre definire queste quantità misurabili.

Integrando l'intensità su tutte le direzioni angolari si ottiene la **densità di flusso specifico (emittanza)**:

$$F_\nu = \int_{\Delta \omega} I_\nu(\theta, \varphi) \cos \theta \, d\omega \tag{3.8}$$

che risulta la grandezza misurabile per sorgenti non risolte dai telescopi. Infatti in tal caso tutta la radiazione raccolta dal telescopio entro $\Delta \omega$ corrisponde a quella dell'intera sorgente emessa su tutte le direzioni di arrivo. Pertanto per sorgenti puntiformi la quantità misurata dai telescopi è la densità di flusso e non l'intensità; se la distanza della sorgente aumenta, la densità di flusso diminuirà $\propto (1/r)^2$. Si definisce **densità di flusso totale** la quantità:

$$F = \int_{\nu=0}^{\infty} F_\nu \, d\nu = \int_{\Delta \omega} I \cos \theta \, d\omega \tag{3.9}$$

dove l'integrale è esteso a tutte le possibili direzioni. Nel caso di una superficie immersa in un campo di radiazione isotropo, indipendente da θ e φ, va notato che la definizione di densità di flusso totale comporta:

$$F = I \int_{\theta=0}^{\pi} \int_{\varphi=0}^{2\pi} \cos\theta \sin\theta \, d\theta \, d\varphi = 0 \qquad (3.10)$$

perché radiazione entrante e uscente (rispetto a **n**) si compensano esattamente. Se si vuole considerare solo la densità di flusso uscente (concorde con **n**) si ha:

$$F = I \int_{\theta=0}^{\pi/2} \int_{\varphi=0}^{2\pi} \cos\theta \sin\theta \, d\theta \, d\varphi = \pi I . \qquad (3.11)$$

In generale, per campi non isotropi:

$$F_\nu = 2\pi \int_{\theta=0}^{\pi/2} I_\nu(\theta) \cos\theta \sin\theta \, d\theta . \qquad (3.12)$$

Le unità di misura per F_ν sono erg s^{-1}cm^{-2}Hz^{-1}, oppure W m^{-2}Hz^{-1}; in radio-astronomia si usa il *Jansky*, essendo 1 Jy = 10^{-26} W m^{-2}Hz^{-1}. La densità di flusso totale (detta anche **brillanza**) si misura invece in W m^{-2}. In astronomia ottica si utilizza spesso la densità di flusso distribuita per lunghezze d'onda:

$$F_\lambda = F_\nu \frac{d\nu}{d\lambda} = \frac{c}{\lambda^2} F_\nu \qquad (3.13)$$

le cui unità di misura sono ovviamente erg s^{-1} cm^{-3} oppure W m^{-3}.

Integrando F_ν su tutta la superficie della sorgente si ottiene il flusso totale specifico che in astronomia è detto **luminosità specifica**:

$$L_\nu = \int_A F_\nu \, dA \qquad (3.14)$$

che nel caso di sorgente a simmetria sferica ed emissione isotropa diventa:

$$L_\nu = 4\pi R^2 F_\nu \qquad (3.15)$$

con unità di misura erg s^{-1} Hz^{-1}, oppure W Hz^{-1}.

Infine la potenza totale della sorgente nella banda $\Delta\nu$, detta **flusso totale** o **luminosità**, è data da:

$$L = \int_{\Delta\nu} L_\nu \, d\nu \qquad (3.16)$$

che, per sorgente sferica e isotropa, assume la forma:

$$L = 4\pi R^2 \int_{\Delta\nu} F_\nu \, d\nu = 4\pi R^2 F \qquad (3.17)$$

che si misura in erg s^{-1} oppure W. Questa quantità, in assenza di pozzi o sorgenti, risulta costante al di fuori della sorgente proprio perché ne rappresenta tutta l'energia emessa.

La radiazione osservata dai telescopi può essere descritta con le stesse grandezze; naturalmente tra le grandezze emesse e quelle osservate esistono vari fattori di "deformazione", dovuti in parte alla propagazione in parte agli strumenti di misura.

La **densità di flusso specifico** f_ν misurata a distanza r dalla sorgente viene ridotta anzitutto per effetto geometrico:

$$f_\nu = \frac{L_\nu}{4\pi r^2} = \left(\frac{R}{r}\right)^2 F_\nu \, . \tag{3.18}$$

Inoltre si deve tener conto degli effetti di assorbimento e strumentali; si definisce **densità di flusso specifico efficace (o raccolto)**:

$$\ell_\nu = \alpha_\nu P_\nu f_\nu \tag{3.19}$$

dove α_ν è il coefficiente di assorbimento del mezzo interstellare interposto tra sorgente e atmosfera terrestre e P_ν è il fattore strumentale, a sua volta composto da tre fattori:

$$P_\nu = A_\nu^{-\sec z} Q_\nu S_\nu \tag{3.20}$$

rispettivamente l'assorbimento atmosferico (z è l'angolo zenitale), l'assorbimento all'interno dello strumento (ottiche ed elettronica) e la sensibilità strumentale del ricevitore (efficienza quantica). L'assorbimento atmosferico ha fisicamente la stessa origine di quello interstellare; viene tuttavia incluso negli effetti strumentali in quanto è in linea di principio una quantità misurabile in modo diretto.

Si chiama **flusso specifico raccolto** da un rivelatore di area effettiva Σ (area geometrica effettivamente affacciata alla radiazione incidente):

$$\Phi_\nu = \alpha_\nu P_\nu f_\nu \Sigma \, . \tag{3.21}$$

Integrando sulla banda spettrale del sistema rivelatore – telescopio, si ottengono la **densità di flusso efficace**:

$$\ell = \int_{\Delta\nu} \alpha_\nu P_\nu f_\nu \, d\nu = \frac{1}{4\pi r^2} \int_{\Delta\nu} \alpha_\nu P_\nu L_\nu \, d\nu \tag{3.22}$$

e il **flusso efficace raccolto**:

$$\Phi = \frac{\Sigma}{4\pi r^2} \int_{\Delta\nu} \alpha_\nu P_\nu L_\nu \, d\nu \, . \tag{3.23}$$

La stima dei parametri fisici delle sorgenti astrofisiche richiede la valutazione delle caratteristiche dei campi di radiazione alla superficie delle sorgenti astrofisiche, che si devono quindi ricavare partendo dalle grandezze osservate. Sulla base delle definizioni precedenti, il dato di partenza è il flusso efficace Φ al rivelatore del telescopio, da cui, essendo nota l'area efficace Σ, si ottengono le densità di flusso ℓ e, utilizzando la risposta dei rivelatori in frequenza, ℓ_ν. Se si può misurare o stimare la distanza r della sorgente, si ha una valutazione dell'assorbimento interstellare α_ν (che come vedremo è calcolabile dalla composizione chimica e condizioni fisiche del mezzo), e con la misura delle caratteristiche strumentali P_v si giunge a ricavare le luminosità L e L_v. Qualora si abbia anche una stima delle dimensioni R della sorgente, si ricava infine proprio la densità di flusso superficiale F_v, che è legata alle proprietà fisiche dell'oggetto celeste.

È utile definire un'ulteriore quantità che viene utilizzata nel caso di sorgenti non puntiformi, cioè risolte al telescopio; si tratta della **brillanza superficiale**, precisamente la densità di flusso per unità di angolo solido. Con riferimento alla Fig. 3.3 consideriamo che l'osservatore si trovi all'apice dell'angolo solido ω e che riceva una densità di flusso totale da un'area A della sorgente alla distanza r $f \propto \left(A/r^2\right) F$. Tuttavia l'area sottesa da un dato angolo solido è data da $A = \omega r^2$, per cui la densità di flusso raccolta per unità di angolo solido $B = f/\omega$ da una sorgente non puntiforme uniforme non dipende dalla distanza.

Un campo di radiazione è anche caratterizzato attraverso la sua **densità di energia** che si misura in J m^{-3}. Si consideri una radiazione di intensità I incidente perpendicolarmente alla superficie dA entro un angolo solido $d\omega$. Entro un tempo dt questa radiazione viaggerà per una distanza $c\,dt$ riempiendo un volume $dV = dA\,c\,dt$ e si potrà quindi definire una densità di energia:

$$du = \frac{dE}{dV} = \frac{I\,dA\,d\omega\,dt}{dA\,c\,dt} = \frac{1}{c}I\,d\omega \tag{3.24}$$

e integrando su tutte le direzioni di arrivo

$$u = \frac{1}{c}\int_S I\,d\omega . \tag{3.25}$$

Nel caso di radiazione isotropa si ottiene:

$$u = \frac{4\pi}{c}I . \tag{3.26}$$

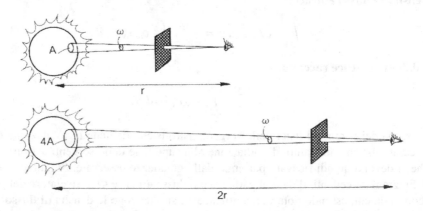

Fig. 3.3 Indipendenza della brillanza superficiale per un dato angolo solido dalla distanza

3.2 Elementi di fotometria

Le prime classificazioni delle luminosità delle stelle sono dovute a Ipparco che nel II secolo a.C. introdusse una scala in sei classi di grandezze o magnitudini per le stelle osservate ad occhio nudo, a partire dalle stelle più luminose nella classe di prima magnitudine. Oggi tali classificazioni debbono tener conto delle osservazioni nelle diverse bande elettromagnetiche, per cui in genere si parla di fotometria in senso lato dalla banda radio a quella gamma.

La fotometria è la misura dell'energetica globale delle sorgenti astronomiche e della loro variabilità temporale in relazione alla banda di osservazione; quando si usino filtri polarizzatori si eseguono misure fotopolarimetriche. Vengono qui indicate alcune formule di riferimento divise per le bande tipiche di osservazione, legate agli specifici strumenti di misura.

3.2.1 Ottico, infrarosso, ultravioletto

In fotometria si fa storicamente riferimento alle misure oculari. La sensazione dell'occhio agli stimoli luminosi è regolata dalla legge di Pogson (che nel 1856 formalizzò una legge psico-fisica sperimentata da Weber e Fechner), secondo cui l'occhio è sensibile al logaritmo della densità di flusso efficace ℓ entro la sua banda di sensibilità:

$$m = -2.5 \log \ell + \text{costante} \tag{3.27}$$

dove m viene detta **magnitudine apparente** e la costante deve essere definita attraverso una scala di riferimento (i logaritmi sono in base 10). I rapporti di luminosità vengono tradotti in differenze di magnitudine:

$$m_2 - m_1 = -2.5 \log (\ell_2/\ell_1) \ . \tag{3.28}$$

La costante viene scelta in modo da riprodurre le scale di magnitudini ottiche definite empiricamente da Tolomeo; in particolare si fissa la magnitudine della Stella Polare a $m = +2.12$. Si noti che spesso invece che di rapporti di densità di flusso efficace si parla di rapporti di **luminosità apparenti** intese come quantità di radiazione raccolta dal rivelatore con la sua risposta strumentale.

Si definisce anche una **magnitudine assoluta**, come la magnitudine apparente delle sorgenti qualora poste alla distanza convenzionale di 10 parsec:

$$M = -2.5 \log \ell_{(10)} + \text{costante} \tag{3.29}$$

Essa è legata alla magnitudine apparente dalla relazione:

$$m - M = 2.5 \log \left(\ell_{(10)}/\ell\right) = 2.5 \log \left(r_{pc}/10\right)^2 = 5 \log r_{pc} - 5 \ . \tag{3.30}$$

La differenza tra magnitudine apparente e assoluta è chiamata **modulo di distanza**.

Naturalmente le misure di magnitudine dipendono essenzialmente dallo strumento di misura, cioè dalla funzione P_v e dalla banda di accettanza Δv definite precedentemente. Ciò porta alla definizione di **sistemi fotometrici** che sono stati progressivamente elaborati sulla base dei telescopi e rivelatori usati:

- *sistema visuale*, basato sull'occhio umano medio e sull'uso di telescopi rifrattori;
- *sistema fotografico*, basato sulle lastre fotografiche ordinarie e sull'uso di telescopi riflettori a specchi argentati;
- *sistema fotovisuale*, basato su lastre ortocromatiche, più simili all'occhio come banda di accettazione;
- *sistemi fotoelettrici*, basati sull'uso di fotomoltiplicatori e filtri.

Nella Fig. 3.4 sono dati i diagrammi della funzione P_v (ad elevazione di 90°) per il sistema fotometrico a molti colori oggi usato: il *sistema UBV di Johnson* (le iniziali si riferiscono alle bande ultravioletta, blu, visibile), esteso alle bande infrarosse *RIJ*. Nella Fig. 3.6 sono riportati i valori numerici di calibrazione. I sistemi a molti colori permettono una prima valutazione della distribuzione energetica nelle bande ottiche e/o vicine, fornendo quella che si può chiamare una spettroscopia a banda larga.

Infine si chiama **magnitudine bolometrica** la magnitudine calcolata non solo nella banda osservata, ma integrata su tutto lo spettro; per sorgenti termiche (in particolare le stelle) si può ottenere la magnitudine bolometrica da quella apparente nell'ottico con un'estrapolazione basata sulla legge di Planck:

$$m_{bol} = m_v - BC \tag{3.31}$$

dove la correzione è fornita da apposite tabelle standard reperibili nei cataloghi e prontuari stellari [5]. In Fig. 3.5 sono riportati alcuni valori indicativi.

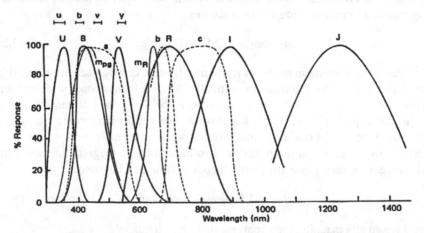

Fig. 3.4 Risposta dei rivelatori fotometrici per il sistema fotometrico *UBV* di Johnson esteso alle bande *RIJ* dell'infrarosso. Per confronto sono riportate anche le risposte del sistema fotografico blu m_{pg} e rosso m_r delle lastre di Mount Palomar. Sono inoltre riportate le risposte delle bande del telescopio UK Schmidt (*abc*) e quelle del sistema di Stromgren (*ubvy*)

Star types: absolute magnitudes and bolometric corrections[a]

Spectral type	Absolute visual mag. M_v	Effective temperature $T_{\text{eff}}(K)$	Bolometric correction BC	Absolute bolometric mag. M_{bol}
O5V	−5.7	42 000	−4.4	−10.1
B0V	−4.0	30 000	−3.16	−7.2
A0V	+0.65	9 790	−0.30	+0.35
F0V	+2.7	7 300	−0.09	+2.6
G0V	+4.4	5 940	−0.18	+4.2
G2V (Sun)	+4.82	5 777	−0.08	+4.74
K0V	+5.9	5 150	−0.31	+5.6
M0V	+8.8	3 840	−1.38	+7.4
M5V	+12.3	3 170	−2.73	+9.6

[a] For main sequence stars (class V) from J. Drilling and A. Landolt in *Allen's Astrophysical Quantities*, 4th Ed., ed. A. N. Cox. AIP Press, 2000. p. 388.

Fig. 3.5 Valori indicativi della magnitudine bolometrica

Le **magnitudini bolometriche assolute** possono essere espresse in funzione della luminosità. Usando le densità di flusso F per sorgenti alla distanza di 10 pc e riferendosi al Sole per la calibrazione si può scrivere:

$$M_{bol} - M_{bol,\odot} = -2.5 \log \frac{F}{F_\odot} = -2.5 \log \frac{L}{L_\odot}. \qquad (3.32)$$

La magnitudine bolometrica del Sole è $M_{bol,\odot} = 4.74$ e la sua luminosità è $L_\odot - 3.85 \times 10^{33}$ erg s^{-1}; pertanto $M_{bol} = 0$ corrisponde a $L = 3.0 \times 10^{35}$ erg s^{-1}.

I principali *cataloghi astrofotometrici ottici* sono: la Palomar Sky Survey, lo UK Schmidt Catalog, lo Hubble Space Telescope Guide Star Catalog (costruita con le misure del Telescopio Spaziale in orbita dal 1990), il Carlsberg Astrometric Catalog. Nell'infrarosso il catalogo più completo è quello ottenuto col satellite IRAS, ma sono in corso le calibrazioni complete delle missioni ISO e Spitzer. Nella banda ultravioletta il catalogo fotometrico del cielo risale alla missione OAO-2, ma verrà esteso e aggiornato dai risultati della missione GALEX.

Waveband	λ_{eff} (μm)	$\Delta\lambda_{eff}$ (μm)	ν_0 (Hz)	$S_\nu(0)$ (W m^{-2}Hz^{-1})
U	0.365	0.068	8.3×10^{14}	1.88×10^{-23}
B	0.440	0.098	7.0×10^{14}	4.44×10^{-23}
V	0.550	0.089	5.6×10^{14}	3.81×10^{-23}
R	0.700	0.220	4.3×10^{14}	2.88×10^{-23}
I_S	0.800	–	3.7×10^{14}	2.50×10^{-23}
I_J	0.900	0.240	3.3×10^{14}	2.24×10^{-23}
J	1.250	0.380	2.4×10^{14}	1.77×10^{-23}
H	1.650	–	1.80×10^{14}	1.05×10^{-23}
K	2.200	0.480	1.36×10^{14}	6.5×10^{-24}
L	3.400	0.700	8.6×10^{13}	2.95×10^{-24}
M	5.000	–	6.3×10^{13}	1.9×10^{-24}
N	10.200	–	3.0×10^{13}	4.3×10^{-25}
Q	19.500	–	1.55×10^{13}	1.1×10^{-25}

$\log S_\nu = \log S_\nu(0) - 0.4m$
$\log S_B = \log S_V + 0.07 - 0.4(B - V)$
$\log S_U = \log S_B - 0.37 - 0.4(U - B)$
$\log S_K = \log S_V - 0.78 + 0.4(V - K)$
$\log S_V = -22.42 - 0.4 \times AB$
$AB = K + 1.92$

Fig. 3.6 Calibrazioni assolute di una stella di magnitudine zero in differenti bande elettromagnetiche [4]

3.2.2 Radio

In radioastronomia le misure sono date in densità di flusso specifiche, perché le antenne lavorano a banda molto stretta. L'unità di misura è il **Jansky** (Jy):

$$1 \, \text{Jy} = 10^{-26} \text{W} \, \text{m}^{-2} \text{Hz}^{-1} \; . \tag{3.33}$$

I principali cataloghi di sorgenti radioastronomiche sono quelli degli osservatori di Cambridge (UK), Westerbork (Olanda), Medicina (Italia), Parkes (Australia), Very Large Array (USA), MERLIN (UK), e delle reti interferometriche VLBI (internazionale), VLBA (USA). Attualmente esiste anche un'antenna orbitante giapponese sul satellite HALCA.

3.2.3 Raggi X e gamma

In queste bande si usano misure delle potenze su intervalli di energia definiti; in pratica si lavora in energia più che in frequenze:

- raggi X molli: fino a ~ 10 keV;
- raggi X duri: fino a ~ 300 keV;
- raggi gamma: da 300 keV ai GeV.

Come unità di misura si usano i **conteggi al secondo** nelle bande definite dal satellite Uhuru:

- 1 conteggio Uhuru/sec (2 - 6 keV) = 1.7×10^{-11} erg s^{-1}cm^{-2};
- 1 conteggio Uhuru/sec (2 - 10 keV) = 2.4×10^{-11} erg s^{-1} cm^{-2}.

I cataloghi fotometrici di oggetti X sono stati ottenuti dai satelliti Uhuru, Einstein Observatory, EXOSAT, ROSAT, Chandra. Nella banda gamma il catalogo oggi più completo è quello del satellite COS-B implementato dei dati del satellite GRO che lavora nella banda fino a 300 MeV. Sono recentemente entrati in funzione reti di rivelatori Cerenkov (HEGRA, MAGIC, HESS, VERITAS) con buona sensibilità in grado di fare misure nella banda dei TeV anche con apprezzabile risoluzione angolare.

3.3 Emissione nel continuo

Le stelle sono sorgenti che emettono radiazione che proviene dal loro interno dove ha raggiunto l'equilibrio termodinamico con la materia. In genere un radiatore in equilibrio termodinamico raggiunge un equilibrio tra radiazione emessa ed assorbita ad ogni frequenza attraverso processi di emissione ed assorbimento per transizioni degli elettroni tra i livelli atomici e per diffusione degli elettroni liberi da parte di ioni (bremsstrahlung), in cui i fotoni vengono distribuiti in modo continuo su tutte

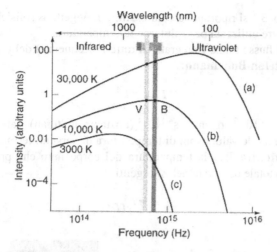

Fig. 3.7 Distribuzione spettrale di brillanza della radiazione di corpo nero per diverse temperature; la striscia verticale delimita la banda ottica

le frequenze; la condizione di equilibrio tra emissività j_ν ed assorbimento $k_\nu I_\nu$ per unità di volume, angolo solido e frequenza del radiatore si scrive:

$$j_\nu dV d\omega d\nu = k_\nu I_\nu dV d\omega d\nu .$$ (3.34)

Ne discende la **legge di Kirchhoff** (1859) secondo cui il rapporto tra emissività e assorbimento è l'intensità della radiazione emessa, costante ad una data temperatura:

$$\frac{j_\nu}{k_\nu} = I_\nu .$$ (3.35)

In particolare un radiatore ideale che abbia coefficiente di assorbimento pari all'unità, cioè sia in grado di assorbire tutta la radiazione incidente (e quindi sia nero), viene detto **corpo nero** e la sua emissività dipende solo dalla temperatura assoluta:

$$j_\nu = B_\nu(T)$$ (3.36)

dove la funzione $B_\nu(T)$ è la **distribuzione di Planck** (1900) (Fig. 3.7):

$$B_\nu(T) = \frac{2h\nu^3}{c^2} \frac{1}{e^{h\nu/kT} - 1}$$ (3.37)

con $h = 6.625 \times 10^{-27}$ erg s (costante di Planck) e $k = 1.386 \times 10^{-16}$ erg K^{-1} (costante di Boltzmann). Esistono varie proprietà della legge di Planck che è utile rammentare per futuro riferimento. Anzitutto l'emissione è concentrata in una banda spettrale definita dalla temperatura secondo la **legge dello spostamento di Wien**:

$$\lambda_{\max} T = 0.290 \,\text{cm K} .$$ (3.38)

In Fig. 3.8 e Tab. 3.1 si riportano alcuni esempi di oggetti astrofisici in cui la legge di Wien può essere utilizzata per valutarne la temperatura.

La densità di flusso totale (integrata su tutte le frequenze) del corpo nero è data dalla **legge di Stefan-Boltzmann:**

$$F = \sigma T^4 \tag{3.39}$$

con $\sigma = 5.66956 \times 10^{-5}$ erg cm^{-2} s^{-1}K^{-4} (costante di Stefan). Tale relazione viene spesso utilizzata per le valutazioni di temperatura di sorgenti termiche: si definisce **temperatura effettiva** T_{eff} la temperatura del corpo nero che produce la stessa densità di flusso totale osservata nelle sorgenti:

$$F = \sigma T_{eff}^4 \,. \tag{3.40}$$

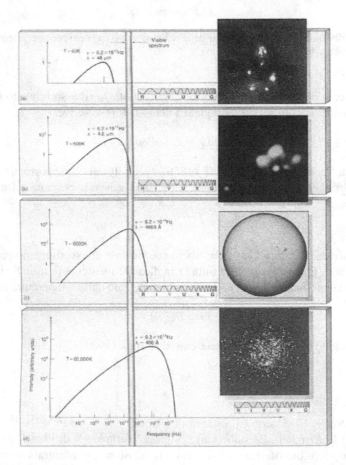

Fig. 3.8 Tipiche sorgenti termiche in astrofisica e loro spettri (la striscia verticale delimita la banda ottica): (a) nubi fredde del mezzo interstellare, (b) nubi di formazione stellare, (c) Sole, (d) ammasso stellare con stelle calde

Tabella 3.1 Temperature di plasmi astrofisici stimati con la legge di Wien

Oggetto	λ_{max}	T
Nubi fredde, gas, polvere	$10^3 - 10^6$ nm	$10 - 10^3$ K
Stelle, nubi calde	$10^2 - 10^3$	$10^3 - 10^4$
Stelle calde, resti supernova	$10 - 10^2$	$10^4 - 10^6$
Dischi accrescimento, IGM	$10^{-2} - 10$	$10^6 - 10^8$

Naturalmente tale valutazione è significativa solo per sorgenti simili al corpo nero. Tuttavia ha utilità in quanto per ogni data temperatura il corpo nero è l'emettitore più efficiente.

Spesso viene usata un'ulteriore definizione di temperatura legata all'ipotesi che le sorgenti siano del tipo corpo nero: si chiama **temperatura di brillanza** la temperatura che ha un corpo nero capace di produrre la stessa intensità (brillanza) I_ν alla frequenza osservata. Essendo il corpo nero l'emettitore più efficiente, la temperatura di brillanza rappresenta il limite inferiore della temperatura delle sorgenti.

Va ricordato che le curve di corpo nero non si intersecano mai, per cui ad ogni data frequenza solo una data temperatura può produrre l'intensità osservata. Questa definizione è soprattutto usata in radioastronomia (vedi Capitolo 2.12), per cui la brillanza del corpo nero può essere scritta nell'**approssimazione di Rayleigh-Jeans** per basse frequenze $h\nu \ll kT$:

$$B_\nu(T) = \frac{2k\nu^2}{c^2}T \tag{3.41}$$

e quindi

$$T_b = \frac{c^2}{2k\nu^2}I_\nu . \tag{3.42}$$

Esiste anche un'approssimazione per le alte frequenze $h\nu \gg kT$, l'**approssimazione di Wien**:

$$B_\nu(T) = \frac{2h\nu^3}{c^2}e^{-h\nu/kT} . \tag{3.43}$$

Stelle e galassie attive, sorgenti di alta energia, che studieremo più avanti, sono invece *sorgenti non-termiche* perché non in equilibrio termodinamico, e la loro radiazione non segue la distribuzione spettrale planckiana di corpo nero. Di conseguenza questi oggetti non sono caratterizzabili in termini di un'energia specifica media o di una temperatura. I meccanismi di emissione nei casi astrofisici di interesse sono radiazione sincrotrone, Compton-inverso, bremsstrahlung non-termico. Il profilo di emissione sulle varie frequenze è generalmente molto meno concentrato su una data frequenza, ma tende ad essere esteso. La banda di emissione ha tuttavia un massimo intorno ad una tipica frequenza $\nu \sim \gamma^2\nu_0$, ove γ è il fattore di Lorentz della popolazione dominante delle particelle emettenti e ν_0 la frequenza caratteristica del processo: frequenza di girazione per il sincrotrone e frequenza del gas di fotoni nel Compton inverso (vedi cap. 8).

3.4 Indici di colore

In pratica non è agevole in fotometria ricostruire la distribuzione continua di una sorgente su tutte le frequenze se non eseguendo molte misure con differenti filtri e differenti strumenti. Tuttavia almeno per le sorgenti termiche di tipo stellare si può caratterizzare l'energia specifica dell'emissione confrontandone le densità di flusso in alcune bande dei sistemi fotometrici. Questo metodo è usato soprattutto nell'astronomia ottica, dove vengono confrontate le magnitudini apparenti nelle bande U, B, V; va notato che queste tre lettere maiuscole vengono usate per indicare le magnitudini apparenti delle stelle nelle corrispondenti bande.

Si definisce **indice di colore** (con ovvio riferimento alle osservazioni nel visibile) la differenza di magnitudini in due bande:

$$IC = m_2 - m_1 = -2.5 \log \left(\frac{\ell_2}{\ell_1} \right) . \tag{3.44}$$

In genere si usano gli indici di colore $U - B$ e $B - V$, che per stelle di tipo Vega (temperatura superficiale di 10000 K) corrisponde a $V = 0.03$, $U - B = 0.00$, $B - V = 0.00$. Nei cataloghi si definiscono le stelle standard primarie con indici di colore di riferimento [5].

L'indice di colore è soprattutto significativo per sorgenti termiche, come appunto le stelle, in quanto permette una valutazione della temperatura. Infatti il rapporto di densità di flusso in un corpo nero dipende solo dalla temperatura:

$$\frac{B_{\nu_2}}{B_{\nu_1}} = f(T) . \tag{3.45}$$

In una sorgente stellare che emette nell'ottico questa relazione può essere scritta nella forma:

$$\frac{\ell_{\nu_2}}{\ell_{\nu_1}} = k + g(T) \tag{3.46}$$

dove il fattore k si ottiene fenomenologicamente; in magnitudini:

$$B - V = -0.60 + \frac{7300}{T} . \tag{3.47}$$

Per sorgenti termiche questa è la temperatura del corpo nero che darebbe lo stesso colore, ed è quindi la temperatura delle sorgenti con ottima approssimazione. A volte la definizione è applicata anche a sorgenti non-termiche, e la temperatura che se ne ricava viene detta **temperatura di colore**: indica quale corpo nero sarebbe capace di produrre lo stesso "colore", ma non ha alcuna necessaria relazione con le caratteristiche delle sorgenti (che peraltro non possono essere descritte con una vera e propria temperatura). In un corpo nero gli indici di colore sono ovviamente tutti correlati in quanto dipendono solo dalla temperatura. Johnson (1950) mostrò che questo è sostanzialmente vero anche nelle stelle, rafforzando l'idea che siano molto simili al corpo nero. In Fig. 3.9 è disegnato il **diagramma a due colori**

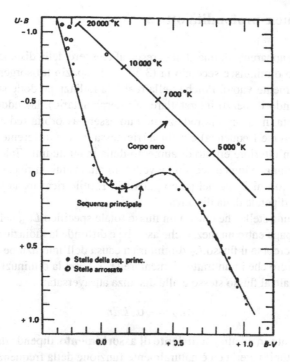

Fig. 3.9 Diagramma a due colori delle stelle

$(U - B, B - V)$ riferito a stelle a noi relativamente vicine (< 10 pc), in modo che il loro colore non sia sostanzialmente influenzato dalla propagazione attraverso al mezzo interstellare (vedi paragrafo seguente). È pure data la retta che definisce il diagramma per un corpo nero. Si osserva che in effetti esiste una correlazione molto ben definita, che segue nell'andamento medio quella del corpo nero; vedremo più avanti che l'affossamento della curva intorno a $B - V \approx 0$ è dovuto all'assorbimento del continuo da parte dell'idrogeno a lunghezze d'onda sotto i 3646 Å.

Gli indici di colore, essendo rapporti tra due luminosità dello stesso oggetto, risultano indipendenti dalla distanza, almeno per propagazione nel vuoto. In tal senso il diagramma a due colori dipende solo dalle caratteristiche intrinseche degli oggetti, indipendentemente dalle loro diverse distanze. È questo fatto che rende attraente il suo utilizzo. Come vedremo nel paragrafo seguente, ciò non è più vero se tra sorgente e osservatore intervengono effetti di assorbimento e/o riemissione da parte di un mezzo interposto: il che si verifica in effetti a causa della presenza del mezzo interstellare.

3.5 Estinzione e profondità ottica

La magnitudine apparente di una stella cresce al crescere della distanza, cioè la sua densità di flusso diminuisce secondo la (3.30) se lo spazio tra sorgente e osservatore è completamente vuoto. Poiché nella realtà la radiazione delle stelle giunge a Terra attraversando il mezzo interstellare (e interplanetario), la suddetta relazione non è più corretta, in quanto la radiazione può essere assorbita (ed eventualmente riemessa a differente frequenza) e diffusa (riemessa in una differente direzione), il che comporta un'ulteriore effetto di aumento della magnitudine. Tale effetto viene chiamato **estinzione**, e impedisce, come vedremo più avanti, la rivelazione di stelle a distanze superiori ai 2 kpc nel piano galattico. È utile ricavare la legge secondo cui l'estinzione dipende dalla distanza.

Si consideri una stella che emetta un flusso totale specifico $L_{v,0}$ nell'angolo solido ω che si propaga entro un mezzo che assorbe e diffonde la radiazione: al crescere della distanza percorsa il flusso L_v diminuirà a causa dell'interazione col mezzo. Si può quindi scrivere che in un tratto elementare $(r, r + dr)$ la diminuzione del flusso sarà proporzionale al flusso stesso e alla distanza attraversata:

$$dL_v = -\alpha_v L \, dr \tag{3.48}$$

dove il coefficiente α_v, detto **coefficiente di assorbimento**, dipende dalla fisica dell'interazione fotoni/materia ed è naturalmente funzione della frequenza della radiazione, in particolare è maggiore per frequenze maggiori; le dimensioni del coefficiente α_v sono $[l^{-1}]$. Naturalmente il coefficiente di assorbimento è nullo nel vuoto e cresce al crescere della densità del mezzo. Discuteremo la fisica del processo nello studio del mezzo interstellare.

In astrofisica si usa spesso una quantità adimensionale detta **profondità ottica** τ_v così definita:

$$\tau_v = \int_0^{\tau_v} d\tau_v = \int_0^r \alpha_v \, dr \tag{3.49}$$

con la quale la (3.48) può essere riscritta e integrata:

$$L_v = L_{v,0} \, e^{-\tau_v} . \tag{3.50}$$

Questa relazione mostra che il flusso della radiazione decresce esponenzialmente con τ_v, cioè con la distanza e il coefficiente di assorbimento del mezzo attraversato: profondità ottica $\tau_v < 1$ indica che il mezzo è praticamente trasparente alla radiazione, profondità ottica $\tau_v \gg 1$ indica che il mezzo è completamente opaco e impedisce la rivelazione della sorgente.

Vediamo ora di esprimere l'effetto dell'estinzione sulle magnitudini. Sia $F_{v,0}$ la densità di flusso specifica alla superficie di una stella e sia $F_v(r)$ il suo valore alla distanza r dopo aver attraversato un mezzo assorbente; la relazione con la luminosità specifica nell'angolo solido ω sarà:

$$L_{v,\omega}(r) = \omega r^2 F_v(r) \quad L_{v,\omega,0} = \omega R^2 F_{v,0} \tag{3.51}$$

dove R è il raggio della stella. Pertanto:

$$F_V(r) = F_{V,0} \left(\frac{R}{r} \right)^2 e^{-\tau_V} . \tag{3.52}$$

Le magnitudini apparenti sono legate a tale flusso; invece le magnitudini assolute dipendono dal flusso alla distanza dei 10 pc in assenza di estinzione perché a questa distanza il mezzo interstellare risulta trasparente:

$$F_V(10) = F_{V,0} \left(\frac{R}{10\text{pc}} \right)^2 . \tag{3.53}$$

Il modulo di distanza diventa dunque:

$$m - M = -2.5 \log \frac{F_V(r)}{F_V(10)} = 5 \log \frac{r}{10\text{pc}} - 2.5 \log e^{-\tau_V}$$
$$= 5 \log \frac{r}{10\text{pc}} + A_V \tag{3.54}$$

dove

$$A_V = (2.5 \log e) \tau_V \tag{3.55}$$

è l'*estinzione in magnitudini* dovuta all'intero mezzo tra la stella e l'osservatore. Se il coefficiente di assorbimento è costante lungo la linea di vista, si può scrivere:

$$\tau_V = \alpha_V \int_0^r dr = \alpha_V r \tag{3.56}$$

e quindi il modulo di distanza in presenza di un mezzo assorbente diventa:

$$m - M = 5 \log \frac{r}{10\text{pc}} + ar \tag{3.57}$$

dove $a = (2.5 \log e) \alpha_V$ rappresenta l'estinzione in magnitudini per unità di distanza.

3.6 Eccesso di colore

Come abbiamo detto, l'estinzione dipende dalla frequenza della radiazione, in particolare le frequenze maggiori sono assorbite e diffuse più di quelle minori: nella banda ottica il blu è più assorbito e diffuso del rosso (vedi Fig. 3.10). Ciò comporta che il colore di una sorgente termica tende ad arrossarsi: in modo più quantitativo possiamo dire che il suo indice di colore $B - V$ cresce. Consideriamo le magnitudini apparenti V e B di una stella nel visibile e nel blu secondo la (3.54):

$$V = M_V + 5 \log \frac{r}{10\text{pc}} + A_V$$

$$B = M_B + 5 \log \frac{r}{10\text{pc}} + A_B$$

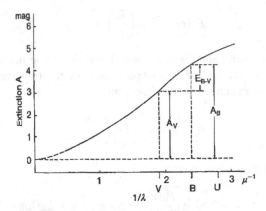

Fig. 3.10 Estinzione A_λ in funzione della lunghezza d'onda

da cui:

$$B - V = (M_B - M_V) + (A_B - A_V)$$
$$= (B - V)_0 + E_{B-V} \tag{3.58}$$

dove $(B - V)_0$ è il **colore intrinseco** della sorgente e $E_{B-V} = (B - V) - (B - V)_0$ è l'**eccesso di colore** dovuto alla propagazione. È interessante notare che studi del mezzo interstellare mostrano che il rapporto $R = A_V/E_{B-V} \approx 3.0$ è costante per tutte le stelle; pertanto è possibile ricavare l'estinzione nel visibile A_V poiché l'eccesso di colore è misurabile, come vedremo, da misure spettroscopiche che danno la temperatura delle stelle e dalla (3.47) con cui si ottiene $(B - V)_0$. Inoltre, usando la correlazione tra spettro e magnitudine assoluta che ricaveremo nei prossimi paragrafi, la (3.54) permette di ricavare la distanza della sorgente.

Il diagramma a due colori permette anche di misurare la distribuzione del mezzo interstellare. Utilizzando la (3.58) e la sua analoga per l'altro indice di colore si ottiene che l'estinzione determina uno spostamento della posizione di una stella nel diagramma a due colori secondo la relazione:

$$(U - B) - (U - B)_0 = \frac{E_{U-B}}{E_{B-V}} [(B - V) - (B - V)_0] . \tag{3.59}$$

In pratica quando una stella si trovi fuori dalla posizione della curva di correlazione ottenuta per le stelle vicine (non arrossate), la si riporta sulla curva muovendone il punto rappresentativo parallelamente alla *linea di arrossamento*, cioè alla retta con coefficiente angolare E_{U-B}/E_{B-V} (Fig. 3.11). La linea di arrossamento viene calcolata sulla base dello studio del mezzo interstellare e dei processi fisici di interazione tra radiazione e materia, ed è riportata in appositi cataloghi per i vari tipi di stelle. Lo spostamento darà di conseguenza il valore di $(B - V) - (B - V)_0$ e quindi una mi-

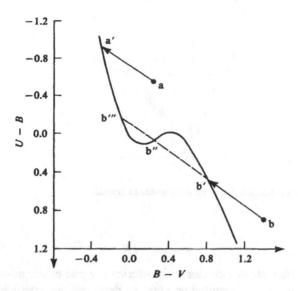

Fig. 3.11 Arrossamento degli spettri stellari e misure delle distanze

sura diretta di E_{B-V}, cioè di A_V, l'assorbimento subito dalla radiazione nel visibile. Quindi con la (3.55) e considerando che il coefficiente di assorbimento α_V è proporzionale alla densità del mezzo, si può stimare la densità di colonna del materiale attraversato:

$$\tau_V = (2.5 \log e)^{-1} A_V = \int_{sorg}^{oss} \alpha_V \, dr \propto \int_{sorg}^{oss} n \, ds \, . \tag{3.60}$$

Eseguendo la misura di estinzione su stelle di cui si sia già stimata la distanza, è quindi possibile ricavare la densità media del mezzo interstellare nella loro direzione. In tal modo si ottiene, ad esempio, una mappa della distribuzione di materia intorno al Sole. Alternativamente, determinata la densità di materia in una certa direzione, è possibile ricavare la distanza di altre stelle dalla loro estinzione.

3.7 Estinzione atmosferica

Possiamo esprimere l'assorbimento atmosferico in modo analogo a quanto visto per l'estinzione del mezzo interstellare. In questo caso però possiamo tenere conto della quantità di materia presente lungo la linea di vista a seconda dell'elevazione della sorgente sull'orizzonte. La minima attenuazione si avrà quando la sorgente si trova allo zenit, ed aumenterà con la distanza zenitale, rappresentata dall'angolo z (vedi Fig. 3.12). Nel caso di piccole distanze zenitali, l'atmosfera può essere trattata come uno strato piano di spessore H per cui la massa di materiale attraversato in funzione di z sarà proporzionale a $X = H / \cos z$ e la magnitudine di una stella crescerà secon-

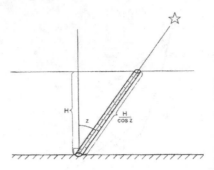

Fig. 3.12 Massa atmosferica in funzione della distanza zenitale

do la relazione:

$$m = m_0 + kX \tag{3.61}$$

dove k è un coefficiente di estinzione atmosferica che può essere misurato con osservazione di sorgenti di magnitudine nota; va detto che tale coefficiente dipende dalla frequenza, da effetti locali ed è variabile. Inoltre il problema si complica per la curvatura dell'atmosfera per angoli zenitali $z > 70°$.

3.8 Trasporto radiativo

Per comprendere la fisica dei processi che determinano l'attenuazione della luminosità delle stelle durante la propagazione nel mezzo interstellare, è utile una breve discussione delle basi dell'equazione del trasporto radiativo, un argomento fondamentale nell'astrofisica che incontreremo in molte applicazioni.

Si consideri un cilindro di area di base dA e lunghezza dr del mezzo entro cui avviene la propagazione e si assuma che una radiazione di intensità I_ν entri perpendicolarmente ad una delle superfici di base entro l'angolo solido $d\omega$. All'uscita dalla superficie di base opposta l'intensità sarà variata di dI_ν e corrispondentemente l'energia trasportata sarà variata di:

$$dE_\nu = dI_\nu \, dA \, d\nu \, d\omega \, dt \tag{3.62}$$

a causa di processi di assorbimento a cui la radiazione è andata incontro per interazione col mezzo e di processi di emissione con cui il mezzo contribuisce nuovi fotoni. Si possono trascurare processi di diffusione in quanto si assume che il cilindro sia in equilibrio con la materia adiacente, per cui fotoni diffusi uscenti sono bilanciati da quelli entranti.

L'energia assorbita dal mezzo può essere scritta come:

$$dE_{\nu.ass} = \alpha_\nu I_\nu \, dr \, dA \, d\nu \, d\omega \, dt \tag{3.63}$$

dove α_v è il coefficiente di assorbimento del mezzo. Indicando con j_v il **coefficiente di emissione** del mezzo, cioè la quantità di energia emessa dal mezzo alla frequenza v, nell'angolo solido $d\omega$, nell'unità di volume e nell'unità di tempo, l'energia emessa dal cilindro sarà:

$$dE_{v,em} = j_v \, dr \, dA \, dv \, d\omega \, dt \, . \tag{3.64}$$

Pertanto:

$$dE_v = dE_{v,em} - dE_{v,ass} \tag{3.65}$$

da cui

$$dI_v = -\alpha_v I_v dr + j_v dr \tag{3.66}$$

ovvero, utilizzando la profondità ottica

$$\frac{dI_v}{d\tau_v} = -I_v + S_v \tag{3.67}$$

dove $S_v = j_v/\alpha_v$ è la cosiddetta *funzione sorgente*. La (3.67) è l'**equazione del trasporto**. Nel caso specifico che assorbimento ed emissione si bilancino esattamente si ha

$$I_v = \frac{j_v}{\alpha_v} = S_v \tag{3.68}$$

che è la legge di Kirchhoff precedentemente citata e ora esplicitamente derivata. In equilibrio termodinamico (a tutte le frequenze) la radiazione del mezzo è quella di corpo nero, e quindi anche la funzione sorgente è la funzione di Planck.

L'equazione del trasporto può essere integrata formalmente moltiplicando ambo i membri per $\exp\tau_v$ e passando alle variabili $\mathscr{I} = I_v \exp\tau_v$ e $\mathscr{S} = S_v \exp\tau_v$, ottenendo:

$$\frac{d\mathscr{I}}{d\tau_v} = \mathscr{S} \tag{3.69}$$

con soluzione

$$\mathscr{I}(\tau_v) = \mathscr{I}(0) + \int_0^{\tau_v} \mathscr{S}(x) \, dx \tag{3.70}$$

ossia

$$I_v(\tau_v) = I_v(0)e^{-\tau_v} + \int_0^{\tau_v} e^{-(\tau_v - x)} S_v(x) dx \tag{3.71}$$

dove $I_v(0)$ è l'intensità della radiazione della sorgente che decade esponenzialmente attraversando il mezzo, come già abbiamo visto nella (3.50). Il secondo termine invece tiene conto del contributo dovuto all'irraggiamento del mezzo stesso, che pure viene ridotto durante la propagazione. Per $\tau_v \gg 1$ il contributo all'intensità osservata è dovuto essenzialmente al mezzo in quanto la sorgente risulta completamente estinta.

La soluzione è formale in quanto la funzione sorgente S_v non è nota e deve essere risolta insieme all'intensità I_v. Come esempio si consideri il caso con $S_v =$ costante e nessuna sorgente di fondo; si ottiene

$$I_v(\tau_v) = S_v \int_0^{\tau_v} e^{-(\tau_v - x)} dx = S_v \left(1 - e^{-\tau_v}\right) \tag{3.72}$$

e per $\tau_v \gg 1$ intensità e funzione sorgente si eguagliano

$$I_v = S_v \tag{3.73}$$

cioè i processi di assorbimento ed emissione nel mezzo si bilanciano.

Una delle applicazioni della teoria del trasporto radiativo è nello studio delle atmosfere stellari e planetarie e nella propagazione della radiazione nel mezzo interplanetario. Nella maggior parte dei casi occorre tener conto della geometria; per lo più è sufficiente lavorare in geometria piana, con le proprietà del mezzo che variano solo nella direzione z perpendicolare agli strati piani. Pertanto, assumendo z crescente verso l'alto e indicando con r la direzione generica di propagazione dei raggi e con θ l'angolo rispetto alla verticale, si pone:

$$d\tau_v = -\alpha_v dz$$
$$= -\alpha_v dr \cos \theta \tag{3.74}$$

e l'equazione del trasporto diventa in questo caso:

$$\cos \theta \frac{dI_v(z, \theta)}{d\tau_v} = -I_v + S_v . \tag{3.75}$$

Un'espressione formale per l'energia che emerge ad esempio da un'atmosfera stellare è:

$$I_v(0, \theta) = \int_0^\infty S_v \exp\left(-\tau_v \sec \theta\right) \sec \theta \, d\tau_v . \tag{3.76}$$

3.9 Elementi di spettroscopia

Lo studio fotometrico nelle diverse bande elettromagnetiche permette di concludere che la radiazione delle stelle e delle galassie normali è distribuita in modo continuo su tutte le lunghezze d'onda e segue da vicino la legge di Planck del corpo nero. Ciò implica che i plasmi emettenti sono in equilibrio termodinamico, sono cioè **sorgenti termiche** e se ne può valutare la temperatura, definita come temperatura di colore o temperatura effettiva. Il meccanismo di emissione di tali sorgenti è il bremsstrahlung termico basato sulla diffusione di elettroni liberi da parte di ioni positivi, oltre a transizioni di eccitazione e diseccitazione di atomi e, per plasmi freddi, di associazione o dissociazione di molecole.

Sostanzialmente differente è lo spettro delle nebulose, zone di gas diffuso e caldo nel mezzo interstellare, spesso trasparente in termini di profondità ottica. Queste presentano spettri non continui, ma consistenti di bande più o meno estese, in assen-

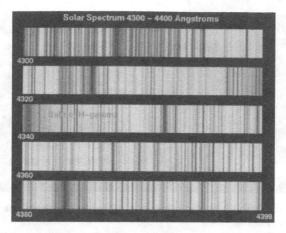

Fig. 3.13 Lo spettro solare nella regione 4300 – 4400 Å

za di un vero e proprio continuo; il loro spettro non segue la distribuzione del corpo nero, per cui si conclude che si tratta di plasmi fuori dall'equilibrio termodinamico.

Oltre a queste osservazioni a larga banda della radiazione nel **continuo** delle stelle e delle nebulose diffuse, è possibile effettuarne un'analisi disperdendone la radiazione in modo da permetterne un'analisi ad alta risoluzione in lunghezza d'onda; questa è la base della **spettroscopia**. Ciò consente di ricavare ulteriori caratteristiche sullo stato termodinamico degli atomi o molecole del plasma emettente, in particolare attraverso la rivelazione e lo studio delle righe di assorbimento ed emissione. Vedremo che la spettroscopia fornisce informazioni su:

- energia specifica, stato di eccitazione degli atomi o molecole del plasma emettente;
- composizione chimica del plasma emettente;
- composizione chimica degli strati assorbenti;
- dinamica globale e/o locale.

Lo sviluppo della spettroscopia nella seconda metà dell'800 coincide con la nascita dell'astrofisica, in quanto osservazioni spettroscopiche permisero di indagare la struttura fisica degli oggetti celesti e non solo i loro moti.

Lo studio della distribuzione energetica (o fotoni) nelle varie bande di emissione è effettuata con metodi diversi a seconda delle frequenze; le tecniche principali sono state presentate nel Capitolo 2. Nell'ottico si ottiene la dispersione della radiazione propagandola attraverso un prisma rifrangente. Nel radio, giacché si lavora con antenne a banda molto stretta, occorre effettuare osservazioni cambiando i ricevitori. Alle alte frequenze si usano filtri alle "finestre" di ingresso della radiazione nei collimatori.

Le prime osservazioni di spettri di oggetti astrofisici ad alta risoluzione risalgono a Wollaston, che nel 1802 scoprì le righe di assorbimento nello spettro solare (Fig. 3.13). Successivamente Fraunhofer compì analisi sistematiche e nel 1814

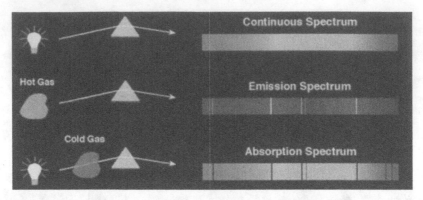

Fig. 3.14 Le leggi di Kirchhoff: (1) spettro continuo, (2) spettro di righe in emissione, (3) spettro continuo con righe di assorbimento

propose una classificazione delle righe dello spettro solare (dette appunto *righe di Fraunhofer*).

3.10 Cenni sulla teoria atomica degli spettri

Nel 1859 Kirchhoff formulò, sulla base di esperimenti in laboratorio, le seguenti **leggi della spettroscopia** (illustrate schematicamente in Fig. 3.14):

1. Solidi e liquidi portati all'incandescenza emettono a tutte le frequenze, cioè hanno uno spettro di emissione continuo, il cui profilo dipende dalla temperatura.
2. Gas rarefatti incandescenti producono uno spettro di righe/bande di emissione, cioè emettono solo a certe frequenze, che risultano essere caratterizzate dalle proprietà fisiche e chimiche del gas.
3. Un gas rarefatto a bassa temperatura interposto tra una sorgente del primo tipo ad alta temperatura e l'osservatore, dà origine a righe di assorbimento sul continuo alle stesse frequenze a cui il gas, se riscaldato, sarebbe capace di emettere.

Balmer nel 1885 ricavò una relazione empirica tra le lunghezze d'onda emesse da un gas rarefatto di idrogeno:

$$\lambda_n = \lambda_0 \frac{n^2}{n^2 - 2^2} \qquad \lambda_0 = 3646.5 \, \text{Å} \qquad n = 3, 4, 5, \ldots \qquad (3.77)$$

da cui si individuano specifiche righe osservate: $\lambda_3 = 6563$ Å (riga Hα), $\lambda_4 = 4861$ Å (riga Hβ), $\lambda_5 = 4340$ Å (riga Hγ) e così via convergenti verso una lunghezza d'onda minima $\lambda_0 = 3646.5$ Å chiamata *testa della serie*, come effettivamente osservato. Per lunghezze d'onda inferiori alla testa, l'idrogeno non emette (assorbe) più righe ma un continuo.

Nel 1888 Rydberg individuò altre serie di righe nell'ultravioletto e infrarosso che potevano essere rappresentate con simili relazioni; passando a un espressione in frequenze invece che in lunghezze d'onda si ha:

$$v_{m,n} = R\left(\frac{1}{m^2} - \frac{1}{n^2}\right) \begin{cases} m=1 \ \ n>1 \ \ \text{serie di Lyman (UV)} \\ m=2 \ \ n>2 \ \ \text{serie di Balmer (visibile)} \\ m=3 \ \ n>3 \ \ \text{serie di Paschen (IR)} \\ m=4 \ \ n>4 \ \ \text{serie di Brackett (lontano IR)} \end{cases} \tag{3.78}$$

dove $R = 3.29 \times 10^{15}$ s^{-1} è la *costante di Rydberg*. Ciascuna delle serie ha la sua testa; in particolare la testa della serie di Lyman a circa 3200 Å determina l'assorbimento della radiazione ultravioletta a lunghezze d'onda inferiori da parte dell'idrogeno interstellare freddo nello stato fondamentale.

Rydberg estese questa relazione ad altri elementi; in generale si pone:

$$v = \frac{R}{(m+a)^2} - \frac{R}{(n+b)^2} \tag{3.79}$$

dove m e n sono ancora numeri interi ($n > m$) e a e b sono numeri non interi (≤ 1) scelti a rappresentare le serie per i diversi elementi. Inoltre Rydberg mostrò che i cosiddetti metalli alcalini della tavola periodica (Li, Na, K, Rb, Cs) presentano più serie di righe, che indicò fenomenologicamente con le lettere P (*principal*), S (*sharp*), D (*diffuse*), F (*fundamental*):

$$\text{serie P} \quad v_n^P = \frac{R}{(m+s)^2} - \frac{R}{(n+p)^2} \tag{3.80}$$

$$\text{serie S} \quad v_n^S = \frac{R}{(m+p)^2} - \frac{R}{(n+s)^2} \tag{3.81}$$

$$\text{serie D} \quad v_n^D = \frac{R}{(m+p)^2} - \frac{R}{(n+d)^2} \tag{3.82}$$

$$\text{serie F} \quad v_n^F = \frac{R}{(m+d)^2} - \frac{R}{(n+f)^2} \tag{3.83}$$

dove $n > m = 1, 2, 3, \dots$ sono interi e p, s, d, f sono piccoli numeri ≤ 1 differenti per ogni elemento. Regole simili vennero progressivamente elaborate per elementi con spettri sempre più complessi.

Fu la teoria quantistica dell'atomo di Bohr del 1913 che fornì l'interpretazione fisica di queste regole empiriche. L'atomo di Bohr è costituito da un nucleo elettricamente positivo intorno a cui ruotano elettroni su orbite di differente livello energetico, non distribuite in modo continuo, ma discrete o quantizzate; questi elettroni non emettono nel moto lungo le orbite (come predirrebbe la teoria elettromagnetica classica), ma soltanto quando compiono una transizione tra orbite quantizzate e quindi con emissione o assorbimento di fotoni di ben precisa frequenza $hv = \Delta E$ corrispondente al salto di energia ($h = 6.6260755 \times 10^{-34}$ J s è la costante di Planck).

Bohr mostrò che, quantizzando il momento angolare orbitale degli elettroni trattenuti dalla forza elettrostatica in orbite circolari intorno ad un nucleo di numero atomico Z

$$\frac{ma^2\dot\phi^2}{a} = -\frac{Ze^2}{a^2} \tag{3.84}$$

$$2\pi ma^2\dot\phi = nh \qquad n = 1, 2, 3, \ldots \tag{3.85}$$

con a raggio dell'orbita e m massa dell'elettrone, si ottengono livelli discreti di energia di legame in funzione del numero n:

$$E_n = -\frac{me^4}{2\hbar^2}\frac{Z^2}{n^2} = -2.18 \times 10^{-11}\frac{Z^2}{n^2}\text{erg}\,, \tag{3.86}$$

con $\hbar = h/2\pi = 1.05457266 \times 10^{-34}$ J s. Un calcolo più accurato che tenga conto della massa M finita del nucleo comporta la sostituzione della massa dell'elettrone con la sua massa ridotta $\mu = mM/(m+M)$. Nel caso dell'atomo di idrogeno:

$$E_n = -13.6\frac{Z^2}{n^2} \text{ eV} \tag{3.87}$$

dove per $n = 1$ si ha lo stato più legato o *stato fondamentale*: l'energia di ionizzazione di un atomo di idrogeno nello stato fondamentale è appunto 13.6 eV. L'intero n è chiamato *numero quantico principale*. Possiamo ora scrivere la frequenza del fotone emesso quando un elettrone compia una transizione da un livello n_m ad un livello n_n:

$$h\nu = \Delta E = -\frac{\mu e^4 Z^2}{2\hbar^2}\left(\frac{1}{n_m^2} - \frac{1}{n_n^2}\right) \tag{3.88}$$

che riproduce la formula di Rydberg, e dove in effetti la costante avanti la parentesi è proprio la costante di Rydberg espressa in frequenze:

$$R = \frac{\mu e^4}{4\pi\hbar^3} = 3.2898419499 \times 10^{15} \text{ Hz}\,. \tag{3.89}$$

La (3.88) rappresenta emissione di fotoni quando $n_m > n_n$ e viceversa assorbimento quando $n_m < n_n$, e i due processi corrispondono allo stesso salto di energia se i due numeri quantici sono gli stessi: un atomo ha quindi le stesse righe in assorbimento e in emissione, il che corrisponde a quanto stabilito nelle leggi di Kirchhoff. Una rappresentazione grafica dei processi di emissione e assorbimento in relazione ai livelli energetici delle orbite elettroniche è data dai *diagrammi di Grotrian*: in Fig. 3.15 è riportato il diagramma per l'atomo di idrogeno. Le linee orizzontali rappresentano i livelli energetici, i tratti verticali le possibili transizioni, raggruppate in serie secondo il numero quantico del livello inferiore n con l'altro numero quantico del livello energetico superiore $m = n+1, n+2, \ldots, \infty$. Le serie sono indicate con il nome dello scienziato che le ha identificate sperimentalmente. Per l'idrogeno la serie che comprende le righe dello spettro visibile è la serie di Balmer. Al crescere di m

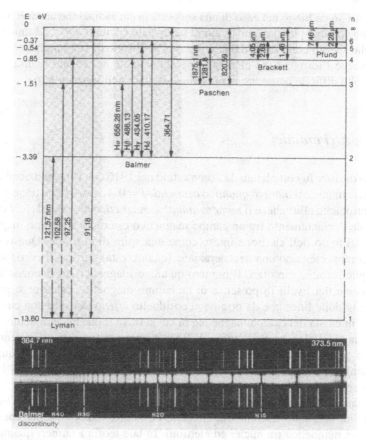

Fig. 3.15 Diagramma di Grotrian per le serie delle righe dell'atomo di idrogeno e spettro; le lunghezze d'onda delle transizioni sono date in nanometri e le energie dei livelli in eV

il salto energetico aumenta e così pure la frequenza corrispondente; esiste per un limite superiore per $m \to \infty$ a cui corrisponde una frequenza che rappresenta la testa della serie:

$$\nu_\infty = \frac{\mu e^4 Z^2}{4\pi \hbar^3} \frac{1}{n^2} \qquad (3.90)$$

cioè per ogni serie per frequenze maggiori non si hanno più emissioni o assorbimenti tra stati legati dell'elettrone, e quindi frequenze discrete: in assorbimento si avrà una ionizzazione, in emissione una ricombinazione, per le quali ogni frequenza è lecita (si ricade cioè in una situazione classica). Per la serie di Balmer tale limite corrisponde ad una lunghezza d'onda $\lambda_d = 3647.1$ Å. Fotoni di lunghezza d'onda inferiore che incidano su un gas con popolazione dello stato $n = 2$, che corrisponde appunto ad assorbimenti nella serie di Balmer, sono in grado di fotoionizzare gli atomi: le transizioni atomiche sono del tipo legato-libero cui corrisponde uno spettro di assorbimento continuo in quanto i moti degli elettroni liberi non sono più quantizzati. Ciò dà luogo nel caso di una sorgente la cui radiazione attraversi un gas di idrogeno con una popolazione di atomi nello stato eccitato $n = 2$ ad una discontinuità nello spettro con caduta della luminosità al di sotto di tale lunghezza d'onda. Proprio perché l'idrogeno è l'elemento più abbondante nel cosmo risulta per tale ragione molto difficile osservare la radiazione stellare nell'ultravioletto.

3.10.1 Spettri atomici

Il modello di Bohr fu completato da Sommerfeld nel 1916 con l'introduzione di altri due numeri quantici: il *numero quantico azimutale* $l = 0, 1, ...n - 1$ che tiene conto di orbite elettroniche ellittiche, e il *numero quantico magnetico* $m = 0, \pm 1, ..., l$ che tiene conto dell'orientamento tra un campo magnetico esterno e il campo magnetico generato dal moto dell'elettrone inteso come una spira di corrente. Questi numeri quantici rappresentano una degenerazione (quantizzata) dei livelli corrispondenti ai semplici orbitali circolari. Il numero quantico magnetico corrisponde ad una degenerazione dei livelli in presenza di un campo magnetico esterno: si produce uno splitting delle linee che dà origine al cosiddetto *effetto Zeeman* con cui si può misurare l'intensità del campo magnetico in cui si trova il plasma emettente.

La teoria semi-classica dell'atomo di Bohr è stata poi riscritta all'interno della meccanica quantistica che interpreta la struttura dell'atomo attraverso l'equazione di Schrödinger per la funzione di probabilità degli stati elettronici, di cui i livelli energetici sono le autofunzioni. I livelli energetici vengono a dipendere da altri due numeri quantici, orbitale e magnetico che tengono conto del fatto che le funzioni di probabilità non sono a simmetria circolare ed inoltre debbono tener conto dell'interazione magnetica tra nuclei ed elettroni. In tale teoria i numeri quantici e le loro relazioni compaiono automaticamente attraverso lo sviluppo della funzione di probabilità nel prodotto di funzioni delle variabili spaziali separate:

$$\psi(r, \theta, \varphi) = R_{nl}(r)\Theta_{lm}(\theta)\Phi_m(\varphi) .$$ (3.91)

I valori dei nuovi numeri quantici sono sempre legati al numero quantico principale:

$$\begin{aligned} n &= 1, 2, 3, ... \\ l &= 0, 1, ..., n - 1 \\ m &= -l, -l + 1, ..., l - 1, l . \end{aligned}$$ (3.92)

La teoria quantistica richiede inoltre l'introduzione di un quarto numero quantico, il *numero quantico di spin* $s = \pm 1/2$ che tiene conto dell'allineamento tra spin dell'elettrone e momento orbitale (Uhlenbeck e Goudsmit 1925). Nel 1928 Dirac fu in grado di mostrare come la versione relativistica dell'equazione di Schrödinger permette di spiegare coerentemente il modello atomico a quattro numeri quantici.

La teoria quantistica adotta un ulteriore principio non classico, e cioè che ogni stato energetico, caratterizzato da specifici valori dei quattro numeri quantici (n, l, m, s), può essere occupato da un solo elettrone: il principio di *esclusione di Pauli*. A partire dall'atomo di idrogeno con un solo elettrone, si passa agli atomi di numero atomico sempre maggiore aggiungendo nuovi elettroni su livelli energetici sempre più esterni, meno legati: è questa la base del *modello a shell* degli atomi. I livelli o orbitali sono progressivamente indicati, a partire dai livelli più legati, con le lettere K, L, M, N corrispondenti ai numeri quantici principali. Quando una shell di dato n viene completamente occupata nelle sue sotto-shell definite dagli altri numeri quantici (esempi sono l'He, F, Ar, Kr, Xe) la struttura atomica corrispondente risulta la più stabile, e ciò rende conto di molte proprietà fisiche e chimiche della tavola degli elementi di Mendeleev. In questi atomi complessi si usano i numeri quantici dati dalla somma, secondo opportune modalità, di quelli degli elettroni nei livelli più esterni (o *di valenza*): mentre il numero quantico principale n rimane tale, gli altri numeri quantici totali vengono indicati con lettere maiuscole, L, S, J.

Si deve anche notare che un atomo eccitato non può diseccitarsi seguendo indifferentemente una qualunque delle transizioni possibili. Intervengono cioè delle *regole di selezione* che limitano le combinazioni permesse tra livelli energetici: $\Delta S = 0$, $\Delta L = 0, \pm 1$, $\Delta J = 0, \pm 1$ (ma non si può andare da $J = 0$ a $J = 0$). Le transizioni che non soddisfano queste regole sono dette *proibite*: in realtà queste transizioni sono soltanto poco probabili, nel senso della meccanica quantistica, e sono difficilmente osservabili in esperimenti di laboratorio. Tuttavia righe proibite compaiono negli spettri astrofisici, ad esempio quando il plasma emettente è molto rarefatto; un caso di particolare interesse è quello della transizione dello spin dell'elettrone dell'atomo dell'idrogeno neutro da parallelo ad antiparallelo rispetto a quello del nucleo, che corrisponde alla riga 21 cm osservata nel radio dal gas interstellare. In questa transizione $\Delta S \neq 0$, ma gli atomi di idrogeno nel gas interstellare sono così numerosi che, pur essendo la probabilità di transizione $\approx 10^{-15}$ s^{-1}, il processo risulta abbastanza frequente da essere osservabile.

3.10.2 Spettri molecolari

L'astronomia infrarossa e millimetrica permette di osservare righe emesse da transizioni molecolari, sia di molecole inorganiche (H_2, C_2, FeO, H_2O, CO, CO_2, ecc.) sia molecole organiche e di radicali molecolari (OH, CN, CH); il loro interesse sta nella possibilità che offrono di studiare da un lato le componenti fredde dei mezzi diffusi e dall'altro le condizioni di sviluppo di forme di vita nel cosmo. Come nel caso della spettroscopia atomica, anche la spettroscopia molecolare ha rivelato l'esistenza di molecole non conosciute in laboratorio che suggeriscono l'esistenza di processi fisico-chimici peculiari possibili in condizioni di difficile riproduzione sperimentale. Riportiamo in Tab. 3.2 le molecole più importanti dal punto di vista astrofisico e i loro potenziali di dissociazione e ionizzazione.

Gli spettri molecolari presentano un aspetto molto diverso da quelli atomici, in quanto sono essenzialmente bande composte da molte righe. Ciò è dovuto al fatto che le forze elettrostatiche non sono più centrate sul nucleo atomico, ma diventa

Tabella 3.2 Molecole di interesse astrofisico

Nome	Potenziale di dissociazione	Potenziale di ionizzazione
H_2	4.48 eV	15.43 eV
C_2	6.2	12.0
CH	3.47	10.6
CO	11.09	14.01
CN	7.8	14
O_2	5.12	12.08
OH	4.39	13.36
MgH	2.3	
CaH	1.5	
TiO	6.8	
FeO	4.4	
H_2O	5.11	12.61
N_2O	1.68	12.89
CO_2	5.45	13.77
NH_3	4.3	10.15
CH_4	4.4	13.0
HCN	5.6	13.91

importante il moto dei nuclei atomici costituenti le molecole: questi possono dare origine a gradi di libertà oscillatori e rotazionali rispetto al baricentro. Pertanto i livelli energetici hanno una degenerazione molto più ricca che nel caso atomico.

3.11 Misure spettrali

Importanti informazioni fisiche sullo stato dei plasmi emettenti vengono ricavate dall'esame del **profilo delle righe**. Dal punto di vista osservativo si parte dalla registrazione dello spettro; tradizionalmente questa è fatta con tecnica fotografica. L'immagine viene convertita in un diagramma di intensità che mostra la densità di flusso in funzione della lunghezza d'onda. Ciò si ottiene utilizzando un microdensitometro che misura l'annerimento delle lastre fotografiche; poiché però l'annerimento non è funzione lineare della radiazione ricevuta occorre operare opportune calibrazioni con lastre campionate su radiazione di intensità nota. Le tecniche più recenti operano la misura del flusso nelle righe direttamente sulla radiazione incidente senza passare attraverso la lastra fotografica. Successivamente lo spettro viene rettificato e normalizzato rispetto al flusso nel continuo $F_C(\lambda)$. Per una data lunghezza d'onda λ il flusso normalizzato $F_{norm}(\lambda)$ viene calcolato dal flusso osservato $F(\lambda)$ attraverso la relazione:

$$F_{norm}(\lambda) = \frac{F(\lambda)}{F_C(\lambda)} . \tag{3.93}$$

La Fig. 3.16 riporta la sequenza di queste operazioni per lo spettro di una stella. Le righe di assorbimento appaiono come cadute dell'intensità di varie ampiezze: esistono righe molto chiaramente identificabili, altre righe sono più deboli e la loro identificazione richiede un'analisi del rumore per escludere che si tratti di fluttuazioni dovute alla granularità dell'emulsione. A volte righe molto vicine si possono parzialmente sovrapporre (*blending*); in tal caso per distinguerle occorre aumentare la dispersione.

Il profilo delle righe dipende dalle proprietà fisiche del plasma emettente e in parte da un allargamento che avviene nello strumento di misura. La quantità $[F_C(\lambda) - F(\lambda)]/F_C(\lambda)$ è chiamata **profondità della riga** e rappresenta la diminuzione del flusso del continuo per effetto dell'assorbimento ad una specifica lunghezza d'onda. La quantità usata per valutare l'assorbimento nell'intera riga,

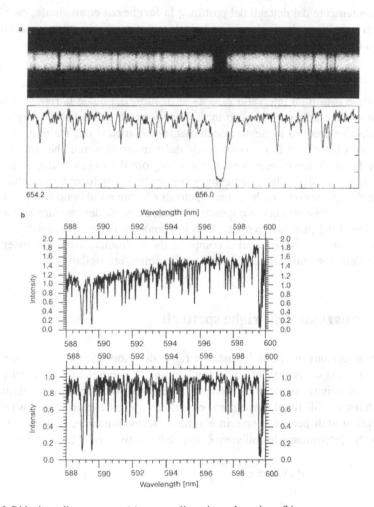

Fig. 3.16 Riduzione di uno spettro (a) e normalizzazione al continuo (b)

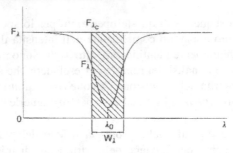

Fig. 3.17 Larghezza equivalente delle righe spettrali

indipendentemente dai dettagli del profilo, è la **larghezza equivalente**, cioè la larghezza di un rettangolo di altezza unitaria la cui area dia lo stesso assorbimento della riga (Fig. 3.17):

$$W_\lambda = \int_{\lambda_1}^{\lambda_2} \frac{F_C(\lambda) - F(\lambda)}{F_C(\lambda)} d\lambda \ . \tag{3.94}$$

L'integrale è esteso all'intervallo $\lambda_1 \div \lambda_2$ al di fuori del quale la riga si fonde nel continuo e W_λ è appunto misurato in Å. Il concetto è di valutare la larghezza di una banda che produca lo stesso assorbimento nell'ipotesi che sia in grado di assorbire tutti i fotoni. La larghezza dipende dal numero di atomi che sono grado di assorbire la lunghezza d'onda considerata: maggiore il numero di atomi, maggiore la larghezza equivalente della riga e maggiore anche la sua forza o intensità.

Infine l'ampiezza o forza delle linee spettrali è legata all'abbondanza degli atomi responsabili dell'assorbimento e quindi essa consente di determinare la composizione chimica del plasma emettente. Con le equazioni del trasporto per le righe si possono costruire spettri sintetici al computer da confrontare con i dati osservativi; questi modelli sono utilizzati nello studio delle atmosfere stellari.

3.12 Formazione delle righe spettrali

In quali condizioni fisiche si formano le righe di assorbimento? Per rispondere a questa domanda occorre valutare, in funzione delle condizioni fisiche del plasma stellare, la distribuzione degli elettroni negli orbitali atomici per mezzo della meccanica statistica. Gli atomi guadagnano e perdono energia e ridistribuiscono gli elettroni negli orbitali per collisione; in equilibrio termodinamico, la distribuzione di velocità che determinano le collisioni è data dalla statistica di Maxwell-Boltzmann:

$$n(\mathrm{v})d\mathrm{v} = n \left(\frac{m}{2\pi kT} \right)^{3/2} e^{-m\mathrm{v}^2/2kT} \, 4\pi \mathrm{v}^2 d\mathrm{v} \ . \tag{3.95}$$

Gli orbitali di energia più elevata, che richiedono scambi di energia più consistenti, hanno corrispondentemente una probabilità minore di essere occupati, perché meno frequenti saranno le collisioni adatte. Supponiamo che s_j sia l'insieme dei numeri quantici che definiscono un livello energetico E_j. Il rapporto di probabilità di occupazione di due stati s_a e s_b è dato dalla *legge di Boltzmann* della meccanica statistica:

$$\frac{P(s_b)}{P(s_a)} = \frac{e^{-E_b/kT}}{e^{-E_a/kT}} = e^{-(E_b-E_a)/kT} \qquad (3.96)$$

dove T è la temperature del sistema. Il fattore esponenziale è detto *fattore di Boltzmann*. Peraltro abbiamo discusso come gli stati energetici possano essere degeneri, con più stati quantici corrispondenti alla stessa energia, e di ciò si tiene conto per mezzo di un fattore chiamato molteplicità o *peso statistico*. In tal caso il rapporto di probabilità è:

$$\frac{P(s_b)}{P(s_a)} = \frac{g_b e^{-E_b/kT}}{g_a e^{-E_a/kT}} = \frac{g_b}{g_a} e^{-(E_b-E_a)/kT} . \qquad (3.97)$$

In un sistema di molti atomi il rapporto di probabilità è proporzionale al rapporto dei numeri di atomi negli stati a e b, e quindi dà l'occupazione dei differenti stati eccitati:

$$\frac{N_b}{N_a} = \frac{g_b}{g_a} e^{-(E_b-E_a)/kT} . \qquad (3.98)$$

Con riferimento ad esempio al caso dell'idrogeno neutro con le energie dei livelli più legati $E_1 = -13.6$ eV ($n = 1$, stato fondamentale, $g_1 = 2$) ed $E_2 = -3.4$ eV ($n = 2$, stato eccitato, $g_2 = 2 \times 2^2$), si ricava dalla (3.98) che per avere una buona popolazione nello stato eccitato ($N_1 = N_2$) occorre una temperatura $T = 8.54 \times 10^4$ K. Le righe di assorbimento della serie di Balmer sono prodotte appunto da atomi che compiono transizioni a partire dallo stato $n = 2$. Nel prossimo paragrafo vedremo che la temperatura delle stelle che presentano le più intense righe di Balmer è più bassa degli 85.400 K di un fattore circa 10: anzi le stelle di temperatura superiore ai 10.000 K non hanno righe dell'idrogeno.

Analizziamo brevemente questa apparente incongruenza. Dobbiamo considerare il fatto che per energie di eccitazione superiori al potenziale di ionizzazione gli atomi sono in gran parte ionizzati. Sia χ_i l'energia di ionizzazione dallo stato fondamentale che porta un atomo a più elettroni dallo stato di ionizzazione i-volte ionizzato a quello $(i + 1)$-volte ionizzato. La ionizzazione può avvenire a partire da uno stato fondamentale o da stati eccitati che richiedono minor energia di ionizzazione. Occorre pertanto fare una media sui vari orbitali per tener conto della ripartizione degli elettroni sui possibili stati: questa procedura richiede di calcolare la *funzione di partizione Z* per gli stati iniziale e finale. La Z è semplicemente la somma pesata del numero di modi in cui un atomo può distribuire i propri elettroni a parità di energia totale. La somma pesata usa il *fattore di Boltzmann* per indicare che stati più eccitati sono meno probabili, cioè pesano meno. La funzione di partizione diventa:

$$Z = g_1 + \sum_{j=2}^{\infty} g_j e^{-(E_j-E_1)/kT} . \qquad (3.99)$$

Usando le partizioni per gli stati di ionizzazione Z_i e Z_{i+1} e il potenziale di ionizzazione χ_i dello stato i, si dimostra che vale l'*equazione di Saha*:

$$\frac{N_{i+1}}{N_i} = \frac{2Z_{i+1}}{n_e Z_i} \left(\frac{2\pi m_e kT}{h^2} \right)^{3/2} e^{-\chi_i/kT} , \qquad (3.100)$$

dove il fattore 2 viene dalle due possibilità di spin $\pm 1/2$ e la presenza della densità elettronica deriva dal fatto che la ionizzazione produce elettroni liberi; in particolare al crescere di tale densità il rapporto decresce perché sono probabili anche processi di ricombinazione.

Utilizzando questa formula si può comprendere perché le righe di Balmer sono intense a temperature più basse di quelle indicate dalla legge di Boltzmann. Infatti l'intensità della riga dipende dal numero relativo di atomi N_2/N_{tot} che si trovano nello stato di eccitazione $n = 2$ sottraendo quelli che sono già ionizzati. Si usa la convenzione che N_1 e N_2 rappresentano i numeri di atomi di idrogeno neutro rispettivamente nello stato fondamentale $n = 1$ e nello stato eccitato $n = 2$; invece N_I indica il numero di atomi non ionizzati e N_{II} il numero di atomi ionizzati. Pertanto il rapporto N_2/N_{tot} si può esprimere scrivendo che per l'idrogeno $N_1 + N_2 \approx N_I$ e $N_I + N_{II} = N_{tot}$:

$$\frac{N_2}{N_{tot}} = \left(\frac{N_2}{N_1 + N_2} \right) \left(\frac{N_I}{N_{tot}} \right) = \left(\frac{N_2/N_1}{1 + N_2/N_1} \right) \left(\frac{1}{1 + N_{II}/N_I} \right) ; \qquad (3.101)$$

sostituendo le formule di Saha per N_{II}/N_I e di Boltzmann per N_2/N_1, si ottiene la forma rappresentata in Fig. 3.18 che mostra un picco intorno ai 9.000 K. Il diminuire dell'intensità delle righe di Balmer a temperature oltre i 10.000 K è dovuto al fatto che l'idrogeno diventa completamente ionizzato.

In conclusione possiamo dire che per formare una riga di assorbimento a una data frequenza occorre che la temperatura sia tale da permettere, secondo la (3.98), una buona popolazione nello stato (fondamentale o eccitato) da cui il salto energetico può assorbire i fotoni. Allo stesso tempo occorre valutare dalla (3.100), che lo stato non sia ionizzato.

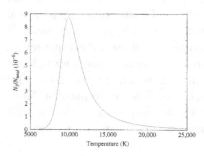

Fig. 3.18 Formazione delle righe di Balmer

3.12.1 Allargamento delle righe

La riga rappresentata schematicamente in Fig. 3.17 è detta otticamente sottile, perché non esiste nessuna lunghezza d'onda alla quale la radiazione venga completamente bloccata. L'assorbimento è evidentemente più forte alla lunghezza d'onda corrispondente al centro della riga e diminuisce spostandosi alle ali: nel caso delle stelle ciò comporta che l'assorbimento più forte avvenga nelle regioni più esterne e fredde dove il livello energetico superiore che viene eccitato nell'assorbimento è meno popolato e quindi più atomi possono effettuare la transizione di assorbimento, mentre le ali si formano nelle regioni più profonde e più calde dove il livello energetico è già in parte popolato perché eccitato collisionalmente.

La larghezza delle righe spettrali dipende da vari effetti fisici, ciascuno dei quali genera un particolare tipo di profilo.

1. **Allargamento naturale.** In base al principio di indeterminazione di Heisenberg una riga non può essere di larghezza nulla neppure se tutti gli atomi che la producono fossero fermi. Poiché un elettrone occupa uno stato eccitato per un tempo Δt, la sua energia è definita entro un intervallo

$$\Delta E \approx \frac{\hbar}{\Delta t} \qquad (3.102)$$

e quindi l'energia del fotone emesso nella diseccitazione $E_{fotone} = hc/\lambda$ avrà un'indeterminazione

$$\Delta \lambda \approx \frac{\lambda^2}{2\pi c} \frac{1}{\Delta t} \qquad (3.103)$$

che corrisponde all'ordine di grandezza dell'allargamento della riga; nel caso dell'Hα dell'idrogeno, $\lambda = 6563$ Å e $\Delta t \approx 10^{-8}$ s, si deriva $\Delta \lambda \approx 4.57 \times 10^{-4}$ Å, che in effetti rappresenta un valore tipico per tutte le righe.

2. **Allargamento Doppler.** In equilibrio termodinamico gli atomi di un gas si muovono in modo casuale con una distribuzione di velocità maxwelliana, e la velocità più probabile (termica) è $v_p = \sqrt{2kT/m}$. Le lunghezze d'onda assorbite o emesse dai singoli atomi sono quindi spostate per effetto Doppler secondo la relazione $\Delta \lambda / \lambda = \pm |v_r|/c$, per cui le righe prodotte dall'insieme degli atomi sono allargate di

$$\Delta \lambda \approx \frac{2\lambda}{c} \sqrt{\frac{2kT}{m}} \qquad (3.104)$$

con una decrescita esponenziale dal centro della riga. Analogamente si può avere un allargamento Doppler per effetto di moti turbolenti del gas; la formula è la stessa, è sufficiente sostituire la velocità media dei moti turbolenti alla velocità termica.

3. **Allargamento collisionale.** Gli orbitali degli atomi possono essere perturbati per collisioni o per l'interazione a breve range con i campi elettrici generati da ioni.

L'effetto risultante dipende quindi dal tempo medio tra collisioni:

$$\Delta t_0 \approx \frac{l}{v} = \frac{1}{n\sigma\sqrt{2kT/m}} \tag{3.105}$$

dove σ è la sezione d'urto delle interazioni. La teoria dell'allargamento collisionale è piuttosto complessa, ma si ottiene un risultato molto simile a quello dell'allargamento naturale:

$$\Delta\lambda = \frac{\lambda^2}{\pi c}\frac{1}{\Delta t_0} \approx \frac{\lambda^2}{c}\frac{n\sigma}{\pi}\sqrt{\frac{2kT}{m}} \tag{3.106}$$

dove si nota l'importanza della densità del gas. Spesso ci si riferisce al profilo combinato di questo allargamento e di quello naturale con il nome di *profilo di smorzamento*.

La combinazione degli allargamenti ora discussi dà origine al cosiddetto **profilo di Voigt**. Come mostrato in Fig. 3.19 nelle regioni centrali della riga domina l'allargamento Doppler (nucleo Doppler), mentre lo smorzamento prevale nelle ali (ali di smorzamento).

La **teoria delle atmosfere stellari** è basata sulla costruzione di modelli per ottenere il profilo delle righe teorico da confrontare con quello osservato. Si assume che la fotosfera della stella produca uno spettro di corpo nero e che gli atomi al di sopra della fotosfera rimuovano fotoni da tale corpo nero a formare le righe di assorbimento. Il modello di profilo teorico dipende quindi dalla temperatura, densità e composizione chimica del mezzo dove l'assorbimento ha luogo ed elabora la fisica del processo con i metodi della meccanica statistica quantistica, cioè le equazioni di Boltzmann e Saha. La larghezza equivalente di una riga dipende dal numero di atomi assorbitori e dal loro stato di eccitazione e ionizzazione. In linea di principio, dalla larghezza equivalente di una riga è possibile ricavare l'abbondanza dell'elemento chimico responsabile dell'assorbimento o dell'emissione. La quantità fondamentale in questo caso è la densità di colonna degli assorbitori, ovvero il numero di assor-

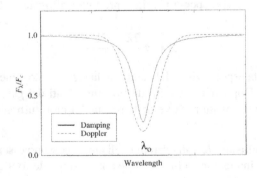

Fig. 3.19 Profilo di Voigt

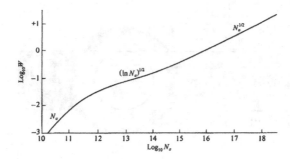

Fig. 3.20 Curva di crescita

bitori per unità di superficie lungo la linea di vista. Quando la densità di colonna è piccola, la profondità della riga è minore di uno, cioè l'assorbimento è parziale. In questo caso la larghezza equivalente cresce linearmente con la densità di colonna degli assorbitori. Quando la riga satura, la larghezza equivalente smette di crescere. Quando il numero di assorbitori diventa molto grande la riga sviluppa le ali di smorzamento. In questo caso la larghezza equivalente cresce con la radice quadrata del numero di assorbitori.

Il risultato della teoria è riassunto nella **curva di crescita** che determina il valore della larghezza equivalente in funzione della densità di atomi assorbenti in una colonna lungo la linea di vista; di conseguenza è possibile valutare densità e temperatura delle atmosfere stellari. In genere è necessario combinare lo studio di più righe per avere una miglior definizione dei parametri fisici e ottenere la composizione chimica delle atmosfere. Il caso della curva di crescita per la riga K del Ca II è riportato in Fig. 3.20.

3.12.2 Effetto Doppler

Quando il plasma sia dotato di un moto d'insieme con una velocità radiale relativa all'osservatore v_r le sue linee spettrali sono spostate rispetto alla configurazione di laboratorio per effetto Doppler secondo la formula (non-relativistica):

$$\frac{\Delta\lambda}{\lambda} = \frac{v_r}{c} \tag{3.107}$$

e lo spostamento è verso le lunghezze d'onda maggiori per moto relativo di allontanamento (*redshift*) e verso le minori per avvicinamento (*blueshift*). Lo spettro nel suo insieme risulta quindi deformato, essendo gli spostamenti maggiori per le lunghezze d'onda maggiori. L'osservazione degli spostamenti Doppler è un potente mezzo in astrofisica per lo studio della dinamica dei sistemi in quanto permette una misura diretta di velocità radiali, indipendente dalla distanza, che invece è neces-

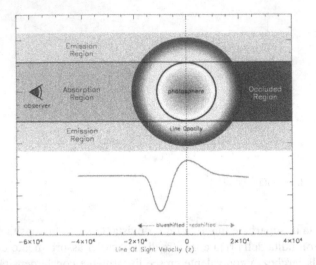

Fig. 3.21 Profilo P Cygni: schema della dinamica della perdita di massa e componenti della riga in emissione e in assorbimento

saria per valutare velocità trasverse alla linea di vista con l'osservazione dei moti propri. Con l'effetto Doppler si misurano le velocità di espulsione dei getti nelle regioni di formazione stellare, le velocità del gas in accrescimento su corpi compatti, la dinamica delle stelle doppie, fino alla recessione delle galassie.

Sono interessanti dal punto di vista astrofisico i profili che le righe stesse possono assumere quando le osservazioni combinino i contributi da parti delle sorgenti che abbiano diversa dinamica. In particolare vale la pena citare i cosiddetti **profili P Cygni** che prendono il nome dalla stella in cui furono osservati per la prima volta. Si tratta di profili che presentano larghe righe di emissione con componenti in assorbimento *blueshifted* (Fig. 3.21). L'origine di questi profili è dovuta alla presenza di forti perdite di massa da queste stelle. Dalle leggi di Kirchhoff sappiamo che le righe di emissione provengono da gas caldo e rarefatto. Pertanto, come indicato in figura, la massa di gas otticamente sottile espulsa in direzione perpendicolare alla linea di vista dà un contributo in emissione allo spettro continuo della stella. La linea di assorbimento invece è dovuta al gas che si muove verso l'osservatore lungo la linea di vista e che assorbe la radiazione continua della superficie stellare; perciò il gas che assorbe produce una riga di assorbimento spostata verso il blu.

3.13 Spettri stellari

Le leggi di Kirchhoff permettono di interpretare gli spettri stellari e nebulari, la cui classificazione fu iniziata empiricamente da Padre Angelo Secchi intorno al 1860-70 e raggiunse un completamento sistematico ad opera di Henry Draper e Edward Pickering dell'Harvard College Observatory, che poterono fare uso della

Sun's Spectrum vs. Thermal Radiator
of a single temperature T = 5777 K

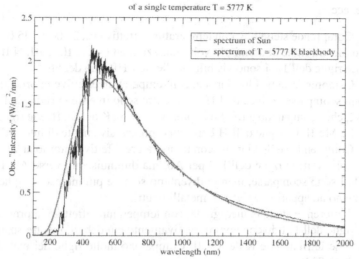

Fig. 3.22 Lo spettro solare confrontato con la curva di corpo nero corrispondente alla sua temperatura effettiva

fotografia per raccogliere un gran numero di spettri. Henry Draper per primo fotografò uno spettro stellare, quello di Vega. Il loro lavoro fu ulteriormente arricchito dalle osservazioni di Annie Cannon, assistente di Pickering, che misurò gli spettri di oltre 225.000 stelle fino alla nona magnitudine e curò la pubblicazione dell'*Henry Draper Catalogue* nel 1918-24.

In generale lo spettro delle stelle consiste di un continuo di corpo nero solcato da un considerevole numero di righe, cioè sono tipici spettri di assorbimento secondo la classificazione di Kirchhoff. In Fig. 3.22 è rappresentato come esempio lo spettro solare. Le due caratteristiche, profilo del continuo e righe, sono utilizzate per classificare gli spettri stellari. La **classificazione di Harvard**, che è a tutt'oggi il riferimento classico, usa lettere per indicare le classi o *tipi spettrali*; inizialmente si fece riferimento alle righe dell'idrogeno, partendo dalla lettera A per gli spettri con le righe dell'idrogeno più intense e proseguendo secondo l'ordine alfabetico al decrescere della loro intensità. Cannon si rese peraltro conto che in tal modo si aveva una classificazione in termini di temperature effettive decrescenti (derivabili dal continuo) e valutò che le classi O e B andavano messe avanti la A. Lo schema di Harvard fu infine definito in 7 tipi andando dalle temperature più alte alle temperature più basse: O-B-A-F-G-K-M[1], con ciascun tipo diviso in 10 sottotipi (da 0 a 9).

Le loro principali caratteristiche sono elencate di seguito nella versione del catalogo in cui sono state aggiunte due classi C e S. Per tradizione gli atomi o ioni sono indicati con il simbolo dell'elemento seguito da un numero romano: I corri-

---

[1] Esiste una filastrocca per ricordare la sequenza dei tipi spettrali: Oh, Be A Fine Girl! Kiss Me!

spondente all'atomo neutro, II all'atomo ionizzato una volta, III all'atomo ionizzato due volte, ecc.

Tipo O. Comprende stelle blu, con temperature effettive tra 20.000 e 35.000 K. Lo spettro mostra righe di atomi più volte ionizzati, ad es. He II, C III, N III, O III, Si V. Le righe dell'He I sono visibili, quelle dell'HI sono deboli.

Tipo B. Comprende stelle blu-bianche, con temperature effettive intorno ai 15.000 K. Sono scomparse le linee dell'He II, mentre sono intense le righe dell'HeI nel tipo B2, che scompaiono a B9. Sono presenti la riga K del Ca II, e le righe dell'O II, Si II e Mg II. Le righe dell'H I crescono progressivamente di intensità.

Tipo A. Comprende stelle bianche con temperature effettive intorno ai 9.000 K. Sono molto forti le righe dell'H I per A0, ma diminuiscono verso A9. Le righe dell'He I sono scomparse, mentre diventano sempre più intense le righe del Ca II. Iniziano ad apparire le righe di metalli neutri.

Tipo F. Comprende stelle bianco-gialle, con temperature effettive intorno ai 7.000 K. Le righe dell'H I diventano progressivamente più deboli, mentre sono invece più intense le righe H e K del Ca II. Compaiono molte righe dei metalli, Fe I, Fe II, Cr II, Ti II.

Tipo G. Comprende le stelle gialle, di tipo solare, con temperature effettive intorno ai 5.500 K. Le righe dell'HI sono deboli, sono presenti le righe H e K del Ca II, le righe dei metalli e la banda G della molecola CH. In stelle di alta luminosità sono presenti le righe del CN.

Tipo K. Comprende stelle giallo-arancio con temperature effettive di 4.000 K. Gli spettri sono dominati dalle righe dei metalli, mentre l'H I è molto debole; le righe del Ca I sono presenti, sono intense le righe H e K del Ca II e la banda G. Compaiono le righe del TiO intorno a K5.

Tipo M. Comprende stelle rosse con temperatura effettiva di 3.000 K. Gli spettri sono ricche di righe dei metalli, il TiO diventa forte e così pure il Ca I.

Tipo C (R, N). Comprende stelle rosse al carbonio di temperatura effettiva sotto i 3.000 K. Mostrano forti bande molecolari di C_2, CN, CH. Per il resto lo spettro ha le caratteristiche del tipo M a parte l'assenza del TiO.

Tipo S. Comprende ancora stelle rosse molto fredde, con spettro ricco di bande molecolari, ZrO, YO, LaO, TiO.

In Fig. 3.23 sono riportati gli spettri di alcune stelle di differenti classi della classificazione di Harvard. Le larghezze equivalenti delle principali righe di assorbimento nei tipi spettrali sono rappresentate in Fig. 3.24.

Riassumendo, i tipi spettrali di alta temperatura, detti *early-type*, sono caratterizzati da righe di atomi ionizzati, mentre i tipi spettrali più freddi, detti *late-type*, sono caratterizzati da righe di atomi neutri e da bande molecolari. È chiaro come questa classificazione tenga conto solo della temperatura, mentre l'influenza di densità, pressione e composizione chimica non intervengono. I tipi C e S sono gli unici in cui le differenze sono invece dovute alla composizione chimica.

L'interpretazione della sequenza è legata alla teoria atomica come abbiamo precedentemente illustrato. Per comprendere come le intensità delle righe spettrali siano determinate dalla temperatura, si considerino ad esempio le righe dell'elio neutro

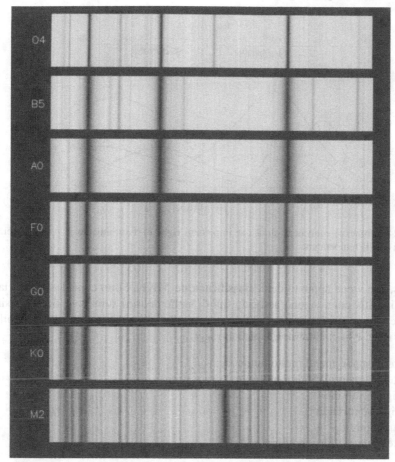

Fig. 3.23 Esempi di spettri di stelle della sequenza di Harvard

He I a 4026 e 4472 Å, che sono presenti solo negli spettri delle stelle calde. Ciò è dovuto al fatto che queste righe sono prodotte dall'assorbimento da parte di atomi in stati eccitati, il che richiede una temperatura capace di produrre un gran numero di atomi negli stati eccitati. Considerando temperature crescenti, più atomi saranno eccitati e corrispondentemente crescerà l'intensità delle righe; ma per temperature molto elevate l'elio viene ionizzato e quindi le righe dell'elio neutro progressivamente scompaiono. Questo schema vale ovviamente per qualunque tipo di riga. In particolare ad alte temperature le molecole sono dissociate, e quindi non si osservano bande molecolari; inoltre gli atomi dei metalli sono più volte ionizzati e non se ne vedono righe di assorbimento, che sono invece ricche negli spettri a bassa temperatura.

Esistono differenze sostanziali tra spettri che corrispondono a stelle alla stessa temperatura, ma con luminosità molto differenti. Un sistema di classificazione bidimensionale è stato introdotto da Morgan, Keenan e Kellmann dell'Osservatorio di

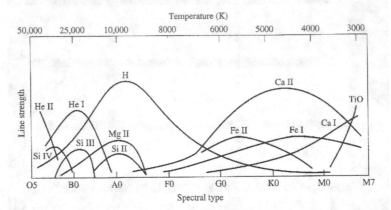

Fig. 3.24 Larghezze equivalenti di alcune importanti righe di assorbimento in funzione dei tipi spettrali e della temperatura

Yerkes, che viene appunto detta **classificazione MKK**. Sono considerate sei classi di luminosità, cui vengono associati tipi di stelle definiti sulla base della considerazione che a parità di tipo spettrale (o temperatura) grande luminosità significa grandi raggi e bassa luminosità piccoli raggi:

Ia   stelle supergiganti molto luminose;
Ib   stelle supergiganti luminose;
II   giganti luminose;
III   giganti normali;
IV   subgiganti;
V   stelle nane di bassa luminosità.

Nei successivi capitoli si vedrà meglio il significato di questa classificazione. Per il momento si può dire che nelle giganti il plasma emettente ha minore densità che nelle nane e ciò si riflette nella minor estensione delle ali delle righe che dipende dall'allargamento collisionale e quindi secondo la (3.106) proprio dalla densità.

Negli ultimi decenni le osservazioni nella banda infrarossa hanno permesso di definire nuove classi spettroscopiche che corrispondono a stelle molto fredde, con temperature inferiori ai 2200 K, le cosiddette *nane brune*:

Tipo L. Comprende stelle con forti bande molecolari di idrogenuri (FeH, CrH, MgH, CaH) e di metalli alcalini (Na I, K I, Cs I, Rb I).
Tipo T. Comprende stelle con bande di assorbimento di acqua (H_2O) idrogeno molecolare (H_2), metano (CH_4), per lo più caratteristiche dei pianeti del sistema solare; sono inoltre prominenti le righe dei metalli alcalini Na e K.
Tipo Y. Comprende stelle ancora più fredde, sotto i 700 K, con bande di assorbimento dell'ammoniaca NH_4.

Esistono inoltre stelle attive che producono allo stesso tempo righe di assorbimento ed emissione nell'ottico e in altre bande spettrali, nell'ultravioletto e nei raggi X.

In vari casi si tratta di emissioni non termiche: studieremo questi casi nel prosieguo del testo.

3.14 Spettri nebulari

Nel 1904 Johannes Hartmann a Potsdam osservò che gli spostamenti Doppler di alcune righe di assorbimento negli spettri delle stelle binarie corrispondevano a moti differenti da quello orbitale dei sistemi. Fu quella la prima indicazione che tra le stelle e la Terra esistesse un gas capace di assorbimento. Le righe più forti nella banda visibile sono quella del Na I e del Ca II, nell'ultravioletto quella dell'idrogeno neutro (H I) nella serie di Lyman, in particolare la Lyα a 1216 Å. Sono anche presenti righe di atomi ionizzati, il che indica processi di ionizzazione da parte della luce ultravioletta stellare e dei raggi cosmici cui non corrispondono rapide ricombinazioni a causa della bassa densità del mezzo.

Le osservazioni delle righe in assorbimento nell'ultravioletto sono un potente mezzo per lo studio dell'idrogeno neutro interstellare; la Lyα negli spettri stellari è prodotta da atomi dell'H I interstellare che compiono un assorbimento dallo stato $n = 1$ a $n = 2$; ciò significa che l'idrogeno neutro nel mezzo interstellare si trova principalmente nello stato fondamentale.

In questo stato gli spin dell'elettrone e del nucleo (protone) dell'idrogeno possono essere paralleli o antiparalleli (*struttura iperfine* dei livelli atomici), e la differenza energetica tra i due livelli è

$$\Delta E = 5.87 \times 10^{-6} \, \text{eV}, \tag{3.108}$$

per cui la transizione dal livello più energetico (spin paralleli) a quello meno energetico (spin antiparalleli) comporta l'emissione di fotoni alla frequenza $\nu = 1420.4$ MHz ovvero $\lambda = 21$ cm, quindi nella banda radio. La possibilità che l'H I del mezzo interstellare potesse avere una popolazione nel livello iperfine più energetico a causa di processi collisionali e quindi potesse dare origine a righe di emissione fu proposta nel 1944 da van de Hulst che calcolò come le collisioni siano rare (tempo tipico 400 anni) ma molto minori del tempo scala radiativo (11 milioni di anni): osservazioni di Ewen e Purcell nel 1951 confermarono la predizione e aprirono la strada alla possibilità di studiare con la *riga 21 cm* la struttura e la dinamica (per mezzo degli spostamenti Doppler) del mezzo interstellare nella Galassia e nelle galassie esterne.

La riga a 21 cm può anche comparire in assorbimento quando la radiazione proveniente da una galassia lontana attraversa nuvole di idrogeno; in conclusione la stessa nuvola può essere osservata sia in emissione sia in assorbimento.

Nelle vicinanze di stelle molto calde (stelle O in particolare) l'idrogeno del mezzo interstellare viene fotoionizzato dai fotoni ultravioletti: la ricombinazione porta quindi a righe di emissione dell'H II, e le nuvole che subiscono questo processo sono appunto dette *regioni H II*. Nell'ottico sono forti le righe della serie di Balmer, in particolare l'Hα. Il numero di processi di ricombinazione è proporzionale al prodotto delle densità di elettroni liberi e atomi ionizzati $n_{ric} \propto n_i n_e$, e nell'ipotesi che la ionizzazione sia completa $n_{ric} \propto n_e^2$, per cui la brillanza superficiale di una nuvola permette di valutare la **misura di emissione**:

$$EM = \int n_e^2 dl \qquad (3.109)$$

cioè la densità di colonna degli elettroni lungo la linea di vista.

Le nuvole del mezzo interstellare producono inoltre righe molecolari in assorbimento sugli spettri stellari nelle regioni dell'ottico e dell'ultravioletto. Si tratta di righe di molecole diatomiche (CH, CH$^+$, CN, H$_2$, CO) che sono state scoperte dal 1937. Dagli anni 1960 molte altre righe, anche di molecole più complesse (H$_2$CO, H$_2$O, NH$_3$, C$_2$H$_5$ OH), sono state osservate nella banda radio sia in assorbimento sia in emissione. Le transizioni che originano queste righe sono:

- transizioni elettroniche, dovute a cambiamenti nella nuvola elettronica che lega la molecola; sono osservabili in ottico e ultravioletto;
- transizioni vibrazionali, dovute a cambiamenti nelle proprietà vibrazionali delle molecole; corrispondono a righe nell'infrarosso;
- transizioni rotazionali, dovute a cambiamenti nelle proprietà rotazionali delle molecole; corrispondono a righe nel radio.

Alcune nuvole danno origine a compatte *sorgenti maser*, in cui le righe di emissione della banda radio dell'OH e dell'H$_2$O appaiono amplificate milioni di volte grazie al processo di emissione stimolata durante la propagazione. Tali molecole vengono portate in uno stato eccitato metastabile da una sorgente esterna, tipicamente da una stella; quando vengono investite da una radiazione con energia pari alla differenza tra stato metastabile e stato fondamentale si diseccitano con la stessa fase e direzione di emissione e danno origine a pacchetti coerenti di radiazione.

3.15 Nota

Tabelle e cataloghi di dati fotometrici e spettroscopici sono reperibili nei testi di Zombeck [5] e Cox [6].

Riferimenti bibliografici

1. B.W. Carroll, D.A. Ostlie – *An Introduction to Modern Astrophysics*, Addison-Wesley Publ. Co. Inc., 1996
2. H. Bradt – *Astrophysics Processes*, Cambridge University Press, 2008
3. H. Karttunen, P. Kr'oger, H. Oja, M. Poutanen, K.J. Donner – *Fundamental Astronomy*, Springer, 1994
4. M.S. Longair – *High-Energy Astrophysics*, Vol. I, Cambridge University Press, 1991
5. M.V. Zombeck – *Handbook of Space Astronomy & Astrophysics*, Cambridge University Press, 1982
6. A.N. Cox – *Allen's Astrophysical Quantities*, Springer 1999

4

Parametri fondamentali

Con le tecniche di misura precedentemente descritte è possibile misurare le principali grandezze fisiche degli oggetti astrofisici da cui dipendono la loro costituzione, la loro dinamica e infine la loro evoluzione. Occorre tener presente che la misura delle grandezze astrofisiche è sempre indiretta, spesso dipendente da modelli fenomenologici o teorici. La gran parte delle nostre informazioni si riferisce alle stelle e alle galassie normali, ma ci occuperemo anche di oggetti peculiari che rappresentano rapide fasi evolutive [1, 2].

4.1 Le distanze in astronomia

Le distanze di alcuni oggetti entro il sistema solare (pianeti, comete) sono oggi misurabili con tecniche radar da Terra, oppure attraverso visite *in situ* con sonde spaziali. Il principio usato è quello di valutare il tempo di volo di un segnale elettromagnetico da una sorgente a Terra e un riflettore naturale o artificiale sull'oggetto astronomico.

Per i restanti oggetti, stelle e galassie, data la loro inaccessibilità occorre invece ricorrere a misure indirette. Il più semplice metodo indiretto è quello delle **triangolazioni** su basi di lunghezza nota. Si tratta, nel caso astrofisico, di triangolazioni su combinazioni di misure fatte in tempi diversi attendendo che la base di osservazione sulla Terra, insieme alla Terra stessa, venga trasferita dai suoi moti in posizioni diverse dello spazio. Ad esempio il moto diurno della Terra trasporta l'osservatore da una parte all'altra di un diametro terrestre, a $\sim 10^4$ km di distanza dal mattino alla sera. Il moto di rivoluzione annuale trasporta invece a distanze $\sim 10^8$ km a sei mesi di distanza, da una parte all'altra dell'orbita terrestre.

Nelle diverse prospettive che si creano, gli oggetti astronomici più vicini vengono visti spostarsi rispetto a quelli lontani, cioè stelle "fisse" e galassie, disegnando ellissi di diversa eccentricità a seconda della posizione rispetto al piano del moto dell'osservatore (Fig. 4.1). Proprio come, ad esempio, camminando lungo un viale gli alberi appaiono spostarsi rispetto allo sfondo delle montagne. Lo spostamento angolare rispetto allo sfondo viene indicato con il nome di **angolo di parallasse** o

Ferrari A.: Stelle, galassie e universo. Fondamenti di astrofisica.
© Springer-Verlag Italia 2011

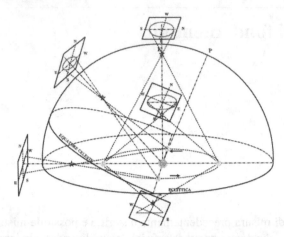

Fig. 4.1 Ellissi parallattiche generate dal moto annuale della Terra su stelle a varie declinazioni

semplicemente *parallasse*; esso è per angoli piccoli, come nei casi astrofisici, pari al rapporto tra lunghezza della base di triangolazione D e distanza dell'oggetto d:

$$p_{rad} \simeq \frac{D}{d} . \tag{4.1}$$

Si parla di parallasse diurna per il moto di rotazione terrestre e di parallasse annua per il moto di rivoluzione. Tradizionalmente per la parallasse diurna si intende l'angolo corrispondente ad uno spostamento pari al raggio della Terra e per la parallasse annua quello corrispondente al raggio dell'orbita terrestre (Fig. 4.2).

Come si è visto nei precedenti capitoli, gli angoli limite di risoluzione dei telescopi nelle bande ottiche sono dell'ordine o poco inferiori al secondo d'arco. Pertanto le distanze massime misurabili con telescopi ottici corrispondono a parallassi di que-

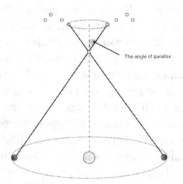

Fig. 4.2 Parallasse annua; l'angolo di parallasse è definito come l'angolo corrispondente alla base della triangolazione corrispondente al raggio dell'orbita terrestre

st'ordine. Le parallassi diurne, con raggio terrestre pari a $D = 6378$ km, permettono quindi di raggiungere una distanza $d \simeq 10^{14}$ cm; le parallassi annue, con raggio medio dell'orbita terrestre $D = 1.496 \times 10^{13}$ cm (distanza detta *unità astronomica* AU), permettono di arrivare fino a $d = 3.086 \times 10^{18}$ cm. Quest'ultima distanza, dalla quale il raggio dell'orbita terrestre intorno al Sole verrebbe visto con parallasse pari a 1 secondo d'arco, prende il nome di **parsec** (pc) ed è diventata l'unità di misura più usata in astrofisica, soppiantando l'**anno luce** (al), la distanza percorsa in un anno da un raggio luminoso che si propaga alla velocità $c = 300000$ km s^{-1}:

$$1 \text{ parsec} = 3.26 \text{ anni luce}. \tag{4.2}$$

Diamo nella Tab. 4.1 alcune tipiche parallassi, da cui si derivano le distanze:

$$d_{pc} = \frac{1}{p''} \tag{4.3}$$

dove p'' è appunto l'angolo di parallasse misurato in secondi d'arco e d_{pc} la distanza in parsec. La parallasse della stella 61 Cygni fu la prima ad essere misurata nel 1838 da Bessel e Struve.

Come vedremo nello studio della Galassia (Capitolo 15), è possibile definire il moto del Sole rispetto alle stelle vicine: la sua velocità è di circa 19.7 km s^{-1} verso il cosiddetto **apice del moto solare** che è un punto nella costellazione dell'Ercole con coordinate $\alpha = 18\text{h}00\text{m}$, $\delta = +30°$; il Sole percorre in questo moto una distanza pari a circa 4 volte la distanza Terra-Sole in un anno. Si consideri ora una stella S la cui distanza angolare dall'apice A sia ϑ e che si trovi a una distanza r dal Sole (Fig. 4.3). La stella avrà pertanto un moto apparente di allontanamento dall'apice a velocità angolare $u = \mu_a$, dove μ_a è lo spostamento apparente della stella sulla sfera celeste in un anno dovuto allo spostamento s del Sole. La geometria del sistema comporta:

$$r = s \frac{\sin \vartheta}{\sin u} \approx s \frac{\sin \vartheta}{u} . \tag{4.4}$$

Tabella 4.1 Parallassi diurne e annue di alcune sorgenti

Oggetto	Parallassi diurne
Luna	57'02''.44 (media)
Eros (asteroide)	1' (al perigeo)
Sole	8''.794
Plutone	0''.25
Proxima Centauri	0''.00002 (non misurabile)

Oggetto	Parallassi annue
Proxima Centauri	0''.76
Sirio	0''.37
61 Cygni	0''.3

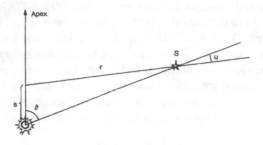

Fig. 4.3 Parallasse statistica

Naturalmente lo spostamento misurato μ_a della stella può includere anche un moto proprio della stella stessa. Questo tuttavia può essere eliminato prendendo una media su un gran numero di oggetti dinamicamente omogenei in quanto questi moti peculiari possono essere assunti casuali. Pertanto una misura statistica di ϑ e u relative a un dato s permette di misurare la distanza delle stelle. Questo metodo è chiamato appunto il metodo delle **parallassi statistiche** o *parallassi secolari*, e può essere similmente applicato alle velocità radiali misurabili per effetto Doppler.

Un altro metodo di misura delle distanze è quello delle **parallassi cinematiche** che si applica allo studio dei moti di stelle che appartengono ad associazioni o ammassi e quindi hanno circa la stessa velocità rispetto al Sole. Come mostrato nell'immagine di Fig. 4.4, i moti propri delle stelle di un'associazione nell'Idra appaiono puntare verso uno stesso punto, detto appunto *punto di convergenza*. Se θ è la distanza angolare di una data stella rispetto al punto di convergenza, le componenti della velocità lungo la linea di vista e nella direzione perpendicolare sono:

$$v_r = v \cos \theta$$
$$v_t = v \sin \theta \qquad (4.5)$$

dove la velocità radiale può essere misurata con l'effetto Doppler e quella trasversa attraverso il moto proprio μ e la distanza r, $v_t = \mu r$. Pertanto la distanza può essere calcolata dalla relazione:

$$r = \frac{v_t}{\mu} = \frac{v \sin \theta}{\mu} = \frac{v_r}{\mu} \tan \theta . \qquad (4.6)$$

Per spingersi oltre le distanze raggiungibili con le parallassi, che non superano i 300 pc, occorre modificare sostanzialmente il metodo di misura. Come si mostrerà più avanti, le stelle hanno caratteristiche fotometriche e spettroscopiche strettamente correlate. Pertanto, studiando gli spettri, che non sono influenzati dalla distanza dell'osservatore (a parte l'effetto di arrossamento che si sa correggere), si può avere una stima affidabile della loro luminosità assoluta. Nota la luminosità assoluta e le caratteristiche dell'assorbimento si calcola il modulo di distanza.

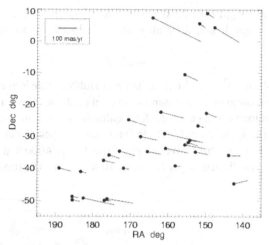

Fig. 4.4 Parallassi cinematiche dell'associazione stellare TW Hydrae

In questa classe di misure vi è il metodo delle **parallassi spettroscopiche** che si applica ad ammassi stellari, cioè ad associazioni di stelle le cui componenti si trovano praticamente tutte alla stessa distanza dalla Terra. Se ne può costruire la correlazione tra proprietà fotometriche e spettroscopiche (il diagramma HR che studieremo nel § 11.1), poiché le proprietà spettroscopiche non dipendono dalla distanza e quelle fotometriche si riferiscono alla stessa distanza, è possibile ricavare le magnitudini assolute con il confronto statistico delle correlazioni per stelle vicine o di distanza nota; il vantaggio è che l'analisi è fatta su tutte le stelle dell'ammasso e non solo su un singolo oggetto. Con questo metodo si possono avere buone misure di distanza fino a 30 kpc.

Esistono inoltre oggetti particolari per i quali è possibile una stima accurata della luminosità assoluta sulla base di loro proprietà. Questi oggetti, le cui proprietà studieremo nel Capitolo 11, vengono utilizzati come **indicatori di distanza**:

- le variabili Cefeidi e RR Lyrae hanno un periodo di variabilità che è funzione della luminosità assoluta (utilizzabili fino a distanze di 4 Mpc);
- le stelle più brillanti hanno una luminosità assoluta simile in tutte le galassie (fino a 10 Mpc);
- le novae e le supernovae hanno il massimo delle curve di luminosità assoluta definito (fino a 100 Mpc);
- le galassie più brillanti degli ammassi hanno la stessa luminosità assoluta (fino a 2000 Mpc).

Con opportune calibrazioni delle successive classi di indicatori e utilizzando il modulo di distanza è possibile costruire una *scala delle distanze* sufficientemente accurata:

$$d_{pc} = 10^{[m-M+5-A(r)]/5} \ . \tag{4.7}$$

Infine per le galassie più lontane si ricorre alla *legge di Hubble*, secondo la quale le galassie si allontano le une dalle altre ad una velocità linearmente proporzionale alla distanza:

$$v = H_0\, d \qquad (4.8)$$

dove $H_0 = 71 \pm 4\ \mathrm{km\ s^{-1} Mpc^{-1}}$ è la costante di Hubble. Tale legge ha un importante significato in cosmologia e la discuteremo in quel contesto; per ora notiamo solo che la misura della velocità di recessione delle galassie, attraverso lo studio dell'effetto Doppler delle righe spettrali, è il metodo fondamentale per stimare la distanza degli oggetti più lontani del nostro Universo, oggi fino a circa 4000 Mpc. Nella Fig. 4.5 è riportata la sequenza di metodi per le misure di distanza in astronomia [3].

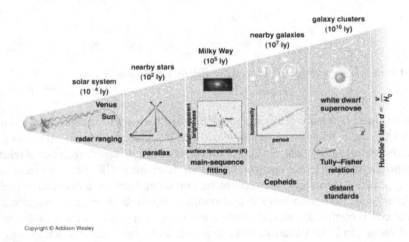

Fig. 4.5 Metodologie delle misure di distanza in astronomia

4.2 Le stelle

4.2.1 Luminosità e temperature

La miglior fotometria ottica fornisce le magnitudini apparenti delle stelle con una precisione dello 0.1%. Con la misura delle distanze, si ricavano le magnitudini assolute; nella banda del visibile, le stelle più luminose sono Rigel $M_V = -7$, Betelegeuse $M_V = -6$, Hadar $M_V = -5$, Antares $M_V = -4.6$. Il nostro Sole ha una magnitudine assoluta $M_V = +4.79$, mentre le cosiddette nane rosse hanno $M_V = +12 \div +16$. L'intervallo coperto è quindi molto grande; poiché ogni 5 magnitudini si ha una variazione della potenza di un fattore 100, il rapporto di luminosità tra Rigel e una nana rossa debole è di oltre un miliardo di volte. Dalla spettroscopia abbiamo invece la misura della temperatura superficiale delle stelle; dalla sequenza di Harvard abbiamo visto come questa vari tra 3.000 K per le nane rosse e 35.000 K per le giganti blu. Questo risultato si accorda con il fatto che le stelle sono strutture in equilibrio termico che emettono come corpi neri e quindi la luminosità è funzione della quarta potenza della temperatura.

Quelle ora discusse sono le stelle "normali", visibili nella banda ottica. Esistono inoltre oggetti che corrispondono a fasi particolari dell'evoluzione stellare e che sono state scoperte con osservazioni non nella banda ottica, ma nell'infrarosso, ultravioletto, nei raggi X e nel radio. Tra queste sono da annoverare le *nane brune* e le *nane bianche* che hanno luminosità molto basse, inferiore di un fattore 10-100 rispetto alle nane rosse; le nane bianche hanno peraltro temperature molto alte, fino a 60.000 K, le nane brune invece sono molto fredde con temperature di 700-1500 K. Tra le stelle attive vanno invece considerate le *stelle di neutroni* che hanno luminosità elevate, anche 100 volte quella del Sole nel visibile, nelle banda radio (pulsar) e X (binarie X). Le temperature di queste stelle sono molto elevate, fino al milione di gradi [3].

4.2.2 Masse

Le misure di masse delle stelle provengono dallo studio delle orbite dei sistemi binari, e dall'applicazione della III legge di Keplero (vedi Capitolo 5). Se M_1 e M_2 sono le masse delle due stelle, si ottiene la loro somma

$$M_1 + M_2 = \frac{4\pi^2}{G} \frac{a^3}{P^2} \tag{4.9}$$

una volta noti la somma $a = a_1 + a_2$ dei semiassi maggiori delle orbite delle singole stelle rispetto al baricentro e il periodo di rotazione P. Naturalmente questa formula fornisce la somma delle masse delle due stelle e inoltre per conoscere a occorre aver una misura della distanza d del sistema. Tuttavia ricordando che:

$$\frac{M_1}{M_2} = \frac{a_2}{a_1} = \frac{a_2/d}{a_1/d} \tag{4.10}$$

con a_1/d e a_2/d distanze angolari delle stelle, misurabili nel caso di sistemi binari visuali, se la distanza d è nota, la combinazione delle (4.9) e (4.10) permette di ricavare le due masse. Questo procedimento è tuttavia complicato dal moto proprio del centro di massa e dall'inclinazione del piano orbitale rispetto al piano del cielo. Il moto del baricentro è comunque eliminabile in quanto è un moto a velocità costante. L'inclinazione dell'orbita modifica la (4.9) e la (4.10) attraverso l'angolo i tra la normale al piano dell'orbita e la linea di vista:

$$M_1 + M_2 = \frac{4\pi^2}{G} \left(\frac{d}{\cos i}\right)^3 \frac{\alpha^3}{P^2} \tag{4.11}$$

$$\frac{M_1}{M_2} = \frac{(a_2/d)\cos i}{(a_1/d)\cos i} \tag{4.12}$$

dove $\alpha = (a/d)\cos i = (a_1/d)\cos i + (a_2/d)\cos i$; il rapporto delle masse non dipende da i. La determinazione dell'angolo è possibile quando l'orbita può essere ben disegnata: in effetti nell'orbita inclinata il baricentro non appare in uno dei fuochi e ciò permette di risolvere l'ellisse. Quindi, se si valuta l'angolo i, è possibile ricavare anche in questo caso le masse.

Nel caso di binarie spettroscopiche, in cui i moti orbitali sono ricavati dallo spostamento Doppler periodico delle righe spettrali di ambedue o di una sola delle componenti, la determinazione delle masse segue uno schema differente. Nell'ipotesi che l'eccentricità dell'orbita sia piccola, cioè l'orbita sia sostanzialmente circolare, le velocità orbitali delle stelle sono costanti:

$$v_1 = \frac{2\pi a_1}{P} \qquad v_2 = \frac{2\pi a_2}{P} \tag{4.13}$$

da cui si ottiene

$$\frac{M_1}{M_2} = \frac{a_2}{a_1} = \frac{v_2}{v_1} = \frac{v_{r2}}{v_{r1}} \tag{4.14}$$

in funzione delle velocità radiali $v_{r1,2} = v_{1,2}\sin i$. Pertanto anche in questo caso il rapporto della masse non dipende dall'angolo di inclinazione. La somma delle masse invece ne dipende:

$$a = a_1 + a_2 = \frac{P}{2\pi}(v_1 + v_2)$$

$$M_1 + M_2 = \frac{P}{2\pi G}(v_1 + v_2)^3 = \frac{P}{2\pi G}\frac{(v_{r1} + v_{r2})^3}{\sin^3 i} . \tag{4.15}$$

Appare quindi chiaro che la somma delle masse è determinabile solo se si possono misurare le velocità radiali di ambedue le stelle, il che non succede molto di frequente perché nella maggior parte dei casi una delle stelle è molto più luminosa e sovrasta lo spettro di quella più debole (si parla in tal caso di binaria spettroscopica a linee singole). In tal caso si può riscrivere la (4.15) esprimendo la velocità radiale non misurabile, ad esempio la v_{r2} con la (4.14):

$$M_1 + M_2 = \frac{P}{2\pi G}\frac{v_{r1}^3}{\sin^3 i}\left(1 + \frac{M_1}{M_2}\right)^3 \tag{4.16}$$

ossia

$$\frac{M_2^3}{(M_1 + M_2)^2}\sin^3 i = \frac{P}{2\pi G}v_{r1}^3 \tag{4.17}$$

dove il termine (misurabile) a secondo membro è chiamato **funzione di massa**. Non è quindi possibile ricavare le masse a meno che si possa fare un'ipotesi su una delle due, nel qual caso l'altra è determinata. Altrimenti si può solo ottenere un limite inferiore su M_2 perché il primo membro è sempre minore di M_2.

Se si hanno invece gli spettri di ambedue le stelle, le loro masse sono ricavabili quando si può stimare l'inclinazione dell'orbita i che in questo caso non è direttamente osservabile. Tuttavia è chiaro che la presenza di velocità radiali osservate

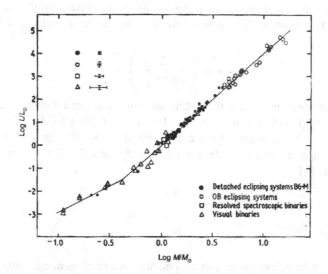

Fig. 4.6 Relazione massa - luminosità delle stelle

comporta che $i > 0°$; d'altra parte $i < 90°$ se non si osservano eclissi e $i \sim 90°$ se si osservano eclissi. Da ragionamenti statistici si può porre $\langle \sin^3 i \rangle \sim 2/3$.

Le misure di massa nelle binarie mostra l'esistenza di una ben definita **relazione massa - luminosità** (Fig. 4.6). Più avanti si discuterà come la correlazione tra luminosità e temperatura superficiale delle stelle (diagramma di Hertzsprung-Russell) sia funzione della massa stellare; ciò fornirà un metodo per stimare le masse da misure spettroscopiche.

Le masse delle stelle osservate vanno da circa 1/10 della massa solare fino a circa 80 volte la massa solare. Vedremo come questi limiti rientrino nell'intervallo dei modelli teorici che prevedono instabilità distruttive per stelle di massa maggiore e l'impossibilità dell'accensione per stelle di massa minore [3].

4.2.3 Raggi

Le stelle non possono essere risolte dai telescopi ottici; sono state usate *misure interferometriche* e la *tecnica "speckle"*, che hanno prodotto alcuni limiti superiori per stelle vicine. Lo studio dei sistemi binari ad eclisse permette di valutare i raggi stellari in funzione della durata delle eclissi τ e della velocità relativa delle due stelle v:

$$R_s = \frac{v}{2}\tau . \tag{4.18}$$

Inoltre stime dei raggi stellari provengono dalla combinazione di misure spettro-scopiche, che danno la T_{eff}, e fotometriche, che danno L, per cui dalle (3.17) e (3.40):

$$R = \left(\frac{L}{4\pi\sigma T_{eff}^4} \right)^{1/2}.$$ (4.19)

I raggi delle stelle nella fase di bruciamento dell'idrogeno vanno da circa 1/10 a 10 volte il raggio del Sole $R_\odot = 6.96 \times 10^{10}$ cm $= 6.96 \times 10^5$ km. Esistono poi le stelle giganti e supergiganti che si estendono fino 1000 $R_\odot$; le nane bianche sono strutture compatte con raggi inferiori a $1/100\,R_\odot$, le stelle di neutroni hanno raggi di alcuni km [3] .

4.3 Le galassie

Questo capitolo si conclude con alcune informazioni generali sulla struttura e distribuzione della materia e dell'energia alle grandi scale.

4.3.1 La Via Lattea

Fin dall'antichità è stato un elemento di interesse e origine di meraviglia la fascia luminosa che attraversa tutto il cielo e continua anche, oggi sappiamo, nell'emisfero australe (Fig. 4.7): i Greci, pensando si trattasse di un anello di gas luminoso che circonda la Terra, la soprannominarono *Galassia (Via Lattea)*, ricorrendo alla fantasia mitologica per interpretare un'osservazione inspiegabile. Con il miglioramento degli strumenti osservativi gli astronomi – Galileo per primo – si resero conto che la Via Lattea è in effetti un addensamento di stelle, relativamente al resto del cielo. Con le osservazioni telescopiche e con le successive misure di distanza gli astronomi poterono mostrare che quella fascia era solo l'immagine proiettata sulla volta celeste da un esteso e sottile disco di stelle in cui il nostro sistema solare è immerso; in questo modo si poteva spiegare perché si osservino stelle a densità molto minore nelle altre zone di cielo, cioè "sopra" e "sotto" il disco.

Agli inizi del '900 era opinione comune che le stelle fossero la componente do-minante dell'Universo, e di questa distribuzione di stelle il sistema solare era so-stanzialmente al centro, visto che la Via Lattea appare ugualmente popolata nei due emisferi celesti. Il sostenitore di questo modello fu l'olandese Jakobus Kapteyn che ricavò anche le dimensioni di questo Universo: circa 2000 parsec di raggio. Kap-teyn non aveva però considerato la possibilità della presenza di un mezzo diffuso, il mezzo interstellare, che, come abbiamo studiato nel precedente capitolo, estingue la luce delle stelle lontane: del disco della Via Lattea sono visibili solo gli oggetti più vicini, che per questo appaiono centrati sulla Terra. Il disco si estende molto oltre tali limiti, e in modo disuniforme nelle varie direzioni. Fu Shapley nel 1920 a

Fig. 4.7 La Via Lattea

proporre il modello attuale, basandosi sull'osservazione non di singole stelle, ma di ricche associazioni che vanno sotto il nome di *ammassi globulari*. Tali associazioni raggruppano fino a 100.000 stelle, sono anche molto più lontane dei 2000 parsec e sono disposte a simmetria sferica, creando una specie di alone intorno al disco: il loro centro però non è sul sistema solare, ma lontano oltre 10 kpc (Fig. 4.8). Di colpo l'Universo assunse nuove dimensioni.

Come mostrato schematicamente in Fig. 4.9, la distribuzione di materia nella Galassia è a forma di disco con un rigonfiamento nella zona nucleare (*bulge*); nel disegno sono anche illustrati gli ammassi globulari e la posizione del Sole, decentrata ai bordi del disco. In Tab. 4.2 sono riportati i principali parametri strutturali della Galassia. Per quanto riguarda la massa si vedranno più avanti i metodi di misura che sono comunque legati alla dinamica della rotazione galattica. Lindblad e

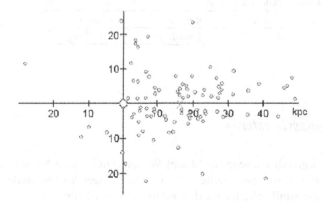

Fig. 4.8 Distribuzione degli ammassi globulari rispetto al sistema solare; X indica il baricentro della distribuzione degli ammassi

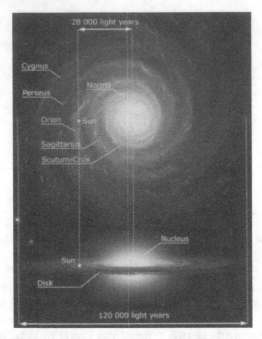

Fig. 4.9 Struttura della Via Lattea

Oort, studiando la cinematica delle stelle, riuscirono negli anni 1940 a dimostrare che il disco della Galassia ruota come un gigantesco vortice e si struttura in *bracci di spirale*, inizialmente pensati come vero e proprio materiale lanciato via dalla forza centrifuga, ma oggi riconosciuti come onde di densità che si propagano attraverso il disco [3].

Tabella 4.2 Parametri della Via Lattea

Massa	Raggio	Luminosità
$4 \times 10^{11} \, M_\odot$	2×10^4 pc	4×10^{44} erg s^{-1}

4.3.2 Le galassie esterne

L'avvento dei grandi telescopi di Mount Wilson (anni '30) e Mount Palomar (anni '40) permise di separare molte delle cosiddette *nebulose* in stelle e di vedere quindi strutture simili alla nostra dall'esterno. Edwin Hubble mostrò dallo studio delle variabili Cefeidi nella nebulosa di Andromeda che le sue stelle sono distanti 700 kpc, quindi 70 volte oltre le dimensioni del nostro disco: quelle nebulose sono

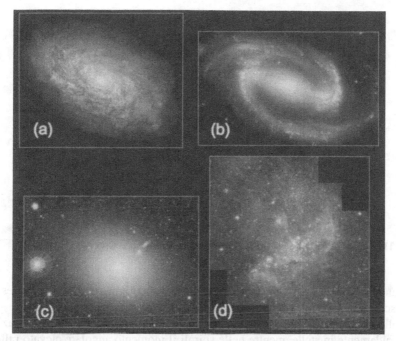

Fig. 4.10 Tipi di galassie secondo Hubble: (a) spirale, (b) spirale barrata, (c) ellittica, (d) irregolare

dunque strutture completamente separate e distinte dal nostro raggruppamento di stelle [3]. Hubble classificò le galassie esterne in tre classi, illustrate nella Fig. 4.10:

- *galassie a spirale*, ordinarie o barrate, a seconda che i bracci si dipartano dal bulge oppure dagli estremi di una barra che lo attraversa; rappresentano circa il 61% del totale e includono la nostra Galassia;
- *galassie ellittiche*, strutture ellissoidali più o meno schiacciate, appunto classificate sulla base del rapporto dei due semiassi osservati; sono circa il 13% del totale, oltre a un $\sim 22\%$ di *lenticolari*, strutture di transizione con la classe precedente;
- *galassie irregolari*, raggruppamenti di stelle e gas molto irregolari; $\sim 4\%$.

Inizialmente Hubble propose che questa classificazione morfologica sottintendesse una sequenza evolutiva. A causa del progressivo effetto della rotazione, la nuvola di materia da cui le galassie si formerebbero, prima assumerebbe una forma ellissoidale, si appiattirebbe sempre più verso una forma a disco e infine svilupperebbe i bracci di spirale. In questo senso l'evoluzione andrebbe dalle ellittiche alle spirali (ordinarie o barrate) secondo il diagramma "a forchetta" di Fig. 4.11.

Tale schema apparve subito inconsistente con altri dati: le galassie ellittiche contengono popolazioni stellari più antiche di quelle a spirale e il loro gas appare definitivamente collassato in stelle; infine ruotano molto più lentamente delle spirali. Più probabilmente ellittiche e spirali sono classi che si differenziano o perché si

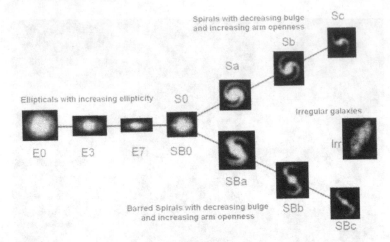

Fig. 4.11 Il diagramma "a forchetta" di classificazione delle galassie secondo Hubble

formano con diverso momento angolare della nuvola originaria o perché processi di coalescenza (*merging*) ne modificano la dinamica interna.

Nelle galassie ellittiche, dotate di minor momento angolare, il gas si fraziona più rapidamente in stelle, mentre nelle spirali il momento angolare elevato rallenta la formazione stellare, lasciandone la popolazione più giovane. Inoltre le recenti osservazioni suggeriscono che un ruolo fondamentale sia svolto dalle interazioni tra galassie, che portano alla dissipazione di momento angolare per effetti mareali, per cui la fusione di due spirali potrebbe dare origine a un'ellittica gigante.

Ancora poco oggi sappiamo sull'evoluzione delle galassie. Un suggerimento potrà presumibilmente venire dallo studio di una piccola percentuale delle galassie in genere, numericamente $\leq 1\%$, le *galassie attive*, che mostrano forte attività radiativa e dinamica, soprattutto nelle regioni nucleari. Tali galassie rappresentano presumibilmente fasi evolutive particolari. Più avanti si mostrerà poi come le galassie attive siano oggetti tipicamente relativistici, quasi certamente sostenuti energeticamente da un buco nero supermassivo.

4.3.3 Dimensioni

Le galassie sono oggetti risolubili ai telescopi fino a distanze relativamente grandi. Pertanto le loro dimensioni sono valutabili dalle dimensioni angolari apparenti $\Delta\theta$ sulla base della conoscenza delle distanze, che per lo più è ricavata dagli indicatori di distanza:

$$D = d\,\Delta\theta\,. \tag{4.20}$$

Naturalmente questa semplice formula va corretta quando si osservino galassie a grandi distanze ove occorre utilizzare le formule derivate dai modelli cosmologici relativistici.

Le dimensioni delle galassie vanno dai 10 ai 100 kpc. Esistono galassie a spirale in cui le stelle e il gas sono concentrati in un disco in rotazione differenziale e galassie ellittiche dotate di minor momento angolare e quindi meno schiacciate. Ovviamente all'osservazione ne abbiamo un'immagine proiettata sul piano del cielo. Soprattutto nelle zone nucleari la struttura può essere di tipo ellissoidale a tre assi.

4.3.4 Luminosità

Misurando le distanze delle galassie con gli indicatori è possibile avere una misura delle luminosità integrate, dovute essenzialmente alle stelle. Va tuttavia detto che occorre un criterio per delimitare la zona di integrazione in quanto non esiste un netto contorno degli oggetti. Utilizzando un criterio proposto da de Vaucouleurs che permette un confronto tra differenti oggetti, si mostra che le luminosità coprono un intervallo molto esteso: in magnitudini assolute si va da $M = -18$ a -24 dove gli oggetti più luminosi sono in media 1000 volte meno numerosi di quelli deboli.

4.3.5 Masse

La distribuzione di masse nell'Universo è una quantità molto importante per lo studio della struttura a grande scala dell'Universo e della cosmologia, e quindi lo è la determinazione delle masse e il conteggio degli oggetti. Se le componenti delle galassie fossero solo le stelle, si potrebbe avere una valutazione delle masse in proporzione alle luminosità osservate. Invece le misure di massa dallo studio della loro dinamica interna rivelano sempre valori superiori.

Per le cosiddette galassie a spirale, per le quali si misura la curva della velocità di rotazione, la massa viene ricavata dalla condizione di equilibrio tra forza gravitazionale, che trattiene le stelle in orbita circolare, e la forza centrifuga:

$$\frac{GM}{R^2} \sim \frac{v_{rot}^2(R)}{R} .$$

$$(4.21)$$

Per le galassie ellittiche, che non sono dotate di una velocità angolare ordinata elevata, si ricorre invece alla dispersione di velocità misurabile dall'allargamento delle righe spettrali. Se le galassie sono sistemi in equilibrio, si può applicare il teorema del viriale (§ 13.1) che comporta un legame tra energia cinetica disordinata, misurata appunto dalla dispersione $\bar{v}$, e l'energia potenziale di autogravitazione:

$$\frac{1}{2}M\bar{v}^2 \sim \varepsilon \frac{GM^2}{R}$$

$$(4.22)$$

(ε fattore geometrico dell'ordine dell'unità).

Si può valutare che il rapporto M/L, che è dell'ordine dell'unità per il Sole, oggetto in cui misura dinamica e radiativa coincidono, per le galassie a spirale può raggiungere fino a valori dell'ordine di 10 e nelle galassie ellittiche fino a 20-30. Quindi esiste una componente dominante gravitazionalmente, ma senza interazione elettromagnetica perché altrimenti si rivelerebbe in effetti di assorbimento, come il gas interstellare: a questa componente viene dato il nome di *materia oscura*.

4.4 La struttura a grande scala

Le galassie non risultano distribuite uniformemente sulla sfera celeste, bensì raccolte in vari tipi di aggregazioni, come mostrato dalla mappa di Fig. 4.12. Hubble stesso e poi George Abell iniziarono a disegnare la mappa della distribuzione della materia nell'Universo, secondo la proiezione sulla sfera celeste. Le misure di distanze attraverso i metodi sopra descritti, fino all'utilizzo della legge di Hubble, hanno permesso di confermare che queste aggregazioni non sono semplici effetti prospettici, ma corrispondono a strutture tridimensionali; cioè le aggregazioni sono strutture in cui le componenti interagiscono gravitazionalmente, anche se non necessariamente legate – a energia totale negativa. Le galassie sono aggregate in *ammassi di galassie*, che raggruppano fino a migliaia di oggetti, con galassie ellittiche giganti al centro della distribuzione. Gli ammassi sono poi collegati da strutture filamentari in sistemi complessi detti *superammassi*.

Le caratteristiche della distribuzione di galassie e l'individuazione delle strutture gerarchiche, che sono necessariamente legate all'origine dell'Universo, sono studiate attraverso i metodi statistici delle funzioni di correlazione. La probabilità che una

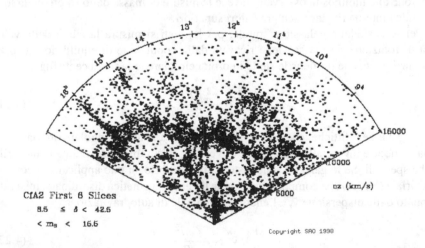

Fig. 4.12 Il catalogo CfA2 degli ammassi di galassie; la distribuzione rappresentata corrrisponde ad una sottile "fetta" di universo estesa in latitudine e profondità

galassia, in una regione di densità numerica n, si trovi al centro di un volume dV è data da:

$$dP = n\,dV\ . \tag{4.23}$$

La **funzione di correlazione** a 2 punti, $\xi(r)$, è definita come l'eccesso di probabilità rispetto ad una distribuzione omogenea che si trovino galassie in due volumi dV_1 e dV_2 separati dalla distanza r:

$$dP = n^2\,dV_1\,dV_2\,[1 + \xi(r)]\ . \tag{4.24}$$

Si è ottenuto osservativamente che la funzione di correlazione è del tipo:

$$\xi(r) = \left(\frac{r_0}{r}\right)^{\gamma}, \quad r_0 = 5.4 \pm 1 h^{-1}\,\text{Mpc} \quad \gamma = 1.77 \pm 0.04 \tag{4.25}$$

fino a distanze dell'ordine dei 10 Mpc ($h = H/H_0$ con $H_0 = 100$ km s^{-1} Mpc^{-1}). Lo stesso andamento funzionale si verifica per la correlazione tra ammassi e tra superammassi, con lo stesso esponente, ma differente distanza di correlazione. Si calcola che gli ammassi di galassie abbiano distanze di correlazione tipiche ≤ 15 Mpc con densità di galassie $\sim 2 \times 10^{-2}$ Mpc^{-3} e per i superammassi distanze di correlazione ≤ 30 Mpc e densità di ammassi $\sim 10^{-6}$ Mpc^{-3}. La distribuzione delle varie gerarchie di aggregazioni appare consistente con una distribuzione omogenea, con scarsa evidenza di struttura frattale. Attualmente le nostre informazioni sono peraltro limitate a distanze massime intorno ai 100 Mpc.

Le misure di distribuzione delle galassie, date le limitazioni delle nostre osservazioni, si basano sull'assunzione di una **funzione di luminosità** universale, la cui forma, illustrata in Fig. 4.13, è stata proposta da Schechter (1976):

$$\Phi(L)\,dL = \Phi^* \left(\frac{L}{L^*}\right)^{\alpha} e^{-L/L^*} d\left(\frac{L}{L^*}\right) \tag{4.26}$$

$$\Phi^* = 0.005 \left[\frac{H_0}{50}\right]^3 \text{Mpc}^{-3}, \quad \alpha \sim -\frac{5}{4}\ . \tag{4.27}$$

Occorre ricordare che, oltre alle stelle e alle galassie, l'Universo include anche il gas e le polveri interstellari ed extragalattiche, la radiazione stellare, i raggi cosmici, la radiazione primordiale, materia oscura ed energia oscura. Osservazioni a raggi X indicano inoltre che lo spazio tra galassie non è vuoto, ma contiene *gas intergalattico* ad alta temperatura ($\sim 10^6 - 10^8$ K) emesso dall'attività galattica e riscaldato dal confinamento nel potenziale gravitazionale degli ammassi. Esiste una chiara correlazione tra distribuzione del gas e la struttura dell'ammasso.

La presenza di materia oscura, come già abbiamo discusso, è evidenziata dalle misure dinamiche di massa delle galassie. Va detto che anche la dinamica degli ammassi porta alle stesse conclusioni, anzi richiede quantità di materia oscura anche 1000 volte superiore a quella della materia ordinaria.

Infine il fenomeno della recessione delle galassie scoperto da Hubble negli anni '30 ha recentemente avuto un ulteriore sviluppo. Secondo Hubble le galassie appaio-

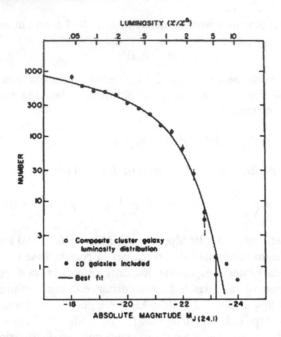

Fig. 4.13 Funzione di luminosità delle galassie secondo Schechter

no allontanarsi le une dalle altre a velocità tanto maggiore quanto più sono distanti; ciò ha portato allo sviluppo di modelli cosmologici sull'espansione dell'Universo. Vale la già citata legge di Hubble con un valore $H_0 = 71 \pm 4$ km s^{-1} Mpc^{-1}. La validità di tale legge alle grandi distanze, ≥ 100 Mpc, è ancora oggetto di investigazione, come pure non è definitiva la misura di H_0. Soprattutto è stata recentemente portata evidenza osservativa dallo studio di galassie lontane che tale espansione universale può in effetti essere accelerata: l'energia che porta a questa accelerazione sarebbe quasi 3 volte maggiore dell'energia che riconosciamo nella materia e nella materia oscura, ed è stata soprannominata *energia oscura*.

4.5 Spettro elettromagnetico universale

Nel 1969 Penzias e Wilson scoprirono l'esistenza di un fondo di radiazione isotropo con spettro di corpo nero alla temperatura di 2.73 K, misura che oggi è stata confermata con estrema precisione dal satellite COBE (COsmic Background Explorer). Tale fondo risale alla fase calda da cui si è originato l'Universo secondo quanto suggerisce il riportare indietro nel tempo l'espansione delle galassie osservata da Hubble. Si parla pertanto di **fondo di radiazione a microonde primordiale** o **fossile**, Cosmic Microwave Background Radiation (CMBR). La distribuzione del CMBR non è uniforme, ma presenta delle anisotropie sulla scala $\Delta T/T \approx 10^{-5}$ che,

Fig. 4.14 La mappa della radiazione cosmica di fondo primordiale ottenuta dal satellite Wilkinson Microwave Anisotropy Probe (WMAP)

come vedremo nella discussione dei dati cosmologici, contengono informazioni sulle disomogeneità del plasma primordiale del big-bang, e permettono di eseguire test sui modelli di Universo (Fig. 4.14).

Peraltro nello spazio sono anche presenti fotoni emessi dall'insieme delle sorgenti localizzate astrofisiche (stelle, galassie, gas): si tratta dei cosiddetti fondi di radiazione, sovrapposizione di sorgenti distanti e non risolte. In Tab. 4.3 e Fig. 4.15 sono riportate rispettivamente la densità di energia e numerica e la densità di flusso di fotoni dello spettro elettromagnetico universale alle varie frequenze dovuta all'insieme delle sorgenti cosmiche, oltre che al fondo primordiale, che risulta di fatto il più importante energeticamente [4].

Tabella 4.3 Densità di energia e densità numerica dei fotoni cosmici alle diverse lunghezze d'onda

Banda elettromagnetica	Densità di energia della radiazione ($eV\, cm^{-3}$)	Densità numerica dei fotoni (cm^{-3})
Radio		
(a) onde metriche	3×10^{-8}	0.3
(b) microonde (CMBR)	0.25	400
Infrarosso	$10^{-2} - 10^{-3}$	$0.1 - 1$
Visibile	3×10^{-3}	10^{-3}
Raggi X		
(a) $h\nu < 1$ keV	$10^{-4} - 10^{-5}$	$3 \times 10^{-7} - 3 \times 10^{-8}$
(a) $h\nu \sim 1 - 200$ keV	4×10^{-4}	10^{-5}
Raggi gamma		
(a) $h\nu \sim 1 - 10$ MeV	$10^{-4} - 10^{-5}$	$3 \times 10^{-11} - 3 \times 10^{-12}$
(a) $h\nu > 30$ MeV	10^{-5}	10^{-12}

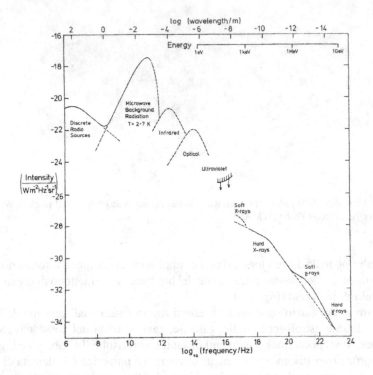

Fig. 4.15 Densità di flusso di fotoni nello spazio prodotte dalle sorgenti cosmiche in funzione delle frequenze (adattato da Longair [4])

Riferimenti bibliografici

1. B.W. Carroll, D.A. Ostlie – *An Introduction to Modern Astrophysics*, Addison-Wesley Publ. Co. Inc., 1996
2. H. Karttunen, P. Kröger, H. Oja, M. Poutanen, K.J. Donner – *Fundamental Astronomy*, Springer, 1994
3. A.N. Cox – *Allen's Astrophysical Quantities*, Springer, 1999
4. M.S. Longair – *High-Energy Astrophysics*, Vol. I, Cambridge University Press, 1991

Parte II

Gravitazione universale

5

Gravitazione newtoniana

Nei capitoli precedenti abbiamo discusso le grandezze fisiche utilizzate per descrivere oggetti e fenomeni astrofisici e i metodi osservativi utilizzati per ottenere informazioni quantitative su di esse. Abbiamo anche ricavato alcune correlazioni che saranno fondamentali nell'interpretazione teorica. Per poter affrontare la modellistica di stelle e galassie è opportuno un breve richiamo quantitativo sulle leggi di gravitazione universale sia nel caso classico di campi gravitazionali deboli sia nel caso di campi forti che richiedono una trattazione sulla base della teoria della relatività generale.

5.1 Le leggi di Keplero dei moti planetari

La teoria gravitazionale nacque dallo studio dei moti planetari. Le prime leggi quantitative per descrivere la cinematica dei pianeti furono formulate all'inizio del XVII secolo da Johannes Kepler (1571-1630) in base allo studio dell'orbita di Marte [1].

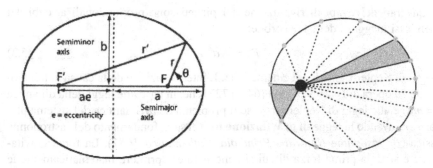

Fig. 5.1 I e II legge di Keplero

Ferrari A.: Stelle, galassie e universo. Fondamenti di astrofisica.
© Springer-Verlag Italia 2011

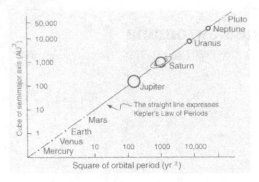

Fig. 5.2 III legge di Keplero

La formulazione tradizionale di queste leggi è la seguente (Fig. 5.1 - 5.2):

1. I pianeti descrivono orbite ellittiche di cui il Sole occupa uno dei fuochi. Utilizzando l'equazione dell'ellisse in coordinate polari con **r** raggio vettore rispetto al fuoco e θ anomalia rispetto all'asse maggiore, si ottiene:

$$r = \frac{a(1-e^2)}{1+e\cos\theta} \qquad (5.1)$$

dove a e $b = a(1-e^2)^{1/2}$ sono rispettivamente il semiasse maggiore e minore dell'ellisse, ed e l'eccentricità. A parte la forma specifica dell'orbita, è importante notare che si tratta di orbite piane.

2. Le aree spazzate dal raggio vettore di ogni pianeta rispetto al Sole sono proporzionali ai tempi in cui vengono spazzate:

$$\frac{dA}{dt} = \frac{1}{2}r^2\dot\theta = \text{costante} . \qquad (5.2)$$

3. I quadrati dei tempi di rivoluzione dei pianeti sono proporzionali ai cubi dei semiassi maggiori delle loro orbite:

$$P^2 = Ka^3 . \qquad (5.3)$$

Le leggi di Keplero sono leggi cinematiche. L'interpretazione della causa di tali moti venne ad opera di Isaac Newton (1642-1727) che, in base alle leggi della dinamica (**F** = m**a**) e alle leggi di Keplero, risolse il problema della dinamica del sistema planetario, ricavando la **legge di gravitazione universale**, fondamento dell'astronomia classica (*Philosophiae Naturalis Principia Mathematica 1687*). La forza gravitazionale è stata la prima forza di cui si sono potute esprimere matematicamente le caratteristiche.

5.2 Calcolo della forza del Sole sui pianeti

La dimostrazione di Newton si basò su metodi geometrici. Qui seguiamo una derivazione analitica a partire dalle proprietà dei moti su orbite ellittiche. A partire dall'equazione dell'ellisse (I legge di Keplero) in coordinate polari rispetto ad un fuoco (5.1) possiamo calcolare l'accelerazione del pianeta sull'orbita. Le componenti radiale e trasversa sono:

$$a_r = \ddot{r} - r\dot{\theta}^2 \tag{5.4}$$

$$a_\theta = r\ddot{\theta} + 2\dot{r}\dot{\theta} = \frac{1}{r}\frac{d(r^2\dot{\theta})}{dt} . \tag{5.5}$$

La seconda, in base alla II legge di Keplero, fornisce

$$(r^2\dot{\theta}) = 2\dot{A} = C = \text{costante}. \tag{5.6}$$

Si deriva quindi che l'accelerazione è puramente radiale:

$$\dot{r} = \frac{dr}{d\theta}\dot{\theta} = \frac{dr}{d\theta}\frac{C}{r^2} = -C\frac{d}{d\theta}\left(\frac{1}{r}\right) \tag{5.7}$$

$$\ddot{r} = -C\frac{d^2}{d\theta^2}\left(\frac{1}{r}\right)\frac{C}{r^2} = -\frac{C^2}{r^2}\frac{d^2}{d\theta^2}\left(\frac{1}{r}\right) \tag{5.8}$$

$$a_r = -\frac{C^2}{r^2}\frac{d^2}{d\theta^2}\left(\frac{1}{r}\right) - r\frac{C^2}{r^4} = -\frac{C^2}{r^2}\left[\frac{d^2}{d\theta^2}\left(\frac{1}{r}\right) + \left(\frac{1}{r}\right)\right] . \tag{5.9}$$

Dall'equazione dell'ellisse si ha ancora:

$$\frac{d^2}{d\theta^2}\left(\frac{1}{r}\right) = \frac{a}{b^2}(-e\cos\theta) \tag{5.10}$$

e quindi l'accelerazione dipende solo dal modulo del raggio vettore e non da θ:

$$a_r = -\frac{C^2 a}{b^2}\frac{1}{r^2} . \tag{5.11}$$

Passando dall'accelerazione alla forza diremo che la forza esercitata dal Sole sul pianeta è una forza centrale:

$$F_r = m_p a_r = -\frac{C^2 a}{b^2}\frac{m_p}{r^2} \qquad F_\theta = 0 . \tag{5.12}$$

È ora possibile calcolare l'espressione della costante $C^2 a/b^2$:

$$C^2 = (2\dot{A})^2 = \frac{(2\pi ab)^2}{P^2} \tag{5.13}$$

$$A = \pi ab = \text{area ellisse} \qquad P = \text{periodo rivoluzione} \tag{5.14}$$

da cui, utilizzando la III legge di Keplero:

$$\frac{C^2 a}{b^2} = \frac{4\pi^2 a^3}{P^2} = \text{costante per tutti i pianeti (III legge)} . \qquad (5.15)$$

La quantità $4\pi^2 a^3 / P^2 = K_s$ può pertanto al più dipendere dalle caratteristiche del Sole. Newton applicò la stessa procedura per esprimere la forza esercitata dal pianeta sul Sole:

$$F_r = -\frac{m_p K_s}{r^2} \quad \text{forza del Sole sul pianeta} \qquad (5.16)$$

$$F_r' = -\frac{m_s K_p}{r^2} \quad \text{forza di reazione sul Sole} \qquad (5.17)$$

e facendo riferimento al principio di azione e reazione

$$K_p m_s = K_s m_p \quad \frac{K_s}{m_s} = \frac{K_p}{m_p} = G \qquad (5.18)$$

$$F_r = -\frac{G m_s m_p}{r^2} \qquad (5.19)$$

dove G è una costante per il sistema solare:

$$G = 6.67 \times 10^{-8} \text{dyn cm}^2 \text{g}^{-2} = 6.67 \times 10^{-11} \text{J m}^2 \text{kg}^{-2} . \qquad (5.20)$$

In realtà lo studio della caduta dei gravi alla superficie terrestre permise infine a Newton di inferire che la forza gravitazionale agisca su qualunque massa e G sia in effetti una costante di gravitazione universale, la costante di accoppiamento tra le masse.

5.3 Il problema dei due corpi

Il problema generale del moto di un pianeta intorno al Sole in base alla legge di Newton per la gravitazione universale deve essere formulato in modo formalmente corretto con riferimento ad un riferimento inerziale [2]. Le forze sul pianeta (m) e sul Sole (M) sono rispettivamente:

$$\mathbf{F}_p = -\frac{GMm}{r^2} \frac{\mathbf{r}}{r} \qquad (5.21)$$

$$\mathbf{F}_S = -\mathbf{F}_p \qquad (5.22)$$

dove $\mathbf{r}$ è il raggio vettore dal Sole al pianeta e r la distanza tra i due corpi. Si ricavano le seguenti equazioni del moto per il pianeta:

$$m\ddot{\mathbf{r}}_1 = -\frac{GMm}{r^3}(\mathbf{r}_1 - \mathbf{r}_0) \qquad (5.23)$$

e per il Sole:

$$M\ddot{\mathbf{r}}_0 = -\frac{GMm}{r^3}(\mathbf{r}_0 - \mathbf{r}_1) \tag{5.24}$$

dove $\mathbf{r}_1$ e $\mathbf{r}_0$ sono i raggi vettori del pianeta e del Sole relativamente all'origine del sistema di riferimento inerziale, e $\mathbf{r} = \mathbf{r}_1 - \mathbf{r}_0$. Sottraendo membro a membro le due espressioni dopo aver diviso per la massa che compare a sinistra si ottiene:

$$\ddot{\mathbf{r}}_1 - \ddot{\mathbf{r}}_0 = -\frac{G(m+M)}{r^3}\mathbf{r} \tag{5.25}$$

ossia:

$$m\ddot{\mathbf{r}} = -\frac{G(m+M)m}{r^3}\mathbf{r} . \tag{5.26}$$

Questa è l'equazione esatta del moto relativo di m intorno a M ed è equivalente a quelle di un pianeta che si muove in un campo gravitazionale generato da una massa fissa $(M+m)$ alla posizione del Sole. Naturalmente si riduce a quella ricavata da Newton nell'ipotesi $M \gg m$.

Nell'Appendice F sono riportati esempi di calcolo delle orbite dei corpi celesti nei casi legati e non legati a partire dagli integrali primi del moto.

Il problema dei due corpi può essere utilmente discusso riferendosi al centro di massa. Definiamo il raggio vettore $\mathbf{R}$ del centro di massa di due corpi gravitanti m_1 e m_2 di coordinate $\mathbf{r}'_1$ e $\mathbf{r}'_2$ rispetto ad un riferimento inerziale:

$$\mathbf{R} = \frac{m_1\mathbf{r}'_1 + m_2\mathbf{r}'_2}{m_1 + m_2} . \tag{5.27}$$

Se assumiamo che le uniche forze agenti sul sistema sono le forze gravitazionali tra le due masse, l'equazione del moto del baricentro risulta:

$$M\ddot{\mathbf{R}} = 0 \tag{5.28}$$

in quanto le forze interne si annullano per il principio di azione e reazione. Pertanto un sistema di riferimento associato al centro di massa è anch'esso un sistema inerziale.

Scriviamo pertanto le equazioni del moto nel sistema di riferimento del centro di massa. Le coordinate dei due corpi 1 e 2 di massa m_1 e m_2 rispetto al centro di massa sono $\mathbf{r}_1$ e $\mathbf{r}_2$, e per definizione di centro di massa:

$$\frac{m_1\mathbf{r}_1 + m_2\mathbf{r}_2}{m_1 + m_2} = 0 . \tag{5.29}$$

Inoltre il raggio vettore della massa 2 rispetto alla 1 è $\mathbf{r} = \mathbf{r}_2 - \mathbf{r}_1$, per cui

$$\mathbf{r}_1 = -\frac{\mu}{m_1}\mathbf{r} \tag{5.30}$$

$$\mathbf{r}_2 = \frac{\mu}{m_2}\mathbf{r} \tag{5.31}$$

dove si definisce la *massa ridotta*:

$$\mu = \frac{m_1 m_2}{m_1 + m_2} \ . \tag{5.32}$$

Si dimostra facilmente che possiamo scrivere energia totale e momento angolare in questo riferimento nella forma:

$$
\begin{aligned}
E &= \frac{1}{2} m_1 v_1^2 + \frac{1}{2} m_2 v_2^2 - \frac{G m_1 m_2}{|\mathbf{r}_2 - \mathbf{r}_1|} \\
&= \frac{1}{2} \mu v^2 - \frac{G M \mu}{r}
\end{aligned}
\tag{5.33}
$$

$$
\begin{aligned}
\mathbf{L} &= m_1 \mathbf{r}_1 \times \mathbf{v}_1 + m_2 \mathbf{r}_2 \times \mathbf{v}_2 \\
&= \mu \mathbf{r} \times \mathbf{v}
\end{aligned}
\tag{5.34}
$$

dove $M = m_1 + m_2$ e $M\mathbf{v} = m_1 \mathbf{v}_1 + m_2 \mathbf{v}_2$. Si conclude che il problema a due corpi può essere studiato come un problema a un solo corpo di massa μ a distanza $\mathbf{r}$ rispetto ad un punto fisso in cui sia concentrata una massa M.

Derivando la (5.34) si ottiene, per forze centrali:

$$\frac{d\mathbf{L}}{dt} = 0 \tag{5.35}$$

per cui

$$\mathbf{L} = \mu r v_\theta \hat{k} = \text{costante} \ . \tag{5.36}$$

In conclusione ciò comporta che i moti siano piani e soddisfino la legge delle aree, cioè le due prime leggi di Keplero.

È possibile inoltre derivare l'espressione della terza legge di Keplero nel riferimento inerziale. Integrando la (5.36) su un periodo orbitale P:

$$\int_{period} r v_\theta dt = 2A = \frac{L}{\mu} P \ . \tag{5.37}$$

Essendo l'area dell'orbita $A = \pi ab$ si ottiene:

$$P = \frac{2\pi ab \mu}{L} \ . \tag{5.38}$$

L'espressione per L che è costante può essere calcolata con riferimento ad un punto specifico dell'orbita, il perielio, dove velocità e raggio vettore sono perpendicolari; utilizzando l'equazione dell'ellisse e l'equazione dell'energia, si ricava:

$$r_p = a(1 - e) \tag{5.39}$$

$$v_p^2 = \frac{GM}{a}\left(\frac{1+e}{1-e}\right) \tag{5.40}$$

per cui:

$$P^2 = \frac{4\pi^2 a^3}{G(m_1 + m_2)} .$$ (5.41)

5.4 Equazione di Poisson per la gravitazione newtoniana

Ricaviamo un'utile equazione per il campo gravitazionale generato da una distribuzione di massa contenuta in un volume V limitato da una superficie S. Ogni elemento di massa dm_r genera una forza:

$$\mathbf{g} = -\nabla\Phi = -\frac{Gdm_r}{r^2}\hat{\mathbf{n}} .$$ (5.42)

Per semplicità calcoliamo il flusso del campo attraverso una superficie sferica:

$$\int_S \mathbf{g} \cdot \hat{\mathbf{n}} dS = -\int_S \frac{Gdm_r}{r^2} r^2 \sin\theta d\theta d\varphi = -4\pi GM = -4\pi G \int_V \rho dV .$$ (5.43)

Applicando il teorema di Gauss:

$$\int_S \mathbf{g} \cdot \hat{\mathbf{n}} \, dS = \int_V \nabla \cdot \mathbf{g} \, dV .$$ (5.44)

Pertanto

$$\int_V \nabla \cdot \mathbf{g} dV = -4\pi G \int_V \rho dV$$ (5.45)

$$\nabla \cdot \mathbf{g} = -4\pi G\rho$$ (5.46)

e di conseguenza

$$\nabla^2\Phi = 4\pi\rho$$ (5.47)

che prende il nome di **equazione di Poisson**: essa permette la rappresentazione locale del campo gravitazionale in funzione della densità di materia.

5.5 Effetti differenziali dei campi gravitazionali

L'interazione fra i pianeti e Sole può essere trattata nel limite di masse puntiformi grazie alle distanze notevoli che li separano. Già abbiamo discusso l'effetto sulle osservazioni astronomiche della precessione e nutazione, fenomeni prodotti all'attrazione luni-solare sul moto giroscopico della Terra, trattata invece come corpo di dimensioni finite con simmetria rotazionale e asse di rotazione inclinato sul piano delle orbite del Sole (eclittica) e della Luna. Per interazioni tra corpi vicini, relativamente alle loro dimensioni, e non perfettamente simmetrici nascono effetti differenziali perché la forza newtoniana dipende dalla distanza e differenti parti di un corpo esteso o di un sistema di corpi possono sperimentare differenti accelerazioni gravitazionali.

Ora discuteremo brevemente alcuni fenomeni di interesse connessi alle dimensioni finite degli oggetti astrofisici, per cui gli effetti gravitazionali sono differenti su loro diverse parti.

5.5.1 Maree

Si tratta del sollevamento della superficie del mare (e della crosta terrestre) in direzione della Luna e agli antipodi. L'interpretazione originale risale a Newton, comprovata da misure dettagliate, tra cui quelle di Albert Michelson tra il 1913 e il 1921. Sia a l'accelerazione gravitazionale indotta dalla Luna sui punti della Terra nel sistema baricentrico inerziale del sistema. Si può in particolare valutare la diversa accelerazione indotta dalla Luna sul centro della Terra A e su un punto generico B della superficie (Fig. 5.3):

$$a_A = \frac{GM_L}{d^2} \qquad a_B = \frac{GM_L}{r^2} \qquad (5.48)$$

dove quest'ultima ha componenti:

$$a = a_B \sin\theta \qquad b = a_B \cos\theta \qquad (5.49)$$

per cui:

$$a = \frac{GM_L}{r^3} R_T \sin\Phi \qquad b = \frac{GM_L}{r^3}(d - R_T \cos\Phi) \,. \qquad (5.50)$$

La componente a determina uno schiacciamento della superficie terrestre. La differenza tra le componenti lungo la direzione congiungente i centri di Terra e Luna risulta pertanto:

$$b' = b - a_A = \frac{GM_L}{r^3}\left[d - R_T \cos\Phi - \frac{r^3}{d^2}\right] \qquad (5.51)$$

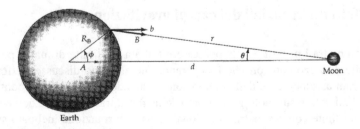

Fig. 5.3 Calcolo delle forze di marea

che può essere riscritta utilizzando il teorema di Carnot della trigonometria:

$$r^3 = d^3 \left[1 - 2\frac{R_T}{d}\cos\Phi + \left(\frac{R_T}{d}\right)^2 \right]^{\frac{3}{2}} . \qquad (5.52)$$

Nel limite

$$R_T \ll d \rightarrow r^3 \approx d^3 \left[1 - 3\frac{R_T}{d}\cos\Phi \right] \qquad (5.53)$$

assume la forma:

$$b' \approx 2\frac{GM_L}{d^3}R_T\cos\Phi . \qquad (5.54)$$

Questa è l'accelerazione del punto B nel riferimento terrestre che tende ad allontanarlo da A. La forza che crea la marea è pertanto:

$$F \propto \frac{M_L R_T}{d^3}\cos\Phi \qquad (5.55)$$

e localmente dipende dalla latitudine rispetto al piano orbitale della Luna.

Anche il Sole crea effetti mareali:

$$\frac{M_S R_T}{d_{TS}^3} : \frac{M_L R_T}{d_{TL}^3} = \frac{M_S}{M_L}\left(\frac{d_{TL}}{d_{TS}}\right)^3 = \frac{5}{11} . \qquad (5.56)$$

Gli effetti mareali di Luna e Sole possono sommarsi o in parte elidersi stagionalmente, anche tenendo conto che il loro moto apparente rispetto alla Terra non avviene sullo stesso piano.

Le maree comportano una dissipazione dell'energia di rotazione terrestre a causa dell'attrito tra gli strati che si innalzano e scorrono (come onde) sulla superficie terrestre: il rallentamento (osservato) della rotazione terrestre è di 0.002 secondi/secolo. La dissipazione cesserà quando la Terra offrirà sempre la stessa faccia alla Luna cioè quando la durata del giorno e del mese coincideranno. Si può valutare che ciò avverrà con un giorno/mese ∼50 giorni attuali.

Il fenomeno mareale, prodotto sulla crosta lunare dall'attrazione differenziale terrestre, ha già causato che la Luna offra la stessa faccia alla terra (*sincronismo delle rotazioni*).

Il rallentamento della rotazione terrestre comporta, per la conservazione del momento angolare del sistema Terra - Luna $J = J_{T,rot} + J_{L,orb}$ = costante, che la Luna si allontani progressivamente dalla Terra. Infatti per la III legge di Keplero applicata al sistema Terra - Luna:

$$P^2 \propto d^3$$
$$J_{L,orb} \propto d^2\omega \propto \frac{d^2}{P} \propto d^{\frac{1}{2}} . \qquad (5.57)$$

Al diminuire di $J_{T,rot}$, $J_{L,orb}$ può crescere solo crescendo d: infatti il momento angolare perso dalla rotazione terrestre viene acquisito dal momento angolare orbitale lunare. La distanza media Terra-Luna cresce di circa 3.8 cm all'anno.

Le forze mareali sono importanti non solo in relazione alla Terra, ma, come vedremo più avanti, sono alla base dei processi di interazioni tra stelle e galassie con
deformazioni delle stesse, stripping di materia, mescolamenti, ecc.

5.5.2 Limite di instabilità per frammentazione (limite di Roche)

Effetti di rotazione differenziale possono portare alla frammentazione di corpi asim-
metrici di piccola massa che si avventurino nelle vicinanze di masse maggiori (Roche 1850). Questi fenomeni possono essere all'origine della formazione di anelli
intorno a pianeti, alla formazione di asteroidi, alla frammentazione di stelle, ecc. Si
consideri la geometria di Fig. 5.4 con una stella m che si muove in orbita intorno
alla massa maggiore M.

Calcoliamo le accelerazioni gravitazionali prodotte da M sui punti 1 e 2 della
massa m:

$$g_1 = \frac{GM}{d^2} \qquad g_2 = \frac{GM}{(d+r)^2}$$

$$g_1 - g_2 = \frac{GM}{d^2} - \frac{GM}{(d+r)^2} \sim \frac{2GMr}{d^3} \tag{5.58}$$

a cui vanno aggiunte le accelerazioni centrifughe orbitali:

$$a_1 = -\omega^2 d \qquad a_2 = -\omega^2 (d+r)$$

$$a_A - a_B = \omega^2 (d+r) - \omega^2 d = \omega^2 r = \frac{GMr}{d^3} . \tag{5.59}$$

Pertanto i punti 1 e 2 sono soggetti a un'accelerazione che tende a separarli, e quindi
distruttiva del sistema:

$$a \approx \frac{3GMr}{d^3} . \tag{5.60}$$

Ad essa si oppone l'accelerazione di autogravitazione:

$$b = \frac{Gm}{r^2} . \tag{5.61}$$

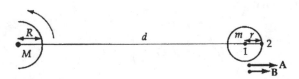

Fig. 5.4 Instabilità per frammentazione di Roche

Il limite di rottura del sistema o **limite di Roche** è pertanto

$$3\frac{GMr}{d^3} \geq \frac{Gm}{r^2} \qquad d \leq r\left(\frac{3M}{m}\right)^{\frac{1}{3}}. \tag{5.62}$$

Per la Luna (rispetto alla Terra):

$$d \sim 3R_T \simeq 18.500\text{km} \ll 384.000\,\text{km} \tag{5.63}$$

per cui non vi sono rischi di frammentazione. Invece gli anelli di Saturno hanno:

$$d \simeq 150.000\text{km} \geq 80.000 \div 136.000\,\text{km} \tag{5.64}$$

e risultano pertanto entro il limite di rottura. Gli anelli di tutti i pianeti nascono dall'impossibilità per la loro piccola massa di far coalescere e formare satelliti autogravitanti quando si trovano entro il limite di Roche.

Occorre tuttavia tener presente che i satelliti artificiali, sonde spaziali, ecc. non si frammentano perché sono tenuti insieme non dall'autogravità, ma dalle forze ben più intense di stato solido.

5.5.3 Limite di cattura

Come ultimo effetto di interesse astrofisico calcoliamo il limite di cattura di un satellite m in orbita intorno ad una massa M_1 da parte di un terzo corpo perturbatore $M_2 \gg M_1$ (Fig. 5.5). L'accelerazione prodotta su m da M_2 (tenendo conto che anche M_1 è accelerato) risulta:

$$a = A - B = \frac{GM_2}{(D-d)^2} - \frac{GM_2}{D^2} \simeq \frac{2GM_2 d}{D^3} \tag{5.65}$$

e quando prevale sull'attrazione su m da M_1

$$b = \frac{GM_1}{d^2} \tag{5.66}$$

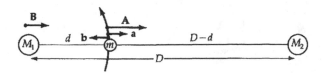

Fig. 5.5 Limite di cattura

il sistema sarà instabile. La **condizione di cattura** è pertanto ($a > b$):

$$d > \left(\frac{M_1}{2M_2}\right)^{\frac{1}{3}} D .$$ (5.67)

5.6 Il problema dei tre corpi

Lo studio della dinamica newtoniana di un sistema a tre corpi non è risolubile in modo analitico. Esistono tuttavia alcuni teoremi che permettono di comprendere interessanti aspetti del problema per le applicazioni astrofisiche. Tali applicazioni si riferiscono sia a problemi di meccanica celeste del sistema solare (originariamente studiata da Lagrange), sia all'interpretazione della fenomenologia di sistemi di stelle binarie che sono molto interessanti nella moderna astrofisica [2].

Si consideri il caso di due stelle di massa M_1 e M_2 orbitanti rispetto al loro centro di massa cui si aggiunga un terzo corpo di massa trascurabile rispetto ai precedenti. Si assuma un riferimento solidale corotante con le masse M_1 e M_2 avente origine nel loro centro di massa; siano $\mathbf{r}_1$ e $\mathbf{r}_2$ le distanze delle due masse dall'origine (Fig. 5.6). In tale sistema le forze agenti sul terzo corpo posto in un punto generico $\mathbf{r}$ possono essere studiate in termini del potenziale effettivo, somma di quelli gravitazionale e centrifugo:

$$\Phi(\mathbf{r}) = -\frac{GM_1}{|\mathbf{r} - \mathbf{r}_1|} - \frac{GM_2}{|\mathbf{r} - \mathbf{r}_2|} - \frac{1}{2}\left(\Omega \times \mathbf{r}\right)^2$$ (5.68)

dove Ω è la velocità angolare del sistema; per la III legge di Keplero (5.41):

$$\Omega^2 = \left(\frac{2\pi}{P}\right)^2 = \frac{G(M_1 + M_2)}{a^3}$$ (5.69)

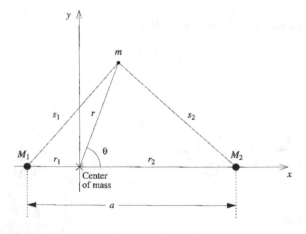

Fig. 5.6 Geometria del problema a tre corpi

con $a = r_1 + r_2$. Nella Fig. 5.7 sono rappresentate le curve equipotenziali calcolate per le posizioni del terzo corpo nel piano nel piano orbitale del sistema; esiste una linea equipotenziale critica "a otto" che separa la regione lontana, dove il campo tende a quello dovuto alla somma delle masse concentrate nel centro di massa, e le regioni vicine, i **lobi di Roche**, dove sono le singole stelle a dominare il campo agente sul terzo corpo.

Il punto dove i lobi di Roche si toccano è detto **punto lagrangiano interno** L_1, dove il potenziale ha un punto di stazionarietà a sella. Le distanze del punto lagrangiano dalle due masse sono:

$$l_1 = a\left[0.500 - 0.227\log_{10}\left(\frac{M_2}{M_1}\right)\right] \tag{5.70}$$

$$l_2 = a\left[0.500 + 0.227\log_{10}\left(\frac{M_2}{M_1}\right)\right]. \tag{5.71}$$

Altri due punti di stazionarietà a sella sono i **punti lagrangiani esterni** L_2 e L_3; esistono inoltre altri *punti lagrangiani esterni* L_4, L_5. I punti lagrangiani corrispondono a posizioni di equilibrio, L_1, L_2, L_3 instabili, L_4 e L_5 stabili. La superficie rappresentante il valore del potenziale effettivo è data in Fig. 5.8. Osservando la forma della superficie del potenziale effettivo, il cui gradiente locale indica la direzione della forza, appare chiaro come i primi tre punti lagrangiani siano stabili solo nel piano perpendicolare alla linea che congiunge le due masse. Infatti se il terzo corpo venisse spostato in tale piano perpendicolare verrebbe richiamato verso il punto la-

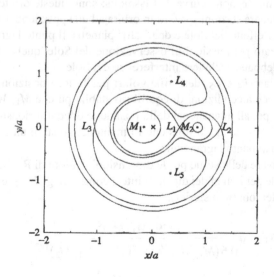

Fig. 5.7 Curve equipotenziali del potenziale effettivo (gravitazionale + centrifugo) nel piano orbitale corotante con le masse M_1 e M_2 del sistema; la croce x indica la posizione del centro di massa

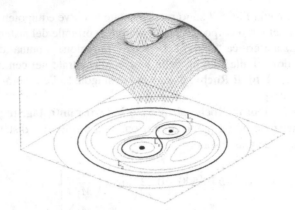

Fig. 5.8 Linee equipotenziali di un sistema a due corpi dovute alla forza di gravità e alla forza centrifuga in un riferimento in cui le due masse sono stazionarie

grangiano dall'effetto combinato della componente delle forze delle due masse che agisce in tale piano; mentre le componenti lungo la congiungente si compensano. Invece se il terzo corpo viene spostato nella direzione della congiungente le masse, immediatamente la forza di una delle due diventerebbe prevalente e lo farebbe cadere verso di essa.

Lo studio della meccanica del sistema mostra che esistono speciali orbite stabili periodiche intorno a tali punti perpendicolarmente alla congiungente le stelle. Anche in un problema a n corpi si mostra che esistono orbite quasi-periodiche che non sono però chiuse, ma seguono curve di Lissajous: sono queste orbite che vengono utilizzate per mantenere stazioni spaziali in orbita ad una posizione fissa nel sistema Terra-Luna (e con l'effetto del Sole e degli altri pianeti). Il punto lagrangiano interno L_1 viene utilizzato per missioni di osservazione del Sole, quello esterno L_2 per osservazioni che debbano escludere interferenze del Sole.

I punti lagrangiani L_4 e L_5, detti triangolari per la loro posizione disallineata, corrispondono invece a condizioni di equilibrio stabile purché $M_1/M_2 > 24.96$. In tal caso il terzo corpo, allontanandosi dalla posizione di equilibrio, subisce l'effetto della comparsa delle forze di Coriolis che lo mantengono su di un'orbita a "forma di fagiolo" intorno al punto lagrangiano.

Si possono derivare delle stime per le dimensioni dei lobi di Roche; Eggleton ha calcolato le formule per i raggi dei due lobi intesi come i raggi di sfere che occupano lo stesso volume dei lobi (non sferici):

$$R_1 = a \frac{0.49 \left(M_1/M_2\right)^{2/3}}{0.6 \left(M_1/M_2\right)^{2/3} + \ln\left[1 + \left(M_1/M_2\right)^{1/3}\right]} \tag{5.72}$$

$$R_2 = a \frac{0.49 \left(M_2/M_1\right)^{2/3}}{0.6 \left(M_2/M_1\right)^{2/3} + \ln\left[1 + \left(M_2/M_1\right)^{1/3}\right]} . \tag{5.73}$$

Da queste formule è possibile ricavare l'importante proprietà che, per $M_2/M_1 \leq 0.8$, la densità media di una stella che riempia interamente il lobo di Roche è legata al periodo del sistema binario. Infatti per $M_2/M_1 \leq 0.8$, si ottiene per il raggio del lobo della stella di massa minore:

$$R_2 = \frac{2}{3^{4/3}} \, a \left(\frac{M_2}{M_1 + M_2} \right)^{1/3} \tag{5.74}$$

per cui, utilizzando la III legge di Keplero:

$$\bar{\rho} = \frac{3M_2}{4\pi R_2^3} = \frac{3^5 \pi}{8GP^2} \leq 110 \, P_{ore}^{-2} \text{ g cm}^{-3} . \tag{5.75}$$

Quindi stelle di tipo solare, che hanno densità intorno a 1-10 g cm^{-3}, possono riempire il lobo di Roche in sistemi binari stretti con periodi intorno a 10 - 100 ore.

Riferimenti bibliografici

1. A.E. Roy, D. Clarke – *Astronomy: Principles and Practice*, Adam Hilger, 1982
2. B.W. Carroll, D.A. Ostlie – *An Introduction to Modern Astrophysics*, Addison Wesley Publ. Co. Inc., 1996

6

Teoria relativistica della gravitazione

Quando i campi gravitazionali diventano molto intensi, cosicché la velocità di fuga $\sqrt{2GM/R}$ si avvicina alla velocità della luce c, la teoria della gravitazione newtoniana deve essere modificata per adattarsi al limite relativistico. In questo capitolo ne descriveremo i principali concetti da utilizzare nei problemi del presente corso. Una trattazione approfondita si può trovare nei testi classici di Weinberg [1] e di Misner, Thorne e Wheeler [2].

6.1 La Relatività Generale

La teoria relativistica della gravitazione è l'oggetto della Teoria della Relatività Generale formulata da Einstein nel 1916. Nel precedente capitolo abbiamo visto come il campo gravitazionale nel caso newtoniano venga espresso attraverso il potenziale scalare Φ definito dalla densità locale di materia attraverso l'equazione di Poisson:

$$\nabla^2 \Phi = 4\pi G \rho_0 \tag{6.1}$$

dove ρ_0 è la densità della materia; ricordiamo anche che l'accelerazione gravitazionale è data da $-\nabla\Phi$. Peraltro dal principio di equivalenza tra massa ed energia risultato della Teoria della Relatività Speciale consegue che ogni forma di energia e non solo la massa contribuisca al campo gravitazionale; cioè ρ_0 dovrà contenere oltre alla densità della massa a riposo anche la densità dovuta alle varie forme di energia. La densità di energia del campo gravitazionale nel limite newtoniano è proporzionale a $(\nabla\Phi)^2$. Possiamo quindi prevedere che, trasferendo il termine di massa legata all'energia gravitazionale a primo membro, l'equazione di Poisson debba assumere una forma del tipo:

$$F(g) \propto GT \tag{6.2}$$

dove g è appunto una grandezza che esprime il campo gravitazionale (Φ nel limite newtoniano), F è un operatore differenziale nonlineare (∇^2 nel limite newtoniano), G la costante di accoppiamento e T una grandezza che esprime le forme non-

Ferrari A.: Stelle, galassie e universo. Fondamenti di astrofisica.
© Springer-Verlag Italia 2011

gravitazionali di energia di cui la densità di massa è quella dominante nel caso non relativistico. L'idea fondamentale di Einstein fu quella di costruire la Relatività Generale come una teoria geometrica della gravitazione. Infatti l'equivalenza tra massa gravitazionale e massa inerziale, provata dall'esperimento di Galileo sulla caduta dei gravi, comporta che è possibile trattare le forze gravitazionali alla stregua di forze non-inerziali riducendole ad un effetto geometrico attraverso un'opportuna scelta del riferimento fisico (il che corrisponde a portare il termine di massa gravitazionale al primo membro della (6.2)).

Nella Relatività Speciale viene introdotto il concetto di **spazio-tempo**, che consiste di **eventi** che sono caratterizzati da quattro numeri, tre coordinate spaziali e una temporale. In tale schema lo spazio-tempo è rappresentato come una "superficie" a quattro dimensioni, ciascun elemento della superficie corrisponde ad un evento. Mentre nella fisica classica i fenomeni vengono seguiti nello spazio e nel tempo separatamente (per esempio per il moto si dà la traiettoria e poi la legge oraria su di essa), l'evoluzione dei fenomeni viene descritta globalmente sia nello spazio, sia nel tempo attraverso le loro traiettorie nello spazio-tempo chiamate **world-lines** (linee di mondo). Un osservatore fa le misure nello spazio-tempo, cioè assegna coordinate agli eventi scegliendo un sistema di riferimento quadridimensionale.

In relatività speciale esistono osservatori preferenziali, quelli per cui una particella non soggetta a forze (gravitazionali, elettromagnetiche, deboli e forti) si muove di moto inerziale a velocità costante, senza accelerazione. Gli osservatori inerziali collegano le informazioni secondo quanto prescritto dalle trasformazioni di Lorentz. I sistemi di coordinate degli osservatori inerziali sono i *sistemi di coordinate inerziali* o *sistemi lorentziani*.

La distanza tra due eventi vicini, l'*intervallo*, nei sistemi lorentziani è:

$$ds^2 = -c^2 dt^2 + dx^2 + dy^2 + dz^2 \qquad (6.3)$$

ed è eguale per tutti gli osservatori inerziali, cioè è un *invariante lorentziano*. In forma tensoriale con $x^0 = ct$, $x^1 = x$, $x^2 = y$, $x^3 = z$, questa relazione può essere scritta:

$$ds^2 = \eta_{\alpha\beta} dx^\alpha dx^\beta \qquad (6.4)$$

dove $\eta_{\alpha\beta}$ è la matrice diagonale:

$$\eta_{\alpha\beta} = \begin{pmatrix} -1 & 0 & 0 & 0 \\ 0 & 1 & 0 & 0 \\ 0 & 0 & 1 & 0 \\ 0 & 0 & 0 & 1 \end{pmatrix} \qquad (6.5)$$

e nella (6.4) si assume la sommatoria sugli indici ripetuti. La matrice $\eta_{\alpha\beta}$ è il **tensore metrico** dello spazio-tempo in relatività speciale e ne definisce completamente la geometria. Lo spazio-tempo in relatività speciale è pseudo-euclideo, perché uno degli elementi delle diagonale ha segno opposto agli altri, ed è anche chiamato *spazio di Minkowski*.

Naturalmente è possibile descrivere lo spazio-tempo in sistemi non-inerziali, quindi in coordinate non-lorentziane. Per esempio si può usare il sistema di coordinate di un osservatore accelerato. Se la relazione tra coordinate lorentziane x^α e non-lorentziane y^α è:

$$x^\alpha = x^\alpha (y^\alpha) \tag{6.6}$$

la (6.4) diventerà:

$$ds^2 = g_{\alpha\beta} (y^\gamma) dx^\alpha dx^\beta \tag{6.7}$$

con il tensore metrico:

$$g_{\alpha\beta} (y^\gamma) = \frac{\partial x^\lambda}{\partial y^\alpha} \frac{\partial x^\sigma}{\partial y^\beta} \eta_{\lambda\sigma} . \tag{6.8}$$

Sebbene la scrittura si sia complicata, tuttavia la trasformazione (6.6) è globale, cioè la stessa per tutti i punti dello spazio-tempo: in altre parole lo spazio-tempo è sempre *piatto*, o pseudo-euclideo, in quanto applicando la trasformazione inversa della (6.6) si può sempre ritornare allo spazio pseudo-euclideo *dovunque*.

In Relatività Generale lo spazio-tempo è ancora una "superficie" quadridimensionale di eventi la cui geometria è definita dalla (6.7), ma non esiste più una trasformazione che riduca lo spazio-tempo alla forma (6.4) dovunque perché in tal caso la trasformazione (6.6) dipende dal punto dello spazio-tempo: lo spazio-tempo è *curvo*. Il tensore metrico $g_{\alpha\beta}$ è usato per esprimere le variabili del campo gravitazionale e quindi il campo gravitazionale definisce la geometria. L'intervallo ds è ancora un invariante per cui le trasformazioni delle componenti di $g_{\alpha\beta}$ dalle coordinate x^α alle coordinate $\bar{x}^\alpha$ sono:

$$g_{\alpha\beta} = \frac{\partial \bar{x}^\lambda}{\partial y^\alpha} \frac{\partial \bar{x}^\sigma}{\partial y^\beta} \bar{g}_{\lambda\sigma} . \tag{6.9}$$

Come in relatività speciale, l'intervallo ds misurato lungo la world-line di una particella, cioè nel sistema che si muove con la particella, misura il tempo proprio $d\tau$:

$$ds^2 = -c^2 d\tau^2 . \tag{6.10}$$

In forma più compatta si può scrivere:

$$ds^2 = d\mathbf{x} \cdot d\mathbf{x} \tag{6.11}$$

ricordando dal calcolo tensoriale che per quadrivettori $\mathbf{A}$ e $\mathbf{B}$ si definisce il prodotto scalare in metrica qualunque attraverso il tensore metrico:

$$\mathbf{A} \cdot \mathbf{B} = g_{\alpha\beta} A^\alpha B^\beta = A_\alpha A^\alpha \tag{6.12}$$

e anche:

$$A_\alpha \equiv g_{\alpha\beta} A^\beta \tag{6.13}$$

$$A^\alpha \equiv g^{\alpha\beta} A_\beta \tag{6.14}$$

dove $\|g^{\alpha\beta}\|$ è la matrice inversa di $\|g_{\alpha\beta}\|$, le A^{α} sono le componenti controvarianti del vettore (proiettate sugli assi tangenti alle coordinate), mentre le A_{α} sono le componenti covarianti (proiettate su assi perpendicolari alle superfici coordinate).

Le coordinate corrispondono sempre a grandezze misurabili, distanze misurate con regoli, tempi misurati con orologi. Però, mentre in relatività speciale esistono riferimenti privilegiati (inerziali), in relatività generale nessun riferimento è, in linea di principio, preferibile. Tuttavia sono fisicamente utili i *sistemi localmente inerziali*. Sebbene non esista un'unica trasformazione globale che diagonalizzi il tensore metrico ovunque, ciò è possibile localmente, per cui possiamo associare ad ogni punto, preso come origine del riferimento, una geometria del tipo $\eta_{\alpha\beta}$ di Minkowski con derivate prime nulle intorno all'origine. In altre parole si sviluppa in serie di Taylor il tensore metrico intorno all'origine [1], [2]:

$$ds^2 = \left[\eta_{\alpha\beta} + O\left(|x|^2\right)\right] dx^{\alpha} dx^{\beta} \tag{6.15}$$

(la dimostrazione di tale condizione è nella bibliografia citata). Ogni zona dello spazio-tempo entro cui vale quello sviluppo è detto appunto **riferimento localmente inerziale**. Un osservatore farà misure come in un riferimento inerziale in relatività speciale, purché l'estensione del suo apparato di misura sia sufficientemente piccola: vi saranno differenze soltanto su scale definite dalla derivata seconda delle $g_{\alpha\beta}$; naturalmente ci si può aspettare che maggiore sia il gradiente del tensore metrico, minore sia la scala concessa.

Un osservatore localmente inerziale o localmente lorentziano esegue quindi le misure come in relatività speciale. La relatività generale parte quindi dall'assunzione che tutte le leggi fisiche sono le stesse nei sistemi localmente inerziali, ed equivalenti a quelle di un osservatore inerziale in relatività speciale. Questo è il **Principio di Equivalenza** ed è basato sull'equivalenza sperimentale tra massa gravitazionale e inerziale. Einstein lo formulò attraverso il famoso esperimento ideale dell'ascensore in caduta libera. Si consideri un osservatore all'interno di una scatola che viene accelerata verso l'alto con accelerazione uniforme; l'osservatore non può distinguere sperimentalmente questa situazione da quella cui sarebbe sottoposto se la scatola fosse ferma ma in presenza di un campo gravitazionale rivolto verso il basso. Di conseguenza in un ascensore in caduta libera in un campo gravitazionale uniforme l'osservatore non sperimenterebbe alcuna forza gravitazionale.

Quest'ultimo esempio chiarisce anche il significato di sistema localmente inerziale. In un campo uniforme l'osservatore in caduta libera non sperimenta alcun effetto gravitazionale; invece in un campo non uniforme gli effetti gravitazionali compaiono oltre una certa distanza. L'osservatore nell'ascensore può sperimentare localmente che due palline inizialmente in quiete rispetto alle pareti rimangono in quello stato; cadendo però verso il centro della Terra si avvicineranno progressivamente perché tutta la materia tende verso il centro.

Il Principio di Equivalenza è una generalizzazione della constatazione che le leggi della meccanica non permettono di distinguere campi gravitazionali da forze non-inerziali: asserisce che nessuna legge fisica permette tale distinzione. Gli

effetti gravitazionali scompaiono in un sistema in caduta libera o localmente inerziale.

Possiamo quindi formulare le leggi fisiche in presenza di campi gravitazionali ricorrendo alla metrica del sistema di riferimento localmente inerziale per poi
generalizzarla ad un riferimento qualunque. Si scriva ad esempio la legge di conser-
vazione dell'energia-momento in relatività speciale; si pone che $T^{\alpha\beta} \propto \rho_0 U^\alpha U\beta$,
tensore energia-momento abbia divergenza nulla:

$$\nabla_\alpha T^{\alpha\beta} = 0 \qquad (6.16)$$

dove $\nabla_\alpha \equiv \partial/\partial x^\alpha$. Il Principio di Equivalenza stabilisce che la (6.16) debba valere nei sistemi localmente inerziali con metrica data dalla (6.15). Possiamo scrivere
la (6.16) in una forma che sia valida per un sistema di coordinate qualunque. Ciò
può essere fatto attraverso la geometria differenziale e/o calcolo tensoriale, come
illustrato nei testi citati. Qui ci limiteremo a dire che occorre definire gli operatori
differenziali del tipo (6.1) utilizzando le *derivate covarianti*. Queste derivate presentano dei termini che tengono conto del fatto che le quantità fisiche variano non
solo per effetto del loro cambiamento locale, ma anche per effetto della geometria
la cui $g_{\alpha\beta}$ non è costante né uniforme. Questa variazione della geometria è proprio
l'effetto del campo gravitazionale.

La rappresentazione matematica del Principio di equivalenza è chiamata **Principio di Covarianza Generale**: le equazioni scritte in forma covariante in relatività speciale o localmente inerziale rimangono le stesse in qualunque riferimento,
inerziale e non.

Tornando al punto di partenza di questo paragrafo possiamo ora illustrare come
ricavare la geometria dello spazio-tempo a partire dalla distribuzione di massa ed
energia, in estensione relativistica dell'equazione di Poisson classica. Questo è il
grande contributo della teoria di Einstein e si realizza nella formulazione dei principi che debbono permettere di scrivere il legame tra materia e geometria in modo
covariante:

$$G^{\alpha\beta} = 8\pi \frac{G}{c^4} T^{\alpha\beta} \qquad (6.17)$$

dove il tensore di Einstein $G^{\alpha\beta}$ è un operatore differenziale simmetrico nonlineare del second'ordine che agisce sulle componenti di $g^{\alpha\beta}$, mentre $T^{\alpha\beta}$ è il tensore
energia-momento non-gravitazionale. Questa equazione si deve ridurre all'equazio-
ne di Poisson nel caso di campi gravitazionali deboli. L'insieme di queste condizioni
su $G^{\alpha\beta}$ sono soddisfatte da un'opportuna combinazione di contrazioni del *tensore
di curvatura di Riemann-Christoffel*:

$$R^\lambda_{\mu\nu\kappa} = \Gamma^\lambda_{\mu\nu,\kappa} - \Gamma^\lambda_{\mu\kappa,\nu} + \Gamma^\eta_{\mu\nu}\Gamma^\lambda_{\kappa\eta} - \Gamma^\eta_{\mu\kappa}\Gamma^\lambda_{\nu\eta} \qquad (6.18)$$

$$R_{\lambda\mu\nu\kappa} = g_{\lambda\rho}R^\rho_{\mu\nu\kappa} \qquad (6.19)$$

$$R_{\mu\kappa} = g^{\lambda\nu}R_{\lambda\mu\nu\kappa} \qquad \text{tensore di Ricci} \qquad (6.20)$$

$$R = g^{\mu\kappa}g^{\lambda\nu}R_{\lambda\mu\nu\kappa} \qquad (6.21)$$

dove si usano i *simboli di Christoffel*:

$$\Gamma_{\alpha\beta\gamma} = \frac{1}{2}\left(g_{\alpha\beta,\gamma} + g_{\alpha\gamma,\beta} - g_{\gamma\beta,\alpha}\right) \tag{6.22}$$

e gli indici dopo la virgola definiscono la semplice derivata rispetto alla variabile indicata.

Con tali definizioni si ottengono le **equazioni di campo di Einstein**:

$$R_{\mu\nu} - \frac{1}{2}g_{\mu\nu}R = -8\pi\frac{G}{c^4}T_{\mu\nu} \tag{6.23}$$

o in forma alternativa:

$$R_{\mu\nu} = -8\pi\frac{G}{c^4}\left(T_{\mu\nu} - \frac{1}{2}g_{\mu\nu}T_{\rho}^{\rho}\right). \tag{6.24}$$

Con queste equazioni è quindi possibile ricavare il tensore metrico a partire dalle sorgenti, cioè dalla distribuzione di materia e interazioni non-gravitazionali.

6.2 Campi gravitazionali statici a simmetria sferica

Utilizzando le equazioni di campo della relatività generale si calcola la metrica all'esterno di una massa M statica a simmetria sferica. In coordinate sferiche si ricava la seguente **metrica di Schwarzschild** (1916):

$$ds^2 = -\left(1 - \frac{2GM}{rc^2}\right)c^2dt^2 + \left(1 - \frac{2GM}{rc^2}\right)^{-1}dr^2 + r^2\left(d\theta^2 + \sin^2\theta d\varphi^2\right). \tag{6.25}$$

Le coordinate r, θ, φ, t sono le coordinate misurate da un osservatore all'infinito. Le misure di un osservatore locale sono invece:

$$d\tau = \left(1 - \frac{2GM}{rc^2}\right)^{1/2}dt \tag{6.26}$$

$$dr_{loc} = \left(1 - \frac{2GM}{rc^2}\right)^{-1/2}dr. \tag{6.27}$$

Si consideri un orologio a riposo alla coordinata spaziale r; il suo tempo proprio batte al ritmo:

$$\Delta\tau = \frac{\Delta s}{c} = \left(1 - \frac{2GM}{rc^2}\right)^{1/2}\Delta t < \Delta t \tag{6.28}$$

cioè il tempo scorre più lentamente per un osservatore vicino alla massa.

Similmente la misura di distanza tra due posizioni fatta al punto r sarà:

$$\Delta r_{loc} = \left(1 - \frac{2GM}{rc^2}\right)^{-1/2} \Delta r > \Delta r \qquad (6.29)$$

cioè la misura locale è più grande, come se i regoli fossero più piccoli. Dunque la presenza della massa dilata i tempi e contrae le lunghezze. Questo effetto è, come nella relatività speciale, legato alla velocità finita della luce e al fatto, specifico della relatività generale, che in uno spazio-tempo curvo l'informazione, cioè la luce, deve seguire traiettorie non più rettilinee, laddove questa curvatura diventi molto forte cioè per $r \to 2GM/c^2$.

La metrica è singolare per $r = 2GM/c^2$, detto appunto **raggio di Schwarzschild**. In pratica a questo raggio la durata di eventi visti dall'infinito diventa infinita: un osservatore che cada verso il raggio di Schwarzschild impiega, per l'osservatore all'infinito, un tempo infinito per raggiungerlo. Al contrario l'osservatore locale non incontra nessun particolare ostacolo nell'attraversare tale raggio, anche se comunque andrà infine verso una singolarità a $r = 0$.

È interessante calcolare la velocità dei fotoni emessi da sorgenti nelle vicinanze del raggio di Schwarzschild come misurata da un osservatore all'infinito. Per i fotoni l'intervallo è per definizione nullo $ds = 0$, per cui:

$$-\left(1 - \frac{2GM}{rc^2}\right) c^2 dt^2 + \left(1 - \frac{2GM}{rc^2}\right)^{-1} dr^2 + r^2 \left(d\theta^2 + \sin^2 \theta d\varphi^2\right) = 0 \quad (6.30)$$

e per moti puramente radiali $d\theta = d\varphi = 0$ si può scrivere la velocità del fotone emesso al punto di coordinata r misurata dall'osservatore all'infinito come:

$$\frac{dr}{dt} = c \left(1 - \frac{2GM}{rc^2}\right) \qquad (6.31)$$

che si annulla per $r = r_s = 2GM/c^2$. Eventi che avvengono a $r = r_s$ sono quindi congelati per l'osservatore all'infinito perché l'informazione viaggia a velocità nulla. Eventi che si verifichino a $r < r_s$ corrispondono a velocità immaginarie e non possono quindi essere causalmente connessi con osservatori esterni. In tal senso si parla di $r_s = 2GM/c^2$ come dell'**orizzonte degli eventi**.

La metrica intorno alla massa dipende quindi solo da M. Va precisato che per massa M si intende la massa totale misurata dall'osservatore all'infinito:

$$M = 4\pi \int_0^R r^2 \rho(r) dr \qquad (6.32)$$

che include quindi anche la massa dovuta all'energia potenziale gravitazionale (negativa); il contenuto di materia è invece:

$$M_{mat} = 4\pi \int_0^R r^2 \rho(r) \left(1 - \frac{2GM}{rc^2}\right)^{-1/2} dr > M . \qquad (6.33)$$

6.3 Equilibrio idrostatico delle stelle relativistiche

Risolvendo le equazioni di Einstein all'interno di una distribuzione di massa a simmetria sferica e statica, si ricava la metrica interna; essa ha la stessa forma della metrica di Schwarzschild salvo che il contributo alla massa totale viene dalla sola materia all'interno del raggio r:

$$M(r) = 4\pi \int_0^r r^2 \rho(r) dr .$$
(6.34)

Oppenheimer e Volkoff hanno usato la metrica interna per ricavare le *equazioni dell'equilibrio stellare relativistiche* (1939) nella forma:

$$\frac{dP}{dr} = -\frac{GM(r)\rho(r)}{r^2} \left[1 + \frac{P(r)}{c^2\rho(r)} \right] \left[1 + \frac{4\pi r^3 P(r)}{c^2 M(r)} \right] \left[1 - \frac{2GM(r)}{rc^2} \right]^{-1} .$$
(6.35)

Chiaramente queste equazioni si riducono al caso newtoniano per $c^2 \gg P/\rho$ e $c^2 \gg GM/r$. Le prime due parentesi quadre a destra della (6.35) sono correzioni legate al contributo dell'energia di agitazione termica alla massa e sono un effetto di relatività speciale; l'ultima tiene invece conto della curvatura dello spazio-tempo ed è un effetto di relatività generale. I modelli di stelle di neutroni che incontreremo più avanti debbono essere calcolati con questa equazione.

6.4 Redshift gravitazionale

Si consideri una sorgente di fotoni nel punto r in uno spazio-tempo con metrica statica, ad esempio la metrica di Schwarzschild, che emetta alla frequenza:

$$\nu_{em} = \frac{1}{d\tau_{em}} = \frac{c}{ds} = \frac{1}{(1 - r_s/r)^{1/2} dt} .$$
(6.36)

Un osservatore che si trovi nel punto r' riceverà i fotoni e ne misurerà la frequenza con il proprio orologio:

$$\nu_{ric} = \frac{1}{d\tau_{ric}} = \frac{c}{ds} = \frac{1}{(1 - r_s/r')^{1/2} dt}$$
(6.37)

dove il dt risulta lo stesso all'emissione e alla ricezione se lo spazio-tempo è statico, perché la traiettoria seguita dai fotoni è la stessa indipendentemente dal momento in cui sono stati emessi. Pertanto la frequenza emessa e quella ricevuta dipenderanno dall'orologio locale con cui vengono misurate:

$$\frac{\nu_{ric}}{\nu_{em}} = \frac{(1 - r_s/r)^{1/2}}{(1 - r_s/r')^{1/2}} .$$
(6.38)

Se consideriamo ad esempio il ricevitore lontano dalla massa, $r' \to \infty$, risulta:

$$v_{ric} = (1 - r_s/r)^{1/2} v_{em} \qquad (6.39)$$

cioè il ricevitore misura una frequenza più bassa di quella misurata dall'emettitore: si parla di redshift gravitazionale, i fotoni provenienti da un campo gravitazionale intenso sono "arrossati" rispetto a quelli emessi. Questa predizione della teoria gravitazionale di Einstein è stata misurata da Pound e Rebka nel 1959 confrontando le frequenze di fotoni a diverse altezze rispetto alla superficie della Terra ed è una delle prove sperimentali della teoria.

6.5 Buchi neri

Come vedremo nei prossimi capitoli, stelle di grande massa al termine della loro evoluzione subiscono un collasso che le porta a concentrarsi a raggi molto piccoli, attraversando il raggio di Schwarzschild. Oggetti di questo tipo sono causalmente disconnessi dall'universo esterno in quanto non possono inviare alcun segnale luminoso, e perciò sono stati soprannominati **buchi neri**.

Il concetto di buco nero risale all'astronomo dilettante George Mitchell che nel 1783, discutendo le conseguenze della teoria corpuscolare della luce proposta di Newton, si rese conto che per una massa M contenuta in un raggio minore di $2GM/c^2$ la velocità di fuga sarebbe stata maggiore della velocità della luce e quindi l'oggetto, non potendo far uscire i corpuscoli luminosi, sarebbe stato "nero". Fu molto più tardi nel 1935 che Eddington propose che le stelle dovessero nella loro evoluzione contrarsi a raggi sempre più piccoli e raggiungere quell'ipotetica situazione, cui la teoria della relatività generale aveva nel frattempo dato un significato formalmente più preciso. Negli anni '50 John Archibald Wheeler e la scuola di Princeton avviarono un approfondito studio teorico del problema utilizzando la relatività generale: nel 1968 Wheeler coniò il termine "buco nero", in inglese "black hole" (nel seguito useremo appunto la scrittura BH).

Le proprietà di un BH possono essere esaminate attraverso il calcolo della metrica da esso generata. Il caso più semplice è il BH di Schwarzschild con la metrica (6.25); esistono poi la soluzione di BH rotante di Kerr con momento angolare, e la soluzione di BH di Newman con carica elettrica. Discutiamo anzitutto alcune proprietà generali dei BH riferendoci al caso di Schwarzschild.

Al centro del BH per $r = 0$ esiste una singolarità fisica dove la materia della stella che collassa raggiunge densità infinita in un volume nullo: lo spazio-tempo ha in tal punto raggio di curvatura nullo (in termini newtoniani diremo che il campo gravitazionale diverge). Il raggio $r_s = 2GM/c^2$ copre questa singolarità che non può essere osservata perché i fotoni non ne possono uscire: in relatività generale esiste una principio non dimostrato che predice che, qualunque sia la fisica del collasso gravitazionale che porta alla formazione del BH, non possano esistere *singolarità nude*, cioè senza un orizzonte degli eventi che lo circondi e ne lasci emergere solo la massa, il momento angolare e la carica elettrica (*congettura di censura cosmica*).

È istruttivo immaginare alcuni esperimenti fisici ideali intorno ad un BH, facendo riferimento al caso di Schwarzschild. Supponiamo che un radioastronomo invii un segnale radio da un punto lontano dal BH verso un astronave in orbita intorno a un BH e quindi attenda che esso gli ritorni dopo esservi riflesso; assumendo che i segnali viaggino radialmente tra r_1 (astronave) e r_2 (radioastronomo) si può calcolare il tempo di viaggio in andata e ritorno:

$$\Delta t = 2 \int_{r_1}^{r_2} \frac{dr}{dr/dt} = 2 \int_{r_1}^{r_2} \frac{dr}{c(1 - r_s/r)} \qquad (6.40)$$
$$= 2\frac{r_2 - r_1}{c} + 2\frac{r_s}{c} \ln \frac{r_2 - r_s}{r_1 - r_s}$$

da cui si ricava immediatamente che per $r_1 = r_s$ risulta $\Delta t = \infty$. Cioè per il radioastronomo il fotone non raggiungerà mai l'astronave. Qualunque oggetto, non solo il fotone, seguirà la stessa sorte: visto da lontano anche il collasso di una stella avrà durata infinita, cioè il BH in accrescimento è una *stella congelata nel tempo*. Va inoltre notato che all'avvicinarsi a r_s anche la frequenza dei fotoni emessi viene modificata, spostata a frequenze sempre minori fino a diventare invisibile.

Consideriamo ora un astronauta temerario che voglia verificare questa predizione lasciandosi cadere verso il buco nero e trasmettendo segnali a intervalli regolari verso il radioastronomo lontano. Il radioastronomo vede l'astronauta cadere a velocità dr/dt verso l'orizzonte; l'astronauta accelera la sua caduta e manda segnali ogni secondo, secondo il suo orologio. Naturalmente essi vengono ricevuti dal radioastronomo con frequenza che decresce nel tempo: sia per effetti di relatività speciale (la velocità relativa aumenta) sia per effetti di relatività generale (il tempo dell'astronauta è visto rallentare nel campo gravitazionale). Inoltre per il radioastronomo il segnale diventa sempre più debole perché all'avvicinarsi dell'astronauta all'oriz-

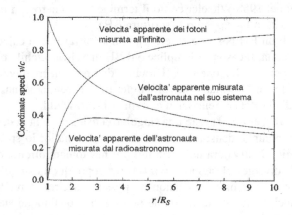

Fig. 6.1 Velocità di un riferimento in caduta libera radiale verso un BH misurate dall'osservatore all'infinito e dall'osservatore comovente

zonte l'intervallo tra segnali diventa sempre più lungo e i fotoni vengono spostati a basse frequenze e portano meno energia. Questi effetti diventano molto forti quando l'astronauta giunge a $r < 2r_s$. L'intervallo di tempo tra i segnali cresce senza limite e i segnali diventano invisibili, mentre la velocità dell'astronauta tende a zero, l'astronauta è congelato nel tempo. L'andamento delle velocità è dato in Fig. 6.1. Che cosa sperimenterà invece l'astronauta ormai in caduta libera a velocità che si avvicina a c? Nel suo riferimento all'inizio non sente la gravità, ma quando si approssima al BH si sente stirare nella direzione radiale e comprimere nelle direzioni perpendicolari. Infatti il forte gradiente della curvatura dello spazio-tempo (o della forza gravitazionale) crea forze di marea. In pochi millisecondi supera lo spazio verso l'orizzonte e lo attraversa e continua a cadere fino a raggiungere la superficie fisica della stella collassata tanto tempo prima (Fig. 6.2). Tuttavia i segnali che continua ad inviare verso l'osservatore esterno non possono più uscire: vengono deviati verso la singolarità dalla curvatura dello spazio-tempo. Anzi non può neppure osservare la singolarità perché i fotoni che provengono da essa sono deviati all'indietro. L'unica luce che può vedere è quella che gli cade alle spalle dall'esterno. In milionesimi di secondo raggiunge la singolarità e ... qui anche la teoria della relatività generale non può andar oltre.

Fig. 6.2 L'astronauta in caduta libera verso l'orizzonte degli eventi: effetti delle forze mareali

6.6 Buchi neri di Schwarzschild

Calcoliamo ora l'energia gravitazionale rilasciata da una particella m che cada dall'infinito verso il BH, fino all'orizzonte degli eventi, corrisponde all'energia di legame dell'ultima orbita stabile intorno al BH. Nel caso di un BH di Schwarzschild è dell'ordine di 0.05 mc^2, mentre per un BH di Kerr può essere dell'ordine di 0.42 mc^2. L'accrescimento su BH rotanti è pertanto la più efficiente sorgente di energia in natura e in astrofisica dà origine a intensa emissione alle alte energie nello schema di formazione di un disco di accrescimento (Fig. 6.3).

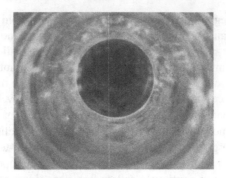

Fig. 6.3 Disco di accrescimento intorno ad un BH

Diamo di seguito gli elementi fondamentali per calcolare l'energia liberata dall'accrescimento intorno ad un BH. Studiamo a tale proposito la caduta di particelle test su un BH di Schwarzschild, usando quindi la metrica (6.25) con coordinate all'infinito r, θ, ϕ, t. Le misure di un osservatore localmente inerziale sono fatte attraverso la tetrade ortonormale di versori (indicati con *loc*) legati a quelli usati dall'osservatore all'infinito dalle relazioni [3]:

$$\mathbf{e}_{t,loc} = \left(1 - \frac{r_s}{r}\right)^{-1/2}\mathbf{e}_t$$

$$\mathbf{e}_{r,loc} = \left(1 - \frac{r_s}{r}\right)^{1/2}\mathbf{e}_r$$

$$\mathbf{e}_{\theta,loc} = \frac{1}{r}\mathbf{e}_\theta$$

$$\mathbf{e}_{\phi,loc} = \frac{1}{r\sin\theta}\mathbf{e}_\phi .\qquad(6.41)$$

Le equazioni del moto di una particella test possono essere calcolate con le equazioni di Eulero-Lagrange a partire dalla lagrangiana:

$$\mathscr{L} = \frac{1}{2}\frac{ds^2}{d\lambda^2} = \frac{1}{2}g_{\alpha\beta}\dot{x}^\alpha\dot{x}^\beta \qquad(6.42)$$

$$= \frac{1}{2}\left\{-\left(1 - \frac{r_s}{r}\right)c^2\dot{t}^2 + \left(1 - \frac{r_s}{r}\right)^{-1}\dot{r}^2 + r^2\left(\dot{\theta}^2 + \sin^2\theta\,\dot{\phi}^2\right)\right\} \qquad(6.43)$$

dove λ è una coordinata generica lungo la linea di mondo e $x^\alpha = [r,\theta,\phi,t]$, con il momento coniugato $p^\alpha = \dot{x}^\alpha = dx^\alpha/d\lambda$ (nel quadri-vettore dei momenti la componente p^t è l'energia). Le equazioni di Eulero-Lagrange sono:

$$\frac{d}{d\lambda}\left(\frac{\partial\mathscr{L}}{\partial\dot{x}^\alpha}\right) = \frac{\partial\mathscr{L}}{\partial x^\alpha} \qquad(6.44)$$

che permettono quindi di ricavare le seguenti equazioni del moto:

$$g_{\alpha\beta}\, p^\alpha p^\beta = -m^2 c^4 \tag{6.45}$$

$$\frac{d}{d\lambda}\left(r^2 \dot\theta\right) = r^2 \sin\theta \cos\theta\, \dot\phi^2 \tag{6.46}$$

$$\frac{d}{d\lambda}\left(r^2 \sin\theta\, \dot\phi\right) = 0 \tag{6.47}$$

$$\frac{d}{d\lambda}\left[\left(1 - \frac{r_s}{r}\right) c^2 \dot t\right] = 0\,. \tag{6.48}$$

Per semplificare il calcolo l'equazione per la coordinata r è stata sostituita con la condizione che la lagrangiana dia come energia totale all'infinito l'energia di massa a riposo della particella (le p^α sono le componenti del quadri-momento). Scegliendo le coordinate in modo che $\theta_0 = \pi/2$ e $\dot\theta_0 = 0$ si ottiene che il moto rimane vincolato sul piano equatoriale perché la seconda equazione diventa un'identità.

La terza equazione esprime la conservazione del momento angolare, la quarta la conservazione dell'energia:

$$r^2 \dot\phi = p_\phi = \text{costante} = l \tag{6.49}$$

$$\left(1 - \frac{r_s}{r}\right)\dot t = p_t = \text{costante} = E \tag{6.50}$$

e si ricava dalle relazioni di confronto delle tetradi ortonormali locali con quelle all'infinito che l ed E sono il momento angolare e l'energia della particella test all'infinito:

$$E = \left(1 - \frac{r_s}{r}\right)^{1/2} E_{loc} \tag{6.51}$$

$$l = E_{loc}\, r\, v_{\phi,loc}\,. \tag{6.52}$$

Si consideri ora il caso di particelle test con massa $m \neq 0$. Si può quindi porre:

$$\tilde E = \frac{E}{mc^2} \qquad \tilde l = \frac{l}{mc} \tag{6.53}$$

e, con $\lambda = \tau/mc^2$, riscrivere le equazioni del moto (a parte l'identità in θ) nella forma:

$$\left(\frac{dr}{d\tau}\right)^2 = c^2\left[\tilde E^2 - \left(1 - \frac{r_s}{r}\right)\left(1 + \frac{\tilde l^2}{r^2}\right)\right] \tag{6.54}$$

$$\frac{d\phi}{d\tau} = c\,\frac{\tilde l}{r^2} \tag{6.55}$$

$$\frac{dt}{d\tau} = \frac{\tilde E}{1 - r_s/r}\,. \tag{6.56}$$

Queste equazioni sono risolubili, la $r(\tau)$ è data da un integrale ellittico.

Sono interessanti alcuni casi speciali dello studio del moto intorno all'orizzonte di Schwarzschild.

6.6.1 Velocità di caduta radiale

La velocità misurata dall'osservatore locale è:

$$
v^{r,loc} = \frac{p^{r,loc}}{p^{t,loc}} = \frac{p_{r,loc}}{p^{t,loc}} = \frac{\mathbf{p} \cdot \mathbf{e}_{r,loc}}{E_{loc}} = \frac{(1 - r_s/r)^{1/2} p_r}{E_{loc}} = \frac{p^r}{E}
$$

$$
= \frac{1}{\tilde{E}} \frac{dr}{d\tau} = -c \left[1 - \frac{1}{\tilde{E}^2} \left(1 - \frac{r_s}{r} \right) \left(1 + \frac{\tilde{l}^2}{r^2} \right) \right]^{1/2} \tag{6.57}
$$

(scegliendo il segno negativo per indicare la velocità di caduta) per cui quando $r \to r_s$, risulta $v^{r,loc} \to -c$, cioè un osservatore locale stazionario vedrà la velocità radiale della particella tendere alla velocità della luce al raggio di Schwarzschild.

6.6.2 Moto geodetico radiale

Imponendo $\phi =$ costante e $\tilde{l} = 0$, l'equazione del moto radiale diventa:

$$
\frac{dr}{d\tau} = -c \left[\tilde{E}^2 - 1 + \frac{r_s}{r} \right]^{1/2} \tag{6.58}
$$

i cui risultati dipendono dal valore di $\tilde{E}^2$ (si sceglie la velocità negativa per indicare la caduta). Il caso $\tilde{E}^2 < 1$ corrisponde ad una caduta verso l'orizzonte dalla posizione di riposo a $R = r_s (1 - \tilde{E}^2)^{-1}$. Si può invece partire dalla posizione di riposo all'infinito per $\tilde{E}^2 = 1$. Infine il caso $\tilde{E}^2 > 1$ corrisponde ad una caduta dall'infinito già con velocità iniziale verso l'orizzonte. Con riferimento al caso $\tilde{E}^2 < 1$ si integra l'equazione del moto con le condizioni iniziali $\tau = 0$, $r = R$, ottenendo:

$$
\tau = \left(\frac{R^3}{4c^2 r_s} \right)^{1/2} \left[2 \left(\frac{r}{R} - \frac{r^2}{R^2} \right) + \arccos \left(\frac{2r}{R} - 1 \right) \right]. \tag{6.59}
$$

Il **tempo proprio di caduta** della particella test da R all'orizzonte è dunque finito. Per avere invece il tempo di caduta misurato da un osservatore all'infinito si integra l'equazione per $dt/d\tau$ con l'espressione ora ottenuta e si ricava una complessa relazione implicita:

$$
t = \frac{r_s}{c} \ln \left[\frac{(R/r_s - 1)^{1/2} + \tan(\eta/2)}{(R/r_s - 1)^{1/2} - \tan(\eta/2)} \right]
$$

$$
+ \frac{r_s}{c} \left(\frac{R}{r_s} - 1 \right)^{1/2} \left[\eta + \frac{R}{2r_s} (\eta + \sin\eta) \right] \tag{6.60}
$$

$$
r = \frac{R}{2} (1 + \cos\eta)
$$

che nel limite $r \to r_s$ comporta $\tan{(\eta/2)} = (R/r_s - 1)^{1/2}$ e quindi $t \to \infty$. Il *tempo di caduta misurato da un osservatore all'infinito* da R all'orizzonte è dunque infinito. In Fig. 6.4 è riportata la legge oraria del moto radiale in funzione del tempo proprio o del tempo dell'osservatore all'infinito.

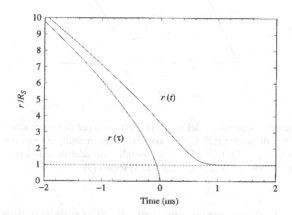

Fig. 6.4 Coordinata $r(t)$ di un corpo S in caduta libera vista da un osservatore all'infinito e $r(\tau)$ misurata dall'osservatore comovente

6.6.3 Moto in condizioni generali

Nel caso di moto non puramente radiale si possono avere informazioni sui tipi di orbite anche senza risolvere tutto il sistema di equazioni, ma facendo riferimento alla (6.54) per una discussione in funzione del potenziale effettivo:

$$\left(\frac{dr}{d\tau}\right)^2 = c^2\left[\tilde{E}^2 - V(r)\right] \tag{6.61}$$

$$V(r) = \left(1 - \frac{r_s}{r}\right)\left(1 + \frac{\tilde{l}^2}{r^2}\right) \tag{6.62}$$

con $V(r)$ rappresentato in Fig. 6.5 per un dato valore di $\tilde{l}$.

Le tre linee orizzontali corrispondono a differenti valori di $\tilde{E}^2$ e la distanza tra la curva del potenziale e tali linee rappresenta $(dr/d\tau)^2$. Il caso 1 rappresenta una particella con velocità radiale che proviene dall'infinito e alla minima distanza A dal BH dove la sua velocità si annulla e si inverte, per cui la particella ritorna all'infinito: si tratta di uno stato non-legato. Il caso 2 rappresenta il caso di cattura: la particella giunge dall'infinito e attraversa l'orizzonte. Il caso 3 è invece uno stato legato in cui la particella orbita tra il punto A_1 e A_2. Naturalmente questa discussione si riferisce solo al moto radiale, le altre componenti di moto sono ricavabili dalle relative equazioni. La novità di questa analisi rispetto a quella newtoniana è

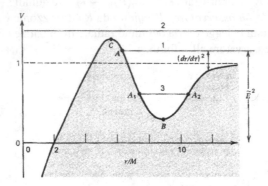

Fig. 6.5 Rappresentazione schematica del potenziale effettivo per una particella di massa m non nulla che orbita un BH di Schwarzschild di massa M (raggi in unità di metà del raggio dell'orizzonte GM/c^2 con $G = c = 1$). Le tre linee orizzontali sono relative a differenti valori di $\tilde{E}^2$ e corrispondono a stati (1) non-legato, (2) di cattura e (3) legato [3]

la configurazione di cattura, per cui una particella di energia superiore ad un certo valore può superare la barriera del momento centrifugo ed essere catturata dal BH; una tale soluzione non esiste nella teoria gravitazionale classica, per cui la particella test raggiunge $r = 0$ solo nel caso di totale assenza di momento angolare. Il massimo della barriera centrifuga si ottiene calcolando $\partial V / \partial r = 0$:

$$r_s r^2 - 2\tilde{l}^2 r + 3\tilde{l}^2 r_s = 0 \qquad (6.63)$$

che comporta che non ci sono massimi per $\tilde{l} < \sqrt{3} r_s$. In Fig. 6.6 è mostrato l'andamento del potenziale al variare di $\tilde{l}$. Si hanno orbite circolari intorno al BH quando $\partial V / \partial r = 0$ e $\partial r / \partial \tau = 0$. Si calcola che ciò si verifica per:

$$\tilde{l}^2 = \frac{r_s r^2}{2r - 3r_s} \qquad (6.64)$$

$$\tilde{E}^2 = \frac{2(r - r_s)^2}{r(2r - 3r_s)} . \qquad (6.65)$$

Pertanto esistono orbite circolari fino a $r = (3/2)\, r_s$ cui corrisponde un'energia $\tilde{E} = E/mc^2 \to \infty$. Le orbite sono stabili per $\partial^2 V / \partial r^2 > 0$, cioè per $r > 3r_s$. Sull'ultima orbita stabile, $\tilde{E}^2 = 8/9$ e l'energia di legame è:

$$\tilde{E}_{legame} = \frac{mc^2 - E}{mc^2} = 1 - \left(\frac{8}{9}\right)^{1/2} = 0.0572 \qquad (6.66)$$

che rappresenta l'energia gravitazionale liberata nella caduta dall'infinito fino a tale orbita e trasformata quindi in energia cinetica disponibile per dissipazioni e irraggiamento.

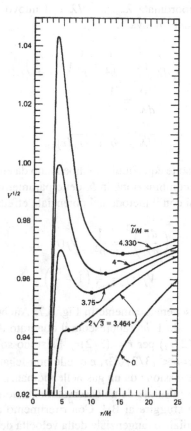

Fig. 6.6 Profili del potenziale effettivo a vari momenti angolari; i punti indicano i minimi cui corrispondono orbite circolari stabili (raggi in unità di GM/c^2 con $G = c = 1$ [3])

6.6.4 Moto dei fotoni

La relatività generale comporta che anche le particelle di massa nulla subiscano l'effetto della curvatura dello spazio. Possiamo esaminare il comportamento di un fotone in orbita intorno a un BH di Schwarzschild seguendo lo stesso procedimento usato per le particelle dotate di massa. Per $m = 0$ le equazioni del moto (6.45) - (6.47) - (6.48) diventano:

$$\left(\frac{dr}{d\lambda}\right)^2 = E^2 - \frac{l^2}{r^2}\left(1 - \frac{r_s}{r}\right) \tag{6.67}$$

$$\frac{d\phi}{d\lambda} = \frac{l}{r^2} \tag{6.68}$$

$$\frac{dt}{d\lambda} = \frac{E}{1 - r_s/r} . \tag{6.69}$$

Introducendo la nuova coordinata $\lambda_{nuova} = l\lambda$ e il nuovo parametro $b = l/E$ si ottiene (tralasciando l'indice "nuova"):

$$\left(\frac{dr}{d\lambda}\right)^2 = \frac{1}{b^2} - \frac{1}{r^2}\left(1 - \frac{r_s}{r}\right) \tag{6.70}$$

$$\frac{d\phi}{d\lambda} = \frac{1}{r^2} \tag{6.71}$$

$$\frac{dt}{d\lambda} = \frac{1}{b(1 - r_s/r)} \tag{6.72}$$

che mostra come in tal caso le equazioni non dipendano da energia e momento separatamente, ma dalla loro combinazione in b, detto parametro di impatto. Possiamo studiare il moto dei fotoni con il metodo del potenziale effettivo:

$$\left(\frac{dr}{d\lambda}\right)^2 = \frac{1}{b^2} - V_f(r) \tag{6.73}$$

$$V_f(r) = \frac{1}{r^2}\left(1 - \frac{r_s}{r}\right). \tag{6.74}$$

Il potenziale è illustrato schematicamente in Fig. 6.7. Anche in questo caso la distanza dalla linea orizzontale $1/b^2$ rappresenta il quadrato di $dr/d\lambda$. Il potenziale ha un massimo $V_f = 2/(27r_s)$ per $r = (3/2)r_s$. Esistono solo due possibili tipi di moto, quello di cattura per $b < (3/2)\sqrt{3}r_s$ e quello non-legato per $b > (3/2)\sqrt{3}r_s$.

Possiamo calcolare l'emissione da un gas nelle vicinanze di un BH definendo le direzioni di propagazione misurate da un osservatore stazionario tali che un fotone emesso al raggio r possa sfuggire al BH. Con riferimento alla Fig. 6.8 possiamo scrivere le componenti radiale e tangenziale della velocità del fotone nella forma:

$$v^{\phi,loc} = c\sin\psi \qquad v^{r,loc} = c\cos\psi \tag{6.75}$$

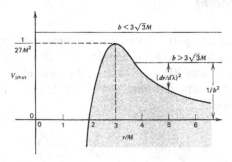

Fig. 6.7 Schema del potenziale effettivo di una particella di massa nulla intorno ad un BH di Schwarzschild (raggi in unità di GM/c^2, potenziali in unità di $1/(GM/c^2)^2$ con $G = c = 1$). Solo due traiettorie sono possibili: (1) non legata e (2) di cattura [3]

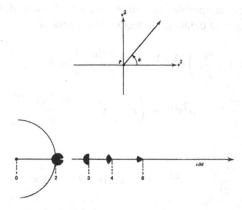

Fig. 6.8 Cattura gravitazionale della radiazione da un BH di Schwarzschild. I fotoni emessi a ogni dato raggio (in unità di GM/c^2 con $G = c = 1$) possono sfuggire dal BH solo nei coni aperti delimitati dalle aree nere [3]

e dalla (6.52) si ottiene:

$$v^{\phi,loc} = \frac{b}{r}\left(1 - \frac{r_s}{r}\right)^{1/2}. \tag{6.76}$$

Dal metodo del potenziale sappiamo che fotoni emessi a $r > (3/2)r_s$ possono sfuggire se hanno velocità radiale positiva verso l'esterno, oppure anche se negativa purché corrisponda a $b > (3/2)\sqrt{3}r_s$. Un fotone che si muova verso il BH non sarà catturato se:

$$\sin\psi > \frac{3}{2}\sqrt{3}\frac{r_s}{r}\left(1 - \frac{r_s}{r}\right)^{1/2}. \tag{6.77}$$

Inoltre anche fotoni emessi a $r < (3/2)r_s$ possono sfuggire se hanno velocità verso l'esterno e $b < (3/2)\sqrt{3}r_s$:

$$\sin\psi < \frac{3}{2}\sqrt{3}\frac{r_s}{r}\left(1 - \frac{r_s}{r}\right)^{1/2}. \tag{6.78}$$

Si ottiene che per $r = 1.25r_s$ dev'essere $\psi < 68°$ e per $r = r_s$ si ha $\psi = 0$, cioè nessun fotone può sfuggire. È questa la dimostrazione del significato di BH.

6.7 Buchi neri di Kerr

Poiché tutte le stelle sono dotate di momento angolare, i collassi stellari non avvengono certamente in condizioni di simmetria sferica. Pertanto dal punto di vista astrofisico sono più interessanti le soluzioni di BH con momento angolare proposte da Kerr nel 1963. Data la loro complessità non ne affrontiamo qui la discussione dettagliata, ma ne citiamo solo alcune caratteristiche rilevanti per le applicazioni nel caso di stelle relativistiche e nuclei galattici.

La metrica spazio-temporale intorno ad un BH di Kerr dotato di massa M e momento angolare J in φ è data dalla seguente espressione:

$$ds^2 = -\left(1 - \frac{r_s r}{\rho^2}\right)c^2 dt^2 - \frac{2r_s r\alpha \sin^2\theta}{\rho^2}d\varphi dt \tag{6.79}$$

$$+\frac{\rho^2}{\Delta}dr^2 + \rho^2 d\theta^2 + \left(r^2 + \alpha^2 + \frac{r_s r\alpha^2 \sin^2\theta}{\rho^2}\right)\sin^2\theta d\varphi^2$$

dove

$$\alpha \equiv \frac{J}{Mc} \qquad r_s = \frac{2GM}{c^2} \qquad \rho^2 = r^2 + \alpha^2 \cos^2\theta \qquad \Delta = r^2 - \frac{2GMr}{c^2} + \alpha^2 \tag{6.80}$$

e le coordinate (t, r, θ, φ) sono le *coordinate di Boyer-Lindquist*[1] e α è detto *parametro di Kerr*. La metrica è stazionaria e assisimmetrica.

La metrica di Kerr è singolare per ρ e Δ che si annullano. La singolarità per $\rho \to 0$, cioè $r = 0$ e $\theta = \pi/2$, è una vera singolarità perché corrisponde a spazio-tempo di curvatura infinita. La $\Delta = 0$ definisce invece due raggi critici:

$$r_\pm = \frac{1}{2}\left(r_s \pm \sqrt{r_s^2 - 4\alpha^2}\right) \tag{6.81}$$

e si dimostra che la soluzione r_+ rappresenta l'orizzonte degli eventi nel caso di Kerr, cioè la superficie da cui i fotoni non possono sfuggire all'infinito (la soluzione interna r_- non ha interesse per le applicazioni astrofisiche). Perché l'orizzonte sia reale occorre che $r_s^2 - 4\alpha^2 \geq 0$, cioè esiste un valore massimo di momento angolare che può essere associato ad un BH (**BH di Kerr a massima rotazione**):

$$J \leq \frac{GM^2}{c} = \frac{r_s}{2}. \tag{6.82}$$

L'orizzonte definito da r_+ non è a simmetria sferica; per rappresentarne la forma occorre passare dalle coordinate di Boyer-Lindquist alla superficie che si ottiene dalla metrica ponendo $r = r_+$ e $t = \text{cost}$:

$$d\Sigma^2 = \left(r_+^2 + \alpha^2 \cos^2\theta\right)d\theta^2 + \left(\frac{2r_s r_+}{\sqrt{r_+^2 + \alpha^2 \cos^2\theta}}\right)^2 \sin^2\theta d\varphi^2 \tag{6.83}$$

che non corrisponde ad una superficie a simmetria sferica, ma ad una sfera schiacciata (Fig. 6.9).

Lo studio delle orbite delle particelle intorno a un BH di Kerr segue la stessa procedura utilizzata nel caso del BH di Schwarzschild, ma risulta più complesso; qui solo citeremo alcuni risultati. Anzitutto le orbite non sono più piane, se non

---

[1] Corrispondenti alle coordinate di Schwarzschild nel caso non rotante, ma non da intendersi come semplici coordinate sferiche.

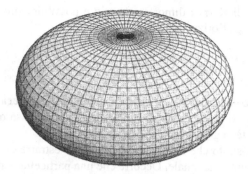

Fig. 6.9 L'orizzonte del BH di Kerr. La figura mostra la superficie in uno spazio tridimensionale piatto; sono indicate le linee di costanti θ e φ. È una sfera schiacciata dalla rotazione

per speciali condizioni iniziali; in particolare esistono orbite confinate nel piano equatoriale $\theta = \pi/2$. Inoltre è utile considerare che, anche accrescendo particelle con momento angolare che si va ad aggiungere a quello del BH, non si può superare mai il limite del BH a massima rotazione perché anche la massa cresce corrispondentemente: ciò sostiene la congettura della censura cosmica, perché solo se si potesse superare tale limite l'orizzonte scomparirebbe e si avrebbe una singolarità nuda. Infine nel caso di un BH di Kerr a massima rotazione ($J/Mc = r_s/2$) lo studio delle orbite per particelle dotate di massa permette di ricavare un'energia di legame sull'ultima orbita stabile corotante rispetto alla rotazione del BH:

$$E_{legame,Kerr} = \left(1 - \frac{1}{\sqrt{3}}\right) mc^2 \approx 0.423 \, mc^2 \, . \qquad (6.84)$$

Nel caso si riesca a utilizzare anche solo una frazione di questa energia, si ha il meccanismo di produzione più efficiente in natura. La ragione per cui l'efficienza del BH di Kerr sia molto maggiore di quella del BH di Schwarzschild è dovuta al fatto che in accrescimento corotante le particelle possono sistemarsi su orbite stabili più profonde nella buca di potenziale gravitazionale ($r = r_s/2$ invece di $r = 3r_s$).

6.7.1 Estrazione di energia rotazionale da un BH di Kerr

È possibile avere osservatori stazionari rispetto all'infinito nel BH di Kerr, per i quali cioè le coordinate rimangano costanti nel tempo? Nel caso del BH di Schwarzschild un osservatore di massa m può avvicinarsi quanto vuole all'orizzonte senza cadervi e rimanere a r, θ, φ costanti pur di applicare una forza radiale:

$$f^r = Gm \left(1 - \frac{r_s}{r}\right)^{-1/2} \frac{M}{r^2} \qquad (6.85)$$

che diverge quanto più ci si avvicina all'orizzonte.

Invece nel caso di Kerr si dimostra che ciò è possibile solo al di fuori di una superficie che avvolge l'orizzonte:

$$r(\theta) = \frac{r_s}{2} + \sqrt{\left(\frac{r_s}{2}\right)^2 - \alpha^2 \cos^2 \theta}. \tag{6.86}$$

La regione tra orizzonte e questa superficie è chiamata **ergosfera**. Entro l'ergosfera si può rimanere a r, θ costanti pur di ruotare in φ nella stessa direzione del BH e con la stessa velocità angolare locale Ω_{oss}.

Penrose ha dimostrato che l'ergosfera permette di estrarre energia da un BH diminuendone l'energia rotazionale. Occorre che una particella penetri nell'ergosfera dall'esterno e vi decada in due particelle componenti; una di queste viene catturata dal BH, mentre l'altra ne sfugge se le condizioni di conservazione di quantità di moto ed energia sono favorevoli. Il risultato è che la particella che sfugge avrà guadagnato un'energia

$$E \geq \Omega_{oss} m_{in} l_{in} \tag{6.87}$$

dove m_{in} è la massa della particella catturata e l_{in} il suo momento angolare; E corrisponde quindi all'energia rotazionale persa dal BH.

Più interessante nel contesto astrofisico è l'estrazione di energia rotazionale per via elettromagnetica (*meccanismo di Blandford e Znajek*). Per una discussione qualitativa facciamo riferimento a un classico induttore unipolare costituito da un cilindro conduttore di raggio r_C, rotante con velocità angolare Ω intorno all'asse di simmetria e immerso in un campo magnetico con induzione **B** parallelo all'asse di

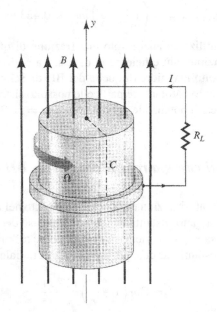

Fig. 6.10 Schema di induttore unipolare

rotazione (Fig. 6.10). La rotazione produce una forza sulle cariche q del conduttore nella direzione radiale rispetto all'asse:

$$\mathbf{F}(r) = \frac{q}{c}(\mathbf{v} \times \mathbf{B}) = \frac{q}{c}\Omega r B \hat{\mathbf{r}}. \tag{6.88}$$

Ciò comporta una differenza di potenziale tra i due contatti stazionari come mostrato in figura[2]:

$$V = \frac{1}{q}\int_C \mathbf{F} \times \mathbf{ds} = \frac{1}{c}\int_0^{rc} \Omega r B dr = \frac{1}{2c}\Omega B r_C^2 = \frac{\Omega \Phi}{2\pi c} \tag{6.89}$$

dove Φ è il flusso magnetico. Tra i contatti stazionari connessi da una resistenza R_L (carico esterno) passa quindi una corrente $I = V/(R_C + R_L)$ dove R_c è il carico del conduttore e quindi nel carico esterno viene dissipata una potenza massima (per $R_C = R_L$):

$$P_{\max} = cI^2 R_C = c\frac{V^2}{4R_C} = \frac{\Omega^2 \Phi^2}{16\pi^2 c R_C}. \tag{6.90}$$

Si dimostra che i BH possono essere dotati di carica elettrica, possono trasportare corrente ed avere una resistenza elettrica. In particolare si calcola che un BH ha una tipica resistenza dell'ordine della resistenza del vuoto, $R_{BH} = 377$ ohm, perché l'orizzonte non può permettere onde elettromagnetiche uscenti. Un induttore unipolare basato su un BH rotante può quindi dissipare una potenza:

$$P_{BH} \approx \frac{\Omega_{BH}^2 \left(B\pi r_{BH}^2\right)^2}{16\pi^2 c R_{BH}}. \tag{6.91}$$

Dischi di accrescimento magnetizzati intorno a BH di Kerr possono quindi fornire il campo magnetico entro cui il BH rotante crea un'induzione unipolare nello spazio tra BH e disco riempito di plasma carico conduttore dalla enorme differenza di potenziale (Fig. 6.11).

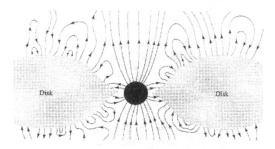

Fig. 6.11 Disco di accrescimento magnetizzato intorno ad un BH rotante

---

[2] La differenza di potenziale è calcolata su un integrale di linea qualunque nel conduttore.

6.8 Collasso gravitazionale

La formazione di un BH in condizioni astrofisiche origina da un collasso gravitazionale alla fine dell'evoluzione di stelle di grande massa oppure, su scala di BH supermassivi, dalla contrazione delle regioni centrali di una galassia durante la fase di formazione. Possiamo discutere il fenomeno seguendo le traiettorie di particelle in caduta verso un BH di Schwarzschild nel diagramma degli eventi nello spazio-tempo in cui le coordinate spaziali sono rappresentate come un'unica variabile (Fig. 6.12). La stella è rappresentata dalla regione più scura, la zona leggermente scura indica l'orizzonte degli eventi, $r = 0$ la singolarità e la linea ad r fisso la posizione di un osservatore a riposo. La superficie stella indica un r che diminuisce al crescere di t e l'evento in cui attraversa l'orizzonte, tendendo poi verso la singolarità, corrisponde alla formazione del BH. All'esterno della stella la metrica è quella di Schwarzschild, all'interno dipende dalle proprietà fisiche della materia (è quella definita più sopra per l'equilibrio idrostatico delle stelle) ma non è rilevante per la discussione che segue.

Il moto della superficie della stella si può calcolare dalle (6.54) e (6.56); nell'ipotesi di caduta a partire dall'infinito con velocità nulla ($\tilde{E} = 1$) e momento angolare nullo ($\tilde{l} = 0$) si ha:

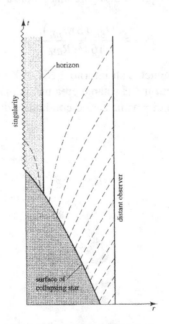

Fig. 6.12 Linee di mondo di segnali scambiati da due osservatori nella geometria dello spazio-tempo di una stella sferica collassante

$$\left(\frac{dr}{d\tau}\right)^2 = c^2 \frac{r_s}{r} \tag{6.92}$$

$$\frac{dt}{d\tau} = \left(1 - \frac{r_s}{r}\right)^{-1} . \tag{6.93}$$

La prima equazione fornisce la geodetica radiale (con velocità negativa):

$$r(\tau) = \left(\frac{3}{2}\right)^{2/3} r_s^{1/3} c^{2/3} (\tau^* - \tau)^{2/3} \tag{6.94}$$

dove τ^* è la costante di integrazione che fissa il tempo proprio in funzione del momento in cui la superficie della stella raggiunge la singolarità. Con la seconda equazione si ottiene invece la geodetica in funzione del tempo dell'osservatore all'infinito:

$$t = t^* + \frac{r_s}{c}\left[-\frac{2}{3}\left(\frac{r_s}{r}\right)^{3/2} - 2\left(\frac{r_s}{r}\right)^{1/2} + \log\left|\frac{(r/r_s)^{1/2}+1}{(r/r_s)^{1/2}-1}\right|\right] \tag{6.95}$$

dove t^* è un'altra costante di integrazione che fissa il tempo in funzione del momento in cui la superficie della stella raggiunge un dato raggio. Notiamo, come già discusso precedentemente, che il tempo proprio per raggiungere l'orizzonte, o la stessa singolarità, è finito, mentre il tempo per raggiungere l'orizzonte misurato dall'osservatore esterno risulta infinito.

Sulla base di quanto ora calcolato possiamo discutere le conseguenze di interesse osservativo di un collasso gravitazionale. Consideriamo due osservatori, uno che segue la superficie della stella collassante ed un altro che rimane fisso al raggio r come indicato in figura. L'osservatore in caduta manda segnali equispaziati temporalmente sul tempo proprio; le linee di mondo dei segnali sono indicate come tratteggiate in figura e indicano che i segnali vengono ricevuti non più equispaziati dall'osservatore esterno (abbiamo discusso questo fatto nel § 6.5). In particolare il segnale emesso dall'osservatore in caduta al momento di attraversamento dell'orizzonte impiega un tempo infinito a raggiungere l'osservatore esterno. Segnali emessi dalla superficie della stella entro l'orizzonte curvano verso la singolarità e non possono essere ricevuti all'esterno. Va inoltre notato che i segnali ricevuti dall'osservatore esterno vengono anche redshiftati in base alla (6.39) e la loro frequenza (energia) tende a zero per segnali emessi a $r \to r_s$. Allo stesso tempo risulta quindi che per un osservatore esterno il materiale che collassa impiega un tempo infinito a raggiungere l'orizzonte; tuttavia la possibilità di osservarlo cesserà ad un tempo finito perché la luminosità e la frequenza cadranno sotto i limiti sperimentali. Un caso di questo tipo è stato osservato in un disco di accrescimento.

Riferimenti bibliografici

1. S. Weinberg – *Gravitation and Cosmology: Principles and Applications of the General Theory of Relativity*, John Wiley & Sons Inc., 1972
2. C.W. Misner, K.S. Thorne, J.A. Wheeler – *Gravitation*, W.H. Freeman, 1973
3. S.L. Shapiro, S.A. Teukolsky – *Black Holes, White Dwarfs and Neutron Stars*, John Wiley & Sons Inc., 1983

Parte III

Fluidi, plasmi e radiazione

7

Processi fluidodinamici

La materia stellare, le corone e i venti stellari, il mezzo interstellare, le galassie, i nuclei galattici attivi (getti e dischi di accrescimento), il mezzo intergalattico, la distribuzione a grande scala delle galassie, la radiazione fossile del big-bang primordiale sono descritte tramite teorie fluidodinamiche, in quanto le interazioni tra i vari elementi (ioni, atomi, molecole, ma anche stelle e galassie quando ci si riferisca alla dinamica di aggregazioni astrofisiche dominate dalla gravitazione) garantiscono in generale un comportamento collettivo.

A seconda dei casi occorre utilizzare la teoria dei fluidi classici o relativistici. In alcune applicazioni i fluidi sono composti di elementi elettricamente neutri per cui contano solo le collisioni a corto raggio; in altri casi gli elementi sono elettricamente carichi e occorre utilizzare la teoria dei plasmi, che include le interazioni elettromagnetiche collettive a lungo raggio. Nel caso dell'interazione fra galassie nella struttura a grande scala si deve infine tener conto dell'interazione gravitazionale a lungo raggio.

Due principali classi di trattazioni fluidodinamiche sono usate:

- tramite le **equazioni cinetiche** (microscopiche), che permettono lo studio dettagliato del fluido, includendo fenomeni fuori dall'equilibrio termodinamico;
- tramite le **equazioni fluide macroscopiche**, che consentono di trattare la maggior parte dei fenomeni, ma esclude lo studio dell'evoluzione della funzione spettrale delle particelle.

In questo capitolo consideriamo alcuni elementi della trattazione fluida macroscopica per il caso dei fluidi neutri e ne studiamo alcune applicazioni a situazioni astrofisiche che si incontreranno nei prossimi capitoli. Nell'Appendice G sono trattati i metodi per ricavare tali equazioni.

Ferrari A.: Stelle, galassie e universo. Fondamenti di astrofisica.
© Springer-Verlag Italia 2011

7.1 Equazioni di Eulero e l'equazione di Navier-Stokes

Le equazioni fondamentali della fluidodinamica di fluidi ideali, isotropi, non viscosi in equilibrio maxwelliano sono le **equazioni di Eulero**:

$$\frac{\partial \rho}{\partial t} + \nabla \cdot (\rho \mathbf{V}) = 0 \tag{7.1}$$

$$\rho \frac{D\mathbf{V}}{Dt} + \nabla P = \rho \mathbf{f} \tag{7.2}$$

$$\frac{D\varepsilon}{Dt} + P\nabla \cdot \mathbf{V} = \nabla \cdot (K\nabla T) \tag{7.3}$$

$$P = P(\rho, T) \tag{7.4}$$

dove ρ è la densità di massa, ε la densità di energia, P la pressione considerata isotropa, K la conducibilità termica, $\mathbf{V}$ la velocità del fluido e $\mathbf{f}$ rappresenta le forze agenti esterne per unità di volume; le D indicano derivate lagrangiane.

Nel caso di fluidi non ideali occorre tener conto delle forze di viscosità. In tal caso il tensore di pressione tiene conto degli sforzi all'interno di un fluido:

$$P_{ij} = P\,\delta_{ij} + \Psi_{ij} \tag{7.5}$$

dove Ψ_{ij} è il *tensore degli sforzi viscosi*, nullo solo nel caso dei fluidi ideali; si ricava che tale tensore può essere scritto nella forma:

$$\Psi_{ij} = \eta \left(\frac{\partial V_i}{\partial x_j} + \frac{\partial V_j}{\partial x_i} - \frac{2}{3}\delta_{ij}\nabla \cdot \mathbf{V} \right) + \zeta \delta_{ij}\nabla \cdot \mathbf{V}. \tag{7.6}$$

Le costanti η e ζ sono rispettivamente i *coefficienti di viscosità*, ambedue positivi, in genere determinati in modo fenomenologico.

Utilizzando l'espressione del tensore degli sforzi ora ricavata, possiamo scrivere l'equazione del moto per i fluidi viscosi nella forma:

$$\rho \frac{DV_i}{Dt} = \rho f_i - \frac{\partial P}{\partial x_i} + \frac{\partial}{\partial x_j}\left[\eta \left(\frac{\partial V_i}{\partial x_j} + \frac{\partial V_j}{\partial x_i} - \frac{2}{3}\delta_{ij}\nabla \cdot \mathbf{V} \right) + \zeta \delta_{ij}\nabla \cdot \mathbf{V} \right]. \tag{7.7}$$

Poiché i coefficienti di viscosità possono essere considerati praticamente costanti nella maggior parte delle applicazioni, otteniamo:

$$\rho \frac{D\mathbf{V}}{Dt} = \rho \mathbf{f} - \nabla P + \eta \nabla^2 \mathbf{V} + \left(\zeta + \frac{1}{3}\eta \right) \nabla(\nabla \cdot \mathbf{V}) \tag{7.8}$$

ove l'ultimo termine compare solo nella trattazione di fluidi compressibili e può comunque essere trascurato nella maggior parte dei casi. Così otteniamo l'**equazione di Navier-Stokes**:

$$\frac{\partial \mathbf{V}}{\partial t} + \mathbf{V} \cdot \nabla \mathbf{V} = \mathbf{f} - \frac{1}{\rho}\nabla P + \nu \nabla^2 \mathbf{V}. \tag{7.9}$$

La quantità

$$v = \frac{\eta}{\rho} \tag{7.10}$$

è detta *viscosità cinematica*, mentre η è detta *viscosità dinamica*. L'equazione di Navier-Stokes è dal punto di vista matematico molto differente dall'equazione di Eulero (7.2) per fluidi non viscosi in quanto contiene derivate spaziali del second'ordine; in particolare richiede quindi un maggior numero di condizioni al contorno. La tipica condizione che si impone al contatto con superfici solide è che la velocità di corrente si annulli $V = 0$: gli esperimenti mostrano infatti che fluidi viscosi aderiscono alle pareti. Nel caso dell'equazione di Eulero è richiesto solo l'annullarsi della velocità normale alla superficie di contatto $V_n = 0$.

È utile considerare il rapporto di scala tra il termine dinamico e quello viscoso:

$$\frac{|\mathbf{V} \cdot \nabla \mathbf{V}|}{|v \nabla^2 \mathbf{V}|} \approx \frac{V^2/L}{vV/L^2} = \frac{VL}{v} = Re \tag{7.11}$$

dove Re è il **numero di Reynolds**. Alti numeri di Reynolds corrispondono a situazioni di bassa viscosità in cui dominano gli effetti dinamici, bassi numeri di Reynolds corrispondono invece a flussi ad alta viscosità.

Nelle applicazioni è importante valutare quali siano le condizioni entro le quali un sistemi di particelle neutre interagenti per collisioni può essere trattato per mezzo delle equazioni macroscopiche. Siano λ e τ le scale di lunghezza e tempo su cui variano le grandezze fisiche che definiscono il fluido. Si può parlare di comportamento fluido di un elemento di volume r^3 ($r \ll \lambda$) se le particelle che vi si trovano al tempo t evolvono in maniera coerente fino al tempo $t + \tau$ (cioè mantengono i rispettivi valori delle grandezze fisiche molto vicini): il volume r^3 è pertanto l'elemento fluido. Una condizione necessaria, implicita in queste considerazioni, è che il trasporto di energia termica fuori dall'elemento sia piccolo. La coerenza è essenzialmente mantenuta dalle collisioni che impediscono alle particelle di diffondere liberamente e differenziarsi; in tal senso deve essere $r \gg \lambda_c$ (cammino libero medio rispetto alle collisioni). E quindi a maggior ragione:

$$\lambda \gg \lambda_c \tag{7.12}$$

$$\tau = \frac{\lambda}{V} \gg \tau_c, \tag{7.13}$$

dove in equilibrio termico $V \approx v_{th} \approx \sqrt{\gamma P/\rho}$; per scale maggiori di λ o per tempi più lunghi di τ interviene il comportamento collettivo.

Le condizioni ora ricavate sono certamente soddisfatte nelle stelle e nelle nebulose gassose; nel gas interstellare e intergalattico la trattazione fluida deve essere valutata confrontando i tempi scala di collisione con i tempi dinamici caratteristici del problema. Passiamo appunto a trattare alcuni problemi di interesse astrofisico ove l'uso della fluidodinamica è applicabile.

7.2 Applicazioni della fluidodinamica all'astrofisica

7.2.1 Flussi unidimensionali, getti astrofisici

Le osservazioni radioastronomiche negli anni '60, e successivamente quelle ottiche
e ad alte frequenze, hanno rivelato l'esistenza di fenomeni dinamici che portano
all'espulsione di flussi continui di gas a velocità supersoniche, in molti casi anche
relativistiche: si tratta di **getti supersonici collimati**, associati con nuclei galattici
attivi, regioni di formazione stellare, stelle attive. Dal punto di vista della fluidodinamica il problema è quello unidimensionale della propagazione di flussi all'interno di
tubi di sezione variabile. Si scelga un riferimento con l'asse x lungo l'asse del tubo
e si indichi con $A(x)$ il profilo della sezione del tubo nell'ipotesi che comunque le
variazioni di tale funzione siano sufficientemente lente da poter trascurare la componente della velocità del gas trasversalmente alla sezione del tubo, cosicché il moto
risulti unidimensionale. Si consideri in particolare un flusso stazionario e adiabatico
di un fluido compressibile non viscoso, per cui le equazioni del moto (continuità,
Eulero, energia) sono:

$$\frac{d}{dx}\left[\rho(x)u(x)A(x)\right] = 0 \tag{7.14}$$

$$u\frac{du}{dx} = -\frac{1}{\rho}\frac{dp}{dx} \tag{7.15}$$

$$\frac{dp}{dx} = c_s^2\frac{d\rho}{dx}, \tag{7.16}$$

dove si è posto $\varepsilon = p/\rho^\gamma$ e $c_s = \sqrt{\gamma P/\rho}$. Esse possono essere facilmente combinate
nella forma:

$$\left(\mathscr{M}^2 - 1\right)\frac{1}{u}\frac{du}{dx} = \frac{1}{a}\frac{dA}{dx} \tag{7.17}$$

dove $\mathscr{M}(x) = u/c_s$ è il numero di Mach lungo il tubo. Questa equazione fornisce
l'andamento del flusso qualora sia noto $A(x)$, ed è interessante considerarne il contenuto fisico. Anzitutto si nota che quando il flusso è subsonico ($\mathscr{M} < 1$) du/dx
e dA/dx sono di opposto segno, per cui un restringimento del tubo produce un
aumento della velocità, un allargamento del tubo un rallentamento; si tratta di un
risultato di facile interpretazione intuitiva. Invece la situazione si fa meno intuitiva
quando si passi al caso supersonico ($\mathscr{M} > 1$) : in tal caso du/dx e dA/dx sono concordi, e pertanto un allargamento del condotto produce un'accelerazione del flusso
e un restringimento un rallentamento. I flussi supersonici hanno evidentemente un
comportamento molto diverso da quelli subsonici.

Studiamo ad esempio il caso rappresentato in Fig. 7.1 di un condotto con una
strozzatura: il flusso entra dalla sinistra a velocità subsonica e quindi viene accelerato. È possibile continuare ad accelerarlo se oltre la strozzatura il flusso è diventato
supersonico e quindi la divergenza del condotto di nuovo porta ad un'accelerazione.
Ciò richiede dunque che nel punto di minimo della strozzatura sia fissato il punto sonico, cioè il punto in cui avviene la transizione da flusso subsonico a flusso

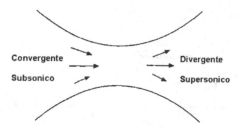

Fig. 7.1 L'ugello di de Laval

supersonico, il che si ottiene adattando opportunamente il profilo della sezione del tubo. L'energia che porta all'accelerazione dei getti supersonici viene direttamente dalla trasformazione di energia interna del gas in energia cinetica ordinata del flusso ad opera della strozzatura o ugello. Questo tipo di configurazione viene chiamata usualmente **ugello di de Laval** ed è la base della costruzione degli ugelli degli aerei supersonici e dei motori spaziali. Qualora il profilo non permetta una regolare evoluzione del flusso da subsonico a supersonico si può avere la formazione di onde d'urto in cui il flusso ritorna subsonico in certe regioni per poi riprendere a crescere verso regimi supersonici. Negli ugelli degli aerei questa situazione deve essere evitata per non causare danni alle strutture e perdite di efficienza.

Nel caso dei getti astrofisici possiamo immaginare che la situazione che porta alla formazione dei getti supersonici sia del tipo illustrato in Fig. 7.2 che è stata proposta originariamente da Blandford e Rees nel 1974. Nella regione centrale del nucleo galattico attivo (A) viene rilasciata energia attraverso ad un meccanismo non precisato, anche se può essere collegato ad un processo di accrescimento su buco nero; tale energia si trasforma in energia interna del gas che raggiunge temperature molto elevate. La struttura del potenziale gravitazionale e centrifugo è indicata dalle linee tratteggiate. Pertanto il gas tenderà ad espandersi asimmetricamente lungo la direzione di minima resistenza, cioè nella direzione parallela all'asse di rotazione del sistema. Si creano dunque due canali in opposti versi che attraversano la galassia seguendone il profilo di pressione. Se tale profilo ha la forma conveniente si può realizzare un flusso continuo che viene accelerato da velocità subsoniche a velocità supersoniche. L'ugello in questa situazione non è prodotto dalla forma di un condotto, ma dalla struttura di equilibrio della galassia, essendo la pressione che genera il confinamento del getto. Trattandosi di getti che possono raggiungere velocità relativistiche, è conveniente usare le equazioni relativistiche per la dinamica dei fluidi. L'equazione di continuità integrata, o conservazione del flusso di massa, è:

$$J = nuA = \text{costante} , \qquad (7.18)$$

dove A è ancora la sezione del condotto, γ il fattore di Lorentz del flusso, $n = n_{oss}/\gamma$ la densità propria numerica di particelle (intese tutte eguali), u è la velocità propria, tale cioè che la velocità del flusso per un osservatore esterno diventa $v = uc\gamma^{-1}$ e c

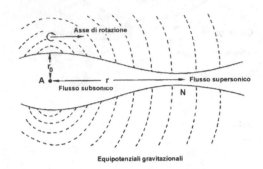

Fig. 7.2 Modello di Blandford e Rees per l'accelerazione di getti da nuclei galattici attivi (1974)

velocità della luce. La quantità di moto del sistema è:

$$Q = (wu^2 + p)A \tag{7.19}$$

dove $w = 4p$ è il flusso di entalpia; la sua evoluzione deriva dall'equazione del moto in cui le forze di pressione sono legate alla forma del condotto. Infine l'equazione di conservazione dell'energia, o equazione di Bernoulli, è:

$$L = wu\gamma cA = \text{costante} , \tag{7.20}$$

che, usando l'equazione di continuità, può essere scritta nella forma:

$$\frac{w\gamma}{n} = \text{costante} . \tag{7.21}$$

Assumendo un'equazione di stato per un gas relativistico

$$p = Kn^{4/3} \tag{7.22}$$

si risolve il sistema usando le costanti del moto J e L:

$$p = p_0\gamma^{-4} \quad (p_0 \text{ pressione alla base del flusso})$$

$$u = (\gamma^2 - 1)^{1/2} = \left[\left(\frac{p_0}{p} \right)^{1/2} - 1 \right]^{1/2} \tag{7.23}$$

$$A = \frac{1}{4} \frac{L}{c} p^{-3/4} p_0^{-1/4} \left[\left(\frac{p_0}{p} \right)^{1/2} - 1 \right]^{-1/2} .$$

Risulta pertanto possibile una soluzione in cui la velocità del flusso cresce monotonicamente a partire da zero a $p = p_0$ mentre la pressione decresce monotonicamente dal valore p_0 (punto di stagnazione) e l'area della sezione del flusso decresce dal valore (matematico) infinito al valore minimo in corrispondenza a $p_s = (4/9)p_0$ per poi riprendere a crescere. Si calcola che in questo punto di minimo effettivamente il flusso raggiunge la velocità sonica, che per gas estremamente relativistico è $c_s = c/\sqrt{3}$:

$$p_s = (4/9)p_0$$
$$A_s = 3\sqrt{3}\,L/(8p_0c)$$
$$u_s = 1/\sqrt{2}$$
$$\gamma_s = \sqrt{3/2}$$
$$v_s = u_s c\gamma_s^{-1} = c/\sqrt{3}\,. \tag{7.24}$$

Ovviamente questa soluzione possiede le caratteristiche del flusso attraverso l'ugello di de Laval e rappresenta una trasformazione di energia interna del gas del nucleo galattico in energia cinetica del flusso unidimensionale supersonico e relativistico del getto.

7.2.2 Flussi in simmetria sferica, accrescimento e venti

L'accrescimento di materia sulle stelle è un meccanismo importante nell'evoluzione delle stelle in quanto capace di cambiarne sostanzialmente la massa nel tempo. Il processo è stato ripreso in considerazione per interpretare la fenomenologia delle stelle e delle galassie attive. Nel 1952 Bondi diede la completa formulazione del processo con una soluzione delle equazioni della gasdinamica per l'**accrescimento di materia in simmetria sferica** in un campo gravitazionale generato da una massa puntiforme. Come vedremo più avanti, questa soluzione si applica anche al problema duale, cioè al caso dei **venti supersonici** generati dal Sole e dalle stelle calde secondo il modello di Parker del 1958.

Consideriamo il caso di un flusso stazionario in simmetria sferica in modo che la velocità $u(r)$ risulta indipendente dal tempo ed è funzione solo della coordinata radiale. In condizioni stazionarie la divergenza del flusso di massa è nulla:

$$\frac{d}{dr}\left(r^2\rho u\right) = 0 \tag{7.25}$$

e l'equazione del moto in presenza di una forza gravitazionale dovuta ad una massa M posta nell'origine risulta:

$$\rho u\frac{du}{dr} = -\frac{dp}{dr} - \frac{GM}{r^2}\rho\,. \tag{7.26}$$

Per l'equazione dell'energia adottiamo la forma

$$p = K\rho^{\Gamma} \tag{7.27}$$

dove l'indice politropico Γ è costante dovunque. Ne segue che la velocità del suono è:

$$a = \sqrt{\frac{dp}{d\rho}} = \sqrt{\frac{\Gamma p}{\rho}} . \tag{7.28}$$

Il sistema è invariante per cambiamento di u in $-u$; qui assumiamo per comodità che $u > 0$ corrisponda a velocità verso $r = 0$. La (7.25) può essere immediatamente integrata e fornisce il tasso di accrescimento:

$$4\pi r^2 \rho u = \dot{M} = \text{costante} . \tag{7.29}$$

Anche la (7.26) può essere integrata e diventa l'equazione di Bernoulli:

$$\frac{1}{2}u^2 + \frac{1}{\Gamma - 1}a^2 - \frac{GM}{r} = \frac{1}{\Gamma - 1}a_\infty^2 = \text{costante} , \tag{7.30}$$

dove si è assunto che all'infinito il flusso abbia velocità nulla. Si risolve quindi per u e ρ:

$$\frac{du}{dr} = u\frac{2a^2/r - GM/r^2}{u^2 - a^2} \tag{7.31}$$

$$\frac{d\rho}{dr} = -\rho\frac{2u^2/r - GM/r^2}{u^2 - a^2} . \tag{7.32}$$

Per evitare soluzioni con velocità e densità infinite occorre che al punto dove $u = a$ anche i numeratori siano nulli:

$$u_s^2 = a_s^2 = \frac{1}{2}\frac{GM}{r_s} \tag{7.33}$$

per cui r_s è detto *punto transonico*. Al punto transonico si ricavano le relazioni:

$$r_s = \left(\frac{5 - 3\Gamma}{4}\right)\frac{GM}{a_\infty^2} \tag{7.34}$$

$$u_s^2 = a_s^2 = \left(\frac{2}{5 - 3\Gamma}\right)a_\infty^2 \tag{7.35}$$

$$\rho = \rho_\infty\left(\frac{a}{a_\infty}\right)^{2/(\Gamma - 1)} \tag{7.36}$$

$$\dot{M} = 4\pi\rho_\infty u_s r_s^2\left(\frac{a_s}{a_\infty}\right)^{2/(\Gamma - 1)} = 4\pi\lambda_s\left(\frac{GM}{a_\infty^2}\right)^2\rho_\infty a_\infty \tag{7.37}$$

$$\lambda_s = \left(\frac{1}{2}\right)^{(\Gamma + 1)/2(\Gamma - 1)}\left(\frac{5 - 3\Gamma}{4}\right)^{-(5 - 3\Gamma)/2(\Gamma - 1)} \tag{7.38}$$

dove λ_s è un autovalore per la soluzione transonica. Assumendo le condizioni gas perfetto di peso molecolare medio μ per il fluido in accrescimento:

$$p = \frac{k\rho T}{\mu m_p}, \qquad a^2 = \frac{\Gamma k T}{\mu m_p}, \qquad T = T_\infty \left(\frac{\rho}{\rho_\infty} \right)^{\Gamma-1} \qquad (7.39)$$

si può scrivere per l'accrescimento di un gas di idrogeno in funzione dei parametri della stella e del mezzo interstellare:

$$\dot{M} = 8.77 \times 10^{-16} \left(\frac{M}{M_\odot} \right)^2 \left(\frac{\rho_\infty}{10^{-24} \mathrm{gcm}^{-3}} \right) \left(\frac{a_\infty}{10 \mathrm{kms}^{-1}} \right)^{-3} M_\odot \mathrm{anno}^{-1}. \quad (7.40)$$

Lontano dalla stella, $r \gg r_s$, il profilo di velocità è:

$$\frac{u}{a_\infty} \approx \lambda_s \left(\frac{GM}{a_\infty^2} \right)^2 r^{-2} \qquad (7.41)$$

mentre vicino alla stella, $r \ll r_s$, si ottiene $(1 \leq \Gamma < 5/3)$

$$u \approx \left(\frac{2GM}{r} \right)^{1/2} \qquad (7.42)$$

$$\frac{\rho}{\rho_\infty} \approx r^{-3/2} \qquad (7.43)$$

$$\frac{T}{T_\infty} \approx \left[\frac{\lambda_s}{\sqrt{2}} \left(\frac{GM}{a_\infty^2} \right)^{3/2} \right]^{\Gamma-1} r^{-3(\Gamma-1)/2} \qquad (7.44)$$

(il caso $\Gamma = 5/3$ va calcolato a parte, ma porta agli stessi andamenti con qualche differente fattore numerico).

Bondi mostrò che le condizioni all'infinito non definiscono completamente la soluzione; oltre alla soluzione transonica le equazioni prevedono anche un flusso di accrescimento che rimane sempre subsonico e che corrisponde a valori di $\lambda < \lambda_s$ (le soluzioni con $\lambda > \lambda_s$ non sono fisicamente rilevanti). Per $r \gg r_s$ la soluzione segue l'andamento del caso transonico, mentre per $r \ll r_s$ è dominata dal termine di pressione nella (7.30):

$$\frac{1}{\Gamma - 1} \left[\left(\frac{a}{a_\infty} \right)^2 - 1 \right] \approx \frac{GM}{a_\infty^2 r} \qquad (7.45)$$

e rimane subsonica. Il flusso è soffocato dalla pressione generata dal gradiente di densità di una gran quantità di materia che si accumula sull'oggetto centrale. Nel caso estremo $\lambda = 0$ il regime subsonico si riduce ad un'estesa atmosfera in equilibrio idrostatico. Sono pertanto le condizioni alla superficie dell'oggetto centrale a fissare completamente la scelta tra i vari regimi (Fig. 7.3). Sempre per $\lambda < \lambda_s$ esistono anche soluzioni sempre supersoniche, sia all'infinito sia a $r \to 0$, che quindi non soddisfano condizioni fisiche accettabili.

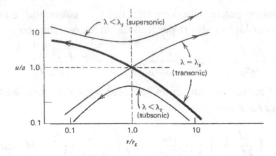

Fig. 7.3 Le soluzioni di accrescimento sferico secondo Bondi parametrizzate dal valore di λ

Nel 1958 Parker sviluppò le stesse equazioni per lo studio del vento solare. Assumendo una condizione isoterma:

$$\frac{p}{\rho} = RT = a_{iso}^2 = \text{costante} , \qquad (7.46)$$

dove a_{iso} è la velocità del suono isoterma, si usano le precedenti equazioni che formano un sistema invariante al cambiamento di u in $-u$ (questa simmetria non vale quando si passi a soluzioni dipendenti dal tempo).

Combinando le (7.25), (7.26) e (7.46), si ottiene:

$$u \left(1 - \frac{a_{iso}^2}{u^2} \right) \frac{du}{dr} = \frac{2a_{iso}^2}{r} - \frac{GM}{r^2} \qquad (7.47)$$

che possiede un punto critico per:

$$u = a_{iso} \qquad (7.48)$$

dove il gradiente di velocità in generale diverge se il secondo membro dell'equazione non è nullo. Si evita la divergenza solo se il flusso diventa sonico a:

$$r = r_s = \frac{GM}{2a_{iso}^2} \qquad (7.49)$$

perché in tal caso anche il secondo membro dell'equazione si annulla. La (7.47) può essere integrata facilmente:

$$\left(\frac{u}{a_{iso}} \right)^2 - \log \left(\frac{u}{a_{iso}} \right)^2 = 4 \log \frac{r}{r_s} + \frac{2GM}{a_{iso}^2 r} + C \qquad (7.50)$$

dove C è una costante di integrazione (ha un significato analogo all'autovalore λ della discussione dell'accrescimento. Le soluzioni sono riportate in Fig. 7.4 per differenti valori di C. Le soluzioni hanno chiaramente differenti morfologie che possono essere raggruppate in sei classi indicate in figura con numeri romani. Le classi I

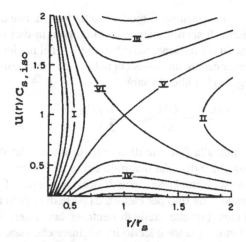

Fig. 7.4 Regioni del piano $r/r_s, u/c_{iso}(c_{iso} = a_{iso}$ del testo) corrispondenti a diverse soluzioni caratteristiche dell'equazione di Parker

e II sono chiaramente a doppio valore e quindi non fisiche. Le soluzioni della classe III sono supersoniche dovunque e quelle della classe IV subsoniche dovunque. Le soluzioni V e VI sono le uniche che connettono regioni con flussi subsonici a regioni con flussi supersonici e sono quelle che transitano per il punto sonico $r = r_s$, $u = a_{iso}$; si verifica immediatamente che corrispondono a $C = -3$. La soluzione che viene specificamente scelta dal flusso dipende quindi dalle condizioni iniziali. Il vento solare di Parker corrisponde alla soluzione V: un flusso subsonico a $r = 0$ supera il valore sonico al punto critico e oltre si propaga con velocità supersonica. La soluzione VI corrisponde alla soluzione di accrescimento sferico di Bondi.

Se si rinuncia alla simmetria sferica, la convergenza o divergenza dei flussi può condurre a soluzioni per flussi più o meno collimati, con formazione di onde d'urto che possono collegare rami di soluzioni di classi differenti.

7.2.3 Dischi di accrescimento

Il meccanismo basato sulla liberazione di energia gravitazionale di materiale che venga catturato da campi gravitazionali intensi appare essere responsabile delle fasi attive, brevi ma violente, della vita di stelle e galassie. Se il materiale catturato è distribuito isotropicamente intorno all'oggetto compatto, si avrà una situazione di accrescimento sferico secondo Bondi, discusso nel precedente paragrafo, in cui il materiale cade seguendo traiettorie radiali. Peraltro in condizioni astrofisiche la materia catturata possiederà momento angolare, per cui è molto più realistico pensare che l'accrescimento avvenga lungo orbite a spirale, con passo tanto più piccolo quanto più sono vicine all'equatore: si forma in tal caso un **disco di accrescimento**. Le proprietà di dischi gassosi furono inizialmente studiate da Jeffreys (1924) e von Weiszäcker (1948) in relazione ai modelli della formazione del sistema solare. Ora l'esistenza di dischi di accrescimento è confermata in dati osservativi ad alta risoluzione nelle stelle in formazione, nelle binarie X e nei nuclei galattici attivi.

Si supponga di lasciar cadere una massa m nel campo gravitazionale di una massa M e raggio a. L'energia tipica liberata sarà:

$$\frac{GMm}{a} = \frac{GM}{ac^2}mc^2 = \frac{1}{2}\left(\frac{v_{fuga}}{c}\right)^2 mc^2 \qquad (7.51)$$

dove l'ultima forma indica la frazione di energia di massa che viene liberata, con un fattore di efficienza che è dato dal quadrato del rapporto tra velocità di fuga e la velocità della luce. Questa formula permette di ricavare che un efficiente liberazione di energia gravitazionale si ha solo per cattura da parte di oggetti ad alto potenziale gravitazionale, quali nane bianche, stelle di neutroni, buchi neri. Essendo l'energia liberata per particella molto grande è lecito immaginare che essa, all'impatto con la superficie della stella, possa essere trasformata in fotoni di alta frequenza, e quindi dare origine a emissioni nella banda X e gamma. La prima idea di utilizzare tale meccanismo per sorgenti di alta frequenza venne proposta da Ginzburg dopo la scoperta della prima sorgente X, Scorpio X-1, con un volo di un razzo suborbitale da parte di Giacconi, Gursky, Paolini e Rossi nel 1962; nel 1968 Prendergast e Burbidge ripresero l'idea con riferimento allo scambio di massa in un sistema binario stretto, in cui una delle stelle sia divenuta un oggetto compatto alla fine della sua evoluzione (Fig. 7.5).

Infine nel 1969 Lynden-Bell propose di applicare l'accrescimento di materia su di un buco nero per interpretare l'energetica dei nuclei galattici attivi. Naturalmente in tal caso l'irraggiamento non può provenire dall'impatto del flusso di accrescimento sulla superficie di un oggetto, bensì da fenomeni di dissipazione di energia all'interno del disco stesso. Ciò comporta che nei flussi di accrescimento la viscosità abbia un ruolo determinante.

Il primo modello teorico completo di dischi attivi è stato elaborato da Shakura e Sunyaev (1973) nel limite del cosiddetto *disco sottile*, cioè quando le perdite radiative del gas del disco siano così efficienti da mantenere bassa la pressione del gas nel disco e rendere quindi trascurabile l'altezza scala di pressione nella direzione perpendicolare al piano di simmetria del disco.

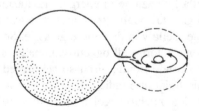

Fig. 7.5 Formazione di un disco di accrescimento in un sistema binario con scambio di massa

Per avere flussi stazionari occorre considerare che il disco in orbita intorno ad una stella di massa M accresca su orbite quasi-kepleriane e circolari; pertanto la velocità angolare dovrà essere funzione della distanza radiale secondo la nota relazione:

$$\Omega\left(r\right) = \left(\frac{GM}{r^3}\right)^{1/2}.$$ (7.52)

Di conseguenza il disco è dotato di una rotazione differenziale, per cui esistono gradienti di velocità radiali e sforzi tangenziali tra gli strati del disco. Se il gas possiede viscosità, ovviamente ci sarà un trasferimento di momento angolare dagli strati interni (più veloci, $v_\theta = r\Omega \propto r^{-1/2}$) verso quelli esterni (più lenti): di conseguenza il gas "cadrà" verso la massa centrale seguendo orbite a spirale. Il ritmo di accrescimento è quindi determinato dalla viscosità del gas, e così pure il ritmo di liberazione dell'energia gravitazionale.

7.2.3.1 Equazioni della dinamica

Calcoliamo la struttura dinamica dei dischi di accrescimento usando coordinate cilindriche, nel limite di disco sottile. Per quanto riguarda la velocità la componente azimutale che esprime la rotazione differenziale v_θ è dominante, mentre il moto radiale v_r rappresenta il moto di accrescimento; si assume anche, in accordo con quanto detto precedentemente, $v_z = 0$ e che il sistema sia simmetrico nell'angolo azimutale θ, cioè $\partial/\partial\theta = 0$. Usando le equazioni fluide di Navier-Stokes, l'equazione di continuità risulta:

$$\frac{\partial\rho}{\partial t} + \frac{1}{r}\frac{\partial}{\partial r}\left(rv_r\rho\right) = 0$$ (7.53)

e la componente azimutale dell'equazione del moto:

$$\rho\left(\frac{\partial v_\theta}{\partial t} + v_r\frac{\partial v_\theta}{\partial r} + \frac{v_r v_\theta}{r}\right) = \eta\left(\frac{\partial^2 v_\theta}{\partial r^2} + \frac{\partial^2 v_\theta}{\partial z^2} + \frac{1}{r}\frac{\partial v_\theta}{\partial r} - \frac{v_\theta}{r^2}\right).$$ (7.54)

Quest'ultima forma è stata ricavata per $\eta = \rho v =$ costante. Integrando le equazioni nella direzione z e usando la densità superficiale

$$\Sigma = \int\rho\,dz$$ (7.55)

si ottiene:

$$\frac{\partial\Sigma}{\partial t} + \frac{1}{r}\frac{\partial}{\partial r}\left(rv_r\Sigma\right) = 0$$ (7.56)

$$\Sigma\left(\frac{\partial v_\theta}{\partial t} + v_r\frac{\partial v_\theta}{\partial r} + \frac{v_r v_\theta}{r}\right) = \text{termini viscosi}$$ (7.57)

dove v_r e v_θ sono in effetti le medie in z delle componenti delle velocità. Con alcune operazioni algebriche queste equazioni sono combinate nella forma:

$$\frac{\partial}{\partial t}\left(r^2\Sigma\Omega\right) + \frac{1}{r}\frac{\partial}{\partial r}\left(r^3\Sigma\Omega v_r\right) = \mathscr{G} \tag{7.58}$$

dove $\mathscr{G}$ rappresenta i termini viscosi. Calcoliamo ora un'espressione per $\mathscr{G}$. Si prenda in considerazione un anello del disco compreso tra i raggi r e $r+dr$: il suo momento angolare è $r^2\Sigma\Omega \cdot 2\pi r dr$. L'equazione (7.58) rappresenta dunque l'evoluzione del momento angolare per unità di superficie essendo il secondo termine appunto la divergenza del flusso del momento angolare. Moltiplicandola per $2\pi r dr$ si ha quindi l'evoluzione del momento dell'anello; in particolare il secondo membro si può scrivere come:

$$\mathscr{G}\cdot 2\pi r dr = G(r+dr) - G(r) \tag{7.59}$$

dove G è il momento delle forze viscose alle due superfici di contatto. Pertanto:

$$\mathscr{G} = \frac{1}{2\pi r}\frac{dG}{dr}\,. \tag{7.60}$$

Possiamo calcolare il momento delle forze viscose G considerando il gradiente radiale della velocità azimutale:

$$\frac{dv_\theta}{dr} = \frac{d}{dr}\left(\Omega r\right) = \Omega + r\frac{d\Omega}{dr} \tag{7.61}$$

ove il primo termine è legato alla semplice distribuzione kepleriana della rotazione e non produce momento torcente, e solo il secondo esprime l'effetto di rotazione differenziale. Pertanto lo sforzo viscoso sarà $\eta r d\Omega/dr$ e il suo momento per l'area unitaria di superficie dell'anello si ottiene moltiplicando per r e integrando:

$$G(r) = \int r d\theta \int dz\, \eta r^2 \frac{d\Omega}{dr} = 2\pi\nu\Sigma r^3 \frac{d\Omega}{dr}\,. \tag{7.62}$$

Infine:

$$\frac{\partial}{\partial t}\left(r^2\Sigma\Omega\right) + \frac{1}{r}\frac{\partial}{\partial r}\left(r^3\Sigma\Omega v_r\right) = \frac{1}{r}\frac{\partial}{\partial r}\left(\nu\Sigma r^3\frac{d\Omega}{dr}\right) \tag{7.63}$$

che insieme alla (7.57) fornisce l'evoluzione dinamica del disco. Riscrivendo la (7.63) nell'ipotesi che Ω non dipenda dal tempo:

$$r^2\Omega\frac{\partial\Sigma}{\partial t} + r\Omega\frac{\partial}{\partial r}\left(rv_r\Sigma\right) + \frac{1}{r}\left(rv_r\Sigma\right)\frac{\partial}{\partial r}\left(r^2\Omega\right) = \frac{1}{r}\frac{\partial}{\partial r}\left(\nu\Sigma r^3\frac{d\Omega}{dr}\right) \tag{7.64}$$

e combinandola con la (7.57), si ottiene:

$$\left(rv_r\Sigma\right)\frac{\partial}{\partial r}\left(r^2\Omega\right) = \frac{\partial}{\partial r}\left(\nu\Sigma r^3\frac{d\Omega}{dr}\right)\,; \tag{7.65}$$

possiamo ora ricavare v_r e sostituire nell'equazione di continuità:

$$\frac{\partial \Sigma}{\partial t} = -\frac{1}{r}\frac{\partial}{\partial r}(rv_r\Sigma) = -\frac{1}{r}\frac{\partial}{\partial r}\left[\frac{1}{\partial(r^2\Omega)/\partial r}\frac{\partial}{\partial r}\left(v\Sigma r^3\frac{d\Omega}{dr}\right)\right] \qquad (7.66)$$

che è l'equazione del disco, che ne determina la distribuzione di densità in base alle forze viscose.

Consideriamo in particolare un disco kepleriano, cioè con Ω dato dalla (7.52):

$$\frac{\partial \Sigma}{\partial t} = \frac{3}{r}\frac{\partial}{\partial r}\left[r^{1/2}\frac{\partial}{\partial r}\left(v\Sigma r^{1/2}\right)\right] \qquad (7.67)$$

che permette di ricavare l'evoluzione della distribuzione di materia nel disco. Ad esempio per v costante, l'equazione è risolubile con il metodo della separazione delle variabili. Consideriamo il caso di un singolo anello di materia di raggio r_0 all'istante iniziale:

$$\Sigma(r,t=0) = \frac{m}{2\pi r_0}\delta(r-r_0) \qquad (7.68)$$

dove m è la sua massa totale. La soluzione che soddisfa a tale condizione iniziale è:

$$\Sigma(x,\tau) = \frac{m}{\pi r_0^2 \tau x^{1/4}}\exp\left(-\frac{1-x^2}{\tau}\right)I_{1/4}\left(\frac{2x}{\tau}\right) \qquad (7.69)$$

con $x = r/r_0$ e $\tau = 12vt/r_0^2$ e $I_{1/4}$ è una funzione modificata di Bessel. L'evoluzione di Σ è riportata in Fig. 7.6. L'effetto della viscosità è chiaramente quello di allargare l'anello trasformandolo in un disco. La maggior parte della massa si muove verso $r = 0$, ma una piccola parte si muove anche verso l'esterno. Quest'ultima porta con sé una grande quantità di momento angolare, mentre la materia che accresce perde momento angolare per interazione viscosa.

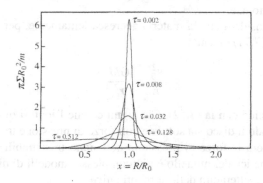

Fig. 7.6 Evoluzione di un anello kepleriano di gas in accrescimento (adattato da [1])

7.2.3.2 Dischi stazionari

Discutiamo ora il caso di dischi stazionari, tali cioè da soddisfare le equazioni dinamiche per $\partial/\partial t = 0$. Dobbiamo introdurre anche le altre due componenti dell'equazione del moto di Navier-Stokes senza integrare immediatamente su z; assumiamo (1) che la massa del disco sia trascurabile rispetto alla massa M dell'oggetto centrale verso cui la materia accresce, (2) che comunque siamo nel limite di disco sottile $z \ll r$ e (3) che i termini viscosi non abbiano rilevanza nei moti in r e z:

$$v_r \frac{\partial v_r}{\partial r} - \frac{v_\theta^2}{r} = -\frac{1}{\rho}\frac{\partial p}{\partial r} - \frac{GM}{r^2} \qquad (7.70)$$

$$-\frac{1}{\rho}\frac{\partial p}{\partial z} - \frac{GMz}{r^3} = 0 \,. \qquad (7.71)$$

Chiamando H lo spessore del disco (considerato praticamente costante nel modello, come vedremo) e tenendo conto della direzione del gradiente, la (7.71) diventa semplicemente:

$$\frac{p}{\rho H} \approx \frac{GMH}{r^3} \qquad (7.72)$$

da cui:

$$\left(\frac{H}{r}\right)^2 \approx \frac{pr}{GM\rho} \qquad (7.73)$$

quantità molto piccola nel limite di disco sottile.

Analogamente dalla (7.71) si ottiene:

$$\left(\frac{GM}{r^2}\right)^{-1}\frac{1}{\rho}\frac{\partial p}{\partial r} \approx \frac{pr}{GM\rho} \approx \left(\frac{H}{r}\right)^2 \qquad (7.74)$$

che di nuovo mostra come il gradiente di pressione in r sia molto piccolo rispetto alla forza gravitazionale.

Infine, se si considera che la materia accresca lentamente, per cui anche v_r sia molto piccolo, la (7.71) diventa:

$$\frac{v_\theta^2}{r} = \frac{GM}{r^2} \qquad (7.75)$$

che in realtà coincide con la (7.52). Ciò significa che l'ipotesi di disco kepleriano è soddisfatta quando il disco sia sottile e con forze di pressione trascurabili rispetto alla gravità. Qualora le forze di pressione non siano trascurabili, il disco diventa spesso e la matematica del modello è più complessa: modelli di dischi spessi sono stati elaborati nella letteratura delle sorgenti attive.

Procediamo ora nella discussione del modello stazionario di disco sottile. Come già detto, il modello base è stato presentato da Shakura e Sunyaev nel 1973. In tale modello l'equazione in r è semplicemente sostituita dalla (7.52) e quella in z è semplicemente trascurata lavorando sulle grandezze integrate sullo spessore (trascurabile) del disco. Nell'ipotesi di stazionarietà, le equazioni della dinamica sono pertanto integrabili:

$$r\Sigma v_r = C_1 \tag{7.76}$$

$$r^3 \Sigma \Omega v_r - v r^3 \Sigma \frac{d\Omega}{dr} = C_2 \tag{7.77}$$

$$\Omega = \left(\frac{GM}{r^3} \right)^{1/2} \tag{7.78}$$

dove C_1 e C_2 sono costanti di integrazione. La C_1 è legata al flusso di accrescimento, per cui

$$\dot{M} = -2\pi r \Sigma v_r \tag{7.79}$$

e quindi:

$$C_1 = -\frac{\dot{M}}{2\pi} . \tag{7.80}$$

La C_2 è invece determinata assumendo che alla superficie della massa che accresce, $r \approx r_*$, la materia debba essere portata ad una rotazione rigida dalla viscosità con $(d\Omega/dr)_{r=r_*} = 0$:

$$C_2 = -\frac{\dot{M}}{2\pi} r_*^2 \Omega_* = -\frac{\dot{M}}{2\pi} (GMr_*)^{1/2} . \tag{7.81}$$

Con alcune operazioni algebriche sulle equazioni dinamiche, e assumendo che il disco sia kepleriano, si ottiene infine:

$$v\Sigma = \frac{\dot{M}}{3\pi} \left[1 - \left(\frac{r_*}{r} \right)^{1/2} \right] . \tag{7.82}$$

Questa equazione mostra il legame diretto fra tasso di accrescimento e viscosità del disco.

L'energia potenziale gravitazionale liberata nel processo di accrescimento è consistentemente trasformata in calore dalla dissipazione viscosa e quindi irraggiata. Possiamo quindi calcolare la luminosità del disco. La dissipazione viscosa per unità di volume nel disco è $\eta r^2 (d\Omega/dr)^2$; integrando su z si ottiene l'energia irraggiata dall'unità di superficie del disco:

$$-\frac{dE}{dt} = \int \eta r^2 \left(\frac{d\Omega}{dr} \right)^2 dz = v\Sigma r^2 \left(\frac{d\Omega}{dr} \right)^2 \tag{7.83}$$

e dalla (7.82) si ricava:

$$-\frac{dE}{dt} = \frac{3GM\dot{M}}{4\pi r^3} \left[1 - \left(\frac{r_*}{r} \right)^{1/2} \right] ; \tag{7.84}$$

integrando su r da r_* all'infinito, si ha la luminosità totale del disco:

$$L = \int_{r_*}^{\infty} \left(-\frac{dE}{dt} \right) 2\pi r dr = \frac{GM\dot{M}}{2r_*} \qquad (7.85)$$

che mostra come la luminosità irraggiata corrisponda alla metà dell'energia gravitazionale rilasciata nel processo di accrescimento sulla superficie della stella centrale. L'altra metà ovviamente rimane sotto forma di energia cinetica o in energia interna in un sottile strato limite alla superficie della stella. Va notato che la luminosità calcolata non dipende esplicitamente dalla viscosità che tuttavia determina il valore di $\dot{M}$. Inoltre si mostra che, a parte correzioni relativistiche, la (7.85) vale anche nel caso di accrescimento su buchi neri, sostituendovi la superficie della stella con il raggio dell'orizzonte. L'emissione da dischi di accrescimento su buchi neri è pertanto un meccanismo che permette di rendere osservabili questi oggetti attraverso la sua influenza gravitazionale sul materiale circostante prima che venga inghiottito oltre la singolarità.

Il problema reale per applicare tale modello è la valutazione del coefficiente di viscosità del disco. La normale viscosità molecolare appare inadeguata per dare origine al tasso di accrescimento richiesto dai dati osservativi. Probabilmente effetti di instabilità nel disco con aumento dell'importanza dei fenomeni di trasporto, eventualmente in presenza di campi magnetici, sono stati proposti per ovviare alla difficoltà.

7.2.4 Onde d'urto sferiche, esplosioni di supernova

L'improvvisa esplosione entro una regione di gas a riposo genera una discontinuità (*blast wave* in inglese) che si propaga nel mezzo circostante a velocità supersonica. Questo è il caso di un'esplosione nell'atmosfera o del moto di un aereo supersonico; in astrofisica lo stesso fenomeno ha luogo in occasione di un'esplosione di supernova che propaga un'onda di compressione nel mezzo interstellare. Il fronte dell'onda è un **fronte d'urto** dove le quantità fisiche compiono una transizione discontinua secondo le **condizioni di Rankine-Hugoniot** che impongono la conservazione della massa, della quantità di moto e dell'energia nell'attraversamento della discontinuità. Nel caso di un gas perfetto e con campo gravitazionale trascurabile, le equazioni di conservazione in un riferimento solidale col fronte d'urto possono essere scritte:

$$\rho_1 u_1 = \rho_2 u_2 \qquad (7.86)$$

$$p_1 + \rho_1 u_1^2 = p_2 + \rho_2 u_1^2 \qquad (7.87)$$

$$\frac{1}{2} u_1^2 + \frac{\gamma p_1}{(\gamma - 1) \rho_1} = \frac{1}{2} u_2^2 + \frac{\gamma p_2}{(\gamma - 1) \rho_2} \qquad (7.88)$$

dove le quantità fisiche non perturbate avanti al fronte sono indicate con indice 1 e quelle perturbate dall'urto con l'indice 2. Dietro il fronte il gas ha minore energia cinetica e maggiore energia termica. Il gas compresso dall'onda d'urto raggiunge temperature molto elevate e può dare origine a forte luminosità localmente; dopo una distanza di rilassamento il gas ritorna poi a condizioni di minore temperatura e pressione, come mostreremo più avanti.

Per il caso di una supernova possiamo assumere che l'esplosione sia puntiforme e isotropa e il mezzo interstellare in cui avviene la propagazione sia originariamente uniforme: in tal caso l'onda mantiene una simmetria sferica. La Fig. 7.7 presenta le osservazioni nella banda dei raggi X del resto della supernova Tycho esplosa nel 1572, risultato della propagazione dell'onda d'urto della supernova nel mezzo interstellare.

Il modello classico della propagazione di un'esplosione è dovuto indipendentemente a Sedov (1946) e Taylor (1950) e si basa sulla possibilità di trattare l'evoluzione dinamica del fronte con *metodo autosimilare* nell'ipotesi che l'espansione dell'onda avvenga in modo omologo, cioè le configurazioni ad ogni tempo siano un ingrandimento di quella al tempo iniziale.

Si supponga che un'esplosione rilasci istantaneamente un'energia E in un punto che viene assunto come origine del sistema di riferimento e che propaghi un'onda di compressione sfericamente simmetrica in un mezzo omogeneo di densità ρ_1. Considereremo la pressione p_1 del mezzo esterno trascurabile rispetto alla pressione prodotta dall'onda. Indicando con λ il fattore di scala che definisce l'estensione della perturbazione al tempo t dopo l'esplosione, questo fattore dovrà dipendere solo da t, E e ρ_1. La combinazione di queste grandezze che ha le dimensioni di una lunghezza è:

$$\lambda \equiv \left(\frac{Et^2}{\rho_1}\right)^{1/5}. \tag{7.89}$$

Sia $r(t)$ il raggio di un guscio all'interno dell'onda di compressione: in una soluzione autosimilare $r(t)$ deve evolvere come λ, per cui si può introdurre il parametro di distanza adimensionale:

$$\xi = \frac{r}{\lambda} = r\left(\frac{\rho_1}{Et^2}\right)^{1/5} \tag{7.90}$$

Fig. 7.7 Immagine a raggi X del resto della supernova di Tycho esplosa nel 1572

che caratterizza ogni guscio sferico indipendentemente dal tempo. Se si indica con ξ_0 il parametro sul fronte d'urto, la sua posizione evolverà nel tempo secondo la legge:

$$r_s = \xi_0 \left(\frac{E}{\rho_1} \right)^{1/5} t^{2/5} \qquad (7.91)$$

con velocità di espansione:

$$u_s = \frac{dr_s}{dt} = \frac{2}{5} \xi_0 \left(\frac{E}{\rho_1} \right)^{1/5} t^{-3/5} = \frac{2}{5} \frac{r_s}{t} . \qquad (7.92)$$

L'andamento $r_s \propto t^{2/5}$ fu perfettamente confermato sull'espansione dell'onda d'urto del primo test nucleare nel Nuovo Messico nel 1945.

Un'esplosione di supernova espelle tipicamente una massa pari a circa $1M_\odot$ con una velocità iniziale di circa 10^4 km s^{-1}, per cui $E \approx 10^{51}$ erg. Il mezzo interstellare in cui si propaga l'onda di compressione ha una densità tipica $\rho_1 \approx 2 \times 10^{-24}$ g cm^{-3}. Assumendo ξ_0 dell'ordine dell'unità (come discuteremo più avanti) si ottiene pertanto:

$$r_s(t) \approx 0.3 t_{anni}^{2/5} \text{ pc} \qquad u_s \approx 10^5 t_{anni}^{-3/5} \text{ km s}^{-1} \qquad (7.93)$$

dove il tempo è misurato in anni. Questa relazione comporterebbe che la velocità 10^4 km s^{-1} è raggiunta solo dopo 100 anni, per cui in effetti prima di tale tempo i risultati non sono consistenti. Analogamente va tenuto presente che il materiale compresso irraggia una grande quantità di energia, mentre nelle nostre ipotesi si assume che tutta l'energia rimanga confinata nel sistema in espansione. I calcoli corretti indicano che le perdite integrate diventano importanti dopo circa 10^5 anni; per cui di nuovo i risultati non sono validi oltre tale tempo. La teoria autosimilare è quindi valida solo per un periodo di tempo limitato tra 100 e 100mila anni, che tuttavia appare essere molto interessante dal punto di vista evolutivo dell'esplosione.

Possiamo ora calcolare la struttura dell'onda, usando il riferimento del punto ove è avvenuta l'esplosione. Siano u_s la velocità del fronte dell'onda esplosiva nel mezzo interstellare e ρ_2, p_2, u_2 densità, pressione e velocità del flusso nella regione immediatamente dietro il fronte; le stesse quantità con l'indice 1 sono quelle del mezzo imperturbato e a riposo nel quale l'onda si propaga, quindi immediatamente davanti al fronte. Applicando le condizioni di Rankine-Hugoniot e quindi trasformando al sistema rispetto al mezzo interstellare non perturbato ($u_1 = -u_s$ e $u_2 = U_2 - u_s$ dove le U indicano appunto le velocità per l'osservatore solidale con il mezzo interstellare), si ottiene per il caso di onda d'urto altamente supersonica (numero di Mach $\mathcal{M}_1 = u_1/\sqrt{\gamma p_1/\rho_1} \gg 1$) corrispondente a $p_2 \gg p_1$:

$$\frac{\rho_2}{\rho_1} = \frac{(\gamma+1)}{(\gamma-1)} \qquad (7.94)$$

$$U_2 = \frac{2}{(\gamma+1)} u_s . \qquad (7.95)$$

Nello stesso limite si ottiene:

$$p_2 = \frac{2}{(\gamma+1)} \rho_1 u_s^2 \,. \tag{7.96}$$

Definiamo ora le variabili adimensionali (con apici) che permettono di condurre le equazioni fluide alla forma adimensionale nell'ipotesi di autosimilarità; esse sono:

$$\rho(r,t) = \rho_2 \rho'(\xi) = \rho_1 \frac{(\gamma+1)}{(\gamma-1)} \rho'(\xi) \tag{7.97}$$

$$u(r,t) = U_2 \frac{r}{r_s} u'(\xi) = \frac{4}{5(\gamma+1)} \frac{r}{t} u'(\xi) \tag{7.98}$$

$$p(r,t) = p_2 \left(\frac{r}{r_s}\right)^2 p'(\xi) = \frac{8\rho_1}{25(\gamma+1)} \left(\frac{r}{t}\right)^2 p'(\xi) \tag{7.99}$$

dove per u_s è stata usata l'espressione (7.92); le variabili adimensionali sono eguali all'unità sul fronte dell'urto

$$\rho'(\xi_0) = p'(\xi_0) = u'(\xi_0) = 1 \,. \tag{7.100}$$

L'equazione di continuità, l'equazione di Eulero e l'equazione dell'energia nel limite adiabatico sono, in simmetria sferica:

$$\frac{\partial \rho}{\partial t} + \frac{1}{r^2} \frac{\partial}{\partial r} (r^2 \rho u) = 0 \tag{7.101}$$

$$\frac{\partial u}{\partial t} + u \frac{\partial u}{\partial r} = -\frac{1}{\rho} \frac{\partial p}{\partial r} \tag{7.102}$$

$$\left(\frac{\partial}{\partial t} + u \frac{\partial}{\partial r}\right) \log \frac{p}{\rho^\gamma} = 0 \,. \tag{7.103}$$

Sostituendo le espressioni (7.98-7.99) e considerando che per la (7.90), si ricava che le equazioni della gasdinamica diventano funzioni solo della variabile ξ, consistentemente con l'ipotesi di autosimilarità. Ricordando che:

$$\frac{\partial}{\partial t} = -\frac{2}{5} \frac{\xi}{t} \frac{d}{d\xi} \qquad \frac{\partial}{\partial r} = \frac{\xi}{r} \frac{d}{d\xi} \tag{7.104}$$

si ottiene:

$$-\xi \frac{d\rho'}{d\xi} + \frac{2}{(\gamma+1)} \left[3\rho'u' + \xi \frac{d}{d\xi}(\rho'u')\right] = 0 \tag{7.105}$$

$$-u' - \frac{2}{5}\xi \frac{du'}{d\xi} + \frac{4}{5(\gamma+1)} \left(u'^2 + u'\xi \frac{du'}{d\xi}\right) =$$

$$-\frac{2(\gamma-1)}{5(\gamma+1)} \frac{1}{\rho'} \left(2p' + \xi \frac{dp'}{d\xi}\right) \tag{7.106}$$

$$\xi \frac{d}{d\xi}\left(\log \frac{p'}{\rho'^\gamma}\right) = \frac{5(\gamma+1)-4u'}{2u'-(\gamma+1)}. \tag{7.107}$$

Queste equazioni indicano dunque la possibilità di soluzioni autosimilari nella sola variabile ξ definita in (7.90). Rimane dunque da risolvere un sistema di equazioni differenziali ordinarie con le condizioni al contorno (7.100) a $\xi = \xi_0$. Sedov (1946) ha dato una soluzione analitica generale del sistema; l'andamento di ξ e ρ' in funzione di u' risulta:

$$\left(\frac{\xi_0}{\xi}\right)^5 = u'^2 \left[\frac{5(\gamma+1)-2(3\gamma-1)u'}{7-\gamma}\right]^{\nu_1} \left[\frac{2\gamma u'-\gamma-1}{\gamma-1}\right]^{\nu_2} \tag{7.108}$$

$$\rho' = \left[\frac{2\gamma u'-\gamma-1}{\gamma-1}\right]^{\nu_3} \left[\frac{5(\gamma+1)-2(3\gamma-1)u'}{7-\gamma}\right]^{\nu_4} \left[\frac{\gamma+1-2u'}{\gamma-1}\right]^{\nu_5} \tag{7.109}$$

con

$$\nu_1 = \frac{13\gamma^2-7\gamma+12}{(3\gamma-1)(2\gamma+1)} \qquad \nu_2 = -\frac{5(\gamma-1)}{2\gamma+1} \qquad \nu_3 = \frac{3}{2\gamma+1} \tag{7.110}$$

$$\nu_4 = \frac{13\gamma^2-7\gamma+12}{(2-\gamma)(3\gamma-1)(2\gamma+1)} \qquad \nu_5 = \frac{1}{\gamma-2}. \tag{7.111}$$

La soluzione del sistema può essere ottenuta facilmente con metodi numerici in funzione del solo parametro γ. In Fig. 7.8 è data la soluzione per il caso $\gamma = 1.40$. In particolare il valore di ξ_0 si ricava dalla condizione che l'energia totale dell'onda

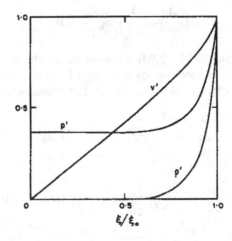

Fig. 7.8 Evoluzione temporale delle variabili fisiche dietro il fronte d'urto di un'onda esplosiva adiabatica per un gas con $\gamma = 1.40$ [2]

esplosiva si conservi (con le limitazioni precedentemente discusse):

$$E = \int_0^{r_s} \left(\frac{\rho u^2}{2} + \frac{p}{(\gamma - 1)} \right) 4\pi r^2 dr \tag{7.112}$$

che, con l'uso delle relazioni termodinamiche, diventa:

$$E = \frac{32\pi}{25(\gamma^2 - 1)} \int_0^{\xi_0} \left[p' + \rho' u'^2 \right] \xi^4 d\xi = 1 . \tag{7.113}$$

L'integrale fornisce il valore di ξ_0, che per $\gamma = 7/5$ risulta $\xi_0 = 1.033$.

La soluzione mostra che densità e pressione si rilassano dopo circa $\xi_0/2$ dietro il fronte d'urto, mentre la velocità decresce linearmente.

Riferimenti bibliografici

1. J. Frank, A. King, D. Raine – *Accretion Power in Astrophysics*, Cambridge University Press, 2002
2. A.R. Choudhuri – *The Physics of Fluids and Plasmas - An Introduction for Astrophysicists*, Cambridge University Press, 1998

8
Processi di plasma

Sebbene la struttura dell'Universo su tutte le scale (pianeti, stelle, ammassi di stelle, galassie, ammassi di galassie) sia dominata dall'interazione gravitazionale, l'interazione elettromagnetica è determinante per la loro morfologia e nella fisica dei loro processi evolutivi. Ciò è dovuto essenzialmente al fatto che la materia cosmica si trova per il 99% in stato di alta ionizzazione e alta mobilità delle particelle, cioè sotto forma di **plasma** ad elevata conducibilità e non di gas neutro. Nella materia ionizzata, non appena si sviluppi una sia pur piccola separazione di carica, si creano elevati campi elettrici che creano moti collettivamente ordinati delle particelle e producono correnti che inducono campi elettromagnetici variabili e forze elettrodinamiche.

Lo studio dei fenomeni astrofisici in cui siano determinanti gli effetti elettromagnetici va sotto il nome di **astrofisica dei plasmi**, dove il termine plasma viene riferito ad un insieme di particelle in cui la presenza di cariche elettriche libere sia in grado di produrre effetti collettivi.

Il modello di più vasta applicazione in astrofisica è il **modello magnetoidrodinamico**, proposto da Alfvén e Cowling negli anni '50, equivalente del modello fluidodinamico discusso nel precedente capitolo: è basato sul principio di trattare la dinamica dei plasmi come quella di sistemi collettivi fluidi dotati di conducibilità elettrica e quindi soggetti a forze elettromagnetiche. Le correnti elettriche prodotte dal moto delle cariche indotto dai campi esterni modificano i campi elettromagnetici; tali nuovi campi portano coerentemente a una modifica delle caratteristiche del moto. La sequenza ciclica di processi implica che fluido e campi siano dipendenti attraverso un processo di interazione altamente nonlineare.

La trattazione matematica deve essere impostata sul seguente sistema di equazioni:

- equazioni del campo elettromagnetico (equazioni di Maxwell);
- equazioni fluide di continuità, del moto e del bilancio energetico, includendo le forze elettrodinamiche (forze di Lorentz);
- equazioni che collegano le proprietà dinamiche ed elettrodinamiche del fluido, campi, correnti, conducibilità elettrica, conducibilità termica e coefficienti di trasporto in genere, alle grandezze macroscopiche, temperatura, densità, pressione, velocità (legge di Ohm generalizzata).

Ferrari A.: Stelle, galassie e universo. Fondamenti di astrofisica.
© Springer-Verlag Italia 2011

I modelli magnetoidrodinamici comportano fenomenologie molto complesse, con dipendenza da un numero elevato di parametri fisici di difficile misurazione in astrofisica. Basti pensare ai dati osservativi che dal 1991 giungono dai satelliti per osservazioni a raggi X Yohkoh e TRACE fornendo lo svilupparsi dell'attività solare in tempo reale (Fig. 8.1): anche se si intravvedono comportamenti generali consistenti con le teorie dell'astrofisica dei plasmi, molti aspetti, e non di dettaglio, sono ancora oggetto di ricerca.

Negli anni '50 le teorie magnetoidrodinamiche iniziarono ad essere applicate in vari campi dell'astrofisica. Era infatti evidente, dallo studio dei raggi cosmici e della radioastronomia, come campi magnetici e particelle cariche libere rappresentino una delle componenti essenziali dell'Universo. Fermi (1955) sviluppò un modello per l'accelerazione dei raggi cosmici nella galassia utilizzando l'interazione di particelle sopratermiche con nuvole magnetizzate. Shklovskii (1953) e Ginzburg (1959) proposero che l'emissione radio non-termica di stelle e galassie in fasi evolutive di estrema condensazione e forti campi gravitazionali fosse dovuta a radiazione sincrotrone di elettroni relativistici in campi magnetici. Nel 1969 Lynden-Bell avanzò l'ipotesi che l'energetica dei nuclei galattici attivi potesse essere interpretata attraverso il processo di accrescimento di materia verso un buco nero di grande massa: nel 1974 Rees intuì che la presenza di campi magnetici potesse modellare il fenomeno, costituendo anche la base dei processi di espulsione di getti supersonici osservati nelle radiosorgenti estese. Pure le stelle normali presentano comportamenti collettivi dinamici; la Fig. 8.2 mostra ad esempio una regione di formazione stellare caratterizzata da emissione di radiazione da getti supersonici che interagiscono con il mezzo interstellare circostante riscaldando il plasma per effetto di onde d'urto.

Infine le osservazioni *in situ* per mezzo di sonde spaziali del plasma interplanetario hanno mostrato come l'interazione del vento solare con le magnetosfere planetarie sia dominata da effetti cinetici. Tutta la ricca fenomenologia astrofisica di

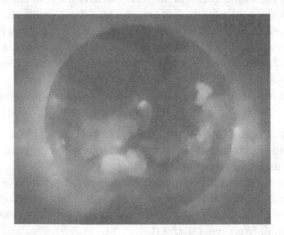

Fig. 8.1 La corona solare osservata ad alta risoluzione dal satellite Yohkoh

Fig. 8.2 Getti in regioni di formazione stellare

attività stellare e galattica, dei mezzi diffusi e delle variabilità è largamente guidata da simili effetti.

In questo capitolo discutiamo alcune delle applicazioni ora accennate e che saranno necessarie nel seguito della nostra trattazione, rimandando ai testi di Kulsrud [1] e Choudhuri [2] per un quadro completo dell'astrofisica dei plasmi.

8.1 Teoria MHD

La formulazione della teoria magnetoidrodinamica (MHD) può essere data in forma euristica, partendo direttamente dalle equazioni idrodinamiche non ideali discusse nel precedente capitolo. Una derivazione più formale è introdotta nell'Appendice H. In particolare possiamo riscrivere l'equazione di Navier-Stokes (7.9) aggiungendo, nell'ipotesi di assenza di separazione di carica, come unica forza elettromagnetica il termine di Hall $\mathbf{J} \times \mathbf{B}$. Inoltre nell'equazione dell'energia aggiungiamo il termine di dissipazione di corrente come riscaldamento Joule. Imponiamo inoltre di studiare processi che avvengono con velocità tipiche $V \ll c$, per cui $L/ct = V/c \ll 1$ e $|E/B| \sim V/c \ll 1$ cosicché è possibile trascurare le correnti di spostamento $|(1/c)(\partial\mathbf{E}/\partial t)|/|\nabla \times \mathbf{B}| \sim (V/c)^2$. Il sistema di equazioni va completato con le equazioni di Maxwell, che nell'ipotesi di assenza di separazione di carica, si riducono all'equazione di induzione di Faraday, all'equazione di Ampère e alla legge di Ohm.

Usando σ per la conduttività, K per la conducibilità termica, ν per la viscosità e indicando con $\mathbf{J}$ la densità di corrente e con ε la densità di energia, il **sistema delle equazioni MHD** risulta:

$$\frac{\partial \rho}{\partial t} + \nabla \cdot (\rho \mathbf{V}) = 0 \tag{8.1}$$

$$\rho \frac{D\mathbf{V}}{Dt} = \rho \mathbf{f} - \nabla p + \frac{1}{c} \mathbf{J} \times \mathbf{B} + \nu \nabla^2 \mathbf{V} \tag{8.2}$$

$$\rho \left(\frac{\partial \varepsilon}{\partial t} + \mathbf{V} \cdot \nabla \varepsilon \right) = \nabla \cdot (K \nabla T) - p \nabla \cdot \mathbf{V} + \frac{J^2}{\sigma} \tag{8.3}$$

$$\nabla \times \mathbf{B} = \frac{4\pi}{c} \mathbf{J} \tag{8.4}$$

$$\mathbf{J} = \sigma \left(\mathbf{E} + \frac{\mathbf{V}}{c} \times \mathbf{B} \right) \tag{8.5}$$

$$\nabla \times \mathbf{E} = -\frac{1}{c} \frac{\partial \mathbf{B}}{\partial t} . \tag{8.6}$$

L'equazione del moto può essere scritta nel solo campo magnetico:

$$\frac{\partial \mathbf{V}}{\partial t} + (\mathbf{V} \cdot \nabla) \mathbf{V} = \mathbf{f} - \frac{1}{\rho} \nabla p + \frac{1}{4\pi\rho} (\nabla \times \mathbf{B}) \times \mathbf{B} + \nu \nabla^2 \mathbf{V} . \tag{8.7}$$

Dall'identità vettoriale:

$$(\nabla \times \mathbf{B}) \times \mathbf{B} = (\mathbf{B} \cdot \nabla) \mathbf{B} - \nabla^2 \left(\frac{B^2}{2} \right) \tag{8.8}$$

si ricava infine:

$$\frac{\partial \mathbf{V}}{\partial t} + (\mathbf{V} \cdot \nabla) \mathbf{V} = \mathbf{f} - \frac{1}{\rho} \nabla \left(p + \frac{B^2}{8\pi} \right) + \frac{(\mathbf{B} \cdot \nabla) \mathbf{B}}{4\pi\rho} + \nu \nabla^2 \mathbf{V} . \tag{8.9}$$

Il campo magnetico ha l'effetto di introdurre nell'equazione del moto una pressione isotropa e una tensione lungo le linee di forza.

L'interazione elettromagnetica comporta che in un plasma le particelle siano fortemente condizionate dai campi collettivi ed eventualmente da campi sostenuti da generatori esterni. In astrofisica i campi magnetici sono presenti ovunque e la loro origine è spesso determinata da agenti esterni. Pertanto il comportamento dei plasmi astrofisici va studiato in termini di interazione elettrodinamica con i campi magnetici.

In tale schema vogliamo studiare il comportamento delle linee di flusso immerse in un plasma nell'approssimazione magnetoidrodinamica. L'equazione di Maxwell corrispondente alla legge di Ampère può essere combinata con la legge di Ohm per ottenere

$$\mathbf{E} = \frac{c}{4\pi\sigma} \nabla \times \mathbf{B} - \frac{\mathbf{V}}{c} \times \mathbf{B} . \tag{8.10}$$

Combinando con la legge di Faraday, si calcola:

$$\nabla \times (\nabla \times \mathbf{B}) = \frac{4\pi\sigma}{c^2} \left[-\frac{\partial \mathbf{B}}{\partial t} + \nabla \times (\mathbf{V} \times \mathbf{B}) \right] \tag{8.11}$$

$$\nabla (\nabla \cdot \mathbf{B}) - \nabla^2 \mathbf{B} = \frac{4\pi\sigma}{c^2} \left[\nabla \times (\mathbf{V} \times \mathbf{B}) - \frac{\partial \mathbf{B}}{\partial t} \right] \tag{8.12}$$

e infine:

$$\frac{\partial \mathbf{B}}{\partial t} = \eta \nabla^2 \mathbf{B} + \nabla \times (\mathbf{V} \times \mathbf{B}) \tag{8.13}$$

che è detta **equazione magnetoidrodinamica**, con $\eta = c^2/(4\pi\sigma)$ *resistività elettrica*. Il primo termine a destra indica la diffusione del campo magnetico (analogamente all'equazione della temperatura per il trasporto di calore); il secondo termine rappresenta la convezione del campo magnetico da parte del plasma in moto (in analogia all'equazione per la vorticità nei fluidi).

8.1.1 Plasma a riposo, $V = 0$

In tale caso l'equazione magnetoidrodinamica diventa:

$$\frac{\partial \mathbf{B}}{\partial t} = \eta \nabla^2 \mathbf{B} \,, \tag{8.14}$$

che indica come il campo vari tipicamente su un tempo scala:

$$\tau_{diff} = \frac{L^2}{\eta} = \frac{4\pi\sigma L^2}{c^2} \,, \tag{8.15}$$

in quanto le linee di flusso diffondono nel plasma quando la resistività non sia esattamente nulla (conduttività infinita). In condizioni astrofisiche τ_{diff} è sempre molto grande, sia perché la conduttività è grande sia perché lo sono le lunghezze scala considerate. Pertanto i campi magnetici possono essere considerati praticamente costanti nella maggior parte dei casi, anche se ciò non vale proprio per i campi magnetici della Terra e dei pianeti (Tab. 8.1).

Tabella 8.1 Tempi caratteristici di decadimento dei campi magnetici

	L (cm)	η (cm^2 s^{-1})	τ (s)
Scariche in gas	10	10^5	10^{-3}
Nucleo terrestre	10^8	10^6	10^{12}
Macchie solari	10^9	10^4	10^{14}
Corona solare	10^{11}	10^4	10^{18}
Spazio interplanetario	10^{13}	10^6	10^{20}

8.1.2 Plasma in moto, $V \neq 0$, con resistività trascurabile, $\eta \to 0$

L'equazione magnetoidrodinamica in tale limite risulta:

$$\frac{\partial \mathbf{B}}{\partial t} = \nabla \times (\mathbf{V} \times \mathbf{B}) \,, \tag{8.16}$$

e, per $\mathbf{B}$ dato a $t = 0$, permette di calcolare come esso viene modificato a tempi successivi dai moti del plasma.

8.1.3 Congelamento delle linee di flusso magnetico nei plasmi

Alfvén (1942) ha ricavato due importanti teoremi che legano l'evoluzione dei campi magnetici e la dinamica dei plasmi nel caso di conduttività infinita:

1. *Teorema (a):* il flusso magnetico attraverso a un qualunque circuito concatenato con il plasma è costante:

$$\Phi = \int_S \mathbf{B} \cdot d\mathbf{S} = \text{costante} \tag{8.17}$$

cioé il campo è *congelato* nel plasma.
2. *Teorema (b):* elementi di plasma che si trovano inizialmente associati ad una data linea di flusso continuano a rimanere solidali con tale linea durante il moto; qualora aumenti la densità del plasma, cresce anche l'intensità del campo e viceversa.

In realtà questo teorema vale per qualunque quantità vettoriale $\mathbf{Q}$ che soddisfi un'equazione del tipo (8.16):

$$\frac{\partial \mathbf{Q}}{\partial t} = \nabla \times (\mathbf{V} \times \mathbf{Q}) \,. \tag{8.18}$$

Con riferimento alla Fig. 8.3, la variazione del flusso concatenato con una superficie S può essere dovuta a due effetti: (1) variazione intrinseca di $\mathbf{Q}$, e (2) moto della superficie S:

$$\frac{d}{dt} \int_S \mathbf{Q} \cdot d\mathbf{S} = \int_S \frac{\partial \mathbf{Q}}{\partial t} \cdot d\mathbf{S} + \int_S \mathbf{Q} \cdot \frac{d}{dt} (d\mathbf{S}) \,. \tag{8.19}$$

Un elemento di area $d\mathbf{S}$ al tempo t si trasforma in $d\mathbf{S}'$ al tempo $t' = t + \delta t$. Le due superfici formano le sezioni di un cilindro di altezza $\mathbf{V} \delta t$; l'elemento di area laterale del cilindro sarà $d\mathbf{A} = -\mathbf{V} \delta t \times d\mathbf{l}$, dove $d\mathbf{l}$ è l'elemento di linea del perimetro dell'area $d\mathbf{S}$. Poichè l'area vettoriale di una superficie chiusa è necessariamente nulla, $\int d\mathbf{S} = \mathbf{0}$, avremo

$$d\mathbf{S}' - d\mathbf{S} - \delta t \int_{dS + dS' + dA} \mathbf{V} \times d\mathbf{l} = 0 \tag{8.20}$$

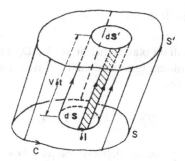

Fig. 8.3 Moto di un elemento fluido di superficie S

e quindi

$$\frac{d}{dt}(d\mathbf{S}) = \lim_{\delta t \to 0} \frac{d\mathbf{S}' - d\mathbf{S}}{\delta t} = \int_{dS+dS'+dA} \mathbf{V} \times d\mathbf{l} \tag{8.21}$$

per cui

$$\int_S \mathbf{Q} \cdot \frac{d}{dt}(d\mathbf{S}) = \int_S \int_{dS+dS'+A} \mathbf{Q} \cdot (\mathbf{V} \times d\mathbf{l}) = \int_S \int_{dS+dS'+A} (\mathbf{Q} \times \mathbf{V}) \cdot d\mathbf{l} \,. \tag{8.22}$$

L'integrale di linea a secondo membro, quando venga fatta l'ulteriore integrazione degli elementi dS, corrisponde all'integrazione sulla linea C che circonda l'intera superficie S; utilizzando il teorema di Stokes si ottiene:

$$\int_S \mathbf{Q} \cdot \frac{d}{dt}(d\mathbf{S}) = \int_C (\mathbf{Q} \times \mathbf{V}) \cdot d\mathbf{l} = \int_S [\nabla \times (\mathbf{Q} \times \mathbf{V})] \cdot d\mathbf{S} \tag{8.23}$$

e infine, tenendo conto della (8.18),

$$\frac{d}{dt} \int_S \mathbf{Q} \cdot d\mathbf{S} = \int_S \left[\frac{\partial \mathbf{Q}}{\partial t} - \nabla \times (\mathbf{V} \times \mathbf{Q}) \right] \cdot d\mathbf{S} = 0 \,. \tag{8.24}$$

Il principio di congelamento permette di visualizzare l'evoluzione dei campi magnetici attraverso il comportamento le linee di flusso, un concetto più intuitivo che risalire allo specifico calcolo delle correnti che permeano il plasma (ma ovviamente ad esso equivalente).

Poiché i plasmi hanno in genere resistività non nulla $\eta \neq 0$, ci si può chiedere quando valga l'ipotesi di congelamento. Da quanto detto precedentemente è chiaro che occorre che la diffusione sia lenta rispetto alla convezione:

$$|\nabla \times (\mathbf{V} \times \mathbf{B})| \gg |\eta \nabla^2 \mathbf{B}| \frac{VB}{L} \gg \eta \frac{B}{L^2} Re_m \equiv \frac{LV}{\eta} \gg 1 \tag{8.25}$$

dove Re_m è detto **numero di Reynolds magnetico**: per grandi numeri di Reynolds vale l'approssimazione magnetoidrodinamica ideale e il principio del congelamento.

8.1.4 Magnetoidrostatica

La struttura di equilibrio di un plasma nel limite MHD, trascurando effetti resistivi
e viscosi e le forze di volume (gravitazionali), si ricava dall'equazione (8.7) con
$\partial/\partial t = \mathbf{V} = \mathbf{f} = v = \mathbf{f} = 0$:

$$\nabla p = \frac{1}{4\pi} (\nabla \times \mathbf{B}) \times \mathbf{B} \,, \tag{8.26}$$

che indica che le forze di pressione debbono essere bilanciate dagli sforzi magnetici. Una struttura magnetica che soddisfi tale condizione viene detta *campo in equilibrio di pressione*. Un plasma può essere in tal senso caratterizzato dal rapporto tra
pressione del gas e pressione magnetica, il parametro *plasma-β*:

$$\beta = \frac{p}{B^2/8\pi} \,. \tag{8.27}$$

Nel caso di una colonna di plasma a simmetria cilindrica con campo magnetico
azimutale prodotto dá una corrente longitudinale costante:

$$\mathbf{B} = B_\theta(r)\hat{\mathbf{e}}_\theta \qquad \mathbf{J} = J_0\hat{\mathbf{e}}_z \tag{8.28}$$

si ricava immediatamente la configurazione di equilibrio:

$$B_\theta(r) = \frac{2\pi}{c}J_0 r \qquad p = p_0 - \frac{\pi J_0^2 r^2}{c^2} \tag{8.29}$$

dove p_0 è la pressione sull'asse del cilindro. In realtà questa configurazione è insta-

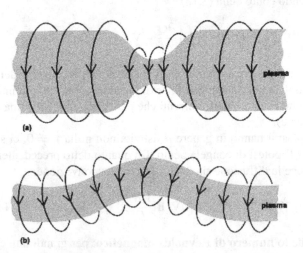

Fig. 8.4 Instabilità di una colonna di plasma con campo magnetico azimutale generato da una
corrente longitudinale: (a) instabilità di sausage, (b) instabilità di kink

bile a formazione di perturbazioni di tipo *sausage* e *kink* (vedi Fig. 8.4). Per comprendere l'origine dell'instabilità basta considerare che le perturbazioni comportano un aumento dell'intensità del campo magnetico proprio nelle regioni già compresse e tendono quindi ad aumentare. La presenza di un campo longitudinale di intensità pari o superiore a quello azimutale stabilizza la colonna di plasma.

8.1.5 Campi force-free

Nel caso di plasmi a basso β i campi magnetici non possono essere equilibrati dal gradiente della pressione, ma debbono strutturarsi in modo che:

$$(\nabla \times \mathbf{B}) \times \mathbf{B} = 0 \,. \tag{8.30}$$

Tali campi sono detti *campi force-free* perché corrispondono a forza di Hall $\mathbf{J} \times \mathbf{B}$ nulla. La definizione implica pertanto che:

$$(\nabla \times \mathbf{B}) = \mu \mathbf{B} \tag{8.31}$$

ove μ è uno scalare che può essere funzione dello spazio. Il caso specifico di $\mu =$ costante prende il nome di campo force-free lineare. La soluzione generale è stata ricavata da Chandrasekhar e Kendall nel 1975. Di semplice derivazione è il caso di simmetria cilindrica; la (8.31) porta alle due equazioni scalari:

$$\frac{1}{r}\frac{d}{dr}(rB_\theta) = \mu B_z \qquad -\frac{dB_z}{dr} = \mu B_\theta \tag{8.32}$$

che possono essere risolte in termini delle funzioni di Bessel:

$$B_\theta = B_0 J_1(\mu r) \qquad B_z = B_0 J_0(\mu r) \,. \tag{8.33}$$

8.1.6 Riconnessione magnetica

Nel limite MHD ideale le topologie dei campi magnetici non possono essere modificate, nel senso che le linee di flusso magnetico possono essere distorte, ma non possono essere tagliate. Quando invece sia presente la resistività l'equazione magnetoidrodinamica (8.13) ha una struttura matematica completamente differente; in particolare il termine di diffusione del campo diventa grande nelle regioni di forte gradiente. Forti gradienti sono generati da forti densità di corrente localizzate per cui si usa l'espressione di *strati di corrente* o *current sheets*. Nei plasmi a bassa resistività cambiamenti di topologia (con tagli e riconnessioni delle linee di forza) possono avvenire all'interno di questi strati di corrente.

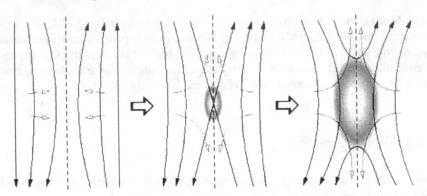

Fig. 8.5 Rappresentazione schematica della riconnessione magnetica in uno strato di corrente

Un caso tipico è quello di uno strato di corrente che separa due regioni con campi magnetici di direzione opposta. Attraverso lo strato il gradiente di campo è forte e rende importante il termine resistivo dell'equazione magnetoidrodinamica; la diffusione del campo diminuisce pertanto la pressione sullo strato. Nel caso di basso plasma-β la caduta di pressione comporta che il plasma dai due lati verrà risucchiato verso lo strato portando nuovo campo magnetico. Parker e Sweet nel 1957 hanno proposto che la struttura evolva come illustrato in Fig. 8.5 con la modifica della topologia magnetica verso la formazione di un punto a X attraverso la riconnessione delle linee di campo. Va tenuto presente che il plasma risucchiato verso lo strato di corrente verrà compresso e spinto a uscire lungo le linee di campo con velocità maggiore. Se L è la regione su cui avviene la diffusione del campo magnetico e l la regione su cui il campo si riconnette, la conservazione della massa comporta:

$$LV_{in} = lV_{out} \tag{8.34}$$

dove V_{in} è la velocità del plasma che viene risucchiato e V_{out} la velocità con cui viene espulso. Si avrà pertanto un aumento di energia cinetica che viene fornito dalla dissipazione di energia magnetica nella riconnessione:

$$\frac{1}{2}\rho V_{out}^2 \approx \frac{B_0^2}{8\pi} \tag{8.35}$$

dove B_0 è l'intensità del campo che viene trasportato dal plasma verso lo strato di corrente. Pertanto

$$V_{out} \approx \frac{B}{\sqrt{4\pi\rho}} = V_A \tag{8.36}$$

dove V_A è la velocità di Alfvén tipica dei processi di plasma che verrà meglio definita nel prossimo paragrafo sulle onde.

In condizioni stazionarie l'equazione magnetoidrodinamica diventa:

$$\nabla \times (\mathbf{V} \times \mathbf{B}) + \eta \nabla^2 \mathbf{B} = 0 \tag{8.37}$$

e prescrive la seguente relazione dei fattori di scala:

$$\frac{V_{in}B_0}{l} \approx \frac{\eta B_0}{l^2} . \tag{8.38}$$

Combinando le precedenti relazioni si ottiene:

$$V_{in}^2 \approx \frac{V_{out}}{L/\eta} \approx \frac{V_A}{L/\eta} \approx \frac{V_A^2}{LV_A/\eta} \tag{8.39}$$

ossia

$$V_{in} \approx \frac{V_A}{\sqrt{Re_m}} , \tag{8.40}$$

che implica che la velocità a cui avviene la riconnessione è piccola nei plasmi ad alto numero di Reynolds magnetico.

Come vedremo, i processi di riconnessione sono invocati per interpretare fenomeni a carattere esplosivo, come ad esempio i brillamenti solari. In tal caso è necessario avere velocità di riconnessione molto più elevate di quanto predetto dal modello di Sweet e Parker. Sono stati analizzati vari scenari per avere riconnessione veloce. Il più citato è il modello proposto da Petschek nel 1964 in cui il processo di "risucchiamento" del plasma sullo strato di corrente viene accompagnato dalla formazione di onde d'urto; la velocità di accrescimento diventa in tal caso $V_{in} \approx V_A/\log Re_m$. In generale il processo di riconnessione può essere reso più rapido ricorrendo a resistività anomale dovute allo sviluppo di processi turbolenti in regioni molto prossime al punto a X.

8.1.7 Criteri di applicabilità della trattazione fluida per i plasmi

A conclusione della discussione delle equazioni MHD è istruttivo discutere i criteri di applicabilità della trattazione fluida nel caso dei plasmi. Nel caso idrodinamico la trattazione fluida è consentita quando λ e τ, le scale di lunghezza e tempo su cui variano le grandezze fisiche, soddisfano certi criteri. Si può parlare di comportamento fluido di un elemento di volume r^3 ($r \ll \lambda$) se le particelle che vi si trovano al tempo t evolvono in maniera coerente fino al tempo $t + \tau$ (cioè mantengono valori delle grandezze fisiche molto vicini): il volume r^3 è pertanto l'elemento fluido. [1]

In idrodinamica la coerenza è essenzialmente mantenuta dalle collisioni che impediscono alle particelle di diffondere liberamente e differenziarsi; in tal senso deve essere $r \gg \lambda_c$ (cammino libero medio rispetto alle collisioni. E quindi a maggior ragione:

$$\lambda \gg \lambda_c , \qquad \tau = \frac{\lambda}{V} \gg \tau_c , \tag{8.41}$$

---

[1] Una condizione necessaria, implicita in queste considerazioni, è che il trasporto di energia termica fuori dall'elemento e l'irraggiamento devono essere piccoli.

dove in equilibrio termico $V \approx v_{th}$; per scale maggiori di λ o per tempi più lunghi di τ intervengono effetti dinamici globali.

In un plasma le deviazioni angolari del moto che impediscono la diffusione delle particelle non sono solo quelle dovute alle collisioni a breve range, ma anche la somma di tante piccole deflessioni dovute alle forze a lungo range.

Per le forze a breve range di tipo coulombiano il tempo che intercorre fra due urti che portano a una deflessione angolare di $\pi/2$ è, secondo Rutherford:

$$\tau_c = \frac{1}{nV\sigma\,(\pi/2)}\,; \qquad (8.42)$$

per un gas di idrogeno ionizzato in equilibrio termodinamico la deflessione di $\pi/2$ avviene per collisioni alla distanza b_0 tale che $e^2/b_0 \approx kT$:

$$\tau_c = \frac{1}{nv_{th}\pi b_0^2}\,. \qquad (8.43)$$

Per le forze a lungo range, sempre di tipo coulombiano, il corrispondente *tempo di collisione* $\tau_{c,lr}$, inteso come il tempo che deve intercorrere perché l'insieme di molte collisioni deboli porti a una deflessione di $\pi/2$, è ottenibile con un classico calcolo di Spitzer:

$$\tau_{c,lr} = \frac{2\pi n\lambda_D^3}{\omega_p \log(\lambda_D/b_0)} \approx \frac{\tau_c}{\log\Lambda}\,. \qquad (8.44)$$

Il fattore $\log\Lambda = 8\log(\lambda_D/b_0)$ è nella maggior parte dei casi maggiore di 10, il che comporta che le collisioni a lungo range hanno un effetto più rapido di quelle a breve range.

Pertanto in un plasma le condizioni per la validità dell'approssimazione fluida sono:

$$\tau \gg \tau_{c,lr}\,, \qquad \lambda \gg \lambda_{c,lr} = V\tau_{c,lr}\,. \qquad (8.45)$$

Tipicamente le situazioni astrofisiche soddisfano queste condizioni, in quanto si lavora su grandi dimensioni o su elevate densità. Ciò consente l'utilizzazione di modelli fluidi. Tuttavia esistono anche situazioni in cui le precedenti condizioni sono violate; in tali casi si possono utilizzare altri regimi in cui una trattazione fluida è ancora valida. I più interessanti sono il regime di plasma freddo e il regime di forte campo magnetico trattati nell'Appendice H.

8.2 Applicazioni della teoria MHD all'astrofisica

Nei sistemi astrofisici gli effetti elettrodinamici sono fondamentali per interpretare fasi di attività in cui si possa trasformare energia gravitazionale in energia cinetica e radiazione. Meccanismi specifici per la produzione di spettri di fotoni e di particelle sopra-termici alle alte energie saranno trattati nei prossimi capitoli e applicazioni specifiche saranno considerate nella discussioni delle fenomenologie di stelle e galassie. A conclusione di questo capitolo richiamiamo alcune generali applicazioni delle equazioni della magnetoidrodinamica a problemi astrofisici, utilizzando in particolare il principio del congelamento delle linee di forza nei plasmi ad alta conduttività. In tali condizioni il campo magnetico viene visto come un materiale plastico che può essere distorto dalla dinamica del plasma. Si supponga ad esempio che un campo uniforme sia congelato in una colonna di plasma. Come illustrato in Fig. 8.6, se la colonna di plasma viene piegata o attorcigliata dai moti del plasma, il campo magnetico seguirà la stessa dinamica e la sua morfologia potrà assumere complesse topologie determinate dalla dinamica del sistema.

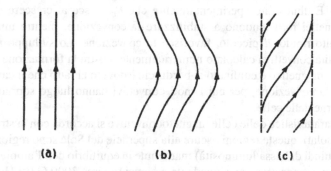

(a)   **(b)**   **(c)**

Fig. 8.6 Esempi sulla dinamica di campi magnetici congelati in un plasma. (a) Campo uniforme in una colonna di plasma. (b) Configurazione magnetica creata dal piegamento della colonna. (c) Configurazione magnetica creata da un attorcigliamento della colonna

8.2.1 Attività solare

I dati osservativi dimostrano che l'attività alla superficie del Sole, macchie solari, protuberanze, brillamenti, radio bursts, buchi coronali, ecc., e la struttura magnetica a spirale del vento solare sono dovute all'interazione dinamica del plasma e del campo magnetico. Anche il ciclo magnetico solare undecennale è legato all'interazione tra i moti convettivi subfotosferici e la rotazione differenziale. Le instabilità MHD che danno origine all'attività solare sono state studiate in un'opera monumentale da Chandrasekhar [3]. Qui discuteremo alcuni risultati di interesse generale.

8.2.1.1 Magnetoconvezione

Si consideri un plasma con gradiente di temperatura negativo verso l'alto e supponiamo che sia anche presente un campo magnetico omogeneo verticale. Si dimostra che nel caso in cui il coefficiente di conducibilità termica sia inferiore al coefficiente di resistività, $k < \eta$, si instaurano moti convettivi non-oscillatori quando la quantità detta **numero di Rayleigh**

$$R = \frac{\pi^2 + k^2}{k^2} \left[(\pi^2 + k^2)^2 + \pi^2 Q \right] \tag{8.46}$$

supera un valore critico R_c; in tale espressione la scala della perturbazione corrisponde ad un numero d'onda $k \geq \pi/2$ e

$$Q = \frac{B^2 d^2}{4\pi \rho \nu \eta} \tag{8.47}$$

è il **numero di Chandrasekhar**, con d scala del gradiente termico del plasma e ν viscosità. È dimostrato sperimentalmente che R_c cresce al crescere di Q; cioè campi magnetici forti tendono a stabilizzare la convezione, mentre un gradiente termico molto ripido, d piccolo, favorisce la convezione. Lo sviluppo nonlineare dell'instabilità convettiva calcolato numericamente mostra la formazione di celle in cui il campo magnetico è confinato ai bordi: ciò è dovuto al fatto che il campo tende a impedire la convezione, per cui i moti convettivi hanno luogo soprattutto nelle regioni interne delle celle.

Questa caratteristica delle celle magnetoconvettive si accorda con la struttura delle macchie solari; queste regioni oscure alla superficie del Sole sono regioni di bassa densità (e quindi di bassa luminosità) mantenute in equilibrio con l'ambiente da una forte pressione magnetica corrispondente a campi di circa 3000 G (fu Hale che per primo nel 1908 misurò tali campi utilizzando l'effetto Zeeman). La distribuzione del campo osservato corrisponde all'emergenza di celle convettive, con campi quasi verticali ai bordi e più trasversi al centro delle macchie.

8.2.1.2 Galleggiamento magnetico

Nel 1919 Hale scoprì che le macchie solari spesso si sviluppano a coppie con polarità magnetica opposta. La più immediata interpretazione è che i campi magnetici emergano alla fotosfera secondo lo schema rappresentato in Fig. 8.7 in cui i

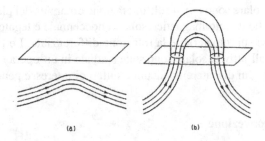

Fig. 8.7 Galleggiamento di un tubo di flusso magnetico alla superficie del Sole: (a) tubo di flusso quasi orizzontale sotto la superficie; (b) emergenza di una parte del tubo di flusso per galleggiamento e formazione di due regioni magnetiche bipolari [2]

tubi di flusso subfotosferici paralleli alla superficie subiscono un locale effetto di galleggiamento.

La teoria del *galleggiamento magnetico*, **magnetic buoyancy**, è stata proposta da Parker nel 1955. In un tubo di flusso in equilibrio con l'ambiente circostante, $p_{est} = P_{int} + B^2/(8\pi)$, la pressione del gas è necessariamente inferiore; dove la temperatura all'interno e all'esterno del tubo è circa uguale, la densità nel tubo risulta minore e quindi quella parte del tubo più leggera si solleva nel campo gravitazionale. Sul bordo del Sole l'emergenza dei tubi di flusso si estrinseca nelle gigantesche protuberanze solari che si sollevano per migliaia di chilometri.

8.2.1.3 Brillamenti solari

Il galleggiamento di tubi di flusso magnetico contigui crea la condizione per il generarsi di strati di corrente dove avvengono processi di rapida riconnessione magnetica secondo quanto precedentemente discusso. La difficoltà della loro interpretazione sta al momento nella difficoltà a rendere il processo di riconnessione esplosivo. I dati osservativi confermano tuttavia che i brillamenti corrispondano alla trasformazione di energia magnetica in energia cinetica e radiazione.

8.2.1.4 Ciclo solare

L'attività solare segue un ciclo undecennale caratterizzato da un andamento periodico nella presenza di macchie solari, brillamenti, radio burst; Schwabe nel 1843 ne propose appunto l'esistenza sulla base del conteggio delle macchie solari, numero che oggi prende il nome di numero di Wolf che ne studiò l'andamento periodico su dati fin dalla metà del Settecento. L'interpretazione di tale ciclo è ancora incompleta, ma è chiaramente legata al campo magnetico generale del Sole e agli effetti di interazione tra questo campo e la dinamica della rotazione differenziale del Sole.

Il campo magnetico generale del Sole viene amplificato e modificato nella sua struttura dal termine $\nabla \times (\mathbf{V} \times \mathbf{B})$ detto **termine dinamo**. Esistono sostanzialmente due processi che in combinazione possono determinare un'efficiente dinamo. Il primo agisce in una sfera di gas con configurazione magnetica puramente poloidale e in rotazione differenziale, tipicamente con Ω decrescente con il raggio. Poiché le parti dei raggi interni ruotano più rapidamente di quelle esterne, il campo poloidale congelato nel plasma viene stirato nella direzione azimutale, e dopo parecchie rotazioni crea una forte componente toroidale (**meccanismo di shearing**). Tale processo è molto rapido nelle stelle e nei dischi di accrescimento. Naturalmente deve arrestarsi quando il campo toroidale diventa così intenso da frenare la rotazione differenziale: a questo punto possono intervenire fenomeni di riconnessione magnetica che disconnettono il campo azimutale da quello toroidale. Il secondo processo parte invece da un campo toroidale che per effetto di convezione e galleggiamento forma bolle che si muovono nella direzione poloidale trascinando le linee di forza del campo toroidale generando una componente poloidale (**meccanismo di Parker**). Di qui riparte l'amplificazione del campo. Lo schema del processo, chiamato **meccanismo** $\alpha\omega$, è illustrato schematicamente in Fig. 8.8.

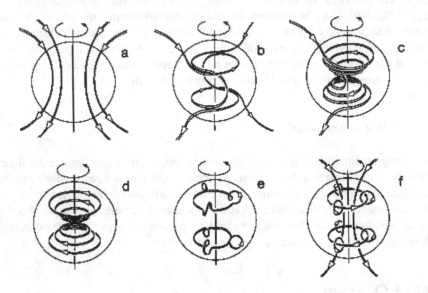

Fig. 8.8 Meccanismo $\alpha\omega$. La sequenza nella riga superiore presenta l'amplificazione del campo toroidale a partire dal campo poloidale (ω); la sequenza della riga inferiore la rigenerazione della componente poloidale per galleggiamento (α)

8.2.2 Stelle compatte magnetizzate e rotanti

Un caso interessante di applicazione del congelamento del flusso magnetico è quello della contrazione gravitazionale di una stella magnetizzata e rotante alla fine della sua evoluzione verso lo stato di nana bianca o di stella di neutroni. Data la rapidità del collasso non vi è dissipazione né di momento angolare né di flusso magnetico:

$$MR^2\Omega = \text{costante} \tag{8.48}$$

$$BR^2 = \text{costante} \tag{8.49}$$

per cui sia la velocità angolare Ω sia l'intensità del campo magnetico B cresceranno proporzionalmente all'inverso del quadrato del raggio stellare. In particolare la struttura magnetica evolverà omologamente se il collasso mantiene la simmetria assiale; ad esempio la struttura di dipolo magnetico di una stella del tipo solare con raggio di circa 10^{11} cm, periodo di rotazione di circa 1 mese e campo magnetico di circa 1 gauss si trasformerà nella struttura di dipolo di una stella di neutroni con

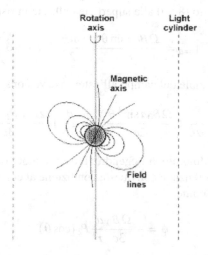

Fig. 8.9 Schema del modello di rotatore magnetico obliquo per le pulsar; le linee tratteggiate indicano la distanza del cosiddetto "cilindro di luce" o light cylinder

raggio di circa 10 km, periodo di rotazione di qualche millisecondo e campo magnetico oltre i 10^{10} gauss. È questo il **modello di rotatore magnetico obliquo** proposto originariamente da Gold e Pacini nel 1968 per interpretare la fenomenologia delle *pulsar* (Fig. 8.9). In tale modello si considera che la stella collassata, magnetizzata e rotante sia dotata di un campo magnetico di dipolo il cui asse è inclinato di un angolo α rispetto all'asse di rotazione. Se si assume che effetti elettromagnetici siano in grado di creare delle "macchie" attive nelle regioni dei poli magnetici, la rotazione è in grado di creare un *effetto faro*, in cui radiazione è ricevuta solo quando i poli risultano puntare verso l'osservatore.

Il rotatore obliquo rappresenta inoltre un esempio di **induttore unipolare** in cui la rotazione del plasma (supposto a grande conduttività) nel campo magnetico crea un campo elettrico indotto:

$$\mathbf{E}^{ind} \approx \frac{\mathbf{v}}{c} \times \mathbf{B} = \frac{\mathbf{\Omega} \times \mathbf{r}}{c} \times \mathbf{B}. \tag{8.50}$$

Il campo magnetico nel vuoto all'esterno della pulsar ha la tipica forma:

$$\mathbf{B}^{est} = B_0 a^3 \left(\frac{\cos\theta}{r^3} \hat{\mathbf{r}} + \frac{\sin\theta}{2r^3} \hat{\theta} \right) \tag{8.51}$$

dove a è il raggio della stella e nell'esempio consideriamo asse di dipolo e asse di rotazione allineati. In assenza di correnti superficiali, il campo magnetico all'interno della stella deve essere continuo:

$$\mathbf{B}^{int} = B_0 \left(\cos\theta \hat{\mathbf{r}} + \frac{\sin\theta}{2} \hat{\theta} \right) \tag{8.52}$$

e quindi il campo indotto (8.50) alla superficie della stella risulta:

$$\mathbf{E}^{ind}|_{r=a} = \frac{\Omega B_0 a \sin\theta}{c} \left(\frac{\sin\theta}{2}\hat{\mathbf{r}} - \cos\theta\,\hat{\theta} \right) . \tag{8.53}$$

La componente tangenziale del campo all'esterno deve conservarsi per cui:

$$E^{ind}_{est,\theta}|_{r=a} = -\frac{\partial}{\partial\theta}\left(\frac{\Omega B_0 a \sin^2\theta}{2c} \right) = \frac{\partial}{\partial\theta}\left[\frac{\Omega B_0 a P_2(\cos\theta)}{3c} \right] \tag{8.54}$$

dove $P_2(\cos\theta)$ è un polinomio di Legendre. Il campo indotto all'esterno della stella è pertanto un campo potenziale con questa condizione al contorno; il suo potenziale è facilmente calcolato come:

$$\phi = -\frac{\Omega B_0}{3c}\frac{a^5}{r^3}P_2(\cos\theta) \tag{8.55}$$

cioè corrisponde a un campo quadrupolare. Dal potenziale si ricava immediatamente il campo esterno $\mathbf{E} = -\nabla\phi$ e se ne può immediatamente calcolare la componente lungo le linee di flusso del campo magnetico:

$$\mathbf{E}\cdot\mathbf{B} = -\frac{\Omega a}{c}\left(\frac{a}{r}\right)^7 B_0^2 \cos^3\theta \neq 0 . \tag{8.56}$$

Tale componente è in grado di estrarre cariche dalla superficie della stella e creare un magnetosfera corotante, la cui densità è tale da creare una carica spaziale che controbilancia il campo $\mathbf{E}\cdot\mathbf{B}$. Una conclusione analoga vale anche per il caso in cui asse magnetico e di rotazione non siano allineati. Come mostrato da Goldreich e Julian nel 1969 le cariche con la loro inerzia distorcono il campo dipolare e ad una distanza $R = c/\Omega$ dalla stella (raggio del *cilindro di luce*) la corotazione si rompe perché richiederebbe una velocità maggiore di c. Oltre tale distanza in particolare le linee di flusso che escono con piccolo angolo rispetto all'asse magnetico sono aperte e lasciano sfuggire particelle: a causa del grande potenziale (nel caso delle pulsar velocità angolare e campo magnetico portano a valori $\approx 10^{12}$ volt) le particelle raggiungono velocità relativistiche e possono emettere radiazione sincrotrone collimata, come richiesto per l'effetto faro.

Un'ulteriore risultato del modello di rotatore obliquo è che i suoi campi a distanze $R > c/\Omega$ diventano campi d'onda; in effetti il rotatore obliquo è un'antenna di dipolo magnetico cui corrisponde una perdita di energia per l'emissione di onde elettromagnetiche alla (bassa) frequenza Ω:

$$\frac{dE}{dt} = \frac{2}{3c^3}|m|^2\,\Omega^4 \sin^2\alpha \tag{8.57}$$

dove $m \approx a^2 B_0$ è il momento magnetico della stella. Questa perdita di energia va a scapito dell'energia rotazionale, per cui la stella rallenta, cioè il periodo della pulsar aumenta, come confermato dalle osservazioni.

8.2.3 Getti supersonici

Un'applicazione importante della teoria MHD è quella all'accelerazione di getti supersonici dai nuclei galattici attivi che abbiamo precedentemente discusso in contesto idrodinamico. Quel modello lascia non chiarita l'origine della spinta del getto verso velocità relativistiche e dell'effettiva sua collimazione. Nel 1982 un modello MHD del fenomeno è stato proposto da Blandford e Payne ricorrendo all'idea che l'energia dei nuclei galattici attivi provenga da fenomeno di accrescimento verso un oggetto di grande massa sotto forma di buco nero. Possiamo dunque costruire lo scenario illustrato in Fig. 8.10: un buco nero centrale è circondato nel piano equatoriale del momento angolare da un disco di accrescimento magnetizzato, e due getti vengono eiettati in direzioni opposte lungo l'asse di rotazione. Per incanalare parte dell'energia rilasciata dalla dinamica dell'accrescimento verso i getti Blandford e Payne propongono che il campo magnetico e la rotazione differenziale del disco possano essere utilizzati per lanciare in modo collimato quantità di gas evaporato dalle zone più interne della superficie del disco che trasportino grandi quantità di momento lineare ed angolare (**meccanismo magneto-centrifugo**). Tale processo spiegherebbe anche, consistentemente, la perdita di momento angolare del disco che ne causa quindi l'accrescimento verso il buco nero.

Possiamo iniziare la discussione con riferimento a una situazione puramente balistica. La parte destra della Fig. 8.10 mostra una tipica linea di forza ancorata ad un punto P del disco e piegata verso il buco nero per effetto dell'accrescimento. Si mostra (legge di isorotazione di Ferraro) che una struttura stabile esiste solo se tutti i punti sulla linea di forza PQ posseggono la stessa velocità angolare, che è quella Kepleriana del punto P:

$$\Omega_0 = \left(\frac{GM}{r_0^3} \right)^{1/2} \tag{8.58}$$

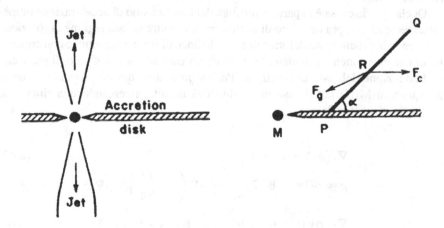

Fig. 8.10 Schema del modello magneto-rotazionale per l'accelerazione dei getti supersonici dai dischi di accrescimento [2]

dove r_0 è la distanza radiale della base della linea di forza sul disco. Consideriamo ora una particella di plasma alla posizione R congelata sulla linea di forza. Essa è soggetta alla forza centrifuga $F_c = \Omega_0^2 r$ perpendicolare all'asse di rotazione e alla forza gravitazionale verso il buco nero $F_g = GM / \left[r^2 + z^2 \right]$ (r è la coordinata radiale nel disco, z l'elevazione rispetto al disco). Vi è anche una forza magnetica $\mathbf{J} \times \mathbf{B}$ che tuttavia non ha componente lungo la linea di forza. Per valutare la direzione della spinta alla particella di plasma lungo la linea di forza occorre calcolare le componenti delle forze agenti lungo la direzione PQ. È più comodo lavorare con il potenziale effettivo (centrifugo più gravitazionale):

$$\phi(r,z) = -\frac{GM}{r_0} \left[\frac{1}{2} \left(\frac{r}{r_0} \right)^2 + \frac{r_0}{(r^2 + z^2)^{1/2}} \right] . \tag{8.59}$$

Nell'ipotesi di lavorare nelle vicinanze del disco possiamo porre $r = r_0 + r'$, si sviluppa il potenziale per r' e $z < r_0$ e si tengono solo i termini dell'ordine di $1/r_0^2$:

$$\phi(r,z) \approx -\frac{GM}{r_0} \left[\frac{3}{2} + \frac{3}{2} \left(\frac{r'}{r_0} \right)^2 - \frac{1}{2} \left(\frac{z}{r_0} \right)^2 \right] . \tag{8.60}$$

Se s è la distanza da P lungo la linea di forza risulta $r' = s \cos\alpha$ e $z = s \sin\alpha$. Per ottenere la forza lungo PQ dobbiamo derivare il potenziale ϕ rispetto a s:

$$-\frac{\partial \phi}{\partial s} = \frac{GMs}{r_0^3} \left(3\cos^2\alpha - \sin^2\alpha \right) . \tag{8.61}$$

Pertanto se $\alpha < 60°$ la particella di plasma è spinta via lungo la linea di forza, per angoli maggiori è catturata dal buco nero. È utile pensare ad una semplice analogia della forza agente su una pallina infilata su un filo rotante spinta verso l'alto dalla forza centrifuga.

Quella ora discussa è la parte centrifuga del meccanismo di accelerazione immediatamente al di sopra del disco di accrescimento. Oltre questa regione la rotazione differenziale produce una deformazione delle linee di forza magnetiche con creazione di una componente toroidale; la forza di Lorentz accelera il flusso di particelle nella direzione dell'asse di rotazione. Per rappresentare questo processo si usano le equazioni MHD per il caso di conduttività infinita, ricercando una situazione stazionaria ($\partial / \partial t \equiv 0$):

$$\nabla \cdot (\rho \mathbf{v}) = 0 \tag{8.62}$$

$$\rho (\mathbf{v} \cdot \nabla) \mathbf{v} - (\mathbf{B} \cdot \nabla) \frac{\mathbf{B}}{4\pi} = -\nabla \left(p + \frac{B^2}{8\pi} \right) - \rho \nabla \Phi \tag{8.63}$$

$$\nabla \cdot \left[\rho \mathbf{v} \left(\frac{v^2}{2} + w + \Phi \right) + \frac{1}{4\pi} \mathbf{B} \times (\mathbf{v} \times \mathbf{B}) \right] = 0 \tag{8.64}$$

$$\nabla \times (\mathbf{v} \times \mathbf{B}) = 0 \tag{8.65}$$

dove w è l'entalpia specifica. Si assume che sul disco siano ancorate le linee di flusso magnetico di un campo a simmetria assiale corotanti con il disco stesso; si dimostra che in coordinate cilindriche (r, ϕ, z) il campo può essere scritto $\mathbf{B} = (B_r, B_\phi, B_z)$ per mezzo di una componente poloidale e una toroidale:

$$\mathbf{B} = \mathbf{B}_p + B_\phi \hat{\phi} \tag{8.66}$$

$$\mathbf{B}_p \equiv (B_r \hat{\mathbf{r}}, B_z \hat{\mathbf{z}}) = \frac{1}{r}\left(-\frac{\partial \psi}{\partial z}\hat{\mathbf{r}}, \frac{\partial \psi}{\partial r}\hat{\mathbf{z}}\right) \tag{8.67}$$

$$\mathbf{B}_t = B_\phi \hat{\phi} \tag{8.68}$$

dove ψ è la funzione di flusso. Le linee di campo sono avvolte intorno a superfici $\psi = $ costante a simmetria assiale intorno all'asse del cilindro. Il plasma uscente dal disco rimane congelato lungo le linee di forza del campo e la sua velocità può essere scritta:

$$\mathbf{v} = \frac{k(\psi)\mathbf{B}}{4\pi\rho} + r\omega(\psi)\hat{\phi} \tag{8.69}$$

dove k è un fattore di struttura e ω la velocità angolare; hanno un andamento spaziale equivalente $(\mathbf{B}\cdot\nabla)k = (\mathbf{B}\cdot\nabla)\omega = 0$. Il secondo termine puramente toroidale diventa dominante lontano dall'asse.

Il flusso ammette due costanti del moto, per l'energia specifica:

$$e(\psi) = \frac{1}{2}\mathbf{v}^2 + w + \Phi - \frac{\omega r B_\phi}{k} \tag{8.70}$$

(w entalpia) e per il momento angolare specifico:

$$l(\psi) = r\mathbf{v}_\phi - \frac{rB_\phi}{k} . \tag{8.71}$$

Il moto nella direzione z, che rappresenta quindi il moto del getto, viene ricavato dall'equazione di continuità e dalla componente z dell'equazione del moto:

$$\nabla\cdot(\rho\mathbf{v}) = 0 \tag{8.72}$$

$$\rho(\mathbf{v}\cdot\nabla)\mathbf{v}_z = -\frac{\partial p}{\partial z} - \rho\frac{\partial \Phi}{\partial z} - \frac{1}{8\pi}\frac{\partial B^2}{\partial z} + \frac{1}{4\pi}(\mathbf{B}\cdot\nabla)B_z \tag{8.73}$$

oltre ad un'equazione di stato $p = p(\rho)$. Il problema generale è di difficile soluzione; Blandford e Payne hanno proposto una soluzione auto-similare. Si assume che una linea di flusso magnetico sia descritta da:

$$\mathbf{r} = [r_0\xi(\chi)\hat{\mathbf{r}}, \phi\hat{\phi}, r_0\chi\hat{\mathbf{z}}] \tag{8.74}$$

in cui rimane fissata la dipendenza da r_0, raggio all'intersezione della linea di flusso con il disco, e che tutte le grandezze scalino con il raggio lungo ogni data direzione $\tan\theta = z/r = \chi/\xi$, che fissa appunto il valore di χ. Per definizione di linea di flusso magnetico il vettore di campo magnetico deve essere (l'apice indica derivazione rispetto a χ):

$$\mathbf{B} \propto \left[r_0 \xi'(\chi)\hat{\mathbf{r}}, \ \phi'\hat{\phi}, \ r_0\hat{\mathbf{z}} \right] \tag{8.75}$$

e la velocità di flusso sulla base della (8.69) può essere scritta nella forma:

$$\mathbf{v} = \left(\frac{GM}{r_0} \right)^{1/2} \left[\xi'(\chi)f(\chi)\hat{\mathbf{r}}, \ g(\chi)\hat{\phi}, \ f(\chi)\hat{\mathbf{z}} \right] . \tag{8.76}$$

La soluzione del problema consiste quindi nella determinazione di $f(\chi)$ e $g(\chi)$. Senza entrare nei dettagli del calcolo, possiamo indicare che le soluzioni dipendono dai valori delle costanti del moto $\varepsilon = e/(GM/r_0)$ e $\lambda = l/(GMr_0)^{1/2}$ e dal parametro di struttura k, riscritto in forma adimensionale con $\xi_0' = \xi'(\chi = 0)$:

$$\kappa = k\sqrt{1 + \xi_0'^2} \frac{(GM/r_0)}{B_0} \tag{8.77}$$

che definisce se il sistema sia dominato dal tensore di Reynolds (forze inerziali) o di Maxwell (forze magnetiche). Esistono soluzioni di flussi che diventano superalfvenici e collimati solo per opportuni valori di queste costanti e dalle condizioni iniziali prima viste nel caso puramente balistico sull'angolo $\xi_0' = \cot\theta$ con cui il campo magnetico emerge dal disco a $\chi = 0$ (per un disco kepleriano $\theta \leq 60°$). In particolare la condizione di superalfvenicità richiede $\kappa\lambda\sqrt{2\lambda - 3} > 1$ e quella di collimazione $\kappa < 1$ e $\kappa(2\lambda - 3)^{3/2} > 3$.

Come nelle soluzioni di vento alla Parker studiate nel precedente capitolo, anche nel caso MHD la soluzione di vento deve attraversare i punti critici in cui la velocità eguaglia le velocità tipiche di propagazione dei segnali in un sistema magnetizzato (vedi Appendice I). Tali velocità sono la velocità di Alfvén $v_A = B/(4\pi\rho)^{1/2}$ e le velocità magnetosoniche veloci $v_{fm} \sim \sqrt{v_A^2 + v_s^2}$ e lente $v_{sm} \sim \sqrt{v_A^2 v_s^2/(v_A^2 + v_s^2)}$. Esistono pertanto più punti critici che la soluzione deve attraversare. La soluzione di vento rilevante corrisponde al caso in cui la velocità del flusso supera la velocità magnetosonica veloce.

Le equazioni per il flusso (8.72) e (8.73) precedentemente ricavate forniscono la soluzione nella variabile $m = 4\pi\rho \left(v_r^2 + v_z^2 \right) / \left(B_r^2 + B_z^2 \right)$, il quadrato del *numero di Mach sonico-alfvenico*, che deve passare attraverso il punto sonico-alfvenico $m = 1$, All'interno di questo punto il flusso è dominato dal campo magnetico come discusso nel semplice caso balistico; il plasma è congelato nel campo e coruota con il disco, il campo magnetico è *force-free* (flusso parallelo alle linee di campo). Oltre il punto sonico l'inerzia del plasma impedisce la corotazione, per cui il plasma trascina il campo con sé creando una componente toroidale che diventa dominante a grandi z. Il campo toroidale fornisce consistentemente una buona collimazione del getto (effetto di *hoop-stress*).

La Fig. 8.11 rappresenta le linee di flusso del plasma proiettate nel piano poloidale (r, z) nel caso $\kappa = 0.03$ e $\lambda = 30$, nell'ipotesi inoltre di un plasma freddo, trascurando cioè i termini di pressione nelle equazioni. La linea tratteggiata $m = 1$ mostra l'auto-similarità sulle linee di flusso lungo la direzione radiale nel disegno.

Le linee punteggiate indicano inoltre il rapporto tra campo toroidale e poloidale $\alpha = \arctan |B_\varphi/B_p|$. Nella Fig. 8.11 sono dati gli andamenti delle velocità e dei campi magnetici lungo le linee di flusso. È anche indicato l'andamento del quadrato del *numero di Mach magnetosonico veloce* $n = 4\pi\rho \left(v_r^2 + v_z^2\right)/B^2$.

Le soluzioni stazionarie del modello di Blandford e Payne corrispondono a due tipi di flussi:

- getti magnetosonici veloci in cui per $z \to \infty$ la velocità raggiunge il numero di Mach magnetosonico veloce $n \to 1$, con 1/3 della potenza in potenza cinetica e 2/3 in flusso di Poynting;
- getti super-magnetosonici veloci in cui per $z \to \infty$ le velocità $n \gg 1$, con forte focalizzazione sull'asse di rotazione e tutta la potenza rimane in potenza cinetica.

Lontano dall'asse tutte le soluzioni danno flussi divergenti, rappresentano cioè un vento esteso che tuttavia è fondamentale nell'estrarre momento angolare dal disco. La potenza totale del getto risulta:

$$L = \frac{\kappa(\lambda - 3/2)}{1 + \xi_0'^2} B_{min}^2 r_{min}^2 \left(\frac{GM}{r_{min}}\right)^{1/2} \tag{8.78}$$

dove campo e raggio sono calcolati al raggio interno del disco r_{min}. Per i valori dei dischi di accrescimento di stelle e galassie attive queste potenze sono adeguate a sostenere la loro luminosità e dinamica.

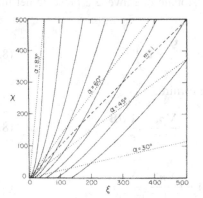
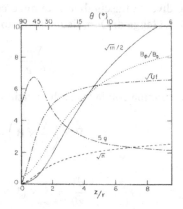

Fig. 8.11 *Sinistra*: Linee di flusso proiettate sul piano poloidale (ξ, χ) per la soluzione $\kappa = 0.03$, $\lambda = 30$. La linea $m = 1$ rappresenta la posizione del punto sonico-alfvenico e mostra l'andamento auto-similare delle soluzioni in quanto incontra le linee di flusso allo stesso angolo. Le linee punteggiate rappresentano l'angolo di incidenza del campo magnetico $\alpha = \arctan |B_{toroidale}/B_{poloidale}|$. *Destra*: Il numero di Mach sonico-alfvenico $\sqrt{m}$, il numero di Mach magnetosonico veloce $\sqrt{n}$, la velocità poloidale $\sqrt{U}f$, la velocità toroidale g, e il rapporto tra campo toroidale e poloidale, lungo una linea di flusso

8.2.4 Origine e amplificazione dei campi magnetici

Campi magnetici sono presenti in tutte le strutture cosmiche, ma la loro origine è relativamente difficile da interpretare, tenendo conto che, poiché essi diffondono molto lentamente, anche richiedono lunghi tempi per raggiungere i valori osservati. Possiamo dividere il problema in due fasi: quella dell'origine di un campo magnetico seme e quella della sua amplificazione.

Il meccanismo generalmente accettato per la generazione del campo seme è il **meccanismo a batteria** proposto da Biermann nel 1950. Esso parte dalla considerazione che l'equazione magnetoidrodinamica non permette di creare un campo magnetico a partire da un campo nullo. D'altra parte tale equazione è stata ottenuta nel limite MHD eliminando il campo elettrico attraverso ad una forma semplificata della legge di Ohm. Nella cosiddetta *legge di Ohm generalizzata* si tiene invece conto degli effetti del moto degli elettroni la cui girazione differisce sensibilmente da quella degli ioni [vedi l'Appendice H, Eq. (H.42)]:

$$\frac{\partial \mathbf{J}}{\partial t} + \Omega_e \mathbf{J} \times \frac{\mathbf{B}}{B} - \frac{e^-}{2m^-} \nabla p + v_c \mathbf{j} = \frac{n^- e^{-2}}{m^-} \left(\mathbf{E} + \frac{\mathbf{V}}{c} \times \mathbf{B} \right) . \qquad (8.79)$$

Nel limite MHD i primi due termini a sinistra sono trascurati perché proporzionali alla massa degli elettroni (piccola) e il terzo perché a piccoli raggi di girazione la pressione rimane uniforme. Tuttavia nel caso $\mathbf{B} = 0$ la girazione acquista un raggio infinito e quindi questo termine deve essere mantenuto ($p_e \approx p/2$). Su grandi scale invece diventa trascurabile il termine collisionale che invece è presente nel limite MHD. La legge di Ohm risulta pertanto:

$$-\frac{\nabla p_e}{n^- e^-} = \left(\mathbf{E} + \frac{\mathbf{V}}{c} \times \mathbf{B} \right) \qquad (8.80)$$

che si combina con la legge di induzione a fornire:

$$\nabla \times \left(\frac{\mathbf{V}}{c} \times \mathbf{B} \right) + \nabla \times \frac{\nabla p_e}{n^- e^-} = \frac{1}{c} \frac{\partial \mathbf{B}}{\partial t} \qquad (8.81)$$

ossia:

$$\frac{\partial \mathbf{B}}{\partial t} = \nabla \times (\mathbf{V} \times \mathbf{B}) - c \frac{\nabla n^- \times \nabla p_e}{(n^-)^2 e^-} . \qquad (8.82)$$

Il secondo termine a destra è non nullo anche in assenza di campo magnetico, ed è il termine di batteria di Biermann. Ovviamente ha effetto solo se esiste un non allineamento tra i gradienti di densità e di pressione (flussi non barotropici). Una tale situazione si verifica sotto l'azione di fronti d'urto di dimensioni finite che si formano ad esempio nei collassi protogalattici o protostellari. Il plasma viene localmente compresso e riscaldato sotto l'azione dell'onda d'urto; dopo il passaggio del fronte la porzione di plasma sollecitata si rilassa dinamicamente verso la condizione originaria, ma la sua temperatura e pressione rimangono elevate rispetto al plasma a riposo sui lati. Si ha quindi una configurazione di gradiente di densità residuo nella direzione di propagazione del fronte e di gradiente di pressione nella direzione perpendicolare. Altre configurazioni utili sono basate su effetti di rotazione in cui la forza centrifuga agisce differentemente su protoni ed elettroni causando una corrente relativa. I campi magnetici che vengono prodotti con il meccanismo di batteria sono stimati dell'ordine di 10^{-20} G nei dischi protogalattici. Allo stesso livello di intensità del campo si può giungere utilizzando il moto relativo della materia delle protogalassie rispetto alla radiazione di fondo cosmologica: in tal caso gli elettroni subiscono una diffusione sui fotoni molto superiore a quella dei protoni e di nuovo si verifica una situazione di moto relativo tra protoni ed elettroni combinata con l'effetto centrifugo.

Una volta creato un campo magnetico seme, la sua amplificazione avviene attraverso il termine dinamo $\nabla \times (\mathbf{V} \times \mathbf{B})$. Le configurazioni necessarie per produrre una dinamo efficiente sono complesse in quanto un teorema dovuto a Cowling (1934) mostra che non è possibile costruire un campo magnetico poloidale in un sistema rotante a simmetria assiale: una dinamo deve quindi essere un processo a struttura tridimensionale. Inoltre, come nel caso delle pulsar, appare facile amplificare un campo congelato nel plasma semplice con una contrazione dell'elemento fluido; ma in tal modo si producono campi su piccole scale non correlate, mentre osserviamo campi magnetici globali su grandi scale nelle stelle e nelle galassie.

Riferimenti bibliografici

1. R.M. Kulsrud – *Plasma Phsyics for Astrophysics*, Princeton University Press, 2005
2. A.R. Choudhuri – *The Physics of Fluids and Plasmas - An Introduction for Astrophysicists*, Cambridge University Press, 1998
3. S. Chandrasekhar – *Hydrodynamic and Hydromagnetic Stability*, Clarendon Press,1961

9

Meccanismi di irraggiamento

Si tratta di un capitolo molto vasto, che va dalla fisica atomica e molecolare alle interazioni di alta energia. In questo capitolo tratteremo brevemente i casi di maggior rilevanza per la comprensione delle successive applicazioni astrofisiche. Ulteriori dettagli sono discussi nell'Appendice J. Una completa trattazione può essere trovata ad esempio nel testo di Rybicki e Lightman [1].

9.1 Radiazione da cariche libere accelerate

Nel 1930 Anderson osservò che le perdite di energia degli elettroni nell'attraversamento della materia sono maggiori di quanto previsto per le perdite per ionizzazione (vedi l'Appendice J) e attribuì correttamente questo fatto alla presenza di un'interazione con il campo coulombiano dei nuclei atomici e conseguente irraggiamento elettromagnetico. Al processo venne appunto dato il nome di *bremsstrahlung* (dal tedesco radiazione di frenamento). Si tratta in effetti di radiazione per transizioni libero-libero nel linguaggio quantistico.

Si può ricavare l'espressione per le perdite radiative nel **limite classico della teoria della radiazione** assumendo che la lunghezza di De Broglie delle particelle emettenti sia molto inferiore alle dimensioni del sistema, $h/p \ll r$, e che le perdite radiative siano piccole rispetto all'energia totale della particella, $h\nu \ll \varepsilon$. Ci riferiremo essenzialmente agli elettroni, in quanto le perdite, come vedremo, sono $\propto m^{-2}$ e quindi trascurabili per protoni e nuclei atomici rispetto alle perdite per ionizzazione.

Per il calcolo dell'energia irraggiata è spesso utile lavorare non nel riferimento di laboratorio ma in quello di riposo delle particelle dove le particelle non si muovono a velocità relativistiche e quindi si può usare la dinamica classica; infatti vale l'invariante relativistico per la potenza emessa istantaneamente:

$$\frac{dE}{dt} = \frac{dE'}{dt'} \tag{9.1}$$

Ferrari A.: Stelle, galassie e universo. Fondamenti di astrofisica.
© Springer-Verlag Italia 2011

in quanto

$$dE = \gamma dE' \qquad dt = \gamma dt' \qquad (9.2)$$

per cui la potenza nel sistema a riposo corrisponde a quella osservata.

9.1.1 Trattazione euristica di Thomson della formula di Larmor

Si consideri una carica inizialmente a riposo che subisce una piccola accelerazione che la porta alla velocità Δv al tempo Δt. Come mostrato in Fig. 9.1, il campo istantaneo a simmetria radiale viene perturbato da un impulso di campo elettrico azimutale E_θ che si propaga a velocità c. In approssimazione di moto non relativistico (nel riferimento a riposo), $\Delta v \ll c$, si ricava facilmente che al tempo t il campo è perturbato nel seguente modo:

$$\frac{E_\theta}{E_r} = \frac{\Delta v\, t \sin\theta}{c\Delta t} \qquad (9.3)$$

dove la legge di Coulomb fornisce:

$$E_r = \frac{q}{r^2}, \qquad r = ct \qquad (9.4)$$

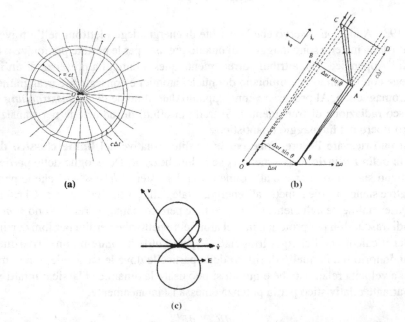

(a)

(b)

(c)

Fig. 9.1 Metodo di Thomson per dimostrare la radiazione di una carica accelerata: (a) diagramma schematico delle linee di forza del campo elettrico prodotto da una carica che cambi velocità di Δv in un tempo Δt; (b) ingrandimento delle linee di campo per il calcolo della variazione del campo azimutale; (c) diagramma polare dell'irraggiamento [1]

e quindi

$$E_\theta = \frac{q\,(\Delta v/\Delta t)\sin\theta}{c^2 r} = \frac{q\ddot{r}\sin\theta}{c^2 r} = \frac{\ddot{p}\sin\theta}{c^2 r} \tag{9.5}$$

dove si è usata la definizione di momento di dipolo elettrico $\mathbf{p} = q\mathbf{r}$; si noti come la perturbazione abbia un caratteristico andamento di campo di radiazione $E_\theta \propto r^{-1}$. L'impulso elettromagnetico di E_θ porta un flusso di Poynting (energia per unità di area e di tempo) $\propto (c/4\pi)\,|\mathbf{E}\times\mathbf{B}| = (c/4\pi)\,E_\theta^2$. Di conseguenza sull'angolo solido $d\Omega$ a distanza r intorno all'area $dA = r^2 d\Omega$ si avrà una perdita radiativa:

$$\left(-\frac{dE}{dt}\right)_{rad} d\Omega = \frac{|\ddot{\mathbf{p}}|^2 \sin^2\theta}{4\pi c^3 r^2} r^2 d\Omega = \frac{|\ddot{\mathbf{p}}|^2 \sin^2\theta}{4\pi c^3} d\Omega \tag{9.6}$$

che integrata sull'intero angolo solido porta alla *formula di Larmor*:

$$\left(-\frac{dE}{dt}\right)_{rad} = \frac{2\,|\ddot{\mathbf{p}}|^2}{3c^3} = \frac{2q^2\,|\ddot{\mathbf{r}}|^2}{3c^3} \tag{9.7}$$

che è scritta nel riferimento a riposo della particella; l'accelerazione è cioè l'accelerazione propria, mentre l'energia irraggiata istantaneamente è anche quella misurata nel laboratorio. In figura è riportato il diagramma polare dell'irraggiamento: esso è nullo nella direzione dell'accelerazione e massimo della direzione perpendicolare. La radiazione è polarizzata con il campo elettrico nella direzione del vettore di accelerazione. La formula di Larmor può essere utilizzata in prima approssimazione per ricavare l'emissione da una o più cariche in funzione del momento di dipolo: si parla appunto di irraggiamento in *approssimazione di dipolo*. Multipoli successivi di ordine n hanno irraggiamenti più deboli di fattori c^{-2}.

9.2 Bremsstrahlung

Si calcoli ora lo spettro dell'irraggiamento di un elettrone che si muova nel campo di ioni e nuclei atomici (le collisioni tra particelle identiche non danno origine a radiazione all'ordine di dipolo). L'irraggiamento è inversamente proporzionale alla massa per cui in un gas ionizzato sono soprattutto gli elettroni ad emettere. Inoltre, poiché più massivi, gli ioni possono sempre essere considerati a riposo.

L'accelerazione dell'elettrone nel riferimento a riposo da parte di una singola carica Ze è ([2]):

$$a_\parallel = -\frac{eE_\parallel}{m_e} = \frac{\gamma Z e^2 vt}{m_e \left[b^2 + (\gamma vt)^2\right]^{3/2}} \tag{9.8}$$

$$a_\perp = -\frac{eE_\perp}{m_e} = \frac{\gamma Z e^2 b}{m_e \left[b^2 + (\gamma vt)^2\right]^{3/2}} \tag{9.9}$$

dove b è il parametro d'impatto. Si possono trascurare eventuali effetti da parte di un campo magnetico. Si prendono ora le trasformate di Fourier delle accelerazioni e le si usa per il calcolo dello spettro $I(\omega)$ della radiazione totale emessa da un singolo elettrone che interagisca con un solo ione:

$$I(\omega) = \frac{4e^2}{3c^3}\left[\left|a_{\parallel}(\omega)\right|^2 + \left|a_{\perp}(\omega)\right|^2\right] \tag{9.10}$$

$$= \frac{8Z^2e^6}{3\pi c^3 m_e^2}\frac{\omega^2}{\gamma^2 v^2}\left[\frac{1}{\gamma^2}K_0^2\left(\frac{\omega b}{\gamma v}\right) + K_1^2\left(\frac{\omega b}{\gamma v}\right)\right] \tag{9.11}$$

dove gli integrali per l'accelerazione parallela e perpendicolare alla velocità iniziale $I_{1,2}$ sono legati alle funzioni di Bessel di ordine 0 e 1 $K_{0,1}$: come mostrato in Fig. 9.2 il termine proveniente dall'accelerazione trasversa risulta sempre dominante. Ad alte frequenze l'andamento è:

$$I_{hf}(\omega) = \frac{4Z^2e^6}{3\pi c^3 m_e^2}\frac{1}{\gamma v^3}\left[\frac{1}{\gamma^2}+1\right]\exp\left(-\frac{2\omega b}{\gamma v}\right) \tag{9.12}$$

dove si ritrova il tempo effettivo di collisione $\tau = 2b/\gamma v$; il taglio esponenziale indica come non vi sia emissione a frequenze superiori a $\sim \tau^{-1}$. A basse frequenze l'andamento spettrale è:

$$I_{lf}(\omega) = \frac{8Z^2e^6}{3\pi c^3 m_e^2}\frac{1}{b^2 v^2}\left[1 - \frac{1}{\gamma^2}\left(\frac{\omega b}{\gamma v}\right)^2\ln^2\left(\frac{\omega b}{\gamma v}\right)\right] \tag{9.13}$$

che per $\omega \ll \tau^{-1}$ porta al valore costante

$$K = \frac{8Z^2e^6}{3\pi c^3 m_e^2}\frac{1}{b^2 v^2}. \tag{9.14}$$

Per un elettrone che si muove in presenza di più ioni, si integra infine su tutti i valori del parametro d'impatto che contribuiscono a ω. Trasformando nel sistema

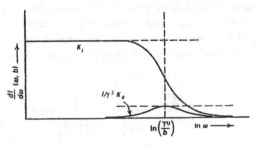

Fig. 9.2 Lo spettro di bremsstrahlung prodotto dall'accelerazione di un elettrone parallela e perpendicolare alla velocità iniziale

di riferimento comovente con l'elettrone dove la densità di nuclei risulta $N' = \gamma N$ (N è il valore nel laboratorio), si ottiene:

$$I(\omega') = \int_{b_{\min}}^{b_{\max}} 2\pi b \gamma N v K \, db$$

$$= \frac{16 Z^2 e^6 \gamma N}{3 c^3 m_e^2 v} \ln\left(\frac{b_{\max}}{b_{\min}}\right). \tag{9.15}$$

9.2.1 Bremsstrahlung non-relativistico e termico

Trascurando gli effetti relativistici ($\gamma \to 1$, si tralasciano gli apici) si ottiene:

$$I(\omega) = \frac{16 Z^2 e^6 N}{3 c^3 m_e^2 v} \ln\left(\frac{b_{\max}}{b_{\min}}\right) \tag{9.16}$$

e si fissano i limiti dei parametri d'impatto:

$$b_{\max} = v/\omega, \tag{9.17}$$

$$b_{\min} = \begin{cases} Z e^2 / 2 m_e v^2 & T \le 10^4 \text{ K} \\ \hbar / 2 m_e v & T \ge 10^4 \text{ K} \end{cases} \tag{9.18}$$

$$\Lambda = \frac{b_{\max}}{b_{\min}} = \begin{cases} 2 m_e v^3 / Z e^2 \omega \\ 2 m_e v^2 / \hbar \omega. \end{cases} \tag{9.19}$$

Integrando su tutte le frequenze si ricava l'energia totale persa per **bremsstrahlung da una particella non relativistica:**

$$-\left(\frac{dE}{dt}\right)_{brems} = \int_0^{\omega_{\max}} I(\omega) \, d\omega$$

$$\approx \frac{8 Z^2 e^6 N v}{3 c^3 m_e \hbar} \ln \Lambda \tag{9.20}$$

$$\approx \text{costante} \times Z^2 N v \propto E^{1/2}.$$

Si passa infine all'integrazione su una distribuzione maxwelliana di elettroni:

$$N_e(v) dv = 4\pi N_e \left(\frac{m_e}{2\pi kT}\right)^{3/2} v^2 \exp\left(-\frac{m_e v^2}{2kT}\right) dv \tag{9.21}$$

per ottenere l'**emissività di bremsstrahlung termico** da un plasma a temperatura T. Il calcolo dell'espressione generale risulta piuttosto pesante. Si possono invece facilmente ottenere i limiti di basse e alte frequenze. Esistono formule di approssimazione nei vari regimi $\omega = 2\pi \nu$:

$$\varepsilon_\nu = \frac{64\pi}{3}\left(\frac{\pi}{6}\right)^{1/2}\frac{Z^2 e^6}{c^3 m_e^2}\left(\frac{m_e}{kT}\right)^{1/2}e^{\left(-\frac{h\nu}{kT}\right)}g_{ff}(\nu,T) =$$

$$= 6.8 \times 10^{-38}\frac{Z^2 N_e N}{T^{1/2}}e^{\left(-\frac{h\nu}{kT}\right)}g_{ff}(\nu,T)\,\text{ergs}^{-1}\text{cm}^{-3}\text{Hz}^{-1} \qquad (9.22)$$

dove g_{ff} è detto fattore di Gaunt:

$$\begin{aligned} \text{radio} \quad & g_{ff} = \left(\sqrt{3}/2\pi\right)\left[\ln\left(8k^3 T^3/\pi^2 e^4 \nu^2 Z^2\right) - \sqrt{\gamma}\right] \\ \text{raggi X} \quad & g_{ff} = \left(\sqrt{3}/\pi\right)\ln\left(kT/h\nu\right). \end{aligned} \qquad (9.23)$$

Infine la *brillanza totale* integrata sulle frequenze risulta:

$$-\left(\frac{dE}{dt}\right)_{brems} = \frac{32\pi e^6}{3hm_e c}\left(\frac{2\pi kT}{3m_e}\right)^{1/2}Z^2 N_e N\bar{g}$$

$$= 1.43 \times 10^{-27}T^{1/2}Z^2 N_e N\bar{g}\,\text{ergs}^{-1}\text{cm}^{-3} \qquad (9.24)$$

dove $\bar{g}$ è un fattore di Gaunt mediato sulle velocità. Si usano apposite tabelle per i valori dei vari parametri (vedasi ad esempio [1]).

9.2.2 Bremsstrahlung relativistico

Nel regime relativistico occorre utilizzare l'elettrodinamica quantistica. Tuttavia si possono ricavare alcuni risultati in modo semplice trattando il problema con il metodo dei quanti virtuali nel riferimento a riposo dell'elettrone. In tal caso l'effetto del campo elettrostatico dello ione può essere trattato come uno scattering Compton sull'elettrone. Di fatto risulta che la brillanza totale presenta solo una piccola correzione rispetto al caso non-relativistico:

$$\left(\frac{dE}{dt}\right)_{brems} = 1.43 \times 10^{-27}T^{1/2}Z^2 N_e N\bar{g}\left(1+4.4\times10^{-10}T\right)\text{ergs}^{-1}\text{cm}^{-3}. \quad (9.25)$$

9.2.3 Assorbimento da bremsstrahlung termico

Il principio di bilancio dettagliato tra emissione e assorbimento si ricava dall'equazione del trasporto radiativo (vedi § 3.8):

$$\frac{dI_\nu}{dx} = -\alpha_\nu I_\nu + j_\nu \qquad (9.26)$$

dove α_v è il coefficiente di assorbimento, $\kappa_v = \alpha_v/\rho$ l'opacità, $\varepsilon_v/4\pi = j_v/\rho$ l'emissività volumica). In un sistema in equilibrio termodinamico essa richiede che:

$$\alpha_v I_v = j_v \qquad (9.27)$$

dove I_v secondo la legge di Kirchhoff è l'intensità della radiazione di corpo nero, cioè lo spettro di Planck:

$$I_v = B_v = \frac{2hv^3}{c^2} \frac{1}{\exp(hv/kT) - 1} . \qquad (9.28)$$

Pertanto, usando l'espressione (9.22) per ε_v, l'espressione per α_v risulta:

$$\alpha_v \propto \frac{T^{-1/2}NN_e}{v^3} g_{ff}(v,T) [1 - \exp(-hv/kT)] \qquad (9.29)$$

con i limiti ad alte frequenze $hv \gg kT$

$$\alpha_v \propto \frac{NN_e}{v^3 T^{1/2}} g_{ff}(v,T) \qquad (9.30)$$

e alle basse frequenze $hv \ll kT$

$$\alpha_v \propto \frac{NN_e}{v^2 T^{3/2}} g_{ff}(v,T) . \qquad (9.31)$$

Si può ad esempio ricavare lo spettro di radiazione alle frequenze radio ($hv \ll kT$) da una regione compatta di idrogeno ionizzato (regione H II) cui corrisponde una profondità ottica:

$$\tau = \int \alpha_v dx \propto \int N_e^2 T^{-3/2} v^{-2} dx . \qquad (9.32)$$

Integrando l'equazione del trasporto:

$$\int_0^{I_v} \frac{dI'_v}{\rho(\varepsilon_v/4\pi - \kappa_v I'_v)} = \int_0^x dx' \qquad (9.33)$$

e nell'ipotesi che non esista contributo alla radiazione dal fondo, $I_v(0) = 0$, si ricava:

$$I_v(x) = \frac{\varepsilon_v}{4\pi\kappa_v} [1 - \exp(-\rho\kappa_v x)] \qquad (9.34)$$

che per $\tau_v = \alpha_v x \ll 1$ (regione trasparente) dà $I_v = (\varepsilon_v/4\pi)\rho x$, e per $\tau_v = \alpha_v x \gg 1$ (regione opaca) $I_v = j_v/\alpha_v = B_v = (2hv^3/c^2)[\exp(hv/kT) - 1]$, che si riduce a $I_v = 2v^2 kT/c^2$ per $hv \ll kT$. Pertanto per un dato spessore della nuvola, lo spettro cresce con v^2 alle basse frequenze e quindi si stabilizza su un valore costante per v tale che $\tau_v \sim 1$ (Fig. 9.3).

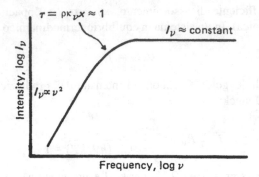

Fig. 9.3 Lo spettro da bremsstrahlung termico alle basse frequenze da una sorgente compatta di idrogeno ionizzato

9.3 Radiazione sincrotrone

Si indica con tale termine la radiazione emessa da particelle cariche che si muovono a velocità relativistiche in un campo magnetico e vengono deviate dal moto inerziale, proprio come avviene negli acceleratori di particelle che portano tale nome; in tal senso si usa spesso anche il termine di **bremsstrahlung magnetico**.

A velocità non-relativistiche l'emissione avviene alla frequenza di girazione

$$\Omega = \frac{eB}{mc} \qquad (9.35)$$

e alle sue armoniche, e si parla di emissione ciclotrone. Nel regime relativistico lo spettro di emissione diventa continuo.

9.3.1 Radiazione da elettroni singoli

Il calcolo viene effettuato a partire dalla (J.28) dell'Appendice J (con $\mathbf{E} = 0$). La potenza instantanea emessa su tutte le frequenze da un singolo elettrone con fattore di Lorentz γ che si muova in un campo magnetico $\mathbf{B}$ con angolo di incidenza ψ (*pitch angle*:)

$$P_{syn} = 2\sigma_T \, c\beta^2 \sin^2 \psi \, \gamma^2 U_B \qquad (9.36)$$

dove $U_B = B^2/8\pi$ è la densità di energia magnetica e $\sigma_T = (8\pi/3)\left(e^4/c^4 m_e^2\right)$ la sezione d'urto Thomson per l'interazione fotone-elettrone; il valore medio del termine di pitch angle è:

$$\langle \beta^2 \sin^2 \psi \rangle \to \frac{2}{3}\beta^2 \, . \qquad (9.37)$$

Come ricavato nell'Appendice J, l'emissione è concentrata in un cono di apertura $\sim 1/\gamma$ rispetto alla direzione della velocità instantanea. La frequenza di picco dell'emissione è:

$$\omega = 0.29\omega_c \qquad \omega_c = \frac{3}{2}\gamma^2\Omega_e\sin\psi\,, \qquad (9.38)$$

corrispondente alla frequenza $v_c \sim \gamma^2 B_{Gauss}$ MHz; il profilo spettrale è:

$$P_{v,syn} = \frac{\sqrt{3}}{2\pi}\frac{q^3 B\sin\psi}{mc^2}F(x) \qquad x = \frac{\omega}{\omega_c} \qquad (9.39)$$

$$F(x) \approx \frac{4\pi}{\sqrt{3}\Gamma\left(\frac{1}{3}\right)}\left(\frac{x}{2}\right)^{1/3} \qquad x \ll 1 \qquad (9.40)$$

$$\approx \left(\frac{\pi}{2}\right)^{1/2}e^{-x}x^{1/2} \qquad x \gg 1 \qquad (9.41)$$

e la funzione completa $F(x)$ è rappresentata in Fig. 9.4. La radiazione è polarizzata linearmente con indice

$$\Pi_L(v) = \frac{P_\perp - P_\parallel}{P_\perp + P_\parallel} \longrightarrow 75\%\,, \qquad (9.42)$$

praticamente indipendente dalla frequenza. È importante valutare il **tempo caratteristico di raffreddamento** entro cui l'elettrone irraggia una frazione sostanziale della propria energia:

$$t_{syn} = \frac{\gamma m_e c}{P_{syn}} = 5 \times 10^8 B_{Gauss}^{-2}\gamma^{-1}\text{s} = 6 \times 10^8 B_{Gauss}^{-3/2}v_{MHz}^{-1/2}\text{ s.} \qquad (9.43)$$

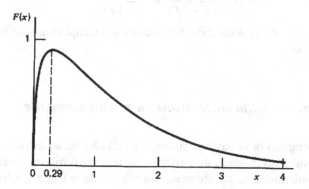

Fig. 9.4 La funzione spettrale per la radiazione sincrotrone da un elettrone singolo

9.3.2 Radiazione da elettroni con distribuzione di potenza in energia

È utile ricavare le caratteristiche della radiazione emessa da una distribuzione di cariche con spettro energetico differenziale che segue una legge di potenza con indice δ in presenza di un campo magnetico (medio) **B** uniforme e omogeneo:

$$n(\gamma) = n_{\gamma 0}\, \gamma^{-\delta} \qquad \gamma_L < \gamma < \gamma_U \qquad (9.44)$$

dove $\gamma = E/mc^2$ e γ_L, γ_u sono i limiti inferiore e superiore della distribuzione. L'emissività totale è in tal caso:

$$j_\nu \propto \int d\gamma\, n(\gamma)\, P_{\nu,syn} = c(\alpha)\, n_{\gamma 0}\, (B\sin\theta)^{\alpha+1}\, \nu^{-\alpha} \qquad (9.45)$$

$$\nu_L < \nu < \nu_U \qquad nu_{L,U} \sim \gamma_{L,U}^2\, \Omega_e \sin\psi \qquad (9.46)$$

dove $\alpha = (\delta - 1)/2$ e θ rappresenta l'angolo tra **B** e la linea di vista. Ne risulta dunque uno spettro di radiazione anch'esso espresso da una legge di potenza con indice spettrale α legato a quello delle particelle. Questo risultato è importante in quanto la maggior parte delle sorgenti astrofisiche sincrotrone hanno spettri non termici con legge di potenza di indice $\alpha \approx 0 \div 1$. Conseguentemente possiamo dedurne che gli elettroni emettenti hanno una distribuzione di potenza con $\delta \approx 1 \div 3$; ciò si accorda con il tipico spettro energetico dei raggi cosmici, e suggerisce che il meccanismo di accelerazione responsabile per produrre sia elettroni sia protoni sopratermici debba avere caratteristiche capaci di produrre uno spettro "universale".

Possiamo anche valutare a polarizzazione che risulta molto alta; è soprattutto rilevante quella lineare, che rappresenta una segnatura caratteristica dell'emissione sincrotrone:

$$\Pi_L = \frac{\delta + 1}{\delta + 7/3} = \frac{\alpha + 1}{\alpha + 5/3}. \qquad (9.47)$$

In pratica questo valore è ridotto dalle irregolarità dei campi magnetici e da effetti di depolarizzazione.

9.3.3 Autoassorbimento sincrotrone in nuvole compatte

Una sorgente compatta di radiazione sincrotrone dà origine ad autoassorbimento: infatti gli elettroni sono in grado di assorbire la stessa radiazione che emettono. I coefficienti di emissione e di assorbimento sono legati dalla legge di Kirchhoff che per una *distribuzione termica di particelle* isotropa comporta:

$$(\kappa_\nu)_{term} = \frac{j_\nu}{B_\nu(T)} \qquad (9.48)$$

che nel limite di Rayleigh-Jeans per le basse frequenze diventa:

$$(\kappa_\nu)_{term} \approx \frac{j_\nu c^2}{2\nu^2 k_B T} \ . \tag{9.49}$$

Per una *distribuzione a legge di potenza* $N(E)dE \propto E^{-\delta}dE$ il coefficiente di assorbimento viene calcolato essere:

$$\kappa_\nu \propto (B \sin \psi)^{(\delta+2)/2} \nu^{-(\delta+4)/2} \tag{9.50}$$

e pertanto lo spettro nella parte autoassorbita è dato dalla funzione sorgente:

$$S_\nu = \frac{j_\nu}{\kappa_\nu} = \frac{P_{\nu,syn}}{4\pi \kappa_\nu} \propto \nu^{5/2} \ . \tag{9.51}$$

Una derivazione più semplice di questo risultato si ottiene considerando che il flusso autoassorbito è dato dalla funzione sorgente nel limite di Rayleigh-Jeans $S_\nu \propto \nu^2 \bar{E}$, dove $\bar{E}$ è l'energia media di quegli elettroni la cui frequenza di picco sincrotrone corrisponde a ν, cioè $\bar{E} \propto \nu_c^{1/2} = \nu^{1/2}$, e quindi appunto $S_\nu \propto \nu^{5/2}$. Come mostrato nella Fig. 9.5 lo spettro alle alte frequenze corrisponde all'emissione di un plasma otticamente trasparente e dipende quindi dalla funzione di distribuzione delle particelle emettenti, mentre per basse frequenze l'autoassorbimento comporta uno spettro universale. La frequenza di inversione dello spettro a basse frequenze viene calcolato imponendo che la profondità ottica sia dell'ordine dell'unità; si ottiene [3]:

$$\nu_{abs} = c_1 (\alpha) \left[L n_{e0} (B \sin \psi)^{\alpha+3/2} \right]^{1/(\alpha+5/2)} \tag{9.52}$$

dove L è la profondità della sorgente lungo la linea di vista.

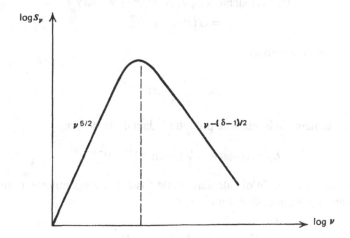

Fig. 9.5 Spettro sincrotrone di una nuvola di elettroni autoassorbita con distribuzione di potenza

Va notato tuttavia che i profili spettrali prodotti dalla somma di molte nuvole autoassorbite tendono ad essere più piatti di quelli prodotti da una singola sorgente.

9.3.4 Rotazione Faraday

La presenza di nuvole di plasmi magnetizzati contenenti elettroni liberi lungo la direzione di propagazione della radiazione comporta la rotazione del piano di polarizzazione delle onde polarizzate linearmente secondo l'effetto Faraday:

$$\Delta\vartheta = \frac{2\pi e^3}{m_e^2 c^2 \omega^2} \int_0^s n_{e,th} B_\parallel ds' . \tag{9.53}$$

Ciò causa una depolarizzazione causata dalle differenti rotazioni prodotte a diverse profondità della sorgente/mezzo esterno. L'effetto comporta difficoltà nell'interpretazione degli spettri osservati attraverso l'equazione del trasporto in mezzi magnetizzati.

9.3.5 Principio di minima energia in sorgenti sincrotrone

Nel 1956 Burbidge [3] pubblicò un importante lavoro che forniva un metodo per valutare le caratteristiche energetiche di sorgenti sincrotrone di dato volume V per produrre una data luminosità osservata L_ν. Per questo occorre definire i contenuti energetici in elettroni relativistici e campi magnetici. Assumendo che gli elettroni della sorgente abbiano uno spettro di potenza l'energia in elettroni relativistici è:

$$\begin{aligned} U_e &= \text{costante} \times L_\nu \nu^\alpha B^{-(1+\alpha)} \int \gamma^{1-\delta} d\gamma \\ &= G(\alpha) L_\nu B^{-3/2} \end{aligned} \tag{9.54}$$

e quella in campo magnetico:

$$U_B = \int \frac{B^2}{8\pi} dV. \tag{9.55}$$

Corrispondentemente la luminosità prodotta è data dalla (9.45):

$$L_\nu = \text{costante} \times V (B\sin\psi)^{1+\alpha} \nu^{-\alpha} . \tag{9.56}$$

La proposta di Burbidge fu di calcolare quale fosse l'energia minima richiesta per far funzionare la sorgente, cioè il minimo di

$$U_{tot} = G(\alpha) L_\nu B^{-3/2} + V\frac{B^2}{8\pi} \tag{9.57}$$

al variare del campo magnetico. Si ottiene immediatamente:

$$U_{tot,min} = \frac{7}{24\pi} V^{3/7} \left(6\pi G L_v\right)^{4/7} = 2 \times 10^{41} v_{GHz}^{2/7} L_v^{4/7} R^{9/7} \text{erg} \qquad (9.58)$$

$$B_{min} = \left(6\pi \frac{G L_v}{V}\right) \qquad (9.59)$$

$$p_{min} \approx 10^{-9} \left(\frac{j_v}{10^{-36}\text{ergs}^{-1}\text{Hz}^{-1}\text{sr}^{-1}\text{cm}^{-3}}\right)^{4/7} v_{MHz}^{2/7} \text{dyn cm}^{-2} \qquad (9.60)$$

$$U_e \sim \frac{4}{3} U_B . \qquad (9.61)$$

Il risultato mostra che la condizione di minima energia corrisponde ad una sostanziale equipartizione della stessa tra elettroni relativistici e campo magnetico, per cui si parla di energie di equipartizione e campi magnetici di equipartizione. Spesso le valutazioni delle proprietà fisiche delle sorgenti sincrotrone si basano su questo principio.

9.4 Radiazione per effetto Compton inverso

9.4.1 Diffusione di fotoni da elettroni relativistici

La diffusione di fotoni nello spazio dell'energia per interazione con elettroni ultrarelativistici è un meccanismo fondamentale nella determinazione della forma dello spettro emergente dalle sorgenti astrofisiche, specialmente alle alte energie. Infatti l'effetto Compton inverso permette agli elettroni ultrarelativistici di cedere energia ai fotoni portandoli a più alta frequenza: nell'astrofisica delle alte energie si parla proprio di radiazione da effetto Compton inverso. Studiando l'interazione fotone - elettrone nel sistema di riferimento dell'elettrone a riposo (che risulta perciò una semplice diffusione Thomson finché $\gamma \hbar v \ll m_e c^2$), e quindi trasformando al sistema di laboratorio ove l'elettrone ha fattore di Lorentz γ, si ottiene che l'energia irraggiata per Compton inverso da un elettrone che interagisca con un campo isotropo di fotoni di densità di energia U_{rad} segue un andamento simile alla formula dell'emissione sincrotrone salvo la sostituzione $U_B \longrightarrow U_{rad}$:

$$P_{IC} = \frac{4}{3} \sigma_T c \gamma^2 \beta^2 U_{rad} . \qquad (9.62)$$

Lo spettro della radiazione emergente dall'interazione di un elettrone di energia $\gamma m_e c^2$ con un fascio di fotoni monocromatici di frequenza v_0 è calcolato da Gould [1]; a parte un fattore dell'ordine dell'unità per elettroni ultrarelativistici, risulta essere:

$$I(v)dv \approx \frac{3\sigma_T c}{16\gamma^4} \frac{N(v_0)}{v_0^2} v dv \qquad (9.63)$$

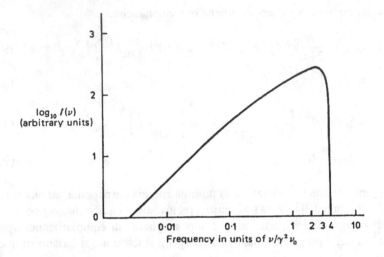

Fig. 9.6 Spettro di emissione da un elettrone per effetto Compton inverso

con un upper cut-off alla frequenza corrispondente ad un urto in cui il fotone viene riflesso indietro lungo la stessa direzione di arrivo (Fig. 9.6):

$$v_{max} \approx 4\gamma^2 v_0 .$$ (9.64)

Invece la frequenza media risultante v del fotone diffuso a partire da un fotone incidente v_0 è:

$$v = \frac{4}{3}\gamma^2 v_0 .$$ (9.65)

Infine si dimostra che la distribuzione spettrale da fotoni monocromatici diffusi da elettroni con distribuzione energetica del tipo legge di potenza $\propto \gamma^{-\delta}$ ha lo stesso andamento del caso dell'emissione sincrotrone salvo la sostituzione $U_B \longrightarrow U_{rad}$, e quindi produce uno spettro del tipo $v^{-\alpha}$.

9.4.2 Radiazione synchrotron-self-Compton (SSC)

Nelle sorgenti astrofisiche compatte, con alta densità di fotoni ed elettroni, i fotoni sincrotrone possono essere diffusi in energia per effetto Compton inverso dagli stessi elettroni che li producono. Pertanto lo spettro risultante è uno spettro sincrotrone modificato per self-Compton inverso con una componente alle alte frequenze ($\propto \gamma^2 n u_0$) avente lo stesso indice spettrale della componente sincrotrone che la origina:

$$P_{SSC}(v) \propto \int dv'\, v'^{-\alpha} \int d\gamma\, \gamma^{-\delta}\, \delta\left(v - \frac{4}{3}\gamma^2 v'\right) \propto v^{-\alpha} .$$ (9.66)

9.4.3 Limite radiativo per Compton inverso

In sorgenti radio compatte con elevate densità di energia in fotoni, può diventare importante la diffusione in energia di tipo Compton inverso di ordine superiore, cioè a più interazioni, il che può originare un effetto catastrofico che tende a portare tutti i fotoni sincrotrone alle alte frequenze. Tuttavia è chiaro che esiste una condizione di autolimitazione del processo in quanto la radiazione per effetto Compton inverso non può superare quella sincrotrone:

$$\frac{P_{IC}}{P_s} \leq 1 . \tag{9.67}$$

Tenendo conto che la radiazione Compton inverso è proporzionale alla densità di fotoni sincrotrone che può essere espressa in termini della temperatura di brillanza, mentre la radiazione sincrotrone è proporzionale alla densità di energia magnetica, si ottiene:

$$\frac{P_{IC}}{P_s} \approx \frac{U_{rad}}{U_B} \leq 1 . \tag{9.68}$$

Per una sorgente che emetta luminosità $L = L_s + L_{IC} = (1+q)L_s$ si pone:

$$U_{rad} = \frac{L_s}{4\pi R^2 c} < \frac{B^2}{8\pi} ; \tag{9.69}$$

il flusso di una sorgente compatta di dimensioni angolari $\Omega = \pi (R/D)^2$ nel limite di Rayleigh-Jeans $h\nu \ll k_B T_b$ è:

$$F_\nu = \Omega I_\nu \approx 2\frac{\nu^2}{c^2} k_B T_b \Omega . \tag{9.70}$$

L'emissione di una sorgente compatta corrisponde ad uno spettro di corpo nero alla temperatura di brillanza T_b che può essere calcolato approssimativamente

$$L_s(\nu) \approx \nu F_\nu 4\pi D^2 \approx \nu 2\frac{\nu^2}{c^2} k_B T_b \pi \left(\frac{R}{D}\right)^2 4\pi D^2 ; \tag{9.71}$$

ponendo che i fotoni vengano prodotti da elettroni aventi tipicamente energia $E_{el} \approx k_B T_b$ si ottiene:

$$\nu \approx A E_{el}^2 B \qquad \text{con } A \approx e/m^3 c^5 \tag{9.72}$$

e quindi $B \approx \nu/\left(A E_{el}^2\right) \approx \nu/\left[A \left(k_B T_b\right)^2\right]$ per cui sostituendo nella (9.69) si ottiene:

$$T_b \approx \frac{c^{3/5}}{(16\pi^2)^{1/5} \left(e/m_{el}^3 c^5\right)^{2/5} k_B \nu^{1/5}} \approx 9 \times 10^{13} \nu^{-1/5} \text{K} \tag{9.73}$$

che per una frequenza di 1 GHz corrisponde a

$$T_b \leq 10^{12} \text{K}. \tag{9.74}$$

Risolvendo per uno specifico spettro sincrotrone di potenza con pendenza $-\alpha$ tra ν_L e ν_u si ottiene:

$$T_b \leq 1.6 \times 10^{12} (1 - \alpha)^{4/5} \nu_{U,GHz}^{(\alpha-1)/5} \nu_{GHz}^{-\alpha/5} \text{K}. \tag{9.75}$$

Pertanto sorgenti radio compatte non possono avere temperature di brillanza superiori a questo limite. Naturalmente esistono modi di superare il limite utilizzando ad esempio effetti di *beaming*, che studieremo nell'ultimo paragrafo.

9.4.4 Comptonizzazione

In presenza di sorgenti compatte è possibile avere ripetute collisioni tra elettroni e fotoni. Ciò comporta una continua evoluzione delle distribuzioni energetiche sia degli elettroni sia dei fotoni. Kompaneets ha ricavato un'equazione di Fokker-Planck per i fotoni interagenti con elettroni non relativistici e ha valutato le condizioni per cui le distribuzioni raggiungono un equilibrio stazionario. In modo euristico possiamo dire che collisioni che portano a trasferimento di energia dai fotoni agli elettroni sono del tipo:

$$W_- = n_e \sigma_T c \int d\nu U_{rad} \left(\frac{h\nu}{m_e c^2} \right) \tag{9.76}$$

dove si è posto $\langle (\Delta \nu)/(\nu) \rangle = -(h\nu)/(m_e c^2)$; mentre quelle che portano energia dagli elettroni ai fotoni sono del tipo:

$$W_+ = n_e \sigma_T c \int d\nu U_{rad} \left(\frac{x k_B T_b}{m_e c^2} \right) \tag{9.77}$$

con $\langle (\Delta \nu)/(\nu) \rangle = (x k_B T_b)/(m_e c^2)$ e $x = 4$ all'equilibrio.

All'equilibrio dovrà essere $W_+ = W_-$, per cui la temperatura di equilibrio degli elettroni e la frequenza media dei fotoni per Comptonizzazione saranno:

$$T_C = \frac{h \langle \nu \rangle}{4 k_B} \qquad \langle \nu \rangle = \frac{\int d\nu \, \nu \, U_{rad}}{\int d\nu U_{rad}} . \tag{9.78}$$

La soluzione completa dell'equazione di Kompaneets per la distribuzione in energia di fotoni iniettati alla frequenza ν_0 in un plasma di elettroni con distribuzione a legge di potenza è del tipo:

$$n_{ph} \propto \nu^{-(3+\alpha)} \qquad \nu_0 < \nu < \nu_{recoil} \tag{9.79}$$

$$S_\nu \propto \nu^{-\alpha} . \tag{9.80}$$

9.5 Produzione di coppie

In sorgenti astrofisiche con grandi densità di fotoni X e gamma diventa importante nella definizione dello spettro dei fotoni (e delle particelle) il processo di produzione radiativa di coppie di elettroni - positroni:

$$\gamma + \gamma' \longleftrightarrow e^+ + e^- \tag{9.81}$$

la cui soglia è data dalla relazione

$$\nu_{\gamma'} > \left(\frac{m_e c^2}{h}\right)^2 \frac{2}{\nu_\gamma (1 - \mathbf{n}_\gamma \cdot \mathbf{n}_{\gamma'})} \tag{9.82}$$

dove $\mathbf{n}_\gamma \cdot \mathbf{n}_{\gamma'}$ rappresenta l'angolo di incidenza dei fotoni.

Una sorgente di raggio R e luminosità L_γ è otticamente spessa alla produzione di coppie quando:

$$\tau_{\gamma\gamma} = n_\gamma \sigma_T R \geq 1 \tag{9.83}$$

$$n_\gamma \sim \frac{E_{tot,\gamma}}{h\nu_\gamma} \sim \frac{L_\gamma}{4\pi R^2 c} \frac{1}{m_e c^2} \tag{9.84}$$

da cui si deriva il cosiddetto parametro di compattezza adimensionale:

$$\ell_\gamma = \frac{L_\gamma \sigma_T}{m_e c^3 R} \geq 4\pi . \tag{9.85}$$

Nel caso di regioni intorno a buchi neri dove alta è attesa essere la densità di fotoni, la luminosità critica per la produzione di coppie in unità della luminosità di Eddington L_E, usando le dimensioni della sorgente in unità del raggio gravitazionale R_g, è:

$$\frac{L_\gamma}{L_E} \geq \frac{2m_e}{m_p} \frac{R}{R_g} \sim 1.1 \times 10^{-3} \frac{R}{R_g} \tag{9.86}$$

che mostra come il processo possa diventare importante in sorgenti relativistiche compatte come le binarie X e i nuclei galattici attivi.

9.6 Doppler beaming

Qualora la sorgente di emissione sia dotata di velocità relativistica verso l'osservatore $\beta = \text{v}/c \to 1$, occorre tener conto dell'effetto Doppler relativistico che comporta uno shift della frequenza, dei periodi di variabilità e del flusso S ricevuti rispetto a quelli emessi per effetto (i) dell'aberrazione che porta la radiazione osservata in laboratorio ad essere concentrata nella direzione del moto e (ii) della dilatazione dei tempi. Le formule che esprimono tali variazioni sono qui riportate per riferimento, assumendo che θ sia l'angolo tra la direzione del moto e la direzione di vista:

$$v_{oss} \sim \gamma^{-1} (1 - \beta \cos \theta)^{-1} v_{em} \tag{9.87}$$

$$\tau_{oss} \sim \gamma (1 - \beta \cos \theta) \tau_{em} \tag{9.88}$$

$$S_{\nu,oss} \sim \gamma^{-3} (1 - \beta \cos \theta)^{-3} S_{\nu,em} \tag{9.89}$$

dove γ è il fattore di Lorentz del moto della sorgente. Inoltre la velocità apparente di espansione legata alla componente di velocità trasversa alla linea di vista è legata alla velocità della sorgente dalla relazione:

$$\beta_{app} \sim \frac{\sin \theta}{(1 - \beta \cos \theta)} \beta_{sorgente} \tag{9.90}$$

e può pertanto essere maggiore di 1; il massimo effetto relativistico corrisponde a $\beta_{app} = \gamma \beta_{sorgente}$ per $\theta = 1/\gamma^2$.

Riferimenti bibliografici

1. G.B. Rybicki, A.P. Lightman – *Radiative Processes in Astrophysics*, Wiley Interscience Publication, 1979
2. J.D. Jackson – *Classical Electrodynamics*, Third Edition, John Wiley & Sons Inc., 1998
3. A.G. Pacholczyk – *Radio Astrophysics*, W.H. Freeman, 1970

Accelerazione di particelle sopratermiche

Esistono molte sorgenti astrofisiche non termiche (brillamenti e burst solari, supernove, pulsar, sorgenti X binarie, sorgenti gamma, nuclei galattici attivi, radiogalassie, raggi cosmici) in cui si raggiungono energie relativistiche per elettroni e ioni, da pochi MeV fino a 10^{21} eV. La generazione di distribuzioni di particelle con "code" non-maxwelliane, tipicamente relativistiche, è un argomento particolarmente difficile da trattare in quanto necessariamente richiede di rinunciare alle tipiche approssimazioni di equilibrio termico e di descrizione in termini di valori medi.

La fisica del plasma è direttamente coinvolta in questo studio. In linea di principio si potrebbe ragionevolmente pensare di ottenere un'efficiente accelerazione di particelle cariche tramite campi elettromagnetici ordinati; tuttavia proprio la fisica del plasma indica che in astrofisica tale situazione risulta molto instabile, in quanto la grande conduttività elettrica del mezzo porta ad annullare rapidamente differenze di potenziale con alte densità di corrente. Tuttavia esistono alcuni casi in cui campi ordinati sono presenti, ad esempio nel caso della propagazione di onde elettromagnetiche di grande ampiezza di cui esiste evidenza nelle pulsar. In tale situazione si possono dunque avere meccanismi di accelerazione molto efficienti, tanto che nel caso delle pulsar si hanno indicazioni che si creino veri e propri venti di plasma relativistico.

Alternativamente il plasma può sostenere processi di accelerazione stocastica tramite campi disomogenei e variabili come quelli che si sviluppano ad opera di onde d'urto e in presenza di turbolenza. Tali campi vengono definiti dal comportamento generale del plasma termico, da trattarsi con le equazioni fluide viste nei precedenti capitoli. La popolazione sopratermica, nell'assunzione che contribuisca debolmente alla costituzione dei campi collettivi, può trarre energia dai modi per interazioni risonanti. Questo schema rientra nella *teoria quasi-lineare* o *debolmente nonlineare*.

Nel seguito considereremo tre tipi di accelerazione: (1) accelerazione da onde elettromagnetiche di grande ampiezza, (2) accelerazione stocastica in plasmi turbolenti e (3) accelerazione da onde d'urto (non collisionali). Questi meccanismi non sono gli unici possibili: si potrebbero considerare specificamente l'accelerazione da

Ferrari A.: Stelle, galassie e universo. Fondamenti di astrofisica.
© Springer-Verlag Italia 2011

oscillazioni di plasma, oppure l'effetto di campi "runaway" sugli elettroni. Tuttavia i principi fisici dei vari modelli proposti sono sostanzialmente inclusi nei tre discussi.

10.1 Accelerazione coerente

I processi in cui campi esterni accelerano coerentemente le particelle sono i più efficaci. Una situazione favorevole a questi processi si verifica nel modello canonico delle pulsar, stelle di neutroni magnetizzate e rotante (vedi 8.2.2); con campi superficiali fino a 10^{12} gauss e velocità angolari fino a 10^3 rad sec^{-1}. La rotazione del campo (dipolare) induce un'**onda elettromagnetica di bassa frequenza e grande ampiezza** che può accelerare particelle cariche della magnetosfera della stella, come ora vedremo. In Fig. 10.1 sono indicate le tipiche traiettorie di particelle che si trovino in presenza di campi **E** e **B** costanti e tra loro perpendicolari. Per $E < B$ la particella raggiunge la tipica velocità di drift elettrico $v_E = cE/B$ in un tempo dell'ordine del periodo ciclotrone mc/eB; la traiettoria consiste in oscillazioni di tipo cicloidale con drift nel piano perpendicolare ai campi (Appendice H.4). Per $E = B$ il moto di drift diventa relativistico nel senso che la velocità della particella tende asintoticamente a c, e la traiettoria diventa una pseudo-iperbole lungo la normale al piano dei campi. La particella accelera indefinitamente.

Nel caso di una particella che viene investita da un'onda piana la geometria dei campi è simile, ma la loro ampiezza varia nel tempo con frequenza ω. Per campi forti tuttavia il periodo di girazione $\omega_c^{-1} = mc/eB$, che rappresenta il tempo scala di accelerazione alla velocità di drift $\sim c$, può esser minore di ω^{-1}, cioè la particella vede campi praticamente costanti. In effetti quando $\nu = \omega_c/\omega \gg 1$ (si parla appunto di onda di grande ampiezza per distinguere il processo dall'effetto Compton), la particella è accelerata a velocità relativistiche prima che il campo dell'onda possa compiere un'oscillazione. La particella letteralmente "cavalca" l'onda, per cui "vede" un campo quasi costante. L'energia finale raggiunge $\approx \nu^2 mc^2$ (Fig. 10.2).

Per onde sferiche con campi $E, B \propto 1/r$, si calcola che l'energia finale della particella è invece $\approx \nu^{2/3} mc^2$. Se infine ci si riferisce al caso dei campi di un dipolo

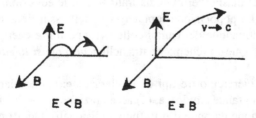

Fig. 10.1 Traiettorie di una particella carica in campi elettrico e magnetico costanti e tra loro perpendicolari

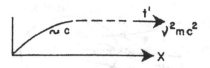

Fig. 10.2 Traiettoria di una particella carica in un'onda piana

magnetico rotante (cioè nel modello delle pulsar, § 8.2.2), con zone vicine $r \leq c/\omega$ aventi campi complessi e zone lontane $r \gg c/\omega$ aventi campi di onda sferica, e si tiene pure conto della reazione di radiazione che in questi casi diventa importante, l'energia finale della particella è $\approx \nu mc^2$.

Per una tipica pulsar con $B \sim 10^{12}$ gauss e $\omega \sim 10^3$ rad sec^{-1} si possono raggiungere energie finali $\geq 10^{17}$ eV per elettroni ($\nu_e = 10^{11}$) e per protoni ($\nu_p = 10^8$). Le pulsar divengono sorgenti di un vento relativistico che si espande nell'ambiente circumstellare dando origine a emissione non termica ad alta frequenza.

10.2 Accelerazione stocastica

Eventi di alta energia producono onde d'urto e turbolenza nei plasmi astrofisici. Una frazione delle particelle sopratermiche interagendo con queste strutture accumulano incrementi energetici che si sommano statisticamente sul tempo di vita: meccanismi di questo genere sono detti stocastici. Vale la pena discutere i meccanismi proposti in astrofisica sulla base di considerazioni generali e quindi tradurli nel formalismo della teoria dei plasmi.

10.2.1 Meccanismo di Fermi

Fermi suggerì che i raggi cosmici possono avere "collisioni" con nuvole magnetizzate in moto nel mezzo interstellare (Fig. 10.3) [1]. La collisione avviene attraverso a una "riflessione a specchio" (Appendice H.4.5) e la particella subisce un guadagno o una perdita di energia a seconda che la velocità della particella e della nuvola siano rispettivamente opposte (collisione *head-on*) o concordi (collisione *overtaking*). L'entità di tale guadagno o perdita è, utilizzando la teoria dell'urto nel caso relativistico (la nuvola è considerata di massa infinita):

$$\Delta E = \pm \frac{v}{c} E \qquad (10.1)$$

dove E è l'energia della particella e v la velocità della nuvola. Fermi mostrò che in una distribuzione omogenea e isotropa di nuvole, poste a distanza media L, le colli-

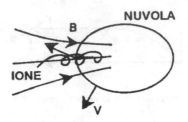

Fig. 10.3 Riflessione di una particella carica da una nuvola magnetizzata del mezzo interstellare

sioni *head-on* prevalgono numericamente con frequenza $v_+ = |v_{part} + v|/L$ rispetto a $v_- = |v_{part} - v|/L$ e quindi in media si ha un'effettiva accelerazione; applicando una statistica delle collisioni per una densità N di nuvole, il guadagno per unità di tempo risulta:

$$\frac{\Delta E}{\Delta t} = v_+ \frac{v}{c} E - v_- \frac{v}{c} E \approx \frac{2c}{L} \left(\frac{v}{c}\right)^2 E = \alpha E. \tag{10.2}$$

Si parla spesso di meccanismo di Fermi al second'ordine perché la sua efficienza dipende da $(v/c)^2 \ll 1$. Se le particelle rimangono confinate nella regione delle nuvole (la Galassia nel caso specifico) per un tempo tipico τ dopo il quale vengono perdute, si ricava che la distribuzione energetica di equilibrio delle particelle segue una legge di potenza. Infatti se $F(E)dE$ è il numero di particelle di energia $(E, E + dE)$ si può scrivere la seguente equazione evolutiva:

$$\frac{\partial F}{\partial t} = -\frac{\partial}{\partial E}(\alpha E F) - \frac{F}{\tau}, \tag{10.3}$$

la cui soluzione in condizioni stazionarie, $\partial F/\partial t \equiv 0$, è:

$$F = \text{costante} \times E^{-[1/(\alpha\tau)+1]}. \tag{10.4}$$

Le sorgenti di alta energia elencate all'inizio del capitolo mostrano tipicamente proprio emissioni non-termiche da distribuzioni di particelle con leggi di potenza di indice tra 2 e 3. Il meccanismo appare quindi in grado di riprodurre queste leggi di potenza, e a ciò è dovuta la sua fortuna nella letteratura astrofisica.

Il fatto che il processo stocastico porti ad un'accelerazione delle particelle non è peraltro inatteso; infatti le collisioni tendono a stabilire un equilibrio termodinamico tra il "gas di particelle" e il "gas di nuvole", dove quest'ultimo rappresenta una macroturbolenza a grandi lunghezze d'onda ad alto contenuto energetico per la grande inerzia dei centri di collisione. L'equilibrio non può essere di fatto raggiunto se non asintoticamente, ma sicuramente le particelle acquistano sistematicamente energia anche in situazioni transienti.

Maggiori dettagli sulla questione dell'accelerazione di ioni nel contesto della fisica dei raggi cosmici sono dati nell'Appendice K.

10.2.2 Pompaggio magnetico

Un altro esempio di accelerazione stocastica, complementare a quello di Fermi, è basato sull'interazione di particelle con campi magnetici localmente variabili nel tempo. Ad esempio una particella che sia posta in un campo magnetico che viene compresso e quindi cresce in intensità (Fig. 10.4), avrà il suo momento $p_\perp$ incrementato per effetto betatrone in modo da conservare l'invariante adiabatico $p_\perp^2/B$ (Appendice H). Se il campo si riespande il guadagno verrà restituito, a meno che un qualche processo di isotropizzazione del momento non abbia trasferito nel frattempo parte del momento perpendicolare in momento parallelo. Anche in questo caso si calcola che, nel caso di collisioni in presenza di distribuzioni isotrope di particelle, si avrà sempre un guadagno netto:

$$\Delta p^2 = \alpha_B p^2 \left(\frac{\Delta B}{B} \right)^2 \tag{10.5}$$

dove α_B è un coefficiente numerico dipendente dalla geometria del problema.

Fig. 10.4 Invarianza del momento magnetico; il raggio di girazione diminuisce al crescere dell'intensità del campo, mentre il momento di girazione cresce

10.2.3 Accelerazione stocastica in plasmi turbolenti

Gli esempi precedenti sono situazioni schematiche che ritornano, in forma microscopica, nei modelli di accelerazione stocastica che operano in plasmi turbolenti. In tal caso i campi elettromagnetici delle onde turbolente interagiscono in modo risonante con le particelle cedendo loro energia. Per il problema generale non esiste una soluzione, ma nel limite di turbolenza debole, $(\delta E/E)^2, (\delta B/B)^2 \ll 1$, è possibile descrivere l'evoluzione della distribuzione di particelle quantitativamente attraverso lo spettro delle fluttuazioni magnetiche.

Se esiste un meccanismo che isotropizzi le particelle in distribuzione angolare rispetto al campo magnetico su tempi brevi rispetto ai tempi di accelerazione turbolenta (ipotesi di fatto sempre adottata negli esempi precedenti), la teoria quasi-lineare permette di descrivere il processo tramite un'**equazione di diffusione nello spazio dei momenti** per la funzione di distribuzione isotropa f:

$$\frac{\partial f}{\partial t} = \frac{1}{p^2} \frac{\partial}{\partial t} \left[p^2 D(p) \frac{\partial f}{\partial p} \right] \tag{10.6}$$

dove fd^3p è la densità di particelle nello spazio dei momenti, D è il coefficiente di diffusione:

$$D(p) = p^2 \int \gamma(k,\omega)I(k,\omega)d^3kd\omega \qquad (10.7)$$

con $I(k)$ spettro delle fluttuazioni magnetiche $\delta B/B_0$, che viene assunto indipendente dal tempo, e γ è una frequenza che indica il tasso di accelerazione definito dalla microfisica del processo di interazione onda-particella. La (10.6) è ricavata per mezzo di uno sviluppo di tipo Fokker-Planck dell'equazione di Boltzmann, e richiede che il guadagno di energia delle particelle nella singola interazione sia piccolo rispetto all'energia delle stesse.

Ricordando che l'interazione onda-particella che porta all'accelerazione è risonante, le onde più importanti per l'accelerazione di particelle sopratermiche corrispondono quindi alle lunghezze d'onda maggiori. Processi di accelerazione turbolenta sono stati studiati per interazione con onde elettrostatiche, MHD ed elettromagnetiche (Appendice I). Naturalmente la teoria quasi-lineare assume che esista una qualche sorgente esterna che mantenga lo spettro della turbolenza $I(k,\omega)$ costante; tale risultato può essere facilmente ottenuto quando siano presenti instabilità di plasma. In Fig. 10.5 è riportato il risultato di uno studio dell'andamento del fattore di efficienza γ in funzione della quantità adimensionale kl, rapporto tra il cammino libero medio per le collisioni isotropizzanti $l = v/v_\mu$ (v_μ è la frequenza di collisioni isotropizzanti) e la lunghezza d'onda dei modi turbolenti nel plasma. Il limite non collisionale ($kl \gg 1$) corrisponde, in termini della microfisica operante, al caso dell'accelerazione di Fermi, il limite opposto al pompaggio magnetico.

In questo studio non si è finora tenuto conto delle perdite radiative che influenzano naturalmente il processo di accelerazione delle particelle di alta energia, in particolare della componente elettronica che è responsabile dell'emissione delle sorgenti non-termiche. In tal caso l'equazione di diffusione nello spazio dei momenti diventa:

$$\frac{\partial f}{\partial t} = \frac{1}{p^2}\frac{\partial}{\partial t}\left[p^2 D(p)\frac{\partial f}{\partial p} + p^2 b(p)f\right], \qquad (10.8)$$

dove $b(p) = -dp/dt$ per le perdite radiative. Nel caso di plasmi relativistici si usa spesso un'espressione equivalente nella distribuzione $n(E)$ in energia $E = pc$ con

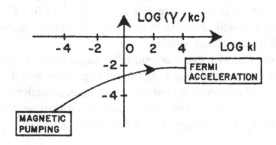

Fig. 10.5 Efficienze dei meccanismi di accelerazione stocastica

$n = 4\pi f(p) dp/dE$:

$$\frac{\partial n(E)}{\partial t} = -\frac{\partial}{\partial E} \left[\tilde{A}(E) n \right]$$

$$+ \frac{\partial^2}{\partial E^2} \left[\tilde{D}(E) n \right] + \frac{\partial}{\partial E} \left[\tilde{b}(E) n \right] , \qquad (10.9)$$

dove:

$$\tilde{D}(E) = c^2 D(p), \quad \tilde{A}(E) = \frac{\partial \tilde{D}}{\partial E} + 2\frac{\tilde{D}}{E}, \quad \tilde{b}(E) = c b(p). \qquad (10.10)$$

Il primo e secondo termine sono spesso indicati come accelerazione di Fermi di primo e secondo ordine: la prima è sistematica (sempre solo urti *head-on*), la seconda stocastica [2].

Con le equazioni (10.8) o (10.9) si può seguire l'evoluzione dello spettro di particelle soggetto ad accelerazione e perdite che risulta fortemente dipendente, oltre che dalla fisica che definisce i coefficienti, anche dalle condizioni iniziali e al contorno.

Uno studio accurato è stato completato da Kardashev e Melrose. Nel caso di elettroni interagenti con turbolenza MHD e soggetti a perdite sincrotrone o per espansione adiabatica, considerando uno spettro iniziale del tipo

$$N(E_0, t_0) = K E_0^{-a}. \qquad (10.11)$$

1. Per sole perdite adiabatiche, $\dot{E} - E/t$, si ricava uno spettro:

$$N(E, t) = K E^{-a} \left(\frac{t}{t_0} \right)^{-a-2} . \qquad (10.12)$$

2. Per sole perdite sincrotrone, $\dot{E} = b E^2$, si ricava uno spettro:

$$N(E, t) = K E^{-a} \left[1 - bE \left(t - t_0 \right) \right]^{-a-2} \qquad (10.13)$$

dove $a = 2$ rappresenta un valore critico e lo spettro è comunque troncato a $E \le 1/b(t - t_0)$.

3. Per sola accelerazione da onde turbolente si ricavano spettri combinazioni di leggi di potenza o esponenziali, a seconda delle onde considerate (elettrostatiche, MHD, elettromagnetiche):

$$f_1(p) \propto p^{-b/D} , \quad f_2 \propto p^{-4} , \quad f_3 \propto p^2 e^{-p/p_c} . \qquad (10.14)$$

Il problema va dunque trattato singolarmente per ogni specifica situazione [2].

10.3 Accelerazione diffusiva da onde d'urto

Un altro tipico meccanismo di accelerazione è quello dovuto a onde d'urto (collisionali e non collisionali) nel limite di lenta crescita dell'energia, ancora trattabile quindi con un'equazione di diffusione. Esistono molti modi di visualizzare il meccanismo, ma il più semplice è quello di assimilarlo a un meccanismo di Fermi.

Si immagini un urto forte ($\rho_2/\rho_1 = 4$, Eq. (7.87)-(7.89)) con particelle sopratermiche relativistiche a valle del fronte; la loro origine può essere connessa con meccanismi stocastici nel plasma perturbato dall'urto). Si supponga che il campo magnetico abbia una componente normale al fronte e che esistano modi turbolenti sia a valle (2) sia a monte (1) del fronte. Si osservi il fenomeno nel riferimento in cui il fronte è a riposo (Fig. 10.6). Le particelle sopratermiche a valle possono attraversare il fronte verso monte dove interagiscono coi modi turbolenti subendo una collisione *head-on* perché l'urto trasporta le particelle verso i centri di collisione a monte. Nella collisione l'energia della particella cambia, secondo Fermi, di $-(v_1/c)E$. Ad opera della collisione la particella è inoltre riflessa verso valle e riattraversa il fronte. Subisce una nuova collisione sempre *head-on* perché l'urto vede muovere i modi turbolenti verso monte; il guadagno di energia è ora $(v_2/c)E$. Per l'intero ciclo il guadagno complessivo di energia risulta:

$$\Delta E = \frac{v_2 - v_1}{c} E = \frac{5}{4}\frac{v_f}{c}E = \alpha E \tag{10.15}$$

dove si è assunto che l'urto sia forte con $v_1 = -v_f, v_2 = v_f/4$ (v_f velocità del fronte). Il processo produce un guadagno sistematico ad ogni ciclo, più efficiente che nel caso del meccanismo di Fermi normale, perché in questo caso tutti gli urti sono *head-on* in quanto i centri di collisione vengono fatti convergere dall'urto. Si parla spesso di meccanismo di Fermi del prim'ordine perché il coefficiente di accelerazione $\alpha = (5/4)(v_f/c)$ è proporzionale alla prima potenza del rapporto velocità del centro di collisione e velocità della particella. Il coefficiente è peraltro indipendente dalla velocità di fase dei modi turbolenti e dalla frequenza di collisione per diffusione.

Per valutare il tasso di accelerazione occorre stimare il tempo di permanenza della singola particella nella regione del fronte [2]. Se il cammino libero medio per

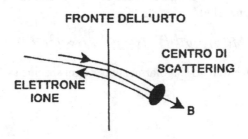

Fig. 10.6 Schema dell'accelerazione diffusiva da onde d'urto

collisione nel plasma a riposo è λ, una particella relativistica attraversa il fronte due volte (una volta verso valle, una volta verso monte) in un tempo $2\lambda/c$; in questo stesso tempo viene anche trasportata a valle dall'onda d'urto per una distanza $2v_f\lambda/c$. Pertanto in media dopo $(2v_f\lambda/c)/\lambda = 2v_f/c$ collisioni la particella avrà attraversato la regione dell'urto: vi corrisponde un tempo di permanenza $\tau = c/2v_f$. Pertanto con riferimento alla (10.4) $\alpha\tau = 5/8$, da cui può seguire l'indice spettrale richiesto nelle sorgenti astrofisiche.

Il calcolo dello spettro stazionario può essere sviluppato in modo più rigoroso attraverso un'equazione di diffusione unidimensionale per la distribuzione $f(p,x)$ delle particelle trascinate da una corrente di plasma. L'equazione tiene conto sia della diffusione spaziale (legata alle collisioni particelle-onde per *pitch-angle scattering*) sia della diffusione nello spazio dei momenti (legata all'accelerazione per interazione con il gradiente dell'onda d'urto):

$$\frac{df}{dt} \equiv v\frac{\partial f}{\partial x} - \frac{1}{3}\frac{\partial v}{\partial x}p\frac{\partial f}{\partial p} - \frac{\partial}{\partial x}\left(\kappa\frac{\partial f}{\partial x}\right) = 0 \quad ; \tag{10.16}$$

v è la velocità del flusso assunto lungo l'asse x e κ il coefficiente di diffusione spaziale:

$$\kappa = \frac{v^2}{8}\int_{-1}^{+1}d\mu\frac{\left(1-\mu^2\right)^2}{D_{\mu\mu}} \tag{10.17}$$

dove $\mu = \cos\theta$ è il pitch-angle del momento delle particelle rispetto al campo magnetico e $D_{\mu\mu}$ il coefficiente di diffusione che dipende dal tipo di modi. Il primo termine della (10.16) descrive la convezione delle particelle da parte del flusso di plasma, il secondo la variazione di momento nelle regioni dove la velocità di flusso varia (il fattore 1/3 deriva dalla media sugli angoli) e il terzo descrive la diffusione per pitch-angle scattering. Si noti che il processo si basa sull'intrinseca anisotropia dell'interazione tra un'onda d'urto e le particelle del plasma.

Con riferimento al caso di un'onda d'urto si può assumere che la velocità del flusso subisca una variazione discontinua al fronte $x = 0$, per cui il secondo termine può essere trascurato a valle e a monte dove il flusso viene considerato invece stazionario. In tali regioni l'equazione da risolvere è quindi:

$$-v\frac{\partial f}{\partial x} + \frac{\partial}{\partial x}\left(\kappa\frac{\partial f}{\partial x}\right) = 0 \tag{10.18}$$

che rappresenta il bilancio tra trasporto convettivo e diffusione spaziale. L'equazione può essere facilmente integrata in:

$$vf - \kappa\frac{\partial f}{\partial x} = \text{costante}. \tag{10.19}$$

Un'ulteriore integrazione fornisce:

$$f(x,p) = A + B\exp\int(v/\kappa)dx \tag{10.20}$$

dove la costante B dev'esser nulla a valle del fronte ($x > 0$) per evitare la divergenza della f per $x \to \infty$. La distribuzione dev'essere dunque spazialmente costante a valle del fronte d'urto $f_d(p)$. A monte ($x < 0$) la soluzione dipende da κ; ad esempio, con riferimento a diffusione da onde di Alfvén, Bell ha ricavato:

$$f(x,p) - f(-\infty,p) = \frac{f_d(p) - f(-\infty,p)}{1 - x/x_0(p)} \tag{10.21}$$

dove $x_0(p)$ è una distanza tipica su cui il numero di particelle con momento p è sostanzialmente ridotto al valore asintotico $f(-\infty,p)$.

Si può ora procedere a integrare il problema per ottenere la $f_d(p)$, cioè lo spettro delle particelle accelerate dall'onda d'urto. Si assume che il fronte d'urto sia una funzione a scalino nella velocità $\partial v/\partial x = (v_d - v_u)\delta(x)$ e si integri la (10.16) da $x = -\infty$ a $x = +\infty$ con $\partial f/\partial x = 0$ a questi estremi e nell'ipotesi che il termine di diffusione spaziale sia trascurabile sullo spessore del fronte d'urto. Si ottiene:

$$\int_{-\infty}^{0} v\frac{\partial f}{\partial x}dx = \int_{0}^{+\infty} \frac{1}{3}\frac{\partial v}{\partial x}p\frac{\partial f_d(p)}{\partial p}dx \tag{10.22}$$

e quindi:

$$v_u\left[f(0,p) - f(-\infty,p)\right] = \frac{1}{3}(v_d - v_u)p\left(\frac{\partial f_d}{\partial p}\right)_{x=0} . \tag{10.23}$$

A $x = 0$, dove $f(0,p) = f_d(p)$, si ottiene:

$$\frac{df_d(p)}{dp} = \frac{3v_u}{v_d - v_u}\frac{f_d(p) - f(-\infty,p)}{p} \tag{10.24}$$

che ha soluzione generale:

$$f_d(p) = Cp^{-q} + qp^{-q}\int^{p} f(-\infty,p')p'^{q-1}dp' \tag{10.25}$$

con $q = 3v_u/(v_d - v_u)$. La costante d'integrazione C dev'essere nulla perché $f_d(p) \to 0$ per $f(-\infty,p) \to 0$.

In particolare per un'onda d'urto forte con $v_d/v_u = 1/4$, si ha $q = 4$ e, se a monte la distribuzione è $f_0(p)$, si ricava che a valle diventa:

$$f(p) = \frac{4}{p^4}\int_{0}^{p} f_0(p')p'^3 dp' . \tag{10.26}$$

1. Per un'iniezione monoenergetica, $f_0 \doteq \delta(p - p_0)$, si ottiene $f(p) \propto p^{-4}$ o in energia $F(E) \propto E^{-2}$.
2. Per un'iniezione con legge di potenza, $f_0 p^{-s}$, si ha che: (i) per $s < q$, $f_v(p) \propto p^{-s}$; (ii) per $s > q$, $f_v(p) \propto p^{-q}$. Lo spettro finale tende cioè ad essere il più piatto possibile. Si ricorda di nuovo che l'esponente dello spettro in energia ha esponente di potenza più piatto di un fattore 2.

Il meccanismo di **accelerazione da onde d'urto nel limite diffusivo** produce quindi automaticamente uno spettro di potenza come richiesto e con valori dell'esponente nel range richiesto dalle osservazioni. Gli spettri prodotti da onde d'urto diffusive sono universali in quanto dipendono di fatto solo dalla forza dell'urto e non da altri parametri fisici. Non sono tuttavia consentiti spettri più piatti di p^{-4} che corrispondono, in termini di emissione sincrotrone, a brillanze $I(\nu) \propto \nu^{-\alpha}$ con $\alpha = (q-3)/2 = 0.5$. In realtà esistono sorgenti non-termiche con spettri ancora più piatti, $\alpha \sim 0$.

L'unica richiesta essenziale è che le collisioni possano verificarsi, il che impone che il libero cammino medio λ non possa essere molto maggiore delle dimensioni della regione in cui l'onda d'urto agisce. Ad esempio Fig. 10.7, nel caso di un'onda d'urto sferica che si espande (supernova) dovrà essere $\lambda \leq R$.

Circa l'origine dei centri di collisione, naturalmente si può presumere che essi siano già presenti a valle e a monte prima dell'urto. È tuttavia possibile che sia l'urto stesso, propagandosi in un plasma a velocità maggiore della velocità di Alfvén, $v_f > v_A$, a eccitare onde di Alfvén a lunghezze d'onda del raggio di Larmor. Altrimenti andrebbe incontro a un'instabilità tipica dei moti ordinati di particelle cariche che risultano non poter superare in un plasma magnetizzato la velocità di Alfvén (instabilità di fascio). Pertanto, purché le onde turbolente possano crescere in modo da essere efficaci centri di scattering, l'onda d'urto produce essa stessa i modi turbolenti per le collisioni.

Occorre infine riprendere brevemente l'argomento che l'accelerazione da onde d'urto diffusive richiede un meccanismo di iniezione o preaccelerazione che fornisca particelle già leggermente supratermiche. Vari suggerimenti sono stati avanzati: per gli elettroni possono essere importanti l'accelerazione nel fronte d'urto tramite effetto di drift, l'accelerazione runaway in plasmi resistivi, ecc. Si tratta peraltro di un punto ancora in discussione, soprattutto per gli ioni pesanti.

Fig. 10.7 Accelerazione da un'onda d'urto sferica generata da un'esplosione supernova

10.3.1 Accelerazione da onde d'urto multiple

In varie situazioni astrofisiche si osservano flussi in cui si sviluppano **onde d'urto multiple**: è questo, ad esempio, il caso dei getti supersonici nelle radiogalassie estese o delle regioni di formazione stellare, dei venti stellari, ecc.

In tal caso è possibile pensare che la distribuzione delle particelle non venga determinata dall'accelerazione ad un solo fronte, ma all'incontro con più fronti successivi. Modelli di accelerazione in onde d'urto multiple sono stati sviluppati considerando l'evoluzione della funzione di distribuzione f sottoposta a successivi operatori del tipo contenuto nella (10.26) e aggiungendo ogni volta l'eventuale contributo di nuove particelle sopratermiche fornite alla posizione della nuova onda d'urto.

Va peraltro tenuto presente che l'ipotesi utilizzata nel calcolo della (10.26), e cioè che anche a valle dell'urto la f si mantenga stazionaria, può essere violata: dopo l'urto il plasma subirà una decompressione e così il campo magnetico. La f subirà pertanto una degradazione energetica che può essere schematizzata come un'espansione adiabatica: l'energia delle particelle decresce da p a $pr^{-1/3}$ dove $r = \rho_d/\rho_{dec} > 1$ è il fattore di decompressione volumico. In tal caso, se ϕ_0 è la distribuzione iniettata al primo fronte, a valle si trasformerà in:

$$f_d(p) = qp^{-q} \int_0^p \phi_0(p')p'^{(q-1)}dp' \tag{10.27}$$

e dopo la decompressione in:

$$f_{dec}(p) = q\left(pr^{1/3}\right)^{-q} \int_0^{pr^{1/3}} \phi_0(p')p'^{(q-1)}dp' . \tag{10.28}$$

Questo spettro viene sottoposto ad un secondo urto che lo trasformerà secondo le stesse regole, oltre ad aggiungere eventuali nuovi contributi da iniezioni locali di particelle sopratermiche.

Nel caso di un gran numero di urti forti tutti eguali, $\rho_d/\rho_u = 4$, assumendo che ad ogni urto si segua lo schema sopraindicato con un'iniezione del tipo $\phi_0(p) = K\delta(p - p_0)$, lo spettro risultante finale risulta:

$$f_n(p, p_0) = \sum_{i=1}^n \frac{Kq^i}{p_0}\left(\frac{pr^{i/3}}{p_0}\right)^{-q} \frac{\left(\ln pr^{i/3}/p_0\right)^{i-1}}{(i-1)!} \tag{10.29}$$

che tende al limite:

$$f_\infty(p) \propto p^{-3} . \tag{10.30}$$

In Fig. 10.8 è mostrato il risultato di un calcolo numerico sviluppato seguendo successivi urti. Lo spettro asintotico risulta più piatto di quello prodotto da un singolo urto, e che può spiegare le sorgenti con brillanza $\propto v^{-\alpha}$ con $\alpha \approx 0$. Più in generale, nel caso di urti con diverso fattore di compressione, è possibile pensare a produrre

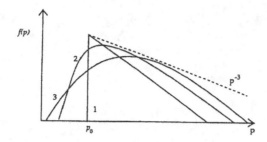

Fig. 10.8 Evoluzione dello spettro dei momenti delle particelle sottoposte all'accelerazione in onde d'urto multiple

spettri con esponenti tra 3 e 4: di fatto l'esponente sarà determinato dall'urto con fattore di compressione massimo.

Infine va ricordato che tra successive onde d'urto la particella può subire perdite radiative, e ciò è particolarmente significativo nel caso degli elettroni. Pertanto nel caso dell'evoluzione dello spettro degli elettroni che dà origine all'emissione nei getti e nei venti è in genere più opportuno riferirsi al caso di un singolo urto.

Riferimenti bibliografici

1. E. Fermi – *Physical Review*, vol. 75, p. 1169, 1949
2. P.A. Hughes editor – *Beams and Jets in Astrophysics*, Cambridge University Press, 1991

Parte IV

Fisica delle stelle

Fenomenologia stellare

I dati osservativi accumulati fotometricamente e spettroscopicamente su un gran numero di stelle consentirono agli inizi del Novecento la classificazione delle loro proprietà dinamiche e fisiche. Fu così possibile affrontare il problema dell'interpretazione della loro struttura ed evoluzione e, attraverso i loro moti, la struttura e dinamica globale del sistema stellare. Una prima considerazione è ovviamente la stabilità della maggior parte delle stelle, indicante tempi scala evolutivi molto lunghi (tanto da far considerare le stelle immutabili ed eterne nelle antiche astronomie). Tuttavia al crescere delle capacità osservative e all'estensione della banda osservativa dall'ottico alle frequenze radio, infrarosse, X e gamma fu individuata l'esistenza di classi di oggetti stellari di caratteristiche peculiari, sia per la loro emissione sia per la loro dinamica sia infine per la loro vita media. Queste classi di oggetti peculiari o attivi costituiscono oggi la conferma dell'evoluzione delle strutture cosmiche e consentono di verificare i modelli teorici che sono stati proposti per l'interpretazione della struttura ed evoluzione stellare. Al termine del capitolo sono indicati alcuni utili testi per l'approfondimento degli argomenti trattati [1–3].

11.1 Stelle normali e il diagramma di Hertzsprung-Russell

Lo studio statistico delle proprietà delle stelle discusse nel Capitolo 3 mostra l'esistenza di un notevole intervallo di luminosità e di temperature. In particolare le stelle di tipo spettrale O appaiono essere sistematicamente più luminose di quelle di tipo M, e pure la temperatura segue un andamento parallelo, con le stelle O più calde e quelle M più fredde. Infine il diagramma massa - luminosità fornisce l'indicazione aggiuntiva che le stelle O hanno masse maggiori di quelle di tipo M. La regolarità di questi andamenti suggerì inizialmente l'idea ingenua, presto abbandonata, che essi indicassero un cambiamento evolutivo delle stelle: esse sarebbero nate calde di tipo spettrale O con grande luminosità e si sarebbero progressivamente trasformate in stelle meno massive, avendo bruciato il loro combustibile, più fredde meno lumi-

Ferrari A.: Stelle, galassie e universo. Fondamenti di astrofisica.
© Springer-Verlag Italia 2011

nose. Un ricordo di quell'idea rimane nella suddivisione delle stelle in *early-type*, stelle giovani, e *late-type*, stelle vecchie.

Se quell'idea fosse stata corretta, sarebbe dovuta emergere una relazione tra luminosità e tipo spettrale. Nel 1905 un astronomo danese Ejnar Hertzsprung, utilizzando i dati delle stelle meglio conosciute, ricavò una tabella che mostrava appunto una buona correlazione tra quelle grandezze. Si trovò però a dover spiegare perché le stelle di tipo K- M coprissero un grande intervallo di luminosità, alcune ancora luminose come le O, altre molto più deboli. Propose che ciò fosse dovuto ad una differenza nelle dimensioni; secondo la legge sulla luminosità di un radiatore di tipo corpo nero:

$$R = \frac{1}{T_{eff}^2} \sqrt{\frac{L}{4\pi\sigma}} \tag{11.1}$$

e quindi le stelle più luminose, ma con la stessa temperatura, avrebbero avuto un raggio maggiore: per questo le chiamò *giganti*. Qualche anno più tardi l'americano Henry Norris Russell giunse allo stesso risultato indipendentemente. Il diagramma originale pubblicato da Russell su Nature nel 1914 è illustrato in Fig. 11.1 che mostra una relazione tra il tipo spettrale e la magnitudine visuale assoluta. Al posto del tipo spettrale si può anche usare l'indice di colore in quanto, come visto precedentemente, sono ambedue legati alla temperatura superficiale. Questo primo diagramma

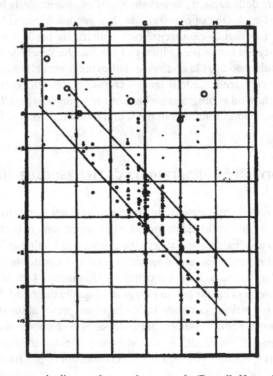

Fig. 11.1 Diagramma magnitudine assoluta vs tipo spettrale (Russell, *Nature* 93, 252, 1914)

mostra già tutte le caratteristiche di un moderno diagramma di Hertzsprung-Russell, più concisamente **diagramma HR**. Delle 200 stelle utilizzate da Russell, l'80-90% si dispongono lungo una striscia che si estende dalle stelle B calde e luminose fino alle stelle M fredde e deboli: questa striscia fu chiamata da Russell **sequenza principale**. Un moderno diagramma HR è riportato in Fig. 11.2, dove oltre il tipo spettrale delle stelle è dato in ascissa anche l'indice di colore $B - V$.Nella parte destra in alto del diagramma si dispongono le **stelle giganti rosse** e *supergiganti rosse* (stelle di bassa temperatura e alta luminosità), nella parte sinistra in basso si dispongono le stelle **nane bianche** (stelle di alta temperatura e bassa luminosità). Incidentalmente si noti che il Sole è una stella G2V di sequenza principale.

Per mezzo di questo diagramma è anche possibile comprendere il significato della classificazione bidimensionale MKK degli spettri. In Fig. 11.3 sono tracciate le linee che definiscono le classi di luminostà, che corrispondono alla suddivisione delle stelle rosse tra nane, normali e giganti, in accordo anche con la nomenclatura introdotta da Russell.

Le stelle appaiono dunque essere sorgenti di caratteristiche fisiche definite: riferendosi alla sequenza principale, si ricava che tutte le stelle aventi un dato "colore" hanno una ben precisa luminosità, il che indica che esiste un unico parametro intrinseco che determina le caratteristiche osservative. Eddington propose, facendo riferimento alla relazione massa - luminosità, che tale parametro fosse la massa, proposta confermata, come vedremo, dai modelli di struttura stellare.

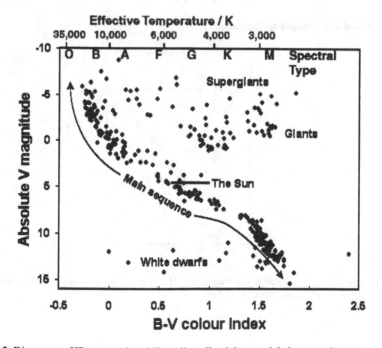

Fig. 11.2 Diagramma HR osservativo delle stelle nelle vicinanze del sistema solare

Nell'ipotesi che le stelle siano dei corpi neri sappiamo che deve valere la relazione (11.1) tra luminosità, temperatura e raggio. Pertanto è possibile tracciare le linee a raggio costante sul diagramma HR, come mostrato in Fig. 11.4; si osserva che le stelle di sequenza principale hanno raggi che differiscono di poco, mentre il raggio delle giganti è 100 volte più grande.

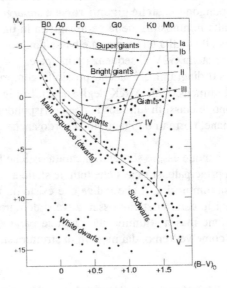

Fig. 11.3 Classi di luminosità nel diagramma HR

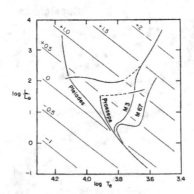

Fig. 11.4 Linee di raggio costante sul diagramma HR in unità di raggi solari; sono indicate le posizioni delle stelle di alcuni ammassi stellari

11.2 Stelle variabili

Esistono stelle che cambiano periodicamente o irregolarmente o solo occasionalmente la loro luminosità: nell'insieme sono chiamate *stelle variabili*. Già abbiamo citato la loro importanza nel rivoluzionare l'antica accezione di un Universo immutabile ed eterno, senza evoluzione. La supernova di Tycho del 1572 e le variazioni regolari della stella Mira osservate nel 1596 ne furono i primi esempi. Più recentemente il numero di stelle variabili è cresciuto fino a parecchie decine di migliaia (*catalogo di Kukarkin* 1987).

Strettamente parlando oggi possiamo dire che tutte le stelle sono variabili a causa della loro evoluzione, ma in alcune fasi le variabilità possono anche essere molto rapide. In altre fasi le variabilità possono essere periodiche e corrispondono a pulsazioni in condizioni di non perfetto equilibrio. Sono possibili anche variabilità legate a macchie calde o fredde sulle superfici di stelle in rotazione; ad esempio la luminosità del Sole varia a causa delle macchie solari, sia pure di molto poco, ma esistono stelle molto più attive. Lo studio della variabilità è attualmente fatto per mezzo di fotometri fotoelettrici che permettono di ottenere la **curva di luce** degli oggetti.

Le variabili sono classificate tramite la loro curva di luce, classe spettrale e moti radiali osservati. Le classi principali sono tre: *variabili pulsanti, eruttive* e *ad eclisse*. Queste ultime non corrispondono a una variabilità fisica delle stelle, bensì al fatto che in sistemi binari la luminosità decresce quando nel moto orbitale le stelle si occultano vicendevolmente. Inoltre vanno aggiunte le *variabili rotanti* caratterizzate da irregolarità del flusso superficiale che con la rotazione comporta una variazione della luminosità osservata; tra di esse è importante il gruppo delle stelle magnetiche ove l'irregolarità del flusso superficiale è dovuta alla presenza di intense macchie. La Fig. 11.5 rappresenta le varie classi nella loro posizione sul diagramma HR. Appare chiaro che per lo più queste stelle si trovano in regioni poco popolate del diagramma, il che suggerisce che esse debbano corrispondere a fasi transitorie della vita delle stelle.

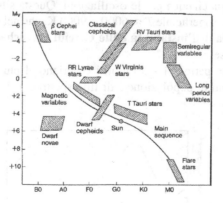

Fig. 11.5 Classi di variabili nel diagramma HR

11.2.1 Variabili pulsanti

Sono caratterizzate da una curva di luce molto regolare, quasi sinusoidale (Fig. 11.6). Corrispondentemente mostrano un'oscillazione periodica della lunghezza d'onda delle righe spettrali per effetto Doppler che indica la pulsazione della fotosfera con lo stesso periodo della curva di luce. Le velocità tipiche sono 40-200 km s^{-1}, e le variazioni del raggio sono piccole sebbene in alcuni casi possa addirittura raddoppiare. In effetti la variazione di luminosità è essenzialmente dovuta alla variazione di temperatura ($L \propto R^2 T_{eff}^4$). Il periodo corrisponde alla frequenza propria della stella, cioè al modo proprio di oscillazione acustica dell'oggetto: la stella oscilla come un diapason. Se la stella è vicina all'equilibrio l'energia cinetica delle oscillazioni acustiche dev'essere dell'ordine dell'energia gravitazionale:

$$\frac{1}{2}M v_s^2 \approx \frac{GM^2}{R} \tag{11.2}$$

e, poiché dev'essere tipicamente $v_s \approx R/P$, si ottiene:

$$P \approx \left(\frac{GM}{R^3} \right)^{-1/2} \propto \rho^{-1/2} \tag{11.3}$$

come ricavato da Eddington nel 1920.

Normalmente se gli strati esterni di una stella si espandono, temperatura e densità diminuiscono; di conseguenza diminuisce la pressione e quindi la forza di gravità riporta ad una compressione. Gli strati tendono ad oscillare intorno all'equilibrio, ma presto il moto viene smorzato in assenza di una sorgente di energia cinetica. Nelle stelle invece in cui esistano zone dell'atmosfera dove idrogeno ed elio siano parzialmente ionizzati, l'opacità aumenta quando il gas è compresso; pertanto quando quelle zone vengano compresse assorbono maggior flusso radiativo che tende a far espandere il gas. Il flusso radiativo proveniente dall'interno della stella è quindi la sorgente di energia cinetica per le oscillazioni. Questa situazione si verifica per stelle di temperatura superficiale $T \approx 6000 - 9000$ K, che nel diagramma HR è indicata come la **striscia dell'instabilità delle Cefeidi classiche**, dalla stella δ Cephei prototipo della classe.

Le Cefeidi hanno periodi 1 - 50 giorni e variano al più di 2 magnitudini; sono stelle supergiganti di popolazione I di tipo spettrale F-K. Alla stessa categoria

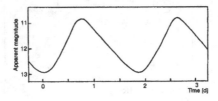

Fig. 11.6 Curva di luce di una variabile pulsante

appartengono le **RR Lyrae** con periodi molto brevi, inferiori al giorno, di tipo spettrale B-F; e le stelle di **tipo Mira** con periodi molto lunghi, 80 - 1000 giorni, di tipo spettrale M.

Nel 1912 l'astronoma americana Henrietta Leavitt, studiando le Cefeidi nella Piccola Nube di Magellano, derivò una correlazione molto forte tra periodo di oscillazione e luminosità apparente, significativa perché relativa a oggetti alla stessa distanza. Misurata la distanza di una delle Cefeidi, fu possibile mettere in relazione il periodo con la luminosità assoluta. La **relazione periodo-luminosità** delle Cefeidi è:

$$\log_{10} \frac{\langle L \rangle}{L_\odot} = 1.15 \log_{10} P_{days} + 2.47 \qquad (11.4)$$

dove $\langle L \rangle$ è la luminosità media della stella e P_{days} il periodo di pulsazione in giorni. In magnitudini visuali assolute la relazione si scrive:

$$M_V = -2.80 \log_{10} P_{days} - 1.43 \qquad (11.5)$$

che è rappresentata in Fig. 11.7. La relazione tra magnitudine e periodo di pulsazione fu spiegata, come abbiamo visto, da Eddington considerando che ambedue le grandezze dipendono essenzialmente dalla densità.

Questa relazione è estremamente importante in quanto dalla misura del periodo di una Cefeide è possibile ricavarne la luminosità assoluta, che, confrontata con la luminosità apparente, fornisce il modulo di distanza. Il metodo delle Cefeidi è il più affidabile per le misure di distanze in astronomia.

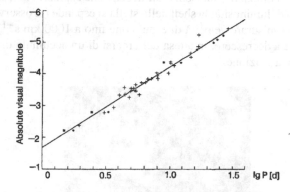

Fig. 11.7 Relazione periodo-magnitudine delle variabili Cefeidi

11.2.2 Variabili eruttive

Oggetti compresi in questa classe non presentano regolari pulsazioni, bensì violente eruzioni che portano a espulsioni di massa nello spazio.

Nelle **stelle flare** le eruzioni sono locali sulla superficie. Si tratta di stelle nane di tipo spettrale M. L'origine dell'attività è come nel caso del Sole dovuta a instabilità del campo magnetico perturbato dai moti convettivi subfotosferici. Nelle stelle flare l'attività risulta più evidente essendo esse molto deboli. Come anche sul Sole, i flares sono accompagnati da bursts radio: le stelle flare sono state le prime stelle radio osservate.

Le **stelle T Tauri** sono stelle nella fase di contrazione verso la sequenza principale, ancora circondate dalle nebulose (luminose e/o oscure) da cui si sono separate. Essendo ancora nella fase di assestamento, la loro attività è irregolare e collegata anche ad espulsione di materia che interagisce con la nebulosa circumstellare. Un esempio particolarmente interessante è la stella V1057 Cygni che nel 1969 crebbe di 6 magnitudini in poche settimane; prima di tale esplosione era una stella T Tauri.

Le **stelle nove** sono una ricca categoria di variabili eruttive, divisa in *nove ordinarie*, *nove ricorrenti*, *nove nane* e *variabili di tipo nove*. Le esplosioni delle nove comportano un aumento della luminosità tra 7 e 16 magnitudini in 1 - 2 giorni con un ritorno alla luminosità normale entro alcuni mesi o anni. Le nove ricorrenti variano di meno di 10 magnitudini e ripetono le loro esplosioni ogni 20 - 600 giorni, più lungo l'intervallo quanto più potente l'esplosione. Tutte le nove si trovano in sistemi binari stretti e la loro attività è legata allo scambio di massa tra le componenti (Fig. 11.8). La stella nova è una nana bianca i cui strati superficiali, riforniti di massa ed energia dalla compagna, subiscono un'accensione esplosiva dell'idrogeno che porta all'aumento di luminosità; la shell della stella si espande (le osservazioni Doppler permettono di misurare velocità di espulsione fino a 1000 km s^{-1}) e quindi la luminosità prende a decrescere, in attesa del crearsi di un accumulo di materia che permetta una nuova eruzione.

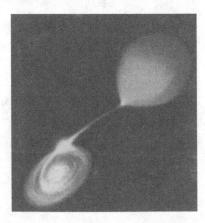

Fig. 11.8 Modello di nova come nane bianca in un sistema binario stretto che subisce accrescimento da una compagna che riempe il lobo di Roche

Una variabile eruttiva irregolare particolarmente interessante è la stella η *Carinae*. Attualmente è una stella di magnitudine apparente 6 circondata da una nebulosa di gas e polveri molto estesa e asimmetrica (Fig. 11.9). Tuttavia all'inizio dell'Ottocento era la stella più luminosa del cielo dopo Sirio con magnitudine -1, a metà dell'Ottocento perse improvvisamente di ben 8 magnitudini, nel Novecento è tornata più luminosa. La nebulosa circumstellare, eccitata dalla radiazione della stella, è la sorgente più luminosa del cielo infrarosso. Si pensa si tratti di una stella di grande massa, $M \approx 150 M_\odot$, e alta luminosità, $L \approx 10^6 L_\odot$, quindi molto instabile, sul punto di espellere una grande parte del proprio inviluppo.

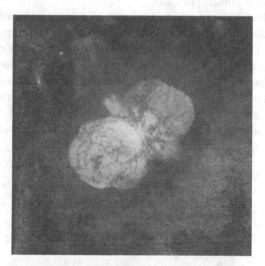

Fig. 11.9 Immagine di η Carinae ottenuta dallo Hubble Space Telescope che mostra l'espulsione di due bolle di gas dalla stella centrale

11.3 Stelle peculiari o attive

I dati finora illustrati si riferiscono alle stelle, nelle fasi quasi-stazionarie e di lunga durata. Recentemente le osservazioni a sempre maggior risoluzione e nelle bande elettromagnetiche diverse dall'ottico hanno permesso di investigare le fasi attive delle stelle: si tratta di fasi dinamiche di relativamente breve durata in cui intervengono processi di alta energia e che si allontanano dallo schema di oggetti in simmetria sferica. Il loro studio è importante per l'interpretazione dell'evoluzione stellare. Esaminiamo i parametri fisici fondamentali che caratterizzano questi oggetti peculiari.

11.3.1 Regioni di formazione stellare

Le fasi di formazione stellare possono essere osservate nelle bande radio, millimetriche, infrarosse e ottiche in quanto corrispondono a gas relativamente freddi. Le stelle si formano in **nubi molecolari giganti** (Giant Molecular Clouds, GMC, Fig. 11.10) aventi temperature $T \sim 10$ K e densità 1000 volte quella del mezzo interstellare. Nella Via Lattea sono presenti circa 1000 GMC. Hanno dimensioni $\sim 1 - 100$ pc e masse $\sim 10^5 - 10^7 M_\odot$. La loro vita media tipica è di $\sim 10^7$ anni. Le GMC contengono atomi di H, He e "metalli", ma anche molecole H_2, H_2O, OH, CO, H_2CO, e grani di polveri (silicati).

All'interno delle GMC si rivelano forti attività dinamiche legati al collasso gravitazionale di sottosistemi di alcune masse solari verso la formazione di sistemi protostellari e con l'eiezione di *getti supersonici* che permettono l'estrazione di momento angolare in eccesso nel sistema. Questi sistemi protostellari (Young Stellar Objects, YSO) sono oggi studiati ad alta risoluzione anche nella banda ottica con lo Hubble Space Telescope (Fig. 11.11); la rivelazione di righe di emissione permette di determinare anche le velocità dei getti di materiale. In Tab. 11.1 sono riportati i parametri fisici fondamentali per i getti YSO ricavati dalle osservazioni.

Fig. 11.10 Nube molecolare gigante nella costellazione di Orione

Fig. 11.11 Il getto ottico nella regione di formazione stellare HH34

Tabella 11.1 Parametri dei getti di Young Stellar Objects

Lunghezza	≥ 1 parsec
Diametro	≤ 0.1 parsec
Velocità	$200 - 400$ km s^{-1}
Numero di Mach	$20 - 40$
Potenza cinetica	$10^{30} - 10^{33}$ erg s^{-1}
Luminosità	$10^{28} - 10^{30}$ erg s^{-1}
Temperatura	$10^3 - 10^4$ K
Densità	$10^3 - 10^4$ cm^{-3}
Età	10^4 anni

11.3.2 Nebulose planetarie

Le *nebulose planetarie* sono shell di gas che circondano una stella blu calda a temperatura superficiale di 50.000 - 100.000 K. Il nome risale a Herschel che notò questi oggetti che alle osservazioni con telescopi di non grande risoluzione angolare hanno un'apparenza a contorni diffusi, simile a quella del pianeta Urano da lui scoperto. La stella centrale emette nell'ultravioletto e ha uno spettro ricco di elementi pesanti; per cui le nebulose planetarie sono collegate alle fasi finali dell'evoluzione di stelle di massa originaria $0.5 - 4M_\odot$, il cui inviluppo viene espulso a velocità tipiche intorno ai 20 - 30 km s^{-1}, mentre il nucleo collassa verso lo stadio di nana bianca. Le dimensioni angolari di tali oggetti vanno da pochi secondi d'arco a quasi un grado; un esempio di nebulosa planetaria osservato ad alta risoluzione con il telescopio spaziale è dato in Fig. 11.12. Il gas della nebulosa è ionizzato dalla radiazione ultravioletta della stella centrale; il suo spettro contiene righe di emissione brillanti dell'ossigeno e dell'idrogeno. L'osservatorio orbitante Chandra ha recentemente rivelato emissione X sia da parte della stella centrale sia da parte del gas caldo circostante. Un esempio è dato in Fig. 11.13 per la nebulosa Occhio di gatto. Le nebulose planetarie si espandono rapidamente e infine scompaiono fondendosi nel mezzo interstellare medio. Il numero di nebulose planetarie nella Via Lattea viene stimato intorno a 50.000; oggi ne sono state osservate circa 1500.

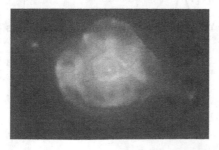

Fig. 11.12 La nebulosa planetaria IC4593 vista da HST ha dimensione angolare di 12 secondi d'arco; al centro è ben visibile la nana bianca

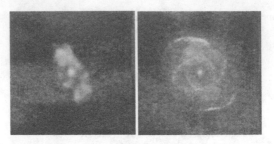

Fig. 11.13 Mappa dell'emissione X (a sinistra) e dell'emissione ottica (a destra) della nebulosa planetaria Occhio di gatto

11.3.3 Supernove e resti di supernova

Le *supernove* sono sorgenti peculiari che in pochi giorni aumentano di 20 magnitudini in luminosità, cioè di centinaia di milioni di volte in potenza. Dopo aver raggiunto un massimo le luminosità decadono lentamente e nel giro di pochi anni diventano invisibili. Recentemente è stata osservata emissione a raggi X e gamma in connessione con le prime fasi di crescita della curva di luce. Un caso specifico sono le supernove osservate in galassie a distanze cosmologiche che emettono soprattutto nelle bande ad alta energia, e producono i cosiddetti *Gamma-Ray-Burst* (GRB).

Il profilo delle righe di emissione mostra il caratteristico profilo P Cygni che permette di concludere che l'oggetto è caratterizzato da un inviluppo di gas in rapida espansione con velocità tipiche di 10.000 - 20.000 km s^{-1}. Le supernove sono quindi stelle in fase esplosiva collegata alle fasi finali dell'evoluzione, come studieremo nei prossimi capitoli. L'energia totale liberata nell'evento raggiunge i 10^{52} erg.

Esistono due classi di supernove, **supernove di tipo I (SN I)** e **supernove di tipo II (SN II)**, caratterizzate da differenti curve di luce e differenti magnitudini assolute massime (Fig. 11.14).

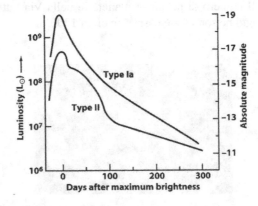

Fig. 11.14 Curve di luce tipiche di supernove dei due tipi I e II

Le SN I raggiungono la magnitudine assoluta più elevata, hanno una caduta di luminosità regolare, quasi esponenziale; il loro spettro non presenta righe dell'idrogeno. La sottoclasse SN Ia presenta una forte riga del Si II, le sottoclassi SN Ib e SN Ic si differenziano per la presenza o assenza rispettivamente di righe dell'elio. Una caratteristica importante delle SN Ia è la identità delle curve di luce in tutti gli eventi, per cui rappresentano delle candele standard molto affidabili: la magnitudine assoluta al massimo nel blu è $M_B = -19.6 \pm 0.2$.

Le curve di luce delle SN II mostrano invece un andamento più irregolare con un rallentamento del decadimento circa 100 giorni dopo il massimo e hanno un massimo più debole $M_B \approx -18$; il loro spettro presenta righe di idrogeno e metalli.

Esistono due sottoclassi di SN II con due distinte curve di luce come mostrato in Fig. 11.15, le SN II-L (lineari) e le SN II-P (plateau); la prima classe ha una caduta lineare, la seconda mostra un plateau che dura tra il 30° e l'80° giorno circa dopo il massimo.

L'associazione con l'oggetto originario prima dell'esplosione mostra che le SN I corrispondono a stelle vecchie di piccola massa $M \leq 4M_\odot$, le SN II a stelle giovani di grande massa $M \geq 8M_\odot$. Nello studio dell'evoluzione stellare vedremo che il processo esplosivo nei due tipi è effettivamente molto differente: nelle SN I il nucleo della stella, che in genere appartiene ad un sistema binario, dopo l'esplosione rimane come una stella di neutroni; nelle SN II il nucleo diventa una stella di neutroni, e più facilmente un buco nero, ma si possono dare situazioni di stelle di grande massa in cui anche il nucleo esplode completamente.

Storicamente abbiamo indicazione di una quindicina di eventi supernova nella Via Lattea, prima del Cinquecento soprattutto registrate dagli astronomi cinesi, che le chiamavano *stelle ospiti*. Le registrazioni più sicure sono quelle della supernova nella costellazione del Granchio (anno 1054, SN II), la supernova di Tycho nella costellazione di Cassiopea (1572, SN I), la supernova di Keplero nella costellazione di Ofiuco (1604, SN I). Sulla base di queste osservazioni si stima un tasso di eventi supernova nella Via Lattea di circa una ogni 50 anni, la maggior parte invisibili da

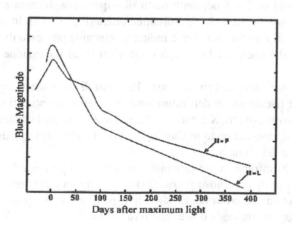

Fig. 11.15 Le curve di luce delle supernove SN II-L e SN II-P

Fig. 11.16 Evento supernova SN 1987 nella Grande Nube di Magellano; a sinistra la supernova al massimo, a destra la stella prima dell'esplosione indicata dalla freccia

Terra per effetto dell'estinzione. Da quasi 400 anni non si sono però avuti eventi nelle nostre vicinanze da permetterne uno studio dettagliato.

Una supernova SN II è stata osservata nella Grande Nube di Magellano nel 1987 (Fig. 11.16); trattandosi di un evento relativamente vicino in quanto le Nubi di Magellano sono galassie satelliti della Via Lattea (vedi §18.2), è stato possibile seguirne l'evoluzione dall'inizio, e in correlazione con il massimo dell'emissione ottica si è rivelato un flusso di neutrini che fornisce indicazioni sui fenomeni fisici all'interno del nucleo stellare nella fase di collasso.

Nel caso della supernova osservata nella costellazione del Granchio nel 1054, a distanza di quasi 1000 anni si osserva che l'inviluppo in espansione ha formato un'estesa nebulosa di 2×4 pc, detta **resto di supernova**, intensa sorgente radio, infrarossa, X e gamma, oltre che di emissione ottica (Fig. 11.17). In particolare l'emissione radio è di tipo non-termico e indica un costante processo di accelerazione di particelle ad alte energie ad opera di onde d'urto nell'interazione con il mezzo circumstellare.

Nella Via Lattea sono stati rivelati oltre 150 resti di supernova, soprattutto nella banda radio che risente meno dell'estinzione; ma oggi i più potenti sono osservati anche nell'infrarosso, ottico, X e gamma. Alcuni resti sono molto estesi e con forma ad anello (vedi il caso del resto in Cassiopea, Fig. 11.18), altri appaiono irregolari come la nebulosa del Granchio.

L'emissione X, infrarossa, ottica e radio dei resti di supernova del tipo nebulosa del Granchio (*resti di supernova plerionici*) è polarizzata e non-termica, caratteristica della radiazione sincrotrone. La shell in espansione interagendo con il mezzo circumstellare genera un'onda d'urto che è in grado di accelerare elettroni per l'emissione sincrotrone nel plasma magnetizzato. Per quest'ultimo fatto si pensa che i resti di supernova possano essere sorgenti di raggi cosmici in quanto in grado di accelerare anche ioni. Si osservano anche righe di emissione nell'ottico dovute a eccitazione del gas da parte della radiazione sicnrotrone ultravioletta; da queste righe si può calcolare la dinamica del sistema, che appare essere in accelerazione sospinta dall'attività della pulsar centrale di cui parleremo nel prossimo paragrafo.

I *resti di supernova ad anello* non sono associati ad una pulsar, presentano ancora radiazione sincrotrone nel radio, ma sono anche osservabili nell'ottico, infrarosso e X come radiazione termica prodotta dalla ionizzazione del materiale da parte dell'onda d'urto che continua la sua propagazione nel mezzo interstellare a velocità decrescente. I resti di supernova più vecchi ed estesi (ad esempio il Cygnus Loop che raggiunge i 50 pc di diametro con una velocità di espansione di 50 - 100 km s^{-1}) si mostrano diffusi e sfilacciati; la loro attività perdura fino al milione di anni.

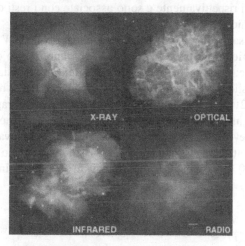

Fig. 11.17 Il resto di supernova Nebulosa del Granchio osservato a diverse frequenze. La mappa a raggi X si riferisce alla zone centrale della nebulosa ed è legata all'attività della pulsar

Fig. 11.18 Mappa composita del resto di supernova Cas A combinando i dati X (Chandra), ottico (HST), infrarosso (Spitzer)

11.3.4 Pulsar

Le *pulsar* (*pulsating stars*) sono sorgenti radio scoperte da Jocelyn Bell e Anthony Hewish nel 1967 a Cambridge, UK, che emettono impulsi con periodo estremamente regolare, e che sono state in alcuni casi associate con resti di supernova e in genere con le fasi finali dell'evoluzione stellare. Le pulsar oggi note sono oltre un migliaio. Gli impulsi emessi hanno una durata molto breve, circa il 10% del periodo. I periodi osservati sono nel range dai millisecondi fino a circa 4 secondi, sono molto stabili e hanno un regolare tasso di crescita $dP/dt \approx 10^{-20} - 10^{-10}$ correlato con il periodo. Le pulsar con periodo nell'ordine dei millisecondi sono in genere associate con sistemi binari, mentre quelle con periodo superiore corrispondono a oggetti singoli (Fig. 11.19). Le pulsar singole NP0532 e PSR0833 più potenti hanno periodi di 33 e 89 millisecondi rispettivamente e sono associate con i resti di supernova delle nebulose del Granchio e della Vela.

La potenza emessa mediata sul periodo raggiunge il valore $W \approx 10^{31}$ erg sec^{-1} nelle pulsar con periodo più breve. L'emissione ha uno spettro continuo ed è polarizzata linearmente; conseguentemente è interpretata come radiazione sincrotrone da elettroni relativistici in campi magnetici. La temperatura di brillanza degli impulsi, $T_{br} \approx I_\nu c^2 / (2\nu^2 k_B)$, dove I_ν è l'intensità dell'impulso, raggiunge i 10^{26} K, indicando che l'origine dell'emissione dev'essere un meccanismo coerente. Le pulsar a periodo più breve, che sono associate con resti di supernova, sono osservabili anche nelle bande ottica, X e gamma, con potenze emesse fino a $W_X \approx 10^{35}$ erg sec^{-1}. In Fig. 11.20 sono illustrati gli impulsi di sei pulsar singole con periodo

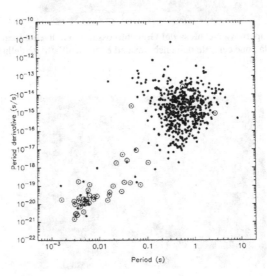

Fig. 11.19 Correlazione tra periodo e crescita del periodo delle pulsar; cerchi vuoti corrispondono a pulsar singole, punti pieni a pulsar in sistemi binari

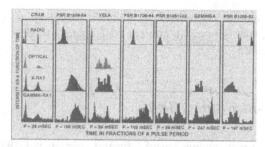

Fig. 11.20 Profili degli impulsi di sei pulsar a breve periodo, con emissione nelle bande radio, ottica, raggi X e gamma

breve nelle varie bande osservative. Le componenti ad alta frequenza non sono in genere un'estensione dello spettro radio e non richiedono meccanismi di emissione coerente; probabilmente provengono da altri elettroni, in differenti parti della sorgente. Le recenti osservazioni delle missioni con i telescopi gamma AGILE e FERMI hanno rivelato una popolazione di pulsar che emettono soprattutto in raggi gamma.

I tempi di arrivo degli impulsi alle varie frequenze permette una diretta misura della distanza d delle pulsar, in quanto i segnali sono differentemente ritardati nell'attraversamento del mezzo interstellare ionizzato di densità elettronica n_e (che può essere stimato da altri metodi):

$$\Delta t = -\frac{2(2\pi)^3 \Delta v}{v^3} \int_0^d n_e \, dl \,. \tag{11.6}$$

La rapida variabilità delle pulsar impone che abbiano dimensioni inferiori al tempo di attraversamento alla velocità della luce $R \ll c\Delta P \approx 0.1cP$, che è quindi dell'ordine del decimo di secondo-luce, per scendere fino al millesimo di secondo-luce. Come vedremo dallo studio della struttura stellare, gli unici oggetti in tale intervallo di dimensioni sono le stelle a neutroni, e la variabilità osservata può essere dovuta ad un effetto "faro prodotto dalla rotazione di una macchia calda sulla stella; i tipici periodi che evitino la distruzione per effetto centrifugo sono:

$$P > (G\rho)^{-1/2} \,. \tag{11.7}$$

Questo limite si accorda con l'intervallo delle densità delle stelle di neutroni $\rho_{NS} \approx 10^{13} - 10^{15}$ g cm^{-3}. L'aumento del periodo indica che l'energia emessa dalla stella di neutroni rotante va proprio a scapito dell'energia rotazionale.

Le pulsar con periodi di pochi millisecondi in sistemi binari sono una categoria a parte rispetto alle pulsar singole. Come vedremo nello studio dell'evoluzione dei sistemi binari stretti, si tratta in tal caso ancora di stelle di neutroni rotanti che ad opera di accrescimento di massa dalla stella compagna in una fase dell'evoluzione vengono ringiovanite: acquistano momento angolare e diminuiscono il loro periodo, per riprendere poi a rallentare per emissione di energia. La compagna è in diversi casi osservata essere una nana bianca.

In conclusione le pulsar, ricordando la già citata associazione in alcuni casi con resti di supernova, sono gli oggetti con cui confrontare i modelli delle ultime fasi dell'evoluzione stellare.

11.3.5 Gamma-Ray-Burst (GRB)

I GRB o *lampi di raggi gamma* cosmici furono scoperti nel 1973 dalla serie di satelliti *Vela*, messi in orbita per scoprire i raggi gamma prodotti da esperimenti nucleari in atmosfera. I satelliti raccolsero occasionali emissioni impulsive di raggi gamma di origine non terrestre, ma cosmica, tuttavia non associabili con sorgenti astrofisiche note. Nel 1990 fu lanciato il satellite *GRO* (Gamma-Ray Observatory) con lo studio dettagliato dei GRB tra i principali obiettivi scientifici. Dai dati raccolti dallo strumento furono ricavate due importanti informazioni:

- I lampi di raggi gamma sono isotropi (ovvero, non presentano particolari preferenze per direzioni particolari nel cielo, come ad esempio il piano galattico o il centro galattico), escludendo quasi tutte le possibilità di un'origine galattica.
- I lampi gamma possono essere classificati in due categorie apparentemente distinte (Fig. 11.21): lampi di breve durata, tipicamente meno di due secondi, e con spettro dominato da fotoni ad alta energia (*short GRB* o lampi corti) e lampi di lunga durata, tipicamente più di due secondi, e con spettro dominato da fotoni a bassa energia (*long GRB* o lampi lunghi).

Nel 1997 si è avuto un progresso importante con la messa in orbita del satellite italo-olandese *Beppo-SAX*. Dopo che GRO aveva rivelato un gamma-ray burst (GRB 970228), venne comandato al satellite di puntare la sua apparecchiatura di ricezione di raggi X nella direzione da cui erano pervenute le emissioni gamma, e lo strumentò rivelò delle emissioni di raggi X in dissolvenza. Ulteriori osservazioni con telescopi a terra identificarono una debole controparte ottica. Con la posizione della sorgente perfettamente nota, quando l'emissione di raggi X si affievolì fino a scomparire, fu possibile raccogliere immagini ottiche più precise fino ad identificare la galassia estremamente lontana che aveva ospitato l'evento, la prima ad essere individuata di molte altre in seguito. Entro poche settimane, la controversia sulle distanze di questi eventi aveva raggiunto una conclusione: i lampi gamma potevano essere finalmente identificati come eventi extra-galattici, che si originavano in galassie molto deboli a distanze cosmologiche. Un GRB tipico ha un redshift non inferiore a 1.0 (corrispondente ad una distanza di 8 miliardi di anni luce), mentre l'evento più lontano conosciuto (GRB 090429B) ha un redshift di 9.4 (corrispondente alla strabiliante distanza di 13.3 miliardi di anni luce). La conferma delle immense distanze da cui provengono i GRB solleva ovviamente un difficile problema energetico, in quanto richiede il rilascio di 10^{54} erg in pochi secondi. Se assumiamo che ogni GRB emetta energia isotropicamente, alcune tra le esplosioni più luminose corrispondono ad un rilascio totale di energia di valore prossimo alla conversione di una massa solare in radiazioni gamma in pochi secondi. Non c'è nessun processo conosciuto

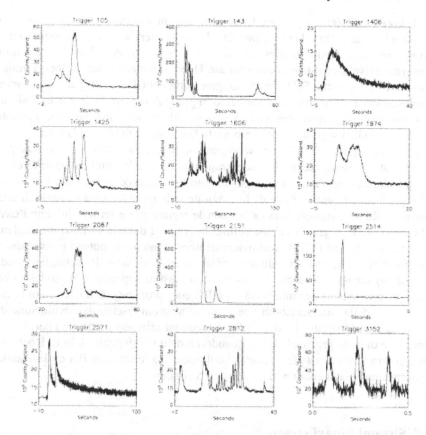

Fig. 11.21 Tipiche curve di luce di GRB a periodi lunghi e brevi

nell'universo capace di liberare tanta energia così velocemente. Tuttavia il requisito energetico è semplificato se il lampo non è simmetrico; se, ad esempio, l'energia è incanalata lungo un getto sottile (con un angolo di pochi gradi) che punta verso l'osservatore il valore reale del rilascio di energia per un GRB tipico corretto per effetto Doppler diventa confrontabile con quello di una supernova molto luminosa.

L'interpretazione corrente dei GRB di lunga durata è che essi siano associati alla esplosione di stelle massicce in un particolare tipo di supernova detto *collapsar*. Quando una stella massiccia giunge alla fase finale con massa del nucleo maggiore del limite di circa $3M_\odot$, il collasso gravitazionale conduce alla formazione di un buco nero (BH). La materia dell'inviluppo che non è immediatamente inghiottita dal BH, continua a precipitare attratta da esso e se la stella è dotata di elevato momento angolare forma un disco di accrescimento denso e rotante a velocità prossima a quella della luce. Il materiale del disco viene espulso per effetti elettrodinamici lungo l'asse di rotazione del BH (direzione di minore resistenza) con velocità prossima a quella della luce, e impattando nel materiale dell'inviluppo stellare ancora in caduta genera un'onda d'urto relativistica. Il fronte d'onda accelera al decrescere della densità della materia stellare e, quando raggiunge la superficie, ha acquistato un fattore di Lorentz di 100 o superiore. Una volta raggiunta la superficie, l'onda d'urto erompe nello spazio, dove la maggior parte della sua energia è rilasciata nella forma di raggi gamma. A favore di questo modello esistono le osservazioni di esplosioni di supernova rivelate dal telescopio spaziale Hubble immediatamente dopo l'emissione del lampo gamma. Sebbene la maggior parte dei GRB avvengano a distanze così elevate che i nostri strumenti non sono in grado di rilevare la debole emissione di una eventuale supernova, nei sistemi a basso redshift sono stati ben documentati diversi casi di GRB seguiti in pochi giorni dalla comparsa di una supernova.

Per quanto riguarda i GBR corti sono state individuate le galassie ospiti solo per una manciata di eventi, che, inoltre, sembrano mostrare delle significative differenze dalla popolazione dei GRB lunghi: per quanto un lampo corto sia stato localizzato con precisione in una regione di formazione stellare, nella zona centrale di una galassia, molti altri sono stati associati con le regioni più esterne e in alcuni casi anche con l'alone di grandi galassie ellittiche, regioni dove la formazione stellare è cessata. Inoltre, tutti i GRB corti osservati finora sono meno potenti e presentano basso redshift; a dispetto delle distanze relativamente vicine e dei dettagliati studi che li hanno seguiti, non sono stati associati a nessuna supernova. Il modello che appare più promettente per interpretare i GRB corti propone che il rilascio di energia provenga dalla coalescenza di due stelle di neutroni lasciati dall'evoluzione di un sistema binario stretto. Le due stelle di neutroni orbitano perdendo energia per l'emissione di onde gravitazionali e quando entrano nei rispettivi lobi di Roche si distruggono a vicenda per effetti mareali collassando a formare un BH e rilasciando un'enorme quantità di energia in un tempo brevissimo.

11.4 Sistemi binari stretti

Circa il 50% delle stelle appartengono a sistemi binari o multipli in orbite legate intorno al comune di massa. Nella maggior parte dei casi le stelle sono abbastanza distanti da evolvere in maniera sostanzialmente indipendente. Esistono tuttavia sistemi in cui le stelle sono molto vicine fra di loro per cui le loro atmosfere sono deformate da effetti mareali o addirittura si mescolano fra loro; in tal caso la struttura e l'evoluzione delle stelle risulta influenzata dall'interazione dinamica. Inoltre è importante il fenomeno di scambio di massa tra le componenti, che ne modifica la dinamica e i tempi scala evolutivi.

Come discusso nel Capitolo 5, la meccanica può essere descritta nel riferimento solidale corotante con le stelle componenti. Le curve equipotenziali nel piano orbitale sono illustrate in Fig. 11.22 per diverse configurazioni: esiste una linea equipotenziale critica "a otto" che separa la regione lontana, dove il campo tende a quello dovuto alla somma delle masse concentrate nel centro di massa, e le regioni vicine, i *lobi di Roche*, dove sono le singole stelle a dominare il campo. Il punto dove i lobi di Roche si toccano è un punto di equilibrio a sella, *punto lagrangiano interno* L_1, stabile per moti perpendicolari alla congiungente le stelle, instabile lungo la congiungente.

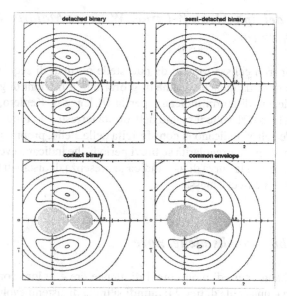

Fig. 11.22 Diversi tipi di sistemi binari stretti rappresentati con le curve equipotenziali

La maggior parte delle stelle binarie sono ben separate, per cui la loro struttura non risente dell'interazione gravitazionale e l'evoluzione delle componenti corrisponde a quella delle stelle singole. Invece nei cosiddetti *sistemi binari stretti,* con periodi di alcuni giorni soltanto, le dimensioni delle componenti non sono trascurabili rispetto alla loro distanza, per cui l'interazione gravitazionale agisce sulla loro struttura e ne influenza l'evoluzione.

In base alle dimensioni delle stelle rispetto alle dimensioni dei lobi di Roche, le binarie strette sono divise in quattro classi: *staccate, semi-staccate, a contatto, con inviluppo comune.* Nelle binarie staccate le stelle sono ben separate ma la loro struttura risente della presenza della compagna per cui i suoi strati superficiali sono deformati da effetti mareali che causano instabilità oscillatorie. Nei sistemi semi-staccati una delle stelle riempie il proprio lobo di Roche, per cui il materiale superficiale nelle vicinanze del punto lagrangiano può essere catturato dalla compagna; il trasferimento comporta processi di accrescimento che nel caso di una compagna compatta, nana bianca o stella di neutroni o buco nero può dare origine a fenomeni dinamici che discuteremo nel seguito. Nelle binarie a contatto o con inviluppo comune ambedue le stelle riempiono il proprio lobo e sono possibili consistenti scambi di massa tra le componenti; tale variazione di massa ha come conseguenza una diversa evoluzione rispetto al caso delle stelle singole.

In questo paragrafo studiamo l'evidenza osservativa dell'esistenza di sistemi binari stretti e i modelli fenomenologici per l'interpretazione dei dati. Nell'analisi dell'evoluzione stellare nei prossimi capitoli vedremo in quali fasi tali sistemi si possono formare e quindi fornire informazioni sui processi evolutivi.

11.4.1 Stelle del tipo Algol, β-Lyrae, W Ursae Majoris, RS Canum Venaticorum

Sono sistemi binari a eclisse formati da due stelle normali di sequenza principale o giganti con periodi da qualche decina di giorni fino a frazioni di giorno. Periodi di ore, giorni, decine di giorni indicano, per la III legge di Keplero, raggi orbitali dell'ordine di 0.1 - 0.001 volte il raggio dell'orbita terrestre. In tutte queste stelle le curve di luce e le eclissi indicano la non sfericità delle stelle, proprio per effetto mareale. Si osservano anche irregolarità su brevi periodi che indicano eventi di scambio di massa. In alcuni casi la curva di luce indica la presenza di dischi di accrescimento intorno alla stella che riceve massa.

11.4.2 Variabili cataclismiche, nove

Questi sistemi hanno periodi molto brevi di alcune ore e le loro componenti sono una nana bianca e una stella di tipo M; quindi si tratta di sistemi evoluti. Presentano lunghe fasi di quiescenza con improvvise fasi di attività in cui la luminosità cresce di un fattore tra 10 e 10^6 volte con emissione anche alle alte frequenze in ultravioletto e raggi X, presumibilmente a seguito di uno scambio di massa che accende un disco di accrescimento intorno alla nana bianca. Il sistema non viene distrutto dall'evento, per cui le nove possono essere ricorrenti.

11.4.3 Binarie X

La missione spaziale Uhuru lanciata nel 1970 per l'osservazione del cielo a raggi X rivelò sorgenti pulsate nella banda X in associazione con sistemi binari di cui è osservabile anche la stella compagna nell'ottico. Queste sorgenti sono diverse dalle pulsar, in quanto la loro fenomenologia, pur essendo ancora basata sulla rotazione di stelle compatte, è composta di vari elementi. Anzitutto possono avere fino a tre diversi periodi caratteristici (il caso di Hercules X-1 è riportato in Fig. 11.23): (1) un periodo di pulsazione dell'ordine dei secondi, corrispondente al periodo rotazionale di una stella compatta come nel caso delle pulsar; (2) un periodo di eclisse tra poche ore e alcuni giorni, corrispondente al periodo orbitale di un sistema binario stretto, coincidente infatti con il periodo di variabilità della stella compagna osservata nell'ottico; (3) un periodo di rilassamento di mesi, in cui gli impulsi diminuiscono di ampiezza per poi rapidamente salire. Inoltre il periodo di pulsazione, invece di aumentare come nel caso delle pulsar, diminuisce, il che indica un trasferimento di momento angolare alla stella compatta da parte della compagna.

   Questa fenomenologia appare corrispondere ad una situazione in cui in un sistema binario stretto la stella compagna non evoluta trasferisce massa e momento angolare alla stella di neutroni; l'accrescimento viene guidato da un campo magnetico

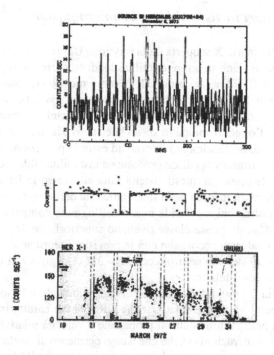

Fig. 11.23 Le periodicità della binaria X Her X-1. Pannello superiore: periodicità pulsazionale; pannello intermedio: eclissi; pannello inferiore: rilassamento delle ampiezze

verso i poli della stella e la colonna viene riscaldata dall'onda d'urto dell'impatto a temperature di decine di milioni di gradi producendo l'emissione a raggi X:

$$T_{vir} \approx \frac{m}{k_B} \frac{GM}{R} \tag{11.8}$$

dove m è la massa media del materiale in accrescimento, M e R la massa e il raggio della stella di neutroni, k_B la costante di Boltzmann; in effetti questa temperatura può raggiungere i 10^{10} K, per cui si possono originare anche raggi gamma. Gli impulsi brevi nascono, come nel caso delle pulsar, dall'effetto faro della rotazione della stella di neutroni, mentre le eclissi corrispondono alla sua rivoluzione intorno alla compagna. Il periodo di rilassamento ha presumibilmente origine nelle modalità della formazione della colonna di accrescimento ad opera del flusso di massa e al suo orientamento che precede a seguito dell'interazione spin-orbita.

11.4.4 Buchi neri in sistemi binari e microquasar

Un'altra classe di binarie X scoperta dalla missione Uhuru presenta due periodi: (1) la pulsazione, che avviene su tempi di millisecondi ed è irregolare; (2) il periodo di eclisse su tempi dell'ordine dei giorni. Il primo e meglio studiato oggetto di questa classe è Cygnus X-1. L'interpretazione è che ancora si abbia a che fare con un sistema binario stretto con scambio di massa tra una stella normale e un oggetto compatto, ma che l'oggetto compatto sia un buco nero e la radiazione osservata provenga da un disco di accrescimento intorno ad esso; le pulsazioni sarebbero dovute a irregolarità nella struttura del disco prodotte da instabilità. Tale modello si accorda con la misura delle masse di questi sistemi fatta attraverso la III legge di Keplero essendo note le curve di luce sia della stella ottica sia dell'oggetto compatto. Mentre nella classe con pulsazioni regolari le masse dell'oggetto compatto risultano essere inferiori a $\sim 1.5 M_\odot$, in questa classe risultano superiori alle $3 M_\odot$; come vedremo nel § 14.1 questi valori si accordano con le previsioni teoriche dei limiti di massa, non potendo esistere stelle di neutroni con $M > 3 M_\odot$. Cygnus X-1 è quindi il primo candidato di buco nero stellare.

Nella categoria dei candidati buchi neri sono da includere la sorgente peculiare SS 433 e le sorgenti galattiche relativistiche GRS, la cui caratteristica principale è la produzione di getti collimati che si propagano a velocità relativistiche. SS 433 è stata rivelata con osservazioni ottiche che hanno permesso di rivelare due serie di righe spettrali che si spostano sinusoidalmente verso il rosso e il blu con opposte fasi; ciò viene interpretato in modo naturale come effetto Doppler sulla radiazione di due opposti flussi relativistici di plasma con corrispondente velocità $0.26c$. La stessa fenomenologia è presente anche nell'emissione termica in raggi X. I dati sull'emissione non-termica nel radio con tecniche VLBI hanno permesso di visualizzare direttamente la fenomenologia della propagazione dei getti (Fig. 11.24). Le sorgenti GRS mostrano simili caratteristiche, ma sono state individuate dai dati radio e X, perché hanno un'emissione ottica molto meno evidente.

Questi oggetti sono associati con sistemi binari stretti suggerendo che la loro fenomenologia nasce dallo scambio di massa da una stella non evoluta verso un buco nero con formazione di un disco di accrescimento relativistico verso l'orizzonte degli eventi, secondo i processi di plasma e di relatività generale discussi nei precedenti capitoli. L'energia rilasciata raggiunge pertanto valori vicini al limite del 42% della massa a riposo e può attraverso al meccanismo magneto-rotazionale produrre getti supersonici. Come vedremo nei prossimi capitoli, questa fenomenologia di dischi di accrescimento e getti relativistici è simile, sia pure su scala molto differente,

Fig. 11.24 Radio VLBI observations of the jets of SS 433

a quella dei quasar che erano stati precedentemente scoperti; per cui spesso si usa per questi oggetti galattici il termine microquasar.

11.4.5 QPO (Quasi-Periodic-Oscillators)

Una classe di sorgenti X in sistemi binari stretti presenta una variabilità oscillante intorno a una data frequenza dominante; tali sorgenti vengono indicate con il nome di Quasi-Periodic-Oscillators. Il collegamento con lo schema di scambio di massa e la formazione di dischi di accrescimento suggerisce che l'emissione provenga dalle parti più interne del disco intorno ad una nana bianca, una stella di neutroni o un buco nero, dove intervengono effetti di Relatività Generale in sistemi rotanti. Lo studio di questi oggetti potrebbe quindi fornire informazioni sul comportamento del flusso di accrescimento in oggetti relativistici.

11.5 Dati stellari

Esistono molti cataloghi di dati stellari, già citati nel Capitolo 4; in particolare si possono trovare dati specifici sul manuale di Cox [4] e sui siti web [5].

Riferimenti bibliografici

1. B.W. Carroll, D.A. Ostlie – *An Introduction to Modern Astrophysics*, Addison-Wesley Publ. Co. Inc., 1996
2. H. Karttunen, P. Kröger, H. Oja, M. Poutanen, K.J. Donner – *Fundamental Astronomy*, Springer, 1994
3. A. Braccesi – *Esplorando l'Universo*, Zanichelli, 1988
4. A.N. Cox – *Allen's Astrophysical Quantities*, Springer, 1999
5. Alcuni dei più importanti siti web sulle stelle sono:
   http://tdc-www.harvard.edu/catalogs/sao.html
   http://simbad.u-strasbg.fr/simbad/
   http://vizier.u-strasbg.fr
   http://spider.seds.org/spider/Misc/star_cats.html
   http://tdc-www.harvard.edu/catalogs/gsc2.html
   http://aps.umn.edu
   http://www.adsabs.harvard.edu

12

Struttura interna delle stelle

Lo studio della fisica stellare ebbe inizio nella seconda metà dell'Ottocento ad opera di importanti studiosi della termodinamica e fisica matematica, quali Helmholtz, Lane, Ritter, Kelvin, Emden. Kirchhoff aveva allora formulato le leggi sulla radiazione emessa da un corpo in equilibrio termodinamico, il corpo nero, e gli astronomi avevano misurato come le stelle abbiano appunto spettri di tipo corpo nero, cioè siano in sostanziale equilibrio termodinamico. Inoltre, poiché le stelle non mostrano cambiamenti su tempi brevi, debbono possedere un continuo rifornimento energetico che supplisca all'energia persa per irraggiamento. Nell'accezione dell'epoca le stelle erano quindi viste come "macchine termodinamiche" capaci di produrre grandi quantità di radiazione a spese di una ancora ignota sorgente di calore in grado di mantenerne la temperatura costante.

Dal punto di vista della costituzione fisica le osservazioni dirette del Sole suggerivano che le stelle fossero masse gassose ad alta temperatura autogravitanti, trattabili quindi attraverso la teoria dei gas perfetti, le leggi della statica dei fluidi e la teoria della gravitazione newtoniana.

Helmholtz, Lane e Emden produssero i primi modelli, assumendo una relazione politropica tra le grandezze termodinamiche attraverso al corpo della stella; con questa assunzione risulta irrilevante specificare i meccanismi di produzione di energia all'interno della stella e anche i dettagli dell'irraggiamento superficiale, in quanto si predetermina la distribuzione delle grandezze fisiche dal centro alla superficie.

Purtuttavia apparve subito indispensabile una rappresentazione più fisica e autoconsistente del problema, in quanto in un gas ad alta temperatura la struttura viene determinata dalla localizzazione della produzione energetica e dal trasporto di tale energia attraverso i processi di conduzione, convezione e irraggiamento. Negli anni di inizio di secolo scorso, fino al 1939, Eddington, Milne, Russell, Strömgren, Chandrasekhar si cimentarono su questi problemi [1, 2]. In particolare ricavarono le leggi per il trasporto energetico secondo i vari processi indicati. Martin Schwarzschild ricavò la legge per individuare il meccanismo di trasporto prevalente, quello cioè che porta al gradiente termico minore.

Richiese più tempo individuare un meccanismo di produzione di energia adeguato a rifornire energeticamente le stelle su tempi evolutivi molto lunghi, almeno

Ferrari A.: Stelle, galassie e universo. Fondamenti di astrofisica.
© Springer-Verlag Italia 2011

dell'ordine dei miliardi di anni come richiedevano i dati geologici terrestri legati all'irradiazione solare. Le reazioni chimiche non erano sufficienti: come mostrò Kelvin, anche fosse stato di puro carbonio il Sole non avrebbe potuto rimanere acceso per più di 6000 anni circa. Così pure non era adeguata l'energia gravitazionale che si poteva liberare attraverso la contrazione stellare: in pochi milioni di anni il Sole si spegnerebbe collassando in un punto.

La soluzione venne dallo sviluppo della fisica nucleare: Hans Bethe nel 1939 sulla base dei risultati di laboratorio sulle reazioni nucleari indicò la trasmutazione esoenergetica dell'idrogeno in elio, possibile spontaneamente ad alte temperature, come la sorgente per la luminosità solare. Bethe, Fowler, Margaret e Geoffrey Burbidge, Salpeter, Schwarzschild svilupparono su quelle basi la teoria della struttura interna e dell'evoluzione delle stelle, elaborando i principi fisici delle reazioni termonucleari e del trasporto energetico. Nel 1958 fu pubblicato il testo di Schwarzschild *Structure and Evolution of the Stars* [3] che rappresenta il compendio dei risultati ottenuti con l'utilizzo di metodi analitici e con l'ausilio di calcolatori numerici meccanici.

Dopo quella data, la disponibilità di calcolatori elettronici sempre più veloci ed efficienti ha permesso di definire in grande dettaglio la struttura di stelle di ogni tipo, inserendole nei processi evolutivi su lunghe scale definite dalla durata dei bruciamenti termonucleari. Oggi, sia pure con qualche incertezza che discuteremo più avanti, abbiamo una modellizzazione molto dettagliata dell'evoluzione delle stelle dalla nebulosa primitiva da cui nascono fino alla loro scomparsa dall'osservabilità ottica sotto forma di nane bianche, stelle di neutroni o buchi neri.

12.1 Basi teoriche

Sulla base di quanto visto nei capitoli precedenti, l'interpretazione del diagramma di Hertzsprung - Russell e la correlazione tra luminosità e massa di Eddington suggeriscono che la struttura stellare dipenda da un solo parametro, la massa, oltre che dalla composizione chimica. Vedremo come questa osservazione può essere confermata dal punto di vista teorico.

Le ipotesi fondamentali che vengono adottate per elaborare un modello stellare sono le seguenti.

1. Si assume che una stella sia una massa autogravitante in condizioni di "quasi-equilibrio" meccanico e termico. Per "quasi-equilibrio" o "quasi-stazionarietà" si intende che le variazioni dei parametri macroscopici della struttura, pressione, densità, temperatura, raggio, luminosità, ecc., si modifichino lentamente nel tempo rispetto ai processi di trasporto e produzione dell'energia.
2. Si definiscono le caratteristiche fisiche della materia stellare: composizione chimica, equazione di stato, condizioni di eccitazione degli atomi e di ionizzazione, conduzione termica, coefficienti di trasporto del calore per convezione e radiazione.

3. Si risolvono le equazioni dell'equilibrio meccanico e termico in modo da soddisfare le condizioni al contorno, al centro della stella o alla superficie. Le condizioni superficiali sono fissate dai valori delle grandezze osservabili, raggio, luminosità, temperatura effettiva. Le equazioni differenziali sono alle derivate totali,
   almeno fintanto che si lavori su modelli di quasi-equilibrio e a simmetria sferica.
   In tal caso le grandezze fisiche dipendono solo dalla coordinata radiale. Le soluzioni ottenute forniscono il profilo delle grandezze fisiche lungo la coordinata
   radiale dal centro alla superficie.
4. Poiché la struttura perde energia per irraggiamento alla superficie, le condizioni
   fisiche subiscono una lenta, continua trasformazione, che corrisponde all'evoluzione fisica. In particolare i processi di produzione energetica negli strati più pro-
   fondi che mantengono l'irraggiamento portano ad una variazione della composizione chimica e ad una conseguente evoluzione dell'efficienza della produzione
   energetica.
5. Si studia l'evoluzione stellare tenendo conto di queste trasformazioni in una sequenza di modelli di equilibrio quasi-stazionari che differiscono per il lento variare della composizione chimica dovuto alle trasmutazioni nucleari che porta a
   variazioni della struttura stellare e dei parametri osservabili.

Sulla base di questo schema studieremo i modelli di struttura ed evoluzione stellare
elaborati con le moderne tecniche numeriche per rappresentare la fisica macroscopica includendo i dettagli della fisica microscopica [1,2]. Nella maggior parte dei casi
è possibile ridurre lo studio al caso di simmetria sferica, in quanto gli effetti della rotazione e dei campi magnetici sono trascurabili nella struttura macroscopica;
essi possono tuttavia influenzare la fisica microscopica (circolazioni di celle convettive, attività superficiale, trasporto di energia, rappresentazione dei coefficienti di
opacità, ecc.). Il problema generale è quindi riconducibile ad equazioni differenziali nella sola variabile radiale indipendente, essendosi già lasciato da parte il tempo
attraverso il principio della quasi-stazionarietà. Naturalmente le fasi di rapida trasformazione delle strutture, essenzialmente le fasi iniziali di formazione e quelle
finali di collasso, richiedono l'introduzione di altre variabili spaziali e del tempo.

12.2 Equazioni fondamentali

Le equazioni della struttura sono scritte assumendo simmetria sferica in assenza di
rotazione e campi magnetici. Pertanto tutte le variabili fisiche del problema saranno
funzioni della sola r.

12.2.1 Equilibrio idrostatico

L'equilibrio meccanico della stella è definito dal bilancio locale tra le forze agenti in
direzione radiale, cioè forze gravitazionali e forze di pressione (per la simmetria del

problema l'equilibrio azimutale è automaticamente soddisfatto). Con riferimento alla Fig. 12.1 si consideri un elemento di guscio sferico di massa dm corrispondenti ad area di base elementare dA, spessore elementare dr e densità $\rho(r)$; le forze radiali su di esso agenti sono:

$$F_{grav} = -\frac{Gm(r)dm}{r^2} = -\frac{Gm(r)\rho(r)dAdr}{r^2} \qquad (12.1)$$

$$F_{press} = -[P(r+dr) - P(r)]dA = -\frac{dP}{dr}dAdr \qquad (12.2)$$

dove $m(r)$ è la massa totale della stella entro il raggio r; il segno negativo per le forze deriva dall'assunzione che la direzione positiva delle r vada dal centro verso l'esterno. L'equilibrio delle forze implica che siano uguali e contrarie, per cui:

$$\frac{dP}{dr} = -\frac{Gm(r)\rho(r)}{r^2} \, . \qquad (12.3)$$

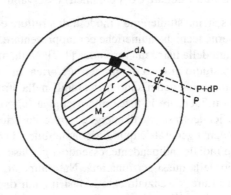

Fig. 12.1 Equilibrio meccanico stellare [4]

12.2.2 Continuità della massa

Corrisponde alla definizione di $m(r)$:

$$m(r) = 4\pi \int_0^r r^2\rho(r)dr \, . \qquad (12.4)$$

12.2.3 Equilibrio energetico

Esprime il bilancio tra energia prodotta e energia irraggiata dalla stella (Fig. 12.2):

$$d\mathcal{L}(r) = \mathcal{L}(r+dr) - \mathcal{L}(r) = 4\pi r^2 \rho(r)\varepsilon(r)dr \qquad (12.5)$$

dove $\varepsilon(r)$ è la produzione di energia per unità di massa al raggio r; in forma integrata l'equazione diventa:

$$\mathcal{L}(r) = 4\pi \int_0^r r^2 \rho(r)\varepsilon(r)dr . \qquad (12.6)$$

Naturalmente la produzione di energia ha luogo nelle zone più interne e calde della stella, per cui negli strati esterni la luminosità rimane costante $\mathcal{L}(r) = \mathcal{L}(R)$, dove R è il raggio della stella.

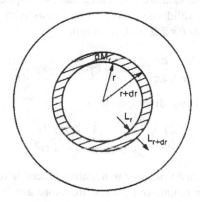

Fig. 12.2 Equilibrio energetico stellare [4]

12.2.4 Trasporto di energia

Si tratta della legge che fissa il gradiente termico attraverso ai coefficienti di trasmissione del calore nel plasma stellare. Come noto tali coefficienti corrispondono a tre meccanismi fondamentali: conduzione, convezione irraggiamento. Il primo, tipico dei solidi, è inefficiente nelle stelle normali; appare invece rilevante per stelle dense, nane bianche e stelle di neutroni, che tratteremo più avanti.

Nel **trasporto radiativo** i fotoni emessi negli strati più caldi della stella sono assorbiti negli strati più freddi e li riscaldano. Una stella è detta in equilibrio radiativo quando questo meccanismo è responsabile per il trasporto totale dell'energia dall'interno verso l'esterno. Per il calcolo del trasporto radiativo si utilizza l'equazione del trasporto (3.8) che rappresenta l'evoluzione del campo di radiazione durante la propagazione attraverso un gas di dati coefficienti di assorbimento ed emissività nell'ipotesi di atmosfera a strati piani paralleli:

$$\cos\theta \frac{dI_v}{dr} = -\kappa_v\rho I_v + \varepsilon_v\rho \qquad (12.7)$$

dove κ_v e ε_v sono rispettivamente l'*opacità* (legata al coefficiente di assorbimento usato precedentemente $\alpha_v = \kappa_v\rho$) e l'*emissività* per unità di massa (misurate quindi in $[cm^2\ g^{-1}]$) e θ è l'inclinazione dei raggi luminosi rispetto alla direzione radiale. Integrando sulle frequenze, con κ_v e ε_v approssimati con loro valori medi $\bar{\kappa}$ e $\bar{\varepsilon}$, e usando per I_v a primo membro la legge del corpo nero (approssimazione al prim'ordine), si ottiene:

$$\cos\theta \frac{d}{dr}\left(\frac{ac}{4\pi}T^4\right) = -\bar{\kappa}\rho I + \bar{\varepsilon}\rho . \qquad (12.8)$$

Vedremo nel seguito come valutare l'opacità media. Moltiplicando ancora per $\cos\theta$ e integrando sull'angolo solido nell'ipotesi che l'emissività sia isotropa (indipendente da θ) per cui $\int_{4\pi}\cos\theta\,\varepsilon\,d\Omega = 0$, si ha infine:

$$\frac{4\pi}{3}\frac{d}{dr}\left(\frac{ac}{4\pi}T^4\right) = -\bar{\kappa}\rho F = -\bar{\kappa}\rho\frac{\mathscr{L}(r)}{4\pi r^2} \qquad (12.9)$$

oppure, ricavando il gradiente di temperatura:

$$\left(\frac{dT}{dr}\right)_{rad} = -\frac{3}{4ac}\frac{\bar{\kappa}\rho}{T^3}\frac{\mathscr{L}(r)}{4\pi r^2} . \qquad (12.10)$$

Il gradiente di temperatura è tipicamente negativo poiché la temperatura cresce verso l'interno. Il gradiente radiativo è grande in valore assoluto per opacità elevate (piccoli cammini liberi medi dei fotoni), flussi radiativi elevati (pochi assorbimenti) e basse temperature (bassa densità di fotoni).

Quando il trasporto radiativo è poco efficiente e si generi un forte gradiente di temperatura, si sviluppano moti di materia di tipo convettivo. Il **trasporto convettivo** è caratteristico dei plasmi stellari in condizioni di instabilità convettiva, che può essere studiata schematicamente come segue. Si considerino due strati all'interno di una stella distanti di una quota Δr, con lo strato 1 più in basso, cioè più vicino al centro della stella, e lo strato 2 più in alto (Fig. 12.3). I due strati sono caratterizzati dalle quantità termodinamiche ρ e P, che assumono i rispettivi valori ρ_1, P_1 e ρ_2, P_2. Si supponga di sollevare una bolla di gas dallo strato 1 allo strato 2 senza mescolarla con l'ambiente e senza consentirle scambi di calore. In tali condizioni la bolla si porterà semplicemente in equilibrio di pressione con l'ambiente attraverso un'espansione adiabatica che la porterà ai valori delle variabili termodinamiche $\rho_2^* = \rho_1(P_2/P_1)^{1/\gamma}$, $P_2^* = P_2$ ($\gamma = c_p/c_v$ è l'esponente adiabatico del gas). Naturalmente se $\rho_2^* \geq \rho_2$ la bolla pesante ricadrà sotto l'effetto della forza di gravità, riportandosi alle condizioni iniziali, sia pure attraverso ad alcune oscillazioni che ne dissipino l'energia gravitazionale conferitele nello spostamento verso l'alto. Nell'opposta condizione $\rho_2^* \leq \rho_2$ la bolla leggera verrà spinta ancora più verso

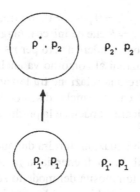

Fig. 12.3 Instabilità convettiva

l'alto e il gas sarà quindi instabile rispetto a tali moti: si parla appunto di instabilità convettiva. Usando l'equazione di stato dei gas perfetti e passando alle grandezze P, T, si ottiene la *condizione di instabilità convettiva* nella seguente forma locale nel limite di $\Delta r \to dr$ e $P_2 = P_1 + (dP/dr)dr$ e $T_2 = T_1 + (dT/dr)dr$:

$$-\frac{dT}{dr} \geq -\frac{\gamma-1}{\gamma}\frac{T}{P}\frac{dP}{dr} . \tag{12.11}$$

Si può quindi definire il seguente **criterio di Schwarzschild**: il massimo gradiente permesso in una struttura stellare è il gradiente adiabatico:

$$\left(\frac{dT}{dr}\right)_{conv} = \frac{\gamma-1}{\gamma}\frac{T}{P}\frac{dP}{dr} . \tag{12.12}$$

Eventualmente i processi radiativi potranno ridurlo ulteriormente se più efficienti, altrimenti i moti convettivi lo manterranno su tale limite marginale. In altre parole in una stella il trasporto è localmente radiativo se $|dT/dr|_{rad} \leq |dT/dr|_{conv}$, altrimenti è convettivo.

Nella costruzione dei modelli stellari si segue il criterio di Schwarzschild calcolando quale sia il gradiente più piatto ad ogni strato stellare. Peraltro negli strati più esterni della stella il gradiente convettivo deve essere calcolato attraverso la cosiddetta *teoria della mixing length*, ma occorre tener presente che un modello completo della convezione ancora non esiste.

12.2.5 Condizioni al contorno

La soluzione delle precedenti quattro equazioni (12.3), (12.4), (12.6), (12.10) o (12.12) richiede naturalmente quattro condizioni al contorno, definite da considerazioni fisiche. Anzitutto, poiché al centro matematico non ci sono ancora sorgenti di energia o massa, si pone $M = L = 0$ per $r = 0$. Inoltre, alla superficie della stella si deve ottenere che $M = M_*$ per $r = R$ che definisce il raggio per una data massa. Infine temperatura e pressione debbono tendere a zero per $r \to R$, cioè $p(R) = T(R) = 0$.

In aggiunta a queste condizioni al contorno va anche ricordato che per chiudere il sistema occorre introdurre una relazione tra le variabili termodinamiche, cioè un'equazione di stato, le cui caratteristiche discuteremo nel prossimo paragrafo. Sarà inoltre necessario specificare l'opacità e la produzione di energia nei vari strati stellari.

La soluzione del sistema di equazioni fornirà dunque il profilo di massa, temperatura, densità, pressione ed il flusso di energia in funzione del raggio. E pertanto, per una data massa, raggio e luminosità del modello stellare saranno confrontabili con i dati osservativi. È comunque chiaro che le proprietà del modello di equilibrio stellare sono definite una volta che siano specificate la massa e la sua composizione chimica: questo principio va sotto il nome di **teorema di Vogt-Russell**.

12.2.6 Equazione di stato

L'equazione necessaria per legare fra loro le grandezze termodinamiche è l'equazione di stato. Per stelle normali, caratterizzate da alte temperature e densità non troppo elevate, è lecito adottare l'*equazione dei gas perfetti*:

$$P = \frac{k}{\mu m_H} \rho T \tag{12.13}$$

in cui μ è il peso molecolare medio, m_H la massa dell'atomo di idrogeno, k la costante di Boltzmann. Il peso molecolare medio tien conto che in presenza di ionizzazione ogni atomo contribuisce alla pressione con il nucleo e vari elettroni liberi: si può dire che $1/\mu$ è il numero di particelle libere per atomo. Ponendo:

$$X = \text{frazione in massa dell'idrogeno} \tag{12.14}$$

$$Y = \text{frazione in massa dell'elio}$$

$$Z = \text{frazione in massa di elementi pesanti}$$

$$X + Y + Z = 1$$

(per elementi pesanti si intendono tutti quelli oltre l'idrogeno e l'elio) si ottiene, in condizione di completa ionizzazione:

$$\frac{1}{\mu} = 2X + \frac{3}{4}Y + \frac{1}{2}Z. \tag{12.15}$$

Naturalmente, in condizioni di parziale ionizzazione, ad esempio nelle atmosfere delle stelle, occorre risolvere il problema dell'equilibrio di ionizzazione sulla base delle leggi di Saha e Boltzmann discusse nel Capitolo 3.

A temperature elevate occorre tener conto della *pressione di radiazione*, che, secondo la statistica dei fotoni di Bose-Einstein, ha in condizione di equilibrio termodinamico la forma:

$$P_r = \frac{1}{3}aT^4 \ . \tag{12.16}$$

Per le alte densità che, come vedremo, si possono raggiungere nelle fasi finali dell'evoluzione stellare è necessario utilizzare la statistica quantistica di Fermi-Dirac: si parla di *equazione di stato per materia degenere*. Il limite di densità al di sopra del quale gli effetti di degenerazione sono importanti può essere semplicemente ricavato imponendo che la distanza media fra particelle del gas sia inferiore alla loro lunghezza di De Broglie:

$$d \sim n^{-1/3} \sim \left(\frac{\rho}{\mu m_H}\right)^{-1/3} \le \frac{h}{mv} \quad ; \tag{12.17}$$

con $(1/2)mv^2 \sim (3/2)kT$ si ottiene:

$$\rho \ge \frac{3mkT}{h^3}\mu m_H \ . \tag{12.18}$$

In un gas ad alte densità il principio di Pauli impone che tutti i livelli energetici siano occupati fino ad un momento limite p_F, il livello di Fermi. Consideriamo un gas di fermioni degenere in un volume V e scegliamo i momenti compresi tra p e $p+dp$: essi occupano un elemento nello spazio delle fasi $4\pi p^2 dp V$. Secondo il principio di indeterminazione di Heisenberg il volume elementare nello spazio delle fasi è h^3 e può contenere due fermioni di opposto spin. Pertanto il numero di fermioni nell'elemento dello spazio delle fasi suddetto è:

$$dN = 2\frac{4\pi p^2 dp V}{h^3} \tag{12.19}$$

e nell'intero volume fino al livello di Fermi:

$$N = \int dN = \frac{8\pi V}{h^3}\int_0^{p_F} p^2 dp = \frac{8\pi V}{3h^3}p_F^3 \ . \tag{12.20}$$

Il momento di Fermi è pertanto:

$$p_F = \left(\frac{3}{\pi}\right)^{1/3}\frac{h}{2}\left(\frac{N}{V}\right)^{1/3} \ . \tag{12.21}$$

Possiamo ora calcolare l'energia totale del gas. Nel caso di momento di Fermi non relativistico ($p_F \ll mc$), si può porre

$$E = \int \frac{p^2}{2m}dN = \frac{4\pi V}{5mh^3}p_F^5 = \frac{\pi}{40}\left(\frac{3}{\pi}\right)^{5/3}\frac{h^2}{m}V\left(\frac{N}{V}\right)^{5/3} \tag{12.22}$$

e usando la relazione tra energia e pressione

$$P = \frac{2}{3}\frac{E}{V} = \frac{1}{20}\left(\frac{3}{\pi}\right)^{2/3}\frac{h^2}{m}\left(\frac{N}{V}\right)^{5/3}. \tag{12.23}$$

Per il caso di momento di Fermi relativistico ($p_F \gg mc$ e quindi densità maggiori) occorre scrivere l'energia delle particelle come pc e si ottiene:

$$E = \int cp\,dN = \frac{2\pi cV}{h^3}p_F^4 = \frac{\pi}{8}\left(\frac{3}{\pi}\right)^{4/3}hcV\left(\frac{N}{V}\right)^{4/3} \tag{12.24}$$

e la pressione diventa:

$$P = \frac{1}{3}\frac{E}{V} = \frac{1}{8}\left(\frac{3}{\pi}\right)^{1/3}hc\left(\frac{N}{V}\right)^{4/3}. \tag{12.25}$$

In conclusione per i gas di fermioni degeneri valgono le seguenti equazioni di stato:

$$P = \frac{1}{20}\left(\frac{3}{\pi}\right)^{2/3}\frac{h^2}{m}\left(\frac{\rho}{\mu m_H}\right)^{5/3} \tag{12.26}$$

$$= \frac{1}{8}\left(\frac{3}{\pi}\right)^{1/3}hc\left(\frac{\rho}{\mu m_H}\right)^{4/3}. \tag{12.27}$$

La prima forma si riferisce ad un gas non-relativistico ($p_F \ll mc$), la seconda al gas relativistico ($p_F \gg mc$); m è la massa del fermione considerato, elettroni per plasmi elettronicamente degeneri, neutroni per plasmi barionicamente degeneri. In Fig. 12.4 sono riportate nel piano ρ, T le regioni a cui corrispondono le equazioni di stato ora discusse; i limiti di degenerazione sono calcolati per il caso specifico degli elettroni, i fermioni che per primi raggiungono il limite quantistico.

In generale la pressione all'interno di una stella dipende da temperatura (salvo il caso dei gas degeneri), densità e composizione chimica. D'altra parte il gas non sarà mai completamente ionizzato per cui sarà necessario calcolare il livello di ionizzazione degli atomi (ed eventualmente di dissociazione delle molecole in stelle molto fredde) attraverso le equazioni di Saha e Boltzmann e nell'ipotesi di *equilibrio termodinamico locale*. La pressione sarà quindi data da espressioni piuttosto complesse funzioni delle variabili termodinamiche.

È utile ancora ricordare i valori dell'esponente adiabatico $\gamma = c_p/c_v$, rapporto dei calori specifici a pressione e volume costanti, che compare nelle espressioni del trasporto convettivo e in altre situazioni dinamiche. Nei gas perfetti γ è legato ai gradi di libertà f delle particelle costituenti il sistema, $\gamma = 1 + 2/f$. Per gas monoatomici $f = 3$ e quindi $\gamma = 5/3$, per gas poliatomici $f = 6$ e quindi $\gamma = 4/3$. In quest'intervallo di valori sono possibili variazioni legate alla composizione chimica e allo stato di dissociazione e/o ionizzazione del gas. Nelle fasi in cui si consideri un gas che sta effettivamente attraversando processi di dissociazione e ionizzazione, il valore tipico di γ scende al di sotto del valore 4/3 perché i calori specifici delle tra-

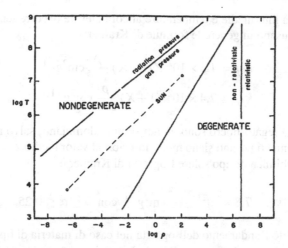

Fig. 12.4 Regimi dell'equazione di stato nel piano densità-temperatura

sformazioni a pressione costante debbono tener conto dell'energia latente da fornire
per effettuare il cambiamento di stato.

12.2.7 Opacità

Nello studio della struttura interna delle stelle si fa uso del principio dell'equilibrio termodinamico locale, per cui è possibile ricavare gli stati di ionizzazione ed
eccitazione degli atomi dalla termodinamica statistica. Di conseguenza si possono
calcolare i processi di assorbimento che intervengono nella propagazione dei fotoni e quindi ottenere l'opacità κ_ν: tali processi sono assorbimenti per transizioni
tra stati legati (bound-bound), assorbimenti tra stato legato e libero (bound-free),
assorbimenti tra stato libero e libero (free-free) e diffusione elettronica (diffusione
Thomson). In generale l'opacità sarà pertanto:

$$\kappa_\nu = \kappa_{\nu,bb} + \kappa_{\nu,bf} + \kappa_{\nu,ff} + \kappa_{\nu,diff} \,. \tag{12.28}$$

Per avere espressioni applicabili al calcolo come funzioni delle sole variabili termodinamiche e composizione chimica, si usa la cosiddetta *media di Rosseland* che
assume che il campo di radiazione sia descritto dalla legge del corpo nero $B_\nu(T)$. Il
coefficiente di assorbimento medio di Rosseland è definito da:

$$\bar{\kappa}_R = \frac{\int_0^\infty \kappa_\nu B_\nu(T)d\nu}{\int_0^\infty B_\nu(T)d\nu} \,. \tag{12.29}$$

A densità relativamente basse ed alte temperature l'opacità è dominata dalla diffusione elettronica:

$$\bar{\kappa}_{diff} = 0.2\,(1+X)\,\mathrm{cm^2 g^{-1}} \tag{12.30}$$

mentre a densità intermedie e temperature ancora elevate occorre tener conto degli altri termini; si usano in genere le formule di Kramer:

$$\bar{\kappa}_{bf} = 1.5 \times 10^{25} Z (1+X) \frac{\rho}{T^{3.5}} \mathrm{cm}^2 \mathrm{g}^{-1} \tag{12.31}$$

$$\bar{\kappa}_{ff} = 7.4 \times 10^{22} (1+X) \frac{\rho}{T^{3.5}} \mathrm{cm}^2 \mathrm{g}^{-1} . \tag{12.32}$$

Gli assorbimenti legato-libero sono quindi sempre dominanti, salvo nel caso le abbondanze di elementi pesanti siano molto inferiori al valor medio $Z \approx 10^{-2}$. Per una composizione chimica di tipo solare l'opacità di Kramer è:

$$\bar{\kappa}_K = 7.8 \times 10^{23} \frac{\rho^{1-\alpha}}{T^{3.5}} \mathrm{cm}^2 \mathrm{g}^{-1} \ \mathrm{con}\ 0 \le \alpha \le 0.25 . \tag{12.33}$$

In Fig. 12.5 è dato l'andamento dell'opacità nel caso di materia di tipo solare al variare della temperatura. Apparentemente le transizioni legato-legato non sembrano poter avere grande influenza in quanto agiscono solo su specifici fotoni e vediamo che l'assorbimento delle righe nell'atmosfera solare non riduce sostanzialmente la luminosità; tuttavia se si tien conto dell'allargamento delle righe dovuta alla pressione, l'effetto complessivo non è del tutto trascurabile. Per il caso solare è stata

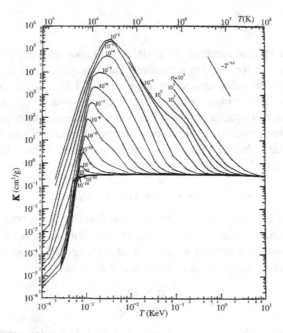

Fig. 12.5 Opacità di materiale di composizione chimica solare in funzione della temperatura per diverse densità. Il valore asintotico ad alte temperature è quello della diffusione elettronica; a basse temperature l'opacità è ridotta per assenza di ionizzazione

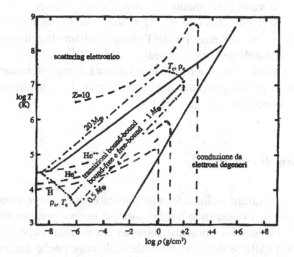

Fig. 12.6 Regimi di opacità per interni stellari in funzione di temperatura e densità [7]

ricavata da Cox e Tabor l'espressione:

$$\bar{\kappa}_{CT} \approx 10^{18} \frac{\rho^{0.5}}{T^{2.5}} \, cm^2 g^{-1} \tag{12.34}$$

che mostra come il processo sia importante nelle zone di alta temperatura al centro delle stelle. In Fig. 12.6 sono riportati schematicamente i regimi di opacità per la materia all'interno delle stelle in funzione di temperatura e densità.

L'inverso del coefficiente di assorbimento $\kappa_\nu\rho$ rappresenta il cammino libero medio dei fotoni nella materia, cioè la distanza per cui si può propagare senza assorbimento. Con questo valore medio è possibile calcolare il cammino tipico dell'energia dal centro della stella alla superficie, inteso come un *random walk* di successivi processi di assorbimento e riemissione di fotoni. La somma di tratti di lunghezza $d = (\kappa_\nu\rho)^{-1}$ deve tener conto che ogni riemissione avviene in modo casuale in una direzione θ_i, per cui la posizione raggiunta dopo N processi di assorbimento e riemissione è (esemplificando il caso di una traiettoria piana):

$$r = \sqrt{\left(\sum_1^N d\cos\theta_i\right)^2 + \left(\sum_1^N d\sin\theta_i\right)^2} = \sqrt{\sum_1^N \left(d^2\cos^2\theta_i + d^2\sin^2\theta_i\right)} = \sqrt{N}d \,, \tag{12.35}$$

dove si è tenuto conto che per direzioni θ_i e θ_j non correlate:

$$\sum_{i\neq j} \cos\theta_i\cos\theta_j = \sum_{i\neq j} \sin\theta_i\sin\theta_j = 0 \,. \tag{12.36}$$

Nel caso del Sole si valuta una media del coefficiente di assorbimento che porta a $d = 1/\langle\kappa\rho\rangle = 10^{-2}$ cm. Essendo il raggio solare dell'ordine di $R = 10^{11}$ cm, occorrono $N = (R/d)^2 = 10^{26}$ passi perché l'energia radiante raggiunga la superficie del Sole. Il cammino totale percorso è quindi $s = Nd = 10^{24}$ cm, che, viaggiando alla velocità della luce, richiede un tempo di circa 10^6 anni. Lungo il percorso i processi di assorbimento e riemissione avranno anche trasformato i fotoni energetici prodotti al centro della stella nei fotoni di luce visibile.

12.2.8 Sorgenti di energia

I primi modelli di struttura stellare furono elaborati senza avere conoscenza della sorgente di energia. Conoscendo la luminosità si poteva peraltro stimare la vita media delle stelle per diverse sorgenti: abbiamo già ricordato che le normali sorgenti chimiche non sosterrebbero la vita delle stelle oltre poche decine di migliaia di anni, ed egualmente la contrazione gravitazionale non arriverebbe che a qualche milione di anni, mentre sappiamo che il Sole dev'essere più vecchio della Terra, quindi almeno 5 miliardi di anni. Inoltre le evidenze biologiche e geologiche indicano che in questo periodo la luminosità solare è stata praticamente costante. Poiché il Sole irraggia $L_\odot = 4 \times 10^{33}$ erg s^{-1} e la sua massa è $M_\odot = 2 \times 10^{33}$ g, si ricava che la produzione di energia in 5 miliardi di anni dev'essere di 3×10^{17} erg g^{-1}. La teoria della relatività mostra che l'energia di massa di un grammo di materia è $E = 9 \times 10^{20}$ erg, quindi la sorgente di energia delle stelle dev'essere legata ad un'efficiente trasformazione di massa in energia che richiede processi a livello dei nuclei atomici.

Bethe nel 1938 calcolò la liberazione di energia per processi di trasformazione dei nuclei in plasmi ad alta temperatura e ne propose l'applicazione alle stelle; la stessa proposta fu anche discussa indipendentemente da von Weizsäcker. L'idea di partenza fu che urti anelastici tra nuclei ad alta energia potessero determinarne trasformazioni portando da nuclei a relativamente bassa energia di legame a nuclei con alta energia di legame. L'energia di legame per nucleone è definita da:

$$Q = \frac{1}{A}\left[Zm_p + (A-Z)m_n - m(Z,N)\right]c^2 \tag{12.37}$$

dove m_p è la massa del protone, m_n la massa del neutrone e $m(Z,N)$ la massa del nucleo di numero atomico Z e massa atomica A. In Fig. 12.7 è riportato l'andamento dell'energia di legame per nucleone all'interno di nuclei di diverso numero di massa A; essa cresce dall'idrogeno al ferro per poi tornare a decrescere per elementi più pesanti. Fondendo 4 nuclei di idrogeno $^1_1$H, l'elemento più abbondante nelle stelle, in 1 nucleo di elio $^4_2$He, ogni nucleone libera ~ 7 MeV di energia di legame, per un totale di circa 28 MeV: questo processo è detto **fusione nucleare**. Quindi, per ogni nucleo di elio formato si liberano circa 4×10^{-5} erg, corrispondenti alla trasformazione dello 0.7% dell'energia di massa. La fusione di 1 g di idrogeno porta alla liberazione di 6×10^{18} erg; per cui la fusione di 1/10 della massa del

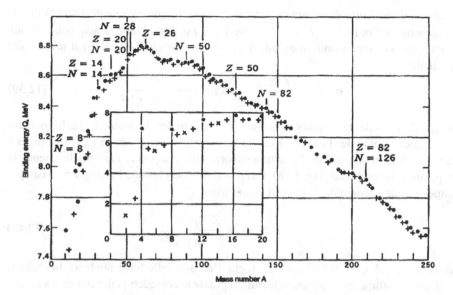

Fig. 12.7 Energia di legame per nucleone in funzione della massa atomica [8]

Sole è sufficiente a mantenere la richiesta di 6×10^{17} erg g^{-1} per 10 miliardi di anni.

Processi di fusione possono portare ad A sempre più alti, fino al ferro $^{56}_{27}$Fe, che rappresenta nel caso di materia non-degenere il nucleo più stabile, in quanto con massima energia di legame. Sono pertanto possibili *processi esotermici* anche quando nuclei pesanti con minor energia di legame, ad esempio l'uranio $^{238}_{92}$U, si frantumano in frammenti di elementi intorno alla zona del ferro (*fissione nucleare*).

In laboratorio i processi di trasmutazione nucleare vengono sperimentati in collisioni di proiettili di alta energia su bersagli statici. Le alte energie sono richieste per portare e localizzare i nucleoni all'interno di strutture nucleari: il principio di Heisenberg impone infatti che $\Delta \mathbf{p} \sim h^3 / \Delta \mathbf{x}$, dove $\Delta \mathbf{x}$ ha le dimensioni del nucleo atomico. In condizioni stellari gli stessi processi possono avvenire spontaneamente quando l'energia termica delle particelle sia sufficientemente elevata, corrispondente a temperature di decine di milioni di gradi.

Il ritmo con cui avvengono le reazioni nucleari dipende essenzialmente dalla densità e dalla temperatura che determinano la frequenza e l'energetica degli urti e quindi la probabilità che le particelle interagenti possa dar luogo alla trasmutazione esoenergetica. La teoria dei nuclei di Yukawa definisce la forma della buca di potenziale di un nucleo: un nucleo 1 per essere catturato dal nucleo 2 deve avvicinarsi ad una distanza dell'ordine del raggio nucleare R_A dove le forze nucleari attrattive a breve raggio d'azione prevalgono sulla repulsione coulombiana:

$$R_A \approx \frac{\hbar}{p} = \frac{\hbar}{(2mE)^{1/2}} \, . \tag{12.38}$$

Nella sezione d'urto di cattura occorre inoltre tener conto di una probabilità di trasmissione dell'ordine di $(E/E_N)^{1/2}$ dove E_N è l'energia cinetica acquisita dai due nuclei quando sono riuniti in un'unica buca di potenziale. La sezione d'urto risulta pertanto:

$$\sigma_N(E) = \left(\frac{E}{E_N}\right)^{1/2} \pi R_A^2 = \frac{h^2}{8\pi m E^{1/2} E_N^{1/2}} \qquad (12.39)$$

e quindi dipende dallo stato di eccitazione del nucleo formato. In realtà occorre tener anche conto del fatto che i nuclei interagenti sono dotati di carica elettrica e quindi per dare origine ad una cattura occorre che si superi la barriera di potenziale repulsivo coulombiano (Fig. 12.8). Dal punto di vista classico l'energia richiesta per superare tale barriera dev'essere di alcuni MeV:

$$E > U_N = \frac{Z_1 Z_2 e^2}{R_A} \qquad (12.40)$$

dove $R_A = 1.4 \times 10^{-13} A^{1/3}$ cm è il raggio d'azione delle forze nucleari. In realtà si può avere cattura anche per energie minori grazie al cosiddetto *effetto tunnel* studiato in questo contesto da Gamow. Tenendo conto del carattere ondulatorio della materia esiste una probabilità non nulla per una particella di energia inferiore all'altezza della barriera coulombiana di superarla; tale probabilità è di tipo esponenziale con esponente $\propto \exp(-U_N/E)$. Si calcola:

$$p(E) = \frac{h^2}{8\pi} \frac{U_N^{1/2}}{E^{1/2}} e^{(32 m U_N)^{1/2} (R_A/\hbar)} e^{-b/E^{1/2}} \qquad (12.41)$$

$$b = \sqrt{2m}\pi \frac{Z_1 Z_2 e^2}{h}$$

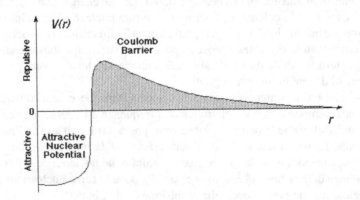

Fig. 12.8 Barriera coulombiana e buca di potenziale nucleare [3]

da cui si deriva una sezione d'urto:

$$\sigma(E) = \sigma_N(E)p(E) = S\frac{1}{E}e^{-b/E^{1/2}},\tag{12.42}$$

dove S è una funzione dell'energia approssimativamente costante.

Per calcolare il numero di processi di cattura occorre utilizzare la distribuzione delle energie dei nuclei interagenti; assumendo l'equilibrio maxwelliano

$$f(E)dE = \frac{2}{\sqrt{\pi}}\frac{E^{1/2}}{(kT)^{3/2}}e^{-E/kT}dE\tag{12.43}$$

si calcola il numero di catture per unità di volume e di tempo:

$$r = n_1 n_2 \int_0^\infty \left(\frac{2E}{m}\right)^{1/2}\sigma(E)f(E)dE\ .\tag{12.44}$$

Le funzioni nell'integrando sono riportate in Fig. 12.9 dove si evidenzia l'esistenza di un picco, detto appunto **picco di Gamow**, con un massimo ben definito dell'integrando all'energia:

$$E_0 = \left(\frac{bkT}{2}\right)^{2/3}\ .\tag{12.45}$$

Risolvendo quindi l'integrale con opportuni metodi di approssimazione, si ottiene:

$$r = n_1 n_2 \left(\frac{2^7}{3^{3/2}}\frac{Z_1 Z_2 e^2}{mk^2 T^2}\right)^{1/3} S(E_0)e^{-\left[\frac{3^3\pi^2}{2\hbar}\frac{m}{T}\left(Z_1 Z_2 e^2\right)^2\right]^{1/3}}\ .\tag{12.46}$$

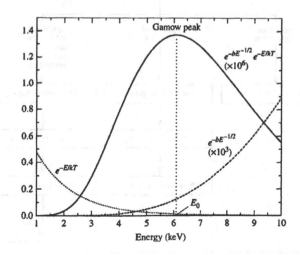

Fig. 12.9 Picco di Gamow

Si ricava che il termine esponenziale è dominante e risulta massimo per nuclei a bassi Z e A, cioè per l'interazione fra protoni. Va tuttavia detto che i nuclei formati sono in stati metastabili e quindi occorre valutare i canali di decadimento che possono avvenire attraverso decadimenti beta o gamma. La probabilità di questi decadimenti va moltiplicata per la sezione d'urto di cattura per valutare la probabilità della produzione di strutture stabili.

Possiamo ora analizzare i processi di fusione di interesse astrofisico calcolati secondo le procedure ora discusse.

12.2.8.1 Fusione dell'idrogeno

Si verifica per $T \geq 5 \times 10^6$ K:

$$4{}_1^1\mathrm{H} + 4e^- \rightarrow {}_2^4\mathrm{He} + 2e^- + 2\nu + 26.2\,\mathrm{MeV} . \tag{12.47}$$

Sono possibili due catene di reazioni, la catena p-p e il ciclo CNO, schematizzati in Figg. 12.10 e 12.11. La catena $p - p$ è più efficiente a temperature $\leq 10^7$ K e in ogni

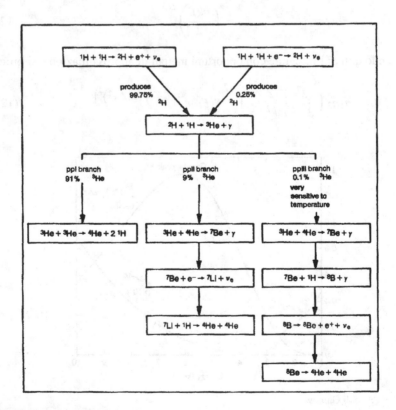

Fig. 12.10 Catena protone - protone

caso quando non siano presenti nuclei di *CNO*; il ciclo *CNO* è invece più efficiente ad alte temperature. Va notato che le reazioni più lente delle catene sono quelle corrispondenti ai decadimenti β. In Fig. 12.11 sono riportati i dati sulla produzione di energia per unità di massa (erg s^{-1}g^{-1}) in funzione della temperatura in unità di 10^6 K adattabili alla forma funzionale

$$\varepsilon_{pp} = \varepsilon_0 X^2 \rho \left(\frac{T}{T_0}\right)^n \tag{12.48}$$

$$\varepsilon_{CNO} = \varepsilon_0 X Z_{CNO} \rho \left(\frac{T}{T_0}\right)^n . \tag{12.49}$$

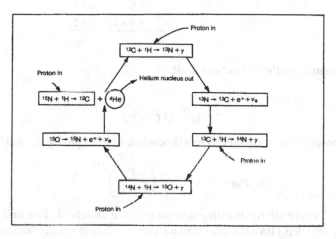

Fig. 12.11 Ciclo CNO

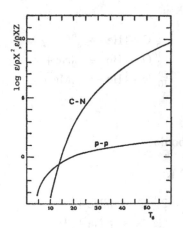

Fig. 12.12 Produzione di energia nelle catene $p - p$ e CNO

Nella Tab. 12.1 si riportano alcuni valori numerici per le funzioni (ε_0 in cgs).

Tabella 12.1 Parametri per la produzione di energia della fusione dell'idrogeno

T_0	p-p		CNO	
10^6 K	ε_0	n	ε_0	n
5	1.9×10^{-3}	6.0		
10	5.8×10^{-2}	4.6	3.4×10^{-4}	23
15	3.8×10^{-1}	4.0	1.9	20
20	1.1	3.5	4.5×10^2	18
30	4.0	3.0	4.1×10^5	16
40	9.0	2.7	3.0×10^7	14
60	24	2.3	6.2×10^9	12.3
80			1.8×10^{11}	11.1
100			1.9×10^{12}	10.2

12.2.8.2 Fusione dell'elio o catena 3-alfa

Si verifica per $T \geq 10^8$ K:

$$3\,{}^{4}_{2}\text{He} \rightarrow {}^{12}_{6}\text{C} + \gamma\,. \tag{12.50}$$

Il tasso di produzione di energia ha una dipendenza molto più ripida dalla temperatura:

$$\varepsilon_{3\alpha} = \varepsilon_{0,3\alpha} Y^3 \rho^2 \left(\frac{T}{10^8 \text{K}}\right)^{41} \tag{12.51}$$

($\varepsilon_0 = 5 \cdot 10^{-8}$ cgs) e ciò rende estremamente critica e violenta la fase dell'ignizione del bruciamento dell'elio nei nuclei stellari, come vedremo nel prossimo capitolo.

12.2.8.3 Fusione con particelle alfa (${}^{4}_{2}$He)

Si verificano per $T \geq 10^8$ K:

$$\begin{align}
{}^{12}_{6}\text{C} + {}^{4}_{2}\text{He} &\rightarrow {}^{16}_{8}\text{O} + \gamma \tag{12.52} \\
{}^{16}_{8}\text{O} + {}^{4}_{2}\text{He} &\rightarrow {}^{20}_{10}\text{Ne} + \gamma \tag{12.53} \\
{}^{20}_{10}\text{Ne} + {}^{4}_{2}\text{He} &\rightarrow {}^{24}_{12}\text{Mg} + \gamma \tag{12.54} \\
&\cdots\cdots \tag{12.55}
\end{align}$$

12.2.8.4 Fusione del carbonio

Si verifica per $T \geq 7 \times 10^8$ K:

$$\begin{align}
2\,{}^{12}_{6}\text{C} &\rightarrow {}^{20}_{10}\text{Ne} + {}^{4}_{2}\text{He} + \gamma \tag{12.56} \\
&\rightarrow {}^{23}_{11}\text{Na} + {}^{1}_{1}\text{H} + \gamma \tag{12.57} \\
&\rightarrow {}^{23}_{12}\text{Mg} + n \tag{12.58}
\end{align}$$

12.2.8.5 Fusione dell'ossigeno

Si verifica per $T \geq 9 \times 10^8$ K:

$$2\,_8^{16}O \rightarrow \,_{14}^{28}Si + \,_2^4 He + \gamma \qquad (12.59)$$

$$\rightarrow \,_{15}^{31}P + \,_1^1 H + \gamma \qquad (12.60)$$

$$\rightarrow \,_{12}^{23}Mg + n \qquad (12.61)$$

12.2.8.6 Catture neutroniche

Intervengono quando per alti A e Z la barriera coulombiana renda difficile le catture α; si hanno *processi s* (slow) e *processi r* (rapid) a seconda delle condizioni fisiche, che portano a diverse famiglie di nuclei pesanti.

12.2.8.7 Fotodisintegrazioni

Con le precedenti sequenze di reazioni il materiale stellare può costruire elementi pesanti con liberazione di energia di legame, procedendo dall'idrogeno originario fino al picco del $_{26}^{56}$Fe. A temperature $T \geq 10^9$ K sono tuttavia possibili anche reazioni inverse a causa della presenza di una grande densità di fotoni γ di alta energia. Si tratta di processi di fotodisintegrazione dei nuclei:

$$_{26}^{56}Fe + \gamma \rightarrow 13\,_2^4 He + 4\,n \qquad (12.62)$$

che sottraggono energia termica al gas e ne determinano una caduta di pressione: si tratta di *processi endotermici* che raffreddano e destabilizzano la stella.

12.3 Modelli stellari

Il sistema di equazioni (12.3), (12.4), (12.6) e (12.10) o (12.12), con appropriata equazione di stato e condizioni al contorno, definisce matematicamente l'equilibrio stellare [6–8]. Nel seguito si mostrano i vari passi che portano alla costruzione di modelli fisici per le stelle e si discute come nella forma più completa essi siano funzioni di un solo parametro, tipicamente la massa, oltre che della composizione chimica.

12.3.1 Modelli uniparametrici

Quando l'equazione di stato definisce la pressione indipendentemente dalla temperatura, il che si verifica nel caso di materia dominata da forze di stato solido (pianeti) o dalla degenerazione (stelle nane bianche e di neutroni), l'equilibrio meccanico è disaccoppiato da quello energetico. Il modello è definito dal sistema differenziale del II ordine:

$$m(r) = -\frac{r^2}{G\rho}\frac{dP}{dr} \tag{12.63}$$

$$\frac{dm}{dr} = 4\pi r^2\rho \tag{12.64}$$

ossia dall'equazione differenziale del II ordine:

$$\frac{1}{r^2}\frac{d}{dr}\left(\frac{r^2}{\rho}\frac{dP}{dr}\right) = -4\pi G\rho \tag{12.65}$$

cui va appunto associata un'equazione di stato del tipo:

$$P = P(\rho)\,. \tag{12.66}$$

Le equazioni (12.65) e (12.66) comportano quindi la soluzione di un'equazione differenziale del II ordine in ρ per cui è necessaria la scelta di 2 condizioni al contorno; formalmente queste condizioni sono scelte al centro della stella:

$$\rho = \rho_c \quad\text{e}\quad \left(\frac{d\rho}{dr}\right)_c = 0 \quad\text{per}\quad r = 0\,. \tag{12.67}$$

La prima condizione definisce la densità centrale, la seconda evita divergenze all'origine; infatti

$$\left(\frac{d\rho}{dr}\right)_c \propto \left(\frac{dP}{dr}\right)_c \propto \lim_{r\to 0}\left[\frac{\rho m(r)}{r^2}\right]_c \propto \lim_{r\to 0}\frac{\rho_c^2 r^3}{r^2} \to 0\,. \tag{12.68}$$

Integrando per data ρ_c, la soluzione corrispondente porta ad un modello di stella con raggio R univocamente definito dal valore di r a cui si azzera la funzione densità, $\rho(R) = 0$; conseguentemente dal profilo di densità si può calcolare la massa stellare M contenuta entro il raggio R. Viceversa si può dire che il modello stellare è uniparametrico, cioè scelta una massa M, tutte le grandezze fisiche sono definite nella loro dipendenza da r. In particolare $R = R(M)$: il modello non prevede alcuna evoluzione meccanica. La luminosità, da definirsi in base all'equilibrio energetico, può anche variare e in tal senso la stella può presentare un'evoluzione termica (vedremo che nane bianche e stelle di neutroni hanno un'evoluzione di luminosità), ma il trasporto di energia e la luminosità sono inessenziali nella definizione della struttura meccanica.

12.3.2 Modelli biparametrici

Per equazioni di stato più generali, ad esempio l'equazione per gas perfetti (12.13), che, come si verifica a posteriori, si adatta bene alle stelle normali, equilibrio meccanico e trasporto energetico sono legati tra loro. L'equazione dell'equilibrio meccanico può essere scritta nella forma:

$$\frac{1}{r^2}\frac{d}{dr}\left[\frac{r^2}{\rho}\frac{d}{dr}(\rho T)\right] = -\frac{4\pi G\mu H}{k}\rho \qquad (12.69)$$

ma è risolubile solo accoppiandola con le leggi per il trasporto energetico (12.10) o (12.12) e l'equilibrio energetico. In tal modo il sistema diventa di III ordine e aggiunge una costante d'integrazione: i modelli sono quindi biparametrici e permettono di definire indipendentemente M e R, cioè prevedono un'evoluzione della stella.

Vediamo i due casi limite di stelle in cui il trasporto avvenga solo per convezione o solo per irraggiamento [2, 3, 8].

12.3.2.1 Stelle convettive

Qualora il trasporto energetico avvenga per convezione su tutto il corpo stellare, si usa la legge del trasporto convettivo combinata con la (12.65):

$$\frac{1}{r^2}\frac{d}{dr}\left(\frac{r^2}{\rho}\frac{dP}{dr}\right) = -4\pi G\rho \qquad (12.70)$$

$$\left(\frac{dT}{dr}\right)_{conv} = \frac{\gamma-1}{\gamma}\frac{T}{P}\frac{dP}{dr}. \qquad (12.71)$$

La seconda, per il caso dei gas perfetti, può essere facilmente integrata:

$$P = K_0\rho^\gamma \qquad (12.72)$$

dove K_0 è una costante d'integrazione della struttura e non già una costante legata alla trasformazione termodinamica.

L'integrazione dell'equazione dell'equilibrio meccanico con le condizioni al contorno (12.67) è stata proposta da Lane e Emden (1870). Le soluzioni dipendono dai due parametri ρ_c e K_0, e dalla condizione $(d\rho/dr)_c = 0$. Si esprime la soluzione nella forma:

$$\rho = \rho_c\theta^n, \quad n = \frac{1}{\gamma-1} \qquad (12.73)$$

dove n è chiamato indice politropico per l'analogia formale alle trasformazioni termodinamiche (ma ora si tratta di una legge di struttura, non di una trasformazione).

Si calcola:

$$\frac{1}{r^2}\frac{d}{dr}\left[\frac{r^2 K_0 (n+1)}{n}(\rho_c \theta^n)^{(1-n)/n}\frac{d}{dr}(\rho_c \theta^n)\right] = -4\pi G \rho_c \theta^n \qquad (12.74)$$

$$\left[\frac{K_0 (n+1)}{4\pi G}\rho_c^{1/n-1}\right]\frac{1}{r^2}\frac{d}{dr}\left(r^2 \frac{d\theta}{dr}\right) = -\theta^n . \qquad (12.75)$$

Indicando il coefficiente in parentesi quadra con α^2 e adimensionalizzando la variabile indipendente $r = \alpha\xi$, si ottiene infine l'**equazione di Lane-Emden**:

$$\frac{1}{\xi^2}\frac{d}{d\xi}\left(\xi^2 \frac{d\theta}{d\xi}\right) = -\theta^n \qquad (12.76)$$

da risolversi con le condizioni al contorno $\theta_c = 1$, $(d\theta/d\xi)_c = 0$. In Fig. 12.13 sono rappresentate le soluzioni dell'equazione di Lane-Emden per diversi valori di n. Soltanto per $0 \le n < 5$ sono possibili soluzioni con valori finiti del raggio. In Tab. 12.2 è riportato numericamente il caso della soluzione per $n = 3$, da cui si ricava che la densità adimensionale θ_3 si annulla a $\xi_1 = 6.689685$. Nella Tab. 12.3 sono invece riportati i valori di alcune quantità necessarie per valutare le caratteristiche stellari nel caso di altri n. Scegliendo valori di K_0 e ρ_c, si determina il valore del raggio stellare e delle altre quantità fisiche secondo le relazioni:

$$R = \alpha\xi_1 = \left[\frac{K_0 (n+1)}{4\pi G}\right]^{1/2}\rho_c^{(1-n)/2n}\xi_1$$

$$M = 4\pi\left[\frac{K_0 (n+1)}{4\pi G}\right]^{3/2}\rho_c^{(3-n)/2n}\left[-\xi^2 \frac{d\theta}{d\xi}\right]_{\xi=\xi_1}$$

$$P_c = \frac{GM^2}{R^4}\left[4\pi(n+1)\left(\frac{d\theta}{d\xi}\right)_{\xi=\xi_1}^2\right]^{-1} \qquad (12.77)$$

$$\bar{\rho} = \rho_c \left[-\frac{3}{\xi}\frac{d\theta}{d\xi}\right]_{\xi=\xi_1}$$

$$\Omega = -\frac{3}{5-n}\frac{GM^2}{R} \text{ (energia autogravitazionale) .}$$

Dalle (12.77) si ottiene ovviamente una *relazione tra massa e raggio* che dipende da una sola delle costanti di integrazione, ad esempio dalla K_0:

$$M = 4\pi R^{(3-n)/(1-n)}\left[\frac{K_0 (n+1)}{4\pi G}\right]^{n/(n-1)}\xi_1^{(3-n)/(1-n)}\xi_1^2 \left(\frac{d\theta}{d\xi}\right)_{\xi=\xi_1} . \qquad (12.78)$$

Questa relazione comporta che, scelto l'andamento del gradiente termico con n, i modelli sono definiti da due parametri, ad esempio dai due parametri macroscopici M e R. Alternativamente, per ogni data M, sono possibili modelli di stelle con diversi raggi, e diverse temperature, densità, pressioni centrali. Esistono dunque sequenze

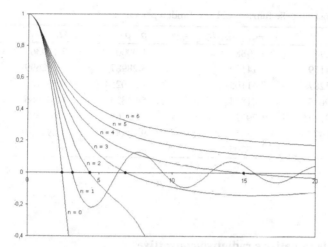

Fig. 12.13 Soluzioni dell'equazione di Lane-Emden per diversi valori di n

di modelli stellari di quasi-equilibrio corrispondenti alla stessa massa: come vedremo, la luminosità è il parametro fondamentale per determinare lo stadio evolutivo.

Tabella 12.2 Soluzione dell'equazione di Lane-Emden per n=3

ξ	θ_3	$-d\theta_3/d\xi$
0.00	1.00000	0.00000
0.25	0.98975	0.08204
0.50	0.95987	0.15495
0.75	0.91355	0.21270
1.00	0.85505	0.25219
1.25	0.78897	0.27370
1.50	0.71948	0.27993
1.75	0.64996	0.27460
2.00	0.58282	0.26149
2.50	0.46109	0.22396
3.00	0.35921	0.18393
3.50	0.27629	0.14859
4.00	0.20942	0.11998
4.50	0.15529	0.09748
5.00	0.11110	0.08003
6.00	0.04411	0.05599
6.80	0.00471	0.04360
6.9011	0.00000	0.04231

Tabella 12.3 Costanti delle funzioni di Lane-Emden per vari n

n	ξ_1	$-\xi_n^2(d\theta_n/d\xi)_{\xi=\xi_1}$	$\rho_c/\bar{\rho}$	Ω_n
0	2.4494	4.8988	1.0000	0.11936
1	3.14159	3.14159	3.28987	0.392699
2	4.35287	2.41105	11.40254	1.63818
3	6.89685	2.01824	54.1825	11.05066
4	14.97155	1.79723	622.408	247.558
4.9	169.47	1.7355	934800.0	3.693×10^6
5	∞	1.73205	∞	∞

12.3.2.2 Stelle radiative e radiativo/convettive

Quando le condizioni di temperatura, flusso di fotoni, opacità possono rendere il gradiente radiativo meno ripido di quello convettivo, il criterio di Schwarzschild stabilisce che i moti convettivi si stabilizzano e i modelli stellari vanno costruiti utilizzando il trasporto radiativo (12.10). Si ricava immediatamente che il trasporto radiativo è importante in regioni di bassa opacità e alta temperatura, oltre che di basso flusso di fotoni: quest'ultima condizione è soprattutto verificata nelle regioni più esterne delle stelle ($r \to R$).

Il sistema di equazioni dell'equilibrio stellare può essere adimensionalizzato, nel caso di gas perfetti, con le posizioni:

$$P = p\frac{GM^2}{4\pi R^4} \,, \quad T = t\frac{\mu H}{k}\frac{GM}{R} \,, \quad M(r) = qM \,, \quad r = xR \tag{12.79}$$

ottenendo:

$$\frac{dp}{dx} = -\frac{pq}{tx^2} \tag{12.80}$$

$$\frac{dq}{dx} = \frac{px^2}{t} \tag{12.81}$$

$$\left(\frac{dt}{dx}\right)_{rad} = -C\frac{p}{x^2t^4} \tag{12.82}$$

$$C = \frac{3}{4ac}\frac{\bar{\kappa}(r)}{(4\pi)^2}\frac{k}{\mu H}\frac{\mathscr{L}(r)}{\mu^4 M^3} \,. \tag{12.83}$$

Si tratta di un sistema differenziale del III ordine che richiede quindi tre condizioni al contorno. In genere si usano condizioni alla superficie per ragioni che subito vedremo:

$$x = 1 \quad p = t = 0 \quad q = 1 \,. \tag{12.84}$$

Naturalmente l'integrazione dipende dal valore di C che non è una costante, in quanto dipende dal valore della luminosità trasportata dai fotoni e dall'opacità, che dipendono da r. Tuttavia, poiché la produzione della luminosità avviene soprattutto nella regione centrale delle stelle, nelle regioni esterne si può assumere $\mathscr{L}(r) \approx \mathscr{L}(R) =$ costante. In effetti solo ben precisi valori di C forniscono modelli fisicamente validi in cui cioè l'integrazione a partire dalla superficie giunge a $x = 0$ con $q = 0$ (tipicamente $C \sim 10^{-5}$). Il valore di C fissa quindi una relazione $M = M(\mathscr{L})$. Anche il modello radiativo dipende dunque da due parametri; ad esempio, risolto il sistema di equazioni adimensionali si ottengono i parametri fisici scegliendo i valori di M e R, e il valore di C fissa la luminosità $\mathscr{L}$.

Occorre al proposito notare ancora che le condizioni sulla temperatura e sulla pressione superficiale sono distinte nel caso radiativo; di fatto si potrebbe assumere che $T(R) = T_{eff} = \left[\mathscr{L}/(4\pi R^2 \sigma)\right]^{1/4}$ per tener conto del legame tra luminosità e temperatura superficiale secondo la legge del corpo nero.

Naturalmente il modello radiativo diventa inaccurato nelle regioni centrali delle stelle dove il flusso tende a divergere e quindi il gradiente radiativo risulta molto maggiore di quello convettivo. In tali regioni si deve quindi utilizzare il gradiente convettivo, che nella forma adimensionale risulta:

$$\left(\frac{dt}{dx}\right)_{conv} = -\frac{\gamma-1}{\gamma}\frac{q}{x^2} \tag{12.85}$$

e integrare il modello saldando una soluzione convettiva centrale e una radiativa esterna. Le condizioni di continuità delle due soluzioni al punto di saldatura sono soddisfatte, anche in tal caso, solo per un ben preciso valore di C corrispondente ad un dato valore di K_0 della parte convettiva. Risulta così determinata la struttura stellare dal centro alla superficie.

Ottenuto il valore di C dall'integrazione del modello, si ricava una relazione teorica tra luminosità, massa e raggio:

$$\mathscr{L} = C\frac{4ac}{3}\frac{(4\pi)^2}{\bar{\kappa}}\left(\frac{\mu H}{k}\right)\mu^4 M^3 \tag{12.86}$$

che dipende dalla espressione di $\bar{\kappa}(\rho, T)$ che abbiamo discusso precedentemente. Possiamo distinguere due casi principali.

1. Stelle calde, $M > 1M_\odot$. Prevale il trasporto per diffusione elettronica:

$$\bar{\kappa} = \frac{8\pi e^4}{3m^2 c^4}\frac{1+X}{2m_p} \tag{12.87}$$

che dipende quindi solo dalla composizione chimica. Per tali stelle la (12.86) comporta dunque una relazione:

$$\mathscr{L} \propto M^3 \tag{12.88}$$

in accordo con la correlazione osservativa tra massa e luminosità.

2. Stelle fredde, $M < 1M_\odot$. Per l'opacità si può utilizzare la forma analitica dovuta a Kramer:

$$\bar{\kappa}(\rho,T) = \bar{\kappa}_0 \frac{\rho^{1-\alpha}}{T^{3.5}} \text{ , con } 0 \le \alpha \le 0.25 \qquad (12.89)$$

e in tal caso l'equazione per il gradiente radiativo in forma adimensionale diventa:

$$\left(\frac{dt}{dx}\right)_{rad} = -C_0 \frac{p^{2-\alpha}}{x^2 t^{8.5-\alpha}} \qquad (12.90)$$

$$C_0 = \frac{3\bar{\kappa}_0}{4(4\pi)^{3-\alpha} ac} \left(\frac{k}{\mu^4 H}\right)^{7.5} \frac{\mathscr{L}R^{0.5+\alpha}}{M^{5.5+\alpha}} \qquad (12.91)$$

dove C_0 è la nuova costante da derivarsi dall'integrazione del modello. Corrispondentemente la (12.86) coinvolge anche il raggio:

$$\mathscr{L} \propto \frac{M^{5.5+\alpha}}{R^{0.5+\alpha}} \qquad (12.92)$$

che corrisponde alla relazione massa-raggio-luminosità per stelle di piccola massa.

12.3.2.3 Relazione teorica massa-raggio-luminosità

Sia nel caso puramente convettivo sia in quello radiativo, i modelli stellari sono biparametrici, cioè due delle grandezze fisiche determinano completamente il modello stellare. Discutiamo questo fatto considerando inoltre le relazioni (12.78), (12.88), (12.92) che legano le grandezze osservabili $M, R, \mathscr{L}$ [8].

Una stella di data massa può adattarsi a più strutture con diversi raggi e luminosità; a seconda della situazione fisica queste grandezze saranno legate da una delle suddette relazioni. Per passare da una struttura ad un'altra si richiede essenzialmente un cambiamento di composizione chimica (opacità, peso molecolare medio, ecc.). La composizione chimica è peraltro alla base della produzione di energia stellare: le stelle normali producono energia per reazioni termonucleari, che quindi ne cambiano la composizione. Pertanto i modelli biparametrici indicano la possibilità di un'evoluzione delle stelle a seguito del processo di combustione termonucleare che le sostiene.

La luminosità che compare nelle relazioni ora impiegate è però la luminosità trasportata attraverso il corpo della stella da convezione o radiazione e quindi irraggiata. Per completare i nostri modelli occorre ancora imporre l'equilibrio energetico tra energia trasportata e prodotta (Eq. 12.6). Con questo ultimo passo ridurremo i parametri liberi per ogni modello stellare (di data composizione chimica) ad un solo parametro, la massa della stella.

12.3.2.4 Equilibrio energetico

Con le formule precedentemente viste per la produzione di energia termonucleare si può dunque porre:

$$\mathcal{L}_{prod} = 4\pi \int_0^R \rho(r)\varepsilon(r)r^2 dr \tag{12.93}$$

e con $\varepsilon = \varepsilon_0 \rho^\delta T^\eta$ si calcola:

$$\mathcal{L}_{prod} = A \frac{M^{\eta+\delta+1}}{R^{\eta+3\delta}} . \tag{12.94}$$

Bilanciando l'energia prodotta con l'energia trasportata e irraggiata (12.92), si ottiene una relazione che riduce la libertà dei parametri da due (M, R) a uno solo (M). Ad esempio per stelle $M < 1M_\odot$:

$$A \frac{M^{\eta+\delta+1}}{R^{\eta+3\delta}} = B \frac{M^{5.5+\alpha}}{R^{0.5+\alpha}} . \tag{12.95}$$

Va notato che questa relazione, a causa degli elevati esponenti, vincola molto strettamente il legame fra M e R. In sostanza, definite le caratteristiche microscopiche delle stelle (inclusa ora anche la produzione energetica), un solo parametro, la massa, determina completamente la struttura stellare. Questo è in accordo con quanto derivato osservativamente dal diagramma di Hertzsprung - Russell e corrisponde al già citato teorema di Vogt - Russell.

12.3.3 Modelli numerici

La complessità della microfisica che definisce opacità, sorgenti di energia, equazioni di stato, equazioni del trasporto, ecc. non può essere rappresentata in modo adeguato dai modelli analitici approssimati precedentemente illustrati. A partire dal 1970 è stato possibile utilizzare calcolatori di grandi potenze che hanno permesso di costruire modelli teorici dettagliati [2, 6].

Il sistema di equazioni da risolvere per strutture di quasi-equilibrio è:

$$\frac{dP}{dr} = -\frac{GM(r)\rho}{r^2}$$

$$\frac{dM(r)}{dr} = 4\pi r^2 \rho$$

$$\frac{d\mathcal{L}(r)}{dr} = 4\pi r^2 \varepsilon$$

$$\frac{dT}{dr} = -\frac{3}{4ac} \frac{\bar{\kappa}\rho}{T^3} \frac{\mathcal{L}(r)}{4\pi r^2} \qquad \text{gradiente radiativo} \tag{12.96}$$

$$\frac{dT}{dr} = - \left(1 - \frac{1}{\gamma}\right) \frac{\mu m_H}{k} \frac{GM(r)}{r^2} \quad \text{gradiente convettivo adiabatico}$$

$$P = P(\rho, T, \text{composizione})$$

$$\bar{\kappa} = \bar{\kappa}(\rho, T, \text{composizione})$$

$$\varepsilon = \varepsilon(\rho, T, \text{composizione})$$

con le condizioni al contorno:

$$M(r) \to 0 \quad \text{per } r \to 0 \tag{12.97}$$

$$\mathscr{L}(r) \to 0 \quad \text{per } r \to 0 \tag{12.98}$$

$$T \to 0 \quad \text{per } r \to R \tag{12.99}$$

$$\rho \to 0 \quad \text{per } r \to R \tag{12.100}$$

$$P \to 0 \quad \text{per } r \to R \tag{12.101}$$

ove peraltro queste ultime tre condizioni intendono che i valori delle quantità termodinamiche alla superficie della stella siano molto piccoli rispetto al centro della stella. Per avere modelli completi occorre trattare appositamente l'atmosfera della stella e imporre condizioni al contorno che leghino i modelli delle regioni interne ai parametri osservativi; ad esempio già abbiamo citato di poter legare il valore della temperatura a $r = R$ alla temperatura effettiva. Discuteremo alcuni aspetti della questione nel prossimo paragrafo.

L'integrazione numerica delle equazioni di struttura viene eseguita trasformando le equazioni differenziali in equazioni alle differenze finite, ad esempio riscrivendo dP/dr come $\Delta P/\Delta r$. La stella viene così divisa in gusci sferici di spessori Δr sufficientemente piccoli assumendo che al loro interno le grandezze fisiche siano costanti. L'integrazione delle equazioni viene quindi fatta a partire da un qualche guscio iniziale per passi finiti corrispondenti a incrementi della variabile indipendente Δr. Si incrementano corrispondentemente le varie grandezze fisiche attraverso l'applicazione delle equazioni alle differenze finite. Ad esempio se la pressione nel guscio i è P_i, nel guscio successivo più interno sarà P_{i+1}:

$$P_{i+1} = P_i + \frac{\Delta P}{\Delta r} \Delta r \tag{12.102}$$

con Δr negativo. Il valore di $\Delta P/\Delta r$ è naturalmente definito dalle equazioni.

L'integrazione può partire con valori arbitrari dalla superficie, oppure dal centro oppure da un punto intermedio. Nei primi due casi si procede per passi successivi fino al centro o alla superficie rispettivamente dove debbono essere verificate le condizioni al contorno; nel caso di partenza da un punto intermedio l'integrazione procede nei due versi e debbono essere soddisfatte condizioni di *fitting* tra le soluzioni. Se le condizioni al contorno o di fitting non sono soddisfatte, si modificano i valori arbitrari nei gusci di partenza e si procede per iterazioni successive fino a trovare la soluzione corretta. Esistono criteri numerici per individuare la direzione in cui procedere nel variare le grandezze di partenza per le successive iterazioni.

Nel prossimo capitolo esamineremo la costruzione dei modelli stellari in relazione alla loro collocazione nel diagramma HR e all'evoluzione; già possiamo comunque dire che quando la sorgente di energia è la fusione dell'idrogeno in elio i modelli corrispondono a stelle sulla sequenza principale (vedi Fig. 12.14), quando è il processo 3α corrispondono a stelle nella regione delle giganti, quando infine si usano equazioni di stato di gas di elettroni degeneri corrispondono alle nane bianche. Nella Fig. 12.15 è riportato il profilo delle grandezze fisiche per un modello del Sole ottenuto con integrazione numerica.

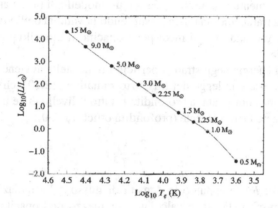

Fig. 12.14 Posizione su un diagramma HR teorico dei modelli di stelle di massa diversa con bruciamento dell'idrogeno

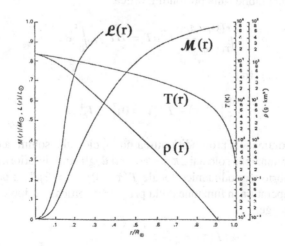

Fig. 12.15 Modello solare

12.4 Atmosfere stellari

Per definire la posizione delle stelle sul diagramma HR teorico occorre definire la loro temperatura effettiva che nei modelli dell'interno stellare viene essenzialmente definita come "molto piccola" rispetto ai valori centrali. Come già abbiamo accennato, è perciò necessario includere nei modelli la trattazione la struttura dell'atmosfera. Si tratta di un capitolo molto importante della moderna astrofisica che permette di collegare le analisi teoriche con i dati osservativi spettroscopici. La maggior difficoltà consiste nel rappresentare un sistema di materia e radiazione in condizioni non più necessariamente di equilibrio. Esiste un modello di prima approssimazione che permette una trattazione analitica, assumendo la validità dell'**equilibrio termodinamico locale** e usando valori medi per l'opacità: il modello prende il nome di **atmosfera grigia**.

Il trasporto di energia negli strati superficiali delle stelle avviene per radiazione, per cui possiamo usare la legge del trasporto radiativo (12.10), che viene riscritta introducendo come coordinata la profondità z sotto il livello dove il plasma stellare diventa completamente trasparente (profondità ottica $\tau_v = 0$):

$$\frac{dT}{dz} = \frac{3}{4ac} \frac{\bar{\kappa}\rho}{T^3} F \,, \qquad (12.103)$$

dove $F = \mathscr{L}/(4\pi R^2)$ è appunto la densità di flusso della radiazione in superficie. Usando la profondità ottica calcolata per mezzo dell'opacità mediata $d\tau = \bar{\kappa}\rho \, dz$ e imponendo che la densità di flusso corrisponda ad un corpo nero, si ottiene:

$$F = \frac{4ac}{3} T^3 \frac{dT}{d\tau} T^3 = \sigma T_{eff}^4 \,. \qquad (12.104)$$

L'equazione è integrabile sulla profondità ottica:

$$\int_{T(\tau=0)}^{T(\tau)} \frac{4ac}{3} T^3 dT = \sigma T_{eff}^4 \int_0^\tau d\tau \qquad (12.105)$$

con il risultato ($ac = 4\sigma$):

$$\frac{4}{3} \left[T^4(\tau) - T^4(\tau = 0) \right] = T_{eff}^4 \tau \,. \qquad (12.106)$$

L'elemento di volume alla profondità ottica nulla, cioè alla sommità dell'atmosfera riceve flusso di radiazione solo dai 2π steradianti degli strati inferiori, per cui in condizioni di equilibrio termodinamico locale $T(\tau = 0) = (1/2)T_{eff}$; pertanto l'andamento della temperatura in funzione della profondità ottica nell'ipotesi di atmosfera grigia segue la legge:

$$T(\tau) = \left(\frac{3}{4}\tau + \frac{1}{2} \right)^{1/4} T_{eff} \,. \qquad (12.107)$$

Questa relazione permette di concludere che la temperatura effettiva di una stella corrisponde alla temperatura del modello stellare alla profondità ottica $\tau = 2/3$.

Occorre tuttavia ricordare che la profondità ottica richiede una rappresentazione dettagliata delle caratteristiche del plasma atmosferico, sua composizione chimica e stato di dissociazione e ionizzazione [3, 9].

Riferimenti bibliografici

1. A.S. Eddington – *The Internal Constitution of Stars*, Cambridge University Press, 1926
2. S. Chandrasekhar – *Stellar Structure*, University of Chicago Press, 1939
3. M. Schwarzschild – *Structure and Evolution of the Stars*, Princeton University Press, 1958
4. B.W. Carroll, D.A. Ostlie – *An Introduction to Modern Astrophysics*, Addison-Wesley Publ. Co. Inc., 1996
5. H. Karttunen, P. Kröger, H. Oja, M. Poutanen, K.J. Donner – *Fundamental Astronomy*, Springer-Verlag, 1994
6. A. Weiss, W. Hillebrandt, H.-C. Thomas, H. Ritter – *Cox & Giuli's Principles of Stellar Structure*, Cambridge Scientific Publishers, 2004
7. A. Braccesi – *Dalle Stelle all'Universo*, Zanichelli, 2000
8. A. Masani – *Astrofisica*, Editori Riuniti, 1984
9. D. Mihalas – *Stellar Atmospheres*, W.H. Freeman, 1970

13
Evoluzione stellare

Sulla base delle considerazioni sui modelli stellari di quasi-equilibrio affrontiamo ora lo studio dell'evoluzione. Occorre premettere alcune considerazioni iniziali. Anzitutto va ricordato che, fin dai primi modelli analitici, fu chiaro come il bruciamento dell'idrogeno permettesse di rappresentare stelle della sequenza principale del diagramma HR, mentre il bruciamento dell'elio o di elementi più pesanti corrispondeva a giganti rosse. Molto più incerta era la sorte delle cosiddette stelle nane bianche che poi fu chiarito come richiedesse equazioni di stato di gas di elettroni degeneri. Tale osservazione suggeriva dunque che il diagramma HR fosse da interpretare in termini evolutivi e non puramente morfologici.

Inoltre occorre tener presente in quali fasi l'evoluzione possa essere studiata utilizzando sequenze di modelli di quasi-equilibrio e quando invece occorra introdurre nel calcolo la dinamica del sistema, e quindi esplicitamente il tempo. Ovviamente si tratta di una questione di tempi scala. Come vedremo più avanti, le fasi termonucleari, che corrispondono alle stelle di sequenza principale e giganti, hanno tempi scala molto lunghi e la loro dinamica è trascurabile; le fasi di contrazione delle protostelle e del collasso nelle fasi finali di vita delle stelle fanno invece intervenire dinamiche rapide che sono quindi da trattare insieme all'evoluzione fisica e chimica dei sistemi. Utili testi di riferimento sull'evoluzione stellare sono di Schwarzschild [1], Carrol & Ostlie [2], Karttunen [3], Braccesi [4], Masani [5], Aller [6], Kippenhahn [7].

13.1 Teorema del viriale

Questo teorema, ben noto dalla meccanica classica, consente lo studio dell'evoluzione globale di sistemi di punti materiali interagenti in condizioni di equilibrio stazionario, intendendo con questa espressione che i punti si muovono in modo disordinato senza alterare la struttura macroscopica del sistema. È utile riesaminare il teorema in funzione delle applicazioni all'evoluzione stellare.

Ferrari A.: Stelle, galassie e universo. Fondamenti di astrofisica.
© Springer-Verlag Italia 2011

Si considerino le equazioni del moto dei punti di un sistema di N punti di massa m_i, posizione $\mathbf{r}_i$ e velocità $\dot{\mathbf{r}}_i$ e soggette a forze (interne) $\mathbf{F}_i$:

$$\mathbf{F}_i = m_i\ddot{\mathbf{r}} \qquad i = 1, 2, ..., N .\qquad (13.1)$$

La soluzione completa del sistema, a parte le difficoltà matematiche, può darci le traiettorie delle singole particelle, ma non ci fornisce la visione globale dell'evoluzione del sistema. A tale scopo si possono utilizzare le costanti del moto, energia, momento e momento angolare, che si conservano in sistemi isolati (solo forze interne). Ad esse è possibile aggiungere un risultato statistico.

Definiamo *viriale* del sistema la quantità:

$$A = \sum_1^N (m_i\dot{\mathbf{r}}_i \cdot \mathbf{r}_i) \qquad (13.2)$$

che derivata rispetto al tempo fornisce:

$$\dot{A} = \sum_1^N (m_i\dot{\mathbf{r}}_i \cdot \dot{\mathbf{r}}_i + m_i\ddot{\mathbf{r}}_i \cdot \mathbf{r}_i) \qquad (13.3)$$

e quindi, utilizzando le equazioni del moto e riconoscendo che il primo termine a destra è il doppio dell'energia cinetica $\mathscr{T}$, si ottiene:

$$\dot{A} = 2\mathscr{T} + \sum_1^N \mathbf{F}_i \cdot \mathbf{r}_i . \qquad (13.4)$$

Possiamo ora applicare una media temporale nell'intervallo $[0, \tau]$:

$$\langle \dot{A} \rangle = \frac{1}{\tau} \int \dot{A}\, dt = \langle 2\mathscr{T} \rangle + \left\langle \sum_1^N \mathbf{F}_i \cdot \mathbf{r}_i \right\rangle . \qquad (13.5)$$

Se il sistema rimane legato, cioè nessuna particella sfugge all'infinito, le posizioni $\mathbf{r}_i$ e le sue derivate rimarranno finite. Pertanto $\dot{A}$ non divergerà mai nell'integrale della (13.5) che perciò per $\tau \to \infty$ si annullerà. In conclusione ottiene:

$$\langle 2\mathscr{T} \rangle + \left\langle \sum_1^N \mathbf{F}_i \cdot \mathbf{r}_i \right\rangle = 0 \qquad (13.6)$$

che è appunto la forma generale del teorema del viriale. Nel caso specifico di forze interne gravitazionali si può riscrivere il secondo termine come energia potenziale:

$$\left\langle \sum_1^N \mathbf{F}_i \cdot \mathbf{r}_i \right\rangle = \left\langle -G \sum_1^N \sum_{j=i+1}^N \frac{m_i m_j}{r_{ij}} \right\rangle = \langle \Omega \rangle \qquad (13.7)$$

e pertanto il teorema del viriale diventa:

$$\langle 2\mathscr{T}\rangle + \langle \Omega\rangle = 0 . \tag{13.8}$$

L'energia cinetica media può essere legata all'energia interna del sistema usando la teoria cinetica dei gas; infatti l'energia cinetica media del sistema corrisponde nelle ipotesi presenti all'energia interna termodinamica (moto disordinato su tutti i gradi di libertà, traslazionali e rotazionali); per sistemi di particelle con più gradi di libertà:

$$\mathscr{T} = \frac{3}{2}(\gamma - 1)U \tag{13.9}$$

dove l'esponente adiabatico γ è legato ai gradi di libertà f delle particelle costituenti il sistema, $\gamma = 1 + 2/f$. Pertanto il teorema del viriale risulta:

$$\langle 3(\gamma - 1)U\rangle + \langle \Omega\rangle = 0 . \tag{13.10}$$

Con riferimento ad un sistema di masse interagenti gravitazionalmente possiamo ora calcolare la variazione di energia interna quando una struttura equilibrio stazionario vari lentamente verso un nuovo stato di equilibrio per stati di quasi-equilibrio. In una tale transizione, che mantenga cioè l'equilibrio macroscopico, si può porre (tralasceremo le parentesi che indicano le medie):

$$\frac{d\Omega}{dt} = -3(\gamma - 1)\frac{dU}{dt} . \tag{13.11}$$

Quindi, nel caso di una contrazione ($d\Omega/dt < 0$) con $3(\gamma - 1) > 0$, parte dell'energia gravitazionale si trasforma in energia cinetica. Corrispondentemente la temperatura della stella varia. La rimanente energia liberata dalla contrazione, per la conservazione dell'energia, deve lasciare il sistema, verosimilmente sotto forma di irraggiamento. Una stella può dunque sostenere la propria luminosità attraverso la contrazione gravitazionale e allo stesso tempo riscaldarsi.

La (13.11) mostra che per $\gamma = 5/3$ metà della variazione di energia gravitazionale si trasforma in variazione di energia interna, e quindi aumento di temperatura, mentre metà viene irraggiata. Per $\gamma \geq 4/3$ la variazione di energia gravitazionale risulta sempre maggiore o eguale in valore assoluto di quella dell'energia interna, mentre per $\gamma < 4/3$ il sistema risulta instabile perché ogni variazione di energia gravitazionale comporta una maggior variazione di energia interna e quindi non permette di giungere ad uno stato di equilibrio a meno di ricorrere ad una sorgente esterna di energia.

Il teorema del viriale risulta, come vedremo, utile per definire i tempi scala evolutivi per trasformazioni di quasi-equilibrio.

13.2 Fasi evolutive caratteristiche

Le fasi stellari che possono essere previste sulla base delle precedenti considerazioni sono essenzialmente tre.

1. **Fasi termonucleari.** Si tratta di fasi in cui l'irraggiamento stellare è sostenuto dalla produzione di energia termonucleare nelle regioni centrali di alta temperatura, $T \geq 5 \times 10^6$ K. Si può valutare la durata di queste fasi considerando che le trasformazioni nucleari liberano tipicamente energie dell'ordine di $10^{-3} Mc^2$, ove il fattore riduttivo include un 1% di efficienza di conversione di energia di massa e una percentuale del 10% di massa in cui avviene la conversione di idrogeno in elementi di massa maggiore. In prima approssimazione si ottiene:

$$ t_{nucl} \simeq 10^{-3} \frac{Mc^2}{\mathscr{L}} = 1.5 \times 10^{10} \left(\frac{M}{M_\odot} \right) \left(\frac{\mathscr{L}_\odot}{\mathscr{L}} \right) \text{ anni} . \tag{13.12} $$

Si tratta di fasi estremamente lunghe, in cui la stella rimane osservativamente immutata.

2. **Fasi di contrazione di quasi-equilibrio, tempo di Kelvin.** Nelle fasi in cui le temperature centrali non permettano bruciamenti termonucleari, le stelle tendono a raffreddarsi per le perdite radiative. Il teorema del viriale ci permette di valutare che si può tendere a nuove configurazioni di maggior temperatura centrale attraverso contrazioni di quasi-equilibrio in tempi caratteristici di Kelvin (nel caso di $\gamma = 5/3$ e stella omogenea):

$$ t_K \simeq -\frac{\Omega}{2\mathscr{L}} = \frac{3}{10} \frac{GM^2}{\mathscr{L}R} = 9.4 \times 10^6 \left(\frac{M}{M_\odot} \right) \left(\frac{\mathscr{L}_\odot}{\mathscr{L}} \right) \left(\frac{R_\odot}{R} \right) \text{ anni} . \tag{13.13} $$

I tempi di contrazione alla Kelvin sono dunque relativamente più brevi e rappresentano fasi evolutive che coprono intervalli tra combustioni termonucleari successive in quanto consentono di aumentare la temperatura delle regioni centrali delle stelle fino a raggiungere la temperatura d'innesco delle nuove reazioni.

3. **Fasi dinamiche di caduta libera.** Quando la pressione stellare non mantiene lo stato di quasi-equilibrio e la stella non può sorreggersi contro la gravità, la dinamica prende il sopravvento e non sono possibili soluzioni di equilibrio. La stella subisce un collasso gravitazionale secondo la relazione: $\ddot{R} = -GM/R^2$. Si tratta delle fasi iniziali della formazione stellare e di quelle finali del collasso verso stati compatti. I tempi scala sono molto brevi; integrando si ottiene:

$$ t_{coll} \simeq \frac{\pi}{2} \sqrt{\frac{R^3}{2GM}} = 5.4 \times 10^{-5} \left(\frac{M_\odot}{M} \right)^{1/2} \left(\frac{R}{R_\odot} \right)^{3/2} \text{ anni} . \tag{13.14} $$

Il Sole, qualora venisse a mancare la pressione termica, collasserebbe su se stesso in circa 30 minuti.

Le fasi termonucleari sono dunque le più persistenti e corrispondono alle stelle normalmente osservabili. Le fasi di contrazione di quasi equilibrio e di collasso sono invece relativamente rapide e stelle osservabili in tali fasi sono quindi rare. Dal punto di vista modellistico le fasi di collasso non possono essere trattate con sequenze di modelli quasi-stazionari, ma richiedono sia inclusa esplicitamente la dinamica. In tal caso si debbono cioè usare equazioni differenziali alle derivate parziali nel tempo t e nelle tre coordinate spaziali.

13.3 Fasi iniziali dell'evoluzione stellare

Le evidenze osservative indicano che le stelle si formano all'interno della Galassia attraverso la contrazione di dense nuvole di gas interstellare e polveri. Per lo più queste condizioni si realizzano nei bracci di spirale dove si riconoscono stelle di popolazione I. Poiché la Galassia è stimata avere una massa di circa 100 miliardi di masse solari in stelle e la sua età è di circa 10 miliardi di anni, ciò comporta che il ritmo medio di formazione stellare è di circa 10 $M_\odot$ per anno. Naturalmente nelle fasi iniziali tale ritmo può essere stato molto più elevato perché molto gas era disponibile. Le nebulose del tipo di Orione o dell'Aquila e la presenza di ammassi stellari indicano inoltre che le stelle non si formano singolarmente ma in associazioni più o meno legate contenenti da poche migliaia fino a 100 000 stelle (Fig. 13.1).

Fig. 13.1 Regione di formazione stellare in Orione osservata nell'infrarosso

13.3.1 La contrazione delle nuvole del mezzo interstellare

Jeans nel 1902 formulò un principio quantitativo sulle condizioni fisiche che permettono ad una nuvola di gas freddo del mezzo interstellare di diventare gravitazionalmente instabile e condensarsi in una protostella (**criterio di Jeans**).

Si consideri un gas perfetto omogeneo e infinito a densità ρ e temperatura T. All'interno di tale distribuzione si generi una condensazione di raggio R_c e massa M_c. Essa diventerà instabile gravitazionalmente e si separerà dal resto del gas se l'energia gravitazionale è più grande dell'energia interna:

$$\frac{3}{5}\frac{GM_c^2}{R_c} \geq \frac{3}{2}N_c kT = \frac{3}{2}\frac{M_c}{\mu m_H}kT \tag{13.15}$$

con $M_c = (4\pi/3)\,\rho R_c^3$; si ricava immediatamente che stelle si formano per:

$$R \geq R_J = \left(\frac{15kT}{4\pi\mu m_H G\rho}\right)^{1/2} = 4.2 \times 10^7 \left(\frac{T}{\mu\rho}\right)^{1/2} \text{ cm} \tag{13.16}$$

$$M \geq M_J = \left(\frac{3}{4\pi\rho}\right)^{1/2}\left(\frac{5kT}{\mu m_H G}\right)^{3/2} = 3 \times 10^{23}\left(\frac{T^3}{\mu^3\rho}\right)^{1/2} \text{ g} \tag{13.17}$$

che sono appunto detti *raggio* e *massa di Jeans* rispettivamente. Utilizzando i valori del plasma interstellare della nostra Galassia, l'instabilità gravitazionale si ha per:

$$T \simeq 10 \div 100 \text{ K} \tag{13.18}$$

$$\rho \simeq 10^{-22} \div 10^{-24} \text{ g cm}^{-3} \tag{13.19}$$

$$R_J \simeq 10 \div 100 \text{ pc} \tag{13.20}$$

$$M_J \simeq 10^3 \div 10^5 \, M_\odot \tag{13.21}$$

da cui si ricava che le nuvole instabili debbono essere inizialmente di grande massa, corrispondenti agli ammassi stellari più che alle singole stelle.

La contrazione della stella in condizioni di instabilità gravitazionale segue quindi le leggi di caduta libera, e la (13.14) indica che la contrazione della nuvola dipende dalla densità soltanto. Quindi una nuvola a densità uniforme subirà una *contrazione omologa* in quanto in tal caso il tempo di caduta libera (13.14) dipende solo dalla densità e non dal raggio, e la velocità di caduta libera $v_{ff} \propto r$. Si può inoltre assumere che inizialmente la contrazione sia anche *isoterma* in quanto la nuvola è trasparente alla radiazione e l'energia gravitazionale liberata è persa per irraggiamento.

Col procedere della contrazione isoterma la densità cresce e all'interno della nuvola la massa limite di Jeans decresce $M_J \propto \rho^{-1/2}$: pertanto si avrà una frammentazione in masse che si avvicinano alle masse stellari osservate. È possibile anche definire un limite inferiore alle masse che si possono formare nella frammentazione, in quanto all'aumentare della densità i frammenti diventano opachi e quindi la contrazione viene a seguire una legge adiabatica. Il legame adiabatico tra densità e temperatura nella (13.17) comporta che la massa di Jeans sia $M_J \propto \rho^{(3\gamma-4)/2}$ e cresca per $\gamma > 4/3$: un frammento adiabatico non può quindi frammentarsi ulteriormente.

Si calcola il limite inferiore per la frammentazione valutando le condizioni fisiche del passaggio da contrazione isoterma ad adiabatica, e si ottiene $M_{J\min} \approx 0.1 M_\odot$.

Hayashi negli anni 1960 estese la teoria di Jeans introducendo nel calcolo altri effetti fisici che contribuiscono alla definizione dello stato termodinamico della nuvola. Il mezzo interstellare nelle condizioni fisiche suddette è composto di atomi e molecole di idrogeno ed elementi pesanti, molecole di H_2O, CH_4, NH_3, anche condensate in granuli di alcuni micron di diametro. I dati disponibili indicano una densità di granuli $n_{gran} \sim 10^{-13} n_{gas}$. Molecole e soprattutto granuli sono importanti anche se in bassa concentrazione perché assorbono con efficienza la radiazione stellare e i raggi cosmici, favorendo il riscaldamento della nuvola. Allo stesso tempo riemettono la radiazione assorbita nelle linee molecolari delle bande infrarosse, producendo un rapido raffreddamento.

Hayashi valutò il bilancio dettagliato dei vari processi in una nuvola investita dalla radiazione stellare e dai raggi cosmici. I risultati sono riassunti schematicamente nella Fig. 13.2 con riferimento ad una nuvola di $1 M_\odot$. La linea tratteggiata α rappresenta il criterio di Jeans in condizioni marginali: al di sopra della linea la nuvola tende ad espandersi, al di sotto può continuare a condensarsi. La curva β definisce il bilancio tra processi di raffreddamento e di riscaldamento: al di sopra prevale il raffreddamento, al di sotto il riscaldamento. Le frecce mostrano le tipiche direzioni evolutive di nuvole caratterizzate da dati valori iniziali di ρ, T: al di sopra (al di sotto) della curva β una nuvola si raffredda (si riscalda) a densità costante e, raggiungendo la curva dove i processi si bilanciano, inizia a condensarsi o ad espandersi a seconda che si trovi a destra o a sinistra dell'intersezione tra α e β, in accordo col criterio di Jeans. Dalla figura si ricava che la formazione di una stella di tipo solare può avvenire dunque solo nel caso che la densità iniziale sia $\rho \geq 10^{-18}$ g cm^{-3}, in quanto densità minori portano ad espansione. Nel caso della contrazione, la nuvola segue la curva di bilancio tra riscaldamenti e irraggiamenti e, poiché la pressione interna risulta inadeguata a contrastare la forza gravitazionale, evolve sostanzialmente in condizioni di caduta libera a temperatura costante, quindi su tempi

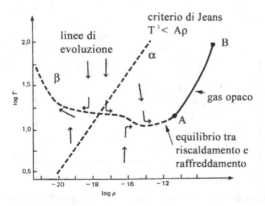

Fig. 13.2 Curve di evoluzione delle nuvole di $1\,M_\odot$ in contrazione di Jeans secondo Hayashi [5]

scala brevi: per una nuvola di $1M_\odot$ con raggio di $10^6 R_\odot$ il tempo di contrazione è di circa 10^4 anni.

Al punto A la nuvola diventa opaca alla radiazione e prosegue nella sua evoluzione attraverso una fase di contrazione adiabatica più lenta; l'energia gravitazionale liberata sostiene la luminosità e, come previsto dal teorema del viriale, porta ad un riscaldamento. Un aumento di pressione interna avviene soprattutto nelle zone centrali della nuvola che raggiungono una specie di equilibrio idrostatico e generano un'onda d'urto nel materiale esterno che si contrae ancora alla velocità di caduta libera. La propagazione dell'onda d'urto ionizza il materiale e "accende" la nuvola: il nucleo opaco in equilibrio rappresenta un *nucleo protostellare*. Questa fase evolutiva è nel grafico rappresentata dal tratto continuo A-B. L'aumento improvviso di temperatura e di luminosità è stato osservato in oggetti luminosi che appaiono in zone nebulari: si parla di *fase FU Orionis* con riferimento al prototipo osservativo, l'oggetto nella nebulosa di Orione che si accese nel 1936 variando di 6 magnitudini in 4 mesi.

L'evoluzione della nuvola in contrazione è stata seguita con simulazioni numeriche che permettono di disegnare le *tracce evolutive* in un diagramma HR teorico. Va tenuto infatti presente che l'esistenza di un nucleo opaco circondato da un inviluppo trasparente consente ora una definizione di temperatura effettiva e permette di seguire, in base al teorema del viriale, l'evoluzione di temperatura e luminosità. Larson, Appenzeller e Tscharnuter negli anni 1970 hanno calcolato l'evoluzione della nuvola in questa fase mettendo in evidenza anche diversi aspetti dinamici. In Fig. 13.3 è riportata la traccia evolutiva del collasso di una nuvola di massa solare a partire dal momento in cui il suo nucleo centrale raggiunge un primo equilibrio idrostatico.

A questo punto la luminosità della nuvola cresce per la generazione dell'onda d'urto nell'inviluppo in caduta libera sul nucleo; nel contempo la caduta di nuovo materiale sul nucleo centrale ne aumenta la temperatura fino ai 1800 K dove la dissociazione delle molecole di idrogeno genera una caduta di pressione (l'indice

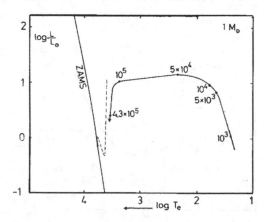

Fig. 13.3 Traccia evolutiva della contrazione di una nuvola protostellare di massa solare; le cifre indicano i tempi evolutivi a partire dalla formazione di un nucleo centrale in equilibrio idrostatico (punto A di Fig. 13.2). La linea tratteggiata rappresenta la traccia di Hayashi. ZAMS è la sequenza principale di età zero (Zero Age Main Sequence)

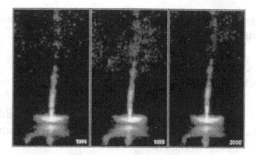

Fig. 13.4 Dinamica della formazione stellare con espulsione di getti da un disco di accrescimento

adiabatico del gas diventa minore di 4/3). La contrazione accelera quindi verso un nuovo equilibrio corrispondente a un nucleo idrostatico più esteso. A queste temperature l'opacità decresce e quindi la temperatura effettiva diventa quella di strati più interni, quindi più elevata.

La luminosità rimane per un certo periodo praticamente costante, a seconda del tasso con cui il materiale dell'inviluppo si accresce sul nucleo e dell'opacità dell'inviluppo stesso. Tuttavia la massa in accrescimento va verso l'esaurimento e corrispondentemente la liberazione di energia gravitazionale diventa debole e la luminosità diminuisce. Quando il processo di accrescimento ha termine l'intera nuvola raggiunge l'equilibrio idrostatico in condizione di struttura convettiva. Per una nuvola di massa solare ciò si verifica quando il raggio è 5 10 volte quello del Sole attuale.

Naturalmente queste valutazioni non tengono pienamente conto degli effetti di dinamica violenta e della rotazione che invece hanno riscontri osservativi. Come abbiamo detto, la nuvola è inizialmente in fase di caduta libera e per sistemarsi in condizioni di quasi-equilibrio con $\gamma > 4/3$ deve certamente subire fasi di assestamento. Evidenze di attività dinamica delle nuvole sono stati recentemente raccolti da telescopi ad alta sensibilità e risoluzione che hanno evidenziato la riespulsione di parte del materiale al momento dell'accensione sotto forma di getti supersonici. Il telescopio spaziale Hubble ha infatti rivelato che la condensazione non avviene in condizioni di simmetria sferica, bensì, data la presenza di un momento angolare, con formazione di un disco di accrescimento ed espulsione collimata di materia (Fig. 13.4).

13.3.2 Evoluzione pre-Sequenza Principale

La nuvola in condizioni di quasi-equilibrio idrostatico è una *protostella* che deriva la propria luminosità dalla contrazione gravitazionale controllata su tempi scala di Kelvin. Ha una struttura di tipo convettivo perché il trasporto radiativo è poco efficiente in condizione di opacità grande e debole flusso radiativo per un corpo nero di temperatura di poche migliaia di gradi. Il trasporto convettivo è efficiente su tutta la struttura e la superficie della protostella trasmette una luminosità di tipo corpo nero alla temperatura superficiale T_{eff} definita dal piccolo strato radiativo superficiale secondo quanto discusso nel § 12.4.

13.3.2.1 Fase convettiva di Hayashi

Hayashi ha mostrato che protostelle, cioè strutture stellari di equilibrio interamente convettive con atmosfera radiativa, esistono soltanto per temperature effettive alla sinistra di una linea del diagramma HR:

$$T_{eff} \approx 2 \times 10^3 \left(\frac{M}{M_\odot} \right)^{0.15} \left(\frac{L}{L_\odot} \right)^{0.01} \left(\frac{Z}{0.02} \right)^{-0.04} . \qquad (13.22)$$

Per temperature effettive inferiori non esiste infatti nessun meccanismo in grado di trasportare fuori dalla stella la luminosità del corrispondente corpo nero. Tale linea, detta **traccia limite di Hayashi**, è, per ogni data massa, quasi verticale nel diagramma HR, indipendente cioè dalla luminosità. La protostella si trova inizialmente su un punto del limite di Hayashi ed evolve contraendosi in condizioni di quasi-equilibrio secondo il tempo scala di Kelvin:

$$t_{Hayashi} = t_K \simeq 10^7 \left(\frac{M}{M_\odot} \right)^2 \left(\frac{R_\odot}{R} \right)^3 \left(\frac{T_{eff,\odot}}{T_{eff}} \right)^4 \text{ anni} \qquad (13.23)$$

ove tipicamente $(T_{eff\odot}/T_{eff})^4 \simeq 10$. Il bilancio energetico richiede che nella contrazione la luminosità decresca perché lo strato radiativo superficiale mantiene le sue caratteristiche di opacità invariate e quindi una temperatura effettiva circa costante. Sul diagramma HR il punto rappresentativo della protostella si muove a luminosità decrescente e a T_{eff} quasi costante lungo il limite di Hayashi. Le **tracce evolutive di Hayashi** in funzione del raggio per diverse masse sono date dalle relazioni:

$$\mathscr{L} = 0.23 \left(\frac{M}{M_\odot} \right)^{0.8} \left(\frac{R}{R_\odot} \right)^{2.2} \mathscr{L}_\odot \qquad (13.24)$$

$$T_{eff} = 3.3 \times 10^3 \left(\frac{M}{M_\odot} \right)^{0.2} \left(\frac{R}{R_\odot} \right)^{0.06} \text{K} . \qquad (13.25)$$

L'irraggiamento è sostenuto dalla liberazione di energia gravitazionale, che allo stesso tempo determina un riscaldamento della temperatura centrale:

$$\mathscr{L} = -\frac{1}{2} \frac{d\Omega}{dt} = -\frac{3}{10} \frac{GM^2}{R^2} \frac{dR}{dt} \qquad \left(\gamma = \frac{5}{3} \right) . \qquad (13.26)$$

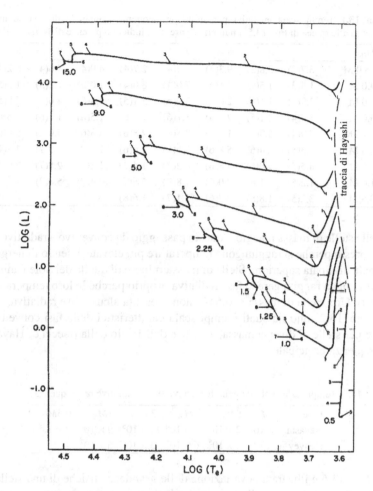

Fig. 13.5 Tracce evolutive teoriche pre-sequenza-principale; è indicata la traccia limite di Hayashi; i numeri si riferiscono ai tempi scala riportati in Tab. 13.1

13.3.2.2 Fase radiativa di Henyey

L'aumento di temperatura e la ionizzazione di idrogeno (10^4 K) ed elio (10^5 K) comportano una diminuzione dell'opacità; di conseguenza il trasporto radiativo diventa più efficiente e si estende rapidamente a tutta la protostella. A quel punto la temperatura centrale è cresciuta a sufficienza perché si inneschino le prime reazioni termonucleari: non si completa tutto il ciclo *CNO*, ma già si hanno reazioni esotermiche dalla trasformazione di C^{12} in N^{14}; anche nella catena $p - p$ si ha produzione di energia dal bruciamento del deuterio. Di conseguenza la temperatura interna e quella superficiale T_{eff} crescono, per cui la traccia evolutiva si muoverà a sinistra del diagramma HR, con leggero aumento della luminosità (**traccia di Henyey**).

Tabella 13.1 Tempi scala evolutivi per stelle pre-sequenza-principale di diverse masse con riferimento alle tracce di Fig. 13.5; i numeri in parentesi indicano potenze di 10 (secondo Iben)

Massa	1	2	3	4	5	6	7	8
15.0 $M_\odot$	6.7(2)	3.8(3)	9.3(3)	2.2(4)	2.7(4)	4.0(4)	4.6(4)	6.2(4)
9.0 $M_\odot$	1.4(3)	1.5(4)	3.6(4)	7.0(4)	8.0(4)	1.0(5)	1.2(5)	1.5(5)
5.0 $M_\odot$	2.9(4)	1.1(5)	2.0(5)	2.9(5)	3.1(5)	3.9(5)	4.6(5)	5.8(5)
3.0 $M_\odot$	3.4(4)	2.1(5)	7.6(5)	1.1(6)	1.3(6)	1.5(6)	1.7(6)	2.5(6)
2.25 $M_\odot$	7.9(4)	5.9(5)	1.9(6)	2.5(6)	2.8(6)	3.3(6)	4.0(6)	5.9(6)
1.5 $M_\odot$	2.3(5)	2.4(6)	5.8(6)	7.6(6)	8.6(6)	1.0(7)	1.3(7)	1.8(7)
1.25 $M_\odot$	4.5(5)	4.0(6)	8.8(6)	1.2(7)	1.4(7)	1.8(7)	2.8(7)	2.9(7)
1.0 $M_\odot$	1.2(5)	1.1(6)	9.0(6)	1.8(7)	2.5(7)	3.4(7)	5.0(7)	–
0.5 $M_\odot$	3.2(5)	1.8(6)	8.7(6)	3.1(7)	1.6(8)	–	–	–

Nelle stelle di massa maggiore questo passaggio da convettivo a radiativo avviene molto presto perché si raggiungono temperature più elevate essendo l'energia gravitazionale dissipata superiore. Stelle di massa minore di quella del Sole hanno invece più difficoltà a raggiungere la fase radiativa proprio perché le loro temperature sono inferiori. Una stella di massa $\leq 0.5 M_\odot$ non presenta alcuna fase radiativa.

In Tab. 13.2 sono riassunti i tempi scala caratteristici delle fasi convettive e radiative per stelle di diversa massa, a partire dall'inizio della traccia di Hayashi fino alla sequenza principale.

Tabella 13.2 Tempi scala evolutivi nelle fasi convettive e radiative pre-sequenza

Fase	$15M_\odot$	$9M_\odot$	$5M_\odot$	$3M_\odot$	$1M_\odot$	$0.5M_\odot$
Hayashi	7×10^2	2×10^3	3×10^4	2×10^5	9×10^6	2×10^8
Henyey	6×10^4	2×10^5	6×10^5	3×10^6	5×10^7	–

In Fig. 13.6 è illustrata la variazione delle grandezze fisiche di una stella di tipo solare nell'avvicinamento alla sequenza principale.

La fase pre-sequenza termina quando la protostella raggiunge una temperatura centrale elevata per completare il ciclo termonucleare della catena $p - p$ a $T_c \approx 4 \times 10^6$ K. A quel punto la stella rimane in equilibrio a raggio praticamente costante e la produzione di energia per contrazione gravitazionale diventa del tutto trascurabile.

Solo un certo intervallo di masse può raggiungere la fase di sequenza principale. Stelle di massa $< 0.08\ M_\odot$ a causa della loro bassa gravità non raggiungono mai temperature sufficienti per innescare il bruciamento dell'idrogeno. Al contrario in stelle di massa grande $> 90\ M_\odot$ la pressione di radiazione è dominante e rende instabile la struttura. Occorre confrontare il gradiente di pressione idrostatico con quello della pressione di radiazione vicino alla superficie della stella:

$$\frac{dP}{dr} = -\frac{GM\rho}{r^2} \tag{13.27}$$

$$\frac{dP_{rad}}{dr} = -\frac{\bar{\kappa}\rho}{c}\frac{\mathscr{L}}{4\pi r^2} . \tag{13.28}$$

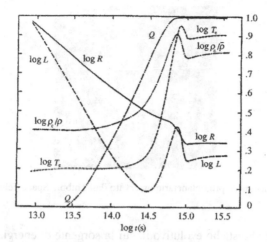

Fig. 13.6 Evoluzione vero la sequenza principale di una protostella di massa solare secondo Iben. La quantità Q è il rapporto tra la porzione di massa della stella in equilibrio radiativo e la porzione in equilibrio convettivo: illustra il passaggio dalla fase di Hayashi a quella di Henyey

L'atmosfera sarà in equilibrio solo per

$$\mathscr{L} \leq \mathscr{L}_{Edd} = \frac{4\pi G c}{\bar{\kappa}} M \qquad (13.29)$$

dove il limite è detto **luminosità di Eddington**. Per opacità data dalla diffusione elettronica si ottiene:

$$\frac{\mathscr{L}_{Edd}}{\mathscr{L}_{\odot}} \approx 3.8 \times 10^4 \frac{M}{M_{\odot}} \qquad (13.30)$$

che per stelle di $90\, M_{\odot}$ fornisce $\mathscr{L}_{Edd} \approx 3.5 \times 10^6 \mathscr{L}_{\odot}$, un valore circa tre volte superiore alla luminosità calcolata dai modelli per queste stelle sulla sequenza principale; ciò comporta che stelle $> 90\, M_{\odot}$ con $\mathscr{L} \propto M^3$ soffrono forti perdite di massa.

Osservativamente è difficile avere dati su stelle in fase pre-sequenza perché in genere sono avvolte in nubi dense di gas e polveri che le oscurano. Molte informazioni vengono oggi dall'astronomia infrarossa che usa una banda meno assorbita. Una classe di oggetti molto luminosi e con perdita di massa sono le stelle T Tauri con grande abbondanza di litio che indica una fase iniziale delle reazioni termonucleari dell'idrogeno. Il telescopio spaziale Hubble ha inoltre scoperto protostelle circondate da dischi protoplanetari, i *proplyds* (Fig. 13.7).

13.4 Fase termonucleare della Sequenza Principale

La fase di Sequenza Principale del diagramma HR (che d'ora in avanti indicheremo, come tradizionalmente accettato, con l'espressione inglese **Main Sequence,**

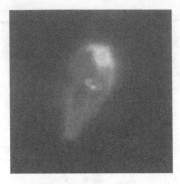

Fig. 13.7 Protostella e disco protoplanetario osservato dall'Hubble Space Telescope in Orione

MS) corrisponde allo stadio evolutivo in cui la sorgente di energia nelle stelle è la fusione dell'idrogeno, l'elemento più abbondante nella materia cosmica. Durante questa fase le stelle sono in equilibrio stabile in quanto l'energia fornita dalle reazioni termonucleari è in grado di mantenere la pressione al livello necessario per contrastare la forza gravitazionale e impedire la contrazione.

Abbiamo già discusso che solo stelle nell'intervallo $0.08 \leq M \leq 90 M_\odot$ possono in effetti rimanere in equilibrio sulla MS. Stelle di massa minore non raggiungono mai le temperature necessarie per l'innesco del processo e proseguono quindi nella fase di contrazione verso strutture di tipo planetario. Stelle di massa maggiore risultano invece instabili a causa dell'elevata temperatura che comporta una forte pressione di radiazione che rende instabile l'atmosfera.

Ricordiamo anche che il teorema di Vogt-Russell stabilisce che la struttura delle stelle sulla MS dipende dalla massa e dalla composizione chimica. Inoltre nel capitolo precedente abbiamo discusso come questa struttura sia ben definita data la criticità dell'equilibrio energetico tra luminosità prodotta e irraggiata.

Dividiamo la discussione per stelle che appartengono alla parte alta e alla parte bassa della MS le cui caratteristiche fisiche sono molto diverse.

13.4.1 Stelle dell'alta Main Sequence, $M \geq 1.5\, M_\odot$

Data la grande massa la forza di gravità è elevata e pertanto elevata dev'essere la pressione che la sostiene. Inoltre il teorema del viriale assicura che, data la cospicua energia gravitazionale liberata nella contrazione, queste stelle raggiungono temperature centrali elevate, $T_c \geq 1.8 \times 10^7$ K, e bruciano l'idrogeno secondo il ciclo CNO, quindi molto efficientemente. A $T_c \approx 1.8 \times 10^7$ K la potenza del ciclo CNO e della catena $p-p$ si equivalgono e questa è appunto la temperatura centrale di una stella di $1.5\, M_\odot$. Peraltro il ciclo dipende fortemente dalla temperatura, e quindi solo la regione più calda e più interna della stella (**nucleo**) brucia l'idrogeno, ma lo fa tumultuosamente per cui il trasporto di energia avviene attraverso moti con-

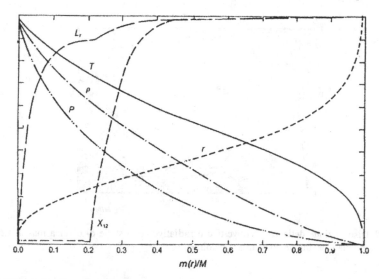

Fig. 13.8 Modello di una stella di 5 masse solari sulla MS all'età di 600 mila anni. Le grandezze fisiche sono date in funzione della frazione di massa $m(r)/M$; hanno valore zero alla base dell'ordinata, mentre i valori massimi sono: $r = 1.85R_\odot$, $P_c = 8.03 \times 10^{16}$ dyn cm^{-2}, $\rho_c = 21.43$ g cm^{-3}, $T_c = 2.73 \times 10^7$ K, $L = 6.31L_\odot$; l'abbondanza iniziale del carbonio assunta nel modello è 3.6×10^{-3}; il raggio totale della stella è $R = 2.4R_\odot$ [2]

vettivi. La regione esterna (**inviluppo**) dove non vi è produzione di energia risulta invece radiativa. Tra le due zone si crea uno strato di transizione attraverso il quale l'abbondanza dell'idrogeno è fortemente discontinua: nel nucleo l'abbondanza dell'idrogeno decresce per effetto del bruciamento ma la convezione rimescola il mezzo e assicura una composizione omogenea; invece nell'inviluppo si conserva la composizione chimica originaria.

Durante l'evoluzione la massa del nucleo convettivo diminuisce gradualmente perché l'idrogeno diminuisce, mentre la luminosità cresce leggermente: la stella tende a muoversi verso le zone a destra in alto nel diagramma HR (Fig. 13.12). Quando l'idrogeno nel nucleo è esaurito, l'intera stella si contrae rapidamente e si libera energia gravitazionale che aumenta la luminosità: quindi la temperatura deve crescere e ciò porta al bruciamento dell'idrogeno in una shell esterna al nucleo. Anche la temperatura della stella aumenta per contrastare la diminuzione del raggio e la traccia evolutiva si sposta in alto a sinistra. In Fig. 13.8 è riportato il modello della stella di 5 $M_\odot$ all'età di 600.000 anni dall'arrivo sulla MS.

13.4.2 Stelle della bassa MS, $M \leq 1.5\,M_\odot$

Queste stelle hanno gravità più bassa e quindi temperature centrali inferiori, $T_c \leq 1.8 \times 10^7$ K, per cui bruciano l'idrogeno secondo la catena $p - p$. Poiché questa

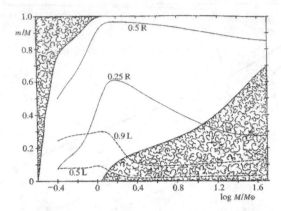

Fig. 13.9 Distribuzione delle zone convettive e radiative nelle stelle di diversa massa. Le zone radiative sono bianche, quelle convettive ricciolute

catena ha minor potenza ed una più lenta dipendenza dalla temperatura, i nuclei termonucleari non sono instabili convettivamente e si estendono su una porzione maggiore del corpo stellare. Invece l'opacità delle regioni esterne della stella risulta grande a causa della bassa temperatura del gas stellare, e di conseguenza per trasmettere il flusso di fotoni l'inviluppo stellare diventa instabile convettivamente. Al contrario delle stelle di grande massa dunque le stelle di tipo solare risultano radiative all'interno e convettive all'esterno (Fig. 13.9). L'assenza di convezione nel nucleo fa sì che l'idrogeno si consumi più rapidamente nel centro e si crei un gradiente di composizione chimica: l'abbondanza di idrogeno aumenta verso l'esterno dove si salda con la composizione originaria dell'inviluppo.

Per la diminuzione dell'idrogeno il nucleo della stella subisce una leggera contrazione che la porta ad una temperatura più alta con raggio e luminosità maggiori: nel diagramma HR si muove praticamente lungo la MS (Fig. 13.12). Il nostro Sole si trova in questa fase: in Fig. 13.10 è riportato un modello del Sole a 4.3 miliardi di anni dalla formazione sulla MS, mentre l'età attuale è intorno ai 4.5 miliardi di anni. La luminosità attuale è aumentata del 30% dal momento della formazione e il raggio è cresciuto di circa il 10%. Quando l'idrogeno si esaurirà nel centro del nucleo la stella si raffredderà e si sposterà a destra nel diagramma HR: il centro sarà di puro elio con una spessa shell intorno dove ancora l'idrogeno brucerà.

Stelle di massa $0.08M_\odot \leq M \leq 0.26M_\odot$ hanno un'evoluzione molto semplice: esse rimangono completamente convettive il che comporta che tutto l'idrogeno è disponibile per il bruciamento. Tuttavia date le basse temperature il bruciamento è molto lento. Quando l'idrogeno è esaurito diventano nane bianche di puro elio, come studieremo più avanti.

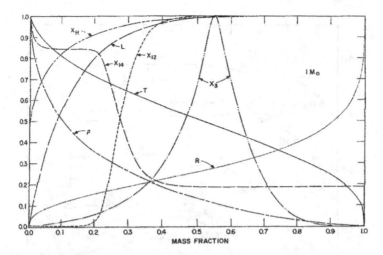

Fig. 13.10 Struttura del Sole sulla MS all'età di 4.3 miliardi di anni. Le grandezze fisiche sono date in funzione della frazione di massa $m(r)/M$; hanno valore zero alla base dell'ordinata, mentre i valori massimi sono: $R = 0.97R_\odot$, $P_c = 8.03 \times 10^{16}$ dyn cm^{-2}, $\rho_c = 160$ g cm^{-3}, $T_c - 1.6 \times 10^6$ K, $L = 1.06L_\odot$; $X_H = 0.708$, $X_{He3} = 4.2 \times 10^{-3}$, $X_{C12} = 3.6 \times 10^{-3}$, $X_{N14} = 6.4 \times 10^{-3}$. La produzione di energia avviene entro il 35% della massa concentrata nel 20% del raggio

13.4.3 Proprietà generali

Le luminosità sono legate alle masse dalle seguenti correlazioni (Fig. 13.11):

- per $0.4 \leq M \leq 10M_\odot$ si ha $\mathscr{L} \propto M^4$;
- per $M \leq 0.4$ e per $M \geq 10M_\odot$ si ha $\mathscr{L} \propto M^\beta$ con $\beta < 4$;
- i raggi sono correlati alle masse $R \propto M$, e di conseguenza $T_{eff} \propto M^{1/2}$.

La durata della fase di MS è valutabile semplicemente considerando che una stella in media brucia solo il 10% del proprio idrogeno in quanto solo le zone centrali

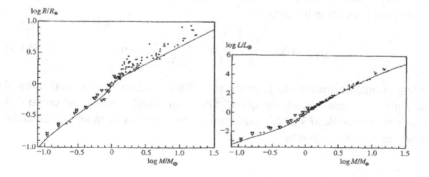

Fig. 13.11 Raggi e luminosità in funzione della massa per stelle sulla MS

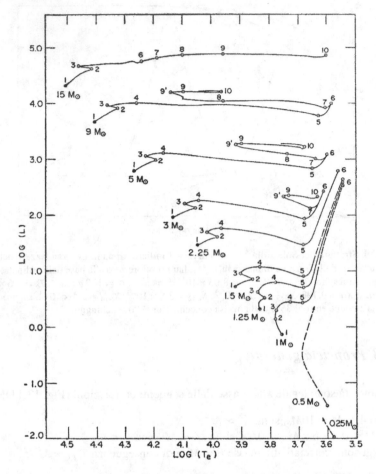

Fig. 13.12 Evoluzione di stelle di diverse masse dalla fase di bruciamento dell'idrogeno sulla sequenza principale fino alla fase di gigante

hanno energie sufficientemente elevate, e circa lo 0.6% della massa dell'idrogeno bruciato è trasformata in luminosità:

$$t_{MS} \simeq 0.0006 \frac{Mc^2}{\mathscr{L}} \simeq 10^{10} \left(\frac{M_\odot}{M} \right)^3 \text{ anni}. \tag{13.31}$$

Si calcola immediatamente che le stelle $M \leq 0.8 M_\odot$ hanno età maggiori di quella stimata per l'Universo e risalgono quindi alle prime condensazioni nel corpo della Galassia, mentre stelle $M \geq 10 M_\odot$ possono essere presenti solo in regioni di recente formazione e ammassi giovani.

13.5 Evoluzione post-MS, $M \geq 2\,M_\odot$

Quando nei nuclei delle stelle della MS l'idrogeno si avvicina all'esaurimento, l'irraggiamento non è più bilanciato dal rifornimento termonucleare e la pressione termica del gas rapidamente decresce. Di conseguenza la forza gravitazionale riprende il sopravvento ed inizia una fase di contrazione di quasi-equilibrio su tempi scala di Kelvin. In Fig. 13.12 sono riportate le tracce evolutive delle fasi post-MS calcolate da Iben negli anni 1960; in Tab. 13.3 sono riportati i tempi evolutivi negli intervalli delle tracce. Nonostante l'apparente somiglianza la storia evolutiva delle stelle di grande e di piccola massa si differenzia fortemente con conseguenze importanti sia sul risultato finale dell'evoluzione sia sul contributo alla produzione di elementi nella nucleosintesi stellare.

Iniziamo la discussione dalle stelle di massa maggiore, oltre le $2\,M_\odot$. Le regioni interne della stella in fase di esaurimento dell'idrogeno iniziano una contrazione e si riscaldano, secondo quanto predetto dal teorema del viriale. Mentre l'idrogeno è quasi esaurito al centro, l'aumento di temperatura comporta che uno strato esterno circostante il nucleo (*circum-nuclear shell*) raggiunga le condizioni per bruciare l'idrogeno: l'improvvisa accensione della shell causa un'espansione dell'inviluppo. Inoltre il bruciamento della shell ha come conseguenza che il nucleo di elio diventi isotermo: infatti poiché in tale zona non esiste produzione di energia sarà $\mathscr{L}(r) = 0$, e quindi dalla definizione di gradiente radiativo $dT/dr = 0$; in Fig. 13.13 si può notare, nel caso di una stella di $5M_\odot$ l'appiattimento della distribuzione di temperatura nel nucleo e il contributo dominante della shell di idrogeno alla luminosità.

Tabella 13.3 Durata degli intervalli evolutivi di diverse masse stellariindexstelle!masse tra i punti indicati sulle tracce evolutive di Fig. 13.12 (secondo Iben)

Massa	1-2	2-3	3-4	4-5	5-6	6-7	7-8	8-9	9-10
15.0 $M_\odot$	1.0(7)	2.3(5)	$\rightarrow$	$\rightarrow$	7.6(4)	7.2(5)	6.2(5)	1.9(5)	3.5(4)
9.0 $M_\odot$	2.1(7)	6.1(5)	9.1(4)	1.5(5)	6.6(4)	4.9(5)	9.5(4)	3.3(6)	1.6(5)
5.0 $M_\odot$	6.5(7)	2.2(6)	1.4(6)	7.5(5)	4.9(5)	6.1(6)	1.0(6)	9.0(6)	9.3(5)
3.0 $M_\odot$	2.2(8)	1.0(7)	1.0(7)	4.5(6)	4.2(6)	2.5(7)	$\rightarrow$	4.1(7)	6.0(6)
2.25 $M_\odot$	4.8(8)	1.6(7)	3.7(7)	1.3(7)	3.8(7)	–	–	–	–
1.5 $M_\odot$	1.6(9)	8.1(7)	3.5(8)	1.0(8)	$\geq 2(8)$	–	–	–	–
1.25 $M_\odot$	2.8(9)	1.8(8)	1.0(9)	1.5(8)	$\geq 4(8)$	–	–	–	–
1.0 $M_\odot$	7.0(9)	2.0(9)	1.2(9)	1.6(9)	$\geq 1(9)$	–	–	–	–

La struttura stellare differisce pertanto da quella di MS in quanto il nucleo centrale è compatto e radiativo, mentre l'inviluppo esterno è esteso e convettivo. Il punto rappresentativo della stella nel diagramma HR si sposta rapidamente verso la regione delle basse temperature e grandi luminosità, verso la traccia di Hayashi. Il progressivo bruciamento della shell di idrogeno aggiunge massa al nucleo isotermo: Schönberg e Chandrasekhar nel 1942 dimostrarono che esiste un limite superiore alla massa di un nucleo isotermo al di sopra del quale non è possibile sorreggere la pressione degli strati sovrastanti della stella.

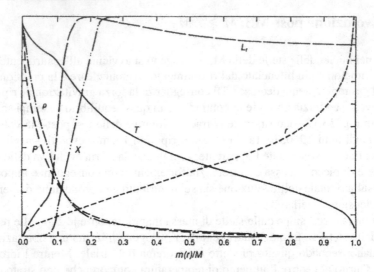

Fig. 13.13 Struttura di una stella di $5M_\odot$ all'uscita della MS con bruciamento dell'idrogeno in una shell esterna al nucleo.Le grandezze fisiche sono date in funzione della frazione di massa $m(r)/M$; hanno valore zero alla base dell'ordinata, mentre i valori massimi sono: $r = 2.92R_\odot$, $P_c = 2.43 \times 10^{17}$ dyn cm^{-2}, $\rho_c = 106.6$ g cm^{-3}, $T_c = 3.62 \times 10^7$ K, $L = 1.29 \times 10^3 L_\odot$, $X_H = 0.708$. Il raggio totale è $R = 3.943R_\odot$

13.5.1 Il limite di Schönberg-Chandrasekhar

Le equazioni dell'equibrio idrostatico e della massa possono essere combinate nella forma:

$$4\pi r^3 \frac{dP}{dM(r)} = -\frac{GM(r)}{r} \tag{13.32}$$

dove il termine a sinistra può essere riscritto:

$$4\pi r^3 \frac{dP}{dM(r)} = \frac{d\left(4\pi r^3 P\right)}{dM(r)} - 12\pi r^2 P \frac{dr}{dM(r)} = \frac{d\left(4\pi r^3 P\right)}{dM(r)} - \frac{3P}{\rho}. \tag{13.33}$$

Risostituendo nella (13.32) e integrando sul nucleo isotermo M_{is}, si deriva:

$$\int_0^{M_{is}} \frac{d\left(4\pi r^3 P\right)}{dM(r)} dM(r) - \int_0^{M_{is}} \frac{3P}{\rho} dM(r) = -\int_0^{M_{is}} \frac{GM(r)}{r} dM(r) \tag{13.34}$$

e quindi, con $M = 0$ per $r = 0$ e notando che l'integrale a destra dell'eguale rappresenta l'energia gravitazionale del sistema che può essere facilmente calcolata nel limite di densità praticamente costante, si ottiene:

$$4\pi R_{is}^3 P_{is} - 3\frac{M_{is}}{\mu_{is}m_H} kT_{is} = -\frac{3}{5}\frac{GM_{is}^2}{R_{is}} \tag{13.35}$$

e

$$P_{is} = \frac{3}{4\pi R_{is}^3} \left(\frac{M_{is}kT_{is}}{\mu_{is}m_H} - \frac{1}{5}\frac{GM_{is}^2}{R_{is}} \right) \tag{13.36}$$

dove R_{is} e P_{is} sono il raggio del nucleo isotermo e la pressione a tale raggio. Quindi la pressione dipende dai valori specifici di T_{is} e R_{is}. Quando la massa del nucleo isotermo cresce, l'energia termica (primo termine a destra) tende a far crescere la pressione, mentre l'energia gravitazionale (secondo termine) tende a farla decrescere; il valore massimo della pressione P_{is} al variare di M_{is} si ha per

$$R_{is} = \frac{2}{5}\frac{GM_{is}\mu_{is}m_H}{kT_{is}} \tag{13.37}$$

con pressione

$$P_{is,max} = \frac{365}{64\pi}\frac{1}{G^3 M_{is}^2} \left(\frac{kT_{is}}{\mu_{is}m_H} \right)^4 \tag{13.38}$$

che indica che la pressione decresce al crescere della massa del nucleo M_{is}. Quindi esiste un valore massimo della massa di un nucleo isotermo tale che la pressione possa sorreggere la massa sovrastante. Dobbiamo quindi confrontarla con la pressione dell'inviluppo che si ottiene integrando l'equilibrio idrostatico (assumendo la pressione superficiale nulla):

$$P_{is,inv} = -\int_{P_{is,inv}}^{0} dP = \int_{M_{is}}^{M} \frac{GM(r)}{4\pi r^4} dM(r) \tag{13.39}$$

$$\simeq \frac{G}{8\pi \langle r^4 \rangle} \left(M^2 - M_{is}^2 \right) \tag{13.40}$$

dove $\langle r^4 \rangle \simeq R^4/2$ è un valor medio stimato approssimativamente sulla base del fatto che al più comporta un errore di un semplice fattore numerico. Possiamo inoltre assumere $M \gg M_{is}$ e otteniamo:

$$P_{is,inv} \simeq \frac{G}{4\pi}\frac{M^2}{R^4} \ . \tag{13.41}$$

Si utilizza ora l'equazione di stato dei gas perfetti e la condizione che la densità al bordo del nucleo isotermo sia dell'ordine della densità media della stella:

$$T_{is} = \frac{\mu_{inv}m_H P_{is,inv}}{k\rho_{is,inv}} \tag{13.42}$$

$$\rho_{is,inv} \simeq \frac{M}{4\pi R^3/3} \tag{13.43}$$

per cui si ricava:

$$R \simeq \frac{1}{3}\frac{GM}{T_{is}}\frac{\mu_{inv}m_H}{k} \tag{13.44}$$

e quindi:

$$P_{is,inv} \simeq \frac{81}{4\pi} \frac{1}{G^3 M^2} \left(\frac{kT_{is}}{\mu_{inv} m_H} \right)^4 . \tag{13.45}$$

Imponendo infine l'eguaglianza tra le (13.38) e (13.45) si ottiene il limite richiesto:

$$\frac{M_{is}}{M} \approx 0.54 \left(\frac{\mu_{inv}}{\mu_{is}} \right)^2 \tag{13.46}$$

(il calcolo completo cambia il fattore da 0.54 a 0.37).

13.5.2 La fase di gigante rossa

Quando raggiunge il valore del limite di Schönberg-Chandrasekhar, la massa del nucleo di elio inizia un rapido collasso, più rapido della contrazione di Kelvin perché non esiste equilibrio. La successiva traccia evolutiva può essere seguita sulla Fig. 13.14. Il collasso, con la liberazione di energia gravitazionale e riscaldamento non omogenei, riporta il gradiente radiativo a valori non nulli. Nel contempo l'au-

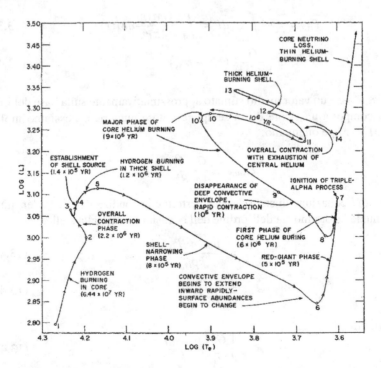

Fig. 13.14 L'evoluzione della stella di $5M_\odot$ dalla MS fino all'AGB. Le luminosità sono in unità solari

mento di temperatura rende più efficiente il bruciamento della shell di idrogeno. L'inviluppo si espande violentemente e si raffredda, per cui la T_{eff} decresce; conseguentemente l'opacità aumenta e porta ad instabilità convettiva. Si tratta della fase detta di *dredge-up*, perché materiale processato dell'interno stellare può essere portato in superficie: è un effetto importante perché permette di convalidare i modelli di evoluzione stellare con un confronto sulla composizione chimica alla superficie di stelle in fase avanzata di evoluzione. Il lavoro di espansione dell'inviluppo riduce anche la luminosità che può raggiungere la superficie. La stella si porta a basse T_{eff} e si arresta al limite di struttura convettiva di Hayashi (punto 6): la progressiva contrazione delle zone nucleari determina un aumento dell'attività della shell di idrogeno per l'aumento della densità, e quindi la luminosità riprende a crescere. È questa la fase di **red giant branch** (RGB, fase di ramo delle giganti rosse) in cui il punto rappresentativo della stella si muove lungo la linea di stabilità di Hayashi. A $T \sim 2 \times 10^8$ K e $\rho \sim 8 \times 10^3$ g cm^{-3} si verificano le condizioni per l'innesco del bruciamento $3\,\mathrm{He}^4 \rightarrow \mathrm{C}^{12}$ e anche in parte $\mathrm{C}^{12} + \mathrm{He}^4 \rightarrow \mathrm{O}^{16}$ (7); il nucleo si espande e quindi l'efficienza della shell di idrogeno viene parzialmente ridotta, pur rimanendo ancora la sorgente di energia dominante. La luminosità decresce, ma quel punto la stella si contrae rapidamente e raggiunge un nuovo equilibrio a temperatura più elevata (10).

La durata della fase di bruciamento dell'elio è molto più breve di quella dell'idrogeno: una stella di 5 $M_\odot$ esaurisce l'elio nel nucleo in 9 milioni di anni. In questa fase di innesco ed esaurimento dell'elio nel nucleo la stella si sposta dalla traccia di Hayashi verso la zona delle alte temperature (11) per poi ritornare verso la traccia di Hayashi, ma con temperatura maggiore (12). Questa regione viene chiamata **horizontal branch** (HB, ramo orizzontale); lungo di essa le stelle possono diventare dinamicamente instabili con oscillazioni periodiche e perdita di massa. Di nuovo si sviluppa convezione nell'inviluppo con un *secondo dredge-up* che aumenta l'abbondanza dell'elio in superficie. Il nucleo di carbonio-ossigeno segue la stessa fase di contrazione descritta per il nucleo di elio al termine del bruciamento dell'idrogeno, con la formazione di una nuova shell dove continua il bruciamento dell'elio (Fig. 13.15). L'andamento dei parametri fisici in questa fase è rappresentato in Fig. 13.16.

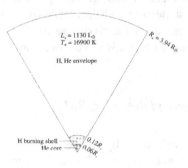

Fig. 13.15 Geometria della stella di $5M_\odot$ nella fase di gigante; le scale del disegno sono solo indicative, il raggio del nucleo è tipicamente dell'ordine dello 0.001-0.01 del raggio totale

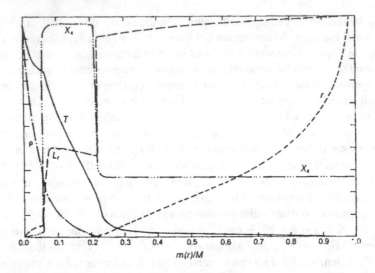

Fig. 13.16 Struttura della stella di $5M_\odot$ nella fase di gigante al tempo $t = 8.79 \times 10^7$ anni, con nucleo di carbonio e ossigeno ancora inerte e due shell dove bruciano elio e idrogeno. Le grandezze fisiche sono date in funzione della frazione di massa $m(r)/M$; hanno valore zero alla base dell'ordinata, mentre i valori massimi sono: $r = 23.77R_\odot$, $\rho_c = 2.16 \times 10^4$ g cm^{-3}, $T_c = 1.84 \times 10^8$ K, $L = 1.94 \times 10^3 L_\odot$, $X_{\mathrm{He4}} = 1.0$. Il raggio totale è $R = 44.14R_\odot$

Quando la stella con nucleo di carbonio-ossigeno e due shell attive di elio e idrogeno raggiunge la traccia di Hayashi (14), la sua traccia evolutiva si muove verso l'alto secondo un cammino chiamato **asymptotic giant branch** (AGB, ramo asintotico delle giganti). La temperatura del nucleo è ancora $\approx 2 \times 10^8$ K e la densità raggiunge $\approx 10^6$ g cm^{-3}; quindi il plasma stellare è prossimo al limite di degenerazione elettronica. L'attività della shell di elio viene continuamente arricchita dalla sovrastante shell di idrogeno, ma è intermittente perché per riaccendere ogni volta la shell di elio occorre eliminare la degenerazione con una contrazione, mentre l'aumento di luminosità prodotto dal flash comporta una riespansione. Si ha il fenomeno cosiddetto dell'**helium shell flash**. La sequenza di pulsazioni per una stella di $5\,M_\odot$ ha periodi intorno alle migliaia di anni; questo tipo di instabilità appare essere collegata alla variabilità di stelle del tipo Mira. Nelle oscillazioni si sviluppano anche correnti convettive che generano un *terzo dredge-up*. Le stelle AGB inoltre perdono massa generando venti intensi fino a $\dot{M} = 10^{-4}M_\odot$ anno^{-1}.

13.5.3 Fasi finali delle stelle, $M < 8M_\odot$

Le fasi successive dell'evoluzione dipendono dalla massa della stella e l'aumento di densità nei nuclei porta a processi di decadimento β inverso dei protoni che trasformandosi in neutroni liberano neutrini e raffreddano i nuclei stellari. Stelle $2M_\odot < M < 4M_\odot$, avendo perso una consistente frazione di massa nella fase di flash dell'elio, scendono sotto il limite di equilibrio di una stella di gas degenere: vedremo più avanti che il limite di un nucleo degenere, analogo al limite di Schönberg-Chandrasekhar per un nucleo stellare di gas perfetto, è di circa $1.4M_\odot$ e prende il nome di **limite di Chandrasekhar**. Tali stelle vengono quindi bloccate in equilibrio idrostatico con un nucleo degenere di carbonio-ossigeno senza poter ulteriormente contrarsi per innescarne il bruciamento: diventano **nane bianche** di carbonio-ossigeno.

Stelle nell'intervallo $4M_\odot < M < 8M_\odot$, se non subiscono grandi perdite di massa nelle fasi di helium shell flash, sviluppano anch'esse un nucleo degenere di carbonio-ossigeno, più grande però del limite di Chandrasekhar, che pertanto non riesce a raggiungere l'equilibrio idrostatico e collassa su se stesso in modo catastrofico. Tale collasso innesca il bruciamento del carbonio-ossigeno in modo esplosivo (*carbon-oxygen flash*) che è in grado di provocare l'espulsione dell'inviluppo ed eventualmente anche di tutto il materiale della stella: questo può essere uno dei meccanismi per spiegare i fenomeni *supernova*.

In Fig. 13.17 è riassunto l'andamento della struttura della stella in funzione del tempo per mettere in evidenza sia le zone di bruciamento sia i regimi di trasporto energetico.

Naturalmente occorre ricordare che l'evoluzione AGB è accompagnata da forti perdite di massa e da forti venti (*superwind* $\approx 10^{-4}M_\odot$ anno^{-1}); quindi nelle precedenti discussioni gli intervalli di massa indicati possono variare a seconda dell'efficienza del vento stellare. La perdita di massa può, ad esempio proprio per le stelle $4M_\odot < M < 8M_\odot$, ridurre la massa del nucleo degenere residuo al di sotto del limite di Chandrasekhar, per cui tale nucleo può portarsi in equilibrio idrostatico allo stadio di nana bianca senza dare origine al collasso catastrofico.

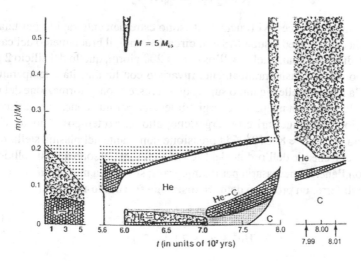

Fig. 13.17 Evoluzione della struttura interna di una stella di $5M_\odot$ nella fase post-MS. Zone di trasporto convettivo sono mostrate con ricciolini, zone con bruciamento termonucleare con nidi d'ape, zone con composizione chimica variabile con puntini, radi per H → He, fitti per He → C

13.5.4 Fasi finali delle stelle, $M > 8\,M_\odot$

Per stelle di massa $M > 8\,M_\odot$ il processo di bruciamenti termonucleari con oscillazioni della traccia evolutiva tra la zona blu e la traccia di Hayashi si può ripetere più volte: il nucleo si contrae riscaldandosi progressivamente dando origine a successivi bruciamenti termonucleari nelle zone sempre più interne senza mai raggiungere lo stato degenere e lasciando indietro nuove shell attive che bruciano l'elemento chimico precedente:

$$^{12}_{6}C + ^{4}_{2}He \rightarrow ^{16}_{8}O + \gamma \tag{13.47}$$

$$^{16}_{8}O + ^{4}_{2}He \rightarrow ^{20}_{10}Ne + \gamma \tag{13.48}$$

$$^{12}_{6}C + ^{12}_{6}C \rightarrow ^{24}_{12}Mg + \gamma \tag{13.49}$$

$$^{16}_{8}O + ^{16}_{8}O \rightarrow ^{28}_{14}Si + \gamma. \tag{13.50}$$

Il nucleo della stella assume una struttura "a cipolla" con le varie shell attive per i successivi bruciamenti termonucleari di idrogeno, elio, carbonio, ossigeno, neon, ecc. (Fig.13.18). Il dettaglio della distribuzione degli elementi dipende dalla massa della stella; tuttavia in ogni caso a temperature $T \approx 3 \times 10^9$ K l'elemento più abbondante nelle zone interne è il silicio che subisce catture α che portano la composizione verso una struttura di nichel e ferro:

$$^{28}_{14}Si + ^{4}_{2}He \rightarrow ^{32}_{16}Si + \gamma \tag{13.51}$$

$$^{32}_{16}Si + ^{4}_{2}He \rightarrow ^{36}_{18}Ar + \gamma \tag{13.52}$$

$$.... \tag{13.53}$$

$$^{52}_{24}Cr + ^{4}_{2}He \rightarrow ^{56}_{28}Ni + \gamma. \tag{13.54}$$

I tempi scala per i successivi bruciamenti sono estremamente rapidi: per una stella di 20 $M_\odot$ la cui vita media sulla MS è di circa 10^7 anni, il bruciamento del carbonio nel nucleo dura 300 anni, quello dell'ossigeno 200 giorni, quello del silicio 2 giorni. L'inviluppo esteso rimane praticamente invariato con luminosità e temperatura effettiva nella regione delle giganti o supergiganti rosse. Con la formazione del nucleo di Fe^{56}, l'elemento con maggiore energia di legame per nucleone, si esaurisce la serie di reazioni termonucleari esoenergetiche; allo stesso tempo va notato che alla temperatura centrale $\approx 8 \times 10^9$ K la pressione dominante nel plasma stellare è data da fotoni γ con energie dell'ordine dei MeV. Tali fotoni possono quindi collidere con i nuclei con l'energia necessaria per disintegrarli; si verifica una *fotodisintegrazione* dei nuclei di ferro, un processo detto **transizione ferro-elio-neutroni**:

$$Fe^{56}_{27} + \gamma \rightarrow 13\,He^{4}_{2} + 4\,n \tag{13.55}$$

$$He^{4}_{2} + \gamma \rightarrow 2\,H^{1}_{1} + 2\,n.$$

Naturalmente l'assorbimento dei fotoni γ è endotermico e comporta un'improvvisa, catastrofica caduta di pressione e quindi un violento collasso del nucleo stellare verso configurazioni di sempre maggior densità che studieremo più avanti. A densità

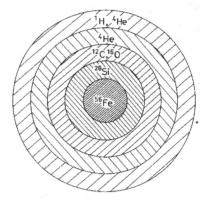

Fig. 13.18 Le shell nucleari di una stella di grande massa nella fase di gigante rossa

$\rho \approx 10^{10}$ g cm^{-3} l'equilibrio del decadimento β porta alla neutronizzazione con copiosa produzione di neutrini:

$$p^+ + e^- \rightarrow n + \nu_e . \tag{13.56}$$

I neutroni liberati secondo la (13.55) posseggono elevate energie e momenti che vengono depositati nell'inviluppo esteso causandone l'espulsione. I neutrini hanno invece una sezione d'urto molto bassa per cui in parte possono sfuggire dalla stella all'infinito.

Questo processo fu inizialmente proposto da Baade e Zwicki nel 1934 per spiegare le osservazioni di *supernove* e quindi calcolato con simulazioni numeriche pionieristiche da Colgate nel 1966. Tuttavia rimane difficile da trattare in tutti i suoi dettagli a causa dei tempi dinamici molto brevi e dell'elevata nonlinearità del sistema fisico. In particolare a tutt'oggi le simulazioni non hanno riprodotto in modo chiaro la fase di arresto del collasso con successiva esplosione.

13.6 Evoluzione post-MS, $M \leq 2M_\odot$

La fase di avvicinamento all'esaurimento dell'idrogeno prodotta dalla catena $p - p$ nel nucleo di stelle di piccola massa segue l'andamento generale dell'evoluzione di stelle di massa maggiore, ma con l'importante differenza che il trasporto è radiativo e quindi senza rimescolamento che porti nuovo idrogeno nel nucleo. Il nucleo si contrae leggermente in condizioni di quasi-equilibrio per sopperire alle perdite radiative e si innesca il bruciamento termonucleare nella shell circumnucleare con una produzione di luminosità anche maggiore che nella fase di bruciamento nel nucleo. In Fig. 13.19 è riportata la struttura della stella di $1M_\odot$ in questa fase, da cui si nota come la luminosità sia prodotta all'esterno del nucleo di elio, in una shell di alta densità. Come nel caso delle stelle di grande massa il nucleo diventa isotermo.

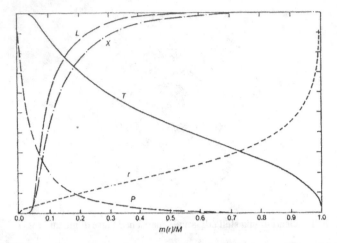

Fig. 13.19 Struttura di una stella di $1M_\odot$ al distacco dalla MS. Le grandezze fisiche sono date in funzione della frazione di massa $m(r)/M$; hanno valore zero alla base dell'ordinata, mentre i valori massimi sono: $r = 1.27R_\odot$, $P_c = 1.32 \times 10^{18}$ dyn cm^{-2}, $T_c = 1.91 \times 10^7$ K, $L = 2.13L_\odot$, $X_H = 0.708$. Il raggio totale è $R = 1.353R_\odot$ e la densità centrale 1026.0 g cm^{-3}

Il punto rappresentativo della stella nel diagramma HR (Fig. 13.12) si sposta verso l'alto a sinistra lungo la linea della sequenza principale (aumento della luminosità e della temperatura), poi piega verso temperature effettive inferiori perché l'elevata opacità impedisce che tutta la luminosità prodotta venga trasmessa e parte di essa viene usata in lavoro di lenta espansione dell'inviluppo. Questa parte della traccia evolutiva che si sposta verso il rosso del diagramma HR viene indicata come **subgiant branch** (SGB, ramo delle subgiganti). La sua caratteristica essenziale è quella di far crescere la massa del nucleo di elio ad opera dell'attività della shell (Fig. 13.20).

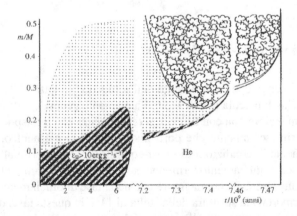

Fig. 13.20 Evoluzione della struttura interna di una stella di $1.3M_\odot$ nella fase post-MS. Zone di trasporto convettivo sono mostrate con ricciolini, zone con bruciamento termonucleare H → He con tratteggi spessi, zone di bruciamenti parziali con puntini

13.6.1 Il flash dell'elio nel nucleo

Le stelle di massa di tipo solare raggiungono in questa fase il limite di Schönberg-Chandrasekhar ed iniziano una fase di collasso. Ciò rende più efficiente il bruciamento della shell di idrogeno che produce un'espansione rapida dell'inviluppo. La stella diventa una gigante al limite di Hayashi e cresce in luminosità a T_{eff} quasi costante lungo il ramo delle giganti rosse (RGB), sempre a spese del bruciamento della shell di idrogeno. Con la crescita della densità e della temperatura la stella tende verso le condizioni per l'innesco del bruciamento dell'elio nel nucleo ($T \approx 2 \times 10^8$ K, $\rho \approx 10^4$ g cm-3).

Tuttavia i nuclei di stelle di queste masse, a differenza di quelle di massa maggiore, al limite superiore del ramo RGB diventano elettronicamente degeneri con struttura isoterma per l'alta conduttività: la dinamica del collasso risulta dominata dalla pressione di degenerazione che dipende molto debolmente dalla temperatura. La temperatura cresce portando all'innesco del bruciamento dell'elio su tutto il nucleo, il che produce un aumento del riscaldamento del nucleo che tuttavia non si espande perché la pressione del gas degenere non cambia con la temperatura. Il bruciamento dell'elio procede a ritmo sempre più rapido e produce l'energia necessaria per eliminare la degenerazione. Quando ciò avviene la produzione di energia da parte della reazione 3α è molto elevata a causa della forte dipendenza dalla temperatura: si produce un improvviso rilascio di energia, chiamato **core helium flash** in cui il nucleo si espande violentemente, sia pure per un tempo brevissimo. L'energia liberata viene assorbita negli strati esterni dell'inviluppo eventualmente causando anche perdite di massa. Tuttavia la stella non viene distrutta, perché la luminosità immediatamente dopo il flash diminuisce e l'inviluppo torna a contrarsi. Si possono pertanto verificare vari successivi flash, ciascuno di essi causando una perdita di massa.

13.6.2 Nebulose planetarie e nane bianche

I nuclei delle stelle di piccola massa, dopo il core helium flash, si portano in una nuova condizione di equilibrio in cui l'elio brucia in condizioni non degeneri. La traccia evolutiva continua lungo il ramo asintotico AGB fino all'esaurimento dell'elio. A quel punto la stella ha due shell attive, una di idrogeno e una di elio e segue lo stesso schema evolutivo delle stelle più massive, in particolare si producono venti molto intensi (*superwind*) con perdite fino a $\sim 10^{-4} M_\odot$ anno^{-1}. Come abbiamo visto per le stelle di grande massa, la struttura è instabile per l'intrecciarsi dell'attività delle due shell e si giunge alla fase di helium shell flash (Fig. 13.21). Dopo una decina di pulsazioni la stella espelle l'inviluppo che interagendo con il superwind produce la struttura a shell luminosa delle **nebulose planetarie** (Fig. 13.22). Il resto della stella diventa una nana bianca con composizione chimica di carbonio-ossigeno. La traccia evolutiva di una stella di $0.6 M_\odot$ è riportata in Fig. 13.23. Il tratto E-AGB rappresenta l'evoluzione sul ramo asintotico precedentemente ai flash

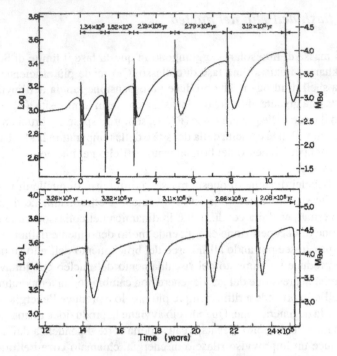

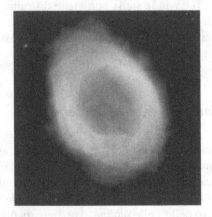

Fig. 13.21 Luminosità di una stella di $0.6M_\odot$ durante la fase di helium shell flash

Fig. 13.22 La Nebulosa ad Anello, nebulosa planetaria

dell'elio. Successivamente sono indicati i punti di sviluppo dei flash da 2 a 10. Al termine di tale fase la stella espelle l'inviluppo per formare una nebulosa planetaria. Il nucleo segue una traccia a luminosità costante verso le alte temperature sostenuta dal bruciamento della shell di elio. Al punto 11 la stella espelle l'ultimo resto di inviluppo e diventa una nana bianca.

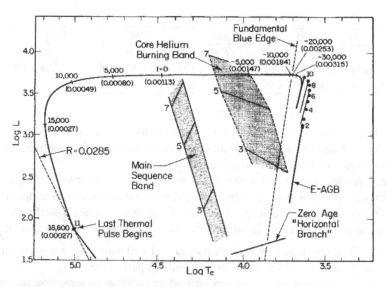

Fig. 13.23 Fasi evolutive avanzate di una stella di 0.6 $M_\odot$. I numeri interi lungo la traccia indicano la fase di episodi di flash dell'elio. Sono inoltre indicati i tempi evolutivi e tra parentesi la quantità di idrogeno nella shell con bruciamento termonucleare [2]

Va ricordato che anche stelle nell'intervallo di massa $2M_\odot < M < 8M_\odot$ possono seguire quest'evoluzione con la formazione di nebulosa planetaria e residua nana bianca, quando nella fase di helium shell flash subiscano consistenti perdite di massa che ne portino il nucleo al di sotto del limite di Chandrasekhar.

Stelle di massa $\leq 0.26 M_\odot$ non raggiungono mai la condizione di bruciamento dell'elio e diventano direttamente nane bianche dopo una fase di contrazione che le porta allo stadio di degenerazione. Vedremo più avanti quale sia la struttura delle nane bianche e quale ruolo giochino nell'evoluzione della Galassia.

13.7 Le fasi terminali dell'evoluzione stellare

Discutiamo ora la storia delle fasi terminali della vita delle stelle. In Tab. 13.4 sono riportati i tempi scala evolutivi calcolati per le principali fasi di allontanamento dalla MS; va notato che le successive fasi termonucleari, intervallate da contrazioni di quasi-equilibrio, sono di durata progressivamente minore.

Le fasi terminali dell'evoluzione stellare comportano processi di rapida contrazione gravitazionale e/o espulsione di massa ove la dinamica domina la scena, inclusa la produzione di onde gravitazionali. Nel caso delle stelle di piccola massa abbiamo già discusso che l'instabilità della shell di elio porta all'espulsione dell'inviluppo e allo stadio di nebulosa planetaria e nana bianca. Nel caso di stelle di grande massa il fattore determinante nell'evoluzione finale in condizioni di elevate temperature è

Tabella 13.4 Tempi scala di fasi evolutive post-sequenza principale (in anni)

Fase	$15M_\odot$	$5M_\odot$	$3M_\odot$	$1M_\odot$
esaurimento H	1.05×10^7	6.82×10^7	2.39×10^8	9.71×10^9
shell H	1.19×10^7	7.08×10^7	2.53×10^8	1.08×10^{10}
bruciamento He	1.21×10^7	8.78×10^7	3.26×10^8	-

legato alla produzione di coppie $e^+ - e^-$ in condizioni di elevate temperature dalla cui annichilazione si possono originare cospicui flussi di neutrini e antineutrini che raffreddano istantaneamente le zone interne delle stelle.

La rappresentazione dell'insieme di tali eventi è molto complessa, in quanto la combinazione della dinamica con processi fisici in condizioni di alta temperatura e densità richiede l'uso di tecniche numeriche di alta prestazione e l'analisi di situazioni fisiche non riproducibili in laboratorio. Lo schema generale è il seguente:

- le stelle di piccola massa evolvono verso lo stadio di nana bianca, ove rimangono a raffreddarsi su tempi scala dell'ordine dell'età dell'universo;
- le stelle di grande massa vanno incontro ad un collasso violento con successiva espulsione dell'inviluppo o anche di tutta la massa stellare; si tratta dell'evento osservato come supernova; il risultato finale è un'esplosione globale oppure l'espulsione di massa che lascia come resto stelle di neutroni o buchi neri.

Nella Tab. 13.5 si riporta lo schema che collega la massa stellare originaria con il risultato dell'evoluzione. Va ricordato che i valori numerici sono da prendere come indicativi, in quanto con lo sviluppo delle tecniche per esaminare i dettagli della dinamica potranno ancora subire modifiche sostanziali.

Tabella 13.5 Risultati dell'evoluzione stellare per masse diverse; $M_{shell}=$ limite inferiore della massa instabile per effetto della shell di He; altre masse indicano stime delle varie shell nelle fasi finali; SN = supernova, NS = stella di neutroni, WD = nana bianca

M_{tot}	M_{He}	M_{CO}	M_{Si}	M_{Fe}	Processo	Evento finale
$125 \div 110$	64	60	-	-	$O^{16} + O^{16}$	SN senza residuo
$80 \div 70$	32	27	-	3	$Fe^{56} \to He^4$	SN con BH
$40 \div 30$	16	12	-	2	$Fe^{56} \to He^4$	SN con BH
$25 \div 20$	8	5	-	1.7	$Fe^{56} \to He^4$	SN con NS
$15 \div 8$	4	1.7	1.4	-	$Fe^{56} \to He^4$	SN con NS
$8 \div M_{shell}$	1.4	1.4	-	-	$C^{12} + O^{16}$	SN con/senza NS
$\leq M_{shell}$	1	-	-	-	He shell	WD

13.7.1 Collasso finale delle stelle di grande massa

In Fig. 13.24 la storia evolutiva di densità e temperatura del centro di una stella di $25\,M_\odot$ fa comprendere come i processi fisici coinvolti siano altamente energetici

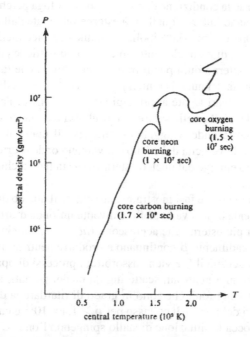

Fig. 13.24 Evoluzione di temperatura e densità centrale di una stella di $25M_\odot$ nelle fasi terminali

e rapidi. La stella giunge a questa fase con un nucleo di carbonio-ossigeno di circa $5M_\odot$. Successive catture α portano la stella verso la "struttura a cipolla con la zona più interna di $1.7M_\odot$ di Fe^{56}. Infine a temperature $T \approx 8 \times 10^9$ K i processi di fotodisintegrazione trasformano il nucleo stellare in un insieme di protoni, neutroni, elettroni attraverso il processo violentemente endotermico della transizione ferro-elio-neutroni. Date le alte densità raggiunte, $\rho \approx 10^{10}$ g cm^{-3}, si verifica anche lo spostamento dell'equilibrio del decadimento β verso la neutronizzazione con catture di elettroni da parte dei protoni:

$$p^+ + e^- \rightarrow n + \nu_e \,. \tag{13.57}$$

La scomparsa degli elettroni impedisce a questi nuclei di raggiungere un equilibrio idrostatico ad opera della pressione di degenerazione elettronica allo stadio di nana bianca come nelle stelle di piccola massa. Inoltre i neutrini possono sfuggire dal nucleo della stella con un flusso di energia molto superiore a quello di fotoni: $\mathscr{L}_\nu > 10^{45}$ erg s$^{-1} \gg \mathscr{L}_{fot} \approx 10^{38} \div 10^{39}$ erg s^{-1}.

La diminuzione della pressione del nucleo comporta un indice adiabatico del gas $\Gamma < 4/3$, per cui il nucleo diventa dinamicamente instabile ed inizia un collasso molto rapido, praticamente in caduta libera. Inizialmente si tratta di un collasso omologo a velocità di caduta proporzionale alla distanza dal centro; ma la velocità di caduta delle zone esterne raggiunge ad un certo punto la velocità del suono locale.

Conseguentemente si perde la condizione di contrazione omologa perché le parti più interne del nucleo si lasciano indietro quelle più esterne rallentate dalla formazione di onde d'urto. L'inviluppo esterno (la "cipolla") rimane completamente isolato da questo processo, sospeso su di un nucleo interno che non lo sostiene più.

Il collasso del nucleo interno dura pochi millisecondi fino a che la densità raggiunge il valore delle densità dei nuclei atomici $\rho \approx 8 \times 10^{14}$ g cm^{-3}, dove intervengono le forze repulsive nucleari legate al principio di esclusione di Pauli applicato al gas di neutroni. Il nucleo della stella si blocca e rimbalza mandando onde di pressione verso l'esterno: queste onde, viaggiando attraverso il materiale a più bassa temperatura, raggiungono la velocità del suono e diventano onde d'urto. In circa 20 millisecondi l'onda d'urto emerge dal nucleo esterno: questa fase si chiama **prompt hydrodynamic explosion**.

I calcoli idrodinamici di queste fasi mostrano però che se il nucleo di ferro è molto grande ($\geq 1.2 M_\odot$) l'onda d'urto va in stallo e diventa un'onda d'urto stazionaria con materiale delle parti più esterne che accrescono (*accretion shock*). Tuttavia all'interno i processi di decadimento β continuano a produrre neutrini: il 95% di essi sfuggono, ma data l'alta densità il 5% viene assorbito; i processi di opacità rilevanti sono scattering su protoni e neutroni, scattering da nuclei pesanti, assorbimento da nucleoni, scattering su elettroni, che sono in grado di ritardare la diffusione dei neutrini a tempi maggiori del tempo di collasso per $\rho \geq 1.4 \times 10^{11}$ g cm^{-3}. L'assorbimento dei neutrini sblocca la situazione di stallo spingendo l'onda d'urto verso la superficie. Si parla di un processo di **delayed explosion**.

Il nucleo ad alta densità riesce a raggiungere un equilibrio idrostatico formando una stella di neutroni nel caso di stelle $M < 25 M_\odot$ che sviluppano nuclei $\leq 1.2 M_\odot$; oppure viene inghiottito in un buco nero nel caso di stelle $M > 25 M_\odot$ che sviluppano nuclei $\geq 1.2 M_\odot$. In ambedue i casi il processo di collasso genera un fantastico flusso di neutrini, corrispondente ad un'energia totale fino a 3×10^{53} ergs.

L'onda d'urto continua invece a propagarsi attraverso il nucleo esterno e l'inviluppo espellendo il materiale con un'energia cinetica totale di circa 10^{51} erg, circa l'1% di quanto liberato in neutrini. Quando questo materiale si è sufficientemente espanso, tipicamente ad un raggio di 10^{15} cm, diventa otticamente trasparente e quindi ne risulta un rilascio nella banda ottica pari a circa 10^{49} erg con un picco di potenza di 10^{43} erg s^{-1}, cioè $10^9 \mathcal{L}_\odot$, quasi la luminosità dell'intera Galassia.

Si calcola infine che stelle di massa molto grande, verso il limite di instabilità $\geq 80 M_\odot$, giungono alle ultime fasi evolutive con temperature molto elevate, per cui i loro nuclei non diventano mai degeneri e nel contempo il bruciamento di carbonio e ossigeno avviene in maniera esplosiva, dando origine ad un fenomeno di supernova senza alcun residuo.

13.7.2 Supernove di Tipo II

La serie di eventi ora discussi per le fasi terminali dell'evoluzione di stelle massive, oltre le $8 M_\odot$, appaiono in grado di interpretare la fenomenologia delle **supernove**

di Tipo II (discussa nel § 11.3.3). Sono eventi in cui la luminosità stellare cresce in pochi giorni fino ad una magnitudine bolometrica assoluta di circa -18, per poi decrescere più lentamente con una variazione di $6-8$ magnitudini all'anno. Il loro spettro è ricco in righe di idrogeno ed elementi pesanti ed inoltre mostra il caratteristico profilo P Cygni che indica una rapida espansione. Supernove di Tipo II sono state la SN1054 (Crab Nebula) e la SN1987A nella Grande Nube di Magellano.

Abbiamo visto che esistono due classi di supernove di Tipo II con due distinte curve di luce come mostrato in Fig. 12.15, leTipo II-L (lineari) e Tipo II-P (plateau); la prima classe ha una caduta lineare, la seconda mostra un plateau che dura tra il $30°$ e l'$80°$ giorno circa dopo il massimo.

L'origine del plateau nelle Tipo II-P è interpretato come effetto di riscaldamento dell'inviluppo otticamente spesso della shell in espansione per il decadimento radioattivo di una gran quantità di nichel $^{56}_{28}Ni$ prodotto dall'onda d'urto nella sua marcia attraverso la stella. Il tempo di dimezzamento del $^{56}_{28}Ni$ è $\tau_{1/2} = 6.1$ giorni:

$$^{56}_{28}Ni \rightarrow ^{56}_{27}Co + e^+ + \nu_e + \gamma \tag{13.58}$$

cui segue il decadimento del cobalto con tempo di dimezzamento di 77.7 giorni:

$$^{56}_{27}Co \rightarrow ^{56}_{26}Fe + e^+ + \nu_e + \gamma . \tag{13.59}$$

Altri elementi radioattivi che possono anche contribuire a rallentare il decadimento della curva di luce sono il $^{57}_{27}Co(\tau_{1/2} = 271$ giorni), il $^{22}_{11}Na$ ($\tau_{1/2} = 2.6$ anni) e il $^{44}_{22}Ti$ ($\tau_{1/2} = 47$ anni).

I decadimenti radioattivi sono processi statistici per cui il tasso di decadimento è proporzionale al numero di nuclei presenti:

$$\frac{dN}{dt} = -\lambda N$$
$$N = N_0 e^{-\lambda t} \tag{13.60}$$

dove

$$\tau_{1/2} = \frac{\ln 2}{\lambda} \tag{13.61}$$

è il tempo di dimezzamento. Poiché il tasso di deposizione di energia nella shell di supernova dev'essere proporzionale a dN/dt l'andamento del decadimento di luminosità bolometrica dovuta al riscaldamento radioattivo risulta:

$$\frac{d\log_{10}\mathcal{L}}{dt} = -0.626 \frac{1}{\tau_{1/2}} . \tag{13.62}$$

Pertanto dalla pendenza della curva di luminosità è possibile determinare la presenza dei vari isotopi di elementi radioattivi. In Fig. 13.25 sono riportati i calcoli relativi allo studio della curva di luce della supernova 1987A.

Nel § 7.2.4 sono state studiate le fasi di espansione del materiale espulso dalla esplosione supernova a velocità $V_{ej} \approx 10^4$ km s^{-1} nel mezzo circumstellare; essendo

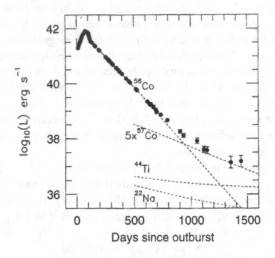

Fig. 13.25 Interpretazione teorica del plateau della curva di luce della SN 1987A in base al decadimento di isotopi radioattivi

la velocità supersonica rispetto al mezzo esterno ($c_s \approx 10$ km s^{-1}) si forma un'onda d'urto. Inizialmente l'onda d'urto segue un processo di espansione libera fin tanto che la massa del materiale espulso è molto maggiore della massa raccolta; l'energia iniettata nel mezzo è $E \approx (1/2) M_{ej} V_{ej}^2 \approx 10^{51}$ erg e quindi le tipiche temperature raggiunte dagli elettroni riscaldati dall'onda d'urto sono $kT_e \approx (1/2) m_e V_{ej}^2 \approx 10^7$ K, per cui emettono nella banda dei raggi X. Questa fase dura alcune centinaia di anni finché la massa del materiale del mezzo esterno raccolto diventa paragonabile alla massa del materiale espulso dall'esplosione. Assumendo infatti che la massa espulsa sia $M_{ej} \approx 5 - 10 M_\odot$ e che la densità del mezzo interstellare sia $\rho \approx 10^{-24}$ g cm^{-3}, si calcola:

$$\frac{4}{3} \pi R_{shock}^3 \rho \approx M_{ej} \qquad (13.63)$$

per

$$t_1 = R_{shock}/V_{ej} \approx 300 - 1000 \text{ anni} . \qquad (13.64)$$

A questa età la shell di supernova entra nella fase di Sedov calcolata nel § 7.2.4 in cui l'espansione continua ad energia costante in quanto le perdite per irraggiamento sono ancora trascurabili:

$$R_{shock} \propto t^{2/5} \qquad V_{ej} \propto t^{-3/5} . \qquad (13.65)$$

Poiché la massa aumenta deve aumentare l'impulso $P = 2ME$; la pressione all'interno della sfera in espansione è elevata per l'elevata temperatura prodotta dall'onda d'urto e sono appunto le forze di pressione che forniscono questo addizionale impulso. Tuttavia la velocità di espansione stessa inizia a diminuire per la formazione di un'onda di pressione (*reverse shock*) che si propaga attraverso il materiale in espansione verso il centro dell'esplosione. Il rallentamento dell'espansione determina anche una diminuzione della temperatura della shell sotto i 10^6 K, e la radiazione di bremsstrahlung diventa più efficiente giungendo ad intaccare l'energia del sistema. Ciò avviene a circa 10^5 anni come già calcolato.

La terza fase dell'espansione della shell di supernova procede non più a energia costante, ma a impulso costante:

$$MV_{shock} = \frac{4}{3}\pi R_{shock}^3 \rho V_{shock} = P_0 \qquad (13.66)$$

che con $V_{shock} = R_{shock}/t$ fornisce la seguente legge di espansione:

$$R_{shock} \propto t^{1/4} \qquad V_{ej} \propto t^{-3/4} . \qquad (13.67)$$

Questa fase può durare oltre i 10^5 anni, mantenendo temperature intorno ai 10^5 K, corrispondenti ad emissione nell'ultravioletto. Tuttavia l'onda d'urto, come mostrato nel Capitolo 10, è in grado di creare una componente di elettroni sopratermici che emettono radiazione sincrotrone, sia in questa fase, sia nella fase di Sedov. I resti di supernova osservati sono in genere nella fase di Sedov, per cui ancora osserviamo emissione di raggi X e di radiazione sincrotrone. Infine notiamo che l'onda d'urto può anche accelerare ioni della shell in espansione producendo una componente di raggi cosmici nella regione dei $10^{15} - 10^{17}$ eV.

13.7.3 Gamma-Ray-Burst (GRB)

Mentre le esplosioni di supernova studiate precedentemente sono essenzialmente trattate con equazioni newtoniane perché $E \ll Mc^2$, le osservazioni dei GRB a lunga durata, precedentemente discussi dal punto di vista fenomenologico come **collapsar** nel § 11.3.5, appaiono indicare l'esistenza di esplosioni in condizioni relativistiche con $E \gg Mc^2$. Un'esplosione di questo tipo prende il nome di **fireball** o *palla di fuoco* [2]. Studiamo il caso di un rilascio di energia di $E \approx 10^{51}$ erg in un volume di raggio $r_0 \approx 10$ km, corrispondente a una densità di energia in grado di creare un plasma non trasparente di materia e radiazione. Se ci fossero solo protoni la temperatura tipica di questo sistema sarebbe $T \approx E/Nk \approx Em_p/Mk \gg m_p c^2/k \approx 10^{12}$ K; invece in condizioni di equilibrio termodinamico sono presenti i fotoni che fissano la temperatura a $T_0 \approx (E/ar_0^3)^{1/4} \approx 10^9$ K. Infatti, dalla sezione d'urto Compton si calcola una grande profondità ottica per cui protoni, elettroni, positroni e fotoni sono fortemente accoppiati e termalizzati alla suddetta temperatura:

$$\tau_{IC} \approx n_e \sigma_T r_0 \gg 1 . \qquad (13.68)$$

L'accoppiamento comporta quindi che l'equazione di stato del sistema sia dominata dalla radiazione $p = e/3$ dove $e = aT^4$ rappresenta la densità di energia della radiazione. È possibile derivare una soluzione approssimata dell'espansione di questo plasma considerando trascurabili gli effetti della gravità e delle perdite radiative; in tal caso i flussi di massa, quantità di moto ed energia si conservano, il che si può scrivere in condizioni relativistiche e in simmetria sferica:

$$r^2 n \gamma v = \text{costante}$$

$$r^2 e^{3/4} \gamma v = \text{costante} \tag{13.69}$$

$$r^2 \left(\frac{1}{3} n m_p + \frac{4}{3} e \right) \gamma^2 v^2 = \text{costante}$$

dove γ è il fattore di Lorentz del moto di espansione; inizialmente $n m_p \ll e$ e rapidamente si passa a $v \to c$ per cui si ricava:

$$\gamma \propto r \quad\quad n \propto r^{-3} \quad\quad e \propto r^{-4} \quad\quad T \propto r^{-1} \propto \gamma^{-1} . \tag{13.70}$$

Poiché la temperatura misurata dall'osservatore deve essere corretta per effetto Doppler, si ha $T_{oss} = T\gamma = T_0 \lambda = \text{costante}$. Il processo risulta in una trasformazione di energia interna in energia cinetica di espansione. Il decrescere della densità di energia della radiazione risulta più rapido di quello della materia, per cui si avrà una transizione alla fase $n m_p \gg e$ nella quale l'evoluzione del sistema diventa quella di un plasma in espansione libera:

$$\gamma = \text{costante} \quad\quad n \propto r^{-2} \quad\quad e \propto r^{-8/3} \quad\quad T \propto r^{-2/3} \tag{13.71}$$

e quindi T_{oss} decresce. Il valore massimo che il fattore di espansione può raggiungere risulta quindi quello che corrisponde alla transizione tra i due regimi, cioè al momento in cui i fotoni cessano di esercitare pressione sul fluido. Ciò si verifica quando il fireball diventa trasparente. Si calcola che se sono le coppie elettrone-positrone prodotte dai fotoni a determinare l'opacità, esse scompaiono del tutto a $kT_c \approx 15$ keV che, usando la (13.70), corrisponde ad un raggio $r_c = r_0(T_0/T_c)$ e quindi ad un fattore di Lorentz:

$$\gamma_c = \frac{r_c}{r_0} = \frac{T_0}{T_c} = 2400 \left(\frac{E}{10^{51}\text{erg}} \right)^{1/4} \left(\frac{10^6 \text{cm}}{r_0} \right)^{3/4} . \tag{13.72}$$

Se invece esiste una significativa popolazione di barioni e degli elettroni ad essi connessi per la neutralità di carica, la condizione di trasparenza va calcolata appunto sulla base di tale popolazione. La profondità ottica è:

$$\tau = n_e \sigma_T r = n_p \sigma_T r = n_0 \frac{r_0^3}{r^2} \sigma_T = \frac{3M}{4\pi m_p r_0^3} \frac{r_0^3}{r^2} \sigma_T \tag{13.73}$$

e risulta eguale all'unità per:

$$r_b = \left(\frac{3E\sigma_T}{4\pi m_p c^2 \eta} \right)^{1/2} \tag{13.74}$$

dove $\eta = E/Mc^2$. Perché la pressione dei fotoni possa portare ad espansione del fireball con $\gamma > \gamma_c$ occorre che $r_b > r_c$ e quindi:

$$\eta < \eta_c = \frac{3E\sigma_T}{4\pi m_p c^2 r_0^2 \gamma_c^2} = 6.3 \times 10^9 \left(\frac{E}{10^{51} \text{erg}}\right)^{1/2} \left(\frac{10^6 \text{cm}}{r_0}\right)^{1/2} \qquad (13.75)$$

che corrisponde a:

$$\gamma_b = \frac{r_b}{r_0} \qquad (13.76)$$

purché effettivamente l'energia del fireball non si esaurisca prima di tale distanza. In effetti va tenuto presente che esiste un limite superiore al fattore di Lorentz del fireball dato da:

$$\gamma_{\text{max}} = \eta \qquad (13.77)$$

nel qual caso tutta l'energia del fireball è trasformata in energia cinetica. Ponendo

$$\gamma_{\text{max}} = \frac{r_{\text{max}}}{r_0} \qquad (13.78)$$

si ricava che $r_b < r_{\text{max}}$ per

$$\eta > \eta_b = \left(\frac{3E\sigma_T}{4\pi m_p c^2 r_0^2}\right)^{1/3} = 3.3 \times 10^5 \left(\frac{E}{10^{51} \text{erg}}\right)^{1/3} \left(\frac{10^6 \text{cm}}{r_0}\right)^{2/3}. \qquad (13.79)$$

Esistono pertanto tre possibili valori del fattore di Lorentz del fireball al termine di questa prima fase a seconda della sua energia totale:

- $\gamma = \gamma_c$, se $\eta > \eta_c$, quando cioè gli elettroni associati alla componente barionica non sono sufficienti a mantenere l'opacità oltre la fase di annichilazione delle coppie elettrone-positrone;
- $\gamma = \gamma_b$, se $\eta_b < \eta < \eta_c$, quando cioè il fireball rimane opaco grazie alla componente barionica oltre la fase di annichilazione delle coppie elettrone-positrone, ma diventa trasparente prima di esaurire tutta la sua energia;
- $\gamma = \gamma_{\text{max}}$, se $\eta < \eta_b$, quando cioè l'energia totale del fireball viene esaurita prima che il fireball diventi trasparente.

Esaurita la spinta dei fotoni il fireball entra nella fase (13.71) in cui procede a fattore di Lorentz costante. Tuttavia questa espansione libera termina quando, come già visto nel caso newtoniano delle supernove, la massa di materiale raccolto M_s nell'attraversamento del mezzo esterno diventa significativa. Si deve qui tener conto delle correzioni relativistiche; nel riferimento dell'onda d'urto alla superficie del fireball l'impulso ricevuto dalla massa raccolta è $\gamma M_s v \approx \gamma M_s$ e quindi determina una velocità di rinculo $\gamma M_s/(M_s + M)$ che diventa importante quando $\gamma M_s \approx M$. Si tratta di una condizione meno restrittiva del caso newtoniano, cioè il fireball esce dalla fase di espansione libera prima che nel caso newtoniano. Nelle onde d'urto relativistiche si dimostra che la densità di energia di materia che passa attraverso il fronte d'urto è aumentata di $\approx \gamma^2 m_p c^2$, per cui $E_s \approx M_s \gamma^2 c^2$. Tutta l'energia diventa rapidamente concentrata nella materia raccolta, per cui $E \approx \rho R_s^3 \gamma^2 c^2$ (ρ è la densità del mezzo spazzato, R_s il raggio dell'onda d'urto). Se il sistema non irraggia efficientemente l'energia rimane costante e quindi:

$$\gamma \propto \left(\frac{E}{\rho} \right)^{1/2} R_s^{-3/2} . \tag{13.80}$$

Successivamente il fattore di Lorentz decresce vero l'unità e si torna ad una fase alla Sedov.

Nell'interpretazione dei GRB questo schema permette di individuare l'emissione alle alte energie come effetto della formazione di onde d'urto interne in un fireball collimato; queste onde interne sono dovute ad irregolarità nella densità del flusso che si amplificano in discontinuità per le diverse velocità di propagazione. Alle onde d'urto si hanno processi di accelerazione di particelle (vedi Capitolo 10) intensificati dai fattori di Lorentz di moto globale che possono raggiungere valori $\gamma \gg 10^2$. Elettroni possono quindi dare origine a emissione sincrotrone e Compton inverso fino alle bande dei raggi X e gamma.

Riferimenti bibliografici

1. M. Schwarzschild – *Structure and Evolution of the Stars*, Princeton University Press, 1958
2. B.W. Carroll, D.A. Ostlie – *An Introduction to Modern Astrophysics*, Addison-Wesley Publ. Co. Inc., 1996
3. H. Karttunen, P. Kröger, H. Oja, M. Poutanen, K.J. Donner – *Fundamental Astronomy*, Springer, 1994
4. A. Braccesi – *Dalle Stelle all'Universo*, Zanichelli, 2000
5. A. Masani – *Astrofisica*, Editori Riuniti, 1984
6. L.H. Aller – *Atoms, Stars and Nebulae*, Cambridge University Press, 1991
7. R. Kippenhahn, A. Weigert – *Stellar Structure and Evolution*, Springer, 1990

14

Stati finali dell'evoluzione stellare

14.1 Gli stati finali dell'evoluzione stellare

Gli oggetti compatti, stelle nane bianche, stelle di neutroni, buchi neri, che abbiamo incontrato come risultati delle fasi finali dell'evoluzione stellare, si distinguono dagli oggetti "normali" sia dal punto di vista strutturale macroscopico sia da quello della microfisica che ne determina l'equazione di stato [1]:

- non sono energeticamente sostenuti da reazioni di bruciamento termonucleare e quindi si contraggono gravitazionalmente verso configurazioni a piccoli raggi ed alte densità;
- la loro condizioni di temperatura e densità corrispondono alle equazioni di stato dei gas degeneri;
- la loro fisica è determinata non solo dalle interazioni gravitazionale ed elettromagnetica, ma anche dalle interazioni debole e forte, e dalle caratteristiche delle forze nucleari;
- sono dominati dagli effetti di Relatività Generale nelle configurazioni che corrispondono a masse vicine o al di sotto dell'orizzonte degli eventi.

Nella Tab. 13.5 sono indicati, sulla base delle attuali conoscenze, i risultati ultimi dell'evoluzione di stelle in funzione della loro massa sulla MS. Si osserva che masse $\leq 4 M_{\odot}$ possono dare origine a nane bianche, mentre masse maggiori portano a stelle di neutroni o buchi neri. Sebbene la fase di oggetto compatto corrisponda ad un congelamento delle strutture su lunghi tempi scala, maggiori dell'età dell'Universo, è tuttavia possibile che, a causa di processi di scambi di massa in sistemi binari o di coalescenza in zone con alta densità stellare, nane bianche o stelle di neutroni possano collassare ed evolvere verso lo stadio di buchi neri. Ad esempio questi processi possono portare, al centro di ammassi globulari, alla formazione di buchi neri di grande massa.

Le caratteristiche principali dei tre tipi di oggetti compatti che ora studieremo sono riassunte in Tab. 14.1 e confrontate con quelle del Sole.

Ferrari A.: Stelle, galassie e universo. Fondamenti di astrofisica.
© Springer-Verlag Italia 2011

Tabella 14.1 Caratteristiche fisiche principali degli stati finali dell'evoluzione stellare

Oggetto	Massa	Raggio	Densità	Potenziale superficiale
(unità)	$(M_\odot)$	$(R_\odot)$	$(g\ cm^{-3})$	(GM/Rc^2)
Sole	1	1	1	10^{-6}
Nana bianca	≤ 1.5	10^{-2}	$\leq 10^7$	$\sim 10^{-4}$
Stella di neutroni	$1 \div 3$	10^{-5}	$\leq 10^{15}$	$\sim 10^{-1}$
Buco nero	arbitraria	$\sim 2GM/c^2$	$\sim M/R^3\, 1$	~ 1

14.1.1 Stelle degeneri

Lo studio degli oggetti compatti richiede una revisione della fisica da applicare in quelle situazioni. Si tratta infatti di adattare la microfisica, cioè la fisica locale, all'intervento di effetti quantistici che portano a nuove equazioni di stato, differenti in modo sostanziale dall'equazione dei gas perfetti. Analogamente occorre rivedere la macrofisica, cioè la fisica globale, per tener conto degli effetti di relatività speciale.

In questo paragrafo tratteremo le modifiche delle caratteristiche locali in modo di fornire gli strumenti indispensabili per la comprensione delle applicazioni astrofisiche.

Abbiamo già visto nello studio della struttura stellare quale sia l'equazione di stato per sistemi di fermioni degeneri di massa m:

$$P = \frac{1}{20} \left(\frac{3}{\pi}\right)^{2/3} \frac{h^2}{m} \left(\frac{\rho}{\mu m_H}\right)^{5/3} \tag{14.1}$$

$$= \frac{1}{8} \left(\frac{3}{\pi}\right)^{1/3} hc \left(\frac{\rho}{\mu m_H}\right)^{4/3}. \tag{14.2}$$

Nelle applicazioni astrofisiche avremo in genere a che fare con plasmi di elettroni, protoni (eventualmente nuclei atomici di massa maggiore) e neutroni. All'aumentare della densità gli elettroni raggiungono per primi il livello di degenerazione (dalla (12.18) $\rho \propto T\ m$). Si possono formare stelle degeneri elettronicamente per densità $\rho \geq 10^5\ g\ cm^{-3}$. Al crescere della densità anche protoni e neutroni possono diventare degeneri; tuttavia intervengono decadimenti β inverso che trasformano protoni in neutroni per catture elettroniche: pertanto le stelle più dense sono stelle di neutroni degeneri per $\rho \geq 10^{14}\ g\ cm^{-3}$. Il passaggio dal regime non-relativistico a quello relativistico avviene per elettroni ad una densità $\rho \approx 10^6\ g\ cm^{-3}$, mentre per il caso dei neutroni a $\rho \approx 10^{15}\ g\ cm^{-3}$.

Con queste equazioni di stato è possibile risolvere le equazioni per la struttura delle stelle degeneri nel caso relativistico e non-relativistico. Si tratta di modelli uniparametrici in cui l'equilibrio meccanico ed energetico sono disaccoppiati.

Per l'equilibrio meccanico valgono le seguenti equazioni:

$$\frac{1}{r^2}\frac{d}{dr}\left(\frac{r^2}{\rho}\frac{dP}{dr}\right) = -4\pi G\rho \tag{14.3}$$

$$P = K\rho^{\Gamma} \tag{14.4}$$

analoghe alle equazioni dei modelli politropici; va tuttavia notato che in questo caso la costante K non è una costante di integrazione, ma è definita dalle (14.1) - (14.2); analogamente l'esponente Γ non è legato al trasporto convettivo ma soltanto all'equazione di stato. Tuttavia, a parte questa importante precisazione, dal punto di vista matematico si possono usare le soluzioni di Lane-Emden e ottenere quindi le seguenti espressioni per le relazioni tra massa, raggio e densità centrale delle **stelle elettronicamente degeneri**:

• Caso non-relativistico $\Gamma = 5/3$

$$M = 0.4964 \left(\frac{\rho_c}{10^6 \text{gcm}^{-3}}\right)^{1/2} \left(\frac{\mu_e}{2}\right)^{-5/2} M_\odot$$

$$= 0.7011 \left(\frac{R}{10^4 \text{km}}\right)^{-3} \left(\frac{\mu_e}{2}\right)^{-5} M_\odot \tag{14.5}$$

$$R = 1.22 \times 10^4 \left(\frac{\rho_c}{10^6 \text{gcm}^{-3}}\right)^{-1/6} \left(\frac{\mu_e}{2}\right)^{-5/6} \text{km}. \tag{14.6}$$

• Caso relativistico $\Gamma = 4/3$

$$M = 1.457 \left(\frac{\mu_e}{2}\right)^{-2} M_\odot$$

$$R = 3.347 \times 10^4 \left(\frac{\rho_c}{10^6 \text{gcm}^{-3}}\right)^{-1/3} \left(\frac{\mu_e}{2}\right)^{-2/3} \text{km} \tag{14.7}$$

dove μ_e è il peso molecolare medio per elettrone: $1/\mu_e$ è il numero di elettroni per barione; ricordiamo che invece l'inverso del peso molecolare medio $1/\mu$ è il numero di particelle libere (elettroni e barioni) per barione.

Il risultato più importante del modello è che il valore della massa nel regime relativistico è indipendente dalla densità: poiché al crescere della densità si debbono utilizzare le formule relativistiche, questo valore diventa quindi un limite superiore per una struttura degenere stabile che è appunto chiamato **limite di Chandrasekhar** (1931).

Nel regime non-relativistico le (14.5) e (14.6) indicano che $M \propto R^{-3}$, cioè il valore del raggio decresce al crescere della massa, contrariamente al caso delle stelle normali. Infatti nelle stelle degeneri per contrastare una gravità maggiore occorre crescere la pressione, quindi la densità. Nelle stelle normali è invece utilizzato l'aumento di temperatura. Inoltre il raggio di una stella degenere decresce al crescere della densità, anche quando la massa non sia più in grado di crescere.

Nel caso di un sistema di neutroni degeneri si utilizzano le stesse espressioni per l'equazione di stato (14.1) - (14.2), dove però m è la massa del neutrone. I modelli di **stelle di neutroni degeneri** calcolati da Oppenheimer e Volkoff (1939) forniscono:

- Caso non-relativistico $\Gamma = 5/3$ (equilibrio idrostatico newtoniano)

$$M = 1.102 \left(\frac{\rho_c}{10^{15} \mathrm{g\,cm^{-3}}} \right)^{1/2} M_\odot \tag{14.8}$$

$$R = 14.64 \left(\frac{\rho_c}{10^{15} \mathrm{g\,cm^{-3}}} \right)^{-1/6} \mathrm{km} \,. \tag{14.9}$$

- Caso relativistico $\Gamma = 4/3$ (equilibrio idrostatico della relatività generale Eq. (6.35))

$$M = 0.7 M_\odot$$

$$R = 9.6 \left(\frac{\rho_c}{10^{15} \mathrm{g\,cm^{-3}}} \right)^{-1/3} \mathrm{km} \,. \tag{14.10}$$

Anche per una stella di neutroni degenere esiste un limite superiore di massa, sostanzialmente dell'ordine del limite di Chandrasekhar. Si comprende il significato di tale limite per stelle degeneri riferendosi a un sistema di N fermioni relativistici, elettroni o neutroni, contenuti in un volume di raggio R; si tenga tuttavia conto che per la neutralità della carica gli elettroni debbono essere accompagnati da un egual numero di protoni che sono peraltro la componente massiva del sistema soggetta alla forza gravitazionale. L'energia attrattiva gravitazionale per fermione ($E_g \approx -GMm_p/R = -GNm_p^2/R$) risulta inferiore all'energia di degenerazione ($E_F \approx \hbar c n^{1/3} \approx \hbar c N^{1/3}/R$) solo se

$$N \leq \left(\frac{\hbar c}{G m_p^2} \right)^{3/2} \approx 2 \times 10^{57} \tag{14.11}$$

che corrisponde appunto a circa $1.5 M_\odot$, indipendentemente dal fatto che si tratti di un gas di elettroni o neutroni degeneri. Per un maggior numero di fermioni la gravità prevale e il sistema collassa.

Un modello di stella elettronicamente degenere è riportato in Fig. 14.1. In realtà occorre tener presente che le equazioni di stato (14.1) – (14.2) valgono per completa degenerazione e per fermioni non-interagenti. Per completa degenerazione si intende il caso di temperatura tendente allo zero assoluto $T \to 0$ per cui la statistica di Fermi-Dirac:

$$f(E) = \frac{g}{h^3} \frac{N}{V} \frac{1}{e^{(E-E_F)/kT} + 1} \tag{14.12}$$

c si riduce al caso in cui tutti e soli gli stati sono occupati fino al livello di Fermi:

$$f(E) = \frac{g}{h^3} \frac{N}{V} \times \begin{cases} 1 & E \leq E_F \\ 0 & E > E_F \end{cases} \,. \tag{14.13}$$

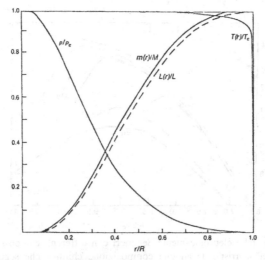

Fig. 14.1 Modello di stella elettronicamente degenere

Per temperature non nulle, ma sempre in regime di degenerazione, anche stati al di sopra del livello di Fermi possono essere occupati e l'equazione di stato risulta dipendente, sia pur debolmente, dalla temperatura. Ad alte temperature la distribuzione diventa quella di Maxwell-Boltzmann in cui l'energia media è definita dall'agitazione termica.

Inoltre nelle statistiche non si tiene conto dell'eventuale potenziale di interazione tra le particelle, che invece alle alte densità diventa importante per l'intervento delle forze elettromagnetiche, deboli e forti. In particolare le forze coulombiane, che intervengono per un gas di elettroni e ioni positivi, determinano che ad alte densità si debba formare una struttura a reticolo che rende più "dura" l'equazione di stato (teoria di Feynman, Metropolis e Teller):

$$P \propto \rho^{10/3} . \tag{14.14}$$

Questo effetto è da tener in conto a densità tra i 10^2 e i 10^4 g cm^{-3} e quindi nella struttura delle stelle elettronicamente degeneri non relativistiche.

Le interazioni deboli diventano importanti a densità oltre i 10^6 g cm^{-3} quando il decadimento β inverso neutronizza la materia:

$$p^+ + e^- \rightarrow n + \nu_e \tag{14.15}$$

riducendo il numero delle particelle che producono pressione. Si tratta di una transizione di fase in cui la densità può aumentare senza dare origine ad aumento di pressione.

Tenendo conto di questi effetti nell'equazione di stato con cui si costruiscono i modelli di stelle elettronicamente degeneri e utilizzando le composizioni chimiche che possono originarsi nei nuclei delle stelle che tendono verso la degenerazione

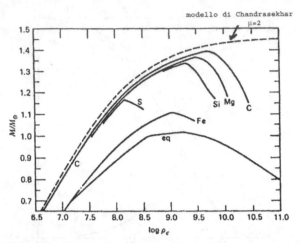

modello di Chandrasekhar
μ=2

Fig. 14.2 Modelli di stelle elettronicamente degeneri con differenti composizioni chimiche; la curva con indice "eq" corrisponde ad una composizione chimica che segue l'equilibrio del decadimento β al variare della densità

(puro elio, carbonio, ferro) o in generale quella corrispondente all'equilibrio del decadimento β si ottengono i modelli rappresentati in Fig. 14.2. La neutronizzazione agisce sui nuclei atomici spostando l'equilibrio β dal Fe^{56} a nuclei più ricchi di neutroni: Ni^{64} a $\rho \approx 10^9$ g cm^{-3}, Zn^{80} a $\rho \approx 5 \times 10^{10}$ g cm^{-3}, Kr^{118} a $\rho \approx 5 \times 10^{11}$ g cm^{-3}. Infine a densità $\rho \approx 5 \times 10^{11}$ g cm^{-3} i neutroni iniziano a "sgocciolare" dai nuclei (*neutron drip*) e il plasma diventa un gas di puri neutroni, con una piccola abbondanza di protoni ed elettroni. Le distanze fra particelle sono tali ormai da far intervenire le forze nucleari. Le interazioni forti hanno componenti attrattiva e repulsiva, che rendono il plasma molto più "duro", nel senso che la pressione raggiunge valori di un fattore 10 maggiori di quanto predetto dalla statistica dei fermioni non interagenti.

In Fig. 14.3 e 14.4 sono dati graficamente gli andamenti delle equazioni stato nell'intervallo di densità fino a circa $\rho \approx 5 \times 10^{15}$ g cm^{-3}. Va tuttavia precisato che la nostra conoscenza delle caratteristiche delle forze nucleari in sistemi a molti corpi non è ancora soddisfacente, per cui questi risultati possono essere ancora soggetti a modifiche. In Fig. 14.5 sono riportati i modelli di stelle di neutroni degeneri calcolati con equazioni di stato che tengano conto di questi vari effetti: è data la massa di equilibrio in funzione della densità centrale collegando le regioni delle stelle di elettroni e di neutroni degeneri.

In Fig. 14.6 è riportata schematicamente la sequenza di modelli dalle densità corrispondenti alle nane bianche fino a quelle corrispondenti alle stelle di neutroni. Esiste un limite superiore sia per le masse delle stelle elettronicamente degeneri (*limite di Chandrasekhar* $M_{Ch} = 1.2 \div 1.4 M_\odot$) sia per le stelle di neutroni degeneri (*limite di Oppenheimer-Volkoff* con forze nucleari $M_{OV} = 1.5 \div 3 M_\odot$). Inoltre si calcola che le strutture di equilibrio corrispondenti a $dM/d\rho < 0$ sono instabili e quindi non vi sono stelle in questi intervalli di massa.

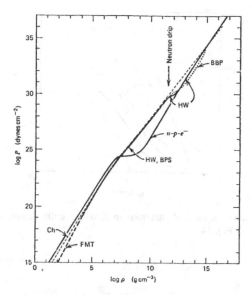

Fig. 14.3 Equazione di stato per un plasma ad alta densità; *Ch* è l'equazione usata da Chandrasekhar, *FMT* è la correzione di Feynman-Metropolis-Teller, *HW* il modello di Harrison-Wakano con nuclei in equilibrio β, *BBP* il modello di Baym-Bethe-Pethick con il modello a goccia del nucleo atomico [1]

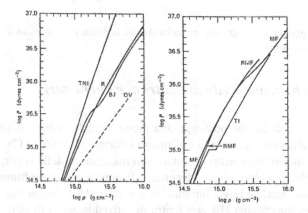

Fig. 14.4 Correzioni delle forze nucleari all'equazione di stato alle altissime densità; *OV* usa l'equazione di stato ideale di Oppenheimer-Volkoff, *BJ* il modello a forze nucleari di Bethe-Johnson, *R* il modello di Reid, *TI* il modello a interazione tensoriale, *TNI* il modello a three-nucleon-interaction, *MF* il modello a mean field, *RMF* il modello a relativistic mean field [1]

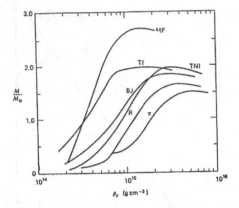

Fig. 14.5 Massa di equilibrio di stelle di neutroni in funzione della densità centrale usando le diverse equazioni di stato di Fig. 14.4

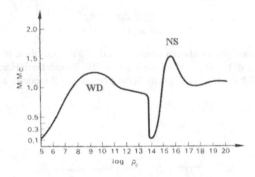

Fig. 14.6 Massa gravitazionale in funzione della densità centrale per equazioni di stato di nane bianche e stelle di neutroni

14.1.2 Nane bianche, stelle di neutroni e buchi neri

Consideriamo una stella che possegga una massa iniziale oppure, dopo perdite di massa, giunga alla fase gigante con una massa inferiore al limite di Chandrasekhar. Quando il suo nucleo ha esaurito i combustibili nucleari, la stella si porterà in equilibrio come stella elettronicamente degenere: diventerà una **nana bianca**, con alta temperatura superficiale e bassa luminosità, e si raffredderà lungo una linea a raggio costante nel diagramma HR con tempi di raffreddamento di oltre 10 miliardi di anni (Fig. 14.7). Le nane bianche, fin dalla loro scoperta da parte di Russell nel 1914, furono interpretate come oggetti di piccolo raggio (da cui il nome), ma la loro modellizzazione dovette attendere l'avvento della meccanica quantistica per sviluppare l'equazione di stato adeguata. I primi modelli di nana bianca furono appunto proposti da Chandrasekhar che peraltro dovette sostenere lunghe discussioni con gli astronomi dell'epoca, incluso Eddington, restii ad accettare che la meccanica quantistica potesse avere un ruolo nella fisica delle stelle.

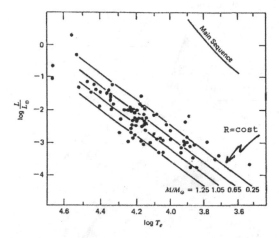

Fig. 14.7 Nane bianche osservate disposte nel diagramma HR con le linee di raggio costante

Stelle di massa $M_{Ch} < M < M_{OV}$ possono continuare a contrarsi fino a raggiungere lo stadio di **stelle di neutroni**; può diventare stella di neutroni anche un nucleo stellare in quell'intervallo di masse che abbia già raggiunto nella fase di gigante una densità superiore a quella delle nane bianche e successivamente abbia espulso l'inviluppo attraverso uno dei processi evolutivi studiati precedentemente. Anche la stella di neutroni si raffredda a raggio costante in tempi scala molto brevi soprattutto a causa delle perdite di neutrini. Di conseguenza la loro osservazione è molto difficile perché inizialmente sono circondate da densi inviluppi che si diradano solo quando la luminosità è ormai molto bassa, sia a causa del raffreddamento sia per il loro piccolo raggio.

Le stelle di neutroni, dopo essere state proposte teoricamente, furono scoperte osservativamente nel 1968 dai radioastronomi inglesi Antony Hewish e Jocelyn Bell come sorgenti radio pulsanti, le **pulsar** (§ 11.3.4). Una pulsar è una stella di neutroni dotata di rotazione molto rapida e campo magnetico intenso (componenti poco importanti invece nelle stelle normali) e l'attività della sua magnetosfera porta ad emissione radio da elettroni relativistici dalle regioni dei poli magnetici, che risulta pulsata per "effetto faro" (Fig. 14.8). La creazione di campi magnetici molto intensi e di grandi velocità di rotazione è legata alla rapidità del collasso che produce la stella di neutroni. In tal condizioni si ha conservazione del flusso magnetico $\propto BR^2$ e del momento angolare $\propto \Omega R^2$: così, passando dal raggio solare (10^{11} cm) al raggio di una stella di neutroni (10^6 cm) si ha un salto dell'ordine di 10^{10} in campo magnetico e velocità angolare.

Infine una stella con massa maggiore del limite di Oppenheimer e Volkoff non potrà sostenersi contro la gravità e verrà inghiottita oltre l'orizzonte di osservabilità nella configurazione chiamata **buco nero**, la cui struttura fisica è interpretata dalla relatività generale come abbiamo visto nel Capitolo 6. Come scoprire l'esistenza di buchi neri, visto che per definizioni sono oggetti che inghiottono la radiazione in-

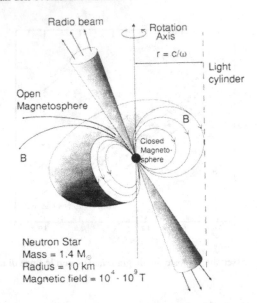

Fig. 14.8 Lo schema di pulsar, stella di neutroni magnetizzata e rotante; gli assi del campo magnetico e di rotazione non sono allineati e ciò porta ad un "effetto faro" per osservatori esterni

vece di emetterla e quindi non sarebbero visibili? Il processo fisico suggerito dagli astrofisici teorici è l'accrescimento di materiale. La caduta nel campo gravitazionale intenso verso l'orizzonte degli eventi comprime il materiale e ne aumenta la temperatura fino a valori dei milioni di gradi. Non è quindi il buco nero che risulta visibile, bensì il materiale che vi sta precipitando a causa della dinamica che porta al suo surriscaldamento. Occorre infatti tener conto che il materiale in accrescimento è dotato di momento angolare per cui non cade radialmente verso l'orizzonte, ma si sistema su traiettorie a spirale formando un disco o toro intorno al buco nero (Fig. 14.9). Le velocità orbitali delle particelle su questi dischi sono dell'ordine della velocità della luce e possono dare origine a varie forme di instabilità fluide e magnetoidrodinamiche con dissipazione dell'energia rotazionale accumulata nella caduta in energia termica ed emissione di radiazione. Va ricordato che l'energia liberata dalla caduta di una massa m verso l'orizzonte degli eventi di un BH di Kerr può raggiungere un valore pari a $0.42mc^2$, e quindi l'accrescimento verso un buco nero è la "macchina" più efficiente della natura. Naturalmente non tutta l'energia rilasciata potrà essere trasformata in radiazione, una parte verrà comunque inghiottita dal BH. I dischi sono giganteschi vortici che vengono progressivamente inghiottiti dall'orizzonte degli eventi; in presenza di campi magnetici possono originarsi fenomeni di accelerazione di getti collimati relativistici che vengono espulsi perpendicolarmente al piano del disco. Questa fenomenologia è ben nota sul piano osservativo sia nel caso di stelle sia nel caso di galassie, ed è all'origine del fenomeno dei gamma-ray bursts (GRB) discussi più sopra.

Gli stadi evolutivi finali di stelle reali coinvolgono molti fattori dinamici di cui i modelli tengono conto ancora in modo imperfetto: perdite di massa, rotazione,

Fig. 14.9 Schema di disco di accrescimento intorno a un buco nero

campi magnetici, ecc. Inoltre anche la fisica della materia a densità nucleari non è ancora ben conosciuta. E certamente la fisica dei campi gravitazionali intensi non ci ha ancora rivelato tutte le sue peculiarità, soprattutto oltre l'orizzonte degli eventi.

14.2 Sistemi binari stretti con componente compatta

Abbiamo discusso nel § 11.4 le evidenze osservative dell'esistenza di sistemi binari stretti composti da una stella compatta, nana bianca o stella di neutroni o buco nero (che d'ora in avanti chiameremo *primaria*) e da una stella "normale" (*secondaria*). Poiché le stelle del sistema debbono essersi formate insieme dalla stessa nuvola protostellare, la loro differente fase evolutiva riflette il fatto che la stella compatta deve provenire da una stella di massa iniziale maggiore che è evoluta più rapidamente espellendo l'inviluppo sotto forma di vento durante la formazione di una nebulosa planetaria o con esplosione di supernova a seguito di un violento collasso. Va quindi tenuto presente che tutta o parte della massa espulsa dalla secondaria può in effetti essere stata catturata dalla primaria. Si può dare una stima approssimata del tasso del trasferimento di massa, nell'ipotesi che la primaria intercetti con il proprio lobo di Roche di raggio x:

$$\dot{M} = \rho v A = \rho v_{th} \pi x^2 \qquad (14.16)$$

dove la velocità del vento è assunta dell'ordine di quella termica $v_{th} = \sqrt{3kT/m}$. Con valori tipici per il vento della secondaria ($T \approx 6000 - 7000$ K, $\rho \approx 10^{-10}$ g cm^{-3}) e per le caratteristiche geometriche di un sistema binario stretto con primaria compatta ($x \approx 10^8$ cm), si stimano valori di $\dot{M} \approx 10^{-7} - 10^{-11} M_\odot$ anno^{-1}. Un tasso di accrescimento di quest'ordine sulla stella compatta comporta un rilascio di energia gravitazionale che è in grado di produrre una luminosità:

$$L \approx \frac{GM\dot{M}}{2R} \approx 10^{35} - 10^{37} \text{ergs}^{-1} \qquad (14.17)$$

dell'ordine di quelle osservate nelle binarie X. Si tratta tuttavia di un processo di durata limitata alla fase di espulsione di massa e formazione di vento della secondaria. Un processo che permette un trasferimento di massa stazionario può invece aver luogo in sistemi binari semi-staccati.

14.2.1 Formazione di dischi di accrescimento in sistemi binari semi-staccati

Nelle sistemi binari semi-staccati in cui la stella secondaria riempie il lobo di Roche il trasferimento di materia avviene in modo più regolare con la creazione di un flusso stazionario attraverso il punto lagrangiano interno che funziona da ugello (cf. §11.4, M_1 massa della primaria, M_2 massa della secondaria). La formazione del disco ha inizio per effetto di un eccesso locale di pressione che spinge parte del materiale superficiale della secondaria oltre la sella del punto lagrangiano. Poiché questi sistemi hanno velocità angolari elevate, il gas che passa attraverso questo stretto ugello ha una velocità con una consistente componente ortogonale alla linea congiungente le due stelle:

$$v_\perp \sim \Omega l_1 \qquad (14.18)$$

mentre la componente lungo la congiungente è quella termica, dell'ordine della velocità del suono:

$$v_\parallel \sim c_s . \qquad (14.19)$$

Poiché $l_1 \geq 0.5a$ e $\Omega = 2\pi/P$, con la III legge di Keplero si ricava:

$$v_\perp \sim 100 \, (M_1 + M_2)^{1/3} \, P_{giorni}^{-1/3} \mathrm{km \, s}^{-1} \qquad (14.20)$$

mentre le tipiche velocità del suono delle atmosfere di stelle con $T < 10^5$ K sono $c_s \sim 10$ km s^{-1}. Quindi il flusso di accrescimento risulta supersonico, tanto più che viene accelerato nella caduta verso la primaria. Pertanto il materiale, essendo la sua pressione trascurabile, segue una traiettoria balistica come se fosse costituito di singole particelle indipendenti. Inizialmente le traiettorie sono ellittiche nel piano orbitale delle due stelle, definite dal potenziale all'interno del lobo di Roche, che è quello della singola massa M_1 corretto dagli effetti centrifughi. Il flusso continuo interagisce quindi con se stesso e per dissipazione attraverso onde d'urto tende ad assumere un'orbita circolare stabile che corrisponde ad energia minima. L'orbita di equilibrio è quindi kepleriana (Fig. 14.10) con velocità:

$$v_\phi(R_{circ}) = \left(\frac{GM_1}{R_{circ}} \right)^{1/2} \qquad (14.21)$$

e raggio dato da:

$$R_{circ} v_\phi(R_{circ}) = \Omega l_1^2 . \qquad (14.22)$$

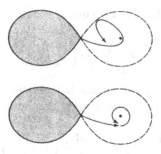

Fig. 14.10 Formazione del disco di accrescimento, circolarizzazione delle orbite del flusso di accrescimento

Queste due espressioni possono essere combinate usando le espressioni per l_1 e Ω per ottenere il *raggio di circolarizzazione*:

$$\frac{R_{circ}}{a} = \left(\frac{4\pi^2}{GM_1P^2}\right) a^3 \left(\frac{l_1}{a}\right)^4$$

$$= \frac{M_1 + M_2}{M_1} \left(0.500 - 0.227 \log \frac{M_2}{M_1}\right)^4 . \tag{14.23}$$

Tale raggio risulta ovviamente inferiore al raggio del lobo R_1. Ma può addirittura essere minore del raggio della stella primaria nel caso questa sia una stella di sequenza principale. In questo caso, che si verifica per le stelle di tipo Algol, il flusso di accrescimento impatta obliquamente sulla primaria. Nel caso invece delle binarie con primaria compatta il flusso di accrescimento forma un anello intorno al raggio di circolarizzazione; tuttavia i processi dissipativi tra i vari strati dell'anello (collisionali, onde d'urto, viscosi, resistivi, turbolenti) determinano una trasformazione di parte dell'energia del moto orbitale in energia termica. La corrispondente perdita di momento angolare comporta che l'anello tende ad affondare verso l'oggetto compatto come discusso nel § 7.2.3. In tal modo l'anello diventa un disco che si estende fin verso l'oggetto centrale, impattando direttamente su di esso se si tratta di una stella di neutroni o di una nana bianca, oppure fino all'ultima orbita stabile nel caso di un buco nero. Ovviamente il trasferimento di massa comporta una variazione delle caratteristiche dinamiche del sistema binario. In particolare si modificano le distanze tra le componenti e il loro momento angolare orbitale. Nel riferimento baricentrico il momento angolare orbitale può essere scritto semplicemente nella forma:

$$J = \left(M_1 a_1^2 + M_2 a_2^2\right) \Omega \tag{14.24}$$

dove

$$a_1 = \frac{M_2}{M} a \qquad a_2 = \frac{M_1}{M} a \qquad M = M_1 + M_2 . \tag{14.25}$$

Usando la III legge di Keplero per Ω si ottiene:

$$J = M_1 M_2 \left(\frac{Ga}{M} \right)^{1/2} \tag{14.26}$$

da cui si calcola la variazione logaritmica della distanza tra le componenti nell'ipotesi che tutta la massa della secondaria venga accresciuta sulla primaria $\dot{M}_1 = -\dot{M}_2$ con $\dot{M}_2 < 0$:

$$\frac{\dot{a}}{a} = 2\frac{\dot{J}}{J} + 2\frac{(-\dot{M}_2)}{M_2} \left(1 - \frac{M_2}{M_1} \right). \tag{14.27}$$

Nel caso che il trasferimento di massa avvenga senza perdita di momento angolare totale, $\dot{J} = 0$, si ricava immediatamente che le componenti si allontanano ($\dot{a} > 0$) se la secondaria ha massa minore della primaria, si avvicinano se la secondaria ha massa maggiore della primaria. Si possono quindi derivare le variazione del lobo di Roche della secondaria (cf. Capitolo 5):

$$\frac{\dot{R}_2}{R_2} = 2\frac{\dot{J}}{J} + 2\frac{(-\dot{M}_2)}{M_2} \left(\frac{5}{6} - \frac{M_2}{M_1} \right). \tag{14.28}$$

Nel caso in cui $M_2/M_1 > 5/6$ il trasferimento di massa comporta una contrazione del lobo di Roche, e quindi un aumento del flusso di massa attraverso il punto lagrangiano, cosicché la secondaria evapora violentemente se la perdita di massa è grande. Se invece $M_2/M_1 < 5/6$ il lobo tende ad aumentare; un flusso regolare e non violento può instaurarsi se il sistema binario perde momento angolare in modo da mantenere $\dot{R}_2 \approx 0$. Si noti che dal punto di vista osservativo è possibile osservare variazioni del periodo orbitale:

$$\frac{\dot{a}}{a} = \frac{2}{3}\frac{\dot{P}}{P}. \tag{14.29}$$

14.2.2 Evoluzione stellare in sistemi binari con scambio di massa - Supernove di tipo I

Consideriamo l'evoluzione stellare in sistemi binari stretti ($P < 100$ giorni) in cui eventi di scambio di massa, impulsivi o a lunga durata, possano verificarsi. Le binarie strette sono spesso binarie a eclisse; un esempio classico è la stella Algol composta da una stella di MS e da una subgigante, molto meno massiva e di alta luminosità. Apparentemente questa configurazione è paradossale in quanto la stella di massa minore dovrebbe evolvere più lentamente, mentre invece appare aver lasciato per prima la MS. Ma in effetti il fatto può essere interpretato come il risultato di un cospicuo trasferimento di massa dalla stella originariamente più massiva a quella meno massiva, invertendo quindi la situazione. Infatti quando la stella originariamente di massa maggiore esaurisce l'idrogeno e diventa una gigante, il suo inviluppo può riempire il lobo e trasferire massa alla compagna attraverso il punto lagrangiano.

Consideriamo ad esempio un sistema binario di componenti di 1 e $2M_\odot$ e periodo orbitale iniziale di 1.4 giorni (Fig. 14.11). La stella più massiva lascia la MS e diventa gigante, riempendo il proprio lobo di Roche e trasferendo massa alla compagna. Dopo alcuni milioni di anni i ruoli delle componenti saranno scambiati, come nel caso di Algol. Il trasferimento di massa è piuttosto rapido perché la massa della secondaria è diventata maggiore di quella della primaria e continua finché l'originaria stella di $2M_\odot$ si contrae allo stadio di nana bianca di $0.6M_\odot$ che si raffredda a raggio costante. Nel contempo la stella originariamente di $1M_\odot$ è diventata una stella di $2.4M_\odot$ che a sua volta evolve oltre lo stadio di MS e diventando gigante riempie il proprio lobo di Roche facendo piovere materiale sulla nana bianca. L'accrescimento (supersonico) di materiale sull'oggetto compatto di grande campo gravitazionale dà origine a surriscaldamento della superficie con accensione di processi termonucleari dell'idrogeno: si tratta del fenomeno *nova*, che può anche comportare esplosioni superficiali con espulsione di massa.

La nana bianca cresce progressivamente di massa fino a raggiungere e superare il limite di Chandrasekhar di circa $1.4M_\odot$: ne nasce quindi un collasso che porta la stella verso lo stadio di stella di neutroni con la liberazione di una grande quantità di energia gravitazionale in radiazione elettromagnetica e flusso di neutrini. Il fenomeno è quello della **supernova di Tipo Ia**, caratterizzato appunto dal fatto che l'energia rilasciata ha un valore ben preciso, corrispondente alla differenza di energia di legame tra nana bianca e stella di neutroni. In tal senso le supernove di Tipo Ia possono essere usate candele standard nell'Universo: esse possono essere individuate per l'andamento delle curve di luminosità e per la luminosità massima raggiunta, ma anche dal punto di vista spettroscopico perché hanno la caratteristica di non mostrare righe dell'idrogeno nel loro spettro in quanto il materiale espulso è quello dei nuclei di stelle evolute.

Un caso differente è quello in cui le componenti hanno grande massa, ad esempio una stella di 8 e una di $20M_\odot$ e un periodo orbitale di 4.7 giorni. Come illustrato in Fig. 14.12 la componente più massiva evolve più rapidamente e lasciata la MS diventa gigante, trasferendo rapidamente oltre $15M_\odot$ alla compagna (rapporto delle masse tra stella che perde massa e quella che accresce inizialmente $> 5/6$ che scende ad un certo punto sotto questo limite) e contraendosi come stella di $5M_\odot$ di puro He del tipo Wolf-Rayet con forte vento. Il bruciamento dell'elio è rapido e successivamente il nucleo di carbonio può esplodere come supernova. Assumiamo che rimanga un'oggetto compatto di $2M_\odot$ (stella di neutroni). In questa fase la massa viene espulsa dal sistema, solo una frazione trascurabile del vento viene catturata dalla compagna. La compagna è una stella di $23M_\odot$ che produce un forte vento in parte catturato dalla stella compatta che accende una sorgente di raggi X accrescendo in parte sulla superficie della stella compatta con intenso campo gravitazionale. Il vento cessa soltanto quando, lasciata la MS, la stella compagna diventa gigante a sua volta, riempie il lobo di Roche e trasferisce massa alla stella di neutroni, pur continuando a perdere massa anche tramite il vento per cui non tutta la massa perduta viene trasferita alla stella di neutroni. Il sistema evolve verso una situazione

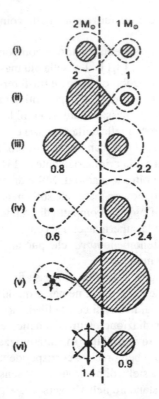

Fig. 14.11 Evoluzione di un sistema binario stretto di piccola massa (primaria a sinistra, secondaria a destra). (i) Due stelle sulla MS. (ii) La massa maggiore diventa gigante rossa e trasferisce materia alla compagna attraverso il lobo di Roche. (iii) La stella evoluta diventa subgigante, la stella di MS diventa massiva. (iv) La subgigante diventa nana bianca. (v) La stella massiva diventa gigante e trasferisce massa alla nana bianca. (vi) La nana bianca supera il limite di Chandrasekhar e esplode come supernova di Tipo Ia

con la stella di elio da $6M_\odot$ che in qualche milione di anni esplode come supernova, eventualmente espellendo la compagna. Per certi intervalli di massa si può anche mantenere il sistema legato con la formazione di due stelle di neutroni orbitanti.

In conclusione l'analisi dell'evoluzione dei sistemi binari stretti predice sia gli eventi di supernova indotti da accrescimento di massa su una nana bianca sia le fasi in cui una stella compatta può essere investita da consistenti flussi di massa provenienti dalla compagna che abbia riempito il proprio lobo di Roche. L'accrescimento avviene direttamente sulla superficie della stella se si tratta di nana bianca o stella di neutroni e il riscaldamento della superficie ha generalmente luogo nei punti dove il materiale ionizzato viene guidato dalle linee di forza del campo magnetico, cioè ai poli magnetici. In tal modo la stella compatta rotante diventa una sorgente di energia pulsata per un "effetto faro" simile a quello già individuato nel caso delle pulsar. In questo caso però l'emissione viene dal flusso di accrescimento e il riscaldamento

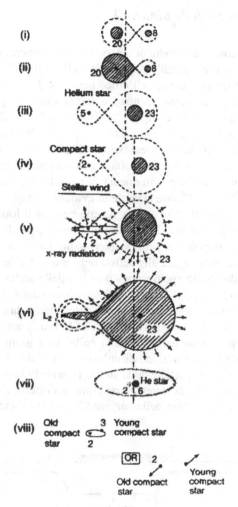

Fig. 14.12 Evoluzione di un sistema binario stretto di grande massa. (i) Due stelle massive sulla MS. (ii) La stella più massiva diventa gigante, riempie il lobo di Roche e trasferisce massa alla compagna. (iii) La stella massiva segue una fase Wolf-Rayet e diventa una stella compatta di piccola massa. (iv) La stella compatta esplode lasciando una stella di neutroni o un boco nero. (v) La stella massiva trasferisce massa alla compatta per vento stellare. la stella compatta emette raggi X. (vi) Fase di violenta perdita di massa. (vii) Si forma un inviluppo comune intorno alle due stelle, fase di Wolf-Rayet. (viii) La stella massiva collassa in evento supernova; il sistema può disintegrarsi

può raggiungere temperature $\geq 10^6$ K, corrispondenti ad emissione di raggi X termici. Una delle più importanti scoperte dell'astronomia a raggi X è stata proprio la rivelazione delle binarie X pulsate descritte nel § 11.4.3.

14.2.3 La dinamica delle binarie X

Un risultato importante dello studio di binarie con componenti compatte è quello di permettere una buona misura della massa delle stelle compatte; infatti l'osservazione spettroscopica di queste binarie nell'ottico permette di ricavare la dinamica della stella "normale" che perde massa, mentre l'osservazione delle pulsazioni X permette di ricavare la dinamica della componente compatta. Riprendiamo le osservazioni discusse nel § 11.4.3. Le sorgenti come Centaurus X-3 e Hercules X-1 mostrano tre tipi di variabilità: una rapida con brevi periodi di pochi secondi, una intermedia di alcuni giorni ed una terza lenta di mesi. Inoltre la sorgente X presenta eclissi su periodi dell'ordine della variabilità intermedia. Il modello interpretativo per Cen X-3 è schematizzato in Fig. 14.13, ove si mette in evidenza il rapporto tra le dimensioni della stella compatta rispetto alla compagna che riempie il lobo di Roche e la vicinanza tra le due per giustificare il relativamente breve periodo orbitale del sistema binario stretto che corrisponde al periodo intermedio. La variabilità intermedia della sorgente X è naturalmente legata alle eclissi nel moto orbitale; lo stesso periodo si riscontra anche nello studio spettroscopico ottico della stella normale che mostra appunto oscillazioni sinusoidali delle lunghezze d'onda delle righe. Il periodo breve X, in analogia a quanto avviene nelle pulsar, è determinato da un effetto faro dovuto ad una rapida rotazione della stella compatta e al flusso di accrescimento che viene incanalato dal campo magnetico della stella nelle sue regioni polari dove si ha un riscaldamento locale per formazione di un'onda d'urto del flusso di accrescimento che si accumula sulla superficie della stella. Il periodo breve mostra a sua volta un'oscillazione sinusoidale da interpretarsi come un effetto Doppler causato dalle variazioni della velocità radiale della sorgente X pulsata rispetto all'osservatore a

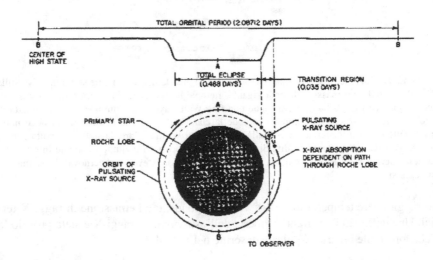

Fig. 14.13 Modello schematico della binaria X Centaurus X-3. La linea tratteggiata indica i lobi di Roche delle due componenti

causa del moto orbitale di cui in effetti questa oscillazione ha lo stesso periodo. La variabilità a periodo lungo è invece legata alla precessione del piano orbitale e all'andamento di caricamento del disco di accrescimento.

Un fattore a favore di questa interpretazione è dovuto all'andamento della variazione del valore medio (sulle oscillazioni sinusoidali) del periodo breve della binaria X. Questo periodo diminuisce, indicando che la stella compatta aumenta il proprio momento angolare. In effetti ciò è consistente con l'accrescimento di materia concorde con la rotazione della stella:

$$\frac{d}{dt}\left(I_*\Omega_*\right) \approx I_*\dot{\Omega} \approx \dot{M}R_{int}^2\,\Omega_{int} = \dot{M}\sqrt{GMR_{int}} \qquad (14.30)$$

dove si è assunto che il momento angolare trasferito provenga dal raggio interno del disco di accrescimento quasi-kepleriano (eventualmente con velocità angolare dell'ordine della velocità angolare della stella se il disco si estende fino alla sua superficie).

Le oscillazioni del periodo orbitale della stella pulsante in raggi X e le analoghe oscillazioni nelle righe spettrali della compagna ottica permettono dunque di misurare la funzione di massa (4.17) di ambedue le masse del sistema e quindi di determinare ambedue le masse stellari. La misura ha mostrato come le masse delle stelle compatte in questi sistemi a tre periodi siano inferiori al limite teorico per le stelle di neutroni.

Però in alcuni sistemi, di cui il prototipo è Cygnus-X1, la massa è superiore alle $3M_\odot$ e quindi in tal caso gli oggetti compatti sono buchi neri. In corrispondenza in questi oggetti manca il periodo breve connesso all'effetto faro per accrescimento polare sulla stella compatta. In tal caso l'irraggiamento viene prodotto dal disco di accrescimento che in condizioni quasi-kepleriane muove a spirale verso l'orizzonte degli eventi e in effetti si osservano pulsazioni irregolari su tempi scala di pochi millisecondi.

L'irraggiamento dipende ovviamente dal flusso di accrescimento e, come già abbiamo discusso, la luminosità raggiunge un valore massimo pari circa alla metà di quello rilasciato dalla liberazione di energia gravitazionale al raggio interno del disco $\mathscr{L} \approx GM\dot{M}/2R_{int}$. In linea di principio possiamo crescere l'irraggiamento aumentando il flusso. Tuttavia, anche in tal caso esiste un limite superiore alla luminosità raggiungibile, in quanto la pressione del flusso di radiazione bloccherà l'accrescimento. Si tratta del limite di Eddington già discusso in (13.30):

$$\mathscr{L} \leq \mathscr{L}_{Edd} \approx 1.5 \times 10^{38}\frac{M}{M_\odot}\,\text{erg s}^{-1}\,. \qquad (14.31)$$

In effetti le binarie X con stelle di neutroni hanno luminosità non superiori a circa 10^{38} erg s^{-1}, mentre quelle con buco nero superano anche di un fattore > 10 questo valore.

La presenza di un disco di accrescimento magnetizzato crea anche le condizioni per i processi magnetoidrodinamici di accelerazione di getti relativistici come discusso nel § 8.2.3.

14.2.4 Emissione ad alta frequenza da dischi di accrescimento

Concludiamo con una discussione dei modelli di dischi di accrescimento che permettono di interpretare le sorgenti X utilizzando la liberazione di energia gravitazionale e il suo trasferimento in radiazione ed energia cinetica dei getti supersonici. Quando la sorgente X sia costituita da una stella di neutroni, oltre all'emissione del disco va considerata anche l'emissione X per effetto di caduta di materia sui poli magnetici della stella compatta; nel caso di sorgenti X per accrescimento su buchi neri l'emissione del disco è il solo meccanismo di irraggiamento.

Nel § 7.2.3 abbiamo discusso la fisica della struttura dei dischi di accrescimento kepleriani sottili. Shakura e Sunyaev hanno calcolato il seguente modello:

$$\rho = \frac{\Sigma}{H}$$

$$p = \frac{\rho k T_c}{\mu m_p} + \frac{4\sigma}{3c} T_c^4$$

$$H = c_s \left(\frac{r^3}{GM} \right)^{1/2}$$

$$c_s^2 = \frac{p}{\rho} \tag{14.32}$$

$$\nu \Sigma = \frac{\dot{M}}{3\pi} \left[1 - \left(\frac{r_*}{r} \right)^{1/2} \right]$$

$$\nu = \nu(\rho_c, T_c, \Sigma, ...)$$

$$\frac{4\sigma}{3\tau} T_c^4 = \frac{3GM\dot{M}}{8\pi r^3} \left[1 - \left(\frac{r_*}{r} \right)^{1/2} \right]$$

$$\tau = \Sigma \kappa_R(\rho_c, T_c) = \tau(\Sigma, \rho_c, T_c)$$

dove c_s è la velocità sonora, H lo spessore del disco, Σ la densità superficiale del disco integrata sullo spessore, τ la profondità ottica del disco, κ_R l'opacità, ν la viscosità e le quantità fisiche sono valutate sul piano di simmetria del disco. La grandezza critica è la viscosità che determina il tasso di accrescimento e quindi la luminosità estraibile dal processo:

$$\mathscr{L} = \frac{GM\dot{M}}{2r_*} , \tag{14.33}$$

dove r_* è il raggio interno del disco. Shakura & Sunyaev proposero di scalare il problema assumendo una forma funzionale per la viscosità del tipo:

$$\nu = \alpha c_s H \tag{14.34}$$

in funzione del parametro libero α, **α-prescription**; tale scelta è giustificata dalla considerazione che l'origine della viscosità in regime di bassa densità può essere attribuita a turbolenza con velocità tipica c_s e scala spaziale delle celle turbolente limitata dallo spessore del disco. Assumendo inoltre che il disco sia freddo e l'opacità quella di Kramer:

$$P_{rad} \ll P_{gas}, \quad \kappa_R = 6.6 \times 10^{22} \rho T_c^{-7/2} \ \text{cm}^2 \text{g}^{-1} \tag{14.35}$$

le strutture possono essere integrate :

$$\Sigma = 5.2 \alpha^{-4/5} \dot{M}_{16}^{7/10} M_1^{1/4} r_{10}^{-3/4} f^{14/5} \ \text{gcm}^{-2}$$

$$H = 1.7 \times 10^{-8} \alpha^{-1/10} \dot{M}_{16}^{3/20} M_1^{-3/8} r_{10}^{9/8} f^{3/5} \text{cm}$$

$$\rho = 3.1 \times 10^{-8} \alpha^{-7/10} \dot{M}_{16}^{11/20} M_1^{5/8} r_{10}^{-15/8} f^{11/5} \text{gcm}^3$$

$$T_c = 1.4 \times 10^4 \alpha^{-1/5} \dot{M}_{16}^{3/10} M_1^{1/4} r_{10}^{-3/4} f^{6/5} \ \text{K}$$

$$\tau = 190 \alpha^{-4/5} \dot{M}_{16}^{1/5} f^{4/5} \tag{14.36}$$

$$\nu = 1.8 \times 10^{14} \alpha^{4/5} \dot{M}_{16}^{3/10} M_1^{-1/4} r_{10}^{3/4} f^{6/5} \text{cm}^2 \text{s}^{-1}$$

$$v_R = 2.7 \times 10^4 \alpha^{4/5} \dot{M}_{16}^{3/10} M_1^{-1/4} r_{10}^{-1/4} f^{-14/5} \text{cms}^{-1}$$

$$T_{sup} = \left(\frac{3GM\dot{M}}{8\pi R^3} \right)^{1/4} = 4.1 \times 10^4 \dot{M}_{16}^{1/4} M_1^{1/4} r_{10}^{-3/4} \text{K}$$

$$f \equiv 1 - (r_*/r)^{1/2}$$

con i valori numerici: $r_{10} = r/(10^{10} \text{cm})$, $M_1 = M/M_\odot$, $\dot{M}_{16} = \dot{M}/(10^{16} \text{g s}^{-1}) = \dot{M}/(1.5 \times 10^{-10} M_\odot/\text{anno}^{-1})$. Lo spettro di emissione è essenzialmente di tipo corpo nero: $F_\nu \propto \nu^2$ per $h\nu/kT \ll 1$, $F_\nu \propto \nu^{1/3}$ per $h\nu/kT \sim 1$ e $F_\nu \propto e^{-\nu}$ per $h\nu/kT \gg 1$. Il picco dello spettro raggiunge la temperatura per l'emissione di raggi X per i valori tipici di stelle binarie X, $r_{10} = 10^{-3} \div 10^{-4}$ (zone più interne del disco), $M_1 = 1$, $\dot{M}_{16} = 10^2$, $T_{sup} \approx 10^7$ K.

Shapiro, Lightman e Eardley hanno considerato in maggior dettaglio il trasporto di radiazione e hanno valutato che il disco diventa otticamente sottile nelle zone interne a causa dell'alta temperatura. La pressione del gas risulta ancora dominante perché gli ioni vengono mantenuti ad alta temperatura (viriale) dall'interazione coulombiana con gli elettroni che si raffreddano per perdite radiative. Si forma un plasma a due temperature

$$T_i \le \frac{GMm_p}{R_* k} \sim \frac{1}{6} m_p c^2 \sim 2 \times 10^{12} \text{K} \tag{14.37}$$

$$T_e \sim 10^{-2} T_i \sim 10^9 \text{K}. \tag{14.38}$$

La pressione degli ioni gonfia il disco nelle zone interne, per cui la struttura diventa geometricamente spessa. Gli elettroni emettono per Compton inverso nel gas caldo e la radiazione raggiunge la zona degli X duri e dei gamma. Questa configurazione risulta instabile a bassi valori del tasso di accrescimento perché in tal caso non esiste interazione efficiente tra ioni ed elettroni; di conseguenza il disco irraggia debolmente e l'energia di accrescimento viene inghiottita dal buco nero o si scarica sulla stella, a seconda della struttura del sistema binario. Irregolarità a lungo periodo (mesi) delle binarie X sono interpretate come un alternarsi di stati a forte emissione e debole emissione quando il tasso di accrescimento sia insufficiente a mantenere un flusso regolare. In Fig. 14.14 è riportato un modello calcolato di disco intorno ad un buco nero.

Il funzionamento dei dischi di accrescimento dipende in modo cruciale dalla viscosità attraverso la quale il disco in rotazione differenziale trasferisce momento angolare dalle regioni interne (con velocità angolare maggiore) a quelle esterne (con velocità angolare minore) e corrispondentemente trasforma energia rotazionale in energia interna. La viscosità classica dei fluidi e dei plasmi non corrisponde ai valori richiesti dai modelli ora visti per raggiungere le temperature e luminosità osservate. Shakura e Sunyaev proposero appunto nel loro schema che la turbolenza di plasma potesse creare una viscosità effettiva molto superiore.

L'origine di questa turbolenza è presumibilmente legata a **instabilità di shears** nel disco in rotazione differenziale in presenza di campi magnetici: in particola-

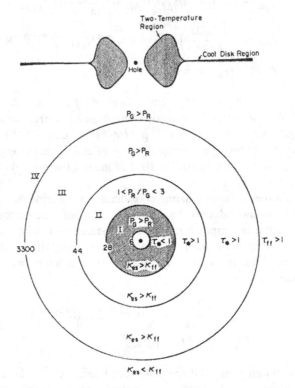

Fig. 14.14 Modello di disco intorno a una stella compatta. Le zone più esterne corrispondono a un disco freddo ($P_g > P_r$), otticamente spesso ($\tau_e > 1$) e geometricamente sottile, quelle più interne a un disco caldo ($P_g < P_r$), otticamente sottile ($\tau_e < 1$) e geometricamente spesso. I raggi sono in unità del raggio di Schwarzschild

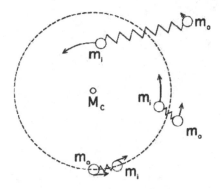

Fig. 14.15 Schema dell'instabilità magneto-rotazionale in un disco kepleriano

re Balbus e Hawley, riprendendo meccanismi proposti in differente contesto da Chandrasekhar e Velikhov, hanno sviluppato la teoria dell'**instabilità magneto-rotazionale**. Si considerino due elementi di fluido connessi da un debole campo magnetico appartenenti a due strati adiacenti di un disco kepleriano. La connessione magnetica tende a frenare l'elemento di fluido interno (maggiore Ω) e ad accelerare quello esterno (minore Ω); di conseguenza l'elemento interno cade verso la stella, mentre quello esterno se ne allontana; questi moti stirano il campo magnetico e il processo si amplifica (Fig. 14.15). Naturalmente quando il campo diventa troppo forte intervengono processi di riconnessione magnetica che separano gli elementi di fluido magnetizzati e generano una struttura turbolenta. Il calcolo degli sforzi di Reynolds (viscosi) e di Maxwell (resistivi) permette di valutare il momento della coppia cui il disco è sottoposto e di stimare l'energia rotazionale dissipata.

Riferimenti bibliografici

1. S.L. Shapiro, S.A. Teukolsky – *Black Holes, White Dwarfs and Neutron Stars*, John Wiley & Sons Inc., 1983

Parte V

Fisica delle galassie

La Via Lattea

Gli antichi greci usavano questo nome per indicare la fascia di luce nebulare diffusa che attraversa il cielo. Oggi questo termine, e appunto la sua versione greca Galassia, indica l'insieme di stelle, nebulose, gas e polveri diffuse che costituiscono il sistema gravitazionalmente legato alla cui dinamica partecipa il Sole con la sua coorte di pianeti. La fascia della Via Lattea si estende su tutto il cielo ed è il riflesso di una struttura appiattita a disco, per cui più oggetti sono visibili nel piano del disco e più rada è la loro distribuzione nella direzione perpendicolare. Il sovrapporsi della luce di molte stelle nella fascia dà alla struttura un'apparenza visiva di luminosità diffusa nebulare (Fig. 15.1). Fu Galileo che, puntandovi per primo il telescopio nel 1609, mostrò come in effetti l'aspetto nebulare fosse prodotto dal sovrapporsi della luce di innumerevoli stelle. Nel XVIII secolo William Herschel costruì il primo modello della Galassia basandosi (i) sul conteggio delle stelle nell'ipotesi che fossero distribuite uniformemente e quindi le zone più ricche di stelle fossero più profonde e (ii) assumendo che le loro diverse luminosità apparenti riflettessero le diverse di-

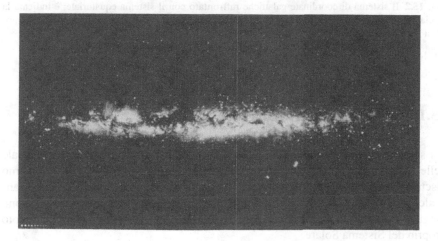

Fig. 15.1 La Via Lattea nella banda ottica estesa su tutto il cielo

Ferrari A.: Stelle, galassie e universo. Fondamenti di astrofisica.
© Springer-Verlag Italia 2011

stanze. Fu però solo nel XX secolo che Jakobus Kapteyn ottenne una prima stima delle dimensioni della struttura che peraltro si rivelò errata per difetto come mostrò Harlow Shapley nel 1920 sulla base dello studio della distribuzione degli ammassi globulari (Appendice A).

Per la rappresentazione della Galassia si usano le coordinate galattiche (vedi Fig. 15.2), il cui piano di riferimento è il piano di simmetria della distribuzione dell'idrogeno neutro che coincide approssimativamente con il piano di simmetria della distribuzione delle stelle. La direzione fondamentale nel piano è quella che va dalla Terra verso il centro della distribuzione, che si trova nella costellazione del Sagittario ($\alpha = 17$h 42.4m, $\delta = -28°55'$, epoca 1950.0).

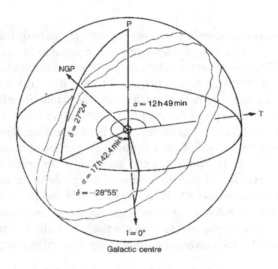

Fig. 15.2 Il sistema di coordinate galattiche raffrontato con il sistema equatoriale; è indicata la fascia del disco galattico, NGP è il polo nord galattico, $l = 0°$, $b = 0°$ è la direzione del centro della Via Lattea

15.1 Statistica stellare

Per studiare la struttura della Via Lattea occorre conoscere la distribuzione spaziale delle sue componenti e perciò occorre misurarne le distanze. Nel § 4.1 abbiamo discusso i vari metodi astronomici per le misure di distanze. Sono però importanti alcune considerazioni circa il sistema di riferimento da cui queste misure sono eseguite in quanto la ricostruzione della struttura della Via Lattea dipende dal moto proprio del Sistema Solare.

15.1.1 *Local Standard of Rest (LSR)*

Il moto del Sole rispetto alle stelle vicine è riflesso nei moti propri e nelle velocità radiali. Come illustrato in Fig. 15.3 il Sole appare possedere un moto rispetto alle stelle vicine verso un punto chiamato **apice**, cui corrisponde nel verso opposto l'*antiapice*. Le stelle nella direzione dell'apice appaiono avvicinarsi, cioè le loro velocità radiali sono negative; quelle nella direzione dell'antiapice appaiono allontanarsi, cioè le loro velocità radiali sono positive. Nella direzione perpendicolare rispetto alla congiungente apice-antiapice le velocità radiali in media sono nulle, ma sono grandi i loro moti propri trasversi.

Per studiare i moti reali delle stelle è necessario definire un riferimento fisico appropriato. Questo sistema è quello in cui le stelle vicine sono in media a riposo, ed è chiamato **Sistema Locale di Riferimento**, in letteratura indicato come **Local Standard of Rest (LSR)**. Si supponga che i moti propri delle stelle vicine siano distribuiti in modo casuale. Si misurino i moti apparenti rispetto al Sole dalle velocità radiali, moti propri e distanze e si calcoli il valor medio dei vettori velocità. Il LSR è il sistema rispetto al quale il moto del Sole è uguale ed opposto a tale valor medio.

La velocità di una stella rispetto al LSR è chiamata *velocità peculiare* della stella, e si ottiene aggiungendo (vettorialmente) la velocità del Sole rispetto al LSR alla velocità misurata. Vedremo che il LSR è a riposo soltanto rispetto alle stelle nella regione intorno al Sole; il LSR, e con esso il Sole e le stelle vicine, si muove intorno al centro della Via Lattea ad una velocità almeno 10 volte superiore alle velocità peculiari delle stelle.

Il **moto peculiare del Sole** rispetto al LSR misurato in coordinate equatoriali e galattiche è:

Coordinate dell'apice $\alpha = 18\text{h}\,28\text{min}$ $\delta = +30°$ $l = 56°$ $b = 23°$

Velocità del Sole $v = 19.7 \text{ km s}^{-1}$.

L'apice si trova nella costellazione dell'Ercole. La definizione del LSR dipende dalle stelle che vengono scelte per fare la media delle velocità. Occorre evitare di far

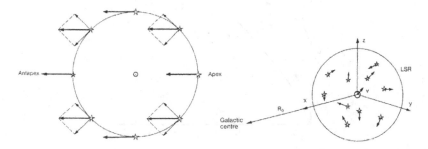

Fig. 15.3 Definizione del *Local Standard of Rest*: a sinistra le velocità delle stelle vicine sono misurate rispetto al Sole, a destra il moto medio del Sole rispetto alle stelle vicine è stato sottratto (adattato da Karttunen et al. [1])

intervenire nella media delle velocità effetti di moti specifici delle nuvole da cui si formano le stelle; per tale motivo si usano classi di stelle di tipo spettrale avanzato in modo da permettere una completa randomizzazione dei loro moti all'atto della formazione.

15.1.2 Funzione di luminosità delle stelle

Osservazioni sistematiche di tutte le stelle nelle vicinanze del Sole con distanze misurate permettono di ricavare la distribuzione delle magnitudini assolute M_V nella banda V. Essa viene rappresentata dalla **funzione di luminosità** $\Phi(M_V)$ che dà il numero relativo di stelle con magnitudine assoluta nell'intervallo $(M_V - 1/2, M_V + 1/2)$. Le misure si riferiscono a regioni dove non vi è formazione di stelle, per cui si può dire che, essendo l'età della Via Lattea intorno ai 10 miliardi di anni, stelle con masse $\leq 0.9 M_\odot$ sono ancora sulla MS e quindi assommano il contributo di più generazioni stellari, mentre stelle con masse grandi sono il risultato di formazione stellare relativamente recente. Pertanto dai dati sull'evoluzione stellare è possibile ricavare consistentemente la funzione di formazione stellare $\Psi(M_V)$ con la seguente espressione:

$$\Psi(M_V) = \Phi(M_V) \frac{T_0}{t_{ev}(M_V)} \tag{15.1}$$

dove T_0 è l'età della Via Lattea e $t_{ev}(M_V)$ la vita media delle stelle di magnitudine M_V. Questa espressione può essere compresa considerando che il rapporto tra la vita media delle stelle di MS di data magnitudine assoluta o massa e l'età della Via Lattea rappresenta il loro fattore di accumulo. Le due funzioni sono rappresentate schematicamente in Fig. 15.4.

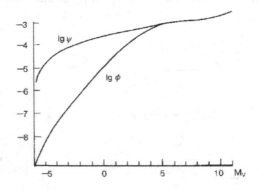

Fig. 15.4 Funzione di luminosità $\Phi(M_V)$ e funzione di formazione $\Psi(M_V)$ in funzione della magnitudine assoluta visuale per stelle nelle vicinanze del Sole (adattato da Karttunen et al. [1])

Poiché la magnitudine assoluta sulla MS è legata alla massa della stella, Salpeter nel 1955 ha derivato quella che si chiama la **funzione di massa iniziale** (IMF, Initial Mass Function) che per stelle nelle vicinanze del Sole:

$$\xi(\mathscr{M}) = \xi_0 \mathscr{M}^{-2.35} \tag{15.2}$$

dove ξ_0 è fissato dalla densità di stelle locale. Esistono indicazioni osservative che tale funzione sia universale, applicandosi ad altre regioni della nostra Galassia e in galassie esterne.

15.1.3 Densità stellare

Un problema cruciale nello studio della Via Lattea è la determinazione della densità spaziale delle stelle e della sua variazione con la distanza. Questa quantità viene definita in coordinate galattiche come $D = D(r, l, b)$. La densità non può essere direttamente misurata se non nelle immediate vicinanze del Sole. Tuttavia può essere calcolata in ogni data direzione sulla base della funzione di luminosità tenendo conto dell'estinzione interstellare ed eseguendo conteggi del numero di stelle per angolo solido unitario (per arcosecondo quadrato) in funzione della magnitudine apparente limite.

Si considerino le stelle in un angolo solido ω nella direzione (l, b) e nell'intervallo di distanze $(r, r + dr)$. Si assuma che la funzione di luminosità $\Phi(M_V)$ misurata nelle vicinanze del Sole sia applicabile anche ad altre regioni della Galassia; la relazione tra magnitudine assoluta ed apparente tenendo conto dell'arrossamento è:

$$M = m - 5\log\frac{r}{10\,\mathrm{pc}} - A(r) . \tag{15.3}$$

Il numero di stelle di magnitudine apparente m nell'elemento di volume $dV = \omega r^2 dr$ alla distanza r è (Fig. 15.5):

$$dN(m) = D(r, l, b)\Phi\left[m - 5\log\frac{r}{10\,\mathrm{pc}} - A(r)\right]dV . \tag{15.4}$$

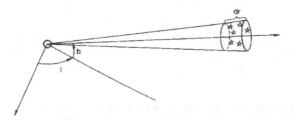

Fig. 15.5 Elemento di volume entro un angolo solido $\omega r^2 dr$ alla distanza r

D'altra parte all'osservazione nel dato angolo solido possono avere la magnitudine apparente m stelle di differente magnitudine assoluta a differenti distanze; per ottenerne il numero si integra su tutte le distanze:

$$N(m) = \int_0^\infty D(r,l,b)\Phi \left[m - 5\log \frac{r}{10\,\text{pc}} - A(r) \right] \omega r^2 dr \qquad (15.5)$$

che è la cosiddetta **equazione fondamentale della statistica stellare**. Il numero $N(m)$ si ricava dalle osservazioni, Φ è nota nelle vicinanze del Sole, $A(r)$ si ricava dalla fotometria a due colori; opportuni metodi matematici permettono di ricavare D invertendo l'equazione integrale [2].

Infine con un'integrazione sulle magnitudini apparenti tra $-\infty$ e m si calcola il numero di tutte le stelle più luminose della magnitudine m. Nel caso specifico di una distribuzione di stelle a densità costante e con estinzione trascurabile, Schiaparelli ha dimostrato che tale numero è $N(<m) \propto 0.6m$, o in termini di luminosità apparenti $N(>l) \propto l^{-3/2}$. La forma funzionale è di facile interpretazione: il numero di oggetti rilevabili cresce con il cubo della distanza, ma la loro luminosità apparente decresce con il quadrato della distanza.

La Fig. 15.6 mostra la densità stellare nelle vicinanze del Sole nel piano della Galassia (a) e nella direzione perpendicolare (b).

Per determinare la distribuzione di stelle in regioni lontane dal Sole occorre fare riferimento alle stelle più luminose che sono osservabili anche a grandi distanze senza fattori di selezione. Queste sono le associazioni OB, le regioni HII, gli ammassi stellari aperti e globulari (che studieremo nel prossimo paragrafo), le supergiganti e le variabili. Le varie classi si riferiscono a fasi diverse dell'evoluzione stellare per cui la loro distribuzione dà anche informazioni sull'evoluzione della Galassia in generale.

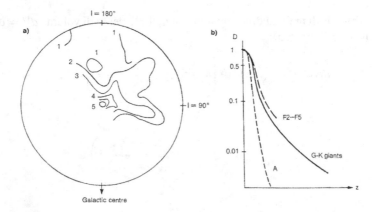

Fig. 15.6 Densità stellare nelle vicinanze del sistema solare. (a) Curve di isodensità delle stelle di tipo A2-A5 nel piano della Galassia; i numeri indicano le stelle per 10.000 pc^3. (b) Densità nella direzione perpendicolare al piano della Galassia normalizzata al valore sul piano (adattato da Karttunen et al. [1])

Gli oggetti giovani, regioni HII, stelle OB e ammassi aperti sono concentrati sul piano galattico e in particolare in tre fasce a diverse distanze; è questa una prima indicazione osservativa dell'esistenza di una struttura a spirale anche nella Via Lattea, come osservato nelle galassie spirali esterne (Fig. 15.7). Stelle di età avanzata, le giganti, sono distribuite invece in modo più uniforme; gli oggetti più vecchi, specificamente gli ammassi globulari, hanno una distribuzione sferoidale intorno al centro della Galassia, quindi anche fuori dal disco. Inoltre esiste una forte concentrazione di stelle antiche nelle vicinanze del centro galattico. Va tuttavia detto che l'estinzione interstellare impedisce di vedere le stelle del disco oltre 3 - 4 kpc dal Sole, mentre gli ammassi globulari che sono distribuiti anche fuori del disco sono osservabili anche a grandi distanze, per cui permettono di misurare il loro centro di simmetria che corrisponde al centro della Galassia, a 8.5 kpc dal Sole.

15.2 Popolazioni stellari e ammassi

Se, come vedremo nel capitolo sulla cosmologia, l'Universo è nato da un big-bang con una composizione chimica (in massa) circa del 74% di idrogeno e 24% di elio, la presenza di elementi chimici nelle atmosfere stellari con $Z > 2$ indica che l'evoluzione stellare deve aver svolto un lavoro di arricchimento di elementi pesanti attraverso l'espulsione di parte degli strati interni processati dalla nucleosintesi termonucleare. Il processo ciclico di condensazione di nebulose in stelle e di esplosioni finali cambiano la composizione chimica media dell'Universo. Le stelle più antiche sono quindi **stelle povere di metalli** o **stelle di Popolazione II**, mentre quelle come il Sole sono stelle condensatesi più recentemente da nubi già arricchite e sono pertanto **stelle ricche di metalli** o **stelle di Popolazione I** con abbondanze $Z \approx 0.02 - 0.04$ di elementi pesanti. La terminologia di popolazioni stellari fu introdotta prima dello sviluppo della teoria dell'evoluzione stellare facendo riferimento all'idea che effettivamente esse fossero classi di oggetti differenti, non solo per la composizione chimica, ma soprattutto perché le dinamiche delle due classi sono differenti. Le stelle di Pop. I hanno piccole velocità rispetto al Sole e si trovano principalmente nel disco della Galassia; le stelle di Popolazione II hanno una dinamica più attiva con alte velocità e moti che le portano fuori e lontano dal disco della Galassia. Le due popolazioni sono poi spesso associate a particolari raggruppamenti di stelle, chiamati ammassi, dove appunto predomina l'uno o l'altro tipo.

Anche ad occhio nudo è facile rendersi conto che esistono aggregazioni di stelle. Lo studio astrofisico permette di verificare che queste strutture non sono solo prospettiche, ma che si tratta effettivamente di associazioni nelle tre dimensioni gravitazionalmente connessi. Ben noti sono il gruppo delle Pleiadi nel Toro, la Chioma di Berenice, il Presepio, l'ammasso doppio nel Perseo, l'ammasso di Ercole nei Cani da Caccia. Esistono due classi di ammassi: gli *ammassi aperti*, raggruppamenti di stelle relativamente irregolari, e gli *ammassi globulari*, oggetti apparentemente nebulari, ben organizzati in strutture sferiche molto dense di stelle al centro.

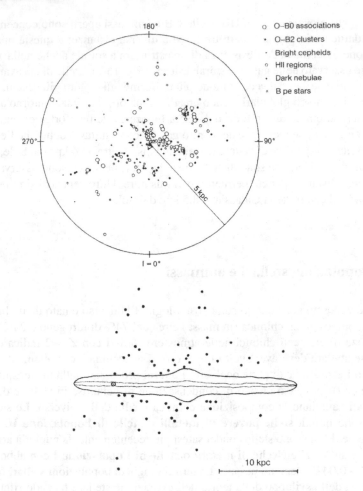

O   O–B0 associations
·   O–B2 clusters
·   Bright cepheids
○   HII regions
·   Dark nebulae
·   B pe stars

Fig. 15.7 Distribuzione di oggetti giovani nel piano della Galassia (in alto) e distribuzione degli ammassi globulari (in basso)

Il primo catalogo di strutture non stellari, ma nebulari, fu prodotto da Charles Messier nel 1784. Comprendeva 110 oggetti di cui 30 furono poi riconosciuti essere ammassi globulari. Il catalogo oggi normalmente usato per la nomenclatura è il *New General Catalogue of Nebulae and Clusters of Stars (NGC)* compilato dall'astronomo danese John Dreyer nel 1888 e aggiornato dall'*Index Catalogue (IC)* nel 1910.

La formazione di aggregazioni di stelle è una conseguenza del processo di condensazione delle nebulose pre-stellari che, come abbiamo visto, iniziano il collasso con masse fino a $10^5 M_\odot$ e successivamente si frammentano in oggetti di scala stellare. Ciò significa che gli ammassi contengono stelle nate allo stesso tempo dalla nube madre e tutte con la stessa composizione chimica. Anche la dinamica dipende dall'epoca della condensazione della nebulosa: stelle di Pop. II sono in ammassi che sono nati per primi quindi con pochi metalli, ma con dinamica più intensa perché si riferisce anche alle prima fasi di formazione della Galassia, quanto questa si stava ancora appiattendo verso la forma disco; stelle di Pop. I sono invece quelle che si stanno formando in tempi recenti, pertanto nel gas del disco e con composizione chimica già arricchita in elementi pesanti dalle precedenti generazioni di stelle.

15.2.1 Ammassi aperti

Gli ammassi aperti sono aggregazioni che contengono da poche decine fino a qualche migliaio di stelle (Fig. 15.8). La loro energia globale è positiva, cioè sono sistemi non legati; la rotazione differenziale della Galassia e le perturbazioni gravitazionali esterne tendono a disperderli; alcuni di essi tuttavia sono quasi permanenti. Ad esempio l'ammasso delle Pleiadi (Fig 15.8), pur essendo vecchio parecchi milioni di anni, è ancora molto addensato. Le distanze degli ammassi (e delle associazioni) sono ottenute con misure fotometriche e spettroscopiche degli elementi più brillanti. Nel caso di ammassi vicini, ad esempio le Iadi, si usa il metodo delle parallassi cinematiche (§ 4.1).

È interessante studiare il diagramma HR (o la relazione colore-magnitudine) per gli ammassi perché esso rappresenta una traccia dell'evoluzione stellare, essendo le stelle componenti nate tutte insieme ed evolvendo con tempi di vita diversi a seconda della massa. Come illustrato in Fig. 15.9, gli ammassi aperti hanno una MS molto ben definita e relativamente stretta, che contiene la maggior parte delle stelle del sistema. Circa la presenza di giganti, gli ammassi più recenti non hanno giganti rosse, e la loro MS si estende fino alla zona delle supergiganti blu; gli ammassi più antichi hanno alcune supergiganti rosse e contemporaneamente la loro MS non si estende verso le alte luminosità oltre un punto che viene chiamato di **turn-off** (piegamento) e che corrisponde alle stelle di grande massa che hanno concluso la

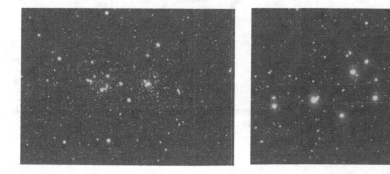

Fig. 15.8 L'ammasso aperto doppio $h + \chi$ Persei (a sinistra) e l'ammasso aperto delle Pleiadi (M45) con nebulosità gassose intorno alle stelle (a destra)

fase di bruciamento dell'idrogeno. La relazione tra magnitudine assoluta visuale del punto di turnoff ed età dell'ammasso è empiricamente data da:

$$M_V(\text{turnoff}) = 2.70 \log\left[\tau/\left(10^9 \text{anni}\right)\right] + 0.30\,[\text{Fe}/\text{H}] + 1.41 \qquad (15.6)$$

dove $[\text{Fe}/\text{H}]$ è l'abbondanza del ferro relativamente all'idrogeno rispetto a quella solare:

$$[\text{Fe}/\text{H}] = \log\left[\frac{n(\text{Fe})}{n(\text{H})}\right] - \log\left[\frac{n(\text{Fe})}{n(\text{H})}\right]_{\odot}. \qquad (15.7)$$

Il diagramma HR è anche utile per determinare la distanza degli ammassi con il metodo detto *MS fitting*. Poiché le stelle degli ammassi si trovano tutte praticamente alla stessa distanza da noi, le loro magnitudini apparenti nel diagramma HR osservativo sono tutte corrette dallo stesso modulo di distanza rispetto alle magnitudini assolute e quindi la forma della MS non è modificata (a parte le correzioni per l'arrossamento). Pertanto il riportare la scala di magnitudini apparenti dell'ammasso a sovrapporsi su quello in magnitudini assolute delle stelle vicine di distanza nota permette di avere un'ottima stima del modulo di distanza, non solo su una singola stella, ma su tutte le stelle dell'ammasso.

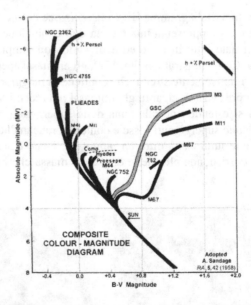

Fig. 15.9 Diagrammi HR di ammassi aperti con vari turn-off; in grigio è riportato per confronto il diagramma HR dell'ammasso globulare M3

15.2.2 Ammassi globulari

Sono aggregazioni molto più ricche di stelle, ne comprendono fino a 10^5. Le stelle sono distribuite sfericamente e la densità centrale è oltre 10 volte quella degli ammassi aperti. Un esempio è dato in Fig. 15.10.

In Fig. 15.11 è riportato il diagramma HR di un tipico ammasso globulare. La MS contiene solo stelle nella parte rossa di piccola massa, è presente un ricco ramo di subgiganti e giganti, con il ramo asintotico e il ramo orizzontale. Tutte le stelle di grande massa hanno ormai lasciato la MS, il che indica che questi ammassi sono molto vecchi. Inoltre la MS corrisponde a luminosità più basse di quella degli ammassi aperti e ciò è dovuto alla diversa composizione chimica essendo le stelle tutte molto povere di metalli (bruciamento p-p). Si tratta delle stelle più antiche della Galassia, con età oltre i 13 miliardi di anni, e con abbondanze di metalli inferiori allo 0.1%. Questo dato conferma che originariamente la Galassia è partita da una composizione chimica a basso contenuto di metalli.

Gli ammassi globulari, come osservato da Shapley, sono distribuiti secondo una struttura sferoidale intorno alla Via Lattea e rispetto al disco posseggono velocità orbitali elevate con direzioni casuali. In media un ammasso globulare attraversa il disco della Galassia ogni 10^8 anni. In realtà ciò indica si tratti di una popolazione di oggetti che si sono formati durante la contrazione della nuvola primordiale da cui è formata la Via Lattea con velocità angolare diversa da quella del disco attuale.

Fig. 15.10 L'ammasso globulare M13

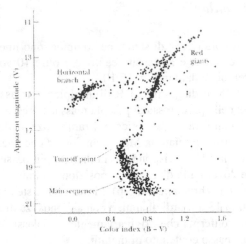

Fig. 15.11 Diagramma colore - magnitudine di un ammasso globulare

15.2.3 Associazioni

Nel 1947 l'astronomo sovietico Viktor Ambartsumyan indagò gruppi di stelle giovani distribuite su vaste aree del cielo e difficili da riconoscere come strutture. Si tratta di *associazioni* con poche decine di stelle caratterizzate da una stella brillante, in genere una stella di sequenza principale o una T Tauri: corrispondentemente vengono chiamate **associazioni OB** e **associazioni T Tauri**. Le stelle di tipo O, blu luminose, non vivono sulla sequenza principale che pochi milioni di anni, per cui queste associazioni sono necessariamente molto giovani, di recente formazione; analogamente le associazioni T Tauri contengono stelle in formazione e corrispondentemente sono ancora più recenti. Studi della dinamica indicano che le associazioni hanno energia positiva, cioè non sono sistemi legati, ma sono in fase di dispersione all'atto della loro formazione. Si calcola che alcuni milioni di anni fa queste associazioni erano molto compatte e si sono disperse per la loro energia totale positiva. Spesso le associazioni contengo grandi quantità di materia interstellare, gas, polveri, come ci si deve aspettare in regioni di recente formazione stellare. Osservazioni nell'infrarosso stanno rivelando la condensazione di nuove stelle nelle regioni dense di queste nebulose. Le associazioni sono fortemente concentrate nei bracci di spirale della Via Lattea. Sia in Orione che nella direzione del Cefeo sono state rivelate tre generazioni di associazioni, in cui le più estese contengono le stelle relativamente più vecchie e quelle più compatte contengono stelle più giovani.

Fig. 15.12 Associazione stellare nella regione di Antares

15.3 Il mezzo interstellare

Sebbene la maggior parte della materia nella Via Lattea sia condensata in stelle, 10% circa di essa è distribuita nello spazio interstellare sotto forma di nubi e mezzo diffuso. Il mezzo interstellare è osservabile per lo più nelle bande radio e infrarossa, dove la temperatura fissa il picco di emissione termica; tuttavia emissioni e assorbimenti sono molto deboli e di difficile rivelazione. Il mezzo interstellare contiene circa un atomo di *gas* per 1 cm^3 e una particella di *polvere* per 10^{13} cm^3 (più che di polvere si dovrebbe parlare di fumo perché le dimensioni delle particelle è molto piccola); la massa della polvere è meno dell'1% della massa in gas. La distribuzione del mezzo è molto irregolare, molto concentrata sul disco e con regioni di relativamente alta densità (nubi interstellari), dove le quantità di materia in stelle e nel mezzo diffuso sono paragonabili.

Un limite superiore alla massa del mezzo interstellare può essere derivato dal loro effetto gravitazionale nella dinamica della Galassia. Infatti lo studio dei moti stellari perpendicolarmente al piano del disco permette di determinare quale massa sia necessaria per evitare l'evaporazione delle stelle dal disco per effetto dei moti peculiari, con riferimento alla regione intorno al Sole. In tal modo si ottiene il **limite di Oort** che richiede una massa nel disco $(7.3 \div 10) \times 10^{-24}$ g cm^{-3}: le stelle forniscono $(5.9 \div 6.7) \times 10^{-24}$ g cm^{-3}. La differenza tra questi valori pone un limite alla massa non stellare della Galassia. Poichè la densità del mezzo interstellare noto è di circa 1.7×10^{-24} g cm^{-3}, si conclude che la massa delle stelle e del mezzo interstellare insieme sono adeguate a interpretare la dinamica locale della Galassia: non vi è nessuna indicazione della presenza di forme di materia non conosciuta, almeno nelle vicinanze del Sole.

15.3.1 Polveri interstellari

Le prime evidenze dell'esistenza di polveri furono ottenute da Robert Trumpler intorno al 1930 nello studio degli ammassi aperti. Ricavando la distanza di tali ammassi dal modulo di distanza puramente geometrico, notò come sempre si ottenessero dimensioni degli ammassi crescenti per oggetti lontani ($D = \alpha r$). Propose quindi che esistesse un mezzo tra sorgente e osservatore in grado di produrre un'estinzione della radiazione di oggetti lontani facendoli di fatto apparire più lontani che nella realtà; propose quindi che per oggetti lontani la formula del modulo di distanza dovesse essere del tipo:

$$m - M = 5 \log \frac{r}{10 \, \text{pc}} + A \qquad (15.8)$$

dove A rappresenta appunto l'estinzione che peraltro deve essere proporzionale alla distanza $A = ar$. Trumpler misurò un'estinzione media nel piano della Galassia con $a = 0.79$ mag kpc^{-1}. Un'attenuazione di questo livello non può essere prodotta da un gas di densità pari a quella stimata dal limite di Oort, per cui Trumpler suggerì la presenza di granuli di polveri di differente diametro d, da frazioni micron ad alcuni micron, dell'ordine delle lunghezze d'onda della banda ottica, che fossero in grado di dare una diffusione molto efficiente. Infatti la diffusione (detta *diffusione di Mie*) è molto grande quando $x = 2\pi d/\lambda \geq 1$, mentre decresce fortemente per $x \ll 1$, cioè nel caso di interazione tra fotoni ottici e atomi dei gas (*diffusione di Rayleigh*). La polvere causa inoltre l'arrossamento della luce stellare in quanto produce un'estinzione selettiva sulle lunghezze d'onda, più forte sulle più corte (vedi § 3.5).

Infine le polveri possono causare una *polarizzazione* della radiazione. Ciò è dovuto al fatto che i granuli hanno una forma non sferica e quindi vengono allineati in un campo magnetico; di conseguenza il campo elettrico della radiazione elettromagnetica che attraversa una nube di polveri verrà filtrato. Lo studio della polarizzazione della luce che attraversa nubi di polvere fornisce quindi informazioni sul campo magnetico galattico.

La distribuzione delle polveri è molto concentrata sul disco della Via Lattea, con uno spessore non superiore ai 100 pc; essa crea, tra l'altro, un angolo di circa $20°$ entro cui dal Sole non si possono osservare galassie esterne, la cosiddetta *avoidance zone* (zona di impedimento).

La polvere è spesso addensata in **nebulose oscure** che impediscono l'osservazione delle stelle in quella regione di cielo (Fig. 15.13). Se tuttavia esiste nelle vicinanze una stella luminosa, le nubi riflettono la radiazione e originano le **nebulose di riflessione**, che è il caso appunto delle nebulose intorno alle Pleiadi di Fig. 15.8 e ad Antares di Fig. 15.12.

Nel 1922 Hubble ricavò una correlazione tra raggio apparente della nebulosa R (in minuti d'arco) e la magnitudine apparente m della stella che la illumina:

$$5 \log R = -m + \text{costante} \qquad (15.9)$$

Fig. 15.13 La nebulosa oscura della Testa di Cavallo in Orione

cioè le dimensioni delle nebulose di riflessione sono maggiori per una stella più potente. La relazione può essere interpretata fisicamente assumendo che l'illuminazione di una nebulosa di polveri è inversamente proporzionale al quadrato della distanza dalla stella illuminante e le nebulose sono distribuite uniformemente nello spazio.

Le polveri, oltre a diffondere la radiazione, sono anche in grado di assorbirla e riemetterne l'energia come un corpo nero alle loro temperature. Le **nebulose di emissione** isolate hanno temperature dell'ordine dei $10 - 20$ K, ed emettono nell'infrarosso a $150 - 300$ micron; le nebulose vicine a stelle calde hanno invece temperature di $100 - 600$ K ed emettono a 5-30 micron. In Fig. 15.14 è illustrata l'osservazione infrarossa ad alta risoluzione di una nebulosa di emissione ottenuta dal telescopio spaziale Spitzer. Le polveri interstellari contengono molecole di acqua, silicati e grafite, con granuli intorno a 0.3 micron o minori. Si sono probabilmente formate nelle atmosfere di stelle dei tipi spettrali K e M ed espulse nello spazio interstellare durante le fasi ultime dell'evoluzione.

Fig. 15.14 Immagine ad alta risoluzione della nebulosa M20 in emissione infrarossa ottenuta dal telescopio Spitzer

15.3.2 Gas interstellare

L'esistenza del gas fu inizialmente rivelata da Johannes Hartmann nel 1904 che osservò righe di assorbimento negli spettri di alcune stelle binarie che non si spostavano per effetto Doppler dei moti orbitali come tutte le altre. Era naturale concludere che si trattasse di righe formate da nubi nello spazio tra la sorgente e l'osservatore.

La massa del gas è circa 100 volte quello delle polveri, ma è molto più difficile da osservare perché non causa grandi effetti di estinzione. Nella banda ottica genera solo alcune righe spettrali, in particolare quelle del sodio neutro e del calcio ionizzato; più ricca è la banda dell'ultravioletto, dove in particolare compare la riga Lyman α a 1216 Å. Comunque sono presenti righe di tutti gli elementi dall'idrogeno fino allo zinco. Dallo studio delle righe si calcola un'abbondanza di idrogeno (70%) ed elio (30%) simile a quella stellare, mentre gli elementi pesanti sembrano significativamente meno abbondanti che nelle stelle di Pop. I. In realtà si pensa che ciò sia dovuto al fatto che gli atomi degli elementi pesanti siano in gran parte incorporati nei granuli di polvere per cui non appaiono nel gas.

La presenza di righe di atomi ionizzati indica che esistono processi di ionizzazione prodotti dalla luce stellare e anche dai raggi cosmici. Una volta ionizzati gli atomi hanno bassa probabilità di ricombinarsi data la bassa densità del mezzo.

15.3.2.1 Idrogeno atomico

Le osservazioni nell'ultravioletto hanno permesso di studiare la distribuzione dell'idrogeno neutro interstellare. La riga più importante è la **riga Lyman** α che compare in assorbimento negli spettri stellari. le prime osservazioni furono fatte da uno strumento su un razzo stratosferico fin dal 1967. Le misure di densità ottenute dallo spettro di stelle a distanze tra 100 e 1000 pc indicano un valore di 0.7 atomi cm^{-3}. Invece l'osservazione di stelle relativamente vicine come Arturo, che si trova a soli 11 pc dal Sole, indicano una densità tra 0.02 - 0.1 atomi cm^{-3} oltre 10 volte minore. Il Sistema Solare si trova dunque in una zona di di bassa densità di gas interstellare.

L'idrogeno neutro può anche essere rivelato nella banda radio con la **riga a 21 cm**. Questa riga nasce da una transizione della struttura iperfine dell'atomo, cioè dell'orientamento degli spin dell'elettrone e del protone nell'atomo di idrogeno (vedi 3.14). Lo stato fondamentale è quello con gli spin opposti; lo stato con spin paralleli ha un'energia $\Delta E = 5.87 \times 10^{-6}$ eV più alta. Una riga alla frequenza $v = \Delta E/h = 1420$ MHz può essere prodotta in emissione se un atomo eccitato decade allo stato fondamentale (Fig. 15.15). Oppure il processo può avvenire in assorbimento quando un fotone della data frequenza causa la transizione di un atomo di idrogeno dallo stato fondamentale a quello eccitato. La possibilità dell'osservazione di tale riga fu proposta nel 1944 da Hendrick van de Hulst e venne osservata nel 1951 da Harold Ewen e Edward Purcell. L'osservazione a 21 cm è da allora diventato uno dei metodi più potenti per studiare la struttura della nostra Galassia e delle galassie esterne.

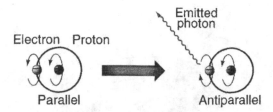

Fig. 15.15 La fisica della produzione della riga 21 cm dell'idrogeno neutro

In genere la riga viene studiata in emissione ed è rivelata grazie alla grande abbondanza di idrogeno. Alcuni esempi sono mostrati in Fig. 15.16 dove appare evidente il contributo di diverse componenti con differente velocità radiale Doppler. In ordinata è data la temperatura di brillanza: a parte fattori strumentali, corrisponde alla temperatura di antenna misurata dai radiotelescopi. La relazione tra l'intensità e la temperatura è definita dalla curva di Planck nel limite di Rayleigh-Jeans poiché la bassa frequenza della riga comporta $h\nu/kT = 0.07/T \ll 1$:

$$I_\nu = \frac{2\nu^2 kT}{c^2}.$$ (15.10)

Nella soluzione dell'equazione del trasporto radiativo l'intensità della radiazione I_ν è definita dalla temperatura di brillanza T_b, mentre la funzione sorgente S_ν dipende dalla temperatura di eccitazione T_{ecc} con $T_b = T_{ecc}\,[1 - \exp(-\tau_\nu)]$.

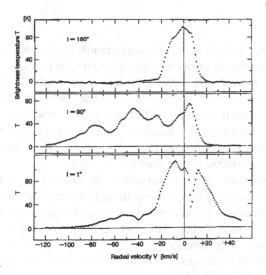

Fig. 15.16 Profili di righe di emissione a 21 cm a diverse longitudini galattiche in funzione della velocità radiale. L'ampiezza del segnale dà l'intensità dell'emissione, la posizione in velocità mette in evidenza nubi a diverse velocità relative (da Verschuur e Kellerman [3])

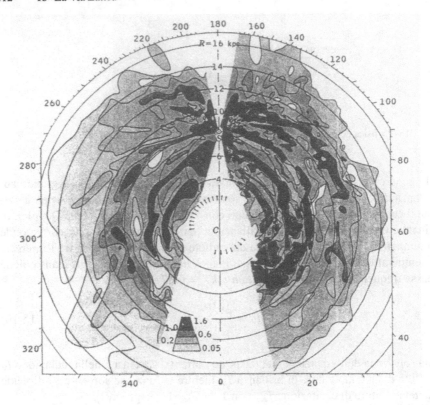

Fig. 15.17 Distribuzione dell'idrogeno neutro nel piano della Via Lattea. Adattato da Ooort, Kerr e Westerhout (1958)

In certe direzioni della Via Lattea il mezzo risulta otticamente spesso $\tau_v \gg 1$ data la grande abbondanza di idrogeno e quindi in tal caso la temperatura di brillanza corrisponde alla temperatura di eccitazione del gas delle nubi $T_b = T_{ecc}$. La temperatura di eccitazione non sempre corrisponde alla temperatura cinetica del gas. Poiché tuttavia in questo caso il tempo di collisione tra atomi che porta all'eccitazione è di 400 anni, mentre il tempo di transizione radiativa è di 11 milioni di anni, si conclude che temperatura di eccitazione e cinetica coincidono, e il valore dell'idrogeno atomico misurato nel mezzo interstellare è $T = 125$ K.

La distanza delle nubi emettenti non può essere misurata direttamente, ma stimata dal modello di rotazione differenziale della Galassia che vedremo nei prossimi paragrafi. Inoltre le densità delle nubi può essere ricavata dalla *densità di colonna* nella direzione di osservazione N (data dall'intensità della riga) e dalle dimensioni (stimate) della nuvola L; nell'ipotesi di emissione da gas otticamente sottile $n = N/L$. In tal modo, con le stime di densità delle singole nuvole e della loro distanza, si ottiene il diagramma di Fig. 15.17 che mostra la chiara presenza di regioni con densità fino a $10 - 100$ atomi cm^{-3}. Queste regioni sono chiamate **regioni H I**. L'idrogeno è concentrato in un disco come la polvere, ma con uno spessore 2 volte superiore, circa 200 parsec. La possibilità di combinare informazioni sulla stessa nube in assorbimento ed emissione permette una miglior valutazione dei parametri fisici.

15.3.2.2 Regioni H II

In alcune regioni dello spazio l'idrogeno è ionizzato, in particolare intorno a stelle calde di tipo O; tali stelle hanno una forte emissione nell'ultravioletto e quindi possono mantenere fotoionizzati gli atomi di idrogeno circumstellari. Se il gas circumstellare è sufficientemente denso di idrogeno, quando gli atomi fotoionizzati si ricombinano, si formano **nubi di emissione dell'idrogeno ionizzato**, dette appunto regioni H II (Fig. 15.18). Contrariamente al caso delle stelle, tali nubi hanno un continuo molto debole, ma sono dominate dalle righe di emissione, essenzialmente le righe di Balmer nel visibile. Il tempo tipico di ricombinazione degli atomi è di parecchie centinaia di anni, mentre la ionizzazione avviene su tempi scala di pochi mesi. Data la grande efficienza della fotoionizzazione, tutti i fotoni della stella vengono assorbiti entro una distanza ben definita. Pertanto la transizione tra zona ionizzata e zona non ionizzata è molto netta e dipende essenzialmente dal flusso di fotoni ultravioletti della stella: intorno alla stella si forma quella che si chiama **sfera di Strömgren**, che intorno a stelle O è di 50 pc e a stelle A0 solo di 1 pc. Il valore del raggio di tale sfera è definito dalla fisica dell'interazione materia - radiazione per ogni tipo di stella, e quindi il confronto con le dimensioni apparenti permette una misura diretta della distanza della nube.

Il numero di ricombinazioni per unità di tempo e di volume è proporzionale al prodotto delle densità di protoni ed elettroni:

$$n_{ric} \propto n_p n_e \propto n_e^2 \qquad (15.11)$$

e quindi la brillanza superficiale della regione H II sarà proporzionale a quella che si chiama *misura di emissione*:

$$EM = \int n_e^2 dl \qquad (15.12)$$

dove l'integrale è fatto lungo la linea di vista attraverso la nube.

15.3.3 Molecole interstellari

Le prime molecole interstellari furono scoperte nel 1937-38 attraverso bande di assorbimento negli spettri di alcune stelle, dovute a CH, CH^+ e CN. Oggi molte altre sono state individuate, fra cui le più abbondanti sono le molecole di idrogeno H_2 e di monossido di carbonio CO.

L'idrogeno molecolare è rivelato da bande di assorbimento a 1050 Å; si forma sulla superficie dei granuli delle polveri che fungono da catalizzatori in quan-

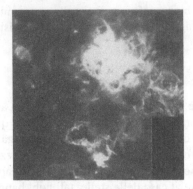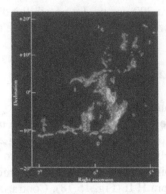

Fig. 15.18 *Sinistra*: La regione HII Tarantula osservata in Hα. *Destra*: Mappa radio dell'emissione del CO nella regione della nebulosa di Orione

to lo proteggono dalla distruzione ad opera della radiazione ultravioletta. Idrogeno molecolare e polveri sono quindi fortemente mescolati.

Gli spettri molecolari sono discussi nel § 3.14 e possono essere osservati nel radio, infrarosso e ottico. In genere le molecole sono rivelate in nubi molecolari di formazione stellare molto dense, negli inviluppi esterni delle regioni H II e nelle regioni vicino al centro della Galassia nel Sagittario. In Fig. 15.18 è rappresentata una mappa dell'emissione del CO in Orione misurata nel radio.

15.4 La rotazione differenziale della Galassia

La forma a disco della Via Lattea suggerisce la presenza di rotazione intorno ad un asse ad esso normale. Il modello quantitativo della rotazione galattica è stato sviluppato dall'olandese Jan Oort attraverso lo studio della dinamica delle stelle e del gas interstellare, che ha appunto confermato che il sistema ruota intorno al centro galattico e la velocità angolare dipende dalla distanza da esso: la Galassia non è un corpo rigido, ma è dotata di una rotazione differenziale. In particolare nelle vicinanze del Sole la velocità di rotazione decresce al crescere del raggio.

Il modello di Oort parte dai seguenti osservabili. Si supponga, come indicato in Fig. 15.19, che le stelle si muovano in orbite circolari intorno al centro galattico nel piano galattico e che pertanto la velocità del Sole, o meglio del LSR, sia V_0 alla distanza R_0 dal centro. Si consideri una generica stella S a distanza r e longitudine l rispetto al Sole che si muova a velocità V alla distanza R dal centro. Queste ipotesi sono ben verificate nel caso di stelle di Pop. I.

Calcoliamo la velocità radiale della stella relativamente al Sole v_r proiettando la differenza delle velocità $V - V_0$ sulla congiungente stella-Sole:

$$v_r = V \cos \alpha - V_0 \sin l \qquad (15.13)$$

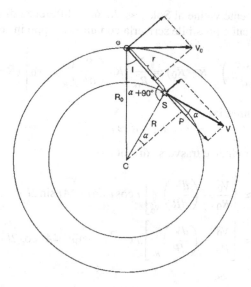

Fig. 15.19 Geometria della rotazione galattica; le velocità relative della stella S rispetto al Sole sono scomposte nella componente radiale e trasversa alla line di vista (da Karttunen et al. [1])

dove α è l'angolo tra il vettore velocità **V** e la congiungente stella-Sole. dalla trigonometria si ricava:

$$\frac{\sin(\alpha + \pi/2)}{\sin l} = \frac{R_0}{R} \qquad (15.14)$$

per cui

$$\cos \alpha = \frac{R_0}{R} \sin l . \qquad (15.15)$$

Esprimendo le velocità lineari attraverso le velocità angolari:

$$v_r = R_0 (\omega - \omega_0) \sin l . \qquad (15.16)$$

Passiamo ora al calcolo della componente trasversa della velocità relativa:

$$v_t = V \sin \alpha - V_0 \cos l = R\omega \sin \alpha - R_0 \omega_0 \cos l \qquad (15.17)$$

e poiché (triangoli $\odot CP$ e $\odot CS$)

$$R \sin \alpha = R_0 \cos l - r \qquad (15.18)$$

si ottiene:

$$v_t = R_0 (\omega - \omega_0) \cos l - \omega r . \qquad (15.19)$$

Per stelle relativamente vicine al Sole $r \ll R, R_0$ la differenza di velocità angolari è molto piccola, per cui è possibile scriverla con uno sviluppo in serie:

$$\omega - \omega_0 \approx \left(\frac{d\omega}{dR}\right)_0 (R - R_0) = \frac{1}{R_0^2}\left[R_0\left(\frac{dV}{dR}\right)_{R_0} - V_0\right](R - R_0) \quad (15.20)$$

e inoltre (dalla geometria):

$$R_0 - R \approx r\cos l \quad (15.21)$$

per cui le velocità radiale e trasversa diventano:

$$v_r \approx \left[\frac{V_0}{R_0} - \left(\frac{dV}{dR}\right)_{R_0}\right] r\cos l \sin l = Ar\sin 2l \quad (15.22)$$

$$v_t \approx \left[\frac{V_0}{R_0} - \left(\frac{dV}{dR}\right)_{R_0}\right] r\cos^2 l - \omega_0 r = Ar\cos 2l + Br \quad (15.23)$$

dove

$$A = \frac{1}{2}\left[\frac{V_0}{R_0} - \left(\frac{dV}{dR}\right)_{R_0}\right] \quad (15.24)$$

$$B = -\frac{1}{2}\left[\frac{V_0}{R_0} + \left(\frac{dV}{dR}\right)_{R_0}\right] \quad (15.25)$$

sono dette **costanti di Oort**. Le velocità radiale e trasversa sono misurabili con l'effetto Doppler e i moti propri rispettivamente e dallo studio statistico su molte stelle di cui si abbia la distanza si possono quindi determinare la velocità angolare della Galassia alla posizione del Sole (o del LSR) e la sua variazione con il raggio. Un fatto sperimentale che conferma questo modello è la variazione sinusoidale (con frequenza doppia) delle velocità radiali al variare della longitudine di stelle alla stessa distanza, con ampiezza crescente al crescere della distanza (Figg. 15.20 e 15.21). Nel 1927 Oort fu in grado di determinare osservativamente tali costanti:

$$A = 15 \text{ km s}^{-1} \text{ kpc}^{-1} \qquad B = -10 \text{ km s}^{-1} \text{ kpc}^{-1} \quad (15.26)$$

da cui si derivano la velocità angolare del LSR e l'andamento della rotazione differenziale:

$$\omega_0 = \frac{V_0}{R_0} = A - B = 0.0053 \text{ arcsec anno}^{-1} \quad (15.27)$$

$$\left(\frac{dV}{dR}\right)_{R_0} = -(A + B) . \quad (15.28)$$

Il periodo di rivoluzione del LSR intorno al centro galattico è 2.5×10^8 anni, per cui il Sole nella sua evoluzione di 5 miliardi di anni ha già compiuto 20 rivoluzioni.

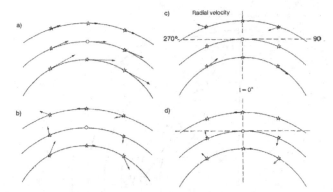

Fig. 15.20 Effetto della rotazione differenziale sulle velocità radiali e moti propri delle stelle nelle vicinanze del Sole. (a) Velocità orbitalidelle stelle nel modello di Oort. (b) Velocità relative al Sole, ottenute sottraendo vettorialmente la velocità del Sole. (c) Componenti radiali delle velocità rispetto al Sole. (d) Componenti tangenziali delle velocità rispetto al Sole

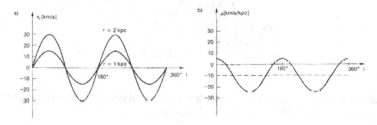

Fig. 15.21 Dati osservativi sulle componenti delle velocità radiali e tangenziali in funzione della longitudine galattica; nelle velocità radiali sono catalogate stelle a due diverse distanze dal Sole (da Karttunen et al. [1])

Oggi possiamo anche calcolare la velocità del Sole attraverso misure rispetto alle galassie lontane e ricavare che $V_0 = 220$ km s^{-1} e quindi usare la velocità angolare del LSR per misurare la distanza del Sole dal centro della Galassia $R_0 = 8.5$ kpc.

15.4.1 La distribuzione del mezzo interstellare

L'emissione dell'idrogeno neutro permette di studiare la dinamica delle nubi di gas interstellare che producono i picchi nel diagramma intensità-velocità radiale di Fig. 15.16. La misura diretta della distanza delle nubi non è possibile, ma esiste una misura indiretta basata sulla rotazione differenziale della Galassia. La Fig. 15.22 è una rappresentazione schematica della situazione in cui nubi di gas 1, 2, 3,... si muovono su orbite circolari e sono osservate dalla posizione del Sole nella direzione di longitudine l, con $-90° < l < +90°$. La velocità angolare cresce verso l'interno e perciò le velocità radiali maggiori lungo la linea di vista sono quelle in cui la linea

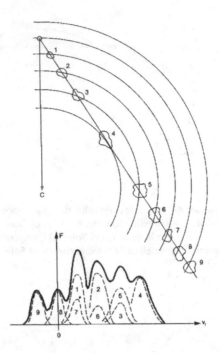

Fig. 15.22 Emissione di righe dell'H I da nuvole in rotazione differeziale intorno al centro galattico osservata dalla posizione del Sole ad una data longitudine

di vista è tangente all'orbita circolare della nube 4:

$$v_{r,\mathrm{max}} = R_4 \left(\omega - \omega_0 \right) \qquad (15.29)$$

dove il raggio dell'orbita su cui si trova la nube 4 è $R_4 = R_0 \sin l$. La distanza della nube 4 dal Sole è $r_4 = R_0 \cos l$. Per le altre nubi le velocità radiali sono inferiori, ma la loro posizione può essere ricavata con riferimento a quella massima se è noto l'andamento della velocità angolare della Galassia. In tal modo è possibile ottenere la mappa delle nubi di idrogeno neutro, individuando una tipica struttura a spirale. Queste misure sono tuttavia piuttosto incerte perché richiedono un modello affidabile dell'andamento di ω in funzione di r.

15.4.2 La curva di rotazione della Galassia

L'osservazione delle nubi di emissione di idrogeno neutro permettono di ricavare per ogni longitudine galattica (guardando verso il centro della Galassia) la velocità lineare delle nubi nel punto dove massima è la velocità relativa al Sole, assumendo che le orbite siano circolari. In tal modo, conoscendo la velocità di rotazione del

Sole intorno al centro della Galassia, è possibile ricavare la funzione $V = V(R)$, la cosiddetta *curva di rotazione* della Galassia.

Tale curva permette di ricavare la massa della Galassia all'interno della posizione del Sole bilanciando forza gravitazionale e forza centrifuga:

$$\frac{GM(R_0)}{R_0^2} \approx \frac{V_0^2}{R_0} \qquad (15.30)$$

e quindi

$$M(R_0) = \frac{R_0 V_0^2}{G} \qquad (15.31)$$

che, con $R_0 = 8.5$ kpc e $V_0 = 220$ km s^{-1}, fornisce $M(R_0) = 1.9 \times 10^{41}$ kg $= 1.0 \times 10^{11} M_\odot$. La Fig. 15.23 mostra schematicamente il risultato ottenuto a varie distanze R dal centro, combinando le osservazioni a 21 cm con i dati statistici sui moti delle stelle. La parte centrale della Galassia ruota come un corpo rigido, cioè la sua velocità cresce linearmente con il raggio; intorno a 2 kpc dal centro la velocità cade e poi riprende lentamente a crescere, raggiungendo un massimo intorno a 8 kpc. Infine riprende a decrescere, e questo è l'andamento nelle vicinanze del Sole.

Fino a metà del Novecento la presunzione generale era che la velocità dovesse continuare a decrescere verso l'esterno in quanto la massa della Galassia sembrava essere concentrata all'interno del raggio dell'orbita solare. In tal caso la velocità sarebbe dovuta cadere secondo la legge kepleriana $V \propto R^{-1/2}$. In realtà ciò non è

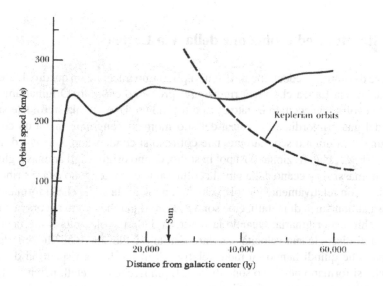

Fig. 15.23 La curva di rotazione della Galassia

confermato dalle costanti di Oort. Infatti se $V = \sqrt{GM/R}$ dovrebbe anche essere:

$$\frac{dV}{dR} \propto -\frac{1}{2}\sqrt{GM/R^3} = -\frac{1}{2}\frac{V}{R} \qquad (15.32)$$

e quindi le costanti di Oort si combinerebbero secondo la relazione:

$$\frac{A-B}{A+B} = 2 \qquad (15.33)$$

che non è verificata dai dati (15.26).

Inoltre i dati raccolti nella seconda metà del '900 su stelle deboli e nubi molecolari esterne al raggio dell'orbita solare hanno mostrato, come riportato in figura, che la curva di rotazione della Galassia è praticamente costante o addirittura cresce oltre il Sole. Ciò implica la presenza di massa anche nelle zone esterne della Galassia; nel caso di $V(R) = $ cost si calcola facilmente quale dovrebbe essere la distribuzione di massa della Galassia :

$$\frac{GM(R)}{R^2} \approx \frac{V_0^2}{R}$$
$$M(R) \approx R. \qquad (15.34)$$

Poiché non esistono chiare evidenze di una gran quantità di materia al di fuori del raggio dell'orbita solare, e questo risultato si ripete come vedremo per tutte le galassie simili alla nostra, si pone il cosiddetto problema della *massa mancante* o della *materia oscura*.

15.5 Struttura ed evoluzione della Via Lattea

Alla luce dei dati precedentemente discussi possiamo tracciare un quadro dell'evoluzione della Via Lattea che verrà ripreso nel prossimo capitolo. Originariamente il modello evolutivo accettato è stato di tipo top-down. Una nuvola sferoidale si condensa dal gas primordiale e a causa del suo momento angolare inizia un collasso verso una struttura a disco. Durante tale collasso si condensano ammassi di masse oltre le $10^5 M_\odot$, che, frazionandosi poi in stelle, danno origine agli ammassi globulari. Gli ammassi si staccano dalla nuvola collassante e mantengono una distribuzione sferoidale con relativamente piccola velocità angolare; le stelle che si formano hanno bassa abbondanza di metalli, cioè sono di Pop. II perché hanno ancora la composizione chimica originaria. Quando la struttura della nuvola collassante raggiunge la forma di disco, la sua velocità angolare risulta più elevata di quella dell'alone di ammassi, che quindi hanno un moto relativo di alta velocità rispetto al disco. Le stelle che si formano nel disco sono di Pop. I, più ricche di metalli perché nel disco si possono succedere più cicli evolutivi delle stelle di grande massa.

Oggi questo quadro è stato in parte messo in discussione dalle osservazioni delle galassie esterne che rivelano l'importanza delle interazioni mareali tra galassie.

Sono frequenti *collisioni* e *merging* di galassie da cui l'evoluzione galattica può risultare fortemente influenzata. Vi sono infine indicazioni cosmologiche che suggeriscono come le attuali galassie si possano essere formate non da una singola nuvola primordiale, ma dalla coalescenza di più galassie nane.

Va infine ricordata la presenza di campi magnetici e raggi cosmici nell'alone galattico che possono aver avuto importanti effetti dinamici nell'evoluzione.

Dati precedentemente discussi sulla distribuzione delle stelle nel disco indicano che la Via Lattea è una galassia spirale. In linea di principio una qualunque perturbazione del disco assume una configurazione a spirale ad opera della rotazione differenziale, ma è stato valutato da studi di idrodinamica che la perturbazione verrebbe rapidamente dissipata. Nel prossimo capitolo discuteremo le teorie sull'origine dei bracci di spirale secondo la cosiddetta teoria delle onde di densità, che si basa sull'esistenza di onde stazionarie che ruotano rigidamente con il disco galattico, ma a velocità circa metà di quella delle stelle e del gas che vengono compressi quando le attraversano. Questo spiega la ragione per cui le stelle giovani sono addensate sulle zone di più alta densità delle onde dove la compressione del gas ha facilitato la formazione stellare. Le stelle più evolute hanno invece una distribuzione più uniforme perché rilassata dai moti peculiari.

Un'ulteriore importante componente della Via Lattea è il suo **nucleo**, osservabile nelle bande radio, millimetriche e infrarosse, mentre nell'ottico è oscurato dall'estinzione del mezzo interstellare. Le misure indicano che avvicinandosi al centro della Via Lattea la densità stellare cresce e dà origine ad un ripido picco centrale. In contrasto nella regione centrale di circa 3 kpc il disco di gas scompare. Più all'interno entro un raggio di 1 kpc esiste una distribuzione rigonfia di stelle di Pop. II molto antiche, il **bulge**, a struttura barrata. All'interno del bulge riappare un disco molto denso di idrogeno neutro, la cui massa concentrata entro circa 300 pc è pari a circa $10^8 M_\odot$, confinata dalla pressione di una gas caldo a 10^8 K osservato in raggi X. Questo gas caldo è in grado di formare un vento galattico perpendicolarmente al piano del disco.

Fig. 15.24 La regione del nucleo della Via Lattea osservata in raggi X

La regione centrale di 10 pc della Via Lattea è dominata da una sorgente radio a spettro continuo **Sgr A** e da un denso ammasso stellare che emette nell'infrarosso. Si osservano segni di attività dinamica e di formazione stellare. Al centro dell'ammasso esiste una sorgente radio puntiforme denominata Sgr A* la cui luminosità richiede l'accrescimento di circa $\approx 1 M_\odot$ anno^{-1} su un buco nero di massa $10^6 M_\odot$. Nella Fig. 15.24 sono illustrate le osservazioni a raggi X dell'osservatorio spaziale Chandra che mostrano il gas caldo che viene risucchiato dal buco nero. La massa del buco nero è stata anche stimata attraverso le cinematiche di nuvole che emettono per effetto maser orbitanti intorno ad esso. Riprenderemo questa discussione nel prossimo capitolo discutendo in generale la struttura nucleare delle galassie spirali.

Riferimenti bibliografici

1. H. Karttunen, P. Kröger, H. Oja, M. Poutanen, K.J. Donner – *Fundamental Astronomy*, Springer, 1994
2. L. Gratton – *Introduzione all'Astrofisica*, Zanichelli, 1978
3. G.L. Verschuur, K.I. Kellermann – *Galactic and Extragalactic Radio Astronomy*, Springer, 1974

16

Galassie esterne

Le galassie sono le strutture fondamentali dell'Universo alle grandi scale. Oltre alle stelle, di varie popolazioni e composizioni, contengono grandi quantità di gas neutro, polveri, nubi molecolari, campi magnetici e raggi cosmici. Sono spazialmente aggregate in piccoli gruppi oppure in grandi ammassi. Al centro di molte galassie esiste un nucleo compatto molto luminoso, che può dominare la luminosità dell'intera galassia.

16.1 La scoperta delle galassie

Il moderno concetto di uno spazio di grandi dimensioni in cui sono distribuite aggregazioni di stelle è spesso collegato all'ipotesi degli "universi isola" che il filosofo Immanuel Kant pubblicò nella *Storia Naturale Generale e la Teoria dei Cieli* (1755); estendendo l'idea proposta da Thomas Wright pochi anni prima che la Via Lattea fosse un grande aggregato di stelle di stelle a forma di disco, Kant propose che molti altri simili sistemi esistessero nello spazio. Ovviamente l'ipotesi di Kant era priva di reali basi osservative, ma segnò l'affermarsi del concetto di un Universo molto più grande di quanto sostenuto fino ad allora, anche da grandi astronomi come Laplace e Herschel.

Nel 1781 Charles Messier pubblicò un catalogo di oggetti nebulari, cioè regioni luminose di apparenza diffusa, che oggi sappiamo contiene sia regioni di formazione stellare, resti di esplosioni di supernova, nebulose planetarie, ammassi stellari, sia soprattutto galassie esterne. Nella Fig. 16.1 sono riportate le moderne immagini dei 110 oggetti del catalogo di Messier. I primi risultati osservativi importanti verso la scoperta delle galassie esterne alla Via Lattea arrivarono con lo sviluppo di telescopi di grandi dimensioni. Nel 1845 William Parsons (Lord Rosse) completò in Irlanda la costruzione di un telescopio riflettore metallico da 1.8 metri di diametro (con qualità ottiche peraltro non paragonabili alle attuali): un gigante a quell'epoca, tanto che venne soprannominato il "Leviatano"; fu così in grado di riconoscere la caratteristica struttura a spirale in alcune delle nebulose di Messier. John Dreyer,

Ferrari A.: Stelle, galassie e universo. Fondamenti di astrofisica.
© Springer-Verlag Italia 2011

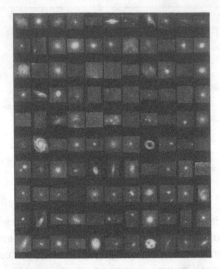

Fig. 16.1 Gli oggetti del catalogo di Messier risolti in immagini moderne

assistente di Lord Rosse, usò il Leviatano per scoprire un migliaio di nebulose che aggiunse al catalogo di oltre 3000 oggetti scoperti da William e John Herschel, che avevano potuto utilizzare telescopi molto meno potenti. John Dreyer tra il 1888 e il 1908 pubblicò il *New General Catalog* con il supplemento dell'*Index Catalogue* con oltre 13.000 oggetti nebulari, in parte riconducibili a emissione da nebulose stellari, ma in gran parte di origine allora ignota.

Intorno al 1912 l'americano Vesto Slipher iniziò al Lowell Observatory di Flagstaff lo studio spettroscopico delle nebulose con strutture a spirale; in particolare misurò significativi spostamenti Doppler delle righe spettrali che gli permisero di concludere che quelle nebulose si muovevano con grandi velocità radiali e ruotavano su se stesse. Slipher fu anche in grado di rivelare spettroscopicamente l'esistenza del gas e delle polveri interstellari.

Intanto intorno al 1920 si era acquisita un'idea ormai abbastanza definitiva della struttura della Via Lattea, come discusso nel precedente capitolo; ma ancora molte erano incertezze sulla natura delle nebulose. Due linee di interpretazione erano possibili:

- La teoria extragalattica, secondo la quale le nebulose erano strutture separate dalla Via Lattea; teoria sostenuta soprattutto da Heber Curtis che si basava in gran parte sull'osservazione che nelle nebulose si rivelavano stelle novae con incidenza statistica anche superiore a quelle della nostra Galassia stessa.
- La teoria galattica, che vedeva tutte le nebulose come associate alla Via Lattea, teoria sostenuta soprattutto da Harlow Shapley; Shapley e van Maanen portavano come evidenza proprio le enormi distanze a cui tali nuove strutture avrebbero dovuto trovarsi per avere le piccole dimensioni apparenti osservate; in particolare le osservazioni (peraltro rivelatesi in seguito errate) di elevate velocità di rotazione

Fig. 16.2 Il telescopio Hooker da 100 inch dell'osservatorio di Mount Wilson, con Edwin Hubble all'osservazione

delle nebulose avrebbero a quelle distanze portato a velocità superiori a quella della luce.

Un Grande Dibattito tra Curtis e Shapley sulla natura delle nebulose ebbe luogo in una riunione alla National Academy of Sciences (Washington D.C.) il 26 aprile 1920. Il dibattito non ebbe in realtà vinti o vincitori, ma fu chiaro che la soluzione sarebbe venuta solo dall'acquisizione di nuovi dati osservativi più accurati. Nel 1922 Edwin Hubble con il 100 inch di Mount Wilson (Fig. 16.2) fu in grado di risolvere molte nebulose in aggregati di stelle. Inoltre individuò alcune variabili Cefeidi nella nebulosa nella costellazione di Andromeda indicata nel catalogo di Messier come M31: la relazione periodo-luminosità predisse distanze almeno un ordine grandezza superiori alle dimensioni della Via Lattea (Hubble stimò ca. 285 kpc, oggi ca. 800 kpc). Si trattava quindi di aggregati stellari completamente distaccati dalla nostra Via Lattea, proprio come aveva immaginato Kant.

16.2 Classificazione delle galassie

Dopo alcuni anni di intenso lavoro a Mount Wilson Hubble pubblicò il classico testo *The Realm of the Nebulae* [1] e il catalogo delle galassie esterne osservate. Nel 1925 Hubble propose anche la prima classificazione delle galassie basandosi sulla morfologia di oggetti relativamente vicini, quindi estesi e con elevata luminosità superficiale, per i quali poteva risolvere la morfologia. La sequenza proposta da Hubble comprende tre classi: galassie ellittiche (E), spirali (S spirali normali e SB spirali barrate) e irregolari (Ir). Le *galassie ellittiche* rappresentano il 13% del totale oltre a circa il 20% di *galassie lenticulari* e sono concentrazioni di stelle con una struttura sferoidale regolare e diversi gradi di ellitticità; non mostrano presenza di gas interstellare né di stelle blu brillanti, ma contengono essenzialmente stelle di popolazione II evolute. Le *galassie spirali* rappresentano il 61% del totale e sono strutture a disco con bracci di spirale che si dipartono da un nucleo rigonfio; una sottoclasse corrisponde alle spirali barrate, in cui i bracci non si staccano direttamente dal nucleo, ma da una barra rigida che fuoriesce dal nucleo. Le spirali contengono stelle di popolazione I giovani e gas interstellare nei bracci e stelle di popolazione II nel nucleo. Le spirali sono dotate di grande momento angolare che determina appunto la struttura a disco ordinata. Le *galassie irregolari*, circa il 5% del totale, sono aggregazioni di stelle con struttura non ben definita, essenzialmente con stelle di Popolazione I giovani.

Hubble disegnò una "sequenza a diapason" (**tuning-fork diagram**) che è illustrata in Fig. 16.3, suggerendo un'interpretazione evolutiva delle morfologie da sinistra a destra: una nuvola gigante di gas dotata di momento angolare si contrae gravitazionalmente e si frantuma in stelle; all'aumentare della forza centrifuga per la progressiva contrazione con conservazione del momento angolare la struttura ellissoidale della nuvola si schiaccia in un disco e lascia emergere i bracci di spirale. L'interpretazione evolutiva di Hubble si scontrò peraltro immediatamente con la difficoltà di comprendere come nelle ellittiche scarseggiasse il gas che invece era abbondante nelle spirali insieme a molte stelle giovani. Oggi la sequenza ha solo più significato morfologico, utile tuttavia per organizzare un'analisi quantitativa delle proprietà fisiche.

Le moderne classificazioni delle galassie si basano sulla correlazione delle proprietà osservative, fotometriche, spettroscopiche e dinamiche. Va tenuto presente tuttavia che le galassie sono dotate di un moto di recessione (dovuto, come vedremo, all'espansione dell'Universo) per cui i loro spettri sono spostati verso il rosso; lo spostamento è tanto più consistente quanto maggiore è la loro distanza. Ciò comporta che la radiazione che riceviamo nella banda ottica da una galassia lontana corrisponde in effetti alla sua emissione nella parte dello spettro a minori lunghezze d'onda. Ciò deve essere tenuto presente nelle valutazioni fotometriche della luminosità, apportando una correzione che si basa sul fatto che la radiazione delle galassie proviene da stelle, e quindi da spettri essenzialmente termici. La correzione prende il nome di *correzione K*.

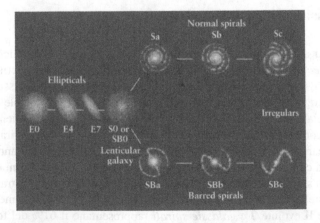

Fig. 16.3 Il "tuning-fork diagram" proposto da Hubble per classificare le galassie

Un altro fattore importante da considerare è che la brillanza superficiale delle galassie deboli viene fortemente influenzata dal fondo del cielo. La sottrazione del fondo del cielo è fondamentale per valutare la distribuzione di brillanza superficiale nelle zone esterne delle galassie. La morfologia delle galassie viene quindi fatta studiando le isofote dopo aver tenuto conto di questa correzione.

Una quantità rilevante nello studio delle galassie è il rapporto M/L calcolato per mezzo di due dati osservativi indipendenti: la massa M che proviene dallo studio della dinamica e la luminosità L che proviene dalla misura della radiazione prodotta dalle componenti della galassia, essenzialmente le stelle. Tale rapporto vale, nel caso del Sole e in unità CGS, $(M/L)_\odot \sim 1/2$. Galassie e aggregazioni di galassie presentano spesso valori maggiori dell'unità: dunque la massa ricavata dalla dinamica risulta maggiore della massa che produce la radiazione, fatto che viene appunto indicato come il **problema della massa mancante** ("mancante nella luminosità") che richiede la presenza di *materia oscura* (non interagente con la radiazione).

16.3 Galassie ellittiche

16.3.1 Tipi morfologici

Le galassie ellittiche sono classificate sulla base del **parametro di ellitticità** ε definito da:

$$\varepsilon = 1 - \frac{\beta}{\alpha} \tag{16.1}$$

dove α è l'asse maggiore apparente e β l'asse minore apparente. In particolare si indica il tipo di galassia ellittica con la lettera E seguita da un numero intero che approssima il valore di $10 \times \varepsilon$. Le $E0$ sono strutture sferiche, al crescere di ε diventano sempre più ellittiche. In realtà la massima ellitticità osservata corrisponde al tipo $E7$. Alcune morfologie tipiche sono illustrate nella Fig. 16.4.

Peraltro va tenuto presente che le strutture sono tridimensionali, mentre la classificazione è basata sull'immagine proiettata: in realtà la vera morfologia della galassia è quella di un ellissoide triassale oblato o prolato. Una galassia $E0$ potrebbe ad esempio essere veramente una struttura sferica oppure un sigaro visto lungo l'asse maggiore.

Le osservazioni fotometriche e la misura delle distanze attraverso il metodo delle Cefeidi o altri simili permettono la misura delle dimensioni e della magnitudine assoluta delle galassie ellittiche. Inoltre lo studio della dispersione di velocità dei moti stellari (ricavata dall'allargamento Doppler delle righe spettrali) e l'applicazione del teorema del viriale forniscono la massa. Questi metodi sono stati discussi nel § 4.3. Esistono range di valori abbastanza estesi come riportato in Tab. 16.1, per cui si parla di diverse classi di oggetti.

Tabella 16.1 Parametri tipici delle galassie ellittiche

Magnitudine totale M_B	da -8	a -25
Brillanza superficiale μ_B	da 20 mag arcsec^{-2}	a 23 mag arcsec^{-2}
Raggio effettivo r_e	da 1 kpc	a 10 kpc
Massa totale M	da $10^7 M_\odot$	a $10^{14} M_\odot$
M/L	da 1	a 10^3

Fig. 16.4 Tipi di galassie ellittiche: (a) la galassia ellittica M89 (E0), (b) la galassia ellittica gigante M87 (E1), (c) la galassia ellittica NGC 4623 (E7), (d) la galassia lenticolare M102 (S0)

- **Ellittiche normali (gE, E, cE)**

  Mostrano una forte condensazione di stelle verso le regioni centrali. La loro magnitudine arriva fino a $M_B = -23$ e la loro massa raggiunge $10^{13} M_\odot$. Hanno un elevato valore di $M/L \sim 10^2 \, (M/L)_\odot$ che suggerisce la presenza di materia oscura. La distribuzione di brillanza superficiale $\mu(r)$, in magnitudini per arcosecondo quadrato, misurata rispetto alla distanza dal nucleo lungo l'asse maggiore, segue la **legge di de Vaucouleurs** (Fig. 16.5):

$$\mu_B(r) = \mu_e + 8.3268 \left[\left(\frac{r}{r_e} \right)^{1/4} - 1 \right] \tag{16.2}$$

ove la costante è scelta in modo che metà della luminosità totale della galassia sia irraggiata entro un raggio r_e ove la brillanza superficiale è μ_e; r_e è detto raggio effettivo.

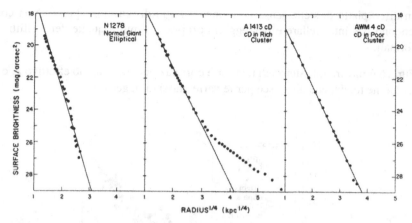

Fig. 16.5 La distribuzione di brillanza superficiale delle galassie ellittiche normali e cD da de Vaucouleurs

- **Ellittiche giganti cD**
  Si tratta di gigantesche strutture con diametri fino a 1 Mpc che, si trovano al centro di ammassi di galassie; consistono di una componente centrale che appare come una normale ellittica, la cui distribuzione di brillanza segue la legge di de Vaucoulers, circondata da un alone diffuso di stelle di minor luminosità superficiale, con distribuzione di brillanza più piatta (Fig 16.5). La loro magnitudine arriva fino a $M_B = -25$ e la massa a $10^{14} M_\odot$. Il rapporto tra massa e luminosità è molto elevato $M/L \sim 10^3 \, (M/L)_\odot$ e indica la presenza di grandi quantità di materia oscura.

- **Ellittiche nane (dE)**
  Sono al di fuori delle caratteristiche delle ellittiche normali, perché sono molto compatte e di bassa luminosità; hanno una distribuzione di brillanza superficiale che cade più rapidamente della legge di de Vaucouleurs, e indica una buca di potenziale gravitazionale poco profonda. La massa totale raggiunge al più $10^9 M_\odot$ e i diametri non superano i 10 kpc. Hanno probabilmente perso gran parte del gas per effetto di *stripping* per pressione dinamica. Il rapporto $M/L \sim 10 \, (M/L)_\odot$ è relativamente piccolo.

- **Galassie sferoidali nane (dSph)**
  Sono oggetti a bassissima brillanza e con diametri inferiori al kpc, osservabili quindi solo nelle vicinanze della nostra Galassia. Tuttavia il rapporto $M/L \sim 10^2 \, (M/L)_\odot$ è piuttosto elevato.

- **Galassie nane compatte blu (BCD)**
  Sono compatte e blu; mostrano forte attività di formazione stellare. Contengono basse quantità di materia oscura nelle regioni centrali $M/L \sim 10^{-1} \, (M/L)_\odot$.

- **Galassie lenticolari**
  Nella sequenza proposta da Hubble esistono, all'estremo del ramo delle ellittiche di maggior eccentricotà le galassie lenticolari o $S0$; si tratta di oggetti di transizione tra le ellittiche e le spirali, che mostrano in aggiunta alla struttura ellittica

un disco piatto di stelle senza però ancora segni di bracci di spirale. Non contengono gas interstellare e posseggono proprietà simili a quelle delle ellittiche normali.

La Fig. 16.6 mostra l'esistenza di una forte correlazione tra il raggio effettivo r_e e la magnitudine totale, che differisce per le varie classi di oggetti.

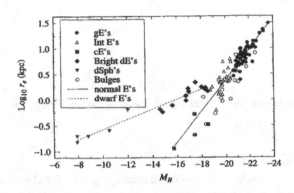

Fig. 16.6 Correlazione tra raggio effettivo e magnitudine dei vari tipi di galassie ellittiche

16.3.2 Caratteristiche fisiche

Lo spettro delle galassie ellittiche è composto dalla sovrapposizione degli spettri delle stelle che le compongono, e perciò contiene le caratteristiche spettroscopiche delle differenti classi spettrali. Dallo studio dell'intensità delle righe è possibile avere una valutazione delle masse, età e composizione chimica delle stelle componenti attraverso il cosiddetto metodo della **sintesi di popolazioni**, in cui si costruiscono modelli di spettri composti e li si confronta con i dati osservativi. Il risultato finale è un modello di popolazioni che fornisce la distribuzione delle stelle nelle varie classi e permette quindi di confrontarla con modelli di evoluzione stellare.

La sintesi di popolazione delle ellittiche normali E permette di concludere che le loro stelle sono nate contemporaneamente circa 10^{10} anni fa, per cui attualmente la loro luminosità è prodotta dalle giganti rosse, mentre la loro massa è concentrata in stelle nella bassa sequenza principale $\leq 1M_\odot$.

I colori delle ellittiche sono legati alla metallicità poiché stelle più ricche di metalli sono più rosse. Inoltre le osservazioni mostrano una forte *correlazione colore - luminosità*, nel senso che oggetti più luminosi sono più rossi. Ciò comporta perciò che le ellittiche più brillanti abbiano metallicità maggiore, tipicamente con Z dell'ordine di quello solare, mentre ellittiche meno luminose hanno Z molto più bassi, anche di un fattore 100.

Inoltre è presente un *gradiente spaziale di colore*, in quanto i nuclei sono più ricchi di metalli e più rossi delle regioni esterne. Anche nelle galassie lenticolari il disco appare meno ricco di metalli, oltre ad essere tipicamente più blu del nucleo.

Recentemente è stata confermata la presenza di gas e polveri almeno nel 50% delle ellittiche; la massa è $\leq 0.1\%$ della massa totale, percentuale molto ridotta rispetto alle spirali come vedremo più avanti. Corrispondentemente vi è indicazione di formazione di stelle giovani nei nuclei di alcune ellittiche. Le masse tipiche delle polveri raggiungono $10^6 M_\odot$ nelle ellittiche più massive. Il gas è composto da una componente fredda osservata nel radio ($T \sim 10^2$ K), da una componente calda ($T \sim 10^4$ K) osservabile in $H\alpha$ e in HII e da una componente molto calda ($T \sim 10^7$ K) osservabile in raggi X; la massa del gas raggiunge $10^9 - 10^{10} M_\odot$.

Nella dinamica delle ellittiche è di notevole importanza la **relazione di Faber-Jackson** che indica un legame tra la dinamica e la luminosità delle ellittiche di ogni tipo (Fig. 16.7); precisamente la luminosità L è proporzionale alla dispersione di velocità σ_0 delle stelle nelle zone nucleari:

$$L \propto \sigma_0^4 \qquad (16.3)$$

ovvero, utilizzando le magnitudini:

$$\log_{10} \sigma_0 = -0.1 M_B + \text{costante} . \qquad (16.4)$$

Questa relazione può essere interpretata considerando che σ_0 è una misura della massa viriale M all'interno del raggio R:

$$\frac{GM}{R} \approx \sigma_0^2 . \qquad (16.5)$$

Se il rapporto M/L è approssimativamente lo stesso per tutte queste galassie ($M/L = 1/C_{ML}$) si ottiene:

$$L = C_{ML} \frac{\sigma_0^2 R}{G} \qquad (16.6)$$

e assumendo ancora che tutte abbiano la stessa brillanza superficiale $L/R^2 = C_{SB}$ si giunge appunto alla relazione:

$$L = \frac{C_{ML}^2}{C_{SB}} \frac{\sigma_0^4}{G^2} . \qquad (16.7)$$

La Fig. 16.7 mostra una notevole dispersione nei dati rispetto alla linea che rappresenta la relazione di Faber-Jackson, il che riflette le pesanti ipotesi che sono state utilizzate. In effetti la linea di best-fit $L \propto \sigma_0^\alpha$ varia a seconda dell'insieme di oggetti utilizzati con $3 < \alpha < 5$. Per migliorare l'accordo si introduce una dipendenza dal raggio effettivo

$$L \propto \sigma_0^{2.5} r_e^{0.65} \qquad (16.8)$$

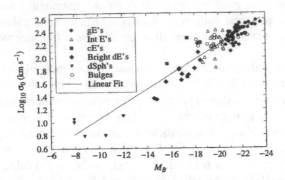

Fig. 16.7 La relazione di Faber-Jackson tra la dispersione di velocità e la magnitudine delle ellittiche

che è detta equazione del *piano fondamentale* che combina il contributo del potenziale gravitazionale (σ_0), con raggio e luminosità. Questa correlazione permette una miglior classificazione delle ellittiche che non il semplice parametro di ellitticità.

Le ellittiche sono dotate di basso momento angolare, le velocità rotazionali osservate sono $V_{rot} \ll 100$ km s^{-1}, come misurate dallo spostamento delle righe spettrali con la distanza dal nucleo; invece le stelle posseggono moti disordinati con velocità media di circa $\sigma_0 = 200$ km s^{-1}, misurata dall'allargamento delle righe (Fig. 16.7). Se la forma delle galassie fosse determinata dalla combinazione di un rotatore oblato con stelle aventi una dispersione di velocità isotropa, l'ellitticità dovrebbe essere legata al rapporto tra velocità rotazionali e di dispersione:

$$\frac{V_{rot}}{\sigma_0} \approx \left(\frac{\varepsilon}{1-\varepsilon} \right)^{1/2} . \qquad (16.9)$$

La rotazione domina per $V_{rot}/\sigma_0 > 0.7$. Invece le velocità rotazionali osservate sono molto minori, $V_{rot}/\sigma_0 < 0.13$; la struttura non è quindi determinata dalla rotazione, ma dai moti stellari. Si parla pertanto di strutture dominate dalla "pressione", cioè la forma delle galassie dipende dalla non-isotropicità della dispersione delle velocità e dalla intrinseca triassialità.

Bender e Nieto hanno proposto nel 1988 una classificazione ancora più dettagliata delle ellittiche che tiene conto della forma delle isofote, a seconda che siano più a disco (*disky*) o a scatola (*boxy*). Il primo tipo suggerisce una maggior importanza della rotazione, il secondo della "pressione dinamica" stellare ed ha luminosità e rapporti massa - luminosità maggiori.

16.4 Galassie spirali e irregolari

16.4.1 Classi morfologiche

Le galassie spirali sono strutture a disco appiattito, estremamente organizzate, dominate dalla rotazione, con un nucleo centrale rigonfio (*bulge*) ricco di stelle di popolazione II da cui escono bracci a forma di spirale ricchi di stelle di popolazione I. Sono morfologicamente divise in **spirali normali** (*S*) e **spirali barrate** (*SB*) e secondo le sequenze *Sa*, *Sab*, *Sb*, *Sbc*, *Sc* e corrispondentemente *SBa*, *SBab*, *SBb*, *SBbc*, *SBc*. Le *Sa* e *SBa* hanno nuclei molto luminosi ($L_{nucl}/L_{disk} \sim 0.3$), spirali avvolte strettamente intorno al nucleo (6°) e una regolare distribuzione delle stelle sui bracci; andando da *a* verso *c* il nucleo diventa meno luminoso ($L_{nucl}/L_{disk} \sim 0.05$), le spirali si allargano (18°) e la distribuzione delle stelle è a gruppi. Alcune tipiche morfologie sono illustrate nella Fig. 16.8.

Un parametro di luminosità è stato introdotto da van den Bergh nella classificazione delle spirali; sono state definite cinque classi in sequenza da I a V in cui i bracci diventano sempre meno definiti. Tuttavia non sembra esservi una chiara correlazione con la magnitudine assoluta. Le caratteristiche generali delle spirali sono riportate in Tab. 16.2, usando, ove possibile, le stesse denominazioni delle ellittiche.

Nelle spirali occorre fare distinzione tra il nucleo e i bracci. La distribuzione della brillanza superficiale del nucleo segue la legge di de Vaucouleurs (16.2), mentre per il disco vale una relazione del tipo:

$$\mu_B(r) = \mu_0 + 1.09 \left(\frac{r}{h_r} \right) \qquad (16.10)$$

dove h_r è lo spessore del disco alla distanza r dal centro (Fig. 16.9).

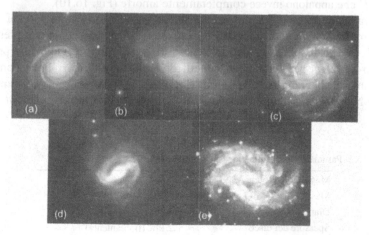

Fig. 16.8 Tipi di galassie spirali: (a) NGC 7096 (*Sa*), (b) M 81 (*Sb*), (c) M 100 (*Sc*), (d) NGC175 (*SBab*), (e) NCGC 2525 (*SBc*)

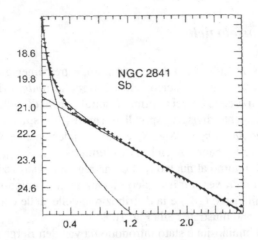

Fig. 16.9 Brillanza superficiale di una galassia spirale (in magnitudini per arcosecondo quadrato) in funzione del raggio (in arcosecondi), composta da una componente di *bulge* e da una componente di disco

Il valore di $\mu_0 = 21.5$ mag arcsec^{-2} è lo stesso per tutte le spirali, il che sembra indicare lo stesso rapporto M/L e quindi la stessa buca di potenziale al centro, presumibilmente definita dalla presenza di materia oscura.

Le **galassie irregolari** sono strutture disorganizzate e amorfe con alcune caratteristiche che nello schema di Hubble le renderebbero estensioni morfologiche delle spirali. In particolare Hubble definì due classi: le *IrrI* che hanno qualche segno di organizzazione e sono a volte dotate di barre eccentriche, simili quindi alle *Sc* o *SBc*, e le *IrrII* che appaiono invece completamente amorfe (Fig. 16.10).

De Vaucouleurs ha introdotto nel 1959 le classi *Sd/SBd* che in parte si sovrappongono alle *Sc/SBc* e contengono oggetti *IrrI* di Hubble che ancora presentano cenni di bracci di spirale e sono in genere di piccola massa; inoltre ha proposto le classi *Sm* e *Im* per i rimanenti oggetti della classe *IrrI* di Hubble, come vere estensioni del diagramma delle spirali (la lettera *m* indica morfologia simile alla Grande Nube di Magellano, che spesso è indicata come *SBm*). Le galassie irrego-

Tabella 16.2 Parametri tipici delle galassie spirali

Magnitudine totale M_B	da -16	a -23
Massa M	da $10^9 M_\odot$	a $10^{12} M_\odot$
Diametro del disco	da 5 kpc	a 100 kpc
Spessore del disco	~ 1.2 kpc (tipicamente)	
M/L	da 2	a 6

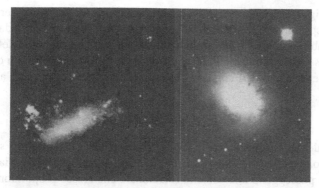

Fig. 16.10 La Grande Nube di Magellano (*IrrI*) e la galassia NCG 3077 (*IrrII*)

lari completamente amorfe sono nelle classificazioni moderne indicate come *Irr* e rappresentano l'estensione finale dello schema di Hubble.

Le caratteristiche osservative principali delle irregolari sono riportate in Tab. 16.3.

Tabella 16.3 Parametri tipici delle galassie irregolari

Magnitudine B	da -13	a -20
Massa	da $10^8 M_\odot$	a $10^{10} M_\odot$
Diametro	da 1 kpc	a 100 kpc

16.4.2 Caratteristiche fisiche

La composizione del bulge delle galassie spirali è simile a quella delle galassie el-littiche, cioè esiste una correlazione tra colore e luminosità, e la metalliticità cresce verso il centro; tuttavia queste caratteristiche variano per diverse galassie senza uno schema definito. Per quanto riguarda la presenza di gas, essa è correlata alla classifi-cazione di Hubble: va dal 2% per il tipo *Sa* al 10% per il tipo *Sc* e raggiunge il 15% nelle *Irr*. Nelle galassie vicine la distribuzione del gas può essere mappata attraver-so osservazioni radio, e si trova che è distribuito in un sottile disco omogeneo dello spessore di 200 pc: spesso il disco di gas è assente nei 2 kpc della regione nucleare, mentre si estende al di là del disco ottico. Si osserva che le *Sc* risultano più ricche di gas $M_{gas}/M_{tot} \sim 0.25$ con una minor percentuale di molecole H_2 rispetto agli atomi HI (radio). Il satellite IRAS ha anche rivelato un'emissione nell'infrarosso dovuta alla polvere ($\sim 150 - 600$ volte meno abbondante del gas), maggiore nelle *Sc* con $L_{IR}/L_B \sim 0.2 - 0.4$.

La rotazione dei dischi delle spirali è una caratteristica fisica ben osservabile e che dà importanti informazioni sulla struttura di questi sistemi. Tipiche curve sono riportate in Fig. 16.11, ricavate attraverso spettroscopi a fenditura che permettono di misurare gli spostamenti Doppler delle righe in funzione della distanza dal centro; le righe osservabili sono quelle della banda ottica, ma anche quelle radio dell'idrogeno a 21 cm emesse dal gas interstellare. Naturalmente la velocità misurata deve essere corretta per tener conto dell'angolo i di inclinazione del disco rispetto alla linea di vista:

$$\frac{\Delta\lambda}{\lambda_0} = \frac{v_r}{c} = \frac{V\sin i}{c} \ . \tag{16.11}$$

Le velocità dei dischi hanno valori tipici massimi di $200 - 400$ km s^{-1}(i valori più elevati sono per le galassie del tipo Sa). Come nel caso della Via Lattea, le zone centrali posseggono una velocità rotazionale che cresce proporzionalmente al raggio, cioè del tipo corpo rigido. Raggiunto il valore massimo ad una distanza di 2 - 3 kpc dal centro, la velocità si mantiene intorno ad un valore costante fino ai limiti estremi del disco senza decrescere. Poiché la struttura a spirale corrisponde ad una configurazione di equilibrio, ciò significa che ad ogni dato raggio del disco debbono bilanciarsi forza gravitazionale e forza centrifuga:

$$\frac{GM(r)}{r^2} \approx \frac{V^2}{r} \tag{16.12}$$

ossia

$$M(r) \approx \frac{V^2 r}{G} \ . \tag{16.13}$$

Pertanto se $V \approx$ costante $M \propto r$; la massa della galassia cresce anche nelle regioni più esterne del disco dove le osservazioni non mostrano stelle o gas. Questi argomenti sono stati tra i primi a indicare la presenza di *aloni di materia oscura* intorno alle galassie.

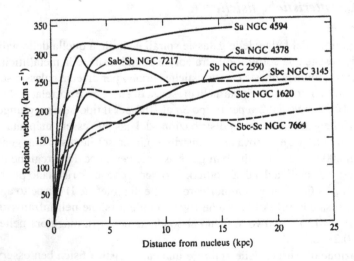

Fig. 16.11 Classiche curve di rotazione di galassie spirali (da Rubin, Ford, Thonnard 1978)

Nel 1977 è stata determinata una correlazione tra magnitudine assoluta e velocità di rotazione massima delle spirali, nota come **relazione di Tully-Fisher** (Fig. 16.12):

$$M_B = -9.95\log_{10} V_{\max} + 3.15 \qquad \text{per le } Sa$$

$$M_B = -10.2\log_{10} V_{\max} + 2.71 \qquad \text{per le } Sb \qquad\qquad (16.14)$$

$$M_B = -11.0\log_{10} V_{\max} + 3.31 \qquad \text{per le } Sc \,.$$

Come la relazione di Faber-Jackson delle ellittiche, anche questa correlazione è fisicamente interpretabile, in questo caso nelle ipotesi di (1) equilibrio tra forza centrifuga e gravitazionale, (2) rapporto $M/L = 1/C_{ML}$ costante per tutte le galassie e (3) egual brillanza superficiale $L/R^2 = C_{BS}$. Si ricava quindi:

$$M = \frac{V_{\max}^2 R}{G} \qquad L = C_{ML}\frac{V_{\max}^2 R}{G} = \frac{C_{ML}^2}{C_{BS}}\frac{V_{\max}^4}{G^2} \qquad (16.15)$$

che in magnitudini diventa appunto:

$$M_B = -10\log_{10} V_{\max} + \text{costante} \,. \qquad\qquad (16.16)$$

Le osservazioni indicano anche una correlazione tra raggio e luminosità, nella direzione dal tipo Sa verso Sc; usando la magnitudine assoluta nella banda B e usando come raggio quello dell'isofota a magnitudine superficiale di 25 mag arcsec^{-2}, si ottiene la relazione:

$$\log_{10} R_{25} = -0.249 M_B - 4.00 \,. \qquad\qquad (16.17)$$

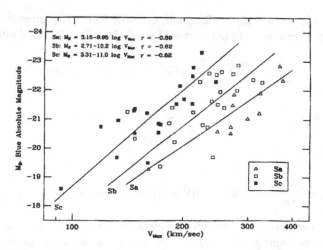

Fig. 16.12 Relazione di Tully-Fisher tra magnitudine e velocità di rotazione per spirali di varie classi

Usando la relazione di Tully-Fisher e la misura del raggio si ottengono quindi la massa della galassia e il rapporto massa-luminosità all'interno di R_{25}:

$$\langle M/L_B \rangle = 6.2 \pm 0.6 \quad Sa$$
$$4.5 \pm 0.4 \quad Sb \qquad (16.18)$$
$$2.6 \pm 0.2 \quad Sc$$

che corrisponde a una maggior presenza di stelle blu nelle Sc (le stelle blu hanno più basso M/L_B delle stelle rosse), che risultano quindi di più recente formazione.

I dati recenti nella banda X mostrano una forte correlazione con la banda B precisamente $L_X/L_B \sim 10^{-7}$; essa è facilmente interpretabile come dovuta a oggetti evoluti, binarie X e resti di supernova, che corrispondono ad una costante frazione del totale.

16.4.3 Dinamica delle regioni centrali dei nuclei delle spirali

Abbiamo discusso la fenomenologia del nucleo centrale nel caso della Via Lattea; simili morfologie si ripetono in tutte le spirali. Nelle regioni interne del nucleo la dispersione di velocità σ_r presenta una forma a cuspide (Fig. 16.13). Dalla dinamica di queste regioni applicando il teorema del viriale si calcola la massa viriale:

$$\frac{1}{2} \left\langle \frac{d^2 I}{dt^2} \right\rangle \sim 0 = 2 \langle K \rangle + \langle U \rangle \qquad (16.19)$$

$$\langle U \rangle = -2 \langle K \rangle = -2 \sum \frac{1}{2} m_i v_i^2 . \qquad (16.20)$$

Trattando le stelle come N particelle eguali, cosicché $Nm = M$ e tenendo conto che le osservazioni forniscono solo la componente radiale della velocità, si ottiene:

$$\frac{\langle U \rangle}{N} = -\frac{m}{N} \sum v_i^2 = m \langle v^2 \rangle = 3m \langle v_r^2 \rangle = 3m\sigma_r^2 \qquad (16.21)$$

e poiché

$$U = -\frac{3}{5} \frac{GM^2}{R} \qquad (16.22)$$

si ottiene:

$$\sigma_r^2 = \frac{GM_{vir}}{5R}, \qquad M_{vir} = 10^6 - 10^9 M_\odot, \text{ massa viriale} . \qquad (16.23)$$

Confrontando tale massa con la corrispondente luminosità si ricava un rapporto massa-luminosità molto grande, $M/L \sim 35 \, (M/L)_\odot$, il che viene interpretato come segno della presenza di una forte concentrazione di materia non luminosa, presumibilmente un buco nero supermassivo.

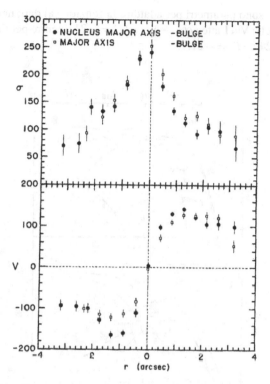

Fig. 16.13 La dispersione di velocità e le velocità rotazionali delle stelle nel bulge della galassia di Andromeda misurate lungo l'asse maggiore. Si noti che 2 secondi d'arco indicano una distanza dal nucleo di soli 7.5 pc

16.5 La funzione di luminosità

Per descrivere la distribuzione di luminosità delle galassie nei vari tipi si usa la funzione $\varphi(M) \, dM$, intesa come il numero di galassie con magnitudine assoluta compresa tra M e $M + dM$. Tale funzione è rappresentata in Fig. 16.14 per due insiemi osservativi: nella parte superiore del diagramma si considera l'insieme delle galassie nelle vicinanze della Via Lattea, nella parte inferiore l'insieme delle galassie nell'ammasso della Vergine (si veda oltre la discussione degli ammassi).

Si deve notare che, sebbene le spirali ed ellittiche normali siano dominanti in termini di luminosità e massa, le ellittiche nane e irregolari sono le più numerose. Inoltre è evidente, dal confronto dei diagrammi, una certa dipendenza delle distribuzioni dall'ambiente.

Schechter ha proposto una forma funzionale per φ in luminosità e magnitudini:

$$\varphi(L) \, dL \simeq L^{\alpha} e^{-L/L^{*}} dL \tag{16.24}$$

$$\varphi(M) \, dM \simeq 10^{-0.4(\alpha+1)M} e^{-10^{0.4(M^{*}-M)}} dM \tag{16.25}$$

dove α, L^* e/o M^* sono parametri per adattare la funzione ai dati; nei casi di figura, per le vicinanze della Via Lattea $\alpha = -1.0$ e $M^* = -21$, mentre per l'ammasso della Vergine $\alpha = -1.24$ e $M^* = -21.7$.

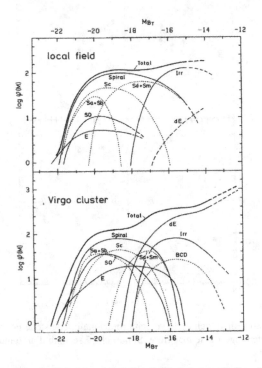

Fig. 16.14 Funzione di luminosità dei vari tipi di galassie (adattato da Carroll e Ostlie [2])

16.6 La struttura a spirale

Per quanto riguarda i **bracci di spirale**, le spirali maestose (*grand-design spirals*) sono dotate di due soli bracci ben definiti (ad es. M 51); in altre invece la struttura a spirale è costituita da un insieme di filamenti irregolari: si parla di *spirali flocculente*. Il senso di avvolgimento dei bracci è per lo più del tipo *trailing*, cioè i bracci seguono l'andamento della rotazione galattica; esistono tuttavia casi del tipo *leading*, in cui i bracci precedono l'andamento della rotazione. In alcuni casi i bracci possono essere seguiti fin nel bulge, in altri casi si fermano ad un anello centrale (RS-RSB, da *ring*).

La struttura a spirale è meglio osservabile attraverso la dinamica delle polveri interstellari, delle regioni *HII* e delle associazioni *OB* di stelle giovani giganti blu. Le polveri costituiscono strati nella parte più interna dei bracci, mentre all'esterno si ha la presenza di stelle giovani o stelle in formazione. In osservazioni infrarosse, che evidenziano oggetti stellari più evoluti, i bracci sono più allargati e meno definiti.

16.6.1 Origine

Essendo la struttura a spirale molto comune è ovvio chiedersi quale sia la sua origine e come si mantenga per tempi scala paragonabili alla vita della galassia. La proposta originaria che si trattasse di *bracci materiali* porta al *problema dell'avvitamento*: date le velocità angolari differenziali osservate e l'età delle galassie, essi dovrebbero mostrare un maggior numero di spire.

Nel 1960 Lin e Shu proposero il modello a **onde di densità** quasi-statiche e rigidamente rotanti: le onde di densità corrispondono a strutture di addensamento del disco del 10-20% prodotte da un'instabilità fluida globale (come l'addensarsi del traffico a causa di un rallentamento su un'autostrada). In un sistema non-inerziale rotante alla velocità angolare Ω_{gp} del sistema globale, tali onde sono stazionarie e pertanto la rotazione differenziale delle stelle e del gas della galassia comporta un moto relativo tra la materia e l'onda (Fig. 16.15). Tipicamente le stelle vicine al nucleo tendono a ruotare a velocità angolare $\Omega > \Omega_{gp}$ maggiore dell'onda e quindi la sopravanzano; stelle all'esterno si muovono a velocità angolare $\Omega < \Omega_{gp}$ minore dell'onda, e quindi si muovono all'indietro nel sistema globale non inerziale. Esiste solo un particolare raggio, detto *raggio di corotazione R_c*, in cui onde e stelle si muovono alla stessa velocità angolare. Il passaggio della materia attraverso all'onda di densità comporta una compressione che favorisce la condensazione di stelle dal gas. Sul braccio stesso si osservano stelle blu appena formate, mentre le stelle rosse (più evolute) si disperdono fuori dal braccio (avanti nelle regioni centrali, indietro all'esterno).

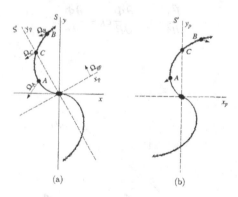

(a)   (b)

Fig. 16.15 (a) I bracci di spirale di una galassia viste nel sistema di riferimento inerziale in cui l'onda di densità si muove a velocità angolare Ω_{pg}; la stella in A si muove a velocità angolare maggiore, la stella in B a velocità minore, la stella in C corota. (b) I moti delle stelle viste nel riferimento non inerziale corotante con l'onda di densità

In tal modo il problema dell'avvitamento è superato: quello che si osserva è essenzialmente un'onda stazionaria generata da qualche forma di perturbazione prodotta al centro del disco e riflessa al bordo della galassia; il disco galattico si comporta come una pelle di tamburo in rotazione differenziale che venga percossa e sviluppi onde stazionarie. Le galassie flocculente potrebbero originarsi quando l'onda è in effetti data dalla sovrapposizione di più onde elementari.

Il problema in questo modello è ovviamente l'individuazione della perturbazione che genera le onde di densità. Possibili candidati sono collassi di nuvole di gas, formazione stellare a catena nelle regioni centrali o l'interazione gravitazionale con altre galassie.

16.6.2 Teoria di Lin e Shu

In questo paragrafo discutiamo le idee generali del modello di onde di densità. Consideriamo il moto di una stella o di una nuvola di gas in un campo gravitazionale a simmetria assiale e anche simmetrico rispetto al piano equatoriale della galassia spirale. La determinazione della posizione di una stella di massa M in coordinate cilindriche rispetto al piano galattico è data dal suo raggio vettore rispetto al centro come illustrato in Fig. 16.16:

$$\mathbf{r} = R\hat{\mathbf{e}}_R + z\hat{\mathbf{e}}_z . \tag{16.26}$$

L'equazione del moto sotto l'effetto della forza gravitazionale del disco galattico è:

$$M\frac{d^2\mathbf{r}}{dt^2} = \mathbf{F}_g(R,z) = -\nabla U(R,z) \tag{16.27}$$

dove U è l'energia potenziale gravitazionale e $\Phi = U/M$ il potenziale. Pertanto:

$$\frac{d^2\mathbf{r}}{dt^2} = -\frac{\partial \Phi}{\partial R}\hat{e}_R - \frac{\partial \Phi}{\partial z}\hat{e}_z \tag{16.28}$$

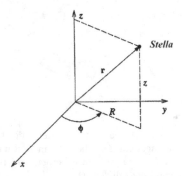

Fig. 16.16 Coordinate cilindriche per lo studio del moto di una stella nella galassia

ed esprimendo l'accelerazione in coordinate cilindriche:

$$\frac{d^2\mathbf{r}}{dt^2} = \left(\ddot{R} - R\dot{\phi}^2\right)\hat{e}_R + \frac{1}{R}\frac{\partial}{\partial t}\left(R^2\dot{\phi}\right)\hat{e}_\phi + \ddot{z}\hat{e}_z \qquad (16.29)$$

si derivano le seguenti equazioni scalari del moto:

$$\ddot{R} - R\dot{\phi}^2 = -\frac{\partial\Phi}{\partial R} \qquad (16.30)$$

$$\frac{1}{R}\frac{\partial}{\partial t}\left(R^2\dot{\phi}\right) = 0 \qquad (16.31)$$

$$\ddot{z} = -\frac{\partial\Phi}{\partial z}. \qquad (16.32)$$

Il moto in ϕ (16.31) corrisponde alla conservazione del momento angolare:

$$J_z = L_z/M = R^2\dot{\phi} = \text{costante} \qquad (16.33)$$

il che permette di riscrivere il moto in R nella forma:

$$\ddot{R} = -\frac{\partial\Phi}{\partial R} + \frac{J_z^2}{R^3}. \qquad (16.34)$$

Definendo, come usuale, un potenziale effettivo Φ_{eff} che includa gli effetti centrifughi:

$$\Phi_{eff}(R,z) = \Phi(R,z) + \frac{J_z^2}{2R^2} \qquad (16.35)$$

le equazioni del moto in R e z diventano

$$\ddot{R} = -\frac{\partial\Phi_{eff}}{\partial R} \qquad (16.36)$$

$$\ddot{z} = -\frac{\partial\Phi_{eff}}{\partial z}. \qquad (16.37)$$

I minimi del potenziale rappresentano l'orbita di energia minima su cui la stella tende a portarsi:

$$-\frac{\partial\Phi_{eff}}{\partial R} = -\frac{\partial\Phi_{eff}}{\partial z} = 0. \qquad (16.38)$$

Data la simmetria del problema rispetto al piano equatoriale del disco, l'orbita di energia minima deve corrispondere a $z = 0$ e quindi Φ_{eff} deve essere minimo a $z = 0$. Relativamente al minimo in R, esso si verifica a un punto R_m nel piano equatoriale dove

$$\frac{\partial\Phi_{eff}}{\partial R} = \frac{\partial\Phi}{\partial R} - \frac{J_z^2}{R^3} = 0 \qquad (16.39)$$

cioè

$$\left[\frac{\partial \Phi}{\partial R}\right]_{R_m,0} = \frac{J_z^2(R_m,0)}{R_m^3} = \left[\frac{v_\phi^2}{R}\right]_{R_m} . \tag{16.40}$$

Queste condizioni definiscono un moto circolare nel piano equatoriale con equilibrio tra forza gravitazionale e forza centrifuga:

$$F_R(R_m) = -\left[\frac{Mv_\phi^2}{R}\right]_{R_m} . \tag{16.41}$$

I moti delle stelle non esattamente al punto di minimo dell'energia non sono circolari; la loro forma può essere ottenuta sviluppando il potenziale intorno al minimo:

$$\Phi_{eff}(R,z) = \Phi_{eff,R_m} + \left[\frac{\partial \Phi_{eff}}{\partial R}\right]_{R_m} (R - R_m) + \left[\frac{\partial \Phi_{eff}}{\partial z}\right]_{R_m} z \tag{16.42}$$

$$+ \frac{1}{2}\left[\frac{\partial^2 \Phi_{eff}}{\partial R \partial z}\right]_{R_m} (R - R_m)z + \frac{1}{2}\left[\frac{\partial^2 \Phi_{eff}}{\partial R^2}\right]_{R_m} (R - R_m)^2 \tag{16.43}$$

$$+ \frac{1}{2}\left[\frac{\partial^2 \Phi_{eff}}{\partial z^2}\right]_{R_m} z^2 + \dots . \tag{16.44}$$

I termini II, III e IV a destra sono nulli per definizione di minimo a R_m, per cui, tenendo solo i termini al prim'ordine, si avrà:

$$\Phi_{eff}(R,z) \simeq \Phi_{eff,m} + \frac{1}{2}\kappa^2(R - R_m)^2 + \frac{1}{2}v^2 z^2 \tag{16.45}$$

con le ovvie definizioni:

$$\kappa^2 = \left[\frac{\partial^2 \Phi_{eff}}{\partial R^2}\right]_{R_m} \tag{16.46}$$

$$v^2 = \left[\frac{\partial^2 \Phi_{eff}}{\partial z^2}\right]_{R_m} . \tag{16.47}$$

Pertanto i moti perturbati al prim'ordine, con $R - R_m = \rho$:

$$\ddot{\rho} \simeq -\kappa^2 \rho \tag{16.48}$$

$$\ddot{z} \simeq -v^2 z \tag{16.49}$$

corrispondono a moti oscillatori armonici. Ciò comporta che in R si origina un moto oscillatorio con frequenza κ (*frequenza epiciclica*), e in z un'oscillazione verticale con frequenza v (*frequenza di oscillazione verticale*):

$$\rho(t) = R(t) - R_m = A_R \sin \kappa t \tag{16.50}$$

$$z(t) = A_z \sin(vt + \zeta) \tag{16.51}$$

dove le ampiezze dipendono dalle condizioni iniziali e ζ rappresenta lo sfasamento tra le due oscillazioni.

Infine per il moto in ϕ si ottiene

$$\dot{\phi} = \frac{v_\phi}{R(t)} = \frac{J_z}{[R(t)]^2} \simeq \frac{J_z}{R_m^2}\left[1 - 2\frac{\rho(t)}{R_m}\right] \tag{16.52}$$

ossia:

$$\phi(t) = \phi_0 + \frac{J_z}{R_m^2}t + \frac{2J_z}{\kappa R_m^3}A_R\cos\kappa t \tag{16.53}$$

$$= \phi_0 + \Omega t + \frac{2\Omega}{\kappa R_m}A_R\cos\kappa t \tag{16.54}$$

$$\Omega = J_z/R_m^2 \tag{16.55}$$

che rappresenta appunto un moto circolare a velocità angolare Ω cui è aggiunto un moto oscillatorio alla frequenza epiciclica κ. Se Ω/κ è un rapporto di interi, in un sistema non inerziale rotante alla velocità angolare Ω l'orbita della stella appare chiusa. In generale però esisterà per ogni raggio R una velocità angolare Ω_{loc} tale che in un sistema di riferimento non inerziale rotante alla velocità angolare Ω la stella compia n orbite mentre esegue m oscillazioni epicicliche, cioè:

$$m\,(\Omega - \Omega_{loc}) = n\kappa \tag{16.56}$$

con m e n interi, ossia:

$$\Omega_{loc}(R) = \Omega(R) - \frac{n}{m}\kappa(R)\,. \tag{16.57}$$

Si consideri una distribuzione di un gran numero di stelle a vari raggi R, tutte osservate dal riferimento rotante alla velocità angolare globale Ω_{gp}. Nel caso $n = 1, m = 2$ con $\Omega_{loc} = \Omega(R) - \kappa(R)/2$ costante per tutti i valori di R, si assuma $\Omega_{loc} = \Omega_{gp}$: ne segue che nel sistema non inerziale le orbite delle stelle sono ellissi allineate lungo l'asse maggiore, una specie di struttura a barra (Fig. 16.17a). Ovviamente è anche possibile orientare le orbite in modo che al crescere di R siano ruotate di un certo angolo e ottenere un addensarsi delle traiettorie a spirale (Fig. 16.17b): viste dal sistema rotante le stelle percorrono orbite ovali, solo lo schema a spirale rimane stazionario e rappresenta una specie di zona di "addensamento del traffico". È questo accumularsi di orbite che genera le onde di densità.

Dai modelli per i potenziali galattici (ad es. Bahcall e Soneira) si ricava che $\Omega - \kappa/2$ è effettivamente costante su una buona regione del disco delle spirali. Le eventuali perturbazioni dalle combinazioni ordinate di moti circolari ed epiciclici comportano derive dei moti, che causano la dissipazione dell'energia riportando le stelle a tornare verso la struttura ordinata del disegno globale (*risonanze di Lindblad*). Simulazioni a N-corpi rivelano forti instabilità del sistema a spirale che porta verso la formazione di strutture a barra: in parte ciò può essere legato alle barre osservate, ma richiede, per le spirali normali, la presenza di fattori stabilizzanti, ad esempio gli aloni di materia oscura

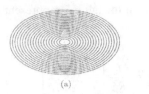 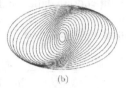

(a)   (b)

Fig. 16.17 Orbite viste nel riferimento non inerziale in rotazione globale a velocità $\Omega_{gp} = \Omega - \kappa/2$. (a) Orbite ovali con assi allineati; la struttura assume la forma a barra. (b) Orbite ovali con assi leggermente ruotati da quelli più esterni a quelli più interni; la struttura assume la classica forma a spirale

16.7 Interazioni fra galassie

Le galassie, come vedremo nello studio della struttura a grande scala (§ 18.2), sono aggregate in ammassi e superammassi, e le loro distanze relative sono tipicamente 10-100 volte soltanto più grandi delle galassie stesse. Ciò comporta che, nella dinamica globale di tali aggregazioni, è relativamente elevata la probabilità di interazioni gravitazionali a breve distanza che perturbano le strutture degli oggetti deformandole marealmente e che possono eventualmente portare alla loro coalescenza.

Le interazioni fra galassie sono un fenomeno direttamente osservato. Esistono infatti: (a) osservazioni di galassie collegate da filamenti che si possono appunto sviluppare da collisioni; (b) indicazioni di dischi galattici deformati (*warped*), probabilmente a seguito di interazioni mareali; (c) osservazioni di galassie con nucleo doppio, probabile risultato di un fenomeno di coalescenza. Alcuni esempi sono riportati in Fig. 16.18. Un dato interessante è che le ellittiche cD al centro degli ammassi presentano spesso nuclei doppi che hanno una dinamica diversa da quella globale: mentre le curve di rotazione di stelle sono intorno ai 300 km s^{-1}, i nuclei hanno velocità relative di oltre 1000 km s^{-1}. Appare dunque ovvio che le interazioni debbano giocare un ruolo importante nell'evoluzione delle galassie e ne possano determinare la morfologia. A questo proposito va notato che negli ammassi le galassie ellittiche sono proporzionalmente più numerose al centro che alla periferia; poiché nelle regioni centrali la densità di oggetti è più elevata e quindi la probabilità di collisione maggiore, si conclude che le galassie ellittiche siano oggetti più evoluti delle spirali dalle cui coalescenze derivano. Tra l'altro nell'interazione andrebbe dissipato momento angolare, il che giustificherebbe il suo basso valore nelle ellittiche.

16.7.1 Attrito dinamico

L'interazione fra galassie può essere descritta attraverso i campi gravitazionali medi essendo trascurabile la probabilità di urti tra singole stelle. Una galassia di massa M che si muova attraverso un sistema stellare di densità ρ a velocità v_M ne subisce un

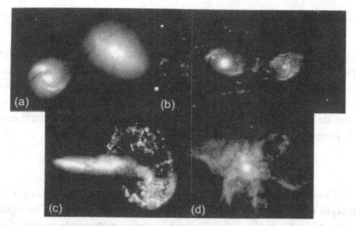

Fig. 16.18 Interazione di galassie: (a) effetti mareali e filamenti tra NGC 1409 e NGC 1410 (dati ottici di HST); (b) coalescenza tra NGC 2207 e IC 2163 (dati ottici di HST); (c) il sistema Arp148, formazione di galassia ad anello; (d) doppio nucleo in NGC 6240 (dati X di Chandra)

attrito dinamico dovuto al fatto che forma un'onda di compressione davanti e una scia che cattura e trascina stelle dando origine a una perdita di energia e quantità di moto. Chandrasekhar nel 1943 mostrò che la forza d'attrito può essere espressa nella forma:

$$f_d = C \frac{G^2 M^2 \rho}{v_M^2} \tag{16.58}$$

dove dai dati osservativi si stima che la costante C varia tra 20 (galassie irregolari) e 160 (ellittiche).

L'attrito dinamico può anche produrre la cattura di sistemi entro una certa distanza da una galassia: il processo viene spesso chiamato *cannibalizzazione*. Il risultato è quanto mostrato dal nucleo doppio di NGC 6240 osservato dal satellite X Chandra (Fig. 16.18). Ad esempio il tempo caratteristico di cattura di un ammasso stellare di massa M che orbita a distanza r_i con velocità v_M intorno ad una galassia di densità $\rho(r) = v_M^2/(4\pi G r^2)$ (stimata dall'equilibrio tra forza gravitazionale e centrifuga) è:

$$t_c = \frac{2\pi v_M r_i^2}{CGM} \tag{16.59}$$

che per $M = 10^7 M_\odot$, $r_i = 1$ kpc e $v_M = 250$ km s^{-1} indica che la cattura avviene in circa 8 miliardi di anni.

Il momento della forza di attrito dinamico può produrre effetti di contro-rotazione dei nuclei delle ellittiche rispetto alle zone periferiche e può essere un meccanismo per eccitare onde di densità nelle spirali.

16.7.2 Interazione impulsiva

Se l'interazione avviene ad elevata velocità relativa, le stelle non hanno tempo sufficiente per rispondere al trascinamento, per cui il potenziale delle singole galassie non è modificato. Il lavoro meccanico trasferisce energia cinetica ordinata del moto relativo verso l'energia cinetica interna dei sistemi stellari. Si studi l'effetto su una galassia che sia inizialmente in equilibrio, per cui si possa applicare il teorema del viriale e la conservazione dell'energia totale del sistema:

$$2K_{in} = -U_{in} = -2E_{in} \qquad (16.60)$$

dove K_{in} è l'energia cinetica interna iniziale del sistema, U_{in} l'energia potenziale e E_{in} l'energia totale. Si assuma che nell'interazione impulsiva l'energia cinetica interna aumenti da K_{in} a $K_{in} + \Delta K$. Poichè l'energia potenziale non cambia, anche l'energia totale aumenta $E_{imp} = E_{in} + \Delta K$; ma la galassia non è più in equilibrio viriale:

$$2K_{imp} + U_{imp} = 2(K_{in} + \Delta K) + U_{in} = 2\Delta K \neq 0 . \qquad (16.61)$$

Per ristabilire l'equilibrio occorre che la galassia converta l'energia cinetica in eccesso in aumento del potenziale gravitazionale (meno negativo) per espansione, oppure la trasferisca verso l'ambiente con getti di gas e stelle, o in altri effetti dissipativi di qualche forma. Di conseguenza il nuovo equilibrio viriale $2K_{fin} + U_{fin} = 0$ comporta:

$$K_{fin} = -E_{fin} = -(E_{in} + \Delta K) = K_{in} - \Delta K . \qquad (16.62)$$

L'energia cinetica interna del sistema è quindi diminuita di un fattore ΔK rispetto al valore iniziale e corrisponde ad uno stato più legato.

La fenomenologia è peraltro molto varia dal punto di vista della geometria e dinamica dell'interazione: ad esempio per collisioni centrali si possono creare compressioni ondose con forma ad anello (*ring galaxies* di Fig. 16.18).

16.7.3 Stripping mareale

Prende questo nome l'effetto di cattura gravitazionale di stelle o gas da parte di una galassia di massa m e dimensioni d su un'altra galassia di massa M a distanza D (vedi § 5.5.3):

$$f_m \simeq \frac{GMd}{D^3} \qquad (16.63)$$

che porta alla formazione di warps e anelli nel disco ed espulsione di venti o getti. Sono state effettuate simulazioni gravitazionali non lineari a N-corpi (uno dei primi esempi fu trattato da Toomre nel 1972), che mostrano appunto come galassie orbitanti intorno ad un centro di gravità comune interagiscono con la formazione di *ponti* e *code* in particolare per moti relativi lenti. Tra l'altro va ricordato che le simulazioni hanno rivelato l'importanza dell'esistenza di *aloni di materia oscura* intorno alle galassie e agli ammassi per stabilizzare le aggregazioni gravitazionali. Ciò concorda con i dati sulle curve di rotazione precedentemente illustrati.

16.8 Formazione delle galassie

Abbiamo visto nei precedenti paragrafi come le strutture della galassie siano complesse e diversificate in differenti oggetti. Le componenti luminose delle galassie ellittiche sono dominate da distribuzioni di massa sferoidali composte principalmente di stelle di popolazione avanzata; le galassie spirali contengono sia nuclei centrali sferoidali con stelle vecchie sia dischi con stelle giovani, gas e polveri. Inoltre appare ora assodato che i modelli delle strutture debbono tener conto della presenza di materia oscura che può rappresentare fino al 90% della massa totale. Infine i modelli della formazione di tali oggetti devono essere in grado di giustificare la varietà dei dati e in particolare le caratteristiche cinematiche e chimiche osservate [3].

Nel 1962 Eggen, Lynen-Bell e Sandage furono i primi a studiare la formazione della Via Lattea sulla base di un modello *top-down*, considerando cioè il collasso gravitazionale di una nebulosa proto-galattica con progressiva frammentazione in stelle. Le vecchie stelle di alone e gli ammassi globulari si sarebbero formati nelle prime fasi del collasso mentre la loro cinematica corrispondeva a velocità sostanzialmente radiali, che le porta oggi ad avere traiettorie ad elevata ellitticità fuori dal disco galattico. La loro formazione da un mezzo interstellare ancora non contaminato dalla nucleosintesi stellare ne giustifica la composizione chimica priva di metalli (Pop. II). Tuttavia le stelle di grande massa allora formatesi seguirono una rapida evoluzione con esplosione supernova da cui seguì il rapido arricchimento di metalli nel mezzo interstellare. La nebulosa proto-galattica continuò il suo collasso, ma l'aumentare della densità e della pressione portò ad un progressivo rallentamento con conversione dell'energia cinetica di caduta in energia termica. Allo stesso tempo la conservazione del momento angolare comportò un aumento della velocità angolare con la formazione di un disco di gas progressivamente arricchito di metalli e formazione di stelle di Pop. I che continua tutt'oggi. Inoltre la nebulosa presumibilmente era caratterizzata da una condensazione centrale che seguì un collasso più rapido con conseguente rapida formazione stellare e locale arricchimento in metalli: ciò spiegherebbe la presenza di stelle ricche di metalli nel bulge galattico. Il tempo scala del collasso della nebulosa primordiale può essere calcolato secondo la teoria di Jeans già usata per la formazione stellare. Dalla (13.14), assumendo che la nebulosa proto-galattica contenga $\sim 6 \times 10^{11} M_\odot$ in un volume di 100 kpc (con densità media $\sim 10^{-25}$ g cm^{-3}), si ottiene:

$$t_{ff} = \frac{\pi}{2} \left(\frac{R^3}{2GM} \right)^{1/2} \sim 6.8 \times 10^8 \text{anni} . \tag{16.64}$$

Questo modello non può tuttavia spiegare il fatto che le stelle di alone e gli ammassi globulari abbiano moti sia retrogradi sia concordi con la rotazione del disco, indicando che il collasso gravitazionale deve aver seguito fasi turbolente con formazione di condensazioni casualmente distribuite. Più difficile ancora è conciliare il tempo scala derivato da Eggen, Lynden-Bell e Sandage con la differenza di età tra gli ammassi globulari che varia tra 1 e 2 miliardi di anni. Similmente il disco galattico presenta componenti di differente composizione chimica ed età, suggerendo ancora che la formazione di stelle ha seguito fasi diverse in diverse regioni a tempi diversi. Una teoria completa della formazione di una galassia come la Via Lattea deve incorporare sia una corretta valutazione del ritmo di formazione stellare per le diverse masse stellari e la loro conseguente evoluzione verso lo stadio finale in cui espellono il materiale arricchito dalla nucleosintesi, che ancora dipende dalla massa delle stelle.

Sebbene oggi conosciamo in buon dettaglio l'evoluzione delle singole stelle, la nostra comprensione della fisica e del ritmo di formazione stellare è ancora oggetto di discussione. Si esprime il ritmo di nascita delle stelle di massa M al tempo t con la funzione $B(M,t)$, definita come il numero di stelle di massa compresa tra M e $M + dM$ che si formano dal mezzo interstellare per unità di volume (o per unità di superficie se integrata sul disco galattico) nell'intervallo di tempo tra t e $t + dt$; tale funzione dipende dal prodotto tra il ritmo di formazione stellare in funzione del tempo $\phi(t)$ (SFR, **star formation rate**) e la funzione iniziale di massa $\xi(M)$ (IMF, Initial Mass Function):

$$B(M,t)dMdt = \phi(t)\xi(M)dMdt . \tag{16.65}$$

La SFR integrata sullo spessore del disco della Via Lattea è rappresentata in Fig. 16.19 secondo un modello numerico di Burkert, Truran e Hensler; tiene conto dell'evoluzione della quantità di mezzo interstellare che viene condensato in stelle durante l'evoluzione dinamica del disco, per cui raggiunge un massimo intorno ai 400 milioni di anni di $\approx 40 M_{\odot}$ pc^{-2} Giga-anni^{-1} e scende attualmente a un valore di $\approx 5 M_{\odot}$ pc^{-2} Giga-anni^{-1}, ossia corrisponde alla formazione di 2 - 3 stelle per anno. La IMF è già stata discussa nel § 15.1.2 secondo il modello di Salpeter; successivi autori hanno proposto soluzioni del tipo:

$$\xi(M) = \frac{dM}{dN} = \xi_0 M^{-(1+x)} \tag{16.66}$$

dove $x \sim 0.86 \div 1.35$ per $M > 1.6$ con un appiattimento per masse minori; alcuni modelli sono riportati in Fig. 16.20.

In realtà i modelli numerici basati su queste ipotesi non raggiungono un buon accordo con le osservazioni; tipicamente si ottengono troppe stelle a bassa metallicità, il che suggerisce che il collasso del disco debba aver sperimentato inizialmente una maggior formazione di stelle di grande massa, con rapida evoluzione e rapido arricchimento di metalli.

Per conciliare i modelli top-down con le osservazioni è stata studiata la possibilità di rallentare il collasso onde estendere le generazioni di evoluzione stellare. Se il tempo di raffreddamento della nebulosa proto-galattica è maggiore del tempo di caduta libera, il gas non può irraggiare l'energia abbastanza rapidamente, la pres-

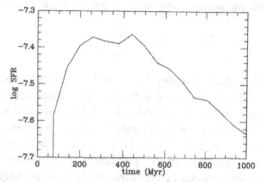

Fig. 16.19 Funzione di formazione stellare integrata sullo spessore del disco (SFR) in $M_\odot$ pc^{-2} anni $^{-1}$ in funzione del tempo secondo il modello di Burkert, Truran e Hensler (1992)

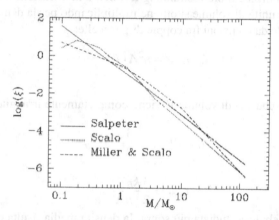

Fig. 16.20 Numero relativo di stelle che si formano in funzione della massa (IMF)

sione della nebulosa aumenta e si raggiunge uno stato di contrazione in condizioni di quasi-equilibrio tra pressione interna e forza gravitazionale. In tal caso il teorema del viriale stabilisce che l'energia gravitazionale liberata dal collasso si trasformi in energia termica:

$$-2\langle K \rangle = \langle \Omega \rangle \ . \tag{16.67}$$

Per un gas di N particelle con massa media $m = \mu m_H$ essa diventa:

$$-2N\frac{1}{2}m\langle v^2 \rangle = -\frac{3}{5}\frac{GM^2}{R} \tag{16.68}$$

dove la dispersione di velocità

$$\sigma = \langle v^2 \rangle^{1/2} = \left(\frac{3}{5}\frac{GM}{R}\right)^{1/2} \tag{16.69}$$

permette di definire una *temperatura viriale* a cui si assesta la nebulosa:

$$T_{vir} = \frac{m\sigma^2}{3k_B} \,. \tag{16.70}$$

Per la nebulosa già studiata di massa $\sim 6 \times 10^{11} M_\odot$ e raggio 100 kpc con composizione chimica di 90% di idrogeno e 10% di elio in numero di particelle, la massa media è $m = 0.6m_H$ e pertanto $\sigma = 160$ km s^{-1} e $T_{vir} = 6 \times 10^5$ K.

Per stimare il tempo scala di raffreddamento si usa la *funzione di raffreddamento* $\Lambda(T)$ di cui è dato un esempio in Fig. 16.21. I due picchi della curva continua intorno ai 10^4 e 10^5 K corrispondono alle temperature di ionizzazione/ricombinazione di idrogeno ed elio rispettivamente. La curva tratteggiata comprende altri elementi con transizioni legato-legato, legato-libero, libero-libero e diffusione elettronica. Oltre i 10^6 K dominano invece il bremsstrahlung termico e la diffusione Compton. Il raffreddamento per unità di volume si ottiene moltiplicando per la densità al quadrato in quanto dipende da collisioni fra coppie di particelle:

$$r_{cool} = n^2 \Lambda(T) \,. \tag{16.71}$$

L'energia della nebulosa di volume V viene completamente irraggiata in un tempo t_{cool}:

$$r_{cool} V t_{cool} = \frac{3}{2} N k_B T_{vir} \tag{16.72}$$

e pertanto

$$t_{cool} = \frac{3}{2} \frac{k_B T_{vir}}{n\Lambda} \,. \tag{16.73}$$

Nel caso della nebulosa studiata più sopra, la densità media risulta essere $n \sim 0.05$ cm^{-3} e dalla curva di raffreddamento per $T_{vir} = 6 \times 10^5$ K si ottiene $\Lambda \sim 10^{-23}$ erg

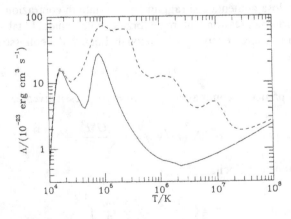

Fig. 16.21 Funzione di raffreddamento per plasmi astrofisici di diversa composizione chimica; linea continua H 90%, He 10%; linea tratteggiata abbondanze solari

$cm^3 s^{-1}$; il tempo di raffreddamento è quindi $t_{cool} \sim 8 \times 10^6$ anni $\ll t_{ff}$. La nebulosa si raffredda molto rapidamente e il collasso avviene in caduta libera.

Quando valga invece la condizione $t_{cool} > t_{ff}$ la nebulosa in contrazione non è in grado di irraggiare efficientemente l'energia gravitazionale liberata, per cui la sua temperatura aumenterà adiabaticamente e così pure la pressione, portando il sistema in condizione di quasi-equilibrio con conseguente evoluzione secondo il teorema del viriale. Nelle condizioni delle nebulose proto-galattiche al momento della formazione delle prime galassie, $T \sim 10^6$ K e $n \sim 0.05$ cm^{-3}, tale situazione si verifica per masse $< 10^{12} M_\odot$ entro un raggio di 60 kpc; per masse e raggi maggiori il collasso secondo Jeans non raggiunge la condizione di quasi-equilibrio. Regioni che si siano raffreddate a $T \sim 10^4$ K con ricombinazione dell'idrogeno, hanno un limite $\sim 10^8 M_\odot$. Questo risultato si accorda con la distribuzione in massa delle galassie osservate, dalle spirali giganti $Sa - Sc$ fino alle nane ellittiche.

Per risolvere il problema delle abbondanze chimiche e della presenza di distinte componenti di diverse età nel disco, Larson nel 1969 propose di incorporare nel modello top-down anche una fase di coalescenza, cioè un processo *bottom-up*. Come abbiamo precedentemente studiato, le osservazioni indicano che processi di interazione e coalescenza di galassie sono comuni; e lo debbono essere stati anche più nelle fasi iniziali di vita dell'Universo. Inoltre le teorie cosmologiche, che vedremo più avanti, appaiono indicare che le condensazioni iniziali del big-bang sono di massa inferiore a quelle delle galassie, intorno alle $10^6 \div 10^8 M_\odot$. Pertanto Larson assume che la Via Lattea si sia formata a partire dall'aggregazione di frammenti di piccola massa che, dopo aver avuto una loro iniziale evoluzione indipendente, si sono poi attratti gravitazionalmente, mescolandosi a formare uno sferoide con forti interazioni collisionali e mareali. Nella fase di evoluzione indipendente i frammenti formarono stelle e ammassi, arricchendo il gas di metalli. I frammenti catturati nelle regioni centrali dello sferoide, dove la densità era maggiore e la dinamica più violenta, ebbero un'evoluzione più rapida producendo le stelle di bulge più vecchie e ricche di metalli. Nelle regioni esterne dello sferoide la formazione stellare e l'arricchimento in metalli ebbe un ritmo più lento. Appare anche probabile che gran parte degli ammassi formatisi nei singoli frammenti siano stati distrutti e rimescolati dalla dinamica collisionale, e che solo quelli della regione esterna dello sferoide siano sopravvissuti, anche con moti retrogradi rispetto alla rotazione globale dello sferoide.

Il collasso dello sferoide divenne presto dissipativo, raggiungendo un equilibrio dominato dal momento angolare che portò alla formazione di un disco spesso. Simulazioni al computer mostrano che la temperatura del gas nel disco era a questo punto intorno ai 10^6 K con uno spessore che si stima dall'equilibrio tra l'energia cinetica del gas e l'energia gravitazionale:

$$h(T) = \left(\frac{3k_B T}{4\pi G m \rho_0} \right)^{1/2}$$

$$(16.74)$$

dove ρ_0 è la densità di stelle sul piano di simmetria del disco. Assumendo per tale densità l'attuale valore nelle vicinanze del sistema solare $\rho_0 = 1.0 \times 10^{-23}$ g cm^{-3}, si ottiene uno spessore del disco intorno a 1.6 kpc, in buon accordo con le osservazioni. In tale disco spesso e caldo la formazione stellare rimase praticamente bloccata per un periodo molto lungo, intorno ai 5 miliardi di anni. Invece la componente vecchia dei frammenti corrispondente alle regioni dense dell'iniziale sferoide con forte attività stellare formò una struttura di disco sottile con spessore intorno ai 50 pc e solo in questo disco sottile la formazione stellare continuò regolarmente esaurendo praticamente il gas. Tuttavia la cattura di ulteriori frammenti o galassie satelliti è responsabile della presenza di una componente di stelle giovani.

Il modello di Larson e le simulazioni di Burkert, Truran e Hensler sono stati applicati con un buon successo alla Via Lattea, spiegando anche il gradiente di metallicità, e quindi di colore, osservati. L'applicazione al caso generale della formazione delle galassie è ancora incerta, sebbene la complessa dinamica ed evoluzione chimica indichino la possibilità di interpretare la varietà di oggetti osservati.

Appare oggi ragionevole pensare che la sequenza di Hubble dipenda essenzialmente dalla massa delle galassie, dal momento angolare totale, dall'efficienza a formare stelle e dall'importanza di effetti dissipativi e di coalescenza. Ad esempio le galassie ellittiche produrrebbero la maggior parte delle stelle prima di giungere alla fase di formazione del disco, mentre nelle spirali l'elevato momento angolare ritarderebbe la formazione delle stelle, formando un disco con una notevole componente gassosa.

Recentemente, grazie alle osservazioni dello Hubble Space Telescope che mostrano un elevato numero di collisioni tra galassie, ha preso sempre maggior credito l'idea che le galassie ellittiche si formino per effetto di collisioni tra spirali. Nel processo i dischi delle spirali verrebbero distrutti, la formazione stellare verrebbe accelerata e la distribuzione delle stelle si rilasserebbe verso la legge $r^{1/4}$. Simulazioni numeriche a N-corpi hanno mostrato la possibilità di un tale processo. Il modello è anche sostenuto dalla segregazione dei tipi di galassie negli ammassi, ellittiche più numerose nelle regioni centrali dove le collisioni sono più probabili e spirali nelle periferie; e in effetti questo effetto di segregazione sembra essere meno pronunciato ad alti red-shift, cioè nelle prime fasi di vita dell'Universo. Tuttavia lo studio della formazione ed evoluzione delle galassie, a causa della complessa interazione fra molti processi fisici nonlinearmente coinvolti, non ha ancora raggiunto la maturità necessaria perché si possa dire di comprendere la genesi della sequenza di Hubble.

Riferimenti bibliografici

1. E.P. Hubble – *The Realm of the Nebulae*, Oxford University Press, 1936 (reprinted in 1982 by Yale University Press)
2. B.W. Carroll, D.A. Ostlie – *An Introduction to Modern Astrophysics*, Addison-Wesley Publ. Co. Inc., 1996
3. M.S. Longair – *Galaxy Formation*, Second Edition, Springer, 2008

17

Galassie attive

Una percentuale inferiore all'1% delle galassie presenta caratteristiche di attività fortemente al di sopra di quella delle galassie normali finora discusse. Le forme di attività sono diverse e sono osservate in diverse bande spettrali. Alcune galassie hanno nuclei eccezionalmente brillanti nell'ottico, spettroscopicamente simili a regioni di idrogeno ionizzato: possono quindi essere galassie giovani in cui è presente una forte attività di formazione stellare concentrata nelle regioni centrali. In altri casi nuclei brillanti sono invece chiaramente collegati con galassie vecchie, ma le loro temperature appaiono molto elevate. Spesso vengono osservate righe spettrali molto allargate che indicano velocità interne elevate, molto probabilmente dovute ad eventi esplosivi. In effetti nella banda radio sono spesso associate con la presenza di getti supersonici che si estendono a grandi scale, ben al di fuori della galassia ottica. In molti casi lo spettro delle regioni nucleari è non termico, e la radiazione è polarizzata, presumibilmente dovuta ad emissione sincrotrone da elettroni relativistici in presenza di campi magnetici.

La caratteristica comune è che la luminosità e/o dinamica delle galassie attive integrate sulle varie bande spettrali sono estremamente elevate, superiori fino ad un fattore 1000 rispetto a quelle della galassie normali, e per lo più associate con le regioni nucleari. Ciò implica che la durata temporale di questi oggetti debba essere molto più breve di quella delle galassie normali, il che concorda con la loro bassa percentuale numerica. Per tale ragione, e per altre considerazioni legate alle teorie della formazione delle galassie, si concorda oggi sull'idea che le galassie attive non siano famiglie separate di oggetti, ma rappresentino uno stadio evolutivo della vita di tutte le galassie, probabilmente legato alle loro prime fasi di collasso dopo la formazione.

Le classi più caratteristiche delle galassie attive sono le galassie di Seyfert e le radiogalassie, le prime associate con galassie spirali, le seconde con galassie ellittiche. Pertanto si può pensare che le Seyfert corrispondano alle fasi attive delle spirali e le radiogalassie alle fasi attive delle ellittiche. Tra le galassie attive hanno poi un posto particolare i quasar, oggetti quasi-stellari all'osservazione, a distanze cosmologiche come testimoniato dalle velocità di recessione; si tratta presumibilmente dei nuclei di galassie nelle prime fasi di formazione dell'Universo.

Ferrari A.: Stelle, galassie e universo. Fondamenti di astrofisica.
© Springer-Verlag Italia 2011

17.1 Le galassie di Seyfert

Prendono il nome dal loro scopritore che nel 1943 notò come un certo numero di galassie spirali avesse un nucleo centrale molto compatto, molto luminoso e con spettro ricco di righe di emissione da atomi ad alta eccitazione ed eccezionalmente larghe, interpretabili come prodotte da nuvole di gas dense e ad alto grado di ionizzazione in moto a grandi velocità. Lo spettro ha inoltre una componente non termica, importante soprattutto nella banda ultravioletta. In Fig. 17.1 è riportato il caso della galassia del Circinus (ESO 97-G13). Sulla base degli spettri le Seyfert sono classificate in tipo 1 e 2 (Fig. 17.2). Nelle **Seyfert 1** la larghezza delle righe permesse indica tipiche velocità dell'ordine di 10^4 km s^{-1}, mentre le righe proibite sono più strette; nelle **Seyfert 2** tutte le righe sono relativamente strette, con velocità $< 10^3$ km s^{-1} (la galassia del Circinus è di questo tipo). Si conclude che nelle Seyfert 1 le righe permesse si formano in regioni dense e interne del nucleo, mentre le righe proibite provengono da regioni meno dense e più esterne del nucleo. Nelle Seyfert 2 per contrasto non esisterebbero nuvole di gas dense. Le Seyfert risolte angolarmente mostrano una struttura a spirale, con qualche eccezione nel tipo 2. Sono forti sorgenti infrarosse e spesso quelle di tipo 1 mostrano forte emissione X. Non sono invece forti sorgenti radio, anche se esistono sorgenti radio compatte non risolte con spettri simili alle Seyfert 2 e quindi da classificarsi probabilmente come tali. Si stima che circa l'1% delle spirali di alta luminosità siano Seyfert. La luminosità dei loro nuclei è dell'ordine di quella del resto della galassia, $L_{nuc} = 10^{43} \div 10^{45}$ erg s^{-1}, ed è in molti casi variabile.

Fig. 17.1 La galassia di Seyfert nella costellazione australe del Circinus

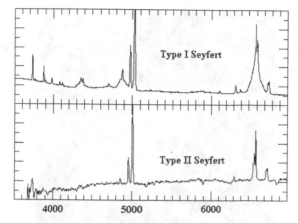

Fig. 17.2 Spettri caratteristici delle Seyfert di tipo 1 e 2

17.2 Radiogalassie

In accordo col nome, sono galassie forti sorgenti di onde radio; le caratteristiche spettrali (spettro a legge di potenza $F \propto \nu^{-\alpha}$) e di polarizzazione (elevato grado di polarizzazione lineare) indicano che la radiazione è di tipo sincrotrone non-termico da gas trasparente (solo per basse frequenze si ha un punto di *turn-over* per il riassorbimento). Le luminosità radio sono tipicamente nell'intervallo $L_{radio} = 10^{40} \div 10^{45}$ erg s^{-1}, ma in alcuni casi eccezionali si raggiungono anche i 10^{47} erg s^{-1}; le luminosità radio sono quindi tipicamente maggiori della luminosità della galassia ottica. Il problema principale è quello di spiegare l'origine dei campi magnetici e l'accelerazione continua degli elettroni relativistici responsabili per l'emissione sincrotrone; in particolare, seguendo il principio di equipartizione discusso nel § 9.3.5, si ricava la presenza di campi magnetici fino a $B \sim 10^{-3}$ gauss e di elettroni con fattori di Lorentz fino a $\gamma \sim 10 - 100$.

Lo studio della struttura delle radiogalassie ebbe inizio negli anni 1950 con l'entrata in operatività di radiointerferometri ad alta risoluzione spaziale. Le cosiddette radiogalassie estese sono tipicamente costituite di due **lobi** di emissione simmetricamente opposti rispetto alla galassia ottica cui sono associati (Fig. 17.3). La distanza tra i due lobi può raggiungere i 6 Mpc, quindi le radiogalassie hanno dimensioni oltre 10 volte maggiori di quelle di una normale galassia come la Via Lattea. Le galassie ottiche associate con le radiogalassie sono galassie ellittiche.

Peraltro, sono presenti forme e dimensioni molto diverse. Fanaroff e Riley hanno diviso le radiogalassie in base alla potenza, dimensioni e morfologia in due classi (Fig. 17.4):

- **Radiogalassie FR I** dominate dai getti e meno estese, con potenze tipiche di circa 10^{42} erg s^{-1}, con emissione distribuita lungo getti turbolenti, spesso dotati di morfologie distorte e con campi magnetici avvolti intorno ai getti;

Fig. 17.3 La radiogalassia Cen A associata con la galassia ellittica NGC 5128. All'immagine ottica è sovrapposta una rappresentazione della radiogalassia estesa. Esiste un collegamento continuo, un ponte, tra i due lobi che origina nel nucleo della galassia ottica

- **Radiogalassie FR II** dominate dai lobi e più estese, con potenze maggiori fino a circa 10^{47} erg s^{-1} ed emissione concentrata nei lobi terminali dei getti che invece sono molto deboli e con campi magnetici allineati; spesso in queste radiogalassie si osserva un solo getto, fatto che viene generalmente interpretato come il risultato di un'attenuazione del getto in allontanamento a velocità relativistica per *Doppler dimming* $S_{\nu,oss} \sim \gamma^{-3} (1 - \beta \cos \theta)^{-3} S_{\nu,em}$ (θ è l'angolo tra la linea di vista e la direzione del getto $> \pi/2$; si veda §9.6).

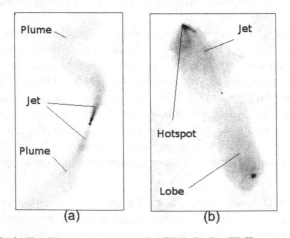

Fig. 17.4 Morfologie di radiogalassie estese:(a) tipo FR I, (b) tipo FR II

Le morfologie suggeriscono che i lobi delle radiogalassie vengano creati dall'espulsione collimata di materia relativistica dal nucleo della galassia ottica in due direzioni opposte. Il problema principale della fisica delle radiogalassie è l'energetica globale del fenomeno che può essere stimata intorno ai $10^{58} \div 10^{60}$ erg che debbono essere rilasciati in modo continuo e collimato entro circa 10^8 anni.

Inoltre gli elettroni relativistici responsabili dell'emissione sincrotrone non possono provenire dal nucleo galattico da cui si originano i lobi, in quanto la loro vita media radiativa è minore del tempo di transito tra nucleo e lobo, anche se l'espulsione avviene a velocità relativistica:

$$t_{syn} \sim 5 \times 10^8 B_G^{-2} \gamma^{-1} \mathrm{sec} \sim 10^{12} \mathrm{sec} \ll t_0 \le \frac{D}{c} \sim 10^{16} \mathrm{sec}. \qquad (17.1)$$

Pertanto occorre considerare un meccanismo di accelerazione continua *in situ*, e soprattutto nei lobi. A questo proposito va precisato che nei lobi esistono regioni di piccole dimensioni angolari molto brillanti, chiamate **hot-spots**, con spettro molto piatto, che vengono associate con la regione di accelerazione, eventualmente un'onda d'urto, da cui gli elettroni diffondono in tutto il lobo.

Le recenti osservazioni ad alta risoluzione spaziale mostrano che i lobi sono connessi ai nuclei da stretti "ponti" di emissione radio, generalmente indicati con la parola **getti** nell'idea che effettivamente il rifornimento energetico ai lobi sia continuo su tutta la fase di attività della galassia; il che allevia il problema energetico in quanto permette di diluire il rifornimento dei radio lobi sul tempo di vita degli stessi. Un caso tipico è quello della radiogalassia Virgo A, associata con la galassia ottica M87, illustrato in Fig. 17.5. In tale radiogalassia si può seguire la struttura del getto fino nelle regioni più interne del nucleo galattico: il getto e l'energetica della radiogalassia hanno origine in una regione di dimensioni al di sotto del parsec. Lo spettro della radiazione sincrotrone è continuo e non presenta righe, per cui non è possibile utilizzare l'effetto Doppler per misurare la velocità di espulsione. Peraltro la vita media stimata per la fase attiva in circa 1% della vita delle galassie nella fase normale richiede velocità prossime a quelle della luce per estendersi sulle dimensioni delle radiogalassie. Inoltre osservazioni ad alta risoluzione con radio interferometria a lunga base (VLBI) hanno permesso di risolvere moti propri nelle fasi iniziali della formazione dei getti che indicano **velocità superluminali**: si tratta ovviamente di un effetto legato al *Doppler beaming* studiato nel § 9.6, che comunque indica l'esistenza di velocità certo non superiori, ma prossime alla velocità della luce.

Recentemente è stato possibile ottenere osservazioni ad alta risoluzione e sensibilità di radiogalassie estese anche nelle bande ottiche e nei raggi X; nella Fig. 17.6 è ancora illustrato il caso di Virgo A - M87. Le mappe alle diverse frequenze mostrano come la morfologia dei getti sia presente, almeno nelle sorgenti più brillanti, anche alle alte frequenze, sempre con caratteristiche di emissione sincrotrone, il che richiede elettroni relativistici con fattori di Lorentz molto elevati $\gamma \approx 10^4$, rendendo ancora più pesante la richiesta della loro accelerazione *in situ* lungo il getto stesso. La corrispondenza delle strutture brillanti (*knots*) lungo il getto indicano un meccanismo di accelerazione localizzato, probabilmente attraverso onde d'urto o turbolenza di plasma.

Alcune radiogalassie presentano una struttura "a coda", cioè con i getti curvati perpendicolarmente alla loro direzione: tale piegamento è interpretato come un effetto del moto della galassia e del suo nucleo attivo attraverso il mezzo intergalattico. Un caso esemplare è quello della radiogalassia associata con NGC 1265 (Fig. 17.7).

Esistono anche radiogalassie compatte, sempre associate con il nucleo di galassie attive. Per alcune di queste, il miglioramento della risoluzione spaziale ha permesso di rivelare una struttura doppia su piccola scala; non è ancora chiaro se si tratti di radiogalassie giovani che diverranno estese quando i loro getti emergeranno dalla galassia, oppure di radiogalassie la cui struttura gravitazionale e ambientale hanno impedito ai getti di emergere dalle regioni interne della galassia.

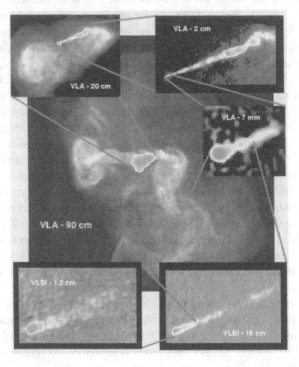

Fig. 17.5 La struttura della radiogalassia Virgo A associata con la galassia ellittica M87 studiata attraverso uno zoom verso le regioni nucleari osservando a diverse lunghezze d'onda (ricordiamo che l'angolo di risoluzione è $\sim \lambda/D$); le scale vanno dai 200 kpc dell'immagine centrale fino agli 0.2 pc delle mappe VLBI in basso. Si osserva l'esistenza di un "getto" continuo su tutte la scale, evidente solo nel lato destro delle immagini; quello a sinistra è probabilmente oscurato per Doppler beaming de-boosting

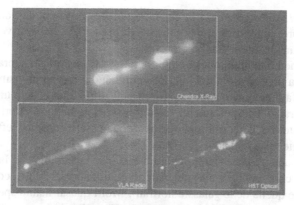

Fig. 17.6 La struttura del getto di M87 nelle bande radio, ottica e X

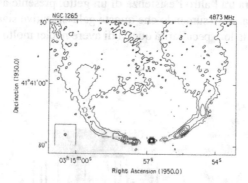

Fig. 17.7 La radiogalassia "a coda" associata con la galassia NGC 1265

17.3 Quasar

Alla fine degli anni '50 le osservazioni radio rivelarono una serie di sorgenti radio compatte apparentemente associate ad oggetti con spettro peculiare e forte eccesso ultravioletto.

Cyril Hazard a Cambridge utilizzò la tecnica delle occultazioni lunari per ottenere con precisione la posizione di una di queste sorgenti, 3C 273, e ciò permise a Maarten Schmidt di identificarla con un oggetto di apparenza stellare, seppur circondato da un alone diffuso, e le cui righe spettrali mostravano un forte spostamento verso il rosso $\Delta\lambda/\lambda_0 = 0.158$, corrispondente, se interpretato secondo le leggi dell'effetto Doppler (radiale relativistico)

$$\frac{\Delta\lambda}{\lambda_0} = z = \sqrt{\frac{1+v/c}{1-v/c}} - 1 \qquad (17.2)$$

ad una velocità di allontanamento $v = 0.146c$ (Fig. 17.8). Nell'ipotesi che lo spostamento Doppler fosse dovuto all'espansione dell'Universo secondo la legge di

Hubble v = Hd, che studieremo in cosmologia, l'oggetto era da porre a distanza cosmologica, presumibilmente una galassia di apparenza stellare: venne per esso coniato il termine di "quasi-star" o **quasar**.

Successivamente molti di questi oggetti sono stati identificati soprattutto perché caratterizzati da un eccesso ultravioletto: nella banda intorno al visibile lo spettro dei quasar è infatti dominato dalle emissioni nell'ultravioletto; solo una frazione di essi emette nel radio. Gli spostamenti verso il rosso raggiungono valori $z = 10.3$ (vedremo nel capitolo della cosmologia come debba essere corretto l'effetto Doppler nelle cosmologie relativistiche).

Nell'ipotesi appunto che siano oggetti a distanze cosmologiche, la loro energetica è valutata corrispondere alle più potenti radiogalassie estese, con luminosità oltre 1000 volte quella delle galassie normali. Molti quasar hanno spettro continuo che si estende fino alla banda X e gamma. In Fig. 17.9 è riportata l'immagine X di 3C 273 che mostra tra l'altro l'esistenza di un getto, presente anche nelle mappe radio e ottica originarie. Assumendo che queste galassie attive siano molto lontane, ed essendo appunto la loro peculiarità quella di avere nuclei molto più brillanti delle

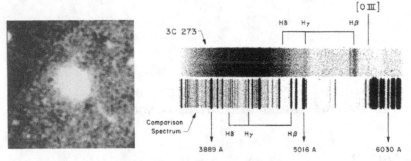

Fig. 17.8 L'oggetto ottico quasi-stellare associato con la sorgente radio compatta 3C 273 e il suo spettro ottico (da Hazard e Schmidt 1962)

Fig. 17.9 Immagine in raggi X del quasar 3C273 con getto ottenuta dal satellite Chandra

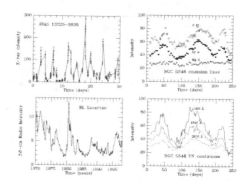

Fig. 17.10 Immagine della sorgente BL Lacertae e variabilità delle sorgenti BLLac in diverse bande spettrali

regioni esterne, non risulta facile rivelare il tipo di galassie con cui sono associati e di cui presumibilmente rappresentino una fase primordiale di vita. Recenti dati del telescopio spaziale Hubble indicano che i quasar sono posti al centro di galassie relativamente normali. Potrebbero quindi rientrare nella categoria delle galassie Seyfert sia pure in una fase cosmologicamente più energetica.

I quasar hanno tipicamente sia righe di emissione sia righe di assorbimento nel loro spettro. Le righe di emissione hanno origine nel quasar stesso, le righe di assorbimento si formano invece in nuvole di gas freddo espulse dal quasar o presenti nel mezzo intergalattico; in quest'ultimo caso lo studio delle righe fornisce importanti informazioni sulla distribuzione del gas alle grandi scale.

La luminosità dei quasar è tipicamente variabile, in modo irregolare, su tempi scala dei giorni e spesso delle ore. Una particolare classe di galassie attive è quella degli *oggetti BL Lac* e **blazar**, oggetti molto compatti, luminosi e fortemente variabili. Inizialmente furono considerati stelle variabili, ma successivamente l'oggetto BL Lacertae (prototipo da cui il nome della classe) fu associato con una sorgente radio e si scoprì che mostrava molte delle caratteristiche dei quasar (Fig. 17.10). Lo spettro ottico è privo di righe di emissione, per cui non se ne può misurare la distanza con la legge di Hubble come per gli altri quasar; fu solo con il miglioramento della sensibilità delle osservazioni che fu possibile individuare segni della presenza di una galassia intorno all'oggetto compatto che ne è il nucleo. Attualmente sono conosciute alcune centinaia di oggetti BL Lac: lo stesso 3C273 è un blazar. Gli osservatori spaziali hanno permesso di rivelare che molti blazar sono forti sorgenti nelle bande di alta energia, raggi X e gamma.

17.4 Modelli teorici delle galassie attive

L'analisi dei dati osservativi sui vari tipi di oggetti attivi può essere riassunta indicando che, mentre le galassie normali sono dominate dalla radiazione termi-

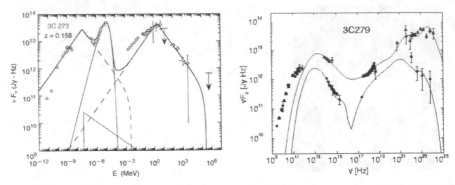

Fig. 17.11 *Sinistra*: Spettro multifrequenze del quasar 3C 273; in questa sorgente è ben evidente il *blue bump* prodotto dall'emissione termica del disco di accrescimento. *Destra*: Spettro del quasar 3C 279, classe degli OVV (*Optically Violent Variable*) che mostra forte variabilità anche alle alte energie

ca e dalla dinamica delle stelle e del gas interstellare, la caratteristica principale delle galassie attive è la predominanza del nucleo, la cui attività si estrinseca sia in una forte produzione di radiazione termica e non-termica dalla regione centrale sia nella dinamica sempre della regione nucleare che è responsabile della creazione di getti supersonici e relativistici e degli estesi lobi radio. In questo paragrafo discuteremo l'attuale interpretazione di questi dati osservativi che mettono in evidenza la necessità di considerare fenomeni di relatività speciale e generale.

17.4.1 AGN (Active Galactic Nuclei)

I nuclei delle galassie attive vengono tradizionalmente indicati con l'acronimo AGN (*Active Galactic Nuclei*). In Fig. 17.11 si mostra l'andamento spettrale multifrequenze di due tipici AGN, i quasar 3C 273 e 3C 279. Gli spettri presentano uno spettro continuo con due componenti, una a frequenze radio, infrarosse e ottiche, un'altra alle alte frequenze, raggi X e gamma. La prima componente è essenzialmente di tipo sincrotrone non-termico da elettroni relativistici con fattori di Lorentz fino a $\gamma \sim 10^4$ con un contributo termico nella banda ultravioletta (*blue bump*, più evidente in 3C 273 a ≈ 10 eV); la componente di alta energia è invece interpretata come radiazione Compton da fotoni di bassa energia diffusi ad alta frequenza appunto per effetto Compton inverso dall'interazione con la popolazione degli elettroni sopratermici. Ambedue le componenti presentano variazioni globali (*flares*) su tempi scala t_{var} che nei blazar possono essere di giorni ed anche ore. Queste scale temporali pongono un limite sulle dimensioni degli AGN: infatti, si consideri il caso di una sfera otticamente spessa di raggio R che simultaneamente si illumina su tutta la superficie nel proprio sistema di riferimento. Il segnale di tale illumi-

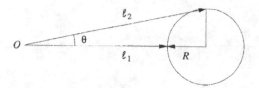

Fig. 17.12 Accensione di una sfera osservata da un osservatore in O

nazione giunge ad un osservatore prima dalla parte più vicina della sfera a distanza ℓ_1 e successivamente dal bordo a distanza ℓ_2 (Fig. 17.12). Nel limite di grandi distanze:

$$\ell_2 = \frac{\ell_1 + R}{\cos\theta} \approx \ell_1 + R \qquad (17.3)$$

ossia l'accensione della sfera osservata da O risulta diluita su un intervallo di tempo $\Delta t = R/c$: la diluizione dell'accensione e dello spegnimento impedisce di rivelare qualunque variabilità su tempi più lunghi. Quindi il periodo di variabilità della sorgente pone un limite superiore alle sue dimensioni $R \leq ct_{var}$.

Nel caso la sorgente sia un quasar che si allontana a velocità cosmologica interviene anche un effetto relativistico dovuto alla dilatazione dei tempi tra i due sistemi di riferimento $\Delta\tau = \Delta t/\gamma$, per cui le dimensioni sono ancora minori:

$$R \leq ct_{var}\sqrt{1 - \frac{v^2}{c^2}} \, . \qquad (17.4)$$

Ad esempio, se la variabilità di un quasar è dell'ordine dell'ora, si ottiene $R \approx 10^{14}$ γ^{-1} cm, comunque inferiore a 10 unità astronomiche anche per $\gamma = 1$.

Come ultimo dato osservativo citiamo la spettroscopia Doppler ad alta risoluzione del telescopio spaziale Hubble che ha permesso di mettere in evidenza che negli AGN è presente materiale in rotazione intorno al nucleo (Fig. 17.13), motivando il modello a disco di accrescimento che ora discuteremo.

17.4.2 Dischi di accrescimento

Le luminosità degli AGN più potenti raggiungono i 10^{47} erg s^{-1}; la massa richiesta per produrre tale potenza può essere stimata (indipendentemente dal meccanismo) dal limite superiore di Eddington alla luminosità di una sorgente in equilibrio (§ 13.30):

$$\mathscr{L}_{Edd} = \frac{4\pi Gc}{\bar{\kappa}}M \approx 1.5 \times 10^{38} \frac{M}{M_\odot} \text{erg s}^{-1} \qquad (17.5)$$

dove si è usato il coefficiente di opacità per diffusione elettronica che ben si applica al caso di un gas caldo come indicato dalla radiazione alle alte energie degli AGN.

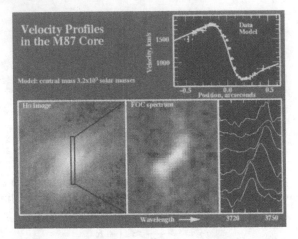

Fig. 17.13 Osservazioni fotometriche e spettroscopiche del nucleo della radiogalassia M 87 che mette in evidenza l'esistenza di un disco rotante (dati Hubble Space Telescope)

Ciò indica, per le sorgenti più potenti, la necessità di una massa $M > 7 \times 10^8 M_\odot$. Il raggio gravitazionale di Schwarzschild per tale massa è $R = 2.1 \times 10^{14}$ cm, dell'ordine del raggio stimato dalla variabilità. Questa è l'evidenza che gli AGN contengono BH supermassivi (**SMBH, Super-Massive Black Holes**), già suggerita nel 1963 da Fred Hoyle e William Fowler: infatti AGN costituiti da stelle supermassive o da ammassi di stelle di $10^9 \div 10^{10} M_\odot$, eventualmente dotati di rapida rotazione (spinars) per spiegarne la variabilità, non potrebbero sopravvivere per i richiesti tempi di circa 10^8 anni perché rapidamente collasserebbero appunto a formare un SMBH.

Seguendo questa linea di pensiero, Lynden-Bell e Scheuer nel 1969 suggerirono che gli AGN fossero sostenuti proprio dalla liberazione di energia gravitazionale di materia che cade verso il SMBH. Per evitare che l'energia liberata dall'accrescimento venga inghiottita oltre l'orizzonte, si ricorre, come visto nei sistemi di stelle binarie (§ 7.2.3), all'idea che la materia sia dotata di momento angolare e quindi segua traiettorie a spirale sistemandosi su orbite quasi-kepleriane. Come calcolato nel Capitolo 6, l'energia disponibile per l'attività dell'AGN può raggiungere un valore massimo corrispondente all'energia di legame di una particella che cadendo dall'infinito raggiunga e si leghi sull'ultima orbita stabile. Nel caso di un BH di Kerr con massimo momento angolare, l'orbita stabile più interna corrisponde ad una particella corotante rispetto alla rotazione del BH, precisamente $R_{int} = (1/2)R_{Schw} = GM/c^2$, cui è associata un'energia di legame $\approx 0.42\,mc^2$. Con la formazione di un disco di accrescimento quasi-kepleriano stazionario, l'energia liberata si trasforma in energia cinetica rotazionale e in energia termica del plasma che può produrre radiazione con un'efficienza definita dall'interazione "viscosa" tra le particelle. La corrispondente *luminosità del disco di accrescimento* può essere scritta genericamente come:

$$\mathscr{L}_{disco} = \eta \dot{M} c^2 \tag{17.6}$$

dove $\eta \leq 0.42$ e $\dot{M}$ rappresenta il tasso di accrescimento di massa. In realtà, come abbiamo visto, non è possibile avere un $\dot{M}$ di accrescimento qualsivoglia a causa del limite di Eddington, per cui imponendo $\mathscr{L}_{disco} < \mathscr{L}_{Edd}$ si ottiene:

$$\dot{M} \leq \frac{1}{\eta c^2} \frac{4\pi G M}{\bar{\kappa} c} = 1.67 \times 10^{17} \eta^{-1} \left(\frac{M}{M_\odot}\right) \text{g s}^{-1} \qquad (17.7)$$

$$= 2.52 \times 10^{-9} \eta^{-1} \left(\frac{M}{M_\odot}\right) M_\odot \text{anno}^{-1}$$

che per un BH $M \approx 10^8 \div 10^9 M_\odot$ corrisponde a $\dot{M} \approx 1 M_\odot \text{anno}^{-1}$.

La teoria dei dischi di accrescimento in equilibrio stazionario, in cui il flusso di materia entrante al raggio esterno del disco R_{est} compensa esattamente quello inghiottito dal buco nero al raggio interno R_{int}, mostra, in accordo con quanto previsto dal teorema del viriale, che metà dell'energia gravitazionale liberata nell'accrescimento porta al riscaldamento del disco, mentre l'altra metà dev'essere irraggiata (vedi Eq. 7.85):

$$\mathscr{L}_{disco} = \frac{G M \dot{M}}{2 R_{int}} . \qquad (17.8)$$

Assumendo che il disco riscaldato emetta come un corpo nero si deriva la temperatura per ogni anello radiale tra r e $r + dr$ che emetta sulle due facce:

$$d\mathscr{L}_{anello} = \frac{d}{dr}\left(-\frac{G M \dot{M}}{2r}\right) dr = \frac{G M \dot{M}}{2r^2} dr \qquad (17.9)$$

$$= 2(2\pi r dr)\sigma T^4(r)$$

ossia:

$$T(r) = \left(\frac{G M \dot{M}}{8\pi \sigma R_{int}^3}\right)^{1/4} \left(\frac{R_{int}}{r}\right)^{3/4} \qquad (17.10)$$

che raggiunge il suo valore massimo per il raggio dell'ultima orbita stabile intorno al buco nero; nel caso del buco nero di Kerr $R_{int} = (1/2)R_{Schw}$:

$$T_{disco} = \left(\frac{c^6 \dot{M}}{8\pi \sigma G^2 M^2}\right)^{1/4} = \left(\frac{c^2}{8\pi \sigma G^2 M^2} \frac{1}{\eta} \mathscr{L}_{Edd}\right)^{1/4} . \qquad (17.11)$$

Per buchi neri intorno alle $10^8 M_\odot$ e $\eta \approx 0.1$ si ottengono temperature tipiche $T_{disco} \approx 7 \times 10^5$ K. Questa è la temperatura corrispondente al cosiddetto *blue bump* osservato nello spettro di molti AGN (vedasi Fig. 17.10), che quindi viene indicato come evidenza della presenza del disco di accrescimento.

Le valutazioni fenomenologiche possono essere giustificate applicando al caso dei dischi intorno ai SMBH il **modello di disco sottile** (Shakura e Sunyaev 1970) già studiato nel caso delle stelle binarie (§ 7.2.3); utilizzando unità di misura appropriate, $r_{14} = r/(10^{14}\ \text{cm})$, $M_8 = M/(10^8 M_\odot)$, $\dot{M}_{26} = \dot{M}/(10^{26}\ \text{g s}^{-1}) = \dot{M}/(1.5 M_\odot/\text{anno})$, si ottiene:

$$\Sigma = 5.2 \times 10^6 \alpha^{-4/5} \dot{M}_{26}^{7/10} M_8^{1/4} r_{14}^{-3/4} f^{14/5} \text{g cm}^{-2}$$

$$H = 1.7 \times 10^{11} \alpha^{-1/10} \dot{M}_{26}^{3/20} M_8^{-3/8} r_{14}^{9/8} f^{3/5} \text{cm}$$

$$\rho = 3.1 \times 10^{-5} \alpha^{-7/10} \dot{M}_{26}^{11/20} M_8^{5/8} r_{14}^{-15/8} f^{11/5} \text{ g cm}^3$$

$$T_c = 1.4 \times 10^6 \alpha^{-1/5} \dot{M}_{26}^{3/10} M_8^{1/4} r_{14}^{-3/4} f^{6/5} \text{K}$$

$$\tau = 1.9 \times 10^4 \alpha^{-4/5} \dot{M}_{26}^{1/5} f^{4/5} \tag{17.12}$$

$$\nu = 1.8 \times 10^{18} \alpha^{4/5} \dot{M}_{26}^{3/10} M_8^{-1/4} r_{14}^{3/4} f^{6/5} \text{cm}^2 \text{s}^{-1}$$

$$\nu_R = 2.7 \times 10^4 \alpha^{4/5} \dot{M}_{26}^{3/10} M_8^{-1/4} r_{14}^{-1/4} f^{-14/5} \text{ cm s}^{-1}$$

$$T_{\text{sup}} = \left(\frac{3GM\dot{M}}{8\pi R^3} \right)^{1/4} = 2.2 \times 10^5 \dot{M}_{26}^{1/4} M_8^{1/4} r_{14}^{-3/4} \text{K}$$

$$f \equiv 1 - (5 R_{Schw}/8r)^{1/2} \ .$$

Come già discusso, la struttura dei dischi di accrescimento stazionari (ma non la potenza massima ottenibile) è determinata dalla viscosità richiesta per dissipare il momento angolare e l'energia rotazionale della materia in accrescimento; le condizioni astrofisiche sono peraltro lontane dalle possibilità di sperimentazione in laboratorio e anche di simulazione nonlineare su supercalcolatori. L'espressione utilizzata da Shakura e Sunyaev in modo fenomenologico assume che instabilità di plasma in presenza di campi magnetici producano turbolenza e creino una viscosità anomala; il meccanismo attualmente più accreditato è quello della instabilità magneto-rotazionale in cui il campo magnetico deformato dalla rotazione differenziale del disco kepleriano amplifica il tensore degli sforzi di Maxwell su piccole scale.

I modelli teorici sviluppati in seguito a quello di Shakura e Sunyaev mostrano che la struttura del disco può essere parametrizzata essenzialmente in base al rapporto $\delta = \mathscr{L}_{disco}/\mathscr{L}_{Edd}$, che fissa il tasso di accrescimento e la temperatura. Per $\delta < 0.01$ il tasso di accrescimento è basso, per cui la densità del disco risulta pure molto bassa per permettere un efficiente raffreddamento radiativo, e quindi il disco si gonfia per effetto della pressione degli ioni (gli elettroni sono freddi per effetto dell'iraggiamento, ma non riescono a portarsi in equilibrio con gli ioni), diventando quello che viene denominato un **ion torus**; la maggior parte dell'energia gravitazionale/rotazionale viene inghiottita dal SMBH. Per $0.01 < \delta < 0.1$ il raffreddamento radiativo è efficiente, il disco è molto luminoso, la struttura corrisponde ad un disco sottile alla Shakura e Sunyaev. Quando $\delta \to 1$ il tasso di accrescimento è grande, il disco si riscalda molto, la pressione di radiazione è dominante e sostiene il disco contro la gravità portando ancora alla struttura di disco spesso. Si può addirittura arrivare a dischi super-Eddington $\delta > 1$ se la geometria disaccoppia il flusso di accrescimento dalla regione di emissione dei fotoni.

In generale si deve considerare che il disco è presumibilmente una struttura composita, come illustrato in Fig. 17.14. Entro 1000 raggi gravitazionali dal SMBH,

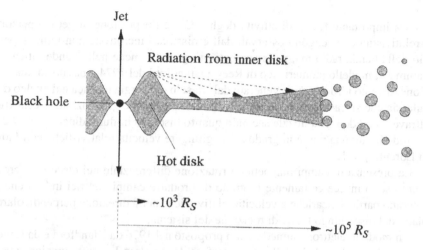

Fig. 17.14 Struttura schematica di un disco di accrescimento intorno a un SMBH

dove l'energetica relativistica è maggiore, il disco è dominato dalla pressione di radiazione, geometricamente spesso e con temperature oltre i 10^6 K, con emissione termica fino alla banda dei raggi X molli. Fino a $\approx 10^5$ raggi gravitazionali diventa poi sottile, a temperatura più bassa, sostenuto dalla pressione del gas, con emissione nell'ultravioletto. Oltre questa distanza il disco diventa progressivamente più spesso e si fraziona in frammenti originando un vento; in tali regioni può anche essere presente una importante percentuale di polveri.

Un altro meccanismo per giustificare l'emissione degli AGN è quello di considerare l'estrazione diretta di energia rotazionale dai buchi neri di Kerr per effetto elettromagnetico secondo il meccanismo di Blandford e Znajek discusso nel § 6.7.1. La potenza estratta può raggiungere il valore massimo:

$$P_{BH} \approx \frac{\Omega_{BH}^2 B^2 \pi r_{BH}^2}{16\pi^2 c R_{BH}} \approx 10^{45} \left(\frac{J}{J_{\max}}\right)^2 \left(\frac{M}{10^8 M_\odot}\right)^2 \left(\frac{B}{10^4 \text{gauss}}\right)^2 \text{erg s}^{-1} \quad (17.13)$$

dove $\Omega_{BH} = J/\left(Mr_{BH}^2\right)$ e le unità di misura sono state scelte per la presente applicazione; ricordiamo che $J_{\max} = GM^2/c$ è il momento angolare per un BH di Kerr a massima rotazione (allo stesso tempo $\Omega_{BH} \to c/2r_{BH}$). Questa è la potenza massima estraibile con questo meccanismo e può raggiungere valori vicini a quelli richiesti per gli AGN non troppo potenti.

17.4.3 Getti e lobi radio

L'altra importante forma di attività degli AGN è l'espulsione di getti supersonici e relativistici che vengono osservati dall'emissione sincrotrone non-termica per lo più nella banda radio ma, nelle sorgenti più potenti, anche nelle bande ottica, X e gamma. Il modello pionieristico di Rees e Blandford del 1974 è basato su una soluzione di vento idrodinamico generato dal rilascio di energia termica nel nucleo della galassia che si trasforma in flusso cinetico nel potenziale gravitazionale-centrifugo attraverso un de Laval nozzle secondo quanto discusso in fluidodinamica (§ 7.2.1). Il modello tuttavia non è in grado di raggiungere velocità relativistiche con fattore di Lorentz $\gamma > 1$.

La presenza di campi magnetici e rotazione differenziale nel disco di accrescimento sono invece certamente in grado di produrre campi elettrici indotti che accelerano particelle cariche a velocità relativistiche nella direzione perpendicolare al piano del disco lungo l'asse di rotazione del sistema.

Un modello elettrodinamico è stato proposto nel 1976 da Blandford e da Lovelace in analogia al modello delle magnetosfere delle pulsar. La configurazione stazionaria, studiata usando l'approssimazione MHD ideale, considera un disco conduttore a simmetria assiale, geometricamente sottile e in rotazione kepleriana, con un campo magnetico definito da opportune correnti che fluiscono radialmente e azimutalmente nel disco. Tali correnti, sotto precise condizioni, generano un campo poloidale con linee di forza paraboliche all'esterno del disco. Inoltre esiste una componente toroidale del campo magnetico sostenuta da una corrente assiale $B_\varphi = 2I/cr$. Si calcola che nella magnetosfera all'esterno del disco la corrente diventa essenzialmente poloidale parallela alle linee di campo con velocità delle cariche che tende asintoticamente alla velocità della luce. Il modello è corretto matematicamente, ma, oltre a corrispondere a condizioni molto stringenti sulla geometria delle correnti e dei campi, impone che sia trascurabile la cinetica del plasma che trasporta le correnti; l'energia del getto è essenzialmente nel vettore di Poynting. Nell'applicazione astrofisica occorre introdurre un ulteriore processo in grado di trasformare l'energia elettromagnetica in energia cinetica.

Un modello che tiene conto dell'inerzia del plasma è stato studiato nel 1982 da Blandford e Payne, come nel § 8.2.3. Sono possibili soluzioni stazionarie MHD in un sistema disco-getto soggetto ad **accelerazione magneto-centrifuga**. Nalla prima fase vicino al disco il plasma è congelato sulle linee di forza del campo magnetico poloidale ancorate nel disco che lo trascina nella rotazione e lo fa scivolare verso l'esterno sotto l'azione della forza centrifuga se l'inclinazione delle linee la porta a prevalere sulla gravità. A grandi distanze il campo toroidale generato dalla rotazione differenziale del disco genera una forza di Lorentz lungo l'asse in grado di portare il fluido a velocità supersoniche. Il campo toroidale ha anche la funzione di collimare il flusso di materia nella direzione del campo poloidale. Il modello originale non valuta la reazione da parte dell'accelerazione del getto sul disco, mentre invece il getto chiaramente estrae momento angolare dal disco. Inoltre soluzioni stazionarie continue esistono solo per definiti intervalli dei valori di energia, momento angolare e rapporto tra energia cinetica ed energia magnetica (i parametri ε, λ, κ definiti in 8.2.3). In realtà il problema, anche nell'approssimazione MHD, è altamente nonlineare e soluzioni complete sono possibili usando metodi numerici.

Il risultato di una simulazione numerica con evoluzione temporale del sistema disco-getto è riportato in Fig. 17.15 e mostra lo stato stazionario finale. Questa simulazione si riferisce a una situazione in cui il disco, costituito da un plasma dotato di viscosità e resistività magnetica secondo lo schema di Shakura e Sunyaev, è in rotazione kepleriana intorno ad un buco nero; la configurazione iniziale del campo magnetico è poloidale a simmetria assiale esteso all'infinito con le linee di campo ancorate sul disco. La rotazione differenziale sviluppa un campo magnetico toroidale e genera una forza di Lorentz che accelera il getto lungo le linee di campo secondo il meccanismo magneto-centrifugo portandolo a velocità super-alfveniche. Il getto è collimato intorno all'asse di rotazione ed è dotato di spin, per cui estrae momento angolare dal disco causandone l'accrescimento verso il buco nero centrale. Nel caso discusso non sono considerati effetti di relatività generale; simulazioni di accelerazione da dischi intorno a buchi neri di Kerr non modificano sostanzialmente lo scenario, ma permettono al getto di raggiungere fattori di Lorentz $\gamma > 1$. Queste simulazioni mostrano quanto avviene entro qualche centinaio di raggi gravitazionali dal buco nero centrale, un processo che in realtà non è osservabile per confronto neppure nelle sorgenti più vicine. Tuttavia si mostra che l'energetica del processo può interpretare le potenze cinetiche iniettate nei getti attraverso l'irraggiamento che ne consegue.

La stima osservativa dell'energia globale minima dei getti delle radiosorgenti estese può essere valutata attraverso il principio di equipartizione discusso nel § 9.3.5. Si ottengono energie globali nei lobi estesi fino a $E \approx 10^{62}$ erg, corrispondenti all'iniezione di 10^{47} erg s^{-1} per 10^8 anni. Si tratta peraltro di un'energia minima, in quanto tiene solo conto degli elettroni relativistici per l'emissione osservata; in realtà saranno accelerati anche protoni o nuclei atomici, per cui il valore dell'energia iniettata dal nucleo galattico può essere anche 100 volte maggiore. Il meccanismo

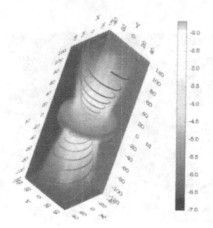

Fig. 17.15 Simulazione numerica dell'accelerazione di un getto per meccanismo magneto-centrifugo; le gradazioni di grigio danno la scala di densità, le linee rappresentano il campo magnetico (da Zanni et al. 2007)

magneto-centrifugo è in grado di interpretare l'energetica globale dei getti degli AGN. Con tipici valori del campo magnetico di equipartizione nel campo gravitazionale di un buco nero di $10^8 M_\odot$, $B = 10^4$ gauss, e con un raggio interno del disco $r_{\min} = 10 r_S$, dalla (8.78) si ottiene infatti:

$$ L \approx B_{\min}^2 r_{\min}^2 \left(\frac{GM}{r_{\min}} \right)^{1/2} \approx 10^{46} \left(\frac{M}{10^8 M_\odot} \right)^2 \text{erg s}^{-1} . \qquad (17.14) $$

Un ulteriore confronto con i dati osservativi si può avere attraverso le simulazioni del getto super-alfvenico che si propaga attraverso il mezzo intergalattico esterno e nell'interazione con esso sviluppa instabilità e onde d'urto che producono localmente gli elettroni relativistici che producono radiazione sincrotrone. La possibilità di visualizzare i getti è quindi legata alla dissipazione della loro energia cinetica d'insieme; l'energia del getto viene dissipata in parte lungo il getto, in parte in un'onda d'urto terminale che crea estesi lobi, la cosiddetta "testa", dove sono presenti le zone di alta densità di energia chiamate "hot spots". Lo schema generale del processo è rappresentato in Fig. 17.16.

Lo studio della fisica della propagazione dei getti è un problema altamente non-lineare possibile solo attraverso simulazioni numeriche; un esempio è riportato in Fig. 17.17 che mostra morfologie coerenti con quelle osservate nei getti delle radiogalassie estese.

Essendo l'emissione dei getti radio nel continuo ($F_\nu \propto \nu^{-\alpha}$) priva di righe spettrali è impossibile avere una misura diretta della velocità d'insieme del getto attraverso spettroscopia Doppler, ma recentemente è stato possibile misurare i moti propri in alcune sorgenti relativamente vicine in modo da rivelare spostamenti entro pochi anni. Dai moti propri e dalle distanze delle galassie ottiche associate con la radiogalassia si ricava la velocità di propagazione dei getti, che in alcuni casi risulta apparentemente superiore alla velocità della luce (Fig. 17.18).

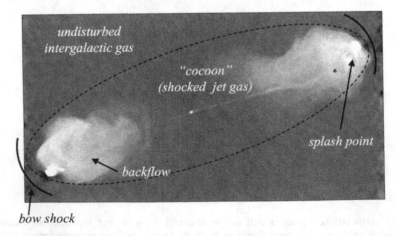

Fig. 17.16 Schema della propagazione e terminazione di un getto radio nel mezzo intergalattico

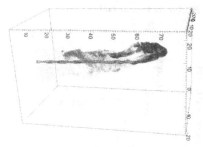

Fig. 17.17 Simulazione numerica della propagazione di un getto relativistico magnetizzato (da Mignone et al. 2010)

L'interpretazione delle **velocità superluminali apparenti** viene dalla relatività speciale. Con riferimento alla Fig. 17.19, si consideri una sorgente che viaggi a velocità v nella direzione che forma un angolo ϕ rispetto alla linea di vista rispetto au un osservatore terrestre. Un fotone viene emesso al tempo $t = 0$ quando la sorgente si trova a distanza d dall'osservatore. Ad un tempo successivo $t = t_e$ un altro fotone viene emesso quando la sorgente si trova a distanza $d - vt_e \cos\phi$ dall'osservatore. Il

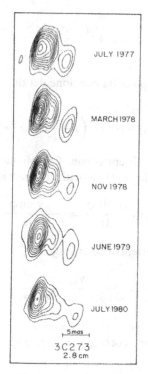

Fig. 17.18 Moti superluminali nel quasar 3C 273. Confrontando distanze percorse nei tempi di osservazione indicati, si ricava v $\approx 10c$

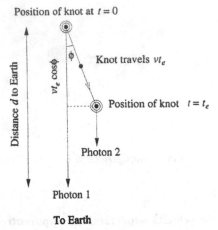

Fig. 17.19 Interpretazione delle velocità superluminali apparenti

primo fotone raggiunge l'osservatore dopo un tempo

$$t_1 = d/c \, ,$$
(17.15)

il secondo dopo un tempo

$$t_2 = t_e + \frac{d - vt_e \cos \phi}{c} \, .$$
(17.16)

Pertanto la differenza di tempo nella ricezione dei due segnali da parte dell'osservatore terrestre sarà:

$$\Delta t = t_2 - t_1 = t_e \left(1 - \frac{v}{c} \cos \phi \right) < t_e \, ,$$
(17.17)

dunque più breve di quella all'emissione. Calcoliamo ora la velocità apparente trasversa misurata da Terra che dà la velocità di espansione della sorgente:

$$v_{app} = \frac{vt_e \sin \phi}{\Delta t} = \frac{v \sin \phi}{1 - (v/c) \cos \phi}$$
(17.18)

e risolvendo per la velocità effettiva della sorgente:

$$\frac{v}{c} = \frac{v_{app}/c}{\sin \phi + (v_{app}/c) \cos \phi} \, .$$
(17.19)

Si calcola immediatamente che $v/c < 1$ e che il suo valore massimo in funzione dell'angolo ϕ si ottiene quando $\cot \phi_{min} = v_{app}/c$ ed ha il valore:

$$\frac{v_{min}}{c} = \sqrt{\frac{(v_{app}/c)^2}{1 + (v_{app}/c)^2}}$$
(17.20)

che corrisponde ad un fattore di Lorentz:

$$\gamma_{min} = \frac{1}{\sin \phi_{min}} \, . \tag{17.21}$$

Questo calcolo dimostra che il limite relativistico non è violato, ma allo stesso tempo prova che le sorgenti cosiddette superluminali sono caratterizzate da moti d'insieme prossimi alla velocità della luce. La fenomenologia dei getti relativistici collimati osservati a piccoli angoli rispetto alla linea di vista permette di interpretare gli oggetto BL Lac e i blazar. In tali sorgenti l'osservazione risente degli effetti relativistici legati al *Doppler beaming* della radiazione, che comporta (§ 9.6) un aumento della frequenza, del periodo di variabilità e del flusso ricevuti:

$$\nu_{oss} \sim \gamma^{-1} \left(1 - \beta \cos \theta\right)^{-1} \nu_{em} \tag{17.22}$$

$$\tau_{oss} \sim \gamma \left(1 - \beta \cos \theta\right) \tau_{em} \tag{17.23}$$

$$S_{\nu, oss} \sim \gamma^{-3} \left(1 - \beta \cos \theta\right)^{-3} S_{\nu, em} \tag{17.24}$$

In tal modo si possono spiegare periodi di variabilità estremamente brevi e potenze ancora superiori a quelle degli AGN più potenti, che altrimenti indicherebbero luminosità fortemente in eccesso del limite di Eddington.

17.4.4 Modello unificato per gli AGN

Abbiamo discusso come le varie regioni del disco contribuiscano allo spettro termico continuo nell'infrarosso, visibile e ultravioletto, e come l'accelerazione di particelle relativistiche nei getti possa produrre la componente non-termica sincrotrone. Molti AGN, come già mostrato in Fig. 17.11, hanno anche una forte componente nei raggi X e gamma, interpretata come radiazione da effetto Compton inverso di fotoni radio e infrarossi del disco o della corona intorno ad esso sugli elettroni relativistici del getto.

All'esterno della regione intorno al SMBH l'intenso continuo fotoionizza il materiale circostante costituito da nuvole di gas e polveri; si osservano due tipi di righe di emissione che derivano dalla ricombinazione del materiale delle nuvole fotoionizzato: (i) le regioni a righe di emissione large (**BLR, broad-line regions**) più vicine al nucleo con velocità tipiche di 5000 km s^{-1} e densità $\sim 10^{10}$ cm^{-3} e (ii) le regioni a righe di emissione strette (**NLR, narrow-line regions**) più lontane dal nucleo con velocità tipiche minori e densità molto basse $\sim 10^4$ cm^{-3}. Tra queste due regioni di nuvole emettenti è presente un toro di gas e polveri otticamente spesso che può, a seconda dell'orientamento, oscurare il disco intorno al SMBH e la BLR.

Nella Fig. 17.20 sono riportati i tipici spettri delle varie classi di galassie attive. In particolare è evidente la mancanza di righe in BL Lacertae.

Il confronto tra i vari tipi di AGN ha portato alla formulazione di un modello unificato, il cui schema è rappresentato in Fig. 17.21.

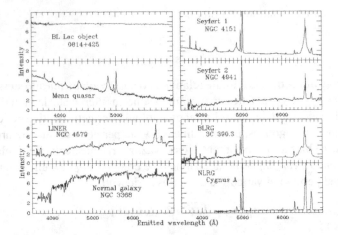

Fig. 17.20 Spettri ottici delle diverse classi di galassie attive in confronto con le galassie normali. Legenda: BLRG broad line radio galaxy, NLRG narrow line radio galaxy, LINER galassie con linee di emissione a bassa ionizzazione

In Fig. 17.22 si mostra come il modello può riprodurre i vari tipi di AGN combinando la potenza del disco di accrescimento intorno al SMBH e l'inclinazione del disco stesso rispetto alla linea di vista. Sorgenti più potenti creano una struttura a disco più aperto o meno spesso, una minore presenza di nuvole ionizzate e getti più estesi che dissipano la propria energia soprattutto nei lobi terminali (FR II). Sorgenti meno potenti hanno dischi più spessi con gole più strette e profonde e i loro getti dissipano la maggior parte dell'energia lungo la propagazione (FR I). Inoltre è fondamentale l'orientamento del sistema rispetto alla linea di osservazione. Nel caso in cui la linea di vista formi un angolo θ piccolo rispetto all'asse di rotazione del sistema, l'osservazione punta direttamente sul disco e in particolare sulla parte più energetica; l'emissione del getto relativistico viene vista fortemente collimata

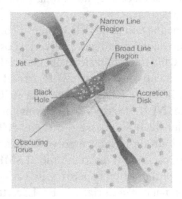

Fig. 17.21 Modello unificato per i nuclei galattici attivi

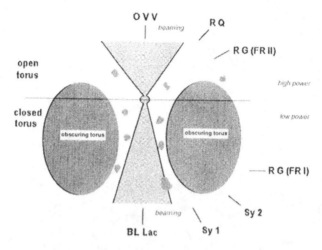

Fig. 17.22 Classificazione dei tipi di nuclei galattici attivi con il modello unificato. In alto: sorgenti di elevata potenza, struttura del disco (toro) aperta, OVV = Optically Violent Variables, RQ = Radio Quasars, FRII = radiogalassie di alta potenza. In basso: sorgenti attive di bassa potenza, struttura a disco (toro) chiusa, BL Lac = nuclei galattici attivi variabili e spettro continuo, Sy1 e Sy2 = galassie di Seyfert, FRII = radiogalassie di bassa potenza

con i vari effetti di **beaming** che aumentano la luminosità apparente di un fattore $\delta^3 = S_{\nu,oss} \sim \gamma^{-3}(1 - \beta\cos\theta)^{-3} S_{\nu,em}$ e la frequenza di un fattore δ, mentre i tempi scala di variabilità sono ridotti di un fattore δ^{-1}. Questa è la situazione degli oggetti BL Lac, delle OVV (*Optically Violent Variables*) e degli oggetti con debole emissione radio (RQ). Quando invece l'angolo θ tra la linea di vista e l'asse di rotazione del sistema si avvicina a $\pi/2$, il disco scherma la zona nucleare, mentre si distendono i getti radio. L'emissione del disco fornisce lo spettro delle Seyfert, mentre la potenza del getto origina le due classi FR di radiogalassie.

Lo schema di nucleo galattico ora discusso deve anche valere per le galassie normali. Gli AGN rappresentano presumibilmente la fase iniziale di formazione delle galassie in cui il SMBH centrale inghiotte con grande efficienza il materiale circostante con ritmi di accrescimento di qualche massa solare per anno. Dopo circa 10^8 anni si può pensare che il nucleo galattico abbia inghiottito la maggior parte del materiale delle regioni centrali delle galassia e quindi termini la sua fase di attività parossistica.

Utili testi di approfondimento sugli AGN sono [1–4].

Riferimenti bibliografici

1. I. Robson – *Active Galactic Nuclei*, John Wiley & Sons, 1996
2. P.A. Hughes editor – *Beams and Jets in Astrophysics*, Cambridge University Press, 1991
3. M.S. Longair – *High-Energy Astrophysics*, Vol. I, Cambridge University Press, 1991
4. J.H.Krolik – *Active Galactic Nuclei*, Princeton University Press, 1999

Parte VI

Cosmologia

Dati cosmologici

18.1 Il paradosso di Olbers

La più semplice e antica osservazione di carattere cosmologico è che il cielo di notte è buio. Questo fatto fu per la prima volta puntualizzato da Keplero nel 1610 che ne derivò la conclusione che l'Universo dovesse essere finito: se fosse infinito e le stelle fossero distribuite in modo omogeneo, in qualunque direzione guardassimo dovremmo incontrare una stella, più o meno lontana, e il cielo dovrebbe essere uniformemente luminoso. Ma dal XVII secolo iniziarono a crescere le evidenze in favore di un Universo sempre più vasto, possibilmente infinito. Newton in particolare si convinse che l'Universo dovesse essere infinito e uniformemente popolato di stelle, altrimenti la gravità verso l'interno ne avrebbe causato il collasso.

Heinrich Olbers nel 1823 definì più precisamente la questione. Se l'Universo è popolato da una distribuzione infinita e uniforme di stelle, in un qualunque angolo solido di osservazione cade un numero di stelle la cui luminosità decresce coll'inverso del quadrato della distanza, ma il cui numero cresce con il quadrato della distanza. Pertanto ogni angolo solido dovrebbe presentare la stessa luminosità globale, il che contraddice con l'osservazione del cielo buio punteggiato di stelle distribuite in modo discreto. Questo argomento è conosciuto come *paradosso di Olbers*. Per conciliare il paradosso con l'idea di un Universo infinitamente esteso Olbers propose che lo spazio non fosse trasparente e quindi solo una frazione delle stelle ci potesse far pervenire la luce. In realtà la termodinamica dimostra che in condizioni di equilibrio il mezzo oscurante si porterebbe alla stessa temperatura delle stelle e quindi contribuirebbe alla luce del cielo con la stessa intensità.

La soluzione del problema, come discusso da Boltzmann basandosi sui principi della termodinamica statistica, può solo venire dal rinunciare all'idea che l'Universo sia un sistema in equilibrio, ma che vi abbiano luogo processi locali irreversibili di non-equilibrio, come ad esempio l'evoluzione delle stelle. Poiché le stelle hanno una vita finita, e la velocità della luce è finita, le sorgenti lontane non ci possono ancora aver fatto giungere la loro luce; parimenti va tenuto conto del fatto, come discuteremo più avanti, che l'Universo ha avuto inizio e si espande per cui esiste un

Ferrari A.: Stelle, galassie e universo. Fondamenti di astrofisica.
© Springer-Verlag Italia 2011

orizzonte al di là del quale non possiamo "vedere"; inoltre la radiazione da sorgenti a distanze cosmologiche viene spostata verso lunghezze d'onda sempre maggiori e la corrispondente energia dei fotoni da noi ricevuti diventa nulla. Il paradosso di Olbers è risolto quindi non dal fatto che l'Universo sia finito nello spazio, ma finito nel tempo e in evoluzione, di modo che noi ne possiamo osservare solo una parte.

Edwin Hubble dimostrò osservativamente nel 1922 al telescopio di Mount Wilson che la galassia di Andromeda M 31 è separata e distinta dalla Via Lattea. Da allora la scoperta di galassie sempre più lontane danno l'immagine di un Universo molto esteso, con aggregazioni di galassie in sistemi lontani dall'equilibrio termico, falsificando il paradosso di Olbers a scale maggiori. Anche al di fuori della Via Lattea l'Universo nel suo insieme non può essere in equilibrio, deve evolvere, deve avere una vita finita. Nelle parole di Lord Kelvin: l'Universo è troppo giovane per essersi riempito della luce delle stelle (e delle galassie).

18.2 La distribuzione delle galassie

Le galassie non sono distribuite uniformemente nello spazio, bensì aggregate gravitazionalmente in vari tipi di sistemi, che vanno dai gruppi con poche decine di oggetti agli ammassi con migliaia di oggetti, ai superammassi che comprendono decine di gruppi e ammassi [1]. Più grande è l'aggregazione più piccola la sua densità media. La densità di materia in gruppi e ammassi è tipicamente il doppio di quella media di sfondo, mentre è solo un 10% superiore nel caso dei superammassi. Nelle aggregazioni sono inoltre frequenti segni di interazioni gravitazionali fra gli oggetti, quali ponti, antenne e code, secondo quanto discusso nel § 16.7.

La distribuzione delle galassie è un dato fondamentale per gli studi di cosmologia in quanto i modelli sull'origine dell'Universo debbono riprodurre lo "scheletro osservativo" delle strutture cosmiche. D'altra parte un fatto importante della distribuzione a grandi scale è che la densità media e la dinamica sono le stesse in tutte le direzioni.

18.2.1 Gruppi

Il più comune tipo di aggregazione di galassie sono piccoli gruppi di poche decine di galassie disseminate in una regione dalle dimensioni di qualche milione di parsec. Sono morfologicamente suddivisi in aperti e compatti. I *gruppi aperti* hanno una bassa densità di galassie e la loro popolazione dominante costituita da galassie spirale e irregolari (60%). I *gruppi compatti* hanno un'elevata densità di galassie e sono caratterizzati da una percentuale minore di galassie spirali e irregolari (40%). La massa totale dei gruppi arriva fino a $\approx 10^{13} M_\odot$ e la velocità relativa tra le galassie è ≈ 150 km s^{-1}.

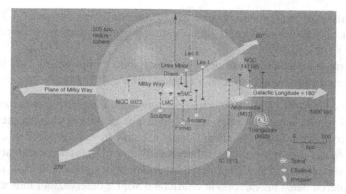

Fig. 18.1 Distribuzione delle galassie del Gruppo Locale

La Via Lattea appartiene al **Gruppo Locale**, e ne rappresenta, insieme alla spirale gemella *Sb* M31, la galassia di Andromeda, la componente di maggiori dimensioni; le rimanenti componenti sono una spirale *Sc* M33 e circa 30 galassie nane, ellittiche o irregolari (Fig. 18.1). Le dimensioni del Gruppo Locale sono dell'ordine di 1.5 Mpc.

18.2.2 Ammassi

Si usa il nome di ammasso per un'aggregazione gravitazionale di galassie che contenga almeno 50 galassie di alta luminosità. Il problema è la definizione dell'appartenenza delle galassie all'aggregazione. In genere si considera che la distribuzione delle galassie in un ammasso segua una legge del tipo de Vaucouleurs (16.2); in tal modo si ottiene che il raggio tipico di un ammasso è dell'ordine dei $2 \div 5$ Mpc. Il numero dei membri degli ammassi dipende da questo raggio e dalla magnitudine limite osservativa.

La classificazione degli ammassi risale a George Abell che, in un catalogo di oltre 2000 ammassi, propose nel 1958 i seguenti parametri caratterizzanti:

- **Ricchezza**: è data dal numero di membri entro il range di magnitudine $m_3 \div m_3 + 2$ dal terzo membro più brillante dell'ammasso; Abell definì sei "gruppi di ricchezza":

  gruppo 0   con 30-49 galassie
  gruppo 1   con 50-79 galassie
  gruppo 2   con 80-129 galassie
  gruppo 3   con 130-199 galassie
  gruppo 4   con 200-299 galassie
  gruppo 5   con più di 300 galassie.

- **Compattezza**: un ammasso deve contenere almeno 50 membri entro 1-2 Mpc dal suo centro (il preciso valore di questo raggio dipende dal valore della costante di Hubble).
- **Distanza**: le tipiche distanze degli ammassi sono comprese tra 30 e 900 Mpc; attualmente sono tuttavia osservati ammassi fino a 1700 Mpc.

Gli ammassi mostrano due tipi morfologici, *ammassi irregolari* e *ammassi regolari*, ordinati in una sequenza a partire da quelli più estesi, rispettivamente di bassa densità e irregolari, fino a quelli più densi e compatti con distribuzione regolare addensata verso il centro della distribuzione. Il tipo di galassie prevalente cambia lungo questa sequenza: negli ammassi irregolari prevalgono le spirali, mentre in quelli regolari e densi prevalgono le ellittiche e *S0*. Le osservazioni indicano anche che più un ammasso è ricco, più numerose sono le sue galassie ellittiche e *S0* e più è regolare.

L'ammasso di galassie più prossimo al Gruppo Locale è l'*ammasso della Vergine* (Fig. 18.2), il cui centro ne dista circa 15 Mpc. Si tratta di un sistema abbastanza irregolare con una regione centrale che contiene ellittiche e lenticolari circondata da una distribuzione estesa di spirali. L'ammasso regolare più vicino è l'*ammasso della Chioma* (Fig. 18.2), distante circa 90 Mpc: al centro vi si osservano un paio di ellittiche giganti circondato da un alone appiattito di ellittiche e lenticolari.

Gli ammassi sono intense sorgenti termiche di raggi X da bremsstrahlung prodotti dal gas intergalattico caldo. Lo spettro dell'emissione X contiene righe del ferro più volte ionizzato e si valuta che l'abbondanza dei metalli sia di tipo solare, cioè evoluta; per cui si conclude che il gas intergalattico è stato espulso dalle galassie con abbondanze determinate dall'evoluzione stellare.

La morfologia dell'emissione X riproduce la sequenza morfologica: il gas negli ammassi irregolari ha temperature intorno ai 10^7 K e l'emissione è concentrata intorno alle singole galassie; negli ammassi regolari il gas è più caldo, fino ai 10^8 K, e l'emissione è più diffusa su tutta l'estensione dell'ammasso (Fig. 18.3). Nel caso degli ammassi regolari l'emissione X riproduce la distribuzione del gas intergalattico in equilibrio idrostatico nel campo gravitazionale dell'aggregazione di galassie. Il riscaldamento del gas è dovuto appunto alla sua "compressione" nel campo gravitazionale dell'ammasso. La misura dell'emissione X consente di ottenere il valore

Fig. 18.2 Ammasso irregolare della Vergine (sinistra), ammasso regolare della Chioma (destra)

 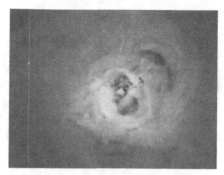

Fig. 18.3 L'emissione X dall'ammasso della Chioma (sinistra) e l'emissione X dalla galassia NGC 1275 nel centro dell'ammasso del Perseo (destra)

della massa del gas intergalattico che risulta dell'ordine del 10-20% della massa totale. Infatti lo studio dell'emissione X permette anche una misura della massa totale dell'ammasso. Basta infatti imporre la condizione di equilibrio idrostatico in approssimazione di simmetria sferica:

$$\frac{dP}{dr} = -G\frac{M(r)\rho}{r^2} \qquad (18.1)$$

assumere l'equazione di stato del gas perfetto e risolvere per la massa totale entro il raggio r:

$$M(r) = -\frac{kTr}{\mu m_H G}\left(\frac{\partial \ln \rho}{\partial \ln r} + \frac{\partial \ln T}{\partial \ln r}\right). \qquad (18.2)$$

Le quantità a secondo membro sono osservabili dall'emissione X (intensità e spettro). Il risultato è che la massa totale necessaria per l'equilibrio dinamico dell'ammasso è di gran lunga superiore a quella del gas intergalattico (10%).

Questo risultato è anche confermato dalla dinamica dei moti delle galassie. Infatti gli ammassi appaiono come aggregazioni in equilibrio viriale:

$$\frac{GM}{R} \approx \sigma^2 \qquad (18.3)$$

dove la dispersione delle velocità delle galassie negli ammassi è $\sigma \approx 1000$ km s^{-1}. Anche in questo caso si ottiene che occorre una massa gravitazionale molto maggiore di quella dovuta alle stelle e al gas perché gli ammassi possano rimanere legati. Come già fatto per le galassie singole, si quantifica questo dato con il rapporto tra la massa necessaria per l'equilibrio dinamico del sistema e la luminosità che risulta $M/L \approx 300 \div 1000 (M/L)_\odot$. Ciò implica la presenza di una componente invisibile di massa gravitazionale ed è un ulteriore evidenza, molto forte, dell'esistenza della materia oscura. In un ammasso tipico, solo il 5% della massa totale è sotto forma di galassie, forse il 10% come gas intergalattico caldissimo che emette raggi X, ma il 90% è materia oscura.

Riassumendo i dati osservativi, gli ammassi hanno le seguenti proprietà medie:

- contengono da 50 a 10000 galassie;
- contengono un gas caldo che emette raggi X;
- hanno una massa totale $\approx 10^{14} \div 3 \times 10^{15} M_\odot$;
- hanno tipicamente un diametro di ≤ 10 Mpc;
- la dispersione delle velocità delle galassie negli ammassi è ≈ 1000 km s^{-1};
- la distanza media tra ammassi è di circa 10 Mpc;
- la temperatura di un ammasso tipico è di 75 milioni di gradi (ma può raggiungere i 200 milioni di gradi).

18.2.3 Superammassi

Gruppi e ammassi si collegano a formare aggregazioni di gerarchia superiore, detti *superammassi*; ad esempio il Gruppo Locale fa parte del **Superammasso Locale**, di cui fa parte pure l'ammasso della Vergine, che anzi se ne trova al centro, insieme ad altri gruppi di minori dimensioni. Invece l'ammasso della Chioma fa parte di un altro superammasso.

I diametri dei superammassi sono dell'ordine dei $D \approx 20 \div 100$ Mpc. In effetti a queste scale non è più chiaro se i superammassi siano aggregazioni distinte, oppure facciano parte di una rete o ragnatela continua; sono infatti spesso presenti filamenti che collegano diversi superammassi. Un altro elemento importante è la presenza di **vuoti** all'interno della rete, ampie regioni apparentemente vuote di materia luminosa (Fig. 18.4).

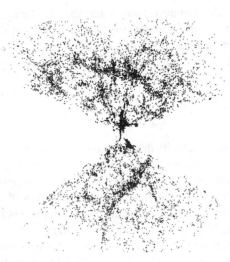

Fig. 18.4 Struttura dell'Universo a grande scala dalla survey di Harvard, che rappresenta la distribuzione degli ammassi; sono evidenti le strutture filamentari che sollegano i superammassi e i vuoti

La caratteristica principale di queste aggregazioni è che si tratta di strutture non virializzate, perché le velocità medie delle galassie e degli ammassi componenti, sempre $V \approx 1000$ km s^{-1}, non sono sufficienti a permettere l'attraversamento della struttura in un tempo minore dell'età dell'Universo: $t = D/V > 10^{11}$ anni. Le componenti del sistema non hanno ancora potuto "sentirsi" gravitazionalmente. La conclusione è che i superammassi traccino le disomogeneità iniziali dell'Universo.

18.2.4 La struttura a grande scala

Il volume di spazio oggi accessibile alle osservazioni corrisponde a un raggio di quasi un migliaio di Mpc. Mediata su grandi scale spaziali la distribuzione di galassie è sostanzialmente la stessa in qualunque direzione si osservi: pertanto l'Universo appare isotropo alle grandi scale. Inoltre, a parte le aggregazioni descritte nel precedente paragrafo e che corrispondono a scale fino a qualche centinaio di Mpc, la distribuzione delle galassie appare omogenea. Ciò può essere valutato per mezzo dei **conteggi di galassie** calcolando il numero di oggetti più luminosi di una data magnitudine apparente m.

Si supponga che le galassie abbiano tutte magnitudine assoluta M, siano distribuite uniformemente nello spazio e non vi sia effetto di estinzione; le galassie più luminose della magnitudine m si trovano entro una sfera di raggio (si veda la (3.30)):

$$r = 10 \times 10^{0.2(m-M)} \text{ parsec} . \tag{18.4}$$

Se la densità è uniforme il numero di galassie con magnitudine apparente minore di m è proporzionale al volume, per cui:

$$N(<m) \propto r^3 \propto 10^{0.6m} . \tag{18.5}$$

In effetti il risultato non dipende dallo specifico valore di M, ma vale anche quando le magnitudini assolute non siano tutte eguali, purché la funzione di luminosità non vari con la distanza.

In funzione della luminosità apparente (o densità di flusso) $l \propto L/(4\pi r^2)$ la relazione è: [1]

$$N(>l) \propto l^{-3/2} . \tag{18.6}$$

I dati raccolti da Hubble nel 1934 su 44000 galassie erano in accordo con questa relazione, confermando l'omogeneità (indipendenza dalla distanza) e isotropia (indipendenza dalla direzione) dell'Universo quando mediati su grandi scale. Questo risultato esclude l'esistenza dei gerarchie superiori ai superammassi.

Tuttavia i conteggi effettuati nella banda radio sulle radiogalassie, cioè su galassie attive, mostrano un significativo scostamento dalla legge suddetta. In Fig. 18.5 sono riportati i numeri di radio galassie per steradiante in funzione della densità di flusso a 408 MHz. Si osserva che, partendo dalla regione di flusso più elevato (cor-

---

[1] Si applica al caso delle galassie il metodo di conteggi stellari discusso nel § 15.1.3.

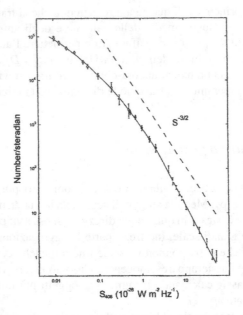

Fig. 18.5 Numero di radio galassie per unità di angolo solido con densità di flusso maggiore di S; la linea tratteggiata indica la la pendenza per una distribuzione uniforme di oggetti (da Pooley e Ryle 1968)

rispondente a sorgenti più vicine) e andando verso flussi più deboli (sorgenti più lontane) i conteggi seguono una curva più ripida di $S^{-3/2}$. Cioè sono presenti più radio galassie lontane di quanto previsto da una distribuzione uniforme. Andando poi a flussi veramente deboli il numero di sorgenti prende a decrescere significativamente. Poiché sappiamo che andando a distanze sempre maggiori si indagano tempi passati nella vita dell'Universo, possiamo concludere che le radiogalassie non si sono formate allo stesso ritmo oppure hanno avuto diverse funzioni di luminosità durante l'evoluzione dell'Universo. Questa è una delle indicazioni più forti sul fatto che l'Universo non è un sistema stazionario, ma ha un'evoluzione.

Un dato cosmologico fondamentale è la **densità media dell'Universo**; assumendo di distribuire uniformemente tutta la massa visibile delle galassie e del mezzo intergalattico, si ottiene una densità media:

$$\rho_{vis} \sim 0.4 \times 10^{-31} \text{ g cm}^{-3} \tag{18.7}$$

circa un protone per metro cubo. Gas interstellare e intergalattico, fotoni, neutrini, onde gravitazionali non possono aumentare sostanzialmente questa densità.

A questa misura fotometrica si contrappone quella dinamica discussa nel Capitolo 4 e ripresa nello studio della Via Lattea, delle galassie e delle galassie attive, e nei precedenti paragrafi sulle aggregazioni di galassie. Il risultato è che la dinamica delle galassie che appare in equilibrio su lunghi tempi scala richiede una gravità molto più elevata di quella prodotta dalla sola materia visibile. Ricordiamo che per le galassie a spirale, per le quali si misura la curva della velocità di rotazione, la massa viene ricavata dalla condizione di equilibrio tra forza gravitazionale, che trattiene le stelle in orbita circolare, e la forza centrifuga:

$$\frac{GM}{R^2} \sim \frac{v_{rot}^2(R)}{R} .$$ (18.8)

Per le galassie ellittiche si ricorre invece alla dispersione di velocità misurabile dall'allargamento delle righe spettrali. Si applica il teorema del viriale che comporta un legame tra energia cinetica disordinata, misurata appunto dalla dispersione di velocità, e l'energia potenziale di autogravitazione:

$$\frac{1}{2}M\bar{v}^2 \sim \varepsilon \frac{GM^2}{R}$$ (18.9)

(ε fattore geometrico dell'ordine dell'unità).

Un analogo calcolo si può applicare, come abbiamo visto alla dinamica delle aggregazioni di galassie, in particolare agli ammassi che appaiono essere strutture virializzate perché le velocità peculiari consentono una buona interazione tra le galassie. Pertanto, applicando la (18.9), si ottengono le masse dinamiche, che risultano largamente superiori, centinaia volte, a quelle basate sui conteggi delle galassie componenti. Risultati consistenti si ottengono misurando la massa degli ammassi attraverso l'effetto di **lente gravitazionale** che esercitano su galassie ad alto redshift o quasar.

Per quanto riguarda i superammassi le dimensioni delle strutture sono troppo grandi perché le velocità medie consentano un'efficiente interazione delle galassie. I superammassi non sono quindi sistemi virializzati e conservano ancora il segno (lo scheletro) delle perturbazioni iniziali da cui si sono formati.

In Tab. 18.1 riassumiamo i valori del rapporto M/L per i tipi di oggetti discussi e si indicano alcuni ulteriori metodi di misura. Si conclude che la massa della materia che determina la struttura delle aggregazioni gravitazionali è molto maggiore della massa visibile. Anche aggiungendo alla massa delle stelle luminose la massa non visibile, ma stimabile, degli oggetti collassati, delle stelle di massa inferio-

Tabella 18.1 Valori tipici del rapporto massa - luminosità (da Binney e Tremaine 1987)

Sistema/metodo	M/L in unità $(M/L)_\odot$
Vicinanze del sistema solare	3
Nuclei delle galassie ellittiche	12
Velocità di fuga locale	30
Galassie satelliti	30
Alone X di M 87	> 750
Gruppo Locale	100
Gruppi di galassie	260
Ammassi di galassie	> 500

re al limite di accensione delle reazioni termonucleari (le cosiddette **nane brune**), dei pianeti, del gas interstellare e del gas intergalattico, non si raggiunge però il rapporto $M/L \approx 100$ richiesto per interpretare l'equilibrio dinamico delle strutture nell'Universo. Appare pertanto necessario supporre l'esistenza di una particolare forma di materia, la **materia oscura**, perché priva di interazione elettromagnetica, che in linea di principio può essere barionica oppure non barionica (si vedrà che questa seconda possibilità è quella migliore), ma comunque capace di interazione gravitazionale.

Si ottiene che la componente oscura dell'Universo corrisponde ad un valore di densità media:

$$\rho_{osc} \sim 26 \times 10^{-31} \, \text{g cm}^{-3} \tag{18.10}$$

circa 65 volte superiore a quella della materia visibile. Dai dati precedenti risulta inoltre che è soprattutto consistente negli ammassi di galassie.

18.3 La legge di Hubble

Nel 1929 in un lavoro alla National Academy of Sciences a Washington Hubble presentò l'evidenza osservativa che le galassie mostrano uno spostamento delle righe spettrali verso il rosso (*redshift z*) correlato alla loro distanza d; tale evidenza era basata (i) sulle misure di distanza ottenute con il metodo delle Cefeidi e (ii) sulle misure di spostamento Doppler delle righe spettrali (Fig. 18.7). Propose pertanto la relazione:

$$zc = \frac{\lambda - \lambda_0}{\lambda_0} c = H_0 d \tag{18.11}$$

nota appunto da allora come *legge di Hubble*. H_0 è detta **costante di Hubble** ed è usualmente misurata in km s^{-1} Mpc^{-1}. Assumendo che valga dovunque, questa relazione rappresenta tra l'altro un potente mezzo per misurare le distanze delle galassie con lo studio delle righe spettrali.

Il primo lavoro di Hubble si basava su 18 galassie; con l'aiuto del suo assistente Milton Humason, fu in grado di estendere le osservazioni a 32 galassie entro il 1934 (Fig. 18.6) [2]. Hubble si rese conto dell'importanza cosmologica delle sue osservazioni che suggerivano un processo di espansione dell'Universo, non potendo essere l'osservatore terrestre in alcun modo privilegiato. Nello stesso periodo l'idea di un Universo in espansione era stata sviluppata dal punto di vista teorico: Willem De Sitter nel 1917 aveva ricavato un modello di Universo in espansione dalle equazioni della Relatività Generale di Einstein. Hubble citò questo modello nel suo lavoro del 1929. Einstein stesso fu inizialmente contrario all'idea di un Universo in espansione e introdusse nelle sue equazioni il termine cosmologico per giustificare un Universo statico. Nel 1930 però l'evidenza osservativa costrinse i cosmologi ad accettare l'idea che l'Universo evolvesse espandendosi.

L'effetto di redshift non è dovuto ad un moto peculiare delle galassie, bensì ad una recessione globale dovuta all'espansione dell'Universo, il cosiddetto **Hubble**

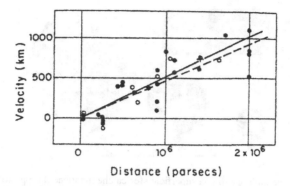

Distance (parsecs)

Fig. 18.6 Il diagramma di Hubble nella versione pubblicata nel 1936 sulla relazione tra velocità di recessione e distanza delle galassie basato su 32 oggetti

flow. Infatti la forma della legge di Hubble è invariante rispetto allo spazio, cioè comporta un'espansione che conserva i rapporti delle distanze relative; l'Universo rimane eguale a se stesso, cambia soltanto la scala delle sue dimensioni.

In Fig. 18.8 è riportato il classico esempio dell'espansione omologa di una superficie bidimensionale sferica; si noti però che nel caso dell'Universo ci si riferisce ad un'espansione di uno spazio tridimensionale, osservabile solo da una quarta dimensione.

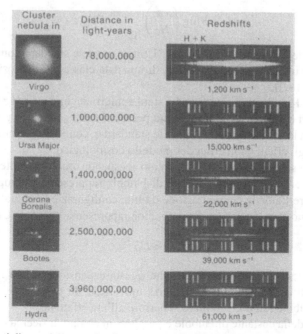

Fig. 18.7 Esempi di spettri di oggetti a distanze cosmologiche

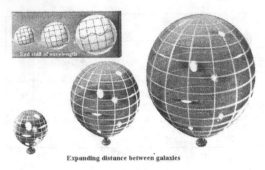

Fig. 18.8 Espansione omologa di una superficie sferica che mantiene il rapporto di distanze; nel-
l'inserto piccolo si mostra anche come la lunghezza d'onda di una radiazione venga aumentata
durante l'espansione dell'Universo

Tuttavia spesso la legge di Hubble è rappresentata in termini di velocità di recessione utilizzando la formula classica dell'effetto Doppler che nel caso non relativistico è $z = v/c$. In tal modo la legge di Hubble di Fig. 18.6 assume la forma spesso
usata:

$$v = H_0 d .$$ (18.12)

Per una sequenza di "candele standard", cioè galassie la cui magnitudine assoluta
sia intorno ad un valor medio M_0, la legge di Hubble, per mezzo del modulo di
distanza, si traduce in una relazione lineare tra magnitudine apparente e logaritmo
del redshift:

$$m = M_0 + 5\log\left(\frac{cz}{H_0}\right)_{10pc} = 5\log z + C$$ (18.13)

dove la costante C dipende da H_0 e M_0. Tipiche candele standard sono le galassie
più brillanti di un ammasso, le spirali Sc di una data classe di luminosità e i quasar
ad alto z (Fig. 18.9).

La legge di Hubble in questa forma è stata confermata fino a circa $z \approx 1 \div 1.5$. A
piccoli redshift è influenzata dalle velocità peculiari delle galassie, a grandi redshift
diventa incerta la definizione delle candele standard e, come discuteremo più avanti,
intervengono gli effetti geometrici del modello cosmologico.

Nell'ipotesi semplificativa che l'Universo si espanda omologamente, sempre alla
stessa velocità, l'inverso della costante di Hubble rappresenta il tempo intercorso
per raggiungere l'attuale configurazione da una configurazione iniziale in cui tutte
le galassie siano state riunite in un punto, cioè rappresenta l'età dell'Universo:

$$T_{univ} \approx H_0^{-1} .$$ (18.14)

Fino a tempi recenti si è considerato che questa espansione debba rallentare per
effetto dell'autogravitazione della materia universale. In tal senso l'inverso della
costante di Hubble sarebbe un limite superiore all'età effettiva.

La misura della costante di Hubble è peraltro un campo di ricerca complicato da
vari aspetti osservativi; già abbiamo più volte indicato come la misura di distanze in

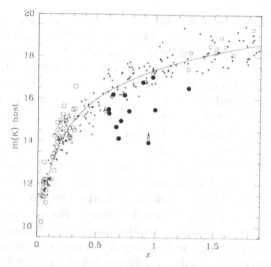

Fig. 18.9 Il diagramma magnitudini (banda K)-redshift per candele standard di tipo AGN: blazar ad alto redshift (cerchi pieni), blazar a basso redshift (cerchi vuoti), radiogalassie FR I (asterischi), radiogalassie FR II (diamanti aperti) e quasar (quadrati aperti) (da Kotilainen, Hyvönen e Falomo 2005)

astronomia sia molto difficile, ed in genere dipenda da modelli e ipotesi di lavoro; inoltre anche le misure spettroscopiche possono essere affette da incertezze legate ai moti peculiari. Le prime misure di Hubble stesso davano valori di $H_0 \approx 500$ km s^{-1} Mpc^{-1}. Successivamente il valore si è poi ristretto tra 50 e 100 km s^{-1} Mpc^{-1}. Le recenti misure basate sui dati raccolti col metodo delle Cefeidi dallo Hubble Space Telescope danno $H_0 = 71 \pm 4$ km s^{-1} Mpc^{-1} cui corrisponde un'età dell'Universo $T_{univ} = 13.7 \pm 0.2$ miliardi di anni. Più avanti discuteremo il valore di questo risultato, anche tenendo conto delle recenti osservazioni che appaiono indicare che l'espansione dell'Universo oggi stia accelerando.

Va notato che l'età dell'Universo così stimata deve rappresentare un limite superiore delle età degli oggetti cosmici la cui età è misurabile indipendentemente. Ad esempio l'età della Terra è misurata dal livello di radioattività delle rocce, l'età del Sole è ricavata dai modelli teorici, l'età degli ammassi stellari deriva dallo studio dell'evoluzione stellare, e così via. Queste età si accumulano verso l'età dell'Universo secondo Hubble, mostrando che la maggior parte degli oggetti cosmici si formano relativamente presto nella vita dell'Universo.

18.4 Il fondo di radiazione cosmica (CMBR)

Il più importante dato cosmologico dopo la scoperta della recessione delle galassie fu ottenuto nel 1965 da Aarno Penzias e Robert Wilson con la scoperta del fondo cosmico di microonde (**Cosmic Microwave Background Radiation, CMBR**) [3].

Essi rivelarono per primi la presenza di una radiazione universale con spettro di corpo nero alla temperatura di circa 3 K, con picco di emissione nella banda delle microonde. Lo spettro completo della radiazione è stato ottenuto dagli strumenti della missione spaziale COBE (COsmic Background Explorer) che ha ricavato una perfetta curva planckiana alla temperatura di 2.725 ± 0.6 K (Fig. 18.10).

L'esistenza di tale fondo era stata prevista negli anni '50 da Ralph Alpher, George Gamow e Robert Herman che puntualizzarono come l'espansione dell'Universo, derivata da Hubble, dovesse essere iniziata da una fase molto compatta e calda; utilizzando considerazioni di termodinamica statistica stimarono che in quella fase l'Universo fosse una bolla di plasma composto da adroni (barioni), leptoni e fotoni in equilibrio statistico. L'espansione successiva ne determinò il raffreddamento secondo un processo adiabatico, essendo l'Universo un sistema isolato; alla temperatura in cui elettroni e barioni si combinarono in atomi, radiazione e materia si disaccoppiarono e continuarono a raffreddarsi come fasi separate secondo adiabatiche di differente indice. Applicando le leggi della termodinamica, Alpher, Gamow e Herman calcolarono che quella radiazione primordiale avrebbe dovuto al tempo presente (con la stima dell'età dell'Universo ottenuta dall'inverso della costante di Hubble) essersi degradata ad uno spettro termico di pochi gradi Kelvin.

La CMBR rivelata da Penzias e Wilson confermò tale ipotesi. Essa è essenzialmente isotropa, ma mostra una differenza di temperatura di alcuni milliKelvin in diverse direzioni: temperatura più alta in una direzione, più bassa nella direzione opposta. Gli strumenti di COBE hanno misurato una distorsione della temperatura rispetto al valore medio del tipo:

$$\frac{\delta T}{T} \approx 1.237 \times 10^{-3} \cos \theta \qquad (18.15)$$

dove θ è l'angolo rispetto alla congiungente dei poli della massima e minima temperatura (Fig. 18.11). Questo effetto viene interpretato come una distorsione Doppler dovuta al moto dello strumento rispetto al riferimento in cui la CMBR è isotropa; i fotoni vengono spostati verso alte frequenze nella direzione del moto e verso le

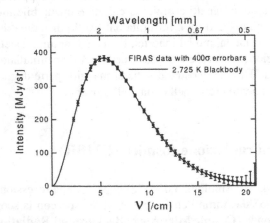

Fig. 18.10 Lo spettro del fondo cosmico di radiazione misurato dal satellite COBE

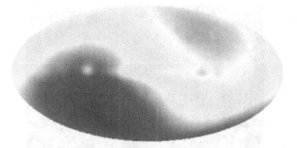

Fig. 18.11 Anistropia di dipolo della radiazione di fondo dovuta al moto del Gruppo Locale; le zone grigie in basso a sinistra rappresentano radiazione spostata verso il blu, le zone grigie più deboli radiazione spostata verso il rosso

basse frequenze nella direzione opposta. Ciò consente la misura della velocità del satellite rispetto al riferimento in cui la radiazione di fondo è isotropa. Dopo aver sottratto il moto del satellite intorno alla Terra (~ 8 km s^{-1}) e della Terra intorno al Sole (~ 30 km s^{-1}), si ottiene una velocità di 371 km s^{-1}. Essa è risultante della somma vettoriale del moto del Sole intorno al centro galattico (~ 220 km s^{-1}), della Via Lattea nel Gruppo Locale (~ 80 km s^{-1}), del Gruppo Locale verso la costellazione dell'Idra (630 ± 20 km s^{-1}). Quest'ultimo moto peculiare corrisponde all'attrazione gravitazionale del Gruppo Locale verso il centro del superammasso della Vergine e di questo verso il superammasso dell'Idra-Centauro secondo quanto è indicato dalle misure di velocità (radiali) peculiari delle galassie. In tal senso il riferimento in cui la CBR è isotropa assume il ruolo di riferimento privilegiato (il nuovo "etere") rispetto al quale vale il principio d'inerzia. Perché ciò si verifichi non ha un'ovvia spiegazione; tuttavia, poiché tale riferimento di fatto coincide con quello in cui la distribuzione di materia è omogenea, è concepibile una relazione con il principio di Mach.

COBE ha anche misurato variazioni irregolari di temperatura del fondo cosmico con ampiezze sulla media dell'ordine di 1.1×10^{-5}, cioè di una decina di microKelvin, e questo risultato è stato ulteriormente raffinato dalla missione WMAP su scale di $\approx 1°$ (Fig. 18.12). Vedremo più avanti l'importanza di questo dato che permette di determinare le scale delle aggregazioni gravitazionali al momento del disaccoppiamento tra materia e radiazione e di ottenere dirette informazioni sulle caratteristiche dell'evoluzione dell'Universo.

La radiazione primordiale corrisponde ad una densità attuale:

$$\rho_r = \frac{4\sigma T^4}{c^3} = 0.0047 \times 10^{-31} \text{g cm}^{-3} \tag{18.16}$$

molto inferiore a quella della materia.

Invece il rapporto del numero di barioni rispetto al numero di fotoni, che è congelato al termine del disaccoppiamento delle due fasi, risulta:

$$\frac{n_B}{n_\gamma} \simeq 0.6 \times 10^{-9} . \tag{18.17}$$

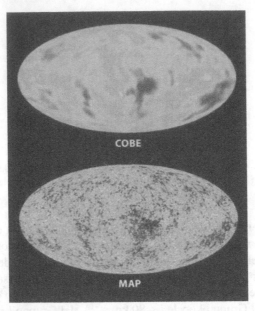

Fig. 18.12 Anisotropia del fondo cosmico di microonde misurato con differente risoluzione angolare dalle missioni COBE e WMAP

18.5 Isotropia di materia e radiazione

Il fondo cosmico di microonde è isotropo: sulle grandi scale esiste solo l'anisotropia di dipolo (milliKelvin) che è interpretata come effetto del moto del sistema solare; l'interpretazione delle anisotropie su piccole scale (microKelvin) sarà discussa più avanti. I dati, già citati, sulla distribuzione delle radiosorgenti e delle galassie oltre i 1000 Mpc, il fondo di raggi X, la legge di Hubble, confermano tutti l'isotropia dell'Universo su grande scala sia per quanto riguarda la materia sia per quanto riguarda la radiazione. Ciò tra l'altro comporta che l'Universo debba essere omogeneo quando si considerino valori medi sulle grandi scale, altrimenti le disomogeneità di grande scala si rivelerebbero in anisotropie.

18.6 L'abbondanza dell'elio e del deuterio

Le abbondanze degli elementi chimici sono questioni di significato cosmologico. L'evoluzione primordiale dell'Universo dev'essere in grado di riprodurre le abbondanze elementari osservate di quegli elementi e di quelle abbondanze che non possono essere giustificati dalla nucleosintesi stellare. Allo stesso tempo ciò permette di fissare i valori di alcuni parametri cosmologici.

Le osservazioni mostrano che anche nelle stelle più antiche l'abbondanza di elio in massa è del 25%; una tale abbondanza non può essere spiegata dalla nucleosintesi prodotta dai processi termonucleari durante la vita delle stelle accettando le tipiche stime dell'età delle galassie. Altri elementi le cui abbondanze sono tipicamente diverse da quelle interpretabili con i processi termonucleari stellari sono il litio e il deuterio.

Le condizioni di alta densità e temperatura delle fasi iniziali (la fase calda) dell'espansione dell'Universo sono adatte ad un'efficiente reazione di trasformazione di idrogeno in elio, includendo anche la produzione di elementi intermedi (litio, berillio, boro) che non sono distrutti da successive catene termonucleari che vengono impedite dall'espansione che interrompe la fase calda. La teoria di questo processo fu proposta da Alpher, Bethe e Gamow negli anni 1940 in un famoso lavoro (detta appunto **teoria alfa-beta-gamma** dal nome degli autori) e fu in effetti la prova dell'esistenza di una fase calda primordiale dell'Universo. Naturalmente la produzione di elio a livello cosmologico dipende dalla densità e dalla temperatura nelle prime fasi di espansione dell'Universo. Tuttavia Alpher, Bethe e Gamow dimostrarono che in un tempo dell'ordine di tre minuti dell'espansione dell'Universo primordiale la nucleosintesi cosmologica era in grado di produrre l'elio osservato nelle stelle e non imputabile alla nucleosintesi stellare.

Lo studio della nucleosintesi cosmologica di elio, litio, berillio e boro permette di dare un limite alla quantità di materia barionica del nostro Universo che corrisponde ad una densità:

$$\rho_B \approx 4 \times 10^{-31} \mathrm{g\, cm}^{-3} \tag{18.18}$$

circa 6 volte inferiore a quella della materia oscura non barionica, ma 10 volte superiore a quella visibile. Discuteremo questo valore nell'ultimo capitolo dedicato alla **teoria del big-bang**, nome che venne dato in modo ironico all'idea di un Universo che nascesse da una "grande esplosione".

18.7 Asimmetria materia-antimateria

L'Universo attuale è costituito di un tipo di particelle (protoni, neutroni ed elettroni) che chiamiamo materia; le antiparticelle corrispondenti (antiprotoni, antineutroni, positroni) non sono presenti se non in esperimenti di laboratorio e, in piccole quantità, nei raggi cosmici. Questa asimmetria materia-antimateria è evidentemente di origine cosmologica, ma deve essere ricercata in un'asimmetria (ancora non individuata) nelle interazioni fondamentali del modello standard delle particelle elementari. L'eccesso di materia su antimateria si stabilisce quando nella fase calda dell'Universo in espansione la temperatura scende a valori inferiori a quelli necessari per i fotoni a produrre coppie di particelle-antiparticelle. Di conseguenza:

$$\frac{n_B - n_{\bar{B}}}{n_B + n_{\bar{B}}} \approx \frac{n_B}{n_\gamma} \simeq 0.6 \times 10^{-9} . \tag{18.19}$$

Pertanto l'asimmetria è estremamente piccola ma determina l'evoluzione successiva del nostro Universo.

18.8 L'accelerazione dell'Universo

Alla fine degli anni '90, lo studio della legge di Hubble alle grandi distanze è divenuto possibile utilizzando come candele standard le supernove di Tipo Ia (SNIa) che, come abbiamo discusso precedentemente, raggiungono sempre la stessa luminosità assoluta al massimo. Due gruppi osservativi guidati da Riess e Perlmutter hanno concluso che le luminosità apparenti di supernove in galassie con redshift 0.4 - 0.7 sono minori (e quindi le distanze da noi maggiori) di quanto atteso per un Universo che si espanda secondo la legge di Hubble lineare (Fig. 18.13). Il risultato è interpretabile assumendo che la velocità a cui una galassia si allontana da noi aumenti nel tempo, cioè con la distanza, e quindi che l'espansione dell'Universo acceleri. Ciò appare in contraddizione con modelli cosmologici in cui la massa a riposo di materia e/o radiazione genera necessariamente una forza gravitazionale attrattiva. L'energia che causa questa accelerazione è del tutto ignota e non può essere osservata direttamente, per cui è stata denominata **energia oscura**. Studieremo più avanti quali sono attualmente le interpretazioni teoriche di tale nuovo dato.

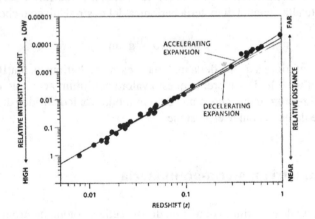

Fig. 18.13 Le luminosità a grandi redshift seguono una legge di espansione accelerata

Riferimenti bibliografici

1. F. Combes, P. Boissé, A. Mazure, A. Blanchard – *Galaxies and Cosmology*, Springer, 1991
2. E.P. Hubble – *The Realm of the Nebulae*, Oxford University Press, 1936 (reprinted in 1982 by Yale University Press)
3. P.J.E. Peebles – *Principles of Physical Comsology*, Princeton University Press, 1993

Modelli cosmologici

Affrontiamo ora la costruzione di modelli di Universo che discendono dai dati osservativi astrofisici presentati nel precedente capitolo. La trattazione è intesa come introduttiva; per uno studio dettagliato si rimanda a testi specialistici [1–5].

19.1 Il principio cosmologico

La distribuzione della materia mediata su scale cosmiche appare isotropa e omogenea. Inoltre l'Universo non è statico; gli elementi del fluido cosmico (le galassie e le loro aggregazioni) appaiono recedere seguendo il **flusso di Hubble** definito dalla legge:

$$v_r = Hd \tag{19.1}$$

ove la costante H ha lo stesso valore in tutte le direzioni, cioè il flusso è isotropo. Inoltre la legge di Hubble comporta anche che il flusso cosmico è invariante rispetto a traslazioni spaziali, cioè è lo stesso per qualunque osservatore cosmologico. Infatti, prese due galassie A e B che recedono secondo questa legge rispetto alla nostra Galassia O posta al centro del riferimento:

$$\dot{\mathbf{r}}_A = H\mathbf{r}_A \qquad \dot{\mathbf{r}}_B = H\mathbf{r}_B \,, \tag{19.2}$$

si ottiene che il moto relativo di B rispetto ad A:

$$\frac{d}{dt}(\mathbf{r}_B - \mathbf{r}_A) = H(\mathbf{r}_B - \mathbf{r}_A) \tag{19.3}$$

segue ancora la stessa legge.

Inoltre si ricava immediatamente che, se il flusso cosmico è isotropo, l'Universo deve essere necessariamente omogeneo. Infatti, l'equazione di continuità della materia in una sfera del flusso cosmico in forma lagrangiana comporta che la densità del fluido varia secondo la legge:

$$\frac{d\rho}{dt} = -\rho \nabla \cdot \mathbf{v} = -\rho \nabla \cdot (H\mathbf{r}) = -3\rho H \tag{19.4}$$

Ferrari A.: Stelle, galassie e universo. Fondamenti di astrofisica.
© Springer-Verlag Italia 2011

e allo stesso tempo la variazione euleriana della densità della stessa sfera si può scrivere:

$$\frac{\partial \rho}{\partial t} = \frac{\partial}{\partial t}\left[\frac{M}{(4\pi/3)\, r^3}\right] = -\frac{3M}{(4\pi/3)\, r^4}\dot{r} = -\frac{3M}{(4\pi/3)\, r^4}Hr = -3\rho H\ . \qquad (19.5)$$

Poiché le derivate lagrangiane ed euleriane sono eguali, sebbene legate dalla relazione:

$$\frac{d\rho}{dt} = \frac{\partial \rho}{\partial t} + \mathbf{v}\cdot\nabla\rho \qquad (19.6)$$

si ha la condizione di omogeneità ad ogni dato tempo:

$$\nabla\rho = 0. \qquad (19.7)$$

Lo stesso risultato si ottiene anche per le proprietà della distribuzione di velocità. Riferita al sistema a riposo al centro di una distribuzione di massa sferica omogenea di raggio r deve valere la legge di Hubble. Infatti l'accelerazione di un punto della sfera dipende dalla forza gravitazionale della massa all'interno della sfera $M(r) = (4\pi/3)\,\rho r^3$, per cui

$$g = -\frac{GM(r)}{r^2} = -\frac{4\pi}{3}G\rho r \qquad (19.8)$$

e quindi:

$$\mathbf{v}(t+\Delta t) = \mathbf{v}(t) + g\Delta t = \left(H - \frac{4\pi}{3}G\rho\Delta t\right) r \qquad (19.9)$$

cioè si conserva la forma della legge di Hubble con una costante dipendente dal tempo.

Queste considerazioni hanno fatto uso di equazioni gravitazionali newtoniane, e quindi valgono essenzialmente per l'Universo locale; tuttavia, la teoria della gravitazione relativistica indica attraverso il Principio di Equivalenza il modo di estendere i risultati ottenuti nel sistema localmente inerziale cui apparteniamo a sistemi qualsivoglia sulla base della Covarianza Generale delle equazioni della gravitazione (Capitolo 6). Il principio cosmologico del sistema localmente inerziale è dunque esteso da principio locale all'intero Universo.

Il dato osservativo che il flusso di Hubble sia omogeneo e isotropo, e quindi uguale per qualunque osservatore in qualunque punto dell'Universo, viene chiamato **principio cosmologico**: le grandezze che descrivono il flusso del fluido cosmico sono invarianti rispetto a traslazione dell'origine e ad una rotazione degli assi. Pertanto il flusso di Hubble risulta essere non tanto un moto di recessione degli elementi fluidi, bensì una proprietà dello spazio la cui scala si dilata lasciando invariati i rapporti di distanza.

Si chiama **principio cosmologico perfetto** la più estesa ipotesi (non suffragata in realtà dai dati osservativi, come vedremo in seguito) che le grandezze che descrivono il flusso cosmico siano invarianti rispetto al tempo, cioè il flusso sia stazionario oppure l'Universo sia statico.

19.2 La metrica dello spazio-tempo cosmologico

Per descrivere l'Universo alle grandi scale si utilizza la Teoria della Relatività Generale costruendo la metrica spazio-temporale che soddisfi le caratteristiche di omogeneità e isotropia ottenute dai dati osservativi. Per la parte spaziale tale spazio-tempo deve essere a simmetria sferica in un qualunque punto dello spazio (isotropia) e uguale in ogni punto dello spazio (omogeneità).[1]

L'assunzione di omogeneità e isotropia spaziali permette di scegliere un sistema di coordinate generalizzate in quiete rispetto ad un qualunque elemento fluido, cioè un sistema di **coordinate comoventi** con gli elementi fluidi. In tal modo le coordinate spaziali degli elementi fluidi non cambiano nel tempo: l'evoluzione viene rappresentata dalla variazione nel tempo di una scala spaziale.

Il problema cruciale è la definizione di un tempo rispetto al quale calcolare l'evoluzione. Infatti a causa della velocità finita della trasmissione delle informazioni, i tempi misurati da osservatori in moto relativo non coincidono; eventi simultanei per un certo osservatore non lo sono per un altro. In effetti l'Universo appare diverso a diverse distanze dall'osservatore comovente perché la visione locale dell'Universo alle varie distanze è influenzata dal ritardo temporale della ricezione dei fotoni che viaggiano alla velocità della luce finita. Perché il principio cosmologico abbia senso occorre poter definire un **tempo cosmico** o universale, cui tutti gli osservatori possano riferirsi per definirlo.

Si assuma che ad un tempo iniziale $t = 0$ tutte le componenti materiali dell'Universo, le galassie, siano state in connessione causale tra di loro e si siano sincronizzate su un tempo che appunto chiamiamo tempo cosmico t. Successivamente le diverse componenti materiali si sono evolute in modo indipendente, ciascuna con un tempo proprio τ misurato da un orologio a riposo con la materia circostante. In ciascun punto il tempo proprio τ coincide con il tempo cosmico t, ma non con il tempo di un osservatore lontano a causa dei ritardi nella trasmissione dei segnali. Tuttavia la sincronizzazione iniziale permette, sulla base della legge di evoluzione cosmologica data dal modello utilizzato, di ricavare i ritardi degli osservatori lontani passando attraverso al tempo cosmologico. Si definisce il **look-back time** come la differenza tra l'età dell'Universo misurata con il tempo proprio dell'osservatore e l'età dell'Universo a cui l'informazione è stata inviata misurata dal tempo proprio della sorgente emettente.

Si può pertanto descrivere l'evoluzione dell'Universo in un sistema di riferimento basato sulle coordinate spaziali comoventi con la materia rispetto alla quale gli osservatori siano a riposo e con il tempo proprio come tempo cosmico.

---

[1] Queste simmetrie sono proprietà spaziali, non dello spazio-tempo: gli spazio-tempo con coordinate spaziali omogenee e isotrope sono tali se contengono una famiglia di sezioni tridimensionali con le proprietà geometriche prescritte.

19.3 La metrica di Robertson-Walker

Il principio cosmologico di omogeneità e isotropia dell'Universo è soddisfatto nell'ambito di un continuo euclideo; ma può valere anche per spazi a curvatura costante, positiva o negativa, di cui quello euclideo a curvatura nulla rappresenta l'elemento di separazione.

Come si rappresentano gli spazi curvi? Per rappresentare una varietà a n dimensioni, si opera in una varietà euclidea a $m+n$ dimensioni con $m \geq 1$ (si consideri ad esempio la rappresentazione di superfici curve in uno spazio a 3 dimensioni). Rappresentiamo uno spazio curvo tridimensionale a curvatura costante positiva in un continuo euclideo a quattro dimensioni. In un riferimento cartesiano con coordinate generalizzate la distanza tra due punti viene scritta:

$$dl^2 = dx^2 + dy^2 + dz^2 + dw^2 \qquad (19.10)$$

e l'equazione di una ipersuperficie omogenea e isotropa a curvatura costante positiva è quella di una ipersfera:

$$R^2 = x^2 + y^2 + z^2 + w^2 . \qquad (19.11)$$

Le ipersfere rappresentano gli unici spazi omogenei e isotropi a curvatura positiva. La distanza tra due punti sulla ipersfera è data (in coordinate generalizzate) da:

$$r^2 = x^2 + y^2 + z^2 \qquad (19.12)$$

e, riferendosi ad una ipersfera di raggio unitario, si ottiene:

$$w^2 = 1 - r^2 ; \qquad (19.13)$$

differenziando

$$dw = \frac{rdr}{(1-r^2)^{1/2}} . \qquad (19.14)$$

Quindi l'elemento di linea della varietà tridimensionale ipersferica risulta:

$$dl^2 = dx^2 + dy^2 + dz^2 + \frac{r^2 dr^2}{1 - r^2} \qquad (19.15)$$

che, passando a coordinate polari sferiche

$$x = r\sin\theta\cos\varphi \qquad y = r\sin\theta\sin\varphi \qquad z = r\cos\theta , \qquad (19.16)$$

diventa:

$$dl^2 = dr^2 + r^2\left(d\theta^2 + \sin^2\theta\, d\varphi^2\right) + \frac{r^2 dr^2}{1 - r^2} \qquad (19.17)$$

$$= \frac{dr^2}{1 - r^2} + r^2\left(d\theta^2 + \sin^2\theta\, d\varphi^2\right) .$$

Con lo stesso ragionamento si può trattare il caso di spazi a curvatura costante in genere:

$$dl^2 = \frac{dr^2}{1-Kr^2} + r^2\left(d\theta^2 + \sin^2\theta\, d\varphi^2\right) \tag{19.18}$$

con la costante di curvatura $K = +1, 0, -1$ rispettivamente per spazi a curvatura positiva, nulla e negativa; curvatura nulla indica uno spazio piatto aperto, curvatura positiva uno spazio sferico chiuso, curvatura negativa uno spazio iperbolico aperto. Per illustrare visivamente il concetto in Fig. 19.1 viene rappresentata in uno spazio tridimensionale la geometria di superfici bidimensionali nei tre tipi di curvatura.

Per rendere ancora più generale questa espressione si introduce un **fattore di scala**, eventualmente dipendente dal tempo, $a(t)$:

$$dl^2 = a^2(t)\left[\frac{dr^2}{1-Kr^2} + r^2\left(d\theta^2 + \sin^2\theta\, d\varphi^2\right)\right]. \tag{19.19}$$

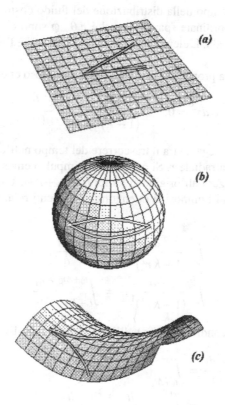

Fig. 19.1 Curvature di superfici bidimensionali: (a) curvatura nulla $K = 0$, raggi divergenti si allontanano ad angolo costante; (b) curvatura positiva $K > 0$, raggi divergenti si incontrano riconvergendo; curvatura negativa $K < 0$, raggi divergenti si allontanano ad angolo crescente

La distanza tra due punti 1 e 2 nella forma:

$$d_p(t) = \int_1^2 dl = a(t) \int_1^2 \left[\frac{dr}{\sqrt{1-Kr^2}} + r(d\theta + \sin\theta \, d\varphi) \right] \tag{19.20}$$

rappresenta la *distanza propria misurata al tempo t* da una catena di osservatori sincronizzati che si collegano attraverso il lookback time. Un osservatore misurerà invece la distanza al suo tempo proprio:

$$d_p(t_0) = \frac{a(t_0)}{a(t)} d_p(t) . \tag{19.21}$$

L'elemento di linea completo, ricordando che la coordinata temporale deve rispettare l'invarianza della velocità di propagazione della luce, si può scrivere:

$$ds^2 = c^2 dt^2 - a^2(t) \left[\frac{dr^2}{1-Kr^2} + r^2 \left(d\theta^2 + \sin^2\theta \, d\varphi^2 \right) \right] . \tag{19.22}$$

Cambiamenti con il tempo della distribuzione del fluido cosmico non comportano cambiamenti nelle coordinate spaziali, perché r, θ, φ sono coordinate comoventi, ma può cambiare la scala. L'elemento di linea così ricavato è l'**elemento di linea di Robertson-Walker**.

L'espressione per la propagazione di un raggio luminoso che viaggi radialmente:

$$ds^2 = 0 \qquad \frac{dr}{(1-Kr^2)^{1/2}} = \frac{c \, dt}{a(t)} \tag{19.23}$$

permette di derivare il legame tra il trascorrere del tempo nell'origine e in un punto generico di coordinata radiale r. Si consideri un impulso emesso a r al tempo t_e di durata Δt_e: esso giungerà all'origine ai tempi $t_0 \div t_0 + \Delta t_0$. Usando l'equazione di propagazione dei raggi luminosi si ottengono le seguenti relazioni per l'inizio e la fine dell'impulso:

$$\int_r^0 \frac{dr}{(1-Kr^2)^{1/2}} = \int_{t_e}^{t_0} \frac{c \, dt}{a} \tag{19.24}$$

$$\int_r^0 \frac{dr}{(1-Kr^2)^{1/2}} = \int_{t_e+\Delta t_e}^{t_0+\Delta t_0} \frac{c \, dt}{a} . \tag{19.25}$$

Eguagliando i due secondi membri e nell'ipotesi di un impulso breve, si ottiene:

$$\begin{aligned}
\int_{t_e}^{t_0} \frac{c \, dt}{a} &= \int_{t_e+\Delta t_e}^{t_0+\Delta t_0} \frac{c \, dt}{a} \\
&= \int_{t_e+\Delta t_e}^{t_e} \frac{c \, dt}{a} + \int_{t_e}^{t_0} \frac{c \, dt}{a} + \int_{t_0}^{t_0+\Delta t_0} \frac{c \, dt}{a} \\
&= -\frac{c\Delta t_e}{a(t_e)} + \int_{t_e}^{t_0} \frac{c \, dt}{a} + \frac{c\Delta t_0}{a(t_0)}
\end{aligned} \tag{19.26}$$

e pertanto:

$$\frac{c\Delta t_e}{a(t_e)} = \frac{c\Delta t_0}{a(t_0)}. \tag{19.27}$$

Esiste dunque una differenza nel trascorrere del tempo che dipende dal fattore di scala corrispondente al tempo cosmico in cui avviene la misura. Interpretando $c\Delta t$ come una lunghezza d'onda si può scrivere:

$$\frac{\lambda_0}{\lambda_e} = \frac{a(t_0)}{a(t_e)} \tag{19.28}$$

oppure con la definizione del **fattore di redshit** z:

$$z = \frac{\lambda_0 - \lambda_e}{\lambda_e} \tag{19.29}$$

si ricava:

$$1 + z = \frac{a(t_0)}{a(t_e)} \tag{19.30}$$

La quantità $1 + z$ è osservabile spettroscopicamente e misura il rapporto tra i fattori di scala della metrica all'istante di ricezione e di emissione, quindi il fattore di espansione dell'Universo in quell'intervallo di tempo cosmico.

Questa relazione comporta la legge di Hubble. Infatti per il caso $t_e = t_0 - \Delta t$ si può scrivere, in approssimazione al prim'ordine in Δt:

$$1 + z = \frac{a(t_0)}{a(t_0 - \Delta t)} \approx \frac{a(t_0)}{a(t_0) - \dot{a}(t_0)\Delta t}$$

$$\approx \frac{a(t_0) + \dot{a}(t_0)\Delta t}{a(t_0)} = 1 + \frac{\dot{a}(t_0)}{a(t_0)}\Delta t \tag{19.31}$$

e, ponendo che $\Delta t = d/c$, ove Δt è il tempo che intercorre tra l'emissione e l'arrivo di un segnale luminoso tra punti a distanza d in coordinate comoventi, si ottiene:

$$cz = \frac{\dot{a}(t_0)}{a(t_0)}d = H_0 d \tag{19.32}$$

che, identificando d con la distanza propria d_p, è identica alla legge di Hubble, con H_0 pari al suo valore al tempo cosmico di ricezione:

$$d_p = \frac{c}{H_0}z. \tag{19.33}$$

In realtà la distanza propria d_p tra due punti sincronizzati nel tempo cosmologico approssima d solo al prim'ordine. Per tener conto di questa differenza occorre ritornare alla legge di propagazione dei segnali luminosi aggiungendo i termini al second'ordine in z. Si consideri la propagazione radiale dei raggi luminosi trascurando nella metrica termini da r^2 in avanti, cioè riferendosi a spazi quasi piatti:

$$ds^2 = c^2 dt^2 - a(t)^2 dr^2 = 0 \tag{19.34}$$

$$dr = \frac{c\, dt}{a(t)} . \tag{19.35}$$

Integrando sul tempo $\Delta t = t - t_0$ con sviluppo dell'integrando fino al prim'ordine in Δt:

$$r = c \int_t^{t_0} \frac{dt}{a(t)} = -c \int_{\Delta t}^0 \frac{d(\Delta t)}{a(t_0 - \Delta t)} = c \int_0^{\Delta t} \frac{d(\Delta t)}{a(t_0) - \dot{a}(t_0)\Delta t}$$

$$= \frac{c}{a(t_0)} \int_0^{\Delta t} \frac{a(t_0) + \dot{a}(t_0)\Delta t}{a(t_0)} d(\Delta t) = \frac{c}{a(t_0)} \left[\Delta t + \frac{1}{2} H_0 \Delta t^2 \right] . \tag{19.36}$$

Espandendo analogamente anche l'espressione per il fattore di redshift (19.30):

$$1 + z = \frac{a(t_0)}{a(t_0 - \Delta t)} = 1 + \frac{\dot{a}(t_0)}{a(t_0)} \Delta t + \left[\frac{\dot{a}^2(t_0)}{a^2(t_0)} - \frac{1}{2}\frac{\ddot{a}(t_0)}{a(t_0)} \right] \Delta t^2$$

$$= 1 + \frac{\dot{a}(t_0)}{a(t_0)} \Delta t + \frac{\dot{a}^2(t_0)}{a^2(t_0)} \left[1 - \frac{1}{2}\frac{\ddot{a}(t_0)a(t_0)}{\dot{a}^2(t_0)} \right] \Delta t^2$$

$$= 1 + H_0 \Delta t + H_0^2 \left(1 + \frac{1}{2}q_0 \right) \Delta t^2 \tag{19.37}$$

avendo definito il **parametro di decelerazione:**

$$q_0 = -\frac{\ddot{a}_0 a_0}{\dot{a}_0^2} . \tag{19.38}$$

Invertendo la relazione

$$z = H_0 \Delta t + H_0^2 \left(1 + \frac{1}{2}q_0 \right) \Delta t^2 \tag{19.39}$$

e considerando che al prim'ordine $\Delta t = z/H_0$ (da usare nel termine Δt^2) si ottiene:

$$\Delta t = \frac{z}{H_0} - H_0 \left(1 + \frac{1}{2}q_0 \right) \frac{z^2}{H_0^2} = \frac{1}{H_0} \left[z - \left(1 + \frac{1}{2}q_0 \right) z^2 \right] \tag{19.40}$$

che viene sostituita nella espressione per la distanza metrica r e fornisce la distanza propria:

$$d_p(t_0) = a_0 r = \frac{c}{H_0} \left[z - \frac{1}{2}(1 + q_0)z^2 \right] . \tag{19.41}$$

Il termine del second'ordine modifica la legge di Hubble classica e ne determina uno scostamento dall'andamento lineare a grandi z.

In astrofisica si usa spesso una differente definizione di distanza, in quanto quella metrica non è in effetti misurabile. Per questo si calcola il flusso ricevuto da una sorgente di potenza W posta a distanza comovente r dall'osservatore. L'elemento di superficie perpendicolare alla linea di vista sarà:

$$dl_\vartheta dl_\varphi = a(t_0)rd\vartheta \times a(t_0)r\sin\vartheta d\varphi = a^2(t_0)r^2\sin\vartheta d\vartheta d\varphi \tag{19.42}$$

per cui la potenza sarà distribuita sull'intera superficie sferica:

$$S = 4\pi a^2(t_0)r^2 . \tag{19.43}$$

Al variare del fattore di scala tra l'emissione e la ricezione si avrà:

$$\frac{a(t_0)}{a(t)} = \frac{1}{1+z} \tag{19.44}$$

e allo stesso tempo la frequenza dei fotoni verrà diminuita e così sarà diminuita la potenza:

$$\frac{W}{W_0} \propto \frac{h\nu}{h\nu_0} = \frac{a(t_0)}{a(t)} = \frac{1}{1+z} . \tag{19.45}$$

Pertanto il flusso misurato diventerà:

$$F = \frac{W}{4\pi a^2(t_0)r^2}\frac{1}{(1+z)^2} \tag{19.46}$$

ossia si può definire la **distanza di luminosità**, cioè quella che conserva la legge dell'inverso del quadrato della distanza tra potenza irraggiata e flusso ricevuto:

$$d_L = a(t_0)(1+z)r . \tag{19.47}$$

Questa è la distanza che si misura osservando candele campione e confrontandone la luminosità apparente (misurata) con quella assoluta (stimata). Si ricava che la legge di Hubble al second'ordine in z scritta con la distanza di luminosità ha la forma:

$$d_L = \frac{c}{H_0}\left[z + \frac{1}{2}(1-q_0)z^2\right] . \tag{19.48}$$

Si definisce la **relazione magnitudine - redshift** come il modulo di distanza misurato attraverso la distanza di luminosità:

$$m - M = 5\log_{10}\left(\frac{d_L}{10\text{pc}}\right) = 5\log_{10}\left[\left(\frac{c}{H_0}\right)_{10\text{pc}}\right] + 5\log_{10}z$$

$$+5\log_{10}\left[1 + \frac{1}{2}(1-q_0)z\right] . \tag{19.49}$$

La relazione è riportata in Fig. 19.2 per diversi valori di q_0. Sono indicate solo curve per $q_0 > 0$ nell'ipotesi che l'espansione dell'Universo, qualunque ne sia la curvatura, sia comunque frenata dalla gravità.

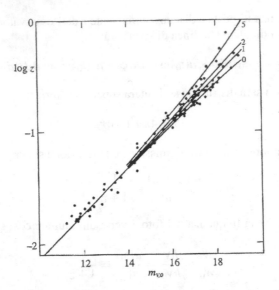

Fig. 19.2 Relazione redshift - magnitudine per le galassie più brillanti di ammassi, paragonate con le curve teoriche per diversi valori del parametro di decelerazione q_0

Attualmente esistono però le evidenze che l'espansione dell'Universo sia invece entrata in una fase di accelerazione. L'uso della luminosità di picco costante (§11.33) delle supernove di tipo Ia (SNe Ia) permette di ricavar la relazione redshift - magnitudine a grandi z. In Fig. 19.3 sono riportati i dati osservativi delle surveys di Riess e Perlmutter confrontati con alcuni modelli teorici che discuteremo nel prossimo paragrafo. La parte inferiore del grafico mostra come per $z > 0.5$ la magnitudine osservata sia maggiore di quella attesa dalla legge lineare di Hubble, indicando che le distanze sono maggiori di quelle di un'espansione rallentata; l'espansione deve quindi essere in fase di accelerazione.

Un'altra grandezza importante per il confronto tra modelli e osservazioni è la misura dell'estensione angolare di oggetti a distanze cosmologiche. Assumendo che l'oggetto abbia un'estensione $\Delta\theta$ nel piano del cielo, le sue dimensioni lineari saranno:

$$\Delta l = a(t_e)r\Delta\theta \tag{19.50}$$

dove $a(t_e)$ è il fattore di scala al momento in cui è stato emesso il segnale che noi osserviamo a t_0. Pertanto

$$\Delta\theta = \frac{\Delta l}{a(t_e)r} = \frac{\Delta l}{a(t_0)r}\frac{a(t_0)}{a(t_e)} = \frac{\Delta l}{a(t_0)r}(1+z) \tag{19.51}$$

ove

$$d_{ang} = \frac{a(t_0)r}{1+z} \tag{19.52}$$

è definita la **distanza angolare**, in quanto sostituisce il valore della distanza metrica nella formula classica delle dimensioni angolari.

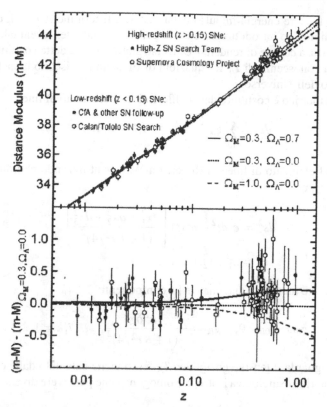

Fig. 19.3 Il diagramma magnitudine - redshift per le SNIa misurate nelle survey High-z SN Search Team (Riess et al. 1998) e Supernova Cosmology Project (Perlmutter et al. 1999). L'asse orizzontale indica il redshift, l'asse verticale il modulo di distanza. Le curve rappresentano le relazioni previste da modelli cosmologici che sono discussi nel successivo paragrafo. Nel pannello inferiore è indicata la differenza del modulo di distanza misurato rispetto a quello predetto da un modello standard di Universo aperto a curvatura negativa

19.4 Le equazioni relativistiche della dinamica cosmica

Come discusso nel Capitolo 6.1, le equazioni della Relatività Generale permettono di collegare la metrica dello spazio-tempo con la distribuzione della materia, trasformando quindi il modello cinematico dell'Universo in un modello dinamico che permette di determinare l'evoluzione del fattore di scala $a(t)$. Le equazioni di Einstein sono l'estensione relativistica dell'equazione di Poisson per il campo gravitazionale e hanno forma tensoriale:

$$R_{ik} - \frac{1}{2}Rg_{ik} + \Lambda g_{ik} = -\frac{8\pi G}{c^4}T_{ik} \tag{19.53}$$

dove g_{ik} è il tensore metrico, R_{ik} il tensore di curvatura di Riemann-Christoffel (scritto in termini del tensore metrico e sue derivate prime e seconde), R lo scalare di curvatura, T_{ik} il tensore energia-impulso della materia. Il termine Λg_{ik} è il cosiddetto termine cosmologico introdotto da Einstein per tener conto dell'eventuale presenza di materia diffusa capace di rendere l'Universo statico, e Λ è detta **costante cosmologica**. Dalla conoscenza di T_{ik} le equazioni di Einstein forniscono la metrica dello spazio-tempo dell'Universo.

Il tensore metrico è costituito dai coefficienti dell'elemento di linea:

$$ds^2 = \sum_{i,k} g_{ik} dx^i dx^k \qquad i,k = 0,1,2,3. \tag{19.54}$$

Riscriviamo l'elemento di linea di Robertson-Walker utilizzando coordinate generalizzate x_1, x_2, x_3:

$$ds^2 = c^2 dt^2 - a^2(t) \left[\frac{dx_1^2 + dx_2^2 + dx_3^2}{\left(1 + Kr^2/4\right)^2} \right] \tag{19.55}$$

$$r^2 = x_1^2 + x_2^2 + x_3^2 . \tag{19.56}$$

per cui il tensore metrico è diagonale e ha componenti:

$$g_{00} = c^2, \quad g_{i0} = g_{0i} = 0, \quad g_{ik} = -\frac{a^2 \delta_{ik}}{\left(1 + Kr^2/4\right)^2}, \qquad i,k = 1,2,3 . \tag{19.57}$$

Per quanto riguarda il tensore energetico T_{ik}, esso viene calcolato dalle caratteristiche della materia cosmologica isotropa e omogenea che può avere diverse equazioni di stato:

- **Polvere**: termine usato per indicare materia la cui pressione risulta trascurabile nella dinamica globale:

$$\rho = \rho_m, \qquad p = p_m = 0 . \tag{19.58}$$

Si intende con questo termine la materia aggregata in strutture stabili gravitazionalmente quali galassie e ammassi di galassie, all'interno delle quali l'autogravitazione prevale sull'espansione cosmologica. Esiste per ogni data aggregazione un *volume di protezione* entro il quale l'autogravitazione prevale sull'espansione: questo volume è definito come quello entro il quale la densità di materia è maggiore della densità media dell'Universo. In tale volume la metrica è quella di Schwarzschild dovuta alla massa dell'aggregazione. Per effetto dell'espansione che riduce la densità media, il volume di protezione per una data aggregazione cresce: attualmente il volume di protezione della nostra Galassia raggiunge il limite del Gruppo Locale.

- **Radiazione**: termine che include in generale particelle di massa nulla:

$$\rho = \rho_r, \qquad p = p_r = \frac{1}{3}\rho_r c^2. \tag{19.59}$$

- **Materia relativistica** barionica calda: la materia delle fasi primordiali dell'Universo:

$$\rho = \rho_b, \qquad p = p_b = \rho_b c^2 \ . \tag{19.60}$$

- **Vuoto**: componente per la quale non esiste una teoria fondamentale che ne fissi l'equazione di stato; tuttavia le teorie concordano sul fatto che la sua densità di energia sia positiva e costante nello spazio e nel tempo. In tal caso la legge di evoluzione adiabatica $(d[\rho_v c^2 V] = -p_v dV)$ comporta:

$$p_v = -\rho_v c^2 \ . \tag{19.61}$$

Il significato di una pressione negativa può essere compreso pensando alla tensione in un elastico: occorre lavoro per allungarlo, invece che per comprimerlo, ossia crea una forza negativa al diminuire della densità. L'energia del vuoto è costante, per cui in un Universo in espansione in cui densità di radiazione e materia decadono, l'energia del vuoto diventa dominante nelle fasi avanzate dell'evoluzione. Spesso viene legata alla costante cosmologica, ponendo:

$$\rho_v = \frac{c^2 \Lambda}{8\pi G} \ . \tag{19.62}$$

Scriviamo ora il tensore energetico limitandoci alla combinazione di materia barionica allo stato di polvere e radiazione:

$$T_{00} = c^2 \left(\rho_m + \rho_r \right) \tag{19.63}$$

$$T_{0i} = T_{i0} = 0 \tag{19.64}$$

$$T_{ik} = -p_r \delta_{ik} \quad i,k = 1,2,3.$$

Le equazioni di Einstein nel caso di Universo omogeneo e isotropo con metrica di Robertson-Walker si riducono a due soltanto indipendenti; utilizzando per il tensore energetico le espressioni (19.64) ed includendo l'energia del vuoto attraverso la costante cosmologica nella forma (19.62), si ottengono le espressioni:

$$\frac{\ddot{a}}{ac^2} - \frac{\Lambda}{3} = -\frac{4\pi G}{3c^2} \left(\rho_m + \rho_r + 3\frac{p_r}{c^2} \right) \tag{19.65}$$

$$\frac{2\ddot{a}}{ac^2} + \frac{\dot{a}^2}{a^2 c^2} + \frac{K}{a^2} - \Lambda = -\frac{8\pi G}{c^2} \left(3\frac{p_r}{c^2} \right) , \tag{19.66}$$

che possono essere combinate nella forma:

$$\frac{\dot{a}^2}{a^2 c^2} + \frac{K}{a^2} - \frac{\Lambda}{3} = \frac{8\pi G}{3c^2} \left(\rho_m + \rho_r \right) \tag{19.67}$$

$$\frac{2\ddot{a}}{ac^2} - \frac{2}{3}\Lambda = -\frac{8\pi G}{3c^2} \left(\rho_m + 2\rho_r \right) \ . \tag{19.68}$$

Infine, derivando rispetto al tempo la (19.67) e usando la (19.65) e ancora la (19.67), si ottiene:

$$(\dot{\rho}_m + \dot{\rho}_r) + 3\frac{\dot{a}}{a}\left(\rho_m + \rho_r + \frac{p_r}{c^2}\right) = 0 \ . \tag{19.69}$$

che rappresenta un'espansione adiabatica, in quanto può essere riscritta a partire dal primo principio della termodinamica in condizioni di adiabaticità $dU = -pdV$:

$$d\left[(\rho_m + \rho_r)c^2 a^3\right] = -p_r da^3 \ . \tag{19.70}$$

La (19.69) ci permette di ricavare l'evoluzione della densità di materia e radiazione durante l'espansione cosmologica. Considerando anzitutto un sistema di sola polvere:

$$\dot{\rho}_m + 3\frac{\dot{a}}{a}\rho_m = 0 \tag{19.71}$$

per cui

$$\rho_m = \rho_{m0}\left(\frac{a_0}{a}\right)^3 \ . \tag{19.72}$$

Nel caso di sola radiazione si ha invece:

$$\dot{\rho}_r + 4\frac{\dot{a}}{a}\rho_r = 0 \tag{19.73}$$

e quindi

$$\rho_r = \rho_{r0}\left(\frac{a_0}{a}\right)^4 \ . \tag{19.74}$$

Poiché il sistema è in equilibrio termodinamico, l'espressione della densità di energia del corpo nero $\rho_r = aT^4/c^2$ dà l'andamento della temperatura della radiazione nell'espansione:

$$T_r = T_{r,0}\left(\frac{a_0}{a}\right) \ . \tag{19.75}$$

Abbiamo invece già detto che nel caso del vuoto si assume che la densità sia costante rispetto alla variazione della scala nell'espansione:

$$\rho_v(a) = \text{costante} \ . \tag{19.76}$$

Le tre equazioni (19.67)-(19.69) sono le **equazioni di Friedmann**, che permettono di ricavare l'evoluzione del fattore di scala in funzione della distribuzione della materia. Friedmann nel 1922 ne calcolò le soluzioni (con $\Lambda = 0$, quindi senza energia del vuoto) ottenendo il risultato fondamentale che l'Universo non è statico, ma deve necessariamente evolvere espandendosi o contraendosi. Pochi anni dopo Hubble misurò la recessione delle galassie e confermò il fatto che l'Universo si espande. Nel 1917 Einstein aveva introdotto il termine Λ proprio per ottenere una soluzione statica che più tardi abbandonò sulla base delle evidenze osservative.

19.5 Modelli di Universo

Nell'Universo attuale i dati osservativi mostrano che la densità della materia, visibile e oscura (barionica e non barionica), domina sulla densità della radiazione di fondo di 2.73 K. La densità di materia concentrata negli ammassi può essere calcolata a partire dalla luminosità degli ammassi in base alla funzione di luminosità $\approx 0.5 \times 10^8 \, (H_0/71) \, L_\odot/\text{Mpc}^{-3}$ (per la costante di Hubble oggi usiamo il valore fornito da HST, $H_0 = 71 \, \text{km s}^{-1} \, \text{Mpc}^{-1} = 2.3 \times 10^{-18} \, \text{s}^{-1}$) moltiplicata per il rapporto massa-luminosità che può essere assunto mediamente $150 \, (H_0/71) \, M_\odot/L_\odot$:

$$\rho_{m,0} \approx 2.8 \times 10^{10} \left(\frac{H_0}{71}\right)^2 M_\odot/\text{Mpc}^3 = 26 \times 10^{-31} \left(\frac{H_0}{71}\right)^2 \text{g cm}^{-3} \, . \qquad (19.77)$$

Per quanto riguarda la radiazione risulta (per $T_0 = 2.73$ K)

$$\rho_{r,0} = \frac{4\sigma}{c^3} T_0^4 \approx 0.0047 \times 10^{-31} \text{g cm}^{-3} \, . \qquad (19.78)$$

Pertanto l'Universo attuale può essere considerato un Universo di polvere, trascurando gli effetti della densità e pressione di radiazione.

In tale quadro è utile introdurre tre grandezze cosmologiche:

1. la *densità critica* ρ_c;
2. il *parametro di densità* Ω;
3. la *costante cosmologica critica* Λ_e.

Riscriviamo la (19.67) nella forma:

$$\frac{K}{a^2} = \frac{8\pi G}{3c^2} \rho_m - \frac{\dot{a}^2}{a^2 c^2} = \frac{1}{c^2} \frac{\dot{a}^2}{a^2} \left[\frac{8\pi G}{3} \left(\frac{\dot{a}^2}{a^2}\right)^{-1} \rho_m - 1\right] \qquad (19.79)$$

dove il rapporto K/a^2 è la cosiddetta *curvatura gaussiana*, cioè l'inverso del quadrato del raggio di curvatura; la curvatura si annulla quando

$$\rho_c = \frac{3}{8\pi G} \left(\frac{\dot{a}^2}{a^2}\right) = \frac{3}{8\pi G} H^2 \qquad (19.80)$$

dove si è posto $(\dot{a}/a) = H$; ρ_c è la **densità critica**, densità limite tra geometrie dello spazio-tempo a curvatura negativa e positiva per $\Lambda = 0$. Quando la densità ha il valore critico la curvatura si annulla e lo spazio-tempo è piatto. Usando il valore della costante di Hubble attuale si ottiene la densità critica attuale:

$$\rho_{c,0} = \frac{3}{8\pi G} H_0^2 = 9.5 \times 10^{-30} \left(\frac{H_0}{71}\right)^2 \text{g cm}^{-3} \, . \qquad (19.81)$$

Si definisce **parametro di densità** Ω il rapporto tra la densità della materia e la densità critica:

$$\Omega = \frac{8\pi G\rho}{3}\frac{a^2}{\dot{a}^2} = \frac{8\pi G\rho}{3H^2} \ . \tag{19.82}$$

Valori di $\Omega < 1$ corrispondono a curvature negative, valori $\Omega > 1$ a curvature positive, il valore $\Omega = 1$ a curvatura nulla. Nell'Universo attuale i precedenti dati portano a:

$$\Omega_0 = \frac{\rho_{m,0}}{\rho_{c,0}} = 0.27 \tag{19.83}$$

che risulta indipendente dallo specifico valore della costante di Hubble. Tenendo conto delle incertezze sulle misure della massa di materia nelle galassie e negli ammassi e sulle stime dinamiche che quantificano la percentuale di materia oscura, si può tuttavia assumere che il parametro di densità sia compreso tra 0.1 e 0.3 e che quindi l'Universo sia a curvatura negativa per $\Lambda = 0$.

La (19.67) con $\Lambda = 0$ può essere scritta:

$$1 - \Omega = -\frac{Kc^2}{\dot{a}^2} \tag{19.84}$$

che mostra la variazione del parametro di densità in funzione dell'espansione del fattore di scala.

Infine la **costante cosmologica critica** Λ_e corrisponde al valore di Λ nel caso di un Universo di sola polvere statico $\dot{a} = \ddot{a} = 0$ con costante cosmologica Λ non nulla; per cui dalle (19.65) e (19.66):

$$\frac{K}{a^2} - \frac{\Lambda}{3} - \frac{8\pi G}{3c^2}\rho_m = 0 \tag{19.85}$$

$$\frac{K}{a^2} - \Lambda = 0 \tag{19.86}$$

si ottiene

$$\Lambda_e = \frac{4\pi G}{c^2}\rho_m \ . \tag{19.87}$$

Essendo la densità di materia sempre positiva, tale è anche Λ_e. Inoltre si ottiene immediatamente che anche K è positivo, cioè l'*Universo statico* è ipersferico a curvatura positiva e quindi chiuso. Va peraltro notato come gli Universi statici sono contraddetti dall'evidenza osservativa del redshift delle galassie.

Analizziamo ora le principali soluzioni delle equazioni di Friedmann.

19.5.1 Modello di Einstein - De Sitter

Un modello semplice di Universo è quello omogeneo e isotropo, costituito solo di polvere ($\rho_m \neq 0$, $\rho_r = 0$) e con $K = \Lambda = 0$. Dalle (19.67) e (19.81), tenendo conto che in tal caso $\rho_m = \rho_c$ ossia $\Omega = 1$, si ottiene facilmente:

$$\frac{\dot{a}^2}{a^2} = \frac{8\pi G}{3}\rho_c = \frac{8\pi G}{3}\rho_{c0}\left(\frac{a_0}{a}\right)^3 = H_0^2\left(\frac{a_0}{a}\right)^3 \tag{19.88}$$

e integrando sul tempo tra 0 e t e sul fattore di scala da 0 ad a:

$$a(t) = a_0\left(\frac{3}{2}H_0\right)^{2/3}t^{2/3} = \left(\frac{t}{t_0}\right)^{2/3} \tag{19.89}$$

dove

$$t_0 = \frac{2}{3}\frac{1}{H_0} \tag{19.90}$$

rappresenta l'età dell'Universo, cioè il tempo cosmologico trascorso dal momento in cui il fattore di scala era nullo fino all'attuale a_0. La costante di Hubble varia secondo la legge:

$$H = \frac{\dot{a}}{a} = \frac{2}{3}\frac{1}{t} \tag{19.91}$$

e il legame tra tempo e redshift è:

$$1 + z = \frac{a_0}{a} = \left(\frac{t_0}{t}\right)^{2/3} \tag{19.92}$$

e pertanto il look-back time τ, cioè il lasso di tempo che la luce impiega a venire oggi all'osservatore comovente dai vari punti dell'Universo ad un dato tempo cosmico t, risulta:

$$\tau = t_0 - t = \left[1 - (1+z)^{-3/2}\right]t_0 \, . \tag{19.93}$$

In modo analogo si può trattare il caso di un Universo dominato dalla radiazione ($\rho_m = 0$, $\rho_r \neq 0$) sempre con $K = \Lambda = 0$:

$$\frac{\dot{a}^2}{a^2} = \frac{8\pi G}{3}\rho_c = \frac{8\pi G}{3}\rho_{c0}\left(\frac{a_0}{a}\right)^4 = H_0^2\left(\frac{a_0}{a}\right)^4 \tag{19.94}$$

ottenendo per l'andamento temporale del fattore di scala l'espressione

$$a(t) = a_0\,(2H_0)^{1/2}t^{1/2} = \left(\frac{t}{t_0}\right)^{1/2} \tag{19.95}$$

dove ora l'età dell'Universo t_0 risulta

$$t_0 = \frac{1}{2}\frac{1}{H_0} \, . \tag{19.96}$$

Le (19.72) e (19.74) mostrano che in ambedue i casi la densità decresce come t^{-2}.

Possiamo ancora calcolare la distanza comovente percorsa da un segnale elettromagnetico in direzione radiale partito al tempo cosmologico t e giunto all'osservatore al tempo attuale t_0; utilizziamo le formule per il caso dell'Universo dominato dalla materia:

$$r = c \int_t^{t_0} \frac{dt}{a(t)} = \frac{c}{\left(\frac{9}{4}a_0^3 H_0^2\right)^{1/3}} \int_t^{t_0} t^{-2/3} dt$$

$$= \frac{c}{\left(\frac{9}{4}a_0^3 H_0^2\right)^{1/3}} 3t_0^{1/3} \left[1 - \left(\frac{t}{t_0}\right)^{1/3}\right] = \frac{2c}{H_0 a_0} \left[1 - \frac{1}{(1+z)^{1/2}}\right] \quad (19.97)$$

da cui si ricava immediatamente la distanza propria:

$$d_p = a_0 r = \frac{2c}{H_0} \left[1 - \frac{1}{(1+z)^{1/2}}\right] . \quad (19.98)$$

La distanza dei punti più lontani da cui ci può giungere un segnale oggi, l'**orizzonte cosmologico**, si ottiene nel limite $z \to \infty$:

$$d_{p,0} = \frac{2c}{H_0} . \quad (19.99)$$

19.5.2 Modello di De Sitter

Un'altra soluzione esatta delle equazioni di Friedmann si ottiene nel limite di un Universo "vuoto", in cui cioè la materia non abbia effetto dinamico, ma che sia invece dominato dalla costante cosmologica; è questo il limite asintotico di un Universo di polvere e radiazione in espansione infinita. In tal caso la (19.65) e (19.66) portano alla seguente relazione:

$$\frac{\ddot{a}}{a} - \frac{c^2 \Lambda}{3} = 0 \quad (19.100)$$

che fornisce l'evoluzione del fattore di scala:

$$a(t) = a(t_0) \exp\left[\left(\frac{c^2 \Lambda}{3}\right)^{1/2} (t - t_0)\right] \quad (19.101)$$

che, indipendentemente dalla curvatura, mostra (t_0 è il tempo attuale) un andamento esponenziale con un Universo in continua accelerazione o decelerazione a seconda del segno di Λ. Questa soluzione con $\Lambda > 0$ appare applicabile, sulla base dei più recenti dati legati allo studio delle supernove in galassie lontane, ad una fase di evoluzione dell'Universo in accelerazione. La costante cosmologica può in tal senso essere ricondotta alla densità di energia del vuoto con

$$\rho_v = \frac{c^2 \Lambda}{8\pi G} . \quad (19.102)$$

Inoltre si presta anche a descrivere le fasi iniziali del big-bang (inflazione), come vedremo nel prossimo capitolo.

19.5.3 Soluzioni generali

Le equazioni di Friedmann per Universi di polvere con $\Lambda = 0$ sono risolte in forma parametrica come indicato nella tabella di Fig. 19.4; la rappresentazione grafica dell'evoluzione del raggio di curvatura è schematizzata in Fig. 19.5. Sono questi i cosiddetti *modelli cosmologici standard*, corrispondenti a Universi aperti per $K = -1$ e $K = 0$, chiusi per $K = +1$.

L'insieme delle possibili soluzioni delle equazioni cosmologiche per gli Universi di polvere includendo la costante cosmologica è rappresentato in Fig. 19.6 nel piano (q_0, Ω_0), dove sono considerati anche valori del parametro di decelerazione negativi. Nei piccoli inserti è indicato schematicamente l'andamento del fattore di scala $a(t)$. Il piano è sezionato dalle curve che rappresentano i luoghi dove $K = 0$, $\Lambda = 0$, $\Lambda = \Lambda_e$; la linea $\Lambda = \Lambda_e$ è divisa in due rami. I modelli a sinistra sia di $K = 0$ sia di $\Lambda = 0$ sono spazialmente aperti, quelli a destra chiusi. I modelli con $\Lambda > \Lambda_e$, regione a sinistra in basso, sono detti *modelli con rimbalzo*, non partono da una singolarità iniziale, quindi non rappresentano un big-bang. I modelli con $\Lambda = \Lambda_e$ sono i cosiddetti *modelli di Eddington-Lemaître* che per $q_0 < -1$ partono da un Universo statico per poi espandersi; per $q_0 > 1/2$ partono invece da una singolarità iniziale per tendere ad una soluzione statica. Nella zona immediatamente a destra della linea $\Lambda = \Lambda_e$ per $q_0 < -1$ si localizzano i *modelli di Lemaître* che partono da una singolarità iniziale, rallentano fino ad un plateau e poi riprendono ad espandersi: si tratta dei modelli oggi di maggiore interesse per l'interpretazione dell'Universo in accelerazione. I modelli nella regione centrale della figura con $\Lambda_e > \Lambda \geq 0$ partono

P	k	Tempo t	Raggio di curvatura a	Costante di Hubble H	Parametro di densità Ω
0	1	$Ac^{-1}(\eta - \sin\eta)$	$A(1-\cos\eta)$	$A^{-1}c\sin\eta(1-\cos\eta)^{-2}$	$2(1+\cos\eta)^{-1}$
	0	$Ac^{-1}\eta^3/6$	$A\eta^2/2$	$A^{-1}4c\eta^{-3}=\frac{2}{3}t^{-1}$	1
	-1	$Ac^{-1}(\sinh\eta - \eta)$	$A(\cosh\eta - 1)$	$A^{-1}c\sinh\eta(\cosh\eta - 1)^{-2}$	$2(1+\cosh\eta)^{-1}$
$\frac{\rho c^2}{3}$	1	$A'c^{-1}(1-\cos\eta)$	$A'\sin\eta$	$A'^{-1}c\cos\eta(\sin\eta)^{-2}$	$(\cos\eta)^{-2}$
	0	$A'c^{-1}\eta^2/2$	$A'\eta$	$A'^{-1}c\eta^{-2}=\frac{1}{2}t^{-1}$	1
	-1	$A'c^{-1}(\cosh\eta - 1)$	$A'\sinh\eta$	$A'^{-1}c\cosh\eta(\sinh\eta)^{-2}$	$(\cosh\eta)^{-2}$

Fig. 19.4 Raggio di curvatura, costante di Hubble e parametro di densità in funzione del tempo per modelli cosmologici dominati da polvere e da radiazione con $\Lambda = 0$; A e A' sono costanti arbitrarie, il parametro η è definito dalla relazione $d\eta = c\,dt/a$

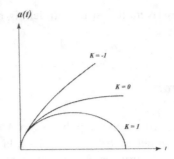

Fig. 19.5 Evoluzione del fattore di scala nei modelli cosmologici di Friedmann

tutti da una singolarità iniziale e quindi si espandono indefinitamente, rappresentano cioè soluzioni di tipo big-bang. I modelli con $\Lambda < 0$, a destra, sono *modelli ciclici* in quanto un'espansione da una singolarità iniziale (big-bang) si inverte in una contrazione di nuovo verso uno stato singolare (big-crunch). Il *modello di Einstein - De Sitter* è rappresentato dal punto $\Omega_0 = 1$, $q_0 = 1/2$, all'incrocio tra le curve $K = 0$ e $\Lambda = 0$.

Attualmente i dati osservativi sulla radiazione di fondo e sulle abbondanze cosmiche favoriscono i modelli che partono da una singolarità iniziale con densità infinita di materia.

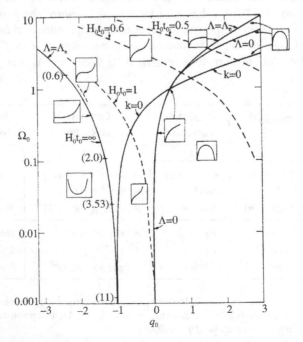

Fig. 19.6 Soluzioni per l'andamento temporale del fattore di scala nel piano (q_0, Ω_0)

19.5.4 Evoluzione degli universi piatti

Riprendiamo il caso degli universi piatti ($K = 0$), includendo tutte le componenti di materia, radiazione e vuoto; in particolare si assuma che il vuoto sia legato alla costante cosmologica dalla (19.62). Pertanto la (19.67) può essere riscritta nella forma:

$$\frac{\dot{a}^2}{a^2} - \frac{8\pi G}{3}\left(\rho_m + \rho_r + \rho_v\right) = 0 \qquad (19.103)$$

che, utilizzando la densità critica $\rho_c = 3H^2/8\pi G$, si può scrivere in termini del parametro di densità:

$$\Omega = \frac{\rho_m}{\rho_c} + \frac{\rho_r}{\rho_c} + \frac{\rho_v}{\rho_c} = \Omega_m + \Omega_r + \Omega_v = 1 . \qquad (19.104)$$

Si ricava pertanto che nell'evoluzione degli universi piatti il parametro di densità rimane rigorosamente fisso all'unità.

Ovviamente l'equazione evolutiva (19.103) fornisce il valore di $a(t)$ a meno di una costante moltiplicativa. Ciò riflette il fatto che la curvatura gaussiana dello spazio-tempo $C_G = K/a^2$ rimane costantemente nulla. Pertanto possiamo scegliere come valore di normalizzazione il fattore di scala al tempo presente $a(t_0) = 1$. Le leggi della termodinamica delle componenti di densità impongono l'andamento delle densità in funzione del fattore di scala:

$$\rho(a) = \rho_{c,o}\left(\frac{\Omega_{m,0}}{a^3} + \frac{\Omega_{r,0}}{a^4} + \Omega_{v,0}\right) \qquad a(t_0) = 1 . \qquad (19.105)$$

La (19.103) può pertanto essere scritta:

$$\frac{\dot{a}^2}{2H_0^2} + U_{eff}(a) = 0 \qquad (19.106)$$

dove

$$U_{eff}(a) = -\frac{1}{2}\left(\frac{\Omega_{m,0}}{a} + \frac{\Omega_{r,0}}{a^2} + \Omega_{v,0}a^2\right) . \qquad (19.107)$$

La (19.106) è analoga all'espressione della conservazione dell'energia in forma newtoniana (in particolare per energia totale nulla): cioè risolvere l'equazione per l'evoluzione di un modello di universo piatto corrisponde a risolvere l'equazione del moto di una particella singola in presenza di un potenziale della forma (19.107). L'andamento di U_{eff} in funzione di a è riportato in Fig. 19.7 per $\Omega_{m,0} = \Omega_{r,0} = \Omega_{v,0} = 1/3$. L'equazione (19.106) può essere risolta facilmente considerando ciascuna delle componenti, materia, radiazione e vuoto, separatamente. L'andamento del fattore di scala nei tre casi, con normalizzazione al fattore attuale $a(t_0) = 1$, è:

- **Universo dominato dalla materia**, $\Omega_m = 1$, $\Omega_r = 0$, $\Omega_v = 0$

$$a(t) = \left(\frac{t}{t_0}\right)^{2/3} . \qquad (19.108)$$

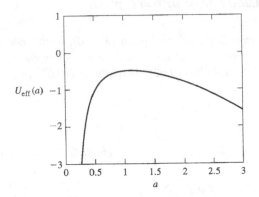

Fig. 19.7 Potenziale effettivo per un modello cosmologico piatto con $\Omega_{m0} = \Omega_{r0} = \Omega_{v0} = 1/3$

- **Universo dominato dalla radiazione**, $\Omega_m = 0$, $\Omega_r = 1$, $\Omega_v = 0$

$$a(t) = \left(\frac{t}{t_0}\right)^{1/2}. \tag{19.109}$$

- **Universo dominato dal vuoto**, $\Omega_m = 0$, $\Omega_r = 0$, $\Omega_v = 1$

$$a(t) = e^{H(t-t_0)} \qquad H = \frac{8\pi G\rho_v}{3} = \frac{c^2\Lambda}{3}. \tag{19.110}$$

I primi due casi sono i modelli di Einstein-De Sitter, il terzo il modello di De Sitter che abbiamo già precedentemente ricavati. Nel caso dell'Universo dominato dal vuoto la costante di Hubble H è costante come la densità. Qui notiamo che che in tutte e tre le soluzioni l'espansione del fattore di scala è illimitata; nei primi due casi lo stato iniziale è una singolarità dove la curvatura dello spazio-tempo, e quindi la densità e la temperatura sono infinite, si tratta cioè del big-bang. Nella Fig. 19.8 si illustra l'evoluzione del fattore di scala quando tutte e tre le componenti siano presenti ed al tempo attuale t_0 egualmente ripartite $\Omega_{m0} = \Omega_{r0} = \Omega_{v0} = 1/3$; l'evoluzione procede attraverso stadi in cui prima la radiazione, poi la materia, infine il vuoto sono dominanti. Nella fasi dominate da radiazione e materia l'espansione è rallentata, nella fase dominata dal vuoto è accelerata.

Come abbiamo visto nel precedente capitolo, l'evidenza osservativa che la recessione delle galassie corrisponda ad un'espansione accelerata del fattore di scala viene associata all'esistenza di una forma di energia (oscura) responsabile di tale accelerazione: le caratteristiche di tale componente appaiono coerenti con quelle dell'energia del vuoto. Un'ipotesi attualmente favorita è che l'Universo sia piatto con $\Omega_{m,0} = 0.27$ il che comporta $\Omega_v = 0.73$. L'intervento della fase accelerata dovuta all'energia del vuoto verrebbe quindi a corrispondere circa alla fase attuale dell'evoluzione.

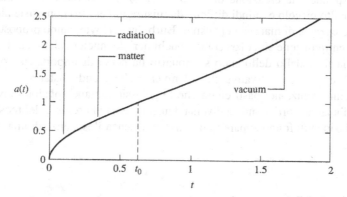

Fig. 19.8 Evoluzione di un modello cosmologico piatto con $\Omega_{m0} = \Omega_{r0} = \Omega_{v0} = 1/3$

19.5.5 Modello dello stato stazionario

Per motivi storici val la pena citare il modello cosmologico proposto nel 1948 da Bondi, Gold e Hoyle che per un certo tempo si pose in alternativa ai modelli che assumono l'inizio dell'espansione da una singolarità a curvatura infinita. Il cosiddetto *modello dello stato stazionario* si basa sul principio cosmologico perfetto secondo il quale l'Universo deve essere omogeneo e isotropo non solo rispetto alle coordinate spaziali, ma anche a quella temporale: l'Universo deve essere uguale in qualunque tempo lo si osservi. In particolare deve essere costante rispetto al tempo la costante di Hubble:

$$\frac{\dot{a}}{a} = H_0 = \text{costante} \tag{19.111}$$

per cui si risolve immediatamente l'evoluzione del fattore di scala:

$$a(t) = a_0 e^{H_0(t-t_0)} \tag{19.112}$$

che matematicamente corrisponde al modello di De Sitter. Tuttavia, per mantenere la condizione di Universo sempre uguale ad ogni tempo cosmologico, occorre che materia venga continuamente creata per mantenere costante la densità nonostante l'aumento esponenziale del fattore di scala. Per la densità di barioni la (19.69) deve essere riscritta nella forma:

$$\dot{\rho}_b = -3\rho_b \frac{\dot{a}}{a} + C \tag{19.113}$$

dove C rappresenta appunto un termine che tenga conto della creazione di barioni per mentenerne la densità costante; ne consegue:

$$C = 3\rho_b H_0 \tag{19.114}$$

che corrisponde alla creazione di $\approx 10^{-16}(H_0/71)$ nucleoni cm^{-3} $anno^{-1}$. Tale valore è molto piccolo e quindi difficile da misurare. Peraltro non esiste alcuna evidenza di creazione di materia nel cosmo. Burbidge e Hoyle hanno proposto che ciò possa avvenire in zone singolari come i buchi neri dei nuclei galattici attivi.

Tuttavia il modello dello stato stazionario ha perso di importanza con l'accumularsi di evidenze osservative che l'Universo alle grandi distanze mostra l'esistenza di un'evoluzione: basti citare che le galassie lontane appaiono diverse e la loro distribuzione corrisponde a diversa densità media al crescere del redshift; infine la radiazione di fondo appare ingiustificabile senza l'esistenza di una fase calda primordiale.

Riferimenti bibliografici

1. J.B. Hartle – *Gravity. An Introduction to Einstein's General Relativity*, Addison Wesley, 2003
2. S. Dodelson – *Modern Cosmology*, Academic Press, 2003
3. A. Braccesi – *Dalle Stelle all'Universo*, Zanichelli, 2000
4. S. Weinberg – *Cosmology*, Oxford University Press, 2008
5. J.A. Peacock – *Cosmological Physics*, Cambridge University Press, 1999

Il Big-Bang

20.1 Modello standard

Abbiamo mostrato nel precedente capitolo che i modelli cosmologici coerenti con le osservazioni indicano come l'Universo abbia avuto inizio da una configurazione a densità e temperatura infinite e si espanda in modo omologo secondo la legge di Hubble. È pertanto divenuto usuale riferirsi a questo paradigma con l'espressione di *big-bang*. [1] La dinamica di tale espansione è tuttavia completamente diversa da un'esplosione perché avviene in modo isotropo e mantenendo la densità uniforme; non si può definire un punto privilegiato dell'Universo da cui sia iniziata l'espansione, bensì tutti i punti dello spazio sono equivalenti: non è la materia che si espande nello spazio, ma è lo spazio stesso che aumenta il proprio fattore di scala diminuendo la curvatura.

In questo capitolo si discute la fisica del modello del big-bang dal punto di vista termodinamico per dimostrare come esso possa rendere conto della formazione degli elementi e delle strutture che lo compongono attraverso le sue fasi evolutive.

Procedendo a ritroso nel tempo invertendo l'espansione di Hubble verso condizioni di alte densità e temperatura, appare ovvio che il contenuto di materia ed energia dell'Universo dovesse allora essere diverso da quello attuale. Sebbene i rapporti geometrici non cambino, è chiaro che il diminuire delle distanze delle strutture gravitazionali, galassie e ammassi, comporti che le loro densità diventino dell'ordine di quella media, cioè il loro volume di protezione (definito nel § 19.4) si riduca e le strutture diventino instabili. Poiché le distanze tipiche tra ammassi sono dell'ordine di $10 \div 30$ volte le loro dimensioni, la loro individualità diventa impossibile per fattori di scala $10 \div 30$ volte minori; per valori poco inferiori anche le galassie si dissolvono.

Inoltre, quando il fattore di scala sia $10^3 \div 10^4$ volte più piccolo del valore attuale, la densità di radiazione diventa superiore a quella della materia come si ricava dalle (19.72) e (19.74) con riferimento ai valori attuali delle densità di materia e radiazione: l'Universo diventa dominato dalla radiazione, con temperature $10^3 \div 10^4$

---

[1] Il nome di big-bang fu in effetti coniato dai sostenitori del modello dello stato stazionario in senso detrattorio, ma poi è rimasto nell'uso comune.

Ferrari A.: Stelle, galassie e universo. Fondamenti di astrofisica.
© Springer-Verlag Italia 2011

volte superiori ai 2.73 K attuali (in base alla 19.75). Pertanto in queste condizioni le stelle non possono formarsi in quanto non sarebbero neppure in grado di irraggiare il calore prodotto al loro interno. L'Universo risulta un continuo di gas ionizzato e opaco alla radiazione.

A fattori di scala sempre minori la crescita della temperatura comporta la dissoluzione dei nuclei atomici e la formazione di coppie particelle-antiparticelle quando l'energia termica dei fotoni sia superiore all'energia della corrispondente massa a riposo. Il plasma cosmico può essere trattato come un gas relativistico in equilibrio termodinamico tra radiazione e coppie di elettroni-positroni, barioni-antibarioni, quark-antiquark.

Questi stati del plasma cosmico, fino alle energie corrispondenti al deconfinamento dei quark e gluoni nelle particelle elementari, sono ben interpretate dalle leggi della fisica note. Il modello di big-bang delineato in questo paragrafo (detto appunto **modello standard del big-bang caldo**) si applica a fattori di scala $a \geq 10^{-33}$ cm, cui corrispondono densità $\rho \leq 10^{93}$ g cm^{-3} e temperature $\leq 10^{32}$ K, escludendo quindi la singolarità $a \to 0$. A partire da questo stato primordiale ad alta densità e temperatura le statistiche quantistiche relativistiche permettono di calcolare la distribuzione dei vari tipi di particelle elementari:

$$dn_{B,F} = \frac{4\pi g_{B,F}}{h^3 c^3} \frac{E^2 dE}{e^{E/kT} \pm 1} \tag{20.1}$$

dove il segno $+$ sta per i bosoni (B) e il segno $-$ per i fermioni (F) e g è il numero di stati di polarizzazione. Le densità numeriche di bosoni e fermioni nel limite ultrarelativistico sono:

$$n_{Bi} = 2.404 \frac{g_{Bi}}{2\pi^2} \left(\frac{kT}{hc}\right)^3 \qquad n_{Fi} = \frac{3}{4} \times 2.404 \frac{g_{Fi}}{2\pi^2} \left(\frac{kT}{hc}\right)^3 \tag{20.2}$$

e la densità di energia:

$$\rho_{Bi}c^2 = \int_0^\infty E dn_{Bi} = \frac{2g_{Bi}}{c}\sigma T^4 \tag{20.3}$$

$$\rho_{Fi}c^2 = \int_0^\infty E dn_{Fi} = \frac{7}{8}\frac{2g_{Fi}}{c}\sigma T^4 \tag{20.4}$$

dove $\sigma = 2\pi^5 k^4/15c^2\hbar^3$ costante di Stefan-Boltzmann e g_{Bi} rappresenta il numero di stati ammessi per le diverse specie di bosoni e g_{Fi} il numero di stati ammessi per le diverse specie di fermioni. L'equilibrio statistico in condizioni relativistiche comporta:

$$\rho(T)c^2 = \frac{2\sigma}{c}\left(\sum_i g_{Bi} + \frac{7}{8}\sum_i g_{Fi}\right)T^4 = \frac{2\sigma}{c}g^*(T)T^4 \tag{20.5}$$

che nel caso di soli fotoni con due stati di polarizzazione diventa la nota legge di Stefan-Boltzmann. La quantità $g^*(T)$ fornisce il numero di gradi di libertà equiva-

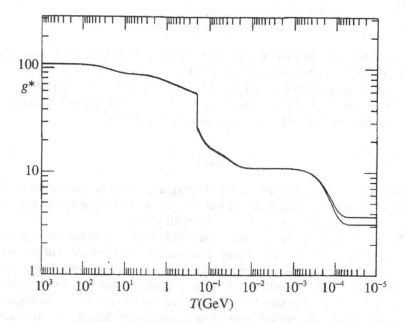

Fig. 20.1 Il numero di gradi di libertà equivalenti del vuoto in funzione della temperatura. Il ramo superiore della curva (in basso a destra) considera la (eventuale) sopravvivenza di neutrini nelle epoche posteriori al loro disaccoppiamento (da Kolb e Turner 1990)

lenti del vuoto quantistico attivabili alle varie temperature dalle fluttuazioni quanti-stiche, il *vuoto produttivo* come definito da Feynman. La sua forma, sulla base del modello di Kolb e Turner del 1990 [1], è rappresentata graficamente nella Fig. 20.1. Essa è calcolata nell'ipotesi dei seguenti costituenti elementari: tre leptoni (e, μ, τ) con i rispettivi tre tipi di neutrini, i tre quark (u, d, s), le rispettive antiparticelle, i bosoni W, Z per l'interazione debole, 8 gluoni per l'interazione forte e i fotoni per l'interazione elettromagnetica.

L'evoluzione del plasma primordiale in espansione può essere seguita sulla base dei modelli cosmologici imponendo la conservazione dell'entropia perché l'espansione dell'Universo è un processo adiabatico. L'entropia per unità di volume nel caso di sistemi dominati da particelle relativistiche è data da:

$$S = \frac{\rho c^2 + p}{T} = \frac{4}{3}\frac{\rho c^2}{T} = \frac{8\sigma}{3c}g^* T^3 \qquad (20.6)$$

dove si è usata la forma (20.5) e si è assunto $g^* =$ costante, perché l'entropia è una funzione di stato e il suo valore dipende solo dagli stati iniziali e finali della trasformazione. L'entropia totale è $\propto Sa^3$, e per un'espansione adiabatica dovrà essere:

$$\frac{8\sigma}{3c}g^*(T)T^3 a^3 = \text{costante} \qquad (20.7)$$

ossia:

$$T = \left[\frac{g^*(T_1)}{g^*(T)} \right]^{1/3} \frac{a_1}{a} T_1 \tag{20.8}$$

che nelle fasi in cui non si ha cambiamento di numero di gradi di libertà si riduce alla forma (19.75). Il cambiamento del numero di gradi di libertà $g^*(T)$ deriva dal fatto che l'ipotesi di equilibrio termodinamico vale per componenti per le quali le interazioni di formazione di coppie particelle-antiparticelle abbiano tempi scala inferiori al tempo di espansione dell'Universo (*condizione di Gamow*):

$$\frac{1}{\Gamma} = \frac{1}{n\sigma v} < \frac{1}{H} . \tag{20.9}$$

Quando al decrescere della densità e dell'energia specifica di una componente durante l'espansione questa condizione non sia più soddisfatta, le coppie corrispondenti si annichilano e ciò porta alla variazione di $g^*(T)$.

Con queste nozioni generali sulla fisica delle particelle elementari è possibile seguire l'evoluzione fisica del big-bang a partire dalla fase iniziale di densità e temperatura più sopra indicate. Assumeremo nel seguito costante cosmologica nulla e curvatura nulla, perché in effetti tali scelte non influenzano l'evoluzione primordiale. L'evoluzione del fattore di scala predetta da questo modello cosmologico segue la (19.103) e, utilizzando l'espressione generalizzata della densità di materia e radiazione (20.5), assume la forma:

$$\frac{\dot{a}}{a} = \left[\frac{8\pi G}{3} \rho(T) \right]^{1/2} = \left[\frac{8\pi G}{3} \frac{2\sigma}{c^3} g^*(T) \right]^{1/2} T^2 . \tag{20.10}$$

Nelle fasi in cui $g^*(T) = $ costante, l'evoluzione adiabatica delle componenti relativistiche risulta:

$$\frac{\dot{T}}{T} = -\frac{\dot{a}}{a} \tag{20.11}$$

e quindi:

$$\dot{T} = - \left[\frac{8\pi G}{3} \frac{2\sigma}{c^3} g^* \right]^{1/2} T^3 . \tag{20.12}$$

Quest'equazione ha soluzione:

$$T = \left(\frac{3c^3}{64\pi G\sigma g^*} \right)^{1/4} t^{-1/2} \approx 2 \times 10^{10} (g^*)^{-1/4} t^{-1/2} K . \tag{20.13}$$

L'evoluzione della costante di Hubble segue l'andamento:

$$H = \frac{\dot{a}}{a} = -\frac{\dot{T}}{T} = \frac{1}{2t} \tag{20.14}$$

ed appare ovvio che l'evoluzione temporale del fattore di scala non dipende dal particolare valore di g^*:

$$a = a_0 \left(\frac{t}{t_0} \right)^{1/2} . \tag{20.15}$$

Come si osserva nella Fig. 20.1, il numero di gradi di libertà attivabili nel vuoto quantistico alle alte temperature è dell'ordine del centinaio. L'interazione delle diverse componenti materiali viene definita dalla meccanica statistica e dipende dalle conservazioni delle quantità fondamentali, carica elettrica, numero leptonico e numero barionico, e dalle sezioni d'urto per annichilazione delle coppie di particelle-antiparticelle. Perché possa stabilirsi l'equilibrio statistico per le particelle dotate di interazione forte occorre che il tempo caratteristico di collisione sia inferiore al tempo di Hubble $t_H = (2H)^{-1}$. Al decrescere della temperatura a seguito dell'espansione, le particelle dotate di massa m_i si annichilano più rapidamente di quanto si creino quando $kT \leq 2m_i c^2$, e quindi il numero di gradi di libertà diminuisce rapidamente.

Diversa è la situazione per i fotoni che hanno massa nulla e interagiscono solo elettromagneticamente: anche quando al decrescere della temperatura la materia passa da ionizzata a neutra e quindi non interagiscono più con essa, i fotoni rimangono liberi di evolvere adiabaticamente senza mai annichilarsi. Così pure le particelle soggette alla sola interazione debole, i neutrini, rimangono disaccoppiati quando i tempi scala delle interazioni deboli diventano minori di H^{-1}. Lo stesso processo si assume avvenga anche per le particelle (ipotetiche per ora) della cosiddetta materia oscura che non interagiscono con la materia normale se non gravitazionalmente. Queste componenti relativistiche disaccoppiate evolvono indipendentemente e la loro temperatura segue l'andamento (19.75).

Sulla base di questi principi generali seguiamo ora l'evoluzione del plasma primordiale del big-bang: i quark-antiquarks, e poi i barioni-antibarioni di grande massa si annichilano progressivamente al decrescere della temperatura; quando questa decresce al di sotto di $T = 7.2 \times 10^{12}$ K, corrispondente ad energie di 0.94 GeV, anche le coppie protoni-antiprotoni e neutroni-antineutroni si annichilano scomparendo dal contenuto universale. Il numero di gradi libertà scende a $g^* = 19.5$. L'energia latente nell'annichilazione di coppie viene distribuita nel sistema secondo la (20.8).

Naturalmente deve esistere un'asimmetria primordiale tra barioni e antibarioni che abbia permesso la sopravvivenza dei barioni che popolano l'Universo attuale. Sebbene questa asimmetria sia molto piccola, essa costituisce un'inadeguatezza della teoria del big-bang standard che non include una giustificazione della sua origine. È stato proposto che possa essere legata ad una violazione della simmetria CP in condizioni di non equilibrio nell'ambito del Modello Standard delle particelle elementari. Il gas di barioni residuo evolve adiabaticamente a numero di particelle costante: la temperatura è eguale a quella dei fotoni fintanto che esista l'accoppiamento elettromagnetico.

Ad energie di 0.14 GeV ($T = 10^{12}$ K) si annichilano i mesoni e il numero di gradi di libertà scende a 16. La (20.13) permette di calcolare i tempi a cui avviene la transizione:

$$t = \left(\frac{3c^3}{64\pi G\sigma g^*}\right)^{1/2} T^{-2} \approx 3.2 \times 10^{20} (g^*)^{-1/2} T^{-2} \text{sec} \qquad (20.16)$$

che indica 0.7×10^{-4} sec per la scomparsa dei mesoni (si usa il valore di $g^* = 19.5$ immediatamente prima della transizione). A causa della diminuita densità e temperatura degli elettroni, a energie ≈ 1 MeV i neutrini delle tre specie si disaccoppiano e restano in equilibrio statistico fra loro solo elettroni e positroni e i fotoni nei due stati di polarizzazione, cui corrisponde $g^* = 5.5$. Prima del disaccoppiamento dei neutrini, neutroni e protoni sono in equilibrio statistico attraverso il decadimento beta; al momento del disaccoppiamento il rapporto tra neutroni e protoni viene congelato e fissato a $n_n/n_p = 0.15$.

Infine ad energie intorno a 0.5 MeV, ossia $T = 4 \times 10^9$ K, si annichilano le coppie elettrone-positrone e sopravvive solo la quantità di elettroni necessaria a compensare la carica dei protoni; il numero di gradi di libertà scende a $g^* = 2$ corrispondente ai due stati di polarizzazione dei fotoni. L'età del big-bang a cui ciò avviene è 8.5 sec (dalla (20.16) con $g^* = 5.5$).

La transizione che porta all'annichilazione delle coppie elettroni-positroni avviene in tempi minori del tempo di Hubble all'epoca, per cui il fattore di scala risulta praticamente invariato nel processo; la conservazione dell'entropia e la (20.8) predicono che la componente fotonica assorba l'energia dell'annichilazione, aumentando la temperatura del residuo gas cosmico (a questo stadio la fase fotonica è dominante sulla materia):

$$T_2 = \left(\frac{g_1^*}{g_2^*}\right)^{1/3} T_1 = \left(\frac{5.5}{2}\right)^{1/3} T_1 = 1.4\, T_1 \,. \qquad (20.17)$$

Invece il gas di neutrini che già si sono disaccoppiati non subirà tale incremento per cui:

$$T_\nu = 0.71\, T_\gamma \,; \qquad (20.18)$$

successivamente a questa fase di annichilazione di tutte le coppie di particelle dotate di massa, le temperature di fotoni e neutrini decadranno secondo la (19.75) mantenendo questo rapporto costante:

$$T_{\nu,\gamma} = \left(\frac{a_0}{a}\right) T_{\nu,\gamma 0} \,. \qquad (20.19)$$

La relazione tra densità e temperatura della componente relativistica si ricava pertanto dalle (20.5):

$$\rho_{rel} = \frac{2\sigma}{c^3} \left(2T_\gamma^4 + 6\frac{7}{8}T_\nu^4\right) = \frac{2\sigma}{c^3} 3.36 T_\gamma^4 \qquad (20.20)$$

(tre tipi di neutrini) e usando la (20.13) con $g^* = 3.36$:

$$T_\gamma(t) = 1.3 \times 10^{10} t^{-1/2} \text{K} \qquad (20.21)$$

$$\rho_{rel}(t) = 4 \times 10^5 t^{-2} \mathrm{g\ cm}^{-3}. \tag{20.22}$$

Questo è l'andamento della temperatura anche della materia barionica fintanto che sia ionizzata, di modo che le interazioni coulombiane consentano la termalizzazione con i fotoni. Dopo la scomparsa di coppie di elettroni-positroni e il disaccoppiamento dei neutrini, non vi è più creazione di fotoni, e così pure il numero di barioni e leptoni risulta costante. Pertanto il rapporto tra numero di fotoni e barioni si conserva a partire dal momento in cui le coppie elettroni-positroni si sono annichilate, e vale $\eta = 0.6 \times 10^{-9}$ come si calcola oggi (vedi 18.17).

20.1.1 Nucleosintesi primordiale

Quando la temperatura è scesa a $\approx 1.7 \times 10^{10}$ K, corrispondente ad energie di 2.25 MeV dell'ordine dell'energia di legame dei deutoni, protoni e neutroni possono aggregarsi stabilmente ed iniziare processi termonucleari che portano alla nucleosintesi primordiale, da cui si generano He^3, He^4, Li^7, Be^7 (Fig. 20.2). Le abbondanze osservate di questi elementi non possono essere giustificate dalla nucleosintesi stellare, per cui rappresentano un importante test dei modelli cosmologici. Il lavoro originale di Alpher, Bethe e Gamow del 1948 che lanciò il modello del big-bang caldo si basò proprio sulla proposta di una nucleosintesi primordiale per spiegare le abbondanze cosmiche degli elementi [2].

I calcoli dettagliati mostrano che le frazioni di massa degli elementi prodotte nella nucleosintesi primordiale dipendono criticamente dalla densità dei barioni alla temperatura a cui possono innescarsi i processi termonucleari e che definisce l'ef-

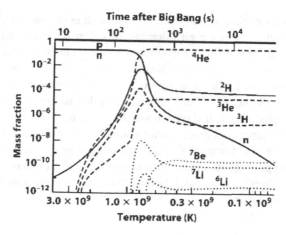

Fig. 20.2 Nucleosintesi cosmologica nei primi minuti dell'espansione del big-bang; le abbondanze degli elementi sono date come frazione della densità dei protoni. I neutroni liberi decadono molto rapidamente, ma la loro maggior parte è catturata nella formazione dei nuclei atomici

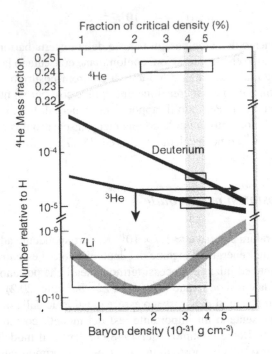

Fig. 20.3 Risultati della nucleosintesi primordiale degli elementi leggeri in funzione delle densità dei barioni allo stato presente. I rettangoli indicano gli intervalli dei valori ottenuti dai dati osservativi

ficienza dei processi rispetto al tempo caratteristico di espansione dell'Universo. Il confronto tra i risultati teorici e gli intervalli di valori delle abbondanze ottenuti dalle osservazioni di oggetti che si ritengono non ancora evoluti chimicamente (per esempio stelle di bassa metallicità) è illustrato in Fig. 20.3, che mostra come sia quindi possibile mettere dei limiti stringenti sulla densità dei barioni in questa fase primordiale e di conseguenza sull'attuale densità della materia barionica.

Il calcolo dell'abbondanza di elio primordiale permette anche di definire il valore di g^* in quanto l'efficienza del processo di fusione deve corrispondere a tempi tipici inferiori o comparabili al tempo scala dell'espansione cosmica secondo la (20.16). Di conseguenza appare che non più dei tre tipi di neutrini inclusi nella forma di g^* possono esistere (elettronici, muonici, tauonici) in accordo con il modello standard delle particelle elementari.

20.1.2 Disaccoppiamento radiazione-materia

Anche dopo la formazione degli elementi, la materia barionica, pur non essendo più relativistica, continua a raffreddarsi in equilibrio con la radiazione secondo la (20.19). Tuttavia a energie tipiche dell'energia di legame degli elettroni negli atomi, circa 0.26 eV, ossia a temperature intorno ai 3000 K, elettroni e ioni si ricombinano in atomi stabili. Dalla (20.16) si calcola che il processo avviene a circa 380.000 anni dall'inizio del big-bang. I fotoni si disaccoppiano quindi dalla materia neutra: l'Universo diventa trasparente ai fotoni; la presenza di una piccola componente ionizzata (protoni ed elettroni) non è sufficiente a produrre un'interazione rilevante.

I fotoni continuano nella loro espansione adiabatica con $T \propto a^{-1}$ ed oggi sono responsabili della radiazione di fondo alla temperatura di 2.73 K. La materia barionica, protoni, neutroni e atomi, non più relativistici, seguiranno invece un'adiabatica con $\gamma = 5/3$ a numero di particelle costante:

$$\rho_B = \rho_{B,dis} \left(\frac{a_{dis}}{a} \right)^3 \qquad (20.23)$$

$$T_B = \left(\frac{a_{dis}}{a} \right)^2 T_{B,dis} . \qquad (20.24)$$

L'assenza in questa fase dell'interazione elettromagnetica con la radiazione favorisce la produzione di aggregazioni gravitazionali secondo il principio di Jeans se esistono nel big-bang fluttuazioni di densità. Mentre il big-bang continua a raffreddarsi e il tempo scala dinamico dell'espansione cresce, dopo una fase di buio possono accendersi stelle e galassie: è la fase di **reheating** dell'Universo.

Nella discussione sulla formazione delle strutture diventa importante la componente di materia oscura che nel precedente capitolo si è rivelata fondamentale nella definizione delle leggi di espansione dell'Universo. L'influenza della materia non-barionica dipende dalle caratteristiche fisiche delle particelle da cui è costituita. Due possibili classi di materia non-barionica sono state proposte: la **materia oscura calda**, composta essenzialmente da neutrini dotati di massa (che quindi partecipano all'evoluzione termodinamica del big-bang), e la **materia oscura fredda**, composta da **WIMPs** (*Weakly Interacting Massive Particles*). In ambedue i casi tuttavia la materia oscura non ha interazione elettromagnetica e quindi, in presenza di disomogeneità può aggregarsi molto presto; in effetti sono le disomogeneità della materia oscura che attraverso l'interazione gravitazionale con la materia barionica determinano la formazione di stelle e galassie non appena avviene il disaccoppiamento della materia barionica dalla radiazione.

Il disaccoppiamento di radiazione e materia comporta che l'Universo diventi trasparente alla radiazione elettromagnetica. Si è detto che ciò avviene ad una temperatura intorno ai 3000 K quando, per la ricombinazione del gas in atomi, la profondità ottica della materia dell'Universo diventa inferiore all'unità (come in un atmosfera stellare). Lo spettro della radiazione cosmica CMBR che oggi osserviamo è il risultato dell'espansione adiabatica del gas di fotoni non interagente dal momento del disaccoppiamento. Poiché l'espansione adiabatica della radiazione con $T \propto a^{-1}$

mantiene la forma di spettro di corpo nero (vedere l'Appendice L), si calcola immediatamente che il fattore di espansione dell'Universo dalla ricombinazione deve essere:

$$\frac{T_{dis}}{T_0} = \frac{3000}{2.73} = 1100 = \frac{a_0}{a_{dis}} \tag{20.25}$$

e quindi questa radiazione proviene oggi da una distanza a redshift:

$$z_{dis} = \frac{a_0}{a_{dis}} - 1 \approx 1100 . \tag{20.26}$$

La distribuzione spaziale della radiazione di fondo CMBR osservata oggi fornisce quindi un'immagine della cosiddetta **superficie di ultima diffusione** o di "ultimo scattering", e porta impresse le caratteristiche strutturali della materia cosmica a quel redshift. In particolare la scala di distanza su cui la luce ha potuto propagarsi dall'inizio del big-bang fino al disaccoppiamento rappresenta la dimensione delle regioni causalmente connesse al momento della disaccoppiamento; tali dimensioni possono essere calcolate dalle (20.13) e (20.19) ponendo $T = 3000$ K, ottenendo:

$$l_{dis} = ct_{dis} = 1.2 \times 10^{24} \text{cm} . \tag{20.27}$$

Le dimensioni angolari di tali regioni al redshift 1100 possono essere calcolate in un Universo piatto utilizzando le (19.52) e (19.98) con $\Delta l = 2l_{dis}$:

$$\Delta\theta \approx \frac{H_0}{2c} (1 + z_{dis}) 2l_{dis} \approx 1° . \tag{20.28}$$

Le misure degli esperimenti COBE, BOOMERANG e WMAP hanno mostrato la presenza di fluttuazioni di temperatura della radiazione di fondo cosmica $\Delta T/T \approx 10^{-5}$ con un picco a scale angolari appunto di circa 1°. Queste fluttuazioni sono di origine statistica nel plasma primordiale e la loro scala tipica fornisce una prima indicazione sulla struttura dell'Universo, accordandosi con la geometria euclidea qui sopra utilizzata: la conclusione va quindi nella direzione di un Universo piatto, corrispondente ad una densità pari alla densità critica. Analizzeremo meglio questo problema nel prossimo paragrafo.

Riassumiamo infine schematicamente l'evoluzione termica della radiazione, dei neutrini e della materia in Fig. 20.4. Attualmente l'Universo è dominato dalla materia, cioè la densità di energia della materia barionica risulta molto superiore a quella dei fotoni, come discusso nel precedente capitolo:

$$\frac{\rho_{m0}}{\rho_{r0}} \approx 1.1 \times 10^4 . \tag{20.29}$$

Poiché possiamo seguire l'evoluzione di tali densità di energia all'indietro nel tempo a partire da oggi:

$$\rho_m = \rho_{m0} \left(\frac{a_0}{a}\right)^3 \qquad \rho_r = \rho_{r0} \left(\frac{a_0}{a}\right)^4 \tag{20.30}$$

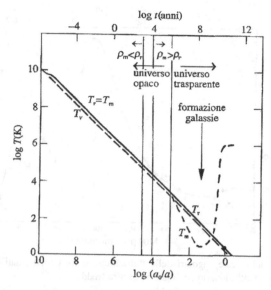

Fig. 20.4 Evoluzione termica delle componenti dell'Universo in funzione del fattore di scala normalizzato a quello attuale. Si noti in particolare che il passaggio dalla fase dominata dalla radiazione a quella dominata dalla materia avviene ad un fattore di scala 10 volte minore di quello del disaccoppiamento. È anche indicata la fase di reheating della materia per l'accensione delle stelle

il passaggio da Universo dominato dalla radiazione a quello dominato dalla materia è avvenuto per:

$$\frac{\rho_m}{\rho_r} = 1 = \frac{\rho_{m0}}{\rho_{r0}} \left(\frac{a_0}{a}\right)^{-1} \tag{20.31}$$

ossia:

$$\frac{a}{a_0} \approx 9 \times 10^{-5} \tag{20.32}$$

un fattore di scala circa 10 volte minore di quello a cui avviene il disaccoppiamento $\approx 9 \times 10^{-4}$.

20.2 Le anisotropie della CMBR

Le anistropie della CMBR hanno apparentemente un'origine puramente statistica e presentano una distribuzione spettrale spaziale con vari picchi (vedi Fig. 20.5) che indica la creazione di disomogeneità durante l'evoluzione attraverso propagazione di segnali a velocità minore della velocità della luce: possono essere genericamente chiamate *fluttuazioni acustiche* generate nella materia durante l'espansione nella fase precedente al disaccoppiamento e impresse alla radiazione di fondo. Importanti sono le implicazioni cosmologiche di questi dati.

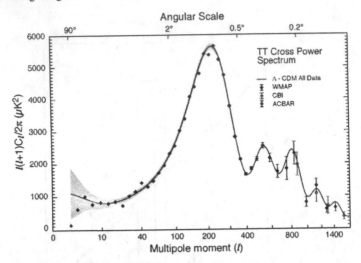

Fig. 20.5 Spettro delle scale angolari delle fluttuazioni della CMBR; dati osservativi e curva teorica per il modello inflazionario con materia oscura fredda

La temperatura della CMBR ha una dipendenza direzionale $T(\theta,\phi)$ con una media, dopo aver eliminato la componente di dipolo discussa nel precedente capitolo:

$$\langle T \rangle = \frac{1}{4\pi}\int T(\theta,\phi)\sin\theta d\theta d\phi = 2.73\,\text{K}\,. \tag{20.33}$$

Le fluttuazioni sono definite come:

$$\frac{\delta T}{T} \equiv \frac{T(\theta,\phi) - \langle T \rangle}{\langle T \rangle} \tag{20.34}$$

con valore quadratico medio misurato su scale di qualche grado:

$$\left\langle \left(\frac{\delta T}{T}\right)^2 \right\rangle^{1/2} = 1.1 \times 10^{-5}\,. \tag{20.35}$$

La distribuzione spaziale delle fluttuazioni può essere sviluppata in multipoli di armoniche sferiche:

$$\frac{\delta T}{T}(\theta,\phi) = \sum_{l=0}^{\infty}\sum_{m=-l}^{m=+l} a_{lm}Y_l^m(\theta,\phi) \tag{20.36}$$

dove il numero l rappresenta il numero di nodi tra polo ed equatore e m i nodi longitudinali. I coefficienti dell'espansione a_{lm} sono le proiezioni delle fluttuazioni di temperatura sulle direzioni coordinate:

$$a_{lm} = \int Y_l^{*m}(\theta,\phi)\frac{\delta T}{T}(\theta,\phi)\sin\theta d\theta d\phi\,. \tag{20.37}$$

Per provare se l'origine di queste fluttuazioni è puramente statistica, si possono utilizzare le funzioni di correlazione, in particolare la correlazione a 2 punti.
Se due punti a $\hat{n}_1$ e $\hat{n}_2$ sono separati da una distanza angolare θ, la funzione di
correlazione è:

$$ C(\theta) \equiv \left\langle \frac{\delta T}{T}\hat{n}_1 \frac{\delta T}{T}\hat{n}_2 \right\rangle_{\hat{n}_1 \cdot \hat{n}_2 = \cos\theta} \tag{20.38}$$

dove la parentesi indica un "ensemble averaging" su momenti di multipolo con diversi m. Assumendo che le fluttuazioni siano statistiche, quindi abbiano uno spettro gaussiano, i coefficienti dell'espansione in multipoli sono scorrelati per diversi
valori di l e m:

$$ \langle a_{lm} a^*_{l'm'} \rangle = C_l \delta_{ll'} \delta_{mm'} . \tag{20.39}$$

Questa espressione definisce lo spettro di potenza C_l come misura delle ampiezze
delle armoniche sferiche in cui sono scomposte le fluttuazioni di temperatura; non
compare una dipendenza da m perché i modelli cosmologici sono invarianti per
simmetria rotazionale. Combinando le precedenti relazioni e utilizzando le proprietà
delle armoniche sferiche, si mostra che:

$$ C(\theta) = \frac{1}{4\pi} \sum_{l=0}^{\infty} (2l+1) C_l P_l(\cos\theta) \tag{20.40}$$

dove $P_l(\cos\theta)$ sono i polinomi di Legendre. Questa relazione sviluppa l'informazione sulla funzione di correlazione $C(\theta)$ nelle ampiezze C_l nello spazio dei multipoli
l. Sono appunto queste ampiezze che si utilizzano per il confronto con i dati osservativi. Si deriva infatti che il valore quadratico medio delle fluttuazioni di temperatura
si scrive:

$$ \left\langle \left(\frac{\delta T}{T} \right)^2 \right\rangle^{1/2} = \frac{1}{4\pi} \sum_{l=0}^{\infty} (2l+1) C_l \approx \int \frac{l(l+1)}{2\pi} C_l d(\ln l) \tag{20.41}$$

dove $[l(l+1)/2\pi] C_l$ rappresenta la potenza del multipolo per intervallo logaritmi-
co. Questa è quindi la quantità confrontabile con quella misurabile dall'analisi delle
fluttuazioni della CMBR, come riportato in Fig. 20.5. Per comprendere il significato di tale analisi, si consideri che in una piccola regione del cielo dove effetti
di curvatura possono essere trascurati l'analisi in armoniche sferiche si riduce sostanzialmente ad un'analisi di Fourier, e il numero di multipolo l corrisponde al
numero d'onda di Fourier, cioè $l \approx \pi/\theta$, da cui si ricava che $l = 10^2$ indica scale
angolari di circa 1°. Numeri di multipolo $l < 10^2$ corrispondono a fluttuazioni con
periodo maggiore dell'età dell'Universo al momento del disaccoppiamento e riflettono la natura delle perturbazioni iniziali del big-bang; vedremo più avanti come la
piattezza dello spettro in tale regione appare ben accordarsi con una fase inflattiva.
L'intervallo di numeri di multipolo $10^2 < l < 10^3$ corrisponde a *oscillazioni acustiche* (fondamentale più armoniche) con differenti lunghezze d'onda e fasi, generate
nel fluido primordiale di materia e fotoni prima del disaccoppiamento entro il limite dell'orizzonte di causalità. Infine numeri di multipolo $l > 10^3$ corrispondono a

oscillazioni smorzate durante la fase di disaccoppiamento a causa del loro piccolo cammino libero medio.

Concentriamo l'analisi sui dati osservativi di Fig. 20.5 che mostrano la distribuzione di potenza dello spettro delle fluttuazioni di temperatura nella regione $10^2 < l < 10^3$ che interpretiamo come il relitto di oscillazioni acustiche del plasma del big-bang al momento del disaccoppiamento. Le fluttuazioni corrispondono a onde stazionarie di lunghezza d'onda fondamentale:

$$\lambda_1 = a_0 \int_0^{t_{dis}} \frac{c_s dt}{a(t)} \approx c_s a_0 \int_0^{t_{dis}} \frac{dt}{a(t)} \tag{20.42}$$

che portano a un'anistropia angolare di scala:

$$\alpha_1 \approx \frac{\lambda_1}{d_{ang,dis}} = \frac{\lambda_1}{ca_0 \int_{t_{dis}}^{t_0} dt/a(t)} \tag{20.43}$$

dove $d_{ang,dis}$ è la distanza angolare (19.52) al momento del disaccoppiamento misurata oggi attraverso la propagazione dei fotoni. Poiché in tale periodo l'Universo è dominato dalla materia (la materia diventa dominante per $z \gg z_{dis}$), si può porre $a(t) \propto t^{2/3}$ e integrare:

$$\int \frac{dt}{a(t)} \propto \int \frac{da}{\sqrt{a(t)}} \propto \sqrt{a(t)} \propto \frac{1}{\sqrt{1+z}} \tag{20.44}$$

ottenendo:

$$\alpha_1 \approx \frac{\lambda_1}{d_{ang,dis}} = \frac{c_s(1+z_{dis})^{-1/2}}{c\left[(1+z_0)^{-1/2} - (1+z_{dis})^{-1/2}\right]}$$

$$\approx \frac{c_s(1+z_{dis})^{-1/2}}{c} \tag{20.45}$$

dove si è posto $z_0 = 0$. Assumendo che le onde acustiche abbiano velocità di propagazione $c_s = c/\sqrt{3}$ perché nel plasma cosmico al momento del disaccoppiamento gli effetti di pressione dominano su quelli gravitazionali della materia. Pertanto, con $z_{dis} = 1100$:

$$\alpha_1 \approx \frac{(1+z_{dis})^{-1/2}}{\sqrt{3}} \approx 0.017 \, \text{rad} \simeq 1° \tag{20.46}$$

e quindi:

$$l \approx \frac{\pi}{\alpha_1} \approx 200 \, . \tag{20.47}$$

Quindi in un Universo piatto ci attendiamo il primo picco nello spettro di potenza intorno a questo numero di multipolo. Si può ripetere il calcolo per universi a curvatura positiva e negativa, ottenendo per il primo picco le posizioni:

$$\alpha_{1,K=+1} > \frac{\lambda_1}{d_{ang,dis}} \qquad \alpha_{1,K=-1} < \frac{\lambda_1}{d_{ang,dis}} \, . \qquad (20.48)$$

Queste differenze sono dovute al fatto che la propagazione dei raggi luminosi in Universi curvi non avviene secondo geodetiche rettilinee, e quindi le dimensioni apparenti delle perturbazioni risultano deformate. Dalla Fig. 20.5 si osserva che il primo picco dello spettro è esattamente centrato sul valore $l = 200$ per cui l'anisotropia della CMBR appare convergere verso un modello di Universo piatto con:

$$\Omega_0 = 1.03 \pm 0.03 \, . \qquad (20.49)$$

Poiché i dati sulla materia (barionica e oscura) indicano, come abbiamo visto, un valore del parametro di densità $\Omega_{m,0} = 0.27$, appare necessario postulare una componente energetica, non gravitazionale, che porti ad un parametro di densità pari circa all'unità; per questa componente, corrispondente ad un parametro $\Omega_{\Lambda,0} = 0.73$, è stato coniato il termine di **energia oscura**.

20.3 La costante cosmologica e l'energia del vuoto

L'esistenza di un'addizionale forma di energia nell'Universo fu originariamente proposta da Einstein come agente contro la gravità per arrivare ad un modello di universo statico; questa energia era stata rappresentata dal termine di costante cosmologica Λ nelle equazioni di campo (19.53). Abbiamo già indicato come la costante cosmologica possa essere interpretata come energia del vuoto; tale interpretazione è stata approfondita da molti autori [3].

L'ipotesi di Einstein partiva da una modificazione del termine geometrico delle equazioni di campo:

$$G_{\mu\nu} + \Lambda g_{\mu\nu} = -\frac{8\pi G}{c^4} T_{\mu\nu} \qquad (20.50)$$

con il coefficiente Λ costante indeterminato. La presenza del termine $\Lambda g_{\mu\nu}$ non permette più di ottenere il limite newtoniano della legge di gravitazione, ma si può risolvere il problema ammettendo che Λ sia molto piccolo da non essere rivelabile sulle piccole scale: proprio in tal senso gli venne dato il nome di *costante cosmologica*, perché agente solo su scale cosmologiche.

Per interpretare fisicamente questo termine, è utile trasferirlo nell'equazione dalla parte del tensore di momento-energia:

$$G_{\mu\nu} = -\frac{8\pi G}{c^4} \left(T_{\mu\nu} + T_{\mu\nu}^{\Lambda} \right) \qquad (20.51)$$

rinominandolo *tensore di energia del vuoto*. In assenza di materia/energia ordinarie questo termine può ancora generare un effetto gravitazionale, inteso come curvatura dello spazio-tempo.

Il tensore momento-energia della materia ordinaria intesa come un fluido isotropo nel riferimento proprio è:

$$T_{\mu\nu} = -pg_{\mu\nu} + \left(\rho + \frac{p}{c^2}\right)U_\mu U_\nu \tag{20.52}$$

con U_μ tetra-velocità del fluido; nel sistema a riposo $U_\mu = (c,0,0,0)$ e

$$g_{\mu\nu} = \begin{pmatrix} 1 & 0 \\ 0 & -g_{ij} \end{pmatrix} \tag{20.53}$$

si ha:

$$T_{\mu\nu} = \begin{pmatrix} \rho c^2 & 0 \\ 0 & pg_{ij} \end{pmatrix} \tag{20.54}$$

e per trattare il vuoto come un fluido si può porre:

$$T_{\mu\nu}^\Lambda = \frac{\Lambda c^4}{8\pi G}\begin{pmatrix} 1 & 0 \\ 0 & -g_{ij} \end{pmatrix} \equiv \begin{pmatrix} \rho_\Lambda c^2 & 0 \\ 0 & p_\Lambda g_{ij} \end{pmatrix}. \tag{20.55}$$

Perché valga l'equivalenza occorre che densità e pressione del vuoto abbiano la forma:

$$\rho_\Lambda = \frac{\Lambda c^2}{8\pi G} \qquad p_\Lambda = -\frac{\Lambda c^4}{8\pi G} = -\rho_\Lambda c^2. \tag{20.56}$$

Pertanto l'energia del vuoto o costante cosmologica corrispondono ad un fluido con densità di energia positiva e costante nello spazio e nel tempo, ma pressione negativa, pure costante nello spazio e nel tempo.

Come si interpreta la combinazione di densità positiva e pressione negativa? Si consideri il semplice caso di una camera riempita di gas ordinario ($p \propto \rho$) con un pistone mobile. Comprimendo il gas con il pistone, l'aumento della densità (diminuzione del volume) produce un aumento della pressione che lavora contro il pistone. Se il gas ordinario viene sostituito con un mezzo del tipo (20.56) il pistone subirà invece una pressione negativa. Ciò è coerente con il fatto che, essendo la densità di energia costante, una diminuzione del volume corrisponde ad una diminuzione dell'energia e quindi il sistema tende a fare un lavoro negativo richiamando il pistone. Se, come nel caso dell'espansione cosmica, il volume aumenta, anche l'energia totale aumenta, cioè il lavoro esterno dev'essere positivo: il primo principio della termodinamica prescrive che tale lavoro sia $dE = -pdV$ per cui, per $dV > 0$, dev'essere $p < 0$.

Per comprendere in che modo la costante cosmologica agisca come una forza gravitazionale repulsiva è utile far riferimento al limite classico delle equazioni di campo, cioè all'equazione di Poisson newtoniana con cui definire il campo gravitazionale generato dall'energia del vuoto:

$$\nabla^2\Phi = 4\pi G\left(\rho_\Lambda + 3\frac{p_\Lambda}{c^2}\right) = -\Lambda c^2. \tag{20.57}$$

Si integra immediatamente:

$$\Phi_\Lambda = -\frac{\Lambda c^2}{6} r^2 \qquad (20.58)$$

cui corrisponde una "gravità repulsiva":

$$\mathbf{g}_\Lambda = -\nabla \Phi_\Lambda = \frac{\Lambda c^2}{6} \mathbf{r} . \qquad (20.59)$$

Anche per un piccolo valore di Λ tale forza diventa importante a grandi separazioni **r**, cioè in condizioni cosmologiche.

La soluzione di De Sitter delle equazioni di Friedmann corrisponde proprio al caso in cui l'espansione dell'Universo sia dominata dal termine di costante cosmologica, con effetto di crescita esponenziale del fattore di scala.

20.4 Modelli inflazionari

Nel 1980 Alan Guth propose, nell'ambito della teoria delle particelle elementari e delle interazioni fondamentali, che alle alte energie il vuoto quantistico possa realizzare campi corrispondenti a grandi valori di Λ per dare origine ad una violenta azione repulsiva nelle prime fasi del big-bang.

La ragione di questa proposta era legata alla seguente considerazione: il modello del big-bang standard si adatta con incredibile successo ai dati osservativi e permette di interpretare coerentemente l'espansione dell'Universo, il suo raffreddamento, la formazione degli elementi e, con l'introduzione di opportune disomogeneità, delle aggregazioni gravitazionali (stelle, galassie, ammassi), ma la teoria non è completa in quanto si basa su una serie di assunzioni non spiegate consistentemente:

- **Omogeneità dell'Universo**: l'Universo appare omogeneo anche oltre le distanze causalmente connesse (il problema dell'orizzonte).
- **Geometria dell'Universo**: sulle scale di distanza massime osservabili la geometria dello spazio appare non deviare sostanzialmente dal caso a curvatura nulla (il problema della piattezza).
- **Asimmetria tra materia e antimateria**: l'Universo ha una composizione in cui l'antimateria è assente, mentre dal vuoto quantico materia e antimateria dovrebbero nascere in condizioni perfettamente simmetriche.
- **Formazione delle strutture cosmiche**: le aggregazioni gravitazionali dell'Universo, galassie, ammassi di galassie, vuoti, ecc. hanno origine da instabilità gravitazionali legate a disomogeneità presenti nel plasma primordiale; quali sono le scale coinvolte?

Queste caratteristiche fisiche debbono avere origine nelle fasi iniziali del big-bang, in condizioni quindi oltre il limite di validità della teoria gravitazionale e delle attuali conoscenze della fisica delle particelle elementari e delle loro interazioni, dove quindi anche il modello del big-bang va rivisto. Appare necessario esaminare le possibili estensioni dell'attuale teoria, sia dal punto di vista della fisica microscopica sia della geometria dello spazio-tempo.

Il Modello Standard delle particelle elementari è basato sui gruppi di simmetria e prevede l'esistenza di fermioni, leptoni e quark (e loro controparti simmetriche), da cui si originano tutte le particelle, e di bosoni responsabili delle interazioni: elettromagnetica, mediata dai fotoni, debole, mediata dai bosoni Z e W e forte, mediata dai gluoni. Gli esperimenti hanno permesso di dimostrare che a energie maggiori dei 100 - 200 GeV, corrispondenti a temperature $T \geq 10^{15}$ K, le interazioni elettromagnetica e debole si fondono in un'unica forza; tali risultati sono interpretati dalla cosiddetta **teoria elettrodebole**. Per più alte energie $\geq 2 \times 10^{16}$ GeV, corrispondenti a temperature:

$$T_{GUT} = 1.5 \times 10^{29} K , \tag{20.60}$$

è stata formulata la **Teoria della Grande Unificazione** (GUT) che prevede che a queste temperature tutte le interazioni (a parte quella gravitazionale) siano unificate. Dal punto di vista sperimentale è stato finora impossibile raggiungere queste energie; peraltro nelle fasi primordiali del big-bang questi valori possono essere largamente superati.

Secondo le teorie quantistiche le particelle sono eccitazioni dei campi ad esse associate. Per temperature superiori a T_{GUT} la GUT postula l'esistenza di altri campi di particelle simmetriche oltre a elettroni, fotoni, quark, ecc. Al decrescere della temperatura al di sotto di T_{GUT} la simmetria si rompe spontaneamente ad opera di un campo di transizione di fase di spin zero $\phi(x)$, chiamato **campo di Higgs** o **particella di Higgs**. La proprietà fondamentale di questo campo è quella di avere uno stato fondamentale di vuoto di energia non nulla che si estende a tutto lo spazio e trasmette energia alle particelle attraverso l'interazione: una particella di massa nulla può acquistare una massa propagandosi nel campo di Higgs. Diversi tipi di campi di Higgs sono possibili, in particolare il campo di Higgs che agisce nell'interazione elettrodebole con masse maggiori di 10^2 GeV/c^2: la rivelazione del bosone di Higgs è uno degli obiettivi della ricerca nei moderni acceleratori di particelle, come il Large Hadron Collider del CERN. Di conseguenza sarebbe possibile postulare campi di Higgs con masse maggiori di 10^{15} GeV/c^2 per confermare la GUT. Tuttavia una completamente nuova fisica potrebbe originarsi oltre il TeV.

Nel contesto cosmologico Linde, Albrecht e Steinhardt hanno proposto che per $T > T_{GUT}$ esista un **campo inflattivo** con potenziale simmetrico del tipo:

$$V(\phi) = \alpha(T)\phi^2 + \lambda \phi^4 \tag{20.61}$$

con $\alpha = \alpha_0 (T - T_{GUT})$ (Fig. 20.6). Per $T > T_{GUT}$ risulta $\alpha > 0$ e il potenziale ha un minimo di vero vuoto per $\phi = 0$ (Fig. 20.6a). Il passare della temperatura a $T < T_{GUT}$ comporta $\alpha < 0$ e il potenziale passa alla forma con due stati di vero vuoto negativi $\phi_{\pm} = \pm\sqrt{-\alpha/2\lambda}$, mentre a $\phi = 0$ appare un massimo locale (Fig. 20.6b). Questo stato metastabile di falso vuoto subisce una transizione di fase verso l'uno o l'altro dei due minimi: l'energia del falso vuoto viene trasformata in particelle. L'energia del falso vuoto corrisponde ad una costante cosmologica molto grande perché, come

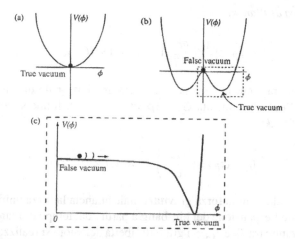

Fig. 20.6 Potenziale del campo di Higgs. (a) Temperatura maggiore della transizione di fase. (b) Temperatura inferiore alla transizione di fase. (c) Dettaglio del massimo locale di falso vuoto

abbiamo detto, la massa del campo di Higgs a queste energie è $\sim 10^{15}$ GeV/c^2 e si estende a tutto l'Universo, costante nello spazio e nel tempo.

La transizione di fase a T_{GUT} corrisponde a fattori di scala dell'espansione cosmologica molto piccoli, in corrispondenza agli istanti iniziali dell'espansione dell'Universo. Dal punto di vista delle equazioni cosmologiche la Relatività Generale è singolare per $a(t) \to 0$. In realtà non è applicabile a tempi inferiori al cosiddetto **tempo di Planck** t_P definito come il tempo a cui esistono fluttuazioni quantistiche di scala $l_p = ct_P$ pari all'orizzonte cosmologico del tempo t_P, entro il quale è contenuta una massa $m_P \approx \rho_P l_P^3$. Usando le leggi per l'espansione della materia relativistica (20.5) e (20.13), si ha $\rho_P \approx \left(G t_P^2\right)^{-1}$. Applicando il principio di indeterminazione di Heisenberg alle fluttuazioni si scrive:

$$\Delta E \Delta t \approx m_P c^2 t_P \approx \rho_P \left(c t_P\right)^3 c^2 t_P \approx \frac{c^5 t_P^4}{G t_P^2} \approx \hbar \tag{20.62}$$

per cui

$$t_P \approx \left(\frac{\hbar G}{c^5}\right)^{1/2} \approx 10^{-43} \text{sec} . \tag{20.63}$$

Di conseguenza si definiscono la *densità di Planck*:

$$\rho_P \approx \frac{1}{G t_P^2} \approx 4 \times 10^{93} \text{g cm}^{-3} . \tag{20.64}$$

l'*energia di Planck*:

$$E_P \approx m_P c^2 \approx \rho_P \left(c t_P\right)^3 c^2 \approx \left(\frac{\hbar c^5}{G}\right)^{1/2} \approx 1.2 \times 10^{19} \text{GeV} \tag{20.65}$$

e la *temperatura di Planck*:

$$T_P = \frac{1}{k_B} \left(\frac{\hbar c^5}{G} \right)^{1/2} \approx 1.4 \times 10^{32} \text{K}\,, \tag{20.66}$$

cioè la temperatura a cui la densità di energia gravitazionale diventa paragonabile a quella dell'energia unificata GUT ($\rho_P c^2 \approx \sigma T_P^4 / c$). Infine si conclude che la *lunghezza di Planck*:

$$l_P = c t_P \approx \left(\frac{G\,\hbar}{c^3} \right)^{1/2} \approx 1.7 \times 10^{-33} \text{cm} \tag{20.67}$$

rappresenta la scala a cui la forza gravitazionale bilancia la forza unificata GUT.

Considerando l'espansione del big-bang a partire dal tempo di Planck, nell'intervallo di temperatura tra T_P e T_{GUT} i gradi di libertà del vuoto si realizzano nel campo inflattivo di Higgs. Questo campo è relativistico e quindi in questa fase l'Universo si espande come un Universo di radiazione. A T_{GUT} il campo di Higgs nel falso vuoto possiede una densità di energia molto elevata:

$$\rho_v \approx \frac{\sigma}{c^3} T_{GUT}^4 = 10^{81} \text{g cm}^{-3}\,. \tag{20.68}$$

Tale processo avviene a un tempo calcolabile con la (20.16) di circa 10^{-38} secondi dall'inizio del big-bang. In Fig. 20.6c è rappresentato l'andamento del potenziale di Higgs nell'intorno del massimo locale corrispondente al falso vuoto: esso presenta un plateau quasi costante per cui la transizione di fase da falso a vero vuoto avviene come un lento rotolamento con fattore di scala che cresce esponenzialmente. Si considerino infatti le equazioni della dinamica nella forma (19.67) con la sola componente della densità del falso vuoto:

$$\left(\frac{\dot{a}}{a} \right)^2 - \frac{8\pi G}{3} \rho_v = 0 \tag{20.69}$$

che, con $\rho_v \approx$ costante, porta ad una soluzione del tipo de Sitter (analogamente la costante cosmologica era costante):

$$a \approx a_P e^{t/\tau} \quad \text{con} \quad \tau = \left(\frac{3}{16\pi G \rho_v} \right)^{1/2} \approx 4 \times 10^{-36} \text{s}\,. \tag{20.70}$$

Questa espansione comporta un aumento esponenziale del volume dell'Universo e una corrispondente caduta della temperatura delle particelle residue al di sotto di T_{GUT}. Si tratta di una transizione di fase analoga al superaffreddamento dell'acqua sotto lo zero in cui la fase liquida può mantenersi tale in assenza di perturbazioni, ma al comparire di queste si verifica un'improvvisa solidificazione che riporta la temperatura allo zero a spese del calore di solidificazione. Nel caso del vuoto superaffreddato si può assumere che la fase duri circa 100τ corrispondente ad un aumento del fattore di scala $\propto e^{100}$, cioè di 43 ordini di grandezza. In 10^{-34} secondi l'energia del falso vuoto si attualizza nella creazione di particelle ordinarie ad una temperatura che ritorna improvvisamente a T_{GUT} (*fase del reheating* Fig. 20.8). Quindi l'espansione del big-bang riprende secondo la teoria del big-bang standard (Fig. 20.7).

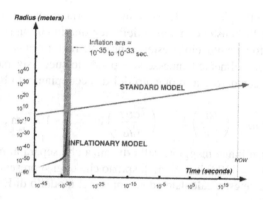

Fig. 20.7 Confronto schematico dell'evoluzione del fattore di scala dell'Universo nel caso del big-bang standard e del modello inflazionario

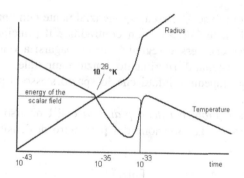

Fig. 20.8 Evoluzione della temperatura dell'Universo nel caso del modello inflazionario

20.5 Conseguenze della teoria inflazionaria

La fase inflattiva permette la soluzione di alcuni dei problemi di consistenza della teoria del big-bang standard indicati all'inizio del precedente paragrafo. Iniziamo dal *problema dell'orizzonte*. La lunghezza propria della distanza percorsa dalla luce durante la fase inflattiva viene calcolata per mezzo delle espressioni (19.35) e (20.70):

$$l_I = ca(t_2) \int_{t_1}^{t_2} \frac{dt}{a_P e^{t/\tau}} = ca_P e^{t_2/\tau} \int_{t_1}^{t_2} \frac{dt}{a_P e^{t/\tau}}$$

$$= c\tau e^{t_2/\tau} \left[-e^{t_2/\tau} + e^{t_1/\tau} \right] = c\tau e^{t_2/\tau} = 4 \times 10^{18} \text{cm} \qquad (20.71)$$

dove si è posto $t_1 = 0$, $t_2 = 100\tau$. Tale distanza propria, o meglio il doppio del suo valore, rappresenta l'estensione massima della regione in cui un segnale partito da un dato punto è stato ricevuto, cioè l'estensione delle regioni causalmente connesse.

Queste regioni causalmente connesse si espandono successivamente secondo le leggi del big-bang standard e al momento del disaccoppiamento hanno dimensioni proprie:

$$d_{I,dis} = \left(\frac{a_{dis}}{a_I} \right) 2l_I \approx \left(\frac{T_{GUT}}{T_{dis}} \right) 2l_I = 3 \times 10^{47} \text{cm} , \qquad (20.72)$$

che risultano di gran lunga maggiori della distanza che separa al momento del disaccoppiamento (a $z = 1100$) le regioni di spazio che oggi si presentano in due zone opposte della sfera celeste, calcolate ad esempio nel modello di Einstein-De Sitter in base alla (19.98):

$$d_{dis} = 2 \left(\frac{a_{dis}}{a_0} \right) \frac{2c}{H_0} \left[1 - (1+z)^{-1/2} \right] \approx \left(\frac{T_0}{T_{dis}} \right) \frac{2c}{H_0} = 1 \times 10^{26} \text{cm} . \qquad (20.73)$$

La fase inflattiva consente di rendere tutto l'Universo osservabile causalmente connesso e quindi omogeneo.

Il fatto che il fattore di scala cresca esponenzialmente con una velocità che supera la velocità della luce ($\dot{a}R > c$) non contraddice il principio della relatività speciale che stabilisce che nessun segnale può propagarsi a velocità maggiore di quella della luce nel sistema di riferimento spazio-temporale di ogni osservatore. Questo principio non impedisce infatti che lo spazio stesso si possa espandere a qualsivoglia velocità.

Consideriamo ora il *problema della piattezza* dell'Universo. Per mezzo della (19.84) possiamo scrivere la variazione del parametro di densità tra l'inizio e la fine della fase inflattiva:

$$\frac{1 - \Omega(t_2)}{1 - \Omega(t_1)} = \left[\frac{\dot{a}(t_1)}{\dot{a}(t_2)} \right]^2 = e^{-2\frac{t_2 - t_1}{\tau}} \qquad (20.74)$$

che sulla base delle precedenti valutazioni comporta un valore del rapporto di $\approx 10^{-86}$. Qualunque sia il valore scelto per $\Omega(t_1)$ all'inizio, tale valore sarà con grande accuratezza eguale all'unità alla fine della fase inflattiva.

In una differente interpretazione, si supponga che a $T = T_P$ l'Universo sia descritto da un'ipersfera di raggio pari alla lunghezza di Planck l_P. Il raggio dell'ipersfera al disaccoppiamento può essere calcolata da questo valore considerando sia il fattore di decrescita della temperatura T_P/T_{dis} sia il fattore di espansione dell'Universo durante la fase inflattiva $e^{t/\tau}$:

$$R = l_P \left(\frac{T_P}{T_{dis}} \right) e^{t/\tau} \approx 10^{30} \text{cm} .\qquad(20.75)$$

Pertanto il raggio dell'Universo all'epoca della ricombinazione risulta ben maggiore della lunghezza metrica di regioni oggi contrapposte sulla sfera celeste, cioè ben maggiore delle dimensioni dell'Universo oggi osservabile. In conclusione la metrica dell'Universo, per distanze dall'origine molto minori del raggio dell'ipersfera, tende a coincidere con una metrica piatta. In conclusione il modello di big-bang inflazionario impone consistentemente che la geometria dell'Universo sia piatta.

Un altro aspetto in cui la teoria inflattiva fornisce un'interpretazione coerente è l'**origine delle strutture cosmiche** dalle fluttuazioni di densità iniziali quantistiche del plasma primordiale che durante la fase inflattiva vengono estese a dimensioni di scala astrofisica. Le perturbazioni di densità di scale maggiori dell'orizzonte acustico $\sim c_s H^{-1}$ possono essere trattate in assenza di pressione. Pertanto dalla equazione di Friedmann (19.67) con $\Lambda = 0$:

$$\dot{a}^2 - \frac{8\pi G}{3} \rho a^2 = \text{costante} \qquad(20.76)$$

e usando la definizione del parametro di densità (19.82) si ottiene che evolvono nella fase inflattiva secondo la legge:

$$\rho a^2 \left(\frac{1}{\Omega} - 1 \right) = \text{costante} \qquad(20.77)$$

che nell'ipotesi $\Omega \approx 1$ e $\Delta \rho \ll \rho = \rho_c \Omega$ comporta:

$$\rho_c a^2 \Delta \Omega = a^2 \Delta \rho = \text{costante} .\qquad(20.78)$$

L'effetto gravitazionale di disomogeneità aventi una scala fisica aL:

$$\Delta \Phi = \frac{G \Delta M}{aL} = \frac{4\pi}{3} \frac{G \Delta \rho \, (aL)^3}{aL} = \frac{1}{2} \frac{H^2 L^2}{\rho_c} a^2 \Delta \rho \qquad(20.79)$$

in base alla (20.78) risulta invariante sulla scala perché nella fase inflattiva H è costante in quanto a e $\dot{a}$ hanno lo stesso andamento esponenziale. Mentre il fattore di scala cresce di 43 decadi nella fase inflattiva, si manterrà lo stesso potenziale per perturbazioni di dimensioni comoventi L. Il modello inflazionario predice dunque una legge di invarianza di scala per le perturbazioni di densità di grande scala generate nel plasma primordiale e congelate nella loro configurazione iniziale. Lo spettro predetto dalla teoria delle fluttuazioni di densità di Harrison e Zel'dovich è del tipo

$$C_l = \frac{\text{costante}}{l(l+1)} \qquad(20.80)$$

e la predizione si accorda con la parte sostanzialmente piatta della curva $l(l+1)C_l$

osservata per $l < 10^2$ in Fig. 20.5. Quindi le disomogeneità di grande scala sono generate in modo statistico nella struttura del plasma primordiale dell'Universo durante la transizione di fase tra falso vuoto e vero vuoto e sono oggi state rivelate come anisotropie della CMBR dalle missioni BOOMERANG e WMAP. L'importanza di queste misure sta nel fatto che esse danno predizioni sulle scale di aggregazione delle strutture autogravitanti, definendo la scala di Jeans delle condensazioni da cui si sono formati ammassi, galassie e stelle.

20.6 Asimmetria tra particelle e antiparticelle

L'Universo ha una composizione in cui l'antimateria è assente, mentre dal vuoto quantistico materia e antimateria dovrebbero nascere in condizioni perfettamente simmetriche. La possibilità che esistano galassie di antimateria appare in contrasto con l'esistenza di un mezzo intergalattico che connette tutte le galassie e altrimenti si annichilirebbe. Tale asimmetria ha in effetti un valore molto piccolo $\approx 10^{-9}$ alle alte temperature. La spiegazione del perché l'Universo nella presente fase fredda contenga solo materia è da ricercare nella teoria delle particelle elementari. Alcune soluzioni appaiono oggi possibili e sono oggetto di investigazione: (i) violazione dell'invarianza CP; (ii) processi che violano la conservazione del numero barionico (possibili nella GUT); (iii) deviazioni dall'equilibrio termodinamico.

20.7 L'Universo in accelerazione

Nel 1998 il Supernova Cosmological Project e lo High-z Supernova Search Team furono in grado di accumulare dati statisticamente significativi su luminosità e redshift di supernove del tipo SNe Ia in galassie lontane a $z = 0.4 - 0.7$. Come discusso nel § 14.2, queste supernove corrispondono al collasso di una nana bianca per accrescimento di massa da una stella compagna verso lo stato di stella di neutroni, con la liberazione di una ben definita quantità di energia gravitazionale. Inoltre la curva di luce di queste supernove ha caratteristiche che permettono di utilizzare questi oggetti come vere e proprie candele standard. Il risultato delle osservazioni indicò una significativa deviazione dalla legge di Hubble non nel senso dell'atteso rallentamento dell'Universo, ma in quello di un'accelerazione: le luminosità misurate risultarono infatti tipicamente il 25% inferiori a quelle attese da una legge di Hubble lineare, come mostrato nella Fig. 19.8, indicando che tali oggetti sono più lontani di quanto predetto dalla legge lineare di espansione di Hubble (e non più vicine come comporterebbe un rallentamento dell'espansione). Questi dati richiedono pertanto l'inclusione di un termine di accelerazione nell'evoluzione dell'Universo, richiamando quindi alla costante cosmologica o all'energia del vuoto o più propriamente all'energia oscura già suggerita dalla caratteristica piattezza dell'Universo precedentemente discussa. È possibile ricavare la quantità di energia oscura necessaria per interpretare i dati sulle supernove lontane dallo studio della relazione luminosità

- redshift di Hubble. Riprendiamo la definizione di distanza di luminosità d_L (19.47) che riscriviamo nella forma:

$$d_L = c(1+z) \int_0^z \frac{dz'}{H(z')}.$$ (20.81)

La costante di Hubble H viene espressa con la (19.103):

$$H(t) = H_0 \left(\frac{\Omega_{m,0}}{a^3} + \frac{\Omega_{r,0}}{a^4} + \Omega_\Lambda + \frac{1-\Omega_0}{a^2} \right)^{1/2}$$ (20.82)

dove il fattore di scala è normalizzato a quello attuale $a_0 = 1$ e $\Omega_0 = \Omega_{m,0} + \Omega_{r,0} + \Omega_\Lambda$. Esprimendo il fattore di scala in funzione del redshift:

$$1+z = \frac{1}{a(t)}$$ (20.83)

si ottiene:

$$H(t) = H_0 \left[\Omega_{m,0}(1+z)^3 + \Omega_{r,0}(1+z)^4 + \Omega_\Lambda + (1-\Omega_0)(1+z)^2 \right]^{1/2}$$ (20.84)

e considerando il caso dominato dalla materia e dalla costante cosmologica:

$$H(t) = H_0 \left[\Omega_{m,0}(1+z)^3 + \Omega_\Lambda + (1-\Omega_{m,0}-\Omega_\Lambda)(1+z)^2 \right]^{1/2}.$$ (20.85)

Riportando i dati osservativi sul diagramma luminosità - redshift si ricavano i valori di $\Omega_{m,0}$ e Ω_Λ che meglio soddisfano i dati sulle distanze di luminosità delle supernove. Il risultato è illustrato in Fig. 20.9, dove sono anche riportate le predizioni delle misure delle anistropie della CMBR e della quantità di materia (barionica e oscura) negli ammassi di galassie. Questi dati suggeriscono che l'Universo attualmente è piatto e dominato dall'energia oscura:

$$\Omega_{m,0} \approx 0.3 \qquad \Omega_{\Lambda,0} \approx 0.7.$$ (20.86)

Questi valori permettono anche di calcolare l'età dell'Universo:

$$\begin{aligned} t_0 &= \int_0^{t_0} dt = \int_0^1 \frac{da'}{a'H(a')} = H_0^{-1} \int_0^1 \frac{da'}{[\Omega_{m,0}a'^{-1} + \Omega_\Lambda a'^2]^{1/2}} \\ &= H_0^{-1} \left[\frac{2}{3\sqrt{\Omega_\Lambda}} \ln \frac{\sqrt{\Omega_\Lambda} + \sqrt{\Omega_{m,0}+\Omega_\Lambda}}{\sqrt{\Omega_{m,0}}} \right] \\ &= \frac{0.97}{H_0} \approx 13.77 \text{ miliardi di anni}. \end{aligned}$$ (20.87)

L'effetto di accelerazione della energia oscura ha preso il sopravvento sui termini di decelerazione dovuti alla materia e alla radiazione recentemente su scala cosmica.

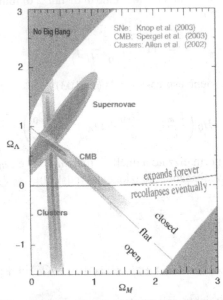

Fig. 20.9 Fitting dei valori di Ω_M e Ω_Λ ai dati sulle distanze di luminosità delle supernove SN Ia a grandi redshift. Sono anche riportati i dati delle osservazioni sulle anisotropie della CMBR e la percentuale di materia oscura richiesta nelle aggregazioni di galassie. I valori più probabili sono $\Omega_m = 0.3$ e $\Omega_\Lambda = 0.7$

Ciò può essere stimato attraverso il parametro di decelerazione:

$$q(t) = -\frac{\ddot{a}(t)a(t)}{\dot{a}(t)^2} \tag{20.88}$$

che di nuovo possiamo scrivere in funzione dei parametri di densità:

$$q(t) = \frac{\Omega_{m,0}}{2a(t)^3} - \Omega_\Lambda \approx \frac{1}{2}\Omega_{m,0}(1+z)^3 - \Omega_\Lambda . \tag{20.89}$$

La transizione da $q > 0$ (fase di decelerazione) a $q < 0$ (fase di accelerazione) è avvenuta ad un redshift:

$$z_{tr} = \left(\frac{2\Omega_\Lambda}{\Omega_{m,0}}\right)^{1/3} \approx 0.7 \tag{20.90}$$

che corrisponde ad un'età di 7 miliardi di anni circa dal big-bang, quindi abbastanza recentemente, poco prima che si formasse il sistema solare. Recentemente osservazioni di SN Ia a $z > 1$ indicano che le luminosità risultano essere maggiori di quanto dettato dalla legge di Hubble lineare: a quelle distanze osserviamo ancora la fase di decelereazione dell'Universo.

L'interpretazione fisica dell'energia oscura è attualmente oggetto di attiva investigazione. Sebbene venga associata con l'energia del vuoto, non va confusa con quella che determina la fase inflattiva. Si tratta probabilmente dell'effetto di un campo scalare simile a quello dell'inflazione, ma di intensità molto minore, che pervade tutto lo spazio, capace di intervenire solo quando la densità di energia della materia è scesa ai valori attuali: per questa sua "piccolezza" viene a volte soprannominata *quintessenza*, ricordando un'espressione aristotelica della materia pura e divina che permea l'empireo. Discussioni recenti sul problema si possono trovare in [4, 5].

Riferimenti bibliografici

1. E.W. Kolb, M.S. Turner – *The Early Universe*, Westview Press, 1994
2. P.J.E. Peebles – *Principles of Physical Comsology*, Princeton University Press, 1993
3. J.B. Hartle – *Gravity. An Introduction to Einstein's General Relativity*, Addison Wesley, 2003
4. S. Weinberg – *Cosmology*, Oxford University Press, 2008
5. S. Dodelson – *Modern Cosmology*, Academic Press, 2003

Costanti

Tabella 1   Costanti fisiche (in unità CGS)

Nome	Simbolo	Valore	Unità CGS
Velocità della luce nel vuoto	c	$2.99792458 \ 10^{10}$	cm s^{-1}
Costante di Planck	h	$6.6260755(40) \ 10^{-27}$	erg s
	$\hbar$	$1.05457266(63) \ 10^{-27}$	erg s
Costante gravitazionale	G	$6.67259(85) \ 10^{-8}$	$\text{cm}^3 \ \text{g}^{-1} \ \text{s}^{-2}$
Carica elettrica dell'elettrone	e	$4.8032068(14) \ 10^{-10}$	e.s.u.
Massa dell'elettrone	m_e	$9.1093897(54) \ 10^{-28}$	g
Massa del protone	m_p	$1.6726231(10) \ 10^{-24}$	g
Massa del neutrone	m_n	$1.6749286(10) \ 10^{-24}$	g
Massa dell'atomo di idrogeno	m_H	$1.6733 \ 10^{-24}$	g
Unità di massa atomica	amu	$1.6605402(10) \ 10^{-24}$	g
Numero di Avogadro	$\mathscr{N}_A$	$6.0221367(36) \ 10^{23}$	
Costante di Boltzmann	k	$1.380658(12) \ 10^{-16}$	erg K^{-1}
Elettron-volt	eV	$1.6021772(50) \ 10^{-12}$	erg
Costante di Stefan	a	$7.5646 \ 10^{-15}$	$\text{erg cm}^{-3} \ \text{K}^{-4}$
Costante di Stefan-Boltzmann	σ	$5.67051(19) \ 10^{-5}$	$\text{erg cm}^{-2} \ \text{K}^{-4} \ \text{s}^{-1}$
Costante di struttura fine	α	$7.29735308(33) \ 10^{-3}$	
Costante di Rydberg	$\mathscr{R}_\infty$	$2.1798741(13) \ 10^{-11}$	erg

Tabella 2   Costanti Astronomiche (in unità CGS)

Nome	Simbolo	Valore	Unità CGS
Unità astronomica	AU	$1.496 \cdot 10^{13}$	cm
Parsec	pc	$3.086 \cdot 10^{18}$	cm
Anno luce	ly	$9.463 \cdot 10^{17}$	cm
Massa del Sole	$M_\odot$	$1.99 \cdot 10^{33}$	g
Raggio del Sole	$R_\odot$	$6.96 \cdot 10^{10}$	cm
Luminosità del Sole	$L_\odot$	$3.9 \cdot 10^{33}$	erg s^{-1}
Temperatura superficiale del Sole	$T_\odot$	$5.780 \cdot 10^{3}$	K
Costante di Hubble	H_0	$h \times 100$	km s^{-1} Mpc $^{-1}$
Parametro di Hubble	h	0.71 ± 0.04	
Hubble time	$t_H = H_0^{-1}$	$9.78\, h^{-1}$	miliardi di anni

Tabella 3   Parametri fisici dei pianeti

Nome	Massa (g)	Raggio (cm)	Periodo (anni)	Semiasse (AU)	Eccentricità
Mercurio	$3.303 \cdot 10^{26}$	$2.439 \cdot 10^{8}$	0.24085	0.387096	0.205622
Venere	$4.870 \cdot 10^{27}$	$6.050 \cdot 10^{8}$	0.61521	0.723342	0.006783
Terra	$5.976 \cdot 10^{27}$	$6.378 \cdot 10^{8}$	1.00004	0.999987	0.016684
Marte	$6.418 \cdot 10^{26}$	$3.397 \cdot 10^{8}$	1.88089	1.523705	0.093404
Giove	$1.899 \cdot 10^{30}$	$7.140 \cdot 10^{9}$	11.8622	5.204529	0.047826
Saturno	$5.686 \cdot 10^{29}$	$6.000 \cdot 10^{9}$	29.4577	9.575133	0.052754
Urano	$8.66 \cdot 10^{28}$	$2.615 \cdot 10^{9}$	84.0139	19.30375	0.050363
Nettuno	$1.030 \cdot 10^{29}$	$2.43 \cdot 10^{9}$	$1.64793 \cdot 10^{2}$	30.20652	0.004014
Plutone	$1.0 \cdot 10^{25}$	$1.2 \cdot 10^{8}$	$2.47686 \cdot 10^{2}$	39.91136	0.256695

Indice analitico

UNITEXT – Collana di Fisica e Astronomia

A cura di:

Michele Cini
Stefano Forte
Massimo Inguscio
Guida Montagna
Oreste Nicrosini
Franco Pacini
Luca Peliti
Alberto Rotondi

Atomi, Molecole e Solidi
Esercizi Risolti
Adalberto Balzarotti, Michele Cini, Massimo Fanfoni
2004, VIII, 304 pp, ISBN 978-88-470-0270-8

Elaborazione dei dati sperimentali
Maurizio Dapor, Monica Ropele
2005, X, 170 pp., ISBN 978-88470-0271-5

An Introduction to Relativistic Processes and the Standard Model of Electroweak Interactions
Carlo M. Becchi, Giovanni Ridolfi
2006, VIII, 139 pp., ISBN 978-88-470-0420-7

Elementi di Fisica Teorica
Michele Cini
1a ed. 2005. Ristampa corretta, 2006
XIV, 260 pp., ISBN 978-88-470-0424-5

Esercizi di Fisica: Meccanica e Termodinamica
Giuseppe Dalba, Paolo Fornasini
2006, ristampa 2011, X, 361 pp., ISBN 978-88-470-0404-7

Structure of Matter
An Introductory Corse with Problems and Solutions
Attilio Rigamonti, Pietro Carretta
2nd ed. 2009, XVII, 490 pp., ISBN 978-88-470-1128-1

Introduction to the Basic Concepts of Modern Physics
Special Relativity, Quantum and Statistical Physics
Carlo M. Becchi, Massimo D'Elia
2007, 2nd ed. 2010, X, 190 pp., ISBN 978-88-470-1615-6

Introduzione alla Teoria della elasticità
Meccanica dei solidi continui in regime lineare elastico
2007, XII, 292 pp., ISBN 978-88-470-0697-3

Fisica Solare
Egidio Landi Degl'Innocenti
2008, X, 294 pp., inserto a colori, ISBN 978-88-470-0677-5

Meccanica quantistica: problemi scelti
100 problemi risolti di meccanica quantistica
Leonardo Angelini
2008, X, 134 pp., ISBN 978-88-470-0744-4

Fenomeni radioattivi
Dai nuclei alle stelle
Giorgio Bendiscioli
2008, XVI, 464 pp., ISBN 978-88-470-0803-8

Problemi di Fisica
Michelangelo Fazio
2008, XII, 212 pp., con CD Rom, ISBN 978-88-470-0795-6

Metodi matematici della Fisica
Giampaolo Cicogna
2008, ristampa 2009, X, 242 pp., ISBN 978-88-470-0833-5

Spettroscopia atomica e processi radiativi
Egidio Landi Degl'Innocenti
2009, XII, 496 pp., ISBN 978-88-470-1158-8

Particelle e interazioni fondamentali
Il mondo delle particelle
Sylvie Braibant, Giorgio Giacomelli, Maurizio Spurio
2009, ristampa 2010, XIV, 504 pp. 150 figg., ISBN 978-88-470-1160-1

I capricci del caso
Introduzione alla statistica, al calcolo della probabilità e alla teoria degli errori
Roberto Piazza
2009, XII, 254 pp.50 figg., ISBN 978-88-470-1115-1

Relatività Generale e Teoria della Gravitazione
Maurizio Gasperini
2010, XVIII, 294 pp., ISBN 978-88-470-1420-6

Manuale di Relatività Ristretta
Maurizio Gasperini
2010, XVI, 158 pp., ISBN 978-88-470-1604-0

Metodi matematici per la teoria dell'evoluzione
Armando Bazzani, Marcello Buiatti, Paolo Freguglia
2011, X, 192 pp., ISBN 978-88-470-0857-1

Esercizi di metodi matematici della fisica
Con complementi di teoria
G. G. N. Angilella
2011, XII, 294 pp., ISBN 978-88-470-1952-2

Il rumore elettrico
Dalla fisica alla progettazione
Giovanni Vittorio Pallottino
2011, XII, 148 pp., ISBN 978-88-470-1985-0

Note di fisica statistica
(con qualche accordo)
Roberto Piazza
2011, XII, 306 pp., ISBN 978-88-470-1964-5

Stelle, galassie e universo
Fondamenti di astrofisica
Attilio Ferrari
2011, XVI, 558 pp., ISBN 978-88-470-1832-7

Problems in Quantum Mechanics with solutions
Emilio d'Emilio, Luigi E. Picasso
2011, X, 354 pp., ISBN 978-88-470-2305-5